国防特色教材·电子科学与技术

光电子学原理与技术

张中华　林殿阳
于　欣　王雨三　编著

北京航空航天大学出版社
北京理工大学出版社　哈尔滨工业大学出版社
哈尔滨工程大学出版社　西北工业大学出版社

内容简介

讲述光的放大与振荡的基本原理(即激光的基本原理)以及某些应用技术。具体内容为:光的放大与振荡、光学谐振腔、典型激光器、激光的基本技术、激光的半经典理论与量子理论、非线性光学效应、光纤技术、光存储技术、光电子技术的其他应用以及光信号的探测等。

本书可作为高等理工科院校电子类专业"光电子学原理"或"激光原理"课程的教材,也可作为其他相关专业及科技人员的参考书。

图书在版编目(CIP)数据

光电子学原理与技术/张中华等编著.—北京:北京航空航天大学出版社,2009.10
ISBN 978-7-81124-893-7

Ⅰ.光… Ⅱ.张… Ⅲ.光电子学 Ⅳ.TN201

中国版本图书馆 CIP 数据核字(2009)第 148454 号

光电子学原理与技术

张中华 林殿阳
于 欣 王雨三 编著

责任编辑 王 实

*

北京航空航天大学出版社出版发行
北京市海淀区学院路 37 号(100191) 发行部电话:010-82317024 传真:010-82328026
http://www.buaapress.com.cn E-mail:bhpress@263.net
北京市媛明印刷厂印装 各地书店经销

*

开本:787×960 1/16 印张:29 字数:650 千字
2009 年 10 月第 1 版 2009 年 10 月第 1 次印刷 印数:3 000 册
ISBN 978-7-81124-893-7 定价:49.00 元

前 言

光电子学是近代光学和电子学相互结合与渗透形成的一门新学科,它是电子学技术在光频波段的延续和扩展。光电子学研究的是光频电磁场与物质的相互作用规律。对光频实现振荡和放大,就形成了光的受激辐射——激光。1960年第一台激光器的问世,标志着人类进入了现代光学时期,现在激光技术研究已成为光电子领域的一个重要组成部分。

对于理工科电子类大学生来说,不仅要掌握电子学知识,还应该掌握光频波段电子学,即光电子学的知识。由于光电子技术具有频谱宽、信息容量大、传输速度快和抗干扰能力强等特点,目前已应用到国民经济的各个领域,有些应用是电子技术所不能替代的。

本书共11章。第1~5章,采用处理光和物质相互作用的经典理论与速率方程理论的方法,讲述激光产生的基本原理、激光束的特征、典型激光器件以及为改善激光器的特性所采取的一些基本技术。这一部分内容是本书最基本的内容。

第6章介绍激光的半经典理论和量子理论的基本内容。处理光和物质相互作用的理论还有半经典理论和量子理论,这两种理论是更高层次的理论,能够更多和更完满地解释激光器中的现象,只是数学处理复杂一些。

第7章介绍若干典型的非线性光学效应。普通光来自原子的自发辐射,是一种弱光,其光子简并度(同一状态中的平均光子数)远小于1,当普通光与物质相互作用时,我们只能观察到线性光学效应。激光束来自原子的受激辐射,是一种强光,其光子简并度远远大于1,它所产生的单色光频电磁场强可达到与原子内部场强相等或更高的水平。这样的强光与物质相互作用时,可观察到一系列非线性光学效应。非线性光学是讲述非线性光学效应的一门新兴的学科分支。非线性光学效应不仅提供了更多的科学信息,也提供了重要的实际应用技术。

第8~10章,讲述光电子技术的若干应用,包括光纤技术、光存储技术以及其他应用。

最后一章即第11章介绍光信号探测的相关知识。

本书注重基本物理概念的讲解,简化复杂的数学推导过程。每章末均附有习题与思考题供学生选用,书末给出了部分习题的参考答案供学生参考。本书可作为高等理工科院校电子类专业"光电子学原理"或"激光原理"课程的教材,也可作为其他相关专业及科技人员的参考书。

本书第1～3章由王雨三编写,第4、5章由于欣编写,第6、8和9章由张中华编写,第7、10和11章由林殿阳编写。全书由张中华统稿。黑龙江大学叶红安教授和哈尔滨工业大学高惠德教授担任主审。

由于编者水平有限,书中难免有疏漏或不当之处,恳请指正。

编 者

2008年12月

目　　录

第1章　基础知识 1
1.1　光的波粒二象性 1
1.2　光波的模式 5
1.3　原子能级与发光 7
1.3.1　量子化的原子能级 7
1.3.2　原子数目按能级的分布 9
1.4　原子的自发辐射、受激吸收与受激辐射 10
1.4.1　原子的自发辐射 10
1.4.2　原子的受激吸收 11
1.4.3　原子的受激辐射 12
1.4.4　A_{21}、B_{21} 和 B_{12} 三系数的关系 13
1.5　光谱线的增宽 14
1.5.1　原子跃迁谱线增宽的机理与线型 15
1.5.2　谱线增宽的类型 18
习题与思考题 21

第2章　光放大与振荡——激光器原理 23
2.1　粒子数反转与光放大 23
2.2　光学谐振腔 25
2.3　激光器基本结构与激光形成过程 30
2.3.1　激光器的基本结构 30
2.3.2　激光的形成过程 31
2.3.3　三能级系统与四能级系统 33
2.4　激光的特性 34
2.4.1　定向性 34
2.4.2　单色性 35
2.4.3　亮度特性 36
2.4.4　时间相干性 36

- 2.4.5 空间相干性 ⋯⋯ 39
- 2.4.6 光子简并度 ⋯⋯ 42
- 2.5 激光器速率方程 ⋯⋯ 43
  - 2.5.1 三能级系统的速率方程(单模) ⋯⋯ 44
  - 2.5.2 四能级系统的速率方程(单模) ⋯⋯ 45
- 2.6 介质的增益系数 ⋯⋯ 47
  - 2.6.1 小信号增益系数 ⋯⋯ 48
  - 2.6.2 大信号增益系数 ⋯⋯ 49
- 2.7 激光振荡阈值条件 ⋯⋯ 51
- 2.8 连续运转激光器的输出功率 ⋯⋯ 54
  - 2.8.1 均匀增宽激光器的输出功率 ⋯⋯ 55
  - 2.8.2 非均匀增宽激光器的输出功率 ⋯⋯ 56
  - 2.8.3 兰姆凹陷 ⋯⋯ 57
- 2.9 脉冲激光器的输出特性 ⋯⋯ 58
  - 2.9.1 短脉冲激励下的输出能量 ⋯⋯ 58
  - 2.9.2 长脉冲激励下的输出功率 ⋯⋯ 59
- 2.10 自由振荡激光器的模式 ⋯⋯ 60
  - 2.10.1 均匀增宽激光器的模竞争和单模振荡 ⋯⋯ 60
  - 2.10.2 空间烧孔和多模振荡 ⋯⋯ 61
  - 2.10.3 非均匀增宽激光器的多模振荡 ⋯⋯ 62
- 2.11 激光器的频率牵引 ⋯⋯ 62
  - 2.11.1 色散 ⋯⋯ 63
  - 2.11.2 频率牵引 ⋯⋯ 64
- 2.12 激光的线宽极限 ⋯⋯ 65
- 习题与思考题 ⋯⋯ 68

第3章 光学谐振腔 ⋯⋯ 69

- 3.1 光学谐振腔的构成和分类 ⋯⋯ 69
  - 3.1.1 开腔 ⋯⋯ 69
  - 3.1.2 闭腔 ⋯⋯ 71
  - 3.1.3 气体波导腔 ⋯⋯ 71
- 3.2 光学谐振腔的损耗 ⋯⋯ 72
  - 3.2.1 损耗的类型 ⋯⋯ 72
  - 3.2.2 损耗的描述 ⋯⋯ 73

	3.2.3 损耗计算举例	75
3.3	谐振腔中模式的分析方法	78
	3.3.1 直接求解麦克斯韦方程	79
	3.3.2 求解衍射场的自洽积分方程	80
	3.3.3 开放式波导理论的方法	81
	3.3.4 几何光学分析法	81
3.4	平行平面腔中的模	81
	3.4.1 场的自洽积分方程的数值解	81
	3.4.2 波导理论给出的结果	82
3.5	稳定共轴球面腔中的模	84
	3.5.1 高斯光束	85
	3.5.2 稳定球面腔中的高斯光束	90
3.6	平方媒质中的高斯光束	94
3.7	非稳腔的模	96
	3.7.1 非稳腔的特点	96
	3.7.2 非稳腔的波形特征	96
	3.7.3 非稳腔的放大倍率及损耗	99
3.8	波导激光谐振腔的模	101
	3.8.1 波导腔的构成和特点	101
	3.8.2 空心波导管中的模	101
	3.8.3 波导腔的损耗	103
3.9	高斯光束的传输与透镜变换	106
	3.9.1 高斯光束在空间的传输规律	106
	3.9.2 高斯光束通过薄透镜的变换	108
3.10	光线传播矩阵与 ABCD 定律	110
	3.10.1 光线传播矩阵	110
	3.10.2 ABCD 定律	115
	3.10.3 高斯光束的 ABCD 定律	116
	3.10.4 光线矩阵性质	118
3.11	高斯光束的自再现变换与稳定球面腔	118
3.12	高斯光束的聚焦与准直	119
	3.12.1 高斯光束的聚焦	119
	3.12.2 高斯光束的准直	121
3.13	高斯模的匹配	123

习题与思考题……………………………………………………………………… 125

第 4 章　典型激光器……………………………………………………………… 128

4.1　固体激光器……………………………………………………………… 128
4.1.1　红宝石激光器……………………………………………………… 129
4.1.2　钕激光器…………………………………………………………… 129
4.1.3　其他固体激光器…………………………………………………… 131

4.2　气体激光器……………………………………………………………… 133
4.2.1　He－Ne 激光器…………………………………………………… 134
4.2.2　氩离子激光器……………………………………………………… 134
4.2.3　CO_2 激光器……………………………………………………… 136
4.2.4　准分子激光器……………………………………………………… 143

4.3　染料激光器……………………………………………………………… 145

4.4　半导体激光器…………………………………………………………… 147
4.4.1　有关半导体的基本概念…………………………………………… 148
4.4.2　半导体激光器的工作原理………………………………………… 153
4.4.3　典型半导体激光器………………………………………………… 156
4.4.4　半导体激光器的主要特性………………………………………… 160

4.5　光纤激光器……………………………………………………………… 165
4.5.1　稀土掺杂光纤激光器……………………………………………… 167
4.5.2　非线性效应光纤激光器…………………………………………… 169

4.6　其他激光器……………………………………………………………… 170
4.6.1　自由电子激光器…………………………………………………… 170
4.6.2　X 射线激光器……………………………………………………… 172

　　习题与思考题……………………………………………………………………… 172

第 5 章　激光基本技术…………………………………………………………… 175

5.1　激光选模技术…………………………………………………………… 175
5.1.1　横模选择技术……………………………………………………… 175
5.1.2　纵模选择技术……………………………………………………… 178

5.2　激光稳频技术…………………………………………………………… 183
5.2.1　激光器频率的稳定度和再现度…………………………………… 184
5.2.2　影响频率稳定的因素……………………………………………… 184
5.2.3　稳频方法…………………………………………………………… 185

5.3 激光 Q 开关技术 ··· 188
　　5.3.1 普通脉冲固体激光器的输出特性 ······································· 188
　　5.3.2 调 Q 技术的基本原理 ··· 190
　　5.3.3 调 Q 方法 ·· 191
　　5.3.4 调 Q 激光器的基本理论 ·· 196
5.4 激光锁模技术 ··· 199
　　5.4.1 自由运转多纵模激光器的输出特性 ··································· 199
　　5.4.2 锁模的基本原理 ·· 200
　　5.4.3 锁模激光器的输出特性 ··· 201
　　5.4.4 锁模方法 ·· 204
5.5 激光放大技术 ··· 209
　　5.5.1 激光放大器的基本原理 ··· 209
　　5.5.2 激光放大器的基本理论 ··· 210
5.6 激光调制技术 ··· 217
　　5.6.1 光调制的基本概念 ··· 217
　　5.6.2 调制方法 ·· 221
5.7 激光偏转技术 ··· 224
　　5.7.1 电光偏转 ·· 224
　　5.7.2 声光偏转 ·· 225
习题与思考题 ··· 226

第 6 章 激光半经典理论与量子理论 ··· 229

6.1 激光电磁场方程 ··· 229
6.2 密度矩阵 ··· 233
　　6.2.1 量子统计系综和力学量的平均值 ······································· 233
　　6.2.2 密度矩阵定义 ·· 234
　　6.2.3 密度矩阵的性质及物理意义 ··· 234
　　6.2.4 密度矩阵的运动方程 ··· 236
6.3 二能级原子系综的密度矩阵 ··· 237
　　6.3.1 静止原子情形 ·· 238
　　6.3.2 运动原子情形 ·· 239
6.4 宏观电极化强度与密度矩阵的关系 ··· 240
6.5 静止原子激光器的单模运转 ··· 240
6.6 二模振荡与模式竞争 ·· 242

6.7　运动原子激光器的单模运转 ……………………………………… 248
6.8　经典辐射场的量子化 …………………………………………… 251
　　6.8.1　开式平面光腔中的场与谐振子 ………………………… 251
　　6.8.2　电磁场的能量量子化 …………………………………… 253
　　6.8.3　量子化场的本征态 ……………………………………… 255
6.9　相位算符 ………………………………………………………… 256
6.10　相干态 …………………………………………………………… 258
　　6.10.1　相干态的定义与表示 …………………………………… 258
　　6.10.2　相干态的性质 …………………………………………… 260
6.11　辐射场与原子的相互作用 ……………………………………… 263
6.12　原子辐射和吸收的跃迁几率 …………………………………… 266
　　6.12.1　受激吸收几率 …………………………………………… 267
　　6.12.2　受激辐射几率 …………………………………………… 268
　　6.12.3　共振情况下吸收与辐射几率 …………………………… 268
6.13　光子统计 ………………………………………………………… 269
　　6.13.1　约化密度算符 …………………………………………… 269
　　6.13.2　场的运动方程 …………………………………………… 270
　　6.13.3　激光光子统计 …………………………………………… 272
习题与思考题 ………………………………………………………… 276

第7章　非线性光学效应 …………………………………………… 278

7.1　概述 ……………………………………………………………… 278
7.2　光在非线性介质中传播的基本方程 …………………………… 280
　　7.2.1　非线性波动方程 …………………………………………… 280
　　7.2.2　耦合波方程 ………………………………………………… 280
　　7.2.3　曼利-罗(Manley-Rowe)关系 …………………………… 282
7.3　二阶非线性光学效应 …………………………………………… 282
　　7.3.1　和频的产生 ………………………………………………… 282
　　7.3.2　差频的产生 ………………………………………………… 286
　　7.3.3　倍频的产生 ………………………………………………… 288
　　7.3.4　相位匹配技术 ……………………………………………… 290
　　7.3.5　光学参量放大与参量振荡 ………………………………… 293
7.4　三阶非线性光学效应 …………………………………………… 297
　　7.4.1　自聚焦现象 ………………………………………………… 298

7.4.2　四波混频 …… 301
　　　7.4.3　受激拉曼散射（SRS） …… 304
　　　7.4.4　受激布里渊散射（SBS） …… 310
　习题与思考题 …… 313

第8章　光纤技术 …… 314

　8.1　光纤结构与分类 …… 314
　8.2　光纤传光原理 …… 316
　　　8.2.1　几何光学分析方法 …… 316
　　　8.2.2　平面波方法 …… 318
　8.3　光纤的损耗和色散 …… 325
　　　8.3.1　光纤的传输损耗 …… 325
　　　8.3.2　光纤的色散 …… 328
　　　8.3.3　光纤孤子 …… 331
　8.4　光纤的连接与光耦合 …… 333
　　　8.4.1　光纤的连接及损耗 …… 333
　　　8.4.2　光纤的光耦合 …… 335
　　　8.4.3　光纤分路器与合路器 …… 337
　　　8.4.4　波分复用器 …… 339
　8.5　光纤的应用 …… 340
　　　8.5.1　光纤通信 …… 341
　　　8.5.2　光纤传感器 …… 343
　　　8.5.3　光纤图像传输 …… 352
　　　8.5.4　光纤用于能量传输 …… 356
　　　8.5.5　光纤激光器和放大器 …… 358
　习题与思考题 …… 359

第9章　光存储技术 …… 361

　9.1　关于信息的基本概念 …… 361
　9.2　光存储的一般特点 …… 363
　9.3　光盘存储 …… 364
　9.4　可擦重写光盘 …… 369
　9.5　光全息存储 …… 376
　　　9.5.1　全息图的记录与再现 …… 376

9.5.2　全息图的分类 ································· 379
　　　9.5.3　夫琅禾费全息图与菲涅耳全息图 ················ 380
　　　9.5.4　全息存储及特点 ······························· 384
　9.6　其他光存储技术简介 ·································· 387
　　　9.6.1　近场光学存储技术 ····························· 387
　　　9.6.2　双光子光学存储 ······························· 388
　　　9.6.3　光谱烧孔存储技术 ····························· 390
　习题与思考题 ··· 392

第 10 章　光电子技术的其他应用　394

　10.1　激光干涉计量 ·· 394
　　　10.1.1　激光测长 ······································ 394
　　　10.1.2　激光测速 ······································ 399
　10.2　激光测距与激光雷达 ·································· 401
　　　10.2.1　激光测距 ······································ 401
　　　10.2.2　激光雷达 ······································ 403
　10.3　激光工业加工 ·· 406
　　　10.3.1　激光热加工的一般原理 ·························· 407
　　　10.3.2　几种激光热加工方法 ···························· 407
　　　10.3.3　激光光化学反应加工——激光光刻 ················ 409
　10.4　激光制导 ·· 410
　　　10.4.1　激光驾束制导的原理 ···························· 410
　　　10.4.2　激光驾束制导的主要组成和功能 ·················· 411
　10.5　激光通信 ·· 412
　　　10.5.1　大气传输通信 ·································· 413
　　　10.5.2　卫星激光通信 ·································· 413
　　　10.5.3　光纤通信 ······································ 415
　　　10.5.4　水下通信 ······································ 416
　10.6　激光引发核聚变 ······································ 417
　10.7　激光武器 ·· 418
　习题与思考题 ··· 419

第 11 章　光信号的探测　420

　11.1　光探测器的物理基础 ·································· 420

11.1.1　光信号探测器的物理效应 …………………………………………… 420
　　　11.1.2　光电转换定律 …………………………………………………………… 423
　11.2　光探测器的特性参数和噪声 …………………………………………………… 423
　　　11.2.1　特性参数 …………………………………………………………………… 423
　　　11.2.2　噪　声 ……………………………………………………………………… 426
　11.3　常用光探测器 ……………………………………………………………………… 428
　　　11.3.1　真空光电二极管 ………………………………………………………… 428
　　　11.3.2　光电倍增管 ………………………………………………………………… 428
　　　11.3.3　光电导探测器 …………………………………………………………… 430
　　　11.3.4　光电二极管 ………………………………………………………………… 431
　　　11.3.5　热释电探测器 …………………………………………………………… 433
　11.4　直接探测 …………………………………………………………………………… 434
　11.5　光外差探测 ………………………………………………………………………… 436
　　　11.5.1　光外差探测的基本原理 ………………………………………………… 436
　　　11.5.2　光外差探测的信噪比 …………………………………………………… 438
　习题与思考题 …………………………………………………………………………… 438

附录 A　常用物理常量表 …………………………………………………………… 439

附录 B　国际单位制词头 …………………………………………………………… 440

习题参考答案 ………………………………………………………………………… 441

参考文献 ……………………………………………………………………………… 446

第1章 基础知识

本章主要介绍与学习本课程有关的一些基础知识,如对光本质的认识、光波的模式、原子发光的概念和光谱线的宽度等。这些基础知识对于理解本课程的内容是必需的。

1.1 光的波粒二象性

人们每天都要接触光,对光是非常熟悉的,但光究竟是什么?人类认识它花费了漫长的时间,直到近代才有了比较清楚的认识,当然这种认识还有待继续深化。

远古时代,人类对于光的现象,就积累了很多知识。到17世纪,有关光的本性问题,形成了两种不同的学说,这就是以牛顿(I. Newton)为代表的微粒说和以惠更斯(C. Huygens)为代表的波动说。

微粒说认为,光是由发光体发出的光粒子(微粒)流所组成的,最大的微粒在到达人眼时,引起红光的感觉,而最小的微粒到达人眼时,引起紫光的感觉。微粒说能解释光的直进、反射和折射等现象。关于折射现象,实验发现,当光线从光疏媒质进入光密媒质时,例如从空气到水,光线是折向法线的。微粒说在解释这一现象时,需要假设水中的光速大于空气中的光速。

波动说认为,光是一种波动,是由机械振动的传播而引起的一种波动。

两种学说都能解释光的反射和折射现象,但波动说在解释折射现象时,需要假设光在水中的速度比在空气中的速度小。由于当时不能从实验上测定光速,所以分不出微粒说和波动说的优劣。

19世纪,人们发现光有干涉、衍射、偏振等现象,波动说可以解释,而微粒说则无能为力。1850年,佛科(J. L. Foucault)用实验方法测出光在水中的速度,证明$v_水 < v_{空气}$,从而有力地支持了波动说。

对于波动说,有一个问题无法解决,即传播光波的媒质是什么?按照力学理论,机械波是由弹性媒质中的机械振动的传播形成的,而且理论证明,横波在固体媒质中的传播速度为

$$v = \sqrt{\frac{G}{\rho}} \tag{1.1-1}$$

式中:G为媒质的切变弹性模量;ρ是媒质的密度。光波是横波,如果把光波也看成是连续媒质中某种机械的弹性振动的传播,由于光波充满整个空间,而且光速极大,这就要求人为臆造一种媒质,叫做"以太",来传播光波。以太必须是充满宇宙的,而且它的密度极低,切变弹性模量又要很大,比钢还要大很多。显然,这种神秘的媒质是很难想象的,这给波动说带来了不可克服的困难。

19 世纪 60 年代,英国人麦克斯韦(J. C. Maxwell)在总结前人和自己对电磁现象研究成果的基础上,提出了电磁场理论,并归纳出一组称为麦克斯韦方程组的电磁场运动方程。电磁场理论认为,光是一定频率范围内的电磁波。可见光的频率在 $3.9\times10^{14}\sim7.5\times10^{14}$ Hz 范围内,对应的波长为 $0.76\sim0.40~\mu m$。

在有介质存在的普遍情况下,麦克斯韦方程组的微分形式为

$$\left.\begin{aligned}\nabla\cdot\boldsymbol{D} &= \rho \\ \nabla\cdot\boldsymbol{B} &= 0 \\ \nabla\times\boldsymbol{H} &= \frac{\partial\boldsymbol{D}}{\partial t}+\boldsymbol{j} \\ \nabla\times\boldsymbol{E} &= -\frac{\partial\boldsymbol{B}}{\partial t}\end{aligned}\right\} \qquad (1.1-2)$$

式中:$\boldsymbol{E}$ 为电场强度矢量;$\boldsymbol{B}$ 为磁感应强度矢量;$\boldsymbol{H}$ 为磁场强度矢量;$\boldsymbol{D}$ 为电位移矢量;ρ 为自由电荷密度;$\boldsymbol{j}$ 为介质内自由电流密度矢量。

方程组(1.1-2)中的前两个方程分别表示了电场和磁场的性质,即静电场是有源场,磁场为涡旋场;后两个方程表明电场和磁场之间的变化关系。

在已知电荷和电流分布的情况下,要从麦克斯韦方程组得到确定解,还需由物质方程给予补充。物质方程是介质在电磁场作用下发生传导、极化和磁化现象的数学表达式

$$\left.\begin{aligned}\boldsymbol{D} &= \varepsilon_0\boldsymbol{E}+\boldsymbol{P} \\ \boldsymbol{B} &= \mu_0(\boldsymbol{H}+\boldsymbol{M}) \\ \boldsymbol{j} &= \sigma\boldsymbol{E}\end{aligned}\right\} \qquad (1.1-3)$$

式中:$\boldsymbol{P}$ 为介质的电极化强度;$\boldsymbol{M}$ 为介质的磁化强度;ε_0 为真空中的介电常数;μ_0 为真空中的磁导率;σ 为电导率。

利用方程组(1.1-2)、(1.1-3),可以讨论在各种情况下的电磁场的性质。在某些情况下,上述方程可以简化。例如对于均匀各向同性介质,且 $\rho=0, \sigma=0$,则可得到

$$\nabla^2\boldsymbol{E}-\frac{1}{c^2}\frac{\partial^2\boldsymbol{E}}{\partial t^2}-\frac{1}{\varepsilon_0 c^2}\frac{\partial^2\boldsymbol{P}}{\partial t^2}=0 \qquad (1.1-4)$$

这是电磁波(光波)在非磁性的、各向同性的极化介质中传播的波动方程式。式中:c 为真空中的光速,其表达式为

$$c=\frac{1}{\sqrt{\varepsilon_0\mu_0}} \qquad (1.1-5)$$

又如,在式(1.1-4)中令 $\boldsymbol{P}=\varepsilon_0\chi\boldsymbol{E}$,并设

$$\boldsymbol{E}=\boldsymbol{E}(x,y,z)\mathrm{e}^{-\mathrm{i}\omega t} \qquad (1.1-6)$$

则可得到

$$\nabla^2\boldsymbol{E}(x,y,z)+\eta^2 k^2\boldsymbol{E}(x,y,z)=0 \qquad (1.1-7)$$

式中:

$$\eta = \sqrt{1+\chi} \quad (1.1-8)$$

$$k = \frac{2\pi}{\lambda} \quad (1.1-9)$$

η 为复数折射率；χ 为介质的线性极化系数；k 为波矢量。在真空中，$\eta=1$，式(1.1-7)变为

$$\nabla^2 \boldsymbol{E}(x,y,z) + k^2 \boldsymbol{E}(x,y,z) = 0 \quad (1.1-10)$$

式(1.1-7)和式(1.1-10)都称为赫姆霍茨(Helmholtz)方程。这个方程和波动方程是等价的。对于空间变数与时间变数可分离的波函数，其空间部分应满足这个方程。

应用光的电磁场理论，基本上能比较圆满地解释光的反射、折射、干涉、衍射、偏振和双折射等与光的传播特性有关的一系列重要现象。光的电磁波理论还预见了某些新的现象，例如光压的存在，并且这一预见得到了实验的证实。但到19世纪末和20世纪初，当人们试图解释涉及光与物质相互作用现象(如黑体辐射、原子的线状光谱、光电效应等)的规律时，光的电磁理论却遇到了新的本质上的困难，因此光的电磁理论也不能全面反映光的本性。

1900年，普朗克(Planck)提出电磁场辐射源体系能量量子化的创新假设，并在此基础上导出在形式上与实验规律相符合的黑体辐射定律。1905年，爱因斯坦(Einstein)发展了普朗克的量子化假设，在一种全新的意义上，提出了光子学说。这个学说的要点如下：

① 光是由一群以光速 c 运动的光量子(简称光子)所组成。

② 每个光子都具有一定的能量，光子的能量与光波的频率有如下的关系：

$$\varepsilon = h\nu \quad (1.1-11)$$

式中：ν 为光的频率，单位为 Hz；h 为普朗克常量，$h=6.626\times10^{-34}$ J·s，因此波长为 0.76 μm 的红光光子能量为 2.6×10^{-19} J(1.6 eV)，而波长为 0.4 μm 的紫光光子能量为 5.0×10^{-19} J(3.1 eV)，所以可见光光子能量在 1.6~3.1 eV 之间。

③ 每个光子都具有一定的质量 m，且

$$m = \frac{\varepsilon}{c^2} = \frac{h\nu}{c^2} = \frac{h}{c\lambda} \quad (1.1-12)$$

式中：λ 为光的波长。例如波长等于 0.5 μm 的绿光光子质量为 4.4×10^{-36} kg。

附带说明一下，光子虽有质量，却没有静止质量，因为按照相对论，物质的质量 m 和它的运动速度 v(相对于观察者或参考坐标系而言)之间存在着下列关系：

$$m = \frac{m_0}{\sqrt{1-(v/c)^2}} \quad (1.1-13)$$

式中：m_0 是静止质量。对于光子，$v=c$，而 m 是有确定数值的，这必须要求光子的静止质量 m_0 为零。

④ 光子具有动量 p，它等于质量 m 和速度 c 的乘积，即

$$p = mc = \frac{h\nu}{c^2} \cdot c = \frac{h\nu}{c} = \frac{h}{\lambda}$$

或

$$\lambda = \frac{h}{p} = \frac{h}{mc} \tag{1.1-14}$$

这个式子把表征光子微粒性的物理量 p 同表征光的波动性的物理量 λ 联系起来。

⑤ 光子具有自旋,并且自旋的量子数为整数,所以光子的集合服从玻色-爱因斯坦统计规律。

光子学说可以解释光的发射以及光与物质的相互作用现象。

应当指出,单独用经典的波或粒子概念之一去描述光,都不足以解释它的全部现象,必须说光具有"波粒二象性"。光是微粒性和波动性的统一体,但矛盾的主要方面在不同条件下可以相互转化。光在发射过程中,微粒性比较突出,是矛盾的主要方面,因此关于光的发射过程的诸现象,如原子光谱、黑体辐射等要从微粒观点来解释。但光发出以后在空间传播的过程中,矛盾的主要方面就转化了,波动性变得比较突出,所以关于光在传播过程中的一些现象如干涉、衍射、偏振等要从波动角度去解释。当光被实物吸收(如光电效应、吸收光谱等)或与实物相互作用(如康普顿效应、综合散射光谱等)时,矛盾的主要方面又向微粒性转化,因而这类现象又要用微粒观点来解释。现在所说的微粒和波动,既不是牛顿微粒说中的微粒,也不是惠更斯所理解的波动,而是微粒中渗透着波动性,波动中渗透着微粒性,它们所包含的意义比原先的微粒和波动深刻得多。

电磁波波长的长短,也影响矛盾主要方面的转化。波长较长(即能量较小),如红外线、无线电波等,波动性比较突出;波长较短(即能量较大的),如 γ 射线、X 射线,其微粒性比较突出。

实际上,不仅光具有波粒二象性,一切微观客体(如电子、质子、中子等)都具有明显的波粒二象性。1923—1924 年间,法国物理学家德布罗意(L. De Broglie)指出,"二象性"不仅仅只是一个光学现象,而是具有一般性的意义。他说:"整个世纪以来,在光学上,比起波动的研究方法,是过于忽略了粒子的研究方法;在实物理论上,是否发生了相反的错误呢? 是不是我们把粒子的图像想得太多,而过分忽略了波的图像?"德布罗意从上述思想出发,假定波粒二象性对实物微粒也成立,则也应有如式(1.1-14)所示的关系式。式中:m 为微粒的质量;c 应改为 v,表示微粒的运动速度。这个假说已为电子衍射实验所证实。

对于实物微粒来说,在微粒性中渗透着波动性,这一波动性能否被观察到,与这一微粒的德布罗意波长及微粒直径的相对大小有关。如果 $\lambda > d$(微粒直径),则波动性显著,可被观察出来;如果 $\lambda \ll d$,则波动性不显著,不能被观察出来,此时可用经典力学来处理。例如,对于电子,$d \sim 10^{-13}$ m,若它以速度 $v = 10^6$ m/s 运行,它的德布罗意波长为 7×10^{-10} m,$\lambda \gg d$,所以这样的电子波动性显著;对于子弹,$d \sim 10^{-2}$ m,一个质量为 1×10^{-2} kg 的子弹,以 $v = 1\,000$ m/s 的速度运动时,它的德布罗意波长为 $\lambda = 6 \times 10^{-35}$ m,$\lambda \ll d$,波动性极不显著。可见,宏观物体的德布罗意波长远小于它的线性尺寸,波动性几乎没有,可用经典力学来处理。

在光与物质相互作用的全量子理论中(即对光场与物质均用量子力学理论描写,且把它们用统一的哈密顿算符表示),光的波粒二象性被统一起来。

在本书后面的内容中,将讲到各种激光器。至今,激光器发射的波长已从远红外到软 X 射线,覆盖了 6 个数量级。各波段范围大致划分如下:

远红外(Far infrared)　　　　　　　　　　$10\sim1\,000\,\mu m$;
中红外(Middle infrared)　　　　　　　　$1\sim10\,\mu m$;
近红外(Near infrared)　　　　　　　　　$0.7\sim1\,\mu m$;
可见(Visible)　　　　　　　　　　　　　$0.4\sim0.7\,\mu m$;
紫外 UV(Ultraviolet)　　　　　　　　　　$0.2\sim0.4\,\mu m$ 或 $200\sim400\,nm$;
真空紫外 VUV(Vacuum ultraviolet)　　　$0.1\sim0.2\,\mu m$ 或 $100\sim200\,nm$;
极紫外 EUV 或 XUV(Extreme ultraviolet)　$10\sim100\,nm$;
软 X 射线 SXR(Soft X-rays)　　　　　　　$1\sim30\,nm$(有些与 EUV 重叠)。

1.2　光波的模式

在激光理论中,光波模式是一个重要的概念。由于光具有波粒二象性,所以描写光的模式有两种方式:一种是从波动观点出发,称为光波的模式;另一种是从光子的观点出发,称为光子的状态。光波的模式和光子的状态是等效的概念。

按照波动理论,光场由麦克斯韦方程描写。在给定条件下求解麦克斯韦方程,就得到一系列的解,每个解都表示光场的一种分布,也就是光波的一种模式,或称一种波型。如果电磁场被约束在有限的空间范围内,则描写该电磁场的麦克斯韦方程的解不是连续的,而是取一系列分立的值。

如图 1.2.1 所示的矩形金属空腔,边长为 Δx、Δy、Δz,腔内充满折射率为 1 的均匀各向同性理想电介质,且不存在自由电荷。设腔内电场 E 如式(1.1-6)所示,式中 $E(x,y,z)$ 满足赫姆霍兹方程式(1.1-10)。场的边界条件是在腔壁上,电场强度的切向分量为零,即

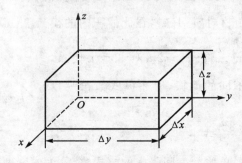

图 1.2.1　矩形金属空腔

$$\left.\begin{aligned}E_x = E_z = 0 &\quad \text{在 } y=0 \text{ 和 } y=\Delta y \text{ 两平面上}\\ E_y = E_z = 0 &\quad \text{在 } x=0 \text{ 和 } x=\Delta x \text{ 两平面上}\\ E_x = E_y = 0 &\quad \text{在 } z=0 \text{ 和 } z=\Delta z \text{ 两平面上}\end{aligned}\right\} \tag{1.2-1}$$

用分离变数法,可求解方程(1.1-10)和(1.2-1),结果如下:

$$\left.\begin{aligned}E_x &= A_1 \cos k_x x \sin k_y y \sin k_z z\\ E_y &= A_2 \sin k_x x \cos k_y y \sin k_z z\\ E_z &= A_3 \sin k_x x \sin k_y y \cos k_z z\end{aligned}\right\} \tag{1.2-2}$$

$$\left.\begin{aligned}k_x &= \frac{m\pi}{\Delta x}, k_y = \frac{n\pi}{\Delta y}, k_z = \frac{q\pi}{\Delta z}\\ m,n,q &= 0,1,2,\cdots\end{aligned}\right\} \tag{1.2-3}$$

$$k_x^2 + k_y^2 + k_z^2 = k^2 = \left(\frac{2\pi}{\lambda}\right)^2 \tag{1.2-4}$$

$$A_1 k_x + A_2 k_y + A_3 k_z = 0 \tag{1.2-5}$$

由上述解中可以看出,由于 m、n、q 的取值是不连续的,所以 E_x、E_y、E_z 的取值也是不连续的,是分立的。一组 m、n、q 就对应一组 E_x、E_y、E_z,也就对应电磁场的一种模式(包括两个偏振)。

如果在以 k_x、k_y、k_z 为轴的直角坐标系中,即在波矢空间中表示光波模,则每个模对应波矢空间的一点,如图 1.2.2 所示。每个模式在 3 个坐标轴方向与相邻模的间隔为

$$\Delta k_x = \frac{\pi}{\Delta x}, \quad \Delta k_y = \frac{\pi}{\Delta y}, \quad \Delta k_z = \frac{\pi}{\Delta z} \tag{1.2-6}$$

因此,每个模在波矢空间占有一个体积元

$$\Delta k_x \Delta k_y \Delta k_z = \frac{\pi^3}{\Delta x \Delta y \Delta z} = \frac{\pi^3}{V} \tag{1.2-7}$$

下面计算在体积 $V=\Delta x \Delta y \Delta z$ 的空腔内,处在频率 ν 附近 $d\nu$ 内的模式数。在 k 空间内,波矢绝对值处于 $|k|\sim |k|+d|k|$ 区间的体积为 $\left(\frac{1}{8}\right)4\pi|k|^2 d|k|$,在此体积内的模式数为 $\left(\frac{1}{8}\right)4\pi|k|^2 d|k| V/\pi^3$。将 $|k|=2\pi/\lambda=2\pi\nu/c$ 代入,考虑到对应同一 k 有两种不同的偏振,上述模式数再乘以 2,就得到

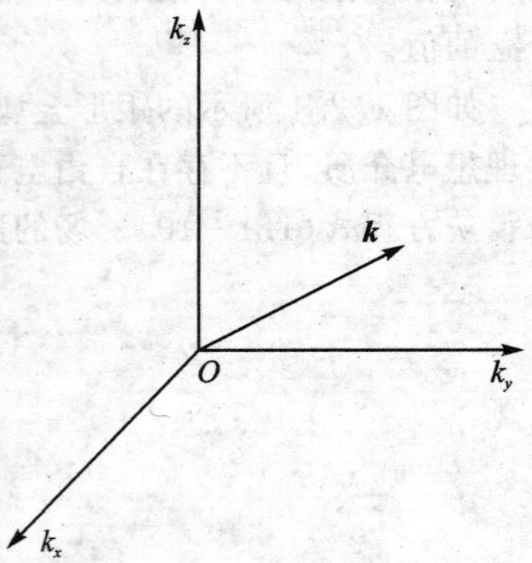

$$p = \frac{8\pi\nu^2}{c^3} V d\nu \tag{1.2-8}$$

式中:$8\pi\nu^2/c^3$ 表示单位体积、单位频率间隔内的模式数,称为模密度。

如果从粒子的观点出发,光子的运动状态可以由它们的动量、坐标和偏振来表征。在经典

图 1.2.2 波矢空间

力学中，可以用坐标 x、y、z 和动量 p_x、p_y、p_z 所组成的六维空间来描述质点的运动状态。这种六维空间称为相空间，相空间内的一点表示质点的一个运动状态。但是，光子的运动状态不能用相空间内的一点来表示，因为光子是微观粒子，它的动量与坐标之间存在着测不准关系：

$$\left.\begin{array}{l}\Delta p_x \Delta x \approx h \\ \Delta p_y \Delta y \approx h \\ \Delta p_z \Delta z \approx h\end{array}\right\} \quad (1.2-9)$$

在三维运动情况下，测不准关系为

$$\Delta x \Delta y \Delta z \Delta p_x \Delta p_y \Delta p_z \approx h^3 \quad (1.2-10)$$

故在六维相空间中，一个光子态对应的相空间体积元为 h^3，称为相格。相格是相空间中用任何实验所能分辨的最小尺度。在相格内的各点，物理上是不能分开的，因而属于同一状态。光子的某一运动状态，只能定域在一个相格中，但不能确定它在相格内部的对应位置。

从式(1.2-10)还可得出，在以动量 p_x、p_y、p_z 组成的动量空间内，光子的一种运动状态占据的动量空间体积元 δp 为

$$\delta p = \Delta p_x \Delta p_y \Delta p_z = \frac{h^3}{\Delta x \Delta y \Delta z} = \frac{h^3}{V} \quad (1.2-11)$$

式中：$\Delta x \Delta y \Delta z$ 为一个相格所占有的坐标空间体积。

类似于前面求模式数的方法，计算光子在动量空间中，在半径为 $|\boldsymbol{p}|$，厚度为 $\mathrm{d}|\boldsymbol{p}|$ 的球壳内所可能有的光子状态数，再考虑到偏振，同样可以得到式(1.2-8)。

可以证明，在给定的体积内，可能存在的光波模式数目等于光子的运动状态数目，一种光波的模式对应于光子的一种量子状态。属于一种模式的诸光子，都有相同的量子状态，模式即表示可以相互区分的光子的量子状态。在体积 V 内出现的光子群，是分布在可以区分的量子状态之内的，或者说是分布在若干种不同的模式之内的。从相干性的角度来看，属于同一状态的光子或同一模式的光波是相干的，不同状态的光子或不同模式的光波是不相干的。

上述讨论说明，光的模式和光子的量子状态在概念上是等价的。光波模式概念在讨论激光器的工作过程和理解激光的基本性质时是很重要的。

1.3 原子能级与发光

1.3.1 量子化的原子能级

物质由大量的原子组成，原子包含有带正电的原子核和带负电的电子，电子围绕原子核运动。原子核所占体积很小，其半径在 $10^{-15} \sim 10^{-14}$ m 范围，而原子的半径约在 10^{-10} m 的数量级。原子核的质量比电子质量大得多，例如氢原子核的质量是电子质量的 1 836 倍，所以电子

和原子核的相对运动可近似地看做只是电子绕原子核的运动,或者说是电子在原子核的库仑场中运动。

原子的能量由电子的动能和它在核场中的电势能构成。由于原子是微观粒子,它的运动受量子力学规律支配,最突出的特性就是量子化特性。例如,电子的运行轨道是量子化的,即电子只能在一系列一定大小的、彼此分隔的轨道上运动,而在轨道之外的空间是无法"立足"的。它的角动量也是量子化的。因此,原子的能量也是不连续的,是量子化的。例如,结构最简单的氢原子,按玻尔(N. Bohr)理论,电子绕原子核做圆周运动,它运动的各轨道半径为

$$r_n = \frac{n^2 \varepsilon_0 h^2}{\pi m e^2} \quad n = 1, 2, 3, \cdots \quad (1.3-1)$$

相应于各轨道的氢原子能量为

$$E_n = -\frac{e^2}{8\pi\varepsilon_0 r_n} = -\frac{me^4}{8\varepsilon_0^2 n^2 h^2} \quad (1.3-2)$$

式中:m 为电子质量;e 为电子的电量;h 为普朗克常量;ε_0 为真空的介电常数。它们的数值分别为

$$m = 9.1 \times 10^{-31} \text{ kg}$$
$$e = 1.6 \times 10^{-19} \text{ C}$$
$$\varepsilon_0 = 8.85 \times 10^{-12} \text{ F/m}$$

将 m、e、ε_0、h 的数值代入式(1.3-1)和式(1.3-2),得到

$$r_n = a_1 n^2 \quad (1.3-3)$$
$$a_1 = 0.529 \times 10^{-10} \text{ m} \quad (1.3-4)$$
$$E_n = -\frac{2.18 \times 10^{-18}}{n^2}[\text{J}] = -\frac{13.6}{n^2}[\text{eV}] \quad (1.3-5)$$

式中:$a_1 = r_1$ 为最近原子核的轨道半径,称为第一玻尔轨道半径。电子轨道半径与 n(称为量子数)的平方成正比,其值是量子化的;原子的能量也是量子化的。这种量子化的能量值称为原子能级(简称能级)。

从公式(1.3-2)看出,原子的能量值是负的,这是把 $r=\infty$ 时的势能定为零的结果。原子的能量随 n 的增加而增大,n 愈大,表明电子离核愈远,原子能量也愈大。电子在第一轨道亦即最内层轨道($n=1$)时,能量最小,这种状态称为基态。量子数 $n>1$ 的各个状态,其能量大于基态能量,称为激发态。当 $n=\infty$ 时,$E_n=0$,表明电子已离核足够远,已不再受原子核的吸引了,这时的电子称为自由电子。

原子系统只能具有一系列的不连续的能量状态,电子虽然做加速运动但不辐射电磁能量。这些状态称为原子系统的稳定状态(简称定态),相应的能量分别为 $E_1, E_2, E_3, \cdots$($E_1 < E_2 < E_3 \cdots$)。只有当原子从一个具有较大能量 E_n 稳定状态跃迁到另一个较低能量 E_k 的稳定状态时,原子才发射单色光,频率由下式决定:

$$\nu_{nk} = \frac{E_n - E_k}{h} \tag{1.3-6}$$

式中：h 为普朗克常量。

原子各定态的能量值，也称为能级。可以将原子的各个能级表示为能级图的形式，如图 1.3.1 所示为氢原子的能级图。能级图中，纵坐标表示能量 E（或用波数 $\bar{\nu}$，单位长度内含有的波数，能量和波数之间的关系为 $E_2 - E_1 = h\nu = hc\bar{\nu}$），横线表示能级。当原子由一个能级跃迁到另一能级时，就产生一条谱线，在图中用两能级之间的矢线表示。在实际应用中，有时也将基态作为能量的零点。对于氢原子，如将基态作为能量零点，式（1.3-5）可以写成如下形式：

$$E_n = 13.6 \left(1 - \frac{1}{n^2}\right) [\text{eV}] \tag{1.3-7}$$

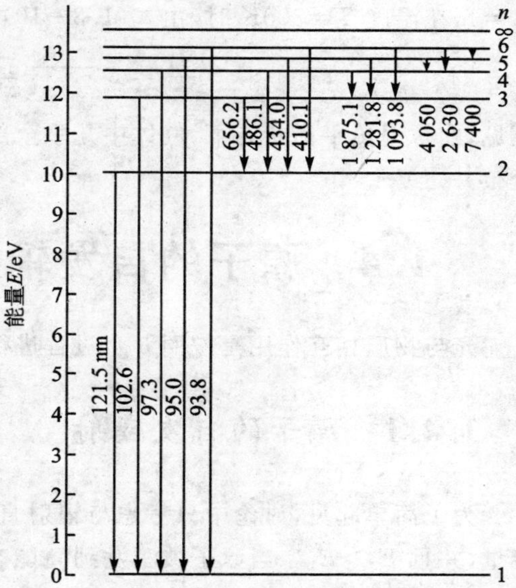

1.3.2 原子数目按能级的分布

图 1.3.1 氢原子的能级图

前面所说的原子的各个能级，是指这个原子可能具有的能级。在某一时刻，一个原子只能处于某一个能级。但是，所观察的现象总是数目巨大的原子，对于某一个原子，它可能具有这个能级或那个能级，而对于大量的原子，实验和理论都证明，在热平衡状态时，处于每个能级上原子的数目却是一定的。假设原子有 n 个能级，每个能级的能量用 E_i 表示，$i = 1, 2, \cdots, n$。g_i 表示第 i 个能级的统计权重，则处于第 i 个能级的原子数为

$$N_i = A g_i e^{-\frac{E_i}{kT}} \tag{1.3-8}$$

式中：k 为玻耳兹曼常量，$k = 1.38 \times 10^{-23}$ J/K；A 为常数。如果原子的总数为 N_0，则可由 $\sum_{i=1}^{n} N_i = N_0$ 定出常数

$$A = \frac{N_0}{\sum_{i=1}^{n} g_i e^{-\frac{E_i}{kT}}} \tag{1.3-9}$$

由式（1.3-8），可求得在热平衡状态时，处于两个能级上原子数目的比为

$$\frac{N_i}{N_j} = \frac{g_i}{g_j} e^{-\frac{(E_i - E_j)}{kT}} \tag{1.3-10}$$

从上式可以看出，如果 $E_i > E_j$，则必有 $\frac{N_j}{g_j} > \frac{N_i}{g_i}$。就是说，在热平衡状态下，低能级上每个简并

能级的平均原子数总是大于高能级上每个简并能级的平均原子数。以氢原子为例，它的基态能量和第一激发态的能量利用式(1.3-5)可计算出 $E_1=-13.6$ eV，$E_2=-3.4$ eV，令 $g_1=g_2=1$，在温度 $T=300$K 时，由式(1.3-10)可计算出

$$\frac{N_2}{N_1}=\mathrm{e}^{-\frac{(E_2-E_1)}{kT}}=\mathrm{e}^{-\frac{10.2}{0.026}}\approx \mathrm{e}^{-392}\approx 10^{-170}$$

可见，在常温热平衡状态下，气体中几乎全部原子处于基态，这种分布是原子在能级上的正常分布。

1.4 原子的自发辐射、受激吸收与受激辐射

光与物质相互作用是按照 3 个过程进行的，即原子的自发辐射、受激吸收和受激辐射。

1.4.1 原子的自发辐射

为了简单起见，讨论中只考虑与辐射直接相关的两个能级。设 E_1 和 E_2 表示两个能级的能量，并且 $E_2>E_1$。当原子被激发到高能态 E_2 上去后，它处在高能态上是不稳定的，总是力图使自己处于最低的能量状态 E_1，这与物体重心越高越不稳定，重心越低越稳定是相似的。处于高能态上的原子，即使在没有任何外界作用的情况下，也有可能从高能态 E_2 跃迁到低能态 E_1，并放出能量。这种辐射释放能量的方式有两种：一种是以热运动的能量释放出来，称为无辐射跃迁；另一种是以光的形式释放出来，称为自发辐射跃迁。所以，自发辐射跃迁是在没有任何外界作用情况下，完全由原子能级本身矛盾所导致的跃迁。自发辐射跃迁所产生的光子能量 $h\nu_{21}$ 满足条件

$$h\nu_{21}=E_2-E_1 \qquad (1.4-1)$$

式中：ν_{21} 表示原子从高能态 E_2 跃迁到低能态 E_1 所发射光的频率。图 1.4.1 中左右两个图分别表示一个激发态原子自发辐射前和自发辐射后的情况。

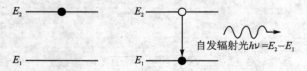

图 1.4.1 原子的自发辐射

自发辐射过程是原子以随机的方式无规地、独立地从高能态跃迁到低能态的过程。大量原子自发跃迁产生的辐射称为荧光。在大量发光原子中，不同原子所发射的荧光之间的相位、频率、偏振态以及传播方向都是随机的，因而是非相干的。

设在时刻 t，能级 E_2 上单位体积中的原子数目（称为原子数密度）为 n_2，经过 dt 时间，由于

自发辐射，原子数目要减少，其变化为 dn_2，显然

$$dn_2 = -A_{21}n_2 dt \qquad (1.4-2)$$

式中：负号表示 n_2 随时间的增加而减少。比例系数 A_{21} 表示单位时间内，能级 E_2 上的粒子数发生自发辐射的百分数，称为自发辐射系数，它是粒子能级系统的特征参量。A_{21} 也可以理解为原子在单位时间，由能级 E_2 自发跃迁到能级 E_1 的几率。A_{21} 的单位为 s^{-1}。

将式(1.4-2)对时间积分，可以得到 n_2 随时间的变化规律为

$$n_2(t) = n_{20}e^{-A_{21}t} = n_{20}e^{-\frac{t}{\tau}} \qquad (1.4-3)$$

式中：n_{20} 为 $t=0$ 时上能级的原子数密度。τ 为自发辐射几率 A_{21} 的倒数，即

$$\tau = \frac{1}{A_{21}} \qquad (1.4-4)$$

当 $t=\tau$ 时，$n_2(\tau)=n_{20}/e$。τ 称为激发态的平均寿命，表征处于能级 E_2 的一个原子在自发跃迁之前停留在该能级的平均时间，或称为由 $E_2 \rightarrow E_1$ 跃迁的自发辐射寿命，它在数值上等于高能级 E_2 上的原子数减少到它的初始值 $\frac{1}{e}$ 所需的时间。

A_{21} 表征所涉及的原子的那对能级的特征。因此，对多重能级，即两个能级之一或全是简并的情况，A_{21} 的值要考虑所涉及的那对能级的所有的态。A_{21} 的大小主要受原子跃迁的选择定则的制约，符合电偶极跃迁选择定则者，A_{21} 之值较大；否则，很小乃至零。例如，对于禁戒跃迁，$A_{21}=0(\tau \rightarrow \infty)$。通常，原子系统中，符合选择定则的两个能级之间的自发跃迁几率 A_{21} 为 $10^7 \sim 10^8$ s^{-1} 量级，即 τ 为 $10^{-7} \sim 10^{-8}$ s。若 τ 为 10^{-3} s 或者更长，则称这种能级为亚稳能级。亚稳能级在激光理论中占有重要地位，它能集聚较多的激发能。一般说来，激光跃迁的高能级为亚稳能级。

利用式(1.4-3)，可以得到自发辐射光的强度与时间的关系式

$$I(t) = I_0 e^{-\frac{t}{\tau}} \qquad (1.4-5)$$

式中：I_0 为 $t=0$ 时刻的光强。

1.4.2 原子的受激吸收

当原子受到外来的、能量为 $h\nu$ 的光子照射时，如果外来光子的能量正好等于两个能级的能量间隔，即 $h\nu=E_2-E_1$，则处于低能级 E_1 上的原子将吸收这个光子而使自己跃迁到高能级 E_2 上去，这种过程称为原子的受激吸收过程，如图 1.4.2 所示。

受激吸收过程的特点是，这个过程不是自发产生的，而必须有外来光子的作用。对于这种外来的光子，其能量要等于两个能级的能量间隔，至于方向、相位等方面均无任何限制。

设在时刻 t，能级 E_1 上的原子数密度为 n_1，经过 dt 时间，由于受激吸收，能级 E_1 的原子数目要减少，其变化为 dn_1。这个变化除了与 n_1、dt 有关外，还应与外来辐射场(即外来光子)有

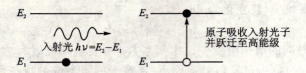

图 1.4.2 原子的受激吸收

关,写成等式应有

$$dn_1 = -B_{12}\rho_\nu n_1 dt \quad (1.4-6)$$
$$W_{12} = B_{12}\rho_\nu \quad (1.4-7)$$

式中:ρ_ν 为外来辐射场的辐射能量密度,表示在空腔的单位体积内,频率在 ν 附近的单位频率间隔内的辐射能量,单位为 $J\cdot m^{-3}\cdot s$。普朗克用量子理论推导出 ρ_ν 的具体形式为

$$\rho_\nu = \frac{8\pi h\nu^3}{c^3}\cdot\frac{1}{e^{\frac{h\nu}{kT}}-1} \quad (1.4-8)$$

式中:k 为玻耳兹曼常数,T 为绝对温度。式(1.4-6)中的 B_{12} 称为受激吸收系数,是能级系统的特征参量。式(1.4-7)中的 W_{12} 表示受激吸收跃迁几率,它与入射场 ρ_ν 成正比。

1.4.3 原子的受激辐射

爱因斯坦于 1916 年首先提出受激辐射的概念。当原子体系受到外来的能量为 $h\nu$ 的光子照射时,如果 $h\nu=E_2-E_1$,则处于高能级 E_2 上的原子会因这个外来光子的作用而从高能级 E_2 跃迁到低能级 E_1 上去,这时原子将辐射一个和外来光子完全一样的光子,这个过程叫受激辐射,如图 1.4.3 所示。

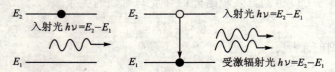

图 1.4.3 原子的受激辐射

由于受激辐射是在外来的光子,即在外场的激励下产生的,所以受激辐射出的光子与外来激励的光子有着完全相同的特性:传播方向相同,振荡频率相同,相位相同,偏振状态相同。这是受激辐射与自发辐射的重要区别,也是受激辐射的重要特征。

受激辐射过程使光子数增多了,或者说光被放大了,这是激光放大器的基本概念。假如这样产生的光子不是逐渐减少,而是在发光的物质中不断地增加,致使受激辐射超过受激吸收和自发辐射,这时所得到的光就是受激辐射的光,英文为 Light Amplification by Stimulated Emission of Radiation(辐射的受激辐射的光放大),缩写为 Laser(激光)。后面将要说明在技术上如何实现这种辐射。

由于受激辐射,在 dt 时间内,能级 E_2 上的粒子数变化为

$$dn_2 = -B_{21}\rho_\nu n_2 dt \quad (1.4-9)$$

$$W_{21} = B_{21}\rho_\nu \quad (1.4-10)$$

式中:B_{21} 为受激辐射系数,有时也称为爱因斯坦受激辐射系数;W_{21} 为受激辐射几率,它与能级系统特征参量 B_{21} 以及外来辐射场能量密度 ρ_ν 有关。

1.4.4 A_{21}、B_{21} 和 B_{12} 三系数的关系

物质由大量原子组成,这些原子分布在各个能级上(热平衡状态下,绝大部分原子处于基态),在外场 ρ_ν 作用下,自发辐射、受激辐射和受激吸收三个过程同时发生,而且这三个过程不是各自孤立的,而是有着某种内在的联系,这表现在 A_{21}、B_{21} 和 B_{12} 三系数的关系上。它们的具体关系为

$$\frac{A_{21}}{B_{21}} = \frac{8\pi h\nu^3}{c^3} \quad (1.4-11)$$

$$B_{12}g_1 = B_{21}g_2 \quad (1.4-12)$$

式中:g_1、g_2 为两个能级的统计权重。

可以通过讨论空腔热平衡辐射来证明式(1.4-11)和式(1.4-12)。在热平衡时,从高能级 E_2 上所发射的光子数应等于从低能级 E_1 上所吸收的光子数,因此,从能量关系上看,应有

$$[A_{21}n_2 dt]h\nu + [B_{21}\rho_\nu n_2 dt]h\nu = [B_{12}\rho_\nu n_1 dt]h\nu$$

由此得

$$\frac{n_2}{n_1} = \frac{B_{12}\rho_\nu}{A_{21} + B_{21}\rho_\nu} \quad (1.4-13)$$

按玻耳兹曼分布公式,n_1 与 n_2 的关系为

$$\frac{n_2}{n_1} = \frac{g_2}{g_1} e^{-\frac{E_2-E_1}{kT}} \quad (1.4-14)$$

联立式(1.4-13)和式(1.4-14)可得

$$\rho_\nu = \frac{A_{21}}{B_{21}} \cdot \frac{1}{\frac{B_{12}g_1}{B_{21}g_2}e^{\frac{h\nu}{kT}}-1}$$

已知黑体辐射的能量密度公式为

$$\rho_\nu = \frac{8\pi h\nu^3}{c^3} \frac{1}{e^{\frac{h\nu}{kT}}-1}$$

比较上面两个式子,如果在任何温度 T 时两式均成立,就能得到关系式(1.4-11)和式(1.4-12)。特别是,当统计权重 $g_1 = g_2$ 时,有

$$B_{12} = B_{21}$$

或
$$W_{12} = W_{21} \tag{1.4-15}$$

从式(1.4-11)可以看出，$\frac{A_{21}}{B_{21}} \propto \nu^3$，即频率越高，自发辐射效应越显著。例如：对 $\lambda = 600$ m 的无线电波，$\frac{A_{21}}{B_{21}} \approx 7.7 \times 10^{-41}$；对 $\lambda = 1$ cm 的微波，$\frac{A_{21}}{B_{21}} \approx 1.7 \times 10^{-26}$；而对 $\lambda = 0.5$ μm 的可见光，$\frac{A_{21}}{B_{21}} \approx 1.2 \times 10^{-13}$。

在折射率为 η 的介质中，光速为 $\frac{c}{\eta}$，式(1.4-11)应表示为

$$\frac{A_{21}}{B_{21}} = \frac{8\pi \eta^3 h \nu^3}{c^3} \tag{1.4-16}$$

1.5 光谱线的增宽

任何一条光谱线，都具有一定的频率宽度，即光谱线的强度按频率有一定的分布。不同的光谱线具有不同宽度。光谱线的形状与宽度对激光器的工作特性有很大影响。

在光谱学中，用谱线的线型函数 $g(\nu)$ 来描述光谱线的形状与宽度，$g(\nu)$ 定义为

$$g(\nu) = \frac{I(\nu)}{I} \tag{1.5-1}$$

式中：$I(\nu)$ 为频率分布在 ν 至 $\nu + d\nu$ 范围内单位频率间隔的辐射功率；I 为总辐射功率。按式(1.5-1)定义的线型函数满足归一化条件

$$\int_{-\infty}^{\infty} g(\nu) d\nu = 1 \tag{1.5-2}$$

$g(\nu)$ 的大体形状如图 1.5.1 所示。

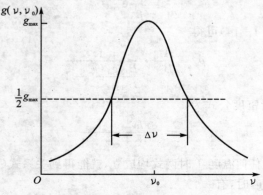

图 1.5.1 线型函数曲线

在中心频率 ν_0，$g(\nu)$ 取极大值 $g(\nu_0)$。光谱线的宽度定义为，当 $g(\nu)$ 曲线从它的极大值 $g(\nu_0)$ 下降到它的一半处所对应的频率范围。如用 $\Delta\nu$ 表示宽度，则应有

$$g\left(\nu_0 \pm \frac{\Delta\nu}{2}\right) = \frac{g(\nu_0)}{2} \tag{1.5-3}$$

1.5.1 原子跃迁谱线增宽的机理与线型

1. 光谱线的自然宽度

光谱线的自然宽度是由于处在激发态上的原子具有一定的平均寿命引起的。从能量的测不准关系上看，原子在激发态上存在的时间 τ 和其能量的测不准度 ΔE 存在着如下的关系：

$$\Delta E \cdot \tau \geqslant \frac{h}{2\pi} \tag{1.5-4}$$

式(1.5-4)表明，如果激发态具有一段有限的持续时间 τ，那么，它的能量在属于区间 τ 的每一时刻都不能精确地测定。ΔE 称为原子能级的自然宽度。如令 ΔE_2 为原子高能级 E_2 上的自然宽度，ΔE_1 为低能级 E_1 的自然宽度，原子在两能级上的平均寿命分别为 τ_2 及 τ_1，则原子从高能级跃迁到低能级时，自发辐射出的光谱线的频率，就不能简单地只有一个频率 ν_{21}，而是在 ν_{21} 附近有一个变化的范围 $\Delta\nu_N$

$$\Delta\nu_N = \frac{\Delta E_2 + \Delta E_1}{h} = \frac{1}{2\pi}\left(\frac{1}{\tau_2} + \frac{1}{\tau_1}\right) \tag{1.5-5}$$

$\Delta\nu_N$ 称为光谱线的自然宽度。

从经典的电磁场辐射理论可以证明，具有自然宽度光谱线的线型函数为

$$g_N(\nu, \nu_0) = \frac{1}{2\pi} \cdot \frac{\Delta\nu_N}{(\nu - \nu_0)^2 + \left(\frac{\Delta\nu_N}{2}\right)^2} \tag{1.5-6}$$

式(1.5-6)表示的线型为洛伦兹型。

由于任一激发态都有一定的寿命，所以自然增宽为一切原子所普遍具有的谱线增宽，其线型函数如式(1.5-6)所示，其谱线宽度由式(1.5-5)给定。

2. 碰撞增宽

在气体中，大量粒子都处于无规则热运动状态。当两个粒子足够接近，并且它们之间的相互作用足以改变原来的状态时，就认为这两个粒子发生了碰撞。一个原子在与其他原子、分子、离子等粒子或容器壁的不断碰撞过程中，会使其辐射或吸收的谱线增宽，这种增宽称为碰撞增宽。

在碰撞中，如果原子没有失去它的任何内能，或者两个相同原子碰撞，它们的内能彼此交

换,而无纯粹损失,则这种碰撞称为弹性碰撞;反之,称为非弹性碰撞。原子失去的内能,可能转变为与之相碰撞的另一个原子的动能或激发能,也可能传递给容器壁。

处于激发态的原子与处于基态的原子碰撞,前者将自己的内能转移给基态原子,使后者跃迁到激发态,而前者跃迁到较低能态或基态。这个跃迁属于非辐射跃迁。对原来受激态原子,相当于缩短了它原来所处的激发态的时间,即碰撞过程会导致激发态具有一定的寿命。

碰撞会使波列中断,导致相位突变。正在发光的原子受到碰撞,发光突然终止,碰撞后的原子再发光时,所发射波列相位发生突变,并且没有任何规律,这实际上等效于原子能级寿命的缩短。

在晶体中,虽然原子基本上是不动的,但每个原子也受到相邻原子的偶极相互作用,即原子-原子耦合相互作用,因而一个原子也可能在无规的时刻由于这种相互作用而改变自己的运动状态,这时也可称为"碰撞"。

有时称碰撞过程为横向弛豫过程,碰撞过程所经历的时间称为横向弛豫时间,用 t_2 表示。自发辐射过程称为纵向弛豫过程,自发辐射经历的时间称为纵向弛豫时间,用 t_1 表示。t_1 就是能级的自发辐射寿命 τ,而 t_2 就是一个原子与系统中其他原子两次相继碰撞之间的平均时间间隔 τ_L。由于碰撞的发生完全是随机的,只能了解它们的统计平均性质,因此从物理概念出发预见它的线型函数应与自然增宽一样,并可表示为

$$\left. \begin{aligned} g_L(\nu,\nu_0) &= \frac{1}{2\pi} \frac{\Delta\nu_L}{(\nu-\nu_0)^2 + \left(\frac{\Delta\nu_L}{2}\right)^2} \\ \Delta\nu_L &= \frac{1}{2\pi\tau_L} \end{aligned} \right\} \quad (1.5-7)$$

式中:$\Delta\nu_L$ 为碰撞线宽。可见,碰撞增宽的线型函数也是洛伦兹型的。

碰撞增宽的谱线宽度 $\Delta\nu_L$ 可由实验直接测定。在气压不太高时,$\Delta\nu_L$ 与气压成正比,并可表示为

$$\Delta\nu_L = \alpha p \quad (1.5-8)$$

式中:α 为比例系数,可由实验测定,单位为 MHz/Pa。该系数与气压无关,但随不同工作气体和不同跃迁波长而异。由于碰撞增宽的线宽与气压成正比,所以亦称为压力增宽。

由于大部分气体激光工作物质都是由工作气体(设为 a)与辅助气体(设为 $b,c,\cdots$)组成,若分气压分别为 $p_a, p_b, \cdots$,则工作气体原子的压力增宽线宽可表示为

$$\Delta\nu_L(a) = \alpha_{aa} p_a + \alpha_{ab} p_b + \alpha_{ac} p_c + \cdots \quad (1.5-9)$$

式中:α_{aa} 为工作气体与工作气体原子之间碰撞的压力增宽系数;$\alpha_{ab},\alpha_{ac}\cdots$ 为工作气体与辅助气体原子间碰撞的压力增宽系数。表 1.5.1 列出了两种气体激光介质压力加宽系数的典型实验结果。

表 1.5.1　两种常见气体激光跃迁谱线压力增宽系数

激光跃迁/μm	碰撞气体	压力增宽系数/(MHz·Pa^{-1})
He-Ne 0.632 8	He+Ne	0.53
He-Ne 3.39	He+Ne	0.38~0.60
CO_2　10.6	CO_2+CO_2	0.057
	CO_2+N_2	0.041
	CO_2+He	0.034
	CO_2+H_2O	0.022

3. 多普勒增宽

多普勒(Doppler)增宽是由做热运动的发光原子所发出辐射的多普勒频移引起的。设一发光原子的中心频率为 ν_0，当原子相对于接收器静止时，接收器测得光波频率也为 ν_0；但当原子相对于接收器以 v_z 速度运动时，接收器测得的光波频率不再是 ν_0，而是 ν。在 $v_z \ll c$ 时，ν 与 ν_0 的关系可表示为

$$\nu = \nu_0 \left(1 + \frac{v_z}{c}\right) \tag{1.5-10}$$

原子(光源)接近接收器时，$v_z > 0$；远离接收器时，$v_z < 0$。

处于热平衡状态下的大量的原子(分子)气体，它们的热运动速度服从麦克斯韦统计分布规律。速度分量在 v_z 与 $v_z + \mathrm{d}v_z$ 之间的原子数 $n(v_z)\mathrm{d}v_z$ 为

$$n(v_z)\mathrm{d}v_z = n\left(\frac{m}{2\pi kT}\right)^{\frac{1}{2}} e^{-\frac{m}{2kT}v_z^2} \mathrm{d}v_z \tag{1.5-11}$$

式中：n 为单位体积中的总原子数，m 为原子(分子)的质量，k 为玻耳兹曼常数，T 为绝对温度。由式(1.5-10)解出 v_z，代入式(1.5-11)，得到原子数目按频率的分布

$$n(\nu)\mathrm{d}\nu = n\left(\frac{c}{\nu_0}\right)\left(\frac{m}{2\pi kT}\right)^{\frac{1}{2}} e^{-\frac{mc^2}{2kT\nu_0^2}(\nu-\nu_0)^2} \mathrm{d}\nu \tag{1.5-12}$$

按线型函数定义

$$g(\nu, \nu_0) = \frac{I(\nu)}{I} = \frac{n(\nu)}{n}$$

得到多普勒线型函数为

$$g_D(\nu, \nu_0) = \frac{c}{\nu_0}\left(\frac{m}{2\pi kT}\right)^{\frac{1}{2}} e^{-\frac{mc^2}{2kT\nu_0^2}(\nu-\nu_0)^2} \tag{1.5-13}$$

宽度为

$$\Delta\nu_D = 2\nu_0\left(\frac{2kT}{mc^2}\ln 2\right)^{\frac{1}{2}} \approx 7.16 \times 10^{-7}\left(\frac{T}{M}\right)^{\frac{1}{2}}\nu_0 \tag{1.5-14}$$

式中:M 为某元素原子量(或分子的分子量),它与该元素原子的质量 m(单位 kg)的关系为
$$m = 1.66 \times 10^{-27} M \qquad (1.5-15)$$
由式(1.5-13)所表示的线型为高斯线型。

利用式(1.5-14),可算得 Ne 原子的 $\Delta\nu_D$。对于 Ne 原子,设 $M=20, \lambda=0.63~\mu m$,当 $T=300$ K 时,得 $\Delta\nu_D = 1~300$ MHz;对于 CO_2 分子,设 $M=44, \lambda=10.6~\mu m$,当 $T=300$ K 时,得 $\Delta\nu_D = 53$ MHz。

1.5.2 谱线增宽的类型

可以根据谱线增宽的物理原因,将谱线的各种增宽进行分类。

1. 均匀增宽

如果引起增宽的物理因素对每个原子都是等同的,则这种增宽称为均匀增宽。对此种增宽,每个发光原子都以整个线型发射,每一发光原子对光谱线内任一频率都有贡献。自然增宽、碰撞增宽均属均匀增宽类型,均匀增宽光谱线形状是洛伦兹型的。均匀增宽线型函数可用 $g_H(\nu, \nu_0)$ 表示,并且

$$\left. \begin{array}{l} g_H(\nu, \nu_0) = \dfrac{1}{2\pi} \dfrac{\Delta\nu_H}{(\nu-\nu_0)^2 + \left(\dfrac{\Delta\nu_H}{2}\right)^2} \\ \Delta\nu_H = \Delta\nu_N + \Delta\nu_L \end{array} \right\} \qquad (1.5-16)$$

$\Delta\nu_N$ 和 $\Delta\nu_L$ 分别表示自然宽度和压力宽度。对于一般的气体工作物质,$\Delta\nu_L \gg \Delta\nu_N$,只有当气压极低时,自然增宽才会显示出来。

2. 非均匀增宽

非均匀增宽的特点是,原子体系中每个原子只对谱线内某一频率有贡献,因而可以区分谱线上的某频率范围是由哪一部分原子发射的。气体工作物质中的多普勒增宽属于非均匀增宽。

在一般的 He-Ne(氦氖)激光器中,主要是多普勒增宽。对于普通的 CO_2(二氧化碳)激光器的 10.6 μm 谱线,当气压低于 700 Pa 时,多普勒增宽占主导地位;再增大时,碰撞增宽就变成主要的增宽机制;当气压远远超过 700 Pa 时,谱线成为洛伦兹线型。在氩离子激光器中,由于放电电流很大,粒子热运动温度很高,因此其多普勒线宽很大,可达 6×10^9 Hz。

3. 综合增宽

一般而言,原子辐射出的光谱线,其均匀增宽和非均匀增宽总是同时存在的,但在不同条

件下,有时均匀增宽的影响比非均匀增宽的影响大,有时则相反。当两个增宽可以比拟时,就称为综合增宽。可以证明,综合增宽的线型函数 $g(\nu,\nu_0)$ 为介质多普勒增宽的高斯函数与每个工作粒子发射的均匀增宽的洛伦兹函数的卷积

$$g(\nu,\nu_0) = \int_{-\infty}^{\infty} g_D(\nu',\nu_0) g_H(\nu,\nu') d\nu' \tag{1.5-17}$$

数学上,将该卷积积分称为佛克脱(Voigt)积分,其数值可从有关的函数表查到。该积分的精确形式强烈地依赖于介质中的 $\Delta\nu_H/\Delta\nu_D$ 值。可以证明,在 $\Delta\nu_H/\Delta\nu_D \ll 1$ 和 $\Delta\nu_H/\Delta\nu_D \gg 1$ 两种极端情况下,式(1.5-17)就分别退化为非均匀增宽和均匀增宽情形。

下面考虑谱线增宽情况下对式(1.4-2)、式(1.4-6)、式(1.4-7)、式(1.4-9)和式(1.4-10)有什么影响?

前面所说的线型函数 $g(\nu,\nu_0)$ 表示的是光谱线强度按频率的分布。线型函数也可以理解为跃迁几率按频率的分布函数,即

$$A_{21}(\nu) = A_{21} g(\nu,\nu_0) \tag{1.5-18}$$
$$B_{21}(\nu) = B_{21} g(\nu,\nu_0) \tag{1.5-19}$$
$$W_{21}(\nu) = W_{21} g(\nu,\nu_0) \tag{1.5-20}$$
$$W_{21}(\nu) = B_{21} g(\nu,\nu_0) \rho_\nu \tag{1.5-21}$$

可见,$A_{21}(\nu)$ 表示在总的自发跃迁几率 A_{21} 中,分配在频率 ν 处单位频率间隔内的自发跃迁几率。$W_{21}(\nu)$ 表示在辐射场 ρ_ν 作用下,总的受激跃迁几率 W_{21} 中,分配在频率 ν 处单位频带内的受激跃迁几率。

考虑谱线宽度,式(1.4-2)应写为

$$\frac{dn_2}{dt} = -\int_{-\infty}^{\infty} n_2 A_{21}(\nu) d\nu = -\int_{-\infty}^{\infty} n_2 A_{21} g(\nu,\nu_0) d\nu = $$
$$-n_2 A_{21} \int_{-\infty}^{\infty} g(\nu,\nu_0) d\nu = -n_2 A_{21}$$

这和式(1.4-2)相同,所以考虑谱线宽度时,对式(1.4-2)无影响。

对式(1.4-9),考虑谱线宽度时,应写成

$$\frac{dn_2}{dt} = -n_2 \int_{-\infty}^{\infty} B_{21}(\nu) \rho_\nu d\nu = -n_2 \int_{-\infty}^{\infty} B_{21} g(\nu,\nu_0) \rho_\nu d\nu = -n_2 B_{21} \int_{-\infty}^{\infty} g(\nu,\nu_0) \rho_\nu d\nu \tag{1.5-22}$$

式(1.5-22)中的积分与辐射场 ρ_ν 的带宽 $\Delta\nu'$ 有关。以下讨论两种极限情况:

① 原子与准单色光辐射场相互作用 激光器内激光波场与原子相互作用就属于此类情形。在此情形下,入射光 ρ_ν 的带宽 $\Delta\nu'$ 比原子谱线的带宽 $\Delta\nu$ 窄很多,如图1.5.2所示。ρ_ν 的中心频率为 ν,积分式(1.5-22)的被积函数只在中心频率 ν 附近的一个极窄范围内才有非零值,在此范围内,$g(\nu',\nu_0)$ 可以近似看成不变,并用 $g(\nu,\nu_0)$ 代替,提到积分号外,即

$$\frac{dn_2}{dt} = -n_2 B_{21} \int_{-\infty}^{\infty} g(\nu',\nu_0) \rho_\nu d\nu' = -n_2 B_{21} g(\nu,\nu_0) \int_{-\infty}^{\infty} \rho_\nu d\nu = -n_2 B_{21} g(\nu,\nu_0) \rho \tag{1.5-23}$$

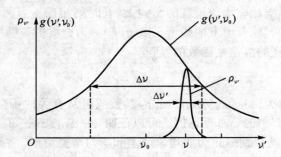

图 1.5.2 原子和准单色场相互作用

可见,在此种情况下,表达式为

$$W_{21} = B_{21} g(\nu,\nu_0) \rho \qquad (1.5-24)$$

$$\rho = \int \rho_{\nu'} d\nu' \qquad (1.5-25)$$

ρ 表示频率为 ν 的准单色光辐射场的总能量密度。

式(1.5-24)的物理意义是,由于谱线增宽,与原子相互作用的单色光的频率 ν 并不一定要精确等于原子发光的中心频率 ν_0 才能产生受激跃迁,而是在 $\nu=\nu_0$ 附近一个频率范围内都能产生受激跃迁。只是当 $\nu=\nu_0$ 时,跃迁几率最大;当 ν 偏离 ν_0 时,跃迁几率急剧下降。

② 原子与连续光辐射场相互作用 黑体辐射场即属于此种情形。如图 1.5.3 所示,ν_0 为原子谱线中心频率,原子谱线宽度 $\Delta\nu$ 比入射光 ρ_ν 的带宽 $\Delta\nu'$ 窄得多。在这种情况下,积分式(1.5-22)可写成

$$\frac{dn_2}{dt} = -n_2 B_{21} \int_{-\infty}^{\infty} g(\nu,\nu_0) \rho_\nu d\nu = -n_2 B_{21} \rho_{\nu_0} \int_{-\infty}^{\infty} g(\nu,\nu_0) d\nu = -n_2 B_{21} \rho_{\nu_0} \qquad (1.5-26)$$

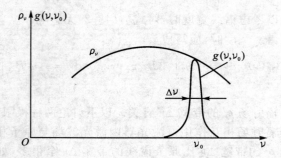

图 1.5.3 原子和连续谱场相互作用

可见

$$W_{21} = B_{21} \rho_{\nu_0} \qquad (1.5-27)$$

式中:ρ_{ν_0} 是连续辐射场在原子中心频率 ν_0 处的单色能量密度。上式说明,连续辐射场射入介

质时,只有当连续辐射场的频率等于原子的中心频率时才与原子发生相互作用。

对于表示受激吸收过程的式(1.4-6)和式(1.4-7)也有类似结果,即原子与准单色光相互作用时,表示为

$$\frac{\mathrm{d}n_1}{\mathrm{d}t} = -n_1 B_{12} g(\nu, \nu_0) \rho \tag{1.5-28}$$

$$W_{12} = B_{12} g(\nu, \nu_0) \rho \tag{1.5-29}$$

原子与连续光相互作用时,表示为

$$\frac{\mathrm{d}n_1}{\mathrm{d}t} = -n_1 B_{12} \rho_{\nu_0} \tag{1.5-30}$$

$$W_{12} = B_{12} \rho_{\nu_0} \tag{1.5-31}$$

对于式(1.4-11)和式(1.4-12)可以表示成

$$\frac{A_{21}(\nu)}{B_{21}(\nu)} = \frac{A_{21}}{B_{21}} = \frac{8\pi h \nu^3}{c^3} \tag{1.5-32}$$

$$B_{12}(\nu) g_1 = B_{21}(\nu) g_2 \tag{1.5-33}$$

习题与思考题

1-1 计算与以下两种激光波长相应的光子质量与能量(能量分别用 J 和 eV 表示):
(1) He-Ne 激光器 632.8 nm 激光;
(2) CO_2 激光器 10.6 μm 激光。

1-2 填写下表中光子能量(或频率、波长)不同表示方法间的换算关系:

	eV	cm^{-1}	μm	Hz
1 eV				
1 cm^{-1}				
1 Hz				

计算中取:光速 $c = 3 \times 10^8$ m/s,电子电量 $e = 1.6 \times 10^{-19}$ C,普朗克常量 $h = 6.626 \times 10^{-34}$ J·s。

1-3 设一对激光能级为 E_2 和 E_1(两能级的统计权重相等),两能级间的跃迁频率为 ν(相应的波长为 λ),能级上的粒子数密度分别为 n_2 和 n_1,求:
(1) 当 $\nu = 3\,000$ MHz, $T = 300$ K 时,$n_2/n_1 = ?$
(2) 当 $\lambda = 1$ μm, $T = 300$ K 时,$n_2/n_1 = ?$
(3) 当 $\lambda = 1$ μm, $n_2/n_1 = 0.1$ 时,温度 $T = ?$

1-4 设两个能 E_2 与 E_1 之间的受激辐射爱因斯坦系数 $B_{21} = 10^{19}$ m^3/(J·s^2),受到光强 $I = 10$ W/mm^2 的共振作用。

(1) 计算受激跃迁几率 W_{21}。

(2) 在下列 3 种跃迁情况下，计算自发辐射跃迁几率 A_{21} 和自发辐射寿命 τ_2：

① $\lambda=6\ \mu m$； ② $\lambda=600\ nm$； ③ $\lambda=60\ nm$。

1-5 某一分子的能级 E_4 到 3 个较低能级 E_1、E_2 和 E_3 的自发跃迁几率分别是 $A_{43}=5\times10^7\ s^{-1}$，$A_{42}=1\times10^7\ s^{-1}$ 和 $A_{41}=3\times10^7\ s^{-1}$，试求该分子 E_4 能级的自发辐射寿命 τ_4。若 $\tau_1=5\times10^{-7}\ s$，$\tau_2=6\times10^{-9}\ s$，$\tau_3=1\times10^{-8}\ s$，在对 E_4 连续激发并达到稳态时，试求相应能级上粒子数比值 n_1/n_4，n_2/n_4 和 n_3/n_4，并回答这时在哪两个能级间实现了粒子数反转？

1-6 黑体辐射的单色能量密度既可用 ρ_ν 表示，也可用 ρ_λ 表示。已知：ρ_ν 如式(1.4-8)所示。

(1) 导出 ρ_λ 的表达式；

(2) 导出维恩位移公式 $\lambda_m T=b$，式中 λ_m 为 ρ_λ 取最大值时的波长，b 为常数；

(3) 求黑体辐射的总能量密度 ρ。

1-7 证明式(1.5-6)。

1-8 考虑 He-Ne 激光器的 632.8 nm 的跃迁，其上能级 $3S_2$ 的寿命 $\tau_3\approx 2\times 10^{-8}\ s$，下能级 $2P_4$ 的寿命 $\tau_2\approx 2\times 10^{-8}\ s$，管内充气压 $p=266\ Pa$（取原子量 $M=20$，压力增宽系数 $\alpha=0.53\ MHz/Pa$）。

(1) 计算 $T=300\ K$ 时的多普勒线宽；

(2) 计算均匀线宽 $\Delta\nu_H$ 及 $\Delta\nu_D/\Delta\nu_H$。

1-9 估算在 77 K 温度下，Kr^{86} 低气压放电灯的 605.7 nm 谱线的多普勒增宽 $\Delta\nu_D$。如忽略自然增宽和碰撞增宽，该光的相干长度 L_c 是多少？一个单色性 $\Delta\lambda/\lambda=10^{-8}$ 的 632.8 nm He-Ne 激光的相干长度是多少？

1-10 估算 CO_2 气体在室温下(300 K)的多普勒线宽 $\Delta\nu_D$。在什么气压范围内 CO_2 气体从非均匀增宽过渡到均匀增宽(设碰撞线宽系数为 $\alpha=0.049\ MHz/Pa$)？

第 2 章 光放大与振荡——激光器原理

本章讲述激光器原理,主要包括三部分内容:①激光器产生的基本原理、激光的形成过程及特性;②激光器的速率方程,它是处理激光与原子相互作用的基本理论方法之一;③在速率方程的基础上,导出激光介质的增益系数及其饱和规律,进而讨论激光器的主要特性(激光的振荡条件、输出功率与能量)。

2.1 粒子数反转与光放大

从第 1 章的讨论中可以看出,当光通过介质时,总是同时发生两个过程,即光的受激吸收和光的受激辐射。前者使在介质中传播的光不断减弱,后者使在介质中传播的光不断增强。这两个矛盾的过程总是同时存在的,至于哪一个过程起主要作用,取决于原子数目按能级的分布情况。在通常情况下,低能级的原子数总是多于高能级上的原子数,即总有 $\frac{n_2}{g_2} \ll \frac{n_1}{g_1}$。这样,当光通过介质时,光的受激吸收过程总是远大于光的受激辐射过程,总的效果表现为介质对光吸收。所以在通常情况下,观察不到光的放大现象,只能观察到光的吸收现象,如图 2.1.1 所示。

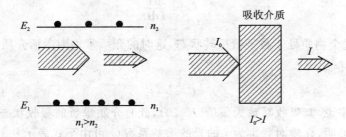

I_0——入射到介质表面的光强;I——通过介质后的光强

图 2.1.1 光的吸收

设 I_0 为垂直入射到吸收介质表面处的光强,经过厚度为 L 的介质后光强度变为 I,则

$$I = I_0 e^{-KL} \tag{2.1-1}$$

式中:K 为介质的吸收系数,表示介质对光吸收的强弱。将光强 I 对 L 求微商,可得

$$K = -\frac{\mathrm{d}I}{I\mathrm{d}L} \tag{2.1-2}$$

可见,吸收系数表示光在介质内传播单位距离时,光强减少的百分比。对于吸收介质,$\mathrm{d}I/I<0$,

所以 $K>0$，表示介质对光呈正的吸收状态。

如果在外来能量的激发下，使物质中处于高能级的原子数大于低能级上的原子数，即 $\frac{n_2}{g_2}>\frac{n_1}{g_1}$，此时，如有一束光通过处于这种状态下的物质，而光子的能量又恰好等于这两个能级的能量差，这时光的受激辐射过程将压倒受激吸收过程，而使受激辐射占主导地位，介质总的表现为对光放大。这时从该物质输出的光强超过入射光强，如图 2.1.2 所示。此时

$$I = I_0 e^{GL} \tag{2.1-3}$$

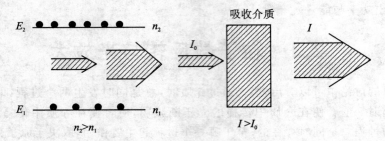

I_0—入射到介质表面的光强；I—通过介质后的光强

图 2.1.2 光的放大

式中：G 为介质的增益系数，表示介质对光放大能力的强弱。G 在数值上等于光在增益介质内传播单位距离时，光强增加的百分比。其表达式为

$$G = \frac{dI}{I dL} \tag{2.1-4}$$

当 $\frac{n_2}{g_2}>\frac{n_1}{g_1}$ 时，称这个物质处于粒子数反转状态，这时的介质常称为激活介质或增益介质。

理论上可以证明

$$G = -K \tag{2.1-5}$$

即对于增益介质来说，其吸收系数为负值（$K<0$），此时介质呈负的吸收状态。

本章后面将证明，介质对频率为 ν 的光的增益系数 G 可由下式表示：

$$G = \left(n_2 - \frac{g_2}{g_1}n_1\right)\frac{\lambda_0^2}{8\pi}A_{21}g(\nu,\nu_0) \tag{2.1-6}$$

式中：n_1、n_2 为两个能级的粒子数密度；g_1、g_2 为两个能级的统计权重；A_{21} 为由能级 2 向能级 1 跃迁的自发辐射几率；λ_0 为自发辐射光谱线的中心波长；$g(\nu,\nu_0)$ 表示中心频率为 ν_0 的自发辐射光谱线线型函数在频率 ν 处的值。

从式(2.1-6)可以看出，如果 $n_2 - \frac{g_2}{g_1}n_1 > 0$，则 $G>0$，即此情况下介质对光有放大作用。$n_2 - \frac{g_2}{g_1}n_1 > 0$，即 $\frac{n_2}{g_2} - \frac{n_1}{g_1} > 0$，这种情况称为粒子数反转状态。处于粒子数反转状态的介质称

为增益介质,这种介质的增益系数为正值(而其吸收系数为负值,呈负吸收状态),对光有放大作用。所以,粒子数反转是光放大的必要条件,也是产生激光的必要条件。

在通常情况下,总是 $\frac{n_1}{g_1} > \frac{n_2}{g_2}$,因此观察到的总是光的吸收现象,直到 1960 年,光的放大才成为现实。这期间主要解决了两个问题:一是解决了光学波段的谐振腔问题;二是找到了在光学波段得到粒子数反转的具体系统和方法。

2.2 光学谐振腔

要产生激光,首先必须使工作物质达到粒子数反转状态,这是产生激光的内部因素和必要条件。但是,只具有激活介质这一内因,对于一般的激光器还不能产生激光,还需要一定的外部条件,这就是谐振腔的作用。谐振腔不仅是产生激光的重要条件,而且直接影响激光器的工作特性。

在激光工作物质的两端恰当地放置两个反射镜片,就构成一个最简单的光学谐振腔。在激光技术发展史上最早提出的是平行平面腔,它由两个平行平面反射镜组成。随着激光技术的发展,以后又广泛采用由两个具有公共轴线的球面镜构成的谐振腔,称为共轴球面腔。其中有一个反射镜为(或两个都为)平面镜的腔是这类腔的特例。对光学谐振腔的详细分析见第 3 章,这里仅就谐振腔的主要作用作一简要说明。

① 提供光学反馈作用,使受激辐射的光多次通过腔内的工作物质,以产生持续的受激辐射。

谐振腔的光学反馈作用,是由两个因素决定的:一是组成腔的两个反射镜面的反射率;二是反射镜的几何形状和它们之间的组合方式。下面首先介绍为了维持激光的持续振荡,对组成腔的两个反射镜面的反射率的要求,也就是为了形成持续的激光振荡所必须满足的条件,这个条件称为阈值条件。

如图 2.2.1 所示,令增益介质的长度为 L,增益系数为 G,两个反射镜的反射率分别为 r_1 和 r_2。令光刚从反射率为 r_2 的反射面垂直反射后的强度为 I_0,则光到达增益介质右端时,光强增加到 $I_0 e^{GL}$,经过右方反射镜反射后,光强减弱到 $r_1 I_0 e^{GL}$;光再到达增益介质左端时,光强增加到 $r_1 I_0 e^{2GL}$;经过左方反射镜面的反射后,光强减弱到 $r_1 r_2 I_0 e^{2GL}$。现在光在增益介质中正好来回一次。很容易看出,要使得光在增益介质中来回一次

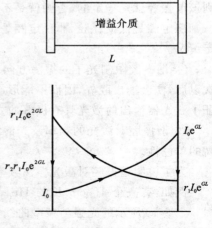

图 2.2.1 阈值条件的推导

所产生的增益足以补偿损耗,必须保证:

$$r_1 r_2 I_0 e^{2GL} \geqslant I_0$$

即

$$r_1 r_2 e^{2GL} \geqslant 1 \quad (2.2-1)$$

式(2.2-1)称为振荡条件,其中取等号的式子称为阈值条件。如果只满足粒子数反转分布的条件,还不能保证形成激光,要形成激光,还需要满足阈值条件。这个条件有时也称为激光器的临界振荡条件。这是各种激光器都必须满足的决定性条件。

下面说明反射镜的几何形状和它们之间的组合方式对谐振腔的光学反馈作用的影响。先举个例子:调整一个外腔式 He-Ne 激光器,使之出光。谐振腔是由一个平面镜和一个曲率半径为 500 mm 的凹面镜组成的。如果两个反射镜间的距离为 250 mm,则很容易调节出光。随着距离的增大,越来越不容易调节出光,当大于 500 mm 时就根本调不出光来。这是为什么呢?原因是当两个反射镜间的距离小于 500 mm 时,损耗较少,其结构属于稳定性结构,容易调节出光;当其距离大于 500 mm 时,损耗较大,其结构属于不稳定结构,调不出光来。

所谓稳定结构,是指光束在谐振腔内经过许多来回的反射后,始终保留在腔内而不逸出腔外。对于低增益和中小型激光器,一般都采用稳定腔。只有对于大体积和高增益的激光介质,如气动激光器、化学激光器、大气压横向激励激光器以及固体激光器等,考虑到选模的需要,才选择非稳定腔。

根据几何光学的理论可以证明,如果两面反射镜的曲率半径 R_1、R_2 和它们之间的距离 L 满足关系式

$$0 < \left(1 - \frac{L}{R_1}\right)\left(1 - \frac{L}{R_2}\right) < 1 \quad (2.2-2)$$

则该谐振腔就是稳定的,否则就是不稳腔。

稳定腔是低损耗腔,非稳定腔是高损耗腔。用式(2.2-2)可以判别任何一种谐振腔的稳定情况。

② 谐振腔限制光子的振荡方向。那些不垂直于镜面方向行进的光子,在镜面之间往返几次以后,便会逸出腔外,因而不能形成有效的持续振荡状态。所以,由于采用了光学谐振腔,保证了激光器输出的激光具有极好的方向性。

③ 谐振腔对激光的频率及光谱线的宽度都有一定的限制作用,因而使输出的激光具有极高的单色性。

为了说明谐振腔对激光振荡频率及谱线宽度的影响,先举一个例子。

例如,有一个 10 cm 长的 He-Ne 激光器,测量其输出的激光频率特性,就可以得到图 2.2.2(a)所示的光强与频率曲线。它的频率约为 4.74×10^8 MHz,线宽 $\Delta \nu < 10$ kHz。而通常放电管中 Ne 原子的 0.632 8 μm($\nu = 4.74 \times 10^8$ MHz)的线宽 $\Delta \nu_D$ 约为 1 500 MHz,如图 2.2.2(b)所示。很明显,$\Delta \nu \ll \Delta \nu_D$,也就是激光的单色性比通常的光源要好得多。

如果换一个 30 cm 长的 He-Ne 激光器,它的光强与频率曲线就变成图 2.2.2(c)的情形。它输出激光中有 3 个分立的频率,相邻两频率间隔为 500 MHz,而每个频率的线宽为 $\Delta \nu < 10$ kHz。

其他激光器也有类似的情形。现在要问:为什么形成激光的线宽会变窄?为什么在腔长小的激光器中只有单一的频率,而在腔长大的激光器中会出现几个分立的频率?这些频率由什么因素决定?

1. 谐振腔中的谐振频率

考查在谐振腔中光束传播的情况。图 2.2.3 所示为一平行平面镜腔,镜 1 是全反射镜,镜 2 是部分反射镜,在腔内光波不断来回反射。现在考察镜 2 上的情形。在某一时刻到达镜 2 面上光波既有直接到达镜 2 光波 A;也有在腔内经历了两次反射,亦即走了一个来回到达镜 2 的光波 B;还有走了两个来回的光波 C;这些光波将在镜面 2 上叠加。从光的干涉原理知道,当这些光波叠加时将发生干涉。只有当 A,B,C,…波的相位之差为 2π 的整数倍时才能互相加强,最后形成振荡。A,B,C,…波之间相位的差异就在于它们在腔内所走的路程分别差一个来回,所以要求光波在腔内走一个来回时相位改变量是 2π 的整数倍。这就是谐振条件,它是形成激光时必须满足的一个条件。走过一定距离后光波相位的改变量与光波的频率(波长)有关,所以不同频率的光在腔内走一个来回后,相位改变量就不一样。对一定长度的谐振腔,只有某些特定频率的光波,在腔内来回一周后,相位改变量是 2π 的整数倍,也就是只有某些特定频率才满足谐振条件,才可能在腔内形成激光;而对另一些频率则不满足谐振条件,因而也就不能形成激光。在这里,谐振腔起着一种频率选择器的作用。下面来推导谐振腔中的谐振频率。

设图 2.2.3 所示的谐振腔中,充有折射率为 η 的物质,腔长为 L。光波在腔内沿轴线方向来回一周所经历的光程为

$$d = 2\eta L$$

相应的相位改变量为

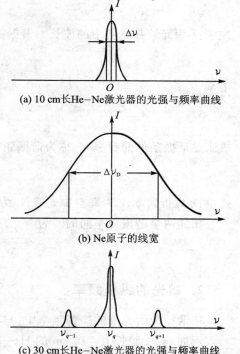

(a) 10 cm 长 He-Ne 激光器的光强与频率曲线

(b) Ne 原子的线宽

(c) 30 cm 长 He-Ne 激光器的光强与频率曲线

图 2.2.2 谐振腔中的频谱特性

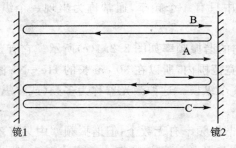

图 2.2.3 平行平面腔中平面波的往返传播

$$\Delta\Phi = 2\pi \frac{2\eta L}{\lambda}$$

式中：λ 为光波在真空中的波长。谐振条件要求：

$$\Delta\Phi = \frac{4\pi\eta L}{\lambda} = 2\pi q$$

由上式得

$$\frac{2\eta L}{\lambda} = \frac{2\eta L \nu}{c} = q$$

故满足谐振条件的频率 ν_q（称为谐振频率）为

$$\nu_q = q \cdot \frac{c}{2\eta L} \tag{2.2-3}$$

式中：η 为折射率；c 为真空中光速；L 为腔长；q 为正整数。

相邻两个谐振频率间的差为

$$\Delta\nu_q = \nu_{q+1} - \nu_q = \frac{c}{2\eta L} \tag{2.2-4}$$

2. 激光的纵模频率

在谐振腔所允许的振荡频率中，只有那些落在原子线宽范围内的频率才可能形成激光。

例如，对于腔长 $L=10$ cm 的 He-Ne 激光器，$\eta=1.0$，由式(2.2-4)计算得到相邻两谐振频率间的差 $\Delta\nu_q$ 为

$$\Delta\nu_q = \frac{c}{2\eta L} = 1.5 \times 10^9 \text{ s}^{-1}$$

所以，它的谐振频率为图 2.2.4(b)所示的一系列分立的频率，其间隔为 1 500 MHz。但这只是谐振腔中允许的振荡频率，其中只有落在 Ne 原子 0.632 8 μm 线的线宽范围内的频率 ν_q（当然，还要满足阈值条件）才可能形成激光。对频率 $\nu_1, \cdots, \nu_{q-1}$ 和 $\nu_{q+1}, \nu_{q+2}, \cdots$，则由于 Ne 原子发的光中不存在这类频率的光，所以就不可能形成激光。因此，在 10 cm 长的 He-Ne 激光器中，虽然满足谐振条件的频率很多，但形成的激光中只有一个频率，通常称为出现一个纵模。这种激光器称为单频（或单纵模）激光器。

对于 30 cm 长的激光器，$\Delta\nu_q = 5.0 \times 10^8 \text{ s}^{-1}$，它的谐振频率如图 2.2.4(c)所示。它有 3 个频率 $\nu_{q-1}, \nu_q, \nu_{q+1}$ 落在 Ne 原子 0.632 8 μm 线的线宽范围内，所以在 30 cm 长的 He-Ne 激光管的输出中，可能出现 3 个频率，也就是可能出现 3 个纵模。这种激光器称为多频（或多纵模）激光器。

从上面分析可以看到，由式(2.2-3)所决定的谐振频率有无数个，但谐振频率中只有落在原子（或分子、离子）的荧光谱线宽度内，并且满足阈值条件的那些频率才能形成激光，称为纵模频率，因而纵模频率只是有限的几个。不难看出，激光器中出现的纵模数与下面两个因素

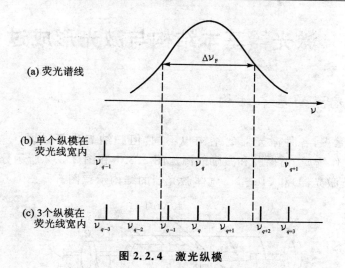

图 2.2.4 激光纵模

有关:

① 与原子(分子或离子)自发辐射的荧光线宽 $\Delta\nu_F$ 有关。$\Delta\nu_F$ 越大,可能出现的纵模数越多。

② 与激光器腔长 L 有关,L 越大,$\Delta\nu_q$ 越小,因而同样的荧光线宽中可容纳的纵模数越多。

下面列举几种激光器情形:

(1) CO_2 激光器

CO_2 激光器中,10.6 μm 波长的光谱线宽度 $\Delta\nu_F$ 约为 $10^8 \, s^{-1} = 100 \, MHz$,对于 1 m 长的激光器,其纵模间频率差为 $\Delta\nu_q = 1.5 \times 10^8 \, s^{-1} = 150 \, MHz$,所以对于 1 m 长的 CO_2 激光器,激光输出仍是单纵模。

(2) 氩离子激光器

氩离子激光器中,波长为 0.514 5 μm 的光谱线宽度 $\Delta\nu_F = 6.0 \times 10^8 \, s^{-1}$。1 m 长激光器的纵模间频率间隔为 $\Delta\nu = 1.5 \times 10^8 \, s^{-1}$,所以 1 m 长氩离子激光器输出的激光束可以有多个纵模出现。

(3) 固体激光器

常用的几种固体激光器荧光线宽一般都较大。红宝石激光器的 0.694 3 μm 谱线宽度为 $3.3 \times 10^{11} \, s^{-1}$,$Nd^{3+}$:YAG 的 1.06 μm 谱线宽度为 $1.95 \times 10^{11} \, s^{-1}$,钕玻璃的 1.06 μm 谱线宽度为 $7.5 \times 10^{12} \, s^{-1}$。所以,在荧光线宽内所能容纳的纵模数很多。一般情况下,这几种固体激光器的输出总是多纵模的。

2.3 激光器基本结构与激光形成过程

2.3.1 激光器的基本结构

激光器的种类繁多,各种激光器的结构也不同,但归纳起来可以说,一般的激光器均由3个部分组成,即工作物质、谐振腔和激励能源。图2.3.1和图2.3.2所示分别为典型的固体激光器(例如红宝石激光器)和He-Ne气体激光器的结构示意图。

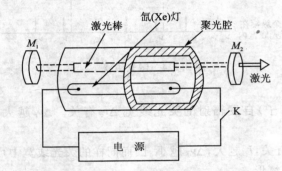

图2.3.1 典型固体激光器的原理结构

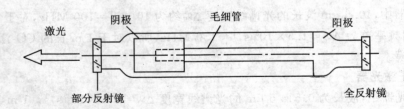

图2.3.2 He-Ne氦氖激光器的结构

图2.3.1中,激光棒即固体工作物质,如掺Cr^{3+}的Al_2O_3晶体(简称为红宝石晶体)、掺Nd^{3+}的钇铝石榴石晶体(简称Nd^{3+}:YAG晶体)或掺Nd^{3+}的玻璃(简称钕玻璃)。M_1、M_2两反射镜组成谐振腔。电源和氙(Xe)灯组成激励源。由电源点燃氙灯,氙灯发出的闪光照射激光工作物质,使工作物质实现粒子数反转。为了使氙灯的光能尽可能多地照射到工作物质上,将激光棒和氙灯分别安装在一个椭圆柱体聚光腔的两条焦线上。以上所述为光激励情形。

图2.3.2所示的He-Ne激光器为电激励的情形。整个激光器是用密封的硬质玻璃管制成,中间为毛细管,抽成高真空后充以一定气压的He、Ne混合气体。产生受激辐射的是Ne原子,He原子的作用是协助Ne原子实现粒子数反转。管子两端所贴的反射镜组成谐振腔,

激光由部分反射镜输出。管子两端装有两个电极,使用时给两电极加上直流高压,结果两电极间形成强电场,使毛细管中气体电离产生辉光放电,其中快速电子和工作物质原子碰撞,将能量传给工作物质原子,使其形成粒子数反转状态。

2.3.2 激光的形成过程

下面就以光激励的红宝石激光器和电激励的 He-Ne 激光器为例,说明激光的形成过程。

1. 光激励情形

以红宝石激光器为例。红宝石晶体中与激光作用有关的 Cr^{3+} 的能级图如图 2.3.3 所示。

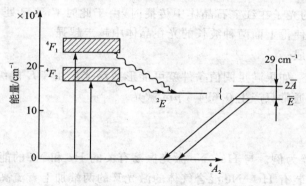

图 2.3.3 红宝石 Cr^{3+} 的能级图

图中,能量是用波数(其单位是 cm^{-1})来表示的。如果用 $\bar{\nu}$ 表示波数,它代表的能量 ΔW 用 eV[电子伏特]表示,则它们之间的换算关系为

$$\Delta W = 1.242 \times 10^{-4} \bar{\nu}$$

图中:$^4A_2$,^2E,$^4F_2$,$^4F_1$ 等符号都是特定能级的符号,$^4A_2$ 是基态,其他的都属于激发态,^2E 实际上是两个能级($2\overline{A}$ 和 $\overline{E}$),如放大了看,如图 2.3.3 右边所示。

在脉冲氙灯闪光(时间约为 5×10^{-4} s)的照射下,Cr^{3+} 发生了什么变化呢?为了说明问题,下面分几步来讨论。

第一步,Cr^{3+} 的受激吸收过程。

在脉冲氙灯发光以前,绝大多数的 Cr^{3+} 都处于基态 $^4A_2$,因此整个晶体表现为受激吸收。由于能级 $^4F_2$ 很宽,这表示 Cr^{3+} 可以吸收大量的光跃迁到这个能级上。事实上,有些 Cr^{3+} 吸收了绿光(波长在 0.55 μm 左右)跃迁到 $^4F_2$ 能级上,有些 Cr^{3+} 吸收了紫光(波长在 0.4 μm 左右)跃迁到 $^4F_1$ 能级上。直接跃迁到 ^2E 能级上的 Cr^{3+} 是很少的。

第二步,无辐射跃迁。

Cr^{3+}在$^4F_2$和$^4F_1$能级上是不稳定的,只能停留约10^{-9} s,它们要通过无辐射快速跃迁到能级^2E上。在这一跃迁中不发光,而是放热,其结果使得晶体的温度升高了。

第三步,粒子数反转状态的形成。

由于达到能级^2E上的Cr^{3+}是比较稳定的,平均可停留约3×10^{-3} s,因此当脉冲氙灯的闪光足够强时,就能够在灯的发光时间内,把晶体中一半以上的Cr^{3+}通过上述两步跃迁到能级^2E,从而实现粒子数反转分布,红宝石就从吸收介质转变为增益介质了。

第四步,个别的自发辐射。

开始总有个别处于高能级^2E的Cr^{3+}自发地发射光子,而跃迁到基态$^4A_2$,这时发射光子的波长为 0.694 3 μm($\overline{E}$到$^4A_2$跃迁)和 0.692 9 μm($2\overline{A}$到$^4A_2$跃迁),这是红光。

第五步,受激辐射。

当个别自发辐射的光子在红宝石晶体中传播时,由于此时Cr^{3+}已处于反转状态,所以受激辐射压倒受激吸收,使得上面两种波长的光在晶体中越走越强。

第六步,激光的形成。

在谐振腔的作用下,如果满足阈值条件就可能形成激光。由于$\overline{E}$能级粒子数较$2\overline{A}$能级多,因此红宝石激光器通常只产生 0.694 3 μm 激光。

2. 电激励情形

以氦氖气体激光器为例。与 He-Ne 激光振荡有关的 He 和 Ne 的能级如图 2.3.4 所示。激光器开始工作时,将装有 He-Ne 混合气体的激光管的两端加上直流高压,并使之辉光放电(对于 30 cm 长的管子电压为几千伏,电流为几毫安),这时 He-Ne 混合气体将发生如下的过程:

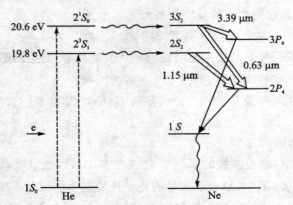

图 2.3.4 He-Ne 激光器能级结构简图

① 碰撞激发。由于电子在电场作用下被加速,因此具有比较大的动能,电子和 He 原子、

Ne 原子发生非弹性碰撞,将其动能的绝大部分转移给 He、Ne 原子,使一些 He、Ne 原子进入激发态。对 He 原子,碰撞的结果,使大部分 He 原子进入激发态 2^3S_1 和 2^1S_0。如用 e^* 代表快速电子,用 e 代表碰撞后的慢速电子,可以用如下方程式表示碰撞过程:

$$e^* + He(基态) \longrightarrow He(2^3S_1) + e - 19.82 \text{ eV}$$

$$e^* + He(基态) \longrightarrow He(2^1S_0) + e - 20.61 \text{ eV}$$

反应式右方负的能量表示电子在碰撞时失去的能量。

对 Ne 有

$$e^* + Ne(基态) \longrightarrow Ne^*(激发态) + e - \Delta W$$

由于 He 原子在激发态 2^3S_1 和 2^1S_0 上停留的时间比较长,因此在这两个能级上都积累了较多的 He 原子。

② 能量共振转移过程。当处于上述两个激发态的 He 原子与 Ne 原子进行非弹性碰撞时,发生下列激发过程:

$$He(2^3S_1) + Ne(基态) \longrightarrow He(基态) + Ne(2S)$$

$$He(2^1S_0) + Ne(基态) \longrightarrow He(基态) + Ne(3S)$$

结果使处于基态的 Ne 原子获得能量,跃迁到能级 $2S$ 或 $3S$,这种交换能量的过程称为能量共振转移过程。He 的作用是增加 Ne 原子在 $2S$ 和 $3S$ 能级组上的原子数。

③ Ne 原子的粒子数反转。由于 Ne 原子的 $2S$ 和 $3S$ 能级上都积累了较多的 Ne 原子,并且停留的时间都比较长(约为 10^{-7} s),而 Ne 原子在 $2P$ 和 $3P$ 能级上停留的时间较短(约为 10^{-8} s),因此在 Ne 原子的 $3S$ 和 $2P$ 能级之间、$3S$ 和 $3P$ 能级之间以及 $2S$ 和 $2P$ 能级之间都有可能实现粒子数反转分布。

④ 激光的形成。对 He-Ne 激光器,比较强的谱线有 3 条:$0.6328\ \mu m(3S_2 \to 2P_4)$,$3.3913\ \mu m(3S_2 \to 3P_4)$ 和 $1.1523\ \mu m(2S_2 \to 2P_4)$。如果谐振腔的反射镜是按 $0.63\ \mu m$ 的光来设计的,则在激光器内形成持续振荡的将是 $0.6328\ \mu m$ 的激光(红光)。特殊需要时 He-Ne 激光器也输出 $3.39\ \mu m$ 或 $1.15\ \mu m$ 的红外光。

2.3.3 三能级系统与四能级系统

分析前面给出的两个能级图可以看出,对于红宝石晶体,激光发生于 Cr^{3+} 的激发态与基态之间;而对于 He-Ne 激光器,激光发生于 Ne 原子的两个激发态之间。如果将激光上能级以上的诸能级看做一个很宽的吸收带,则红宝石激光器的激光工作能级与 He-Ne 激光器的激光工作能级就可以分别用一个三能级模型和四能级模型来等效,如图 2.3.5 和图 2.3.6 所示。两个模型也称为三能级系统与四能级系统,其他激光器的激光跃迁能级也都可以归结为上述两个模型之一。

由于在热平衡状态下,原子几乎处于基态,所以对于三能级激光系统,要想产生激光,泵浦(激励)源必须要将基态上的二分之一以上的粒子泵浦到激光上能级;而对于四能级系统,激光的下能级是激发态,它距基态较远,热平衡下其上的粒子数极少,基本上是空的,泵浦源只要将少数原子从基态泵浦到激光上能级,就能在两个激发态之间实现粒子数反转。所以,三能级系统与四能级系统相比较,在实现激光上下能级的粒子数反转分布上,要比四能级困难,也就是三能级系统对泵浦源的泵浦能力要求更高。

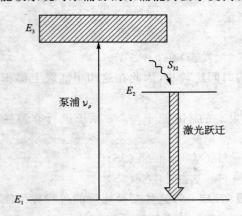

图 2.3.5　粒子能级的三能级模型　　　　图 2.3.6　粒子能级的四能级模型

2.4　激光的特性

　　激光与普通光都是电磁波,它们都有相同的传播速度和相同的电磁本性。但就光的产生机理和产生方式而言,激光与普通光又截然不同。激光是以受激辐射为主的辐射,普通光则是以自发辐射为主的辐射。绝大多数激光器都有光学谐振腔,而普通光源没有。因此,激光与普通光相比,就有一些优异的特性。这些特性主要有:定向性、单色性、亮度特性和相干性。现分述如下。

2.4.1　定向性

　　普通光源的光辐射,由其自发辐射发光机理所决定,均是按空间很大立体角向四面八方发散传播的。激光器输出的激光与普通光源发出的光束相比,一般均具有较高的定向性,这主要是由受激辐射的机理和光学共振腔对激光光束方向的限制作用所决定的。在最好的情况下,激光器输出光束的定向性可以达到由光束截面大小所决定的衍射极限。此时,激光束的平面发散角应等于衍射角

$$\theta = \theta_{衍} \approx \frac{\lambda}{D} \tag{2.4-1}$$

式中:θ 和 $\theta_{衍}$ 的单位为 rad(弧度);λ 为激光波长;D 为光束直径。与此同时,激光束的立体发散角应等于

$$\Omega = \theta_{衍}^2 = \left(\frac{\lambda}{D}\right)^2 = \Omega_{衍} \qquad (2.4-2)$$

式中:$\Omega_{衍}$ 为立体衍射角或立体角,单位为 sr(球面度)。

在一般情况下,由于腔对振荡光束的方向限制是有限的,再加上激光器运转过程中各种偏离理想情况因素的影响,均使得激光器输出光束的发散角在不同程度上大于衍射极限角。气体激光器的工作物质有良好的均匀性,并且谐振腔一般都较长,所以方向性较好,可以达到 $\theta \approx 10^{-3}$ rad(弧度)。对于基横模 He-Ne 激光器,可以获得 $\theta \approx 3 \times 10^{-4}$ rad,已经十分接近其衍射极限,如果折算成立体角,相当于 10^{-6} sr 量级。固体激光器的工作物质,或多或少存在着一定的光学非均匀性,谐振腔长度一般比较短,其激光的方向性就不如气体激光器了,一般 $\theta \approx 10^{-2}$ rad 量级。半导体激光器的腔长最短,因而其方向性最差,一般 θ 在 $(5\sim10) \times 10^{-2}$ rad 量级,即便如此,也比普通光源要好得多。

激光束的定向性越好,意味着激光束可以传播的距离越远;或者在聚焦的情况下可以获得的焦斑尺寸越小。设激光束平面发散角为 θ,透镜系统焦距为 f,则聚焦后的光斑直径为

$$d = f\theta \qquad (2.4-3)$$

或光束在准平行状态下传输到足够远的距离 L 后,光斑直径扩大为

$$\Delta D = L\theta \qquad (2.4-4)$$

由式(2.4-3)和式(2.4-4)可见,为使激光束在聚焦后产生尽可能高的光能密度,或使激光束传输尽可能远的距离,都必须尽量提高激光输出的定向性,也就是尽量减小光束的发散角。

2.4.2 单色性

普通光源发出的光辐射,是发光物质大量能级间的自发辐射跃迁所产生的,因此具有连续的或准连续的光谱分布,单色性极差。某些单色性好的特殊光源(光谱灯),虽然发出的光辐射是产生于工作物质少数个别能级间的自发辐射跃迁,从而具有单独的或少数几条线状光谱,但由于谱线宽度受到多种增宽机制的影响,因此单色性仍受到很大限制。设单一自发辐射谱线的线宽为 $\Delta\nu$ 或 $\Delta\lambda$,中心频率或波长为 ν 或 λ,则单色性常用比值 $\Delta\nu/\nu = \Delta\lambda/\lambda$ 来表征。激光器以外的最好的单色光源(Kr^{86}灯)的 $\Delta\lambda/\lambda$ 值约为 10^{-6} 量级($\lambda = 0.6057\mu m, \Delta\lambda = 4.7 \times 10^{-7} \mu m$)。

与普通光源相比,激光器发出的全部光辐射只集中在较小的频率范围内,亦即激光辐射具有较高的单色性。这是因为工作物质的粒子数反转只能发生在数目有限的高、低能级之间,因此激光振荡只能发生在一条或有限几条荧光谱线处。在后一种情况下,采用适当的方法,很容易做到使振荡只局限在一条荧光谱线范围内。在这个范围内,也不是全部频率都能起振,由于共振腔的作用,只有一些分立的共振频率才能起振,而每一个共振频率的振荡谱线宽度比整个

荧光谱线宽度要窄得多。设荧光线宽内的分立的振荡谱线数目为 n，每个谱线的线宽为 $\delta\nu$，则总输出激光的单色性可用比值 $n\delta\nu/\nu$ 来表征。在采用轴模限制技术的条件下，可做到单频振荡（$n=1$），而 $\delta\nu$ 可压缩为非常小的数值，因此激光输出的单色性可达到非常高的程度。例如，稳频激光器的输出单色性 $\delta\nu/\nu$ 可达到 $10^{-10} \sim 10^{-13}$ 量级。

激光辐射单色性的提高，对于激光通信、全息照相、精密计量与标准及超精细光谱分析等应用都具有重要的意义。

2.4.3 亮度特性

在激光技术中，规定光源在单位面积上，向某一方向的单位立体角内发射的光功率，称为光源在这个方向上的亮度。其单位为 W/(m²·sr)[瓦/(米²·球面度)]。

根据亮度的定义，设光源的发光面积为 ΔS，在时间 Δt 内，向着其法线方向上的立体角 $\Delta\Omega$ 范围内发射的辐射能量为 ΔE，则光源表面在该方向上的亮度为

$$B = \frac{\Delta E}{\Delta S \Delta\Omega \Delta t} \qquad (2.4-5)$$

由式(2.4-5)可以看出，在其他条件不变的情况下，光束的立体角 $\Delta\Omega$ 越小，亮度 B 越高；发光时间 Δt 越短，亮度 B 也越高。

下面分别阐述这两个因素对 B 的影响。

首先是 $\Delta\Omega$。由于一般的激光束的立体角 $\Delta\Omega$ 可小至 10^{-6} 量级，而普通的光源（例如电灯），其发光面能向其前方各个方向发光，即它发光的立体角要比前者大百万倍。因此，即使两者在单位面积上的辐射功率相差不大，激光的亮度也应比上述普通光的亮度高百万倍。

其次是发光时间 Δt。激光器发光的时间可以很短。例如普通的脉冲固体激光器，其发光时间为毫秒数量级，其功率可高达数十千瓦。调 Q 的脉冲固体激光器，每一个脉冲的发光时间为纳秒(ns)量级，其峰值功率可达 10^9 W。超短脉冲激光器的 Δt 为皮秒(ps)量级，峰值功率可达 10^{12} W，这就使亮度 B 更高了。

总之，在激光器中，由于它的辐射能量在空间上的极大收缩（发光立体角和发光面积）和在时间上的高度压缩，使得激光具有极高的亮度。太阳表面亮度为 10^{12} W/(m²·sr)，而大孔径纳秒脉冲激光的亮度已达到 10^{22} W/(m²·sr)，并且还可提高，所以普通光源的亮度和激光的亮度是无法比拟的。

2.4.4 时间相干性

光源中同一辐射元在不同时间辐射出的光束之间的相干性称为时间相干性。用迈克耳孙干涉仪来说明光束的时间相干性。

图 2.4.1 所示为迈克耳孙干涉仪的光路图。其中：M_1 和 M_2 是平面反射镜，M_1 固定不动，M_2 可沿光传播方向平移；G 是半透射半反射膜镜。从光源 S 射来的单色光，在 G 上分为反射光束 1 和透射光束 2，二者强度相等。前者射到 M_1，经 M_1 反射后再次透过 G 到达观察屏 P 上；后者射到 M_2，经 M_2 反射后再经 G 反射到观察屏 P 上。这两束光 1 和 2 将在屏上产生干涉。

两束光在屏 P 处的光程差为 $\Delta L = 2|(\overline{GM_2} - \overline{GM_1})|$。当满足

$$\Delta L = 2n \cdot \frac{\lambda}{2} \quad (n = 0,1,2,\cdots) \tag{2.4-6}$$

时，屏 P 中心处为亮斑（干涉极大）；而满足

$$\Delta L = (2n+1)\frac{\lambda}{2} \quad (n = 0,1,2,\cdots) \tag{2.4-7}$$

时，屏 P 中心处为暗斑（干涉极小）。

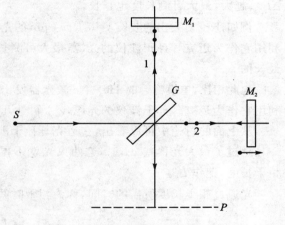

图 2.4.1 迈克耳孙干涉仪光路图

实际上从光源 S 发出的光束并不是纯单色的，它总会有一定的宽度 $\Delta\lambda$。换句话说，在干涉仪内，存在着许多波长的光，其中最短的波长为 $\lambda - \Delta\lambda/2$，最长的波长为 $\lambda + \Delta\lambda/2$。这些波长都在产生干涉现象。为了简单起见，只考虑 λ 和 $\lambda + \Delta\lambda/2$ 这两个波长。当 ΔL 由 0 增加到 $\frac{\lambda}{2}$ 时，在屏 P 处对波长 λ 的光出现暗斑，但对于波长为 $\lambda + \frac{\Delta\lambda}{2}$ 的光来讲，出现暗斑是当 $\Delta L = \frac{\lambda + \Delta\lambda/2}{2}$ 时，即 M_2 再移动 $\Delta\lambda/8$ 后才全暗。开始时这种差异并不明显，随着 ΔL 的继续增大，这两个波长的光在屏 P 处所产生干涉的亮暗位置的偏离将越来越大。最后，有一个最大光程差 $\Delta L_{\max}$，对于波长为 λ 的光来说，满足加强条件，即

$$\Delta L_{\max} = 2k \cdot \frac{\lambda}{2} \tag{2.4-8}$$

而对于波长为 $\lambda + \Delta\lambda/2$ 的光来说，却满足干涉相消条件

$$\Delta L_{\max} = (2k-1)\frac{\lambda + \frac{\Delta\lambda}{2}}{2} \tag{2.4-9}$$

此时在 P 处就看不到亮暗变化了。

由式(2.4-8)解出 k，代入式(2.4-9)，得到

$$\Delta L_{\max} = \frac{\lambda^2}{\Delta\lambda} + \frac{\lambda}{2}$$

由于 $\Delta\lambda \ll \lambda$，上式右端第一项远大于第二项，可略去第二项，于是

$$\Delta L_{max} = \frac{\lambda^2}{\Delta\lambda} \quad (2.4-10)$$

由此还可以得出，利用迈克耳孙干涉仪测量物体长度 Z 时，也有一个最大可测长度 Z_{max} 为

$$Z_{max} = \frac{\Delta L_{max}}{2} = \frac{\lambda^2}{2\Delta\lambda} \quad (2.4-11)$$

从式(2.4-10)和式(2.4-11)可以看出，当光谱线的波长 λ 一定时，谱线宽度 $\Delta\lambda$ 越窄，ΔL_{max} 越大，最大可测长度也越长。

例如，Kr^{86} 灯发出的波长 $\lambda = 0.6057\ \mu m$ 的光谱线，在低温条件下，其宽度 $\Delta\lambda = 4.7 \times 10^{-7}\ \mu m$，利用它作为迈克耳孙干涉仪的光源，最大可测长度 $Z_{max} = 38.5\ cm$，这与其他普通光源相比，是最长的。

与此相比，单模稳频的 He-Ne 激光器发出的波长 $\lambda = 0.6328\ \mu m$ 的激光，$\Delta\lambda < 10^{-11}\ \mu m$。利用它作为迈克耳孙干涉仪的光源，$Z_{max}$ 可达几十千米，这是普通光源所达不到的。

从上面的讨论中可以看出，在迈克耳孙干涉仪中，达到屏 P 中心处的两束光的光程差 ΔL 一旦超过了最大光程差 ΔL_{max}，这两束光就不再相干了。因此，最大光程差 ΔL_{max} 也可以称为相干长度，记作 L_c。

光通过相干长度所需的时间，称为相干时间，记作 τ_c，且

$$c\tau_c = L_c = \frac{\lambda^2}{\Delta\lambda} \quad (2.4-12)$$

由于

$$\frac{\Delta\lambda}{\lambda} = \frac{\Delta\nu}{\nu}, \quad \lambda\nu = c$$

代入式(2.4-12)，即可得出

$$\tau_c \cdot \Delta\nu = 1 \quad (2.4-13)$$

式(2.4-13)表示，光谱线的频率宽度 $\Delta\nu$ 越窄，相干时间 τ_c 越长。

通过上面的讨论可以看出，在迈克耳孙干涉仪中，如果到达屏 P 中心处的两束光 1 和 2 有一个光程差 ΔL，则相当于上述两束光是由同一个光源在两个不同的时刻 t_1 和 t_2 先后发出的。若 $\Delta L < L_c$，则 $|t_2 - t_1| < \tau_c$，这两束光是相干的。这就是说，在迈克耳孙干涉仪中，由同一个光源在相干时间 τ_c 内不同时刻发出的光，经过不同的路程同时到达屏 P 中心处所产生的干涉，就称为时间相干性。

描写时间相干性的物理量共有 4 个：最大光程差 ΔL_{max}、相干长度 L_c、相干时间 τ_c 和谱线宽度 $\Delta\lambda$（或 $\Delta\nu$）。它们从不同角度描述时间相干性问题，在不同场合用其中的某一个量可能比用其他量更方便。它们之间的关系为

$$\Delta L_{\max} = L_c = c\tau_c = \frac{\lambda^2}{\Delta\lambda} = \left|\frac{c}{\Delta\nu}\right| \qquad (2.4-14)$$

光的单色性越好(光谱线宽度 $\Delta\nu$ 越窄),它的相干时间 τ_c 和相干长度 L_c 越长,则时间相干性越好。例如,单模稳频的 He - Ne 激光器所发出的激光的时间相干性,比普通光源所发出的光的时间相干性要好得多。

2.4.5 空间相干性

发光面上不同两点在同一时间内辐射出的光束之间的相干性称为空间相干性。下面用杨氏双缝干涉实验来说明光的这种相干性。图 2.4.2 所示是这一实验的示意图。

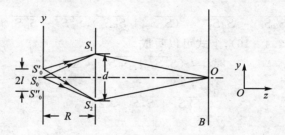

图 2.4.2 双缝干涉原理图

令光源的线度为 $2l$(由单色光源所照明的狭缝),S_1、S_2 为两个狭缝,它们之间的距离为 d。在狭缝 S_1 和 S_2 所在平面的右方放一个观察屏 B。现在考察 S_1 和 S_2 两处辐射场的相干性。最方便的方法是,观察在与 S_1 和 S_2 距离相等的 O 点重新会合的辐射所形成的干涉条纹。干涉条纹的出现就是相干性的明证。

如果把 O 点移离对称位置,例如移到 O' 点(图上未画出),就可以研究在点 S_1、时刻 t_1 与点 S_2、时刻 t_2 的辐射场之间的相关性,此时

$$|t_2 - t_1| = \frac{|O'S_2 - O'S_1|}{c}$$

实验发现,当 $2l$ 极小时,在 O 处形成亮条纹,其他各处也形成明暗相间的亮暗条纹。当 $2l$ 逐渐增大时,可以看到屏上的暗条纹逐渐模糊起来。当 $2l$ 增大到一定程度时,屏上的亮暗条纹将模糊到完全分不清了,即观察不到干涉现象了。这是为什么呢?

原则上说,当 $2l$ 较大时,应分别考虑从 $2l$ 的中央至边缘各处各自射出的光,其中每一束光分别经 S_2 和 S_1 到达屏上相互干涉形成一套亮暗条纹。如果各套亮暗条纹相互错开,则各套亮暗条纹间将由于相互错位而变成一片模糊,即观察不到干涉现象。

下面定量计算 S_1、S_2 能在 O 点相干的条件。这里只分别考虑从狭缝 $2l$ 的中央 S_0 处和边

缘 S_0' 处各自射出的光。

如前所述,由 S_0 经 S_2 和 S_1 到达屏上 O 点的两束光的光程差为零,因而在 O 处为相干极大。但是,S_0' 经 S_2 到达 O 处的光与由 S_0' 经 S_1 到达 O 处的光,二者的光程差为

$$\Delta L = \overline{S_0'S_2} - \overline{S_0'S_1} \tag{2.4-15}$$

由图 2.4.2 可知:

$$\overline{S_0'S_2}^2 = R^2 + \left(\frac{d}{2}+l\right)^2$$

$$\overline{S_0'S_1}^2 = R^2 + \left(\frac{d}{2}-l\right)^2$$

两式相减,得出

$$\overline{S_0'S_2}^2 - \overline{S_0'S_1}^2 = 2ld \tag{2.4-16}$$

另一方面,由于

$$\overline{S_0'S_2}^2 - \overline{S_0'S_1}^2 = (\overline{S_0'S_2} + \overline{S_0'S_1})(\overline{S_0'S_2} - \overline{S_0'S_1})$$

利用式(2.4-15)和式(2.4-16),上式可以写成

$$2ld = (\overline{S_0'S_2} + \overline{S_0'S_1}) \cdot \Delta L \tag{2.4-17}$$

假设 $R \gg 2l, R \gg d$,则

$$\overline{S_0'S_2} + \overline{S_0'S_1} \approx 2R$$

代入式(2.4-17),得

$$\Delta L = \frac{l\,d}{R} \tag{2.4-18}$$

很容易看出,当

$$\Delta L = \frac{l\,d}{R} = \frac{\lambda}{2} \tag{2.4-19}$$

时,由 S_0' 射出的光分别经 S_2 和 S_1 到达屏上并在 O 处形成暗纹,与此时 S_0 在 O 处形成的明条纹相互重叠,不再产生干涉现象。因此,S_1、S_2 在 O 点的相干条件为

$$\Delta L = \frac{l\,d}{R} < \frac{\lambda}{2} \tag{2.4-20}$$

或

$$2l < \frac{R}{d}\lambda \tag{2.4-21}$$

令两个狭缝 S_1 和 S_2 对光源 $2l$ 中心 S_0 的张角 $\angle S_1S_0S_2 = 2\theta$,由于 2θ 很小,因此可近似地认为

$$2\theta = \frac{d}{R} \tag{2.4-22}$$

由式(2.4-21)和式(2.4-22)可以得出,S_1、S_2 两处辐射场的相干条件为

$$2l \cdot 2\theta < \lambda \tag{2.4-23}$$

式(2.4-23)表示,在光的波长 λ 一定的情况下,若张角 $2\theta=d/R$ 是固定的,则限制光源狭缝的宽度 $2l$ 必须小于 $\lambda/2\theta$,才能在屏上观察到干涉条纹。反之,若 $2l$ 是固定的,则张角 $2\theta=d/R$ 必须小于 $\lambda/2l$,才能在屏上观察到干涉条纹。

为了便于计算,一般把式(2.4-23)改写为
$$2l \cdot 2\theta \leqslant \lambda \quad (2.4-24)$$
式中的等号表示屏上干涉条纹刚刚消失的极限条件。

例如,已知 $\lambda=0.6~\mu m$;$2l=100~\mu m$,则可算出 $2\theta\leqslant 0.006$ rad。就是说,对于波长 $\lambda=0.6~\mu m$ 的光,当 $2l=100~\mu m$ 时,只有在 $2\theta=0.006$ rad 范围内传播的光,才能在屏上产生干涉条纹。

实际上,$2l$ 和 2θ 的数值都是很小的,因为 $2l$ 与 2θ 的乘积不能大于光的波长 λ。空间相干性,是指一定宽度的光源,在波前两点形成的次波波源彼此在多大间隔内还能产生干涉的问题。

前面只讨论了 $y-z$ 平面上的情况。已知光沿着 z 方向向前方区域传播,光源在 y 方向的线度为 $2l$。由光源的这个线度 $2l$ 内各点所发出的波长为 λ 的光,通过与光源相距为 R 并与 z 方向垂直直线上的两点(相当于图 2.4.2 平面上的 S_1 和 S_2),如果这两点间的距离 d 满足
$$d \leqslant \frac{\lambda R}{2l}$$
时,则通过这两点的光是相干的。

如果整套双缝干涉实验装置绕 z 轴转 $90°$,则实验结果完全不变。

由此推知,在辐射场中,有一块相干面积 A_c 垂直于光传播方向,其大小为
$$A_c \approx d^2 = \left(\frac{\lambda R}{2l}\right)^2 = \frac{\lambda^2 R^2}{(2l)^2} \approx \frac{\lambda^2 R^2}{A_{cs}} \quad (2.4-25)$$
式中:A_{cs} 为光源面积,也是光源的相干面积。

式(2.4-25)表示,由光源面积 A_{cs} 内各点所发出的波长为 λ 的光通过与光源相距为 R,并与光传播方向垂直的平面上的两点,如果这两点位于由式(2.4-25)所定义的相干面积 A_c 内,则通过这两点的光是相干的。

由于激光辐射的发散角 2θ 很小,因此 $2l$ 的值可较大;在最好的情况下,输出发散角等于衍射的极限角[见式(2.4-1)],则 $2l$ 为激光光束的直径,即在最好的情况下,激光光束整个截面内的任意两点间的光场振动是完全相关的(有完全确定的相位关系)。所以,如果改用单纵模 He-Ne 激光器作为单色光源,进行上述的双缝干涉实验,则可取消前面的用来限制光源限度的狭缝,而使光束直接射到两个狭缝 S_1 和 S_2 上。由于这种激光光束在其截面不同点上有确定的相位关系,因此在观察屏上可以产生干涉条纹。这就是说,激光光束的空间相干性是很好的。

由式(2.4-25)可以得到光源的相干面积为

$$A_{cs} = (2l)^2 = \frac{\lambda^2}{\left(\dfrac{d}{R}\right)^2} = \left(\frac{\lambda}{2\theta}\right)^2 \qquad (2.4-26)$$

式(2.4-26)的物理意义是，只有从面积小于 $\left(\dfrac{\lambda}{2\theta}\right)^2$ 的光源面上发出的光波才能保证张角在 2θ 之内的双缝具有相干性。

综合上述讨论可以看出：时间相干性对干涉场空间分布的纵向范围进行限制，其限制程度用相干长度 L_c 表示；空间相干性对干涉场空间分布的横向范围进行限制，其限制程度用相干面积 A_{cs} 表示。相干面积与相干长度之积称为相干体积。光源的相干体积为

$$V_{cs} = A_{cs} L_c = \left(\frac{\lambda}{2\theta}\right)^2 \frac{c}{\Delta \nu} = \frac{c^3}{\nu^2 \Delta\nu (2\theta)^2} \qquad (2.4-27)$$

式(2.4-27)说明，如果要求传播方向限于 2θ 之内并具有频带宽度为 $\Delta\nu$ 的光波相干，则光源应局限在空间体积 V_{cs} 之内。激光的 $\Delta\nu$ 很窄，2θ 很小，所以激光与普通光源相比，具有最大的相干体积。

2.4.6 光子简并度

在 1.2 节中讲到，属于同一状态的光子或同一模式的光波是相干的，不同状态的光子或不同模式的光波是不相干的。所以，同一状态中光子数目的多少，就成为相干性光波场的强度（相干光强）大小的重要标志。将同一状态中的平均光子数 $\bar{n}$ 称为光子简并度。当然，$\bar{n}$ 也表示同一模式中的光子数，同一相干体积内的光子数，同一相格内的光子数。

设温度为 T 时，黑体辐射的能量密度 ρ_ν 的形式如式(1.4-8)所示。该式可改写如下：

$$\rho_\nu = \frac{8\pi\nu^2}{c^3} \cdot \frac{1}{e^{h\nu/kT}-1} \cdot h\nu = g \cdot \bar{n} \cdot h\nu \qquad (2.4-28)$$

式中：

$$g = \frac{8\pi\nu^2}{c^3} \qquad (2.4-29)$$

$$\bar{n} = \frac{1}{e^{h\nu/kT}-1} \qquad (2.4-30)$$

g 为在空腔的单位体积内，频率 ν 处单位频率间隔内的光子状态（光波模式）数，称为模密度；$\bar{n}$ 为每个状态（模式）所具有的平均光子数，即光源的光子简并度；$h\nu$ 为每个光子的能量。

普通光源的光子简并度可用式(2.4-30)计算。例如，$\lambda = 1~\mu m$，$T = 300~K$，$\bar{n} \approx 10^{-18}$；$\lambda = 1~\mu m$，$T = 3\,000~K$，$\bar{n} \approx 10^{-2}$；$\lambda = 0.5~\mu m$，$T = 3\,000~K$，$\bar{n} \approx 10^{-4}$。对于 $\lambda = 1~\mu m$ 的光波，若令 $\bar{n} = 1$，则要求 $T = 50\,000~K$。到目前为止，还没有发现 $\bar{n}$ 超过 1 的普通光源。

光子简并度与光源的单色亮度成正比关系：

$$B_\nu = \frac{B}{\Delta\nu} \quad (2.4-31)$$

$$\overline{n} = \frac{\lambda^2}{2h\nu}B_\nu \quad (2.4-32)$$

式中：B_ν 为单色亮度，$\Delta\nu$ 为频带宽度。由于普通光源的光子简并度很小，所以普通光源的单色亮度也很低。

激光的光子简并度不能用热平衡状态下的公式(2.4-30)计算，因为激光不是通常的热平衡态。对于激光，它的光子简并度可用下式计算：

$$\overline{n} = \frac{P \cdot \tau_c}{h\nu} \quad (2.4-33)$$

式中：P 为激光器向单模发射的功率，τ_c 为相干时间。例如对 He-Ne 激光器，设其向单模发射的功率为 1 mW，它的线宽为 $\Delta\lambda = 1 \times 10^{-11}$ μm（因而 $\tau_c = 1.3 \times 10^{-4}$ s），由式(2.4-33)可算得 $\overline{n} \approx 4 \times 10^{11}$。可见，激光的光子简并度是非常高的。其原因就是普通光源自发辐射的光子分配到所有模式中，每个模式中分到的光子数就很少，而激光器则不然，它通过谐振腔及选模措施，可使它运行在一个或少数几个模式中，这样每个模式中的光子数就增多了。所以，激光是在光源的光子简并度上，也就是在单色亮度上，实现了重大突破。光子简并度是激光所有特性的集中体现。

2.5 激光器速率方程

激光器的速率方程是研究激光振荡的理论方法之一。激光振荡实际上是谐振腔内激光场与处于粒子数反转状态的工作物质的相互作用过程。在速率方程理论中，把激光场看成由一群光子组成，工作物质看成由一群数目确定的粒子组成，这些粒子彼此不发生作用，而各自独立地与激光场发生作用。粒子本身要产生自发辐射，当光子与粒子相互作用时，粒子要产生受激吸收与受激辐射。对于一个给定的能级结构，可以列出工作物质与激光有关的各能级上粒子数和腔内振荡光子数随时间变化的方程，即速率方程。速率方程是一组微分方程，一般难于精确求解，但在稳态情况下，速率方程变为一组普通代数方程，可解析求解。求出腔内振荡着的光子数和各能级上的粒子数，从而可讨论振荡条件和输出功率等方面的特性；在非稳态振荡情况下，可采用近似解析求解或数值求解的方法，来讨论激光输出随时间的变化。

激光振荡可以在满足振荡条件的各种不同模式上产生，每一个振荡模式是具有一定频率 ν 和一定腔内损耗的准单色光。为简单起见，在下面的讨论中，均假定激光器内只有一个模式振荡，只建立单模速率方程组。

对任何一种实际的激光工作物质，与激光有关的能级结构和能级间跃迁特性可能是很复杂的,为了用速率方程进行定量讨论,应该对实际的能级进行合理的简化,给出几个具体能级及跃迁特性,然后列出速率方程组。下面只以具有代表性的三能级系统和四能级系统进行分析。

2.5.1 三能级系统的速率方程(单模)

红宝石激光器是典型的三能级系统。Cr^{3+}离子参与整个激光产生过程的能级可以简化为3个,它的能级简图如图2.5.1所示。设这些能级间具有如下的跃迁特性:

① 在外界激励作用下,处于能级1上的粒子被激发(抽运)到高能级3上,粒子被抽运到能级3的几率为W_{13}。

② 到达能级3的工作粒子,以非辐射跃迁的形式迅速转移到能级2上,由能级3向能级2非辐射跃迁的几率为S_{32}。

③ 能级2为亚稳能级,因此在外界激励作用足够强的情况下,在该能级上可以有较多的粒子数积累,从而有可能在能级2和1之间实现粒子数反转。

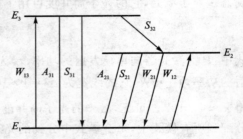

图2.5.1 三能级系统示意图

图中W_{12}和W_{21}分别表示能级2和1之间受激吸收几率与受激辐射几率,A_{21}为自发辐射几率。由于能级2为亚稳态,所以A_{21}较小。

④ 一般来说,$S_{32} \gg W_{13}$,A_{31}和S_{31}都很小。在红宝石晶体室温下,$S_{31} \approx 0$,列方程时,可以将它略去。

在上述假定下,图2.5.1所示的三能级系统的速率方程组如下:

$$\left.\begin{aligned}
\frac{dn_3}{dt} &= n_1 W_{13} - n_3(S_{32} + A_{31}) \\
\frac{dn_2}{dt} &= n_1 W_{12} - n_2 W_{21} - n_2(A_{21} + S_{21}) + n_3 S_{32} \\
n &= n_1 + n_2 + n_3 \\
\frac{dN}{dt} &= n_2 W_{21} - n_1 W_{12} + n_2 A_{21} - \xi N
\end{aligned}\right\} \quad (2.5-1)$$

式中:n_1, n_2, n_3分别为各能级上的粒子数密度;n为总粒子数;N为腔内振荡模式的光子数密度;ξ为腔内光子单位时间内的损耗率。对于三能级系统,只有两个粒子数变化率方程是线性独立的,因为其中任何一个方程,都可以通过其他两个方程的线性组合求得,这里列出了能级3和能级2的方程。式(2.5-1)中的第三个方程是关于粒子数守恒方程。

速率方程的物理意义是很明显的。例如式(2.5-1)中的第二个方程,其右端第一项表示由于能级1上粒子的受激吸收导致能级2上粒子数的增加,第二项表示由于能级2上粒子的受激辐射导致它本身粒子数的减少,第三项表示由于它的自发辐射和无辐射跃迁导致粒子数的减少,第四项表示由于能级 3 上粒子的无辐射跃迁导致能级 2 上粒子数的增加。式(2.5-1)中的第四个方程是腔内光子数的变化方程,同样可仿照上面的方法进行分析。

对于三能级系统,速率方程组由 4 个方程组成,求解的未知数是 4 个:n_1, n_2, n_3, N。它们原则上是可以求出来的。在稳态情况下,各能级上粒子数与腔内光子数的时间变化率为零,速率方程就变为一组普通的代数方程。

在求解前面的速率方程时,要注意应用下面一些关系:

$$W_{21} = B_{21}\rho g(\nu,\nu_0) \qquad (2.5-2)$$

$$W_{12} = B_{12}\rho g(\nu,\nu_0) \qquad (2.5-3)$$

$$\rho = Nh\nu \qquad (2.5-4)$$

$$g_1 B_{12} = g_2 B_{21} \qquad (2.5-5)$$

$$\frac{A_{21}}{B_{21}} = \frac{8\pi h\nu^3}{c^3} \qquad (2.5-6)$$

其中除式(2.5-4)外,其他各式在第 1 章中均给出过。

2.5.2 四能级系统的速率方程(单模)

大多数激光器的激光作用能级都属于四能级系统,例如掺钕离子的 YAG 激光器、钕玻璃激光器、He-Ne 激光器都属此类。对四能级系统,与激光作用有关的能级有 4 个,如图 2.5.2 所示。能级间跃迁特性如下:

① 在外界激励的作用下,处于基态能级 1 上的工作粒子,被抽运到高能级 4 上,抽运几率为 W_{14}。

② 被抽运到能级 4 上的粒子,以非辐射跃迁的形式迅速转移到能级 3 上,由能级 4 到能级 3 的非辐射跃迁几率为 S_{43}。

③ 能级 3 为亚稳能级。例如对于掺钕离子的 YAG 激光器,钕离子在能级 3(即能级 $^4F_{3/2}$)上的平均

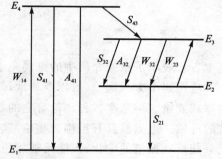

图 2.5.2 四能级系统示意图

寿命为 2.3×10^{-4} s;而对于钕玻璃激光器,钕离子能级 3 的平均寿命为 7×10^{-4} s。在抽运达到一定程度时,就会在能级 3 和能级 2 之间实现粒子数反转。

④ 到达能级 2 的工作粒子,能够以非辐射跃迁的形式迅速转移到能级 1(一般在能级 2 上粒子的寿命为 10^{-6} s 量级),非辐射跃迁几率用 S_{21} 表示,且 S_{21} 很大。

由于 S_{43} 和 S_{21} 均很大,所以忽略了从能级 4 到能级 1 和从能级 2 到能级 1 的其他跃迁,即认为 A_{41}、S_{41}、A_{21} 均很小可以全部或部分略去。

另外，对于四能级系统，要求 $E_2-E_1 \gg kT$，即可忽略由于热运动从能级 1 到能级 2 的粒子数，认为能级 2 基本是空的。这一点对一般以四能级系统工作的激光器是满足的。例如对 Nd^{3+}:YAG，激光下能级 $^4I_{11/2}$ 到基态 $^4I_{9/2}$ 还有约 2 000 cm^{-1}（相当于 0.28 eV）的能量差，而室温下，$kT \approx 0.026$ eV，所以由于热运动从基态直接激励到 $^4I_{11/2}$ 态的几率很小，这一过程可以忽略。可见，对四能级系统，为要实现能级 3 与能级 2 之间的粒子数反转，对激励源的要求要比三能级系统低得多，因为四能级系统激光下能级基本是空的。

按上述能级模型，可得速率方程组如下：

$$\left. \begin{aligned} \frac{dn_4}{dt} &= n_1 W_{14} - n_4 S_{43} \\ \frac{dn_3}{dt} &= -n_3 W_{32} + n_2 W_{23} - n_3(A_{32}+S_{32}) + n_4 S_{43} \\ \frac{dn_1}{dt} &= n_2 S_{21} - n_1 W_{14} \\ n &= n_1 + n_2 + n_3 + n_4 \\ \frac{dN}{dt} &= n_3 W_{32} - n_2 W_{23} + n_3 A_{32} - \xi N \end{aligned} \right\} \quad (2.5-7)$$

式中：

$$W_{32} = B_{32} \rho g(\nu,\nu_0) = B_{32} N h \nu g(\nu,\nu_0) \quad (2.5-8)$$

$$W_{23} = B_{23} \rho g(\nu,\nu_0) = B_{23} N h \nu g(\nu,\nu_0) \quad (2.5-9)$$

$$g_2 B_{23} = g_3 B_{32} \quad (2.5-10)$$

$$\frac{A_{32}}{B_{32}} = \frac{8\pi h \nu^3}{c^3} \quad (2.5-11)$$

速率方程表示了激光介质中的振荡光子数与能级粒子数之间的守恒关系。

应用速率方程理论，可以成功地讨论介质的增益系数、激光器的振荡条件、激光器的输出功率或能量。但速率方程理论有它的局限性，主要表现在：第一，速率方程没有全面反映电磁波的性质。电磁波具有振幅和相位，速率方程中的光子数 N 正比于光波振幅的平方，N 的变化只能反映振幅的变化，不能反映相位的变化，因而使有关电磁场通过激活介质时的相位变化问题被忽略了。第二，速率方程没能反映出电磁场和原子系统的微观相互作用过程。电磁波通过介质时，介质要产生极化现象，但极化过程并不是瞬时的，而要比电场滞后一定的时间 Δt，即极化强度 $P(t+\Delta t)$ 与电场强度 $E(t)$ 相对应，或者说 $t+\Delta t$ 时刻的电极化是 t 时刻电场作用的结果。这一微观作用过程速率方程并没有反映出来。尽管如此，由于速率方程直观、简洁，在不考虑相位及相互作用微观过程的情况下，人们还是愿意用速率方程来讨论一些问题。实际上，如果 $E(t)$ 随时间变化比较缓慢，而 Δt 又非常之小，可以认为 $E(t)$ 与 $E(t+\Delta t)$ 是近似相等的。这时，作为近似，可以不考虑介质与场的相位关系，速率方程理论可用。但对变化很快的电磁场，这种理论就不适用，而应由半经典理论来处理。

2.6 介质的增益系数

增益系数描写激活介质对光的放大能力,它是衡量激光器能否振荡、振荡强弱以及设计激光器具体结构所依据的一个重要参量。增益系数 G 定义为光通过单位长度增益介质后增加的相对光强

$$G = \frac{dI(z)}{I(z)dz} \qquad (2.6-1)$$

增益系数的单位为 cm^{-1}(或 m^{-1})。

推导增益系数的表达式可采用速率方程,为此要找出式(2.6-1)中的 $I(z)$ 与速率方程组中单模光子数密度 N 之间的关系。考虑一截面为 ΔS、长为 dz 的圆柱体,则圆柱体内的激光能量为 $Nh\nu\Delta Sdz$。如设该激光垂直入射到截面 ΔS 上的光强为 $I(z)$(z 为截面 ΔS 所处的坐标),在圆柱体内的传播速度为 v,传播时间为 dz/v,则显然有下面关系成立:

$$Nh\nu\Delta Sdz = I(z)\Delta S \frac{dz}{v}$$

由此得

$$I(z) = vNh\nu \qquad (2.6-2)$$

将式(2.6-2)代入式(2.6-1),并注意 $dI(z)=vh\nu dN, dz=v\,dt$,就得到

$$G = \frac{1}{Nv} \cdot \frac{dN}{dt} \qquad (2.6-3)$$

以四能级系统的速率方程进行下面的讨论。将式(2.5-7)的第五式代入式(2.6-3),略去 n_3A_{32} 和 ξN 两项,并利用式(2.5-8)~(2.5-11),就得到

$$G = \Delta n \sigma_{32} \qquad (2.6-4)$$

式中:

$$\Delta n = \left(n_3 - \frac{g_3}{g_2}n_2\right) \qquad (2.6-5)$$

$$\sigma_{32} = \frac{\lambda_0^2}{8\pi}A_{32}g(\nu,\nu_0) \qquad (2.6-6)$$

λ_0 为入射光的中心波长;Δn 为激光上下能级粒子数反转密度;由于 σ_{32} 具有面积的量纲,所以 σ_{32} 为从能级 3 到能级 2 的受激辐射截面,只取决于跃迁本身,而与外场无关。由式(2.6-6)可以看出,σ_{32} 与两能级间的自发辐射系数 A_{32} 成正比,也与两能级间跃迁的线型函数有关。可见,σ_{32} 是量度光与原子相互作用强弱,亦即跃迁几率大小的量。当按式(2.6-6)估算 σ_{32} 时,常取中心频率处的线型函数值 $g(\nu_0,\nu_0)$。表 2.6.1 列出常见激光跃迁受激辐射截面的典型数值。

表 2.6.1 常见激光跃迁受激辐射截面的典型数值

激光跃迁	$\sigma_{32}/(\text{cm}^2/\text{原子})$
可见以及近红外气体激光跃迁	$10^{-11} \sim 10^{-13}$
低气压 CO_2 10.6 μm 跃迁	3×10^{-18}
若丹明 6G 染料激光跃迁	$(1 \sim 2) \times 10^{-16}$
Nd^{3+}:YAG 1.06 μm 激光跃迁	4.6×10^{-19}
Nd^{3+}:玻璃 1.06 μm 激光跃迁	3×10^{-20}
Cr^{3+}:红宝石 0.694 3 μm 激光跃迁	2×10^{-20}

由式(2.6-4)可以看出,增益系数与激光作用的上下能级间的反转粒子数密度 Δn 成正比,其比例系数就是这两个能级间的受激辐射截面。只有 $\Delta n > 0$,才有 $G > 0$,$\Delta n > 0$ 的状态就是粒子数反转状态。向工作介质供给能量,造成粒子数反转,使增益系数大于零,是对光进行放大的必要条件。可见,Δn 与外界激励强弱成正比,当然也与能级跃迁特性有关。

2.6.1 小信号增益系数

理论和实验表明,当频率为 ν 的激光器内的光强 I_ν 很小时,由于上能级的粒子数消耗不显著,对 Δn 与 G 影响不大,所以可认为 Δn 与 G 为常数,记为 Δn^0 与 G^0,分别称为小信号情况下的粒子数反转与小信号增益系数,且有

$$G^0 = \Delta n^0 \sigma_{32} \tag{2.6-7}$$

由于 σ_{32} 内含有线型函数因子,所以 G^0 的具体表达式随谱线增宽的类型不同而异。利用式(1.5-16)、式(1.5-13)和式(1.5-14),可以得到均匀增宽和非均匀增宽两种情况下小信号增益系数表达式为

$$G_H^0(\nu) = \frac{\left(\frac{\Delta \nu_H}{2}\right)^2}{(\nu - \nu_0)^2 + \left(\frac{\Delta \nu_H}{2}\right)^2} G_H^0(\nu_0) \tag{2.6-8}$$

$$G_i^0(\nu) = G_i^0(\nu_0) e^{-4\ln 2 \left(\frac{\nu - \nu_0}{\Delta \nu_D}\right)^2} \tag{2.6-9}$$

式中:$G_H^0(\nu_0)$ 与 $G_i^0(\nu_0)$ 分别表示均匀增宽和非均匀增宽两种情况下,原子谱线中心频率处的小信号增益系数,并且

$$G_H^0(\nu_0) = \frac{A_{32} \lambda_0^2}{4\pi^2 \Delta \nu_H} \Delta n^0 \tag{2.6-10}$$

$$G_i^0(\nu_0) = \frac{A_{32} \lambda_0^2}{4\pi^2 \Delta \nu_D} (\pi \ln 2)^{\frac{1}{2}} \Delta n^0 \tag{2.6-11}$$

从式(2.6-8)和式(2.6-9)可见,增益曲线的形状完全决定于 $g(\nu,\nu_0)$ 的形状。对均匀增宽,增益曲线为洛伦兹型,其宽度为 $\Delta\nu_H$;对非均匀增宽,增益曲线为高斯型,其宽度为 $\Delta\nu_D$。

从式(2.6-10)和式(2.6-11)可以看出,小信号增益系数与 Δn^0 成正比,与谱线宽度成反比。Δn^0 的表达式可从速率方程中求出。例如,对四能级系统可利用式(2.5-7)。由于是小信号,所以腔内光子数 N 很小,可令 $N\approx 0$,从而 $W_{32}\approx 0$,$W_{23}\approx 0$。对于四能级系统,$n_2\approx 0$,$\Delta n\approx n_3$。于是式(2.5-7)的第一、二两式在小信号稳态情况下就可写成

$$n_1 W_{14} - n_4 S_{43} = 0$$
$$-\Delta n^0 (A_{32} + S_{32}) + n_4 S_{43} = 0$$

由此二式可解出

$$\Delta n^0 = \frac{n_1 W_{14}}{A_{32} + S_{32}} \approx \frac{n W_{14}}{A_{32} + S_{32}} \qquad (2.6-12)$$

式中:n 为总粒子数密度。可见,Δn^0 与外界泵浦速率 W_{14} 成正比。

$G_H^0(\nu_0)$ 或 $G_i^0(\nu_0)$ 可由实验测出。对常用器件,通常给出经验公式。例如对 He-Ne 激光器,在最佳放电条件下,经验公式为

$$G^0(\nu) = 3\times 10^{-4} \frac{1}{d} \qquad (2.6-13)$$

式中:d 为放电管直径,单位为 cm。

2.6.2 大信号增益系数

当激光器内光强达到一定值时,Δn(从而 G)将随光强 I_ν 的增大而减小,这种现象称为增益饱和。激光振荡一经形成,增益饱和现象一定会出现,其物理原因是,在 $\Delta n > 0$ 情况下,光的放大是以消耗上能级粒子数为代价的。

由于是大信号,所以在速率方程式(2.5-7)中,不能作 W_{32}、W_{23} 等于零的近似。在稳态情况下,求出 Δn,代入式(2.6-4),再考虑均匀增宽与非均匀增宽两种情况,就得到

$$G_H(\nu, I_\nu) = \frac{\left(\frac{\Delta\nu_H}{2}\right)^2}{(\nu-\nu_0)^2 + \left(\frac{\Delta\nu_H}{2}\right)^2 \left(1+\frac{I_\nu}{I_s}\right)} G_H^0(\nu_0) \qquad (2.6-14)$$

$$G_i(\nu, I_\nu) = \frac{G_i^0(\nu_0)}{\left(1+\frac{I_\nu}{I_s}\right)^{\frac{1}{2}}} e^{-4\ln 2\left(\frac{\nu-\nu_0}{\Delta\nu_D}\right)^2} \qquad (2.6-15)$$

式中:I_s 饱和光强,具有光强的量纲,即

$$I_s = \frac{A_{32} h\nu_0}{\sigma_{32}} \qquad (2.6-16)$$

在中心频率处的增益系数为

$$G_{\mathrm{H}}(\nu_0, I_{\nu_0}) = \frac{G_{\mathrm{H}}^0(\nu_0)}{1+\dfrac{I_{\nu_0}}{I_{\mathrm{s}}}} \qquad (2.6-17)$$

$$G_{\mathrm{i}}(\nu_0, I_{\nu_0}) = \frac{G_{\mathrm{i}}^0(\nu_0)}{\left(1+\dfrac{I_{\nu_0}}{I_{\mathrm{s}}}\right)^{\frac{1}{2}}} \qquad (2.6-18)$$

从以上各式可以看出，当 $I_\nu \ll I_{\mathrm{s}}$ 时，增益系数与 I_ν 关系不大，这就是小信号增益系数；当 I_ν 与 I_{s} 可比拟或者大于 I_{s} 时，增益系数将随 I_ν 的增加而减小，这就是增益饱和。当 $I_{\nu_0} = I_{\mathrm{s}}$ 时，有 $G_{\mathrm{H}}(\nu_0, I_{\mathrm{s}}) = G_{\mathrm{H}}^0(\nu_0)/2$，$G_{\mathrm{i}}(\nu_0, I_{\mathrm{s}}) = G_{\mathrm{i}}^0(\nu_0)/\sqrt{2}$。可见，与均匀增宽相比，非均匀增宽的饱和效应要弱一些。

增益系数曲线（即增益系数与频率的关系曲线）线型与线型函数有关，图 2.6.1 与图 2.6.2 所示分别为两种增宽情况下的增益系数曲线。

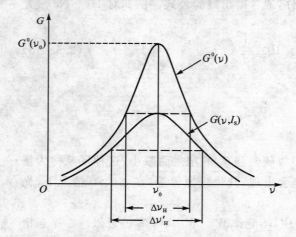 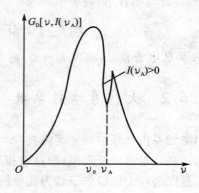

图 2.6.1　均匀增宽介质大信号增益曲线的饱和　　图 2.6.2　非均匀增宽的增益饱和——烧孔效应

图 2.6.1 所示为均匀增宽情形下的增益系数曲线，图中 $G^0(\nu)$ 为小信号增益系数曲线，$G(\nu, I_{\mathrm{s}})$ 为 $I_\nu = I_{\mathrm{s}}$ 时的增益系数曲线。其特点是，在均匀增宽情况下，在激活介质中传播的光强如果变强，则整个增益曲线均下降，下降后的曲线宽度 $\Delta\nu_{\mathrm{H}}'$ 比小信号时的 $\Delta\nu_{\mathrm{H}}$ 要大：

$$\Delta\nu_{\mathrm{H}}' = \left(1+\frac{I_\nu}{I_{\mathrm{s}}}\right)\Delta\nu_{\mathrm{H}} \qquad (2.6-19)$$

即饱和后的增益系数变小，增益曲线变宽。对于图示 $G(\nu, I_{\mathrm{s}})$ 曲线 $I_\nu = I_{\mathrm{s}}$，$\Delta\nu_{\mathrm{H}}' = \sqrt{2}\Delta\nu_{\mathrm{H}}$。在均匀增宽激光器中，如果有一频率为 ν 的纵模振荡，则随着该纵模光强 I_ν 的不断增加，会使整个增益曲线下降；此时，如有另一纵模 ν'（$\nu' \neq \nu$）的弱光振荡，则它得到的增益系数将是下降后的增益系数,这是均匀增宽激光器中一个纵模建立起来的振荡导致其他纵模增益下降的现象。

图 2.6.2 所示为非均匀增宽情形下的增益系数曲线。对多普勒增宽情形,速度不同的原子群有不同的中心频率,而具有相同中心频率的一群原子,又有一个小的均匀增宽效应存在,因此当频率为 ν_A、强度为 I_{ν_A} 的准单色光入射到非均匀增宽的增益介质时,使中心频率为 ν_A 的那一群反转粒子发生饱和,对中心频率远离 ν_A 的反转粒子不发生作用。饱和后的那群反转粒子对总的非均匀增宽增益曲线 ν_A 处的增益贡献减小,所以在 ν_A 处出现了一个增益凹陷,这种现象叫增益曲线烧孔效应。

由于非均匀增宽激光器中,每一个频率的光只在该频率附近一个小范围内引起增益饱和,所以在这种激光器中,只要各纵模间隔足够大,各纵模间的相互影响就很小,一个纵模的建立,就不会明显影响另一个纵模增益系数。由前面的讨论中可以看出,产生烧孔的条件,是非均匀多普勒增宽远大于均匀增宽。再者,增益曲线其他部分所对应的反转粒子数来不及补充到"空穴"中来,就是说增益曲线其他部分所对应的反转粒子数补充到"空穴"中所需的时间比在激光作用下激发态原子迅速下降的时间长得多。如果不是这样,使得激发态原子迅速转移到"空穴"中来,那将不会产生部分反转粒子数下降的现象,因而不出现烧孔现象。

"孔"的深度 d 等于小信号的增益与饱和增益之差。由于激光器在稳定工作时,增益等于激光器内的总损耗 α,所以"孔"的深度应等于小信号增益与总损耗之差。由于激光器的总损耗是固定的,所以增加小信号增益,"孔"的深度就增加。

对于非均匀增宽的工作粒子,其激发态也有一定的平均寿命,所以"孔"也具有一定的宽度 $\delta\nu = \sqrt{1 + \dfrac{I_\nu}{I_s}} \Delta\nu_H$。对于频率为 ν 的入射光,只有对发射频率为 $\nu \pm \sqrt{1 + \dfrac{I_\nu}{I_s}} \dfrac{\Delta\nu_H}{2}$ 范围内的粒子有显著的饱和作用。

"孔"的面积等于孔的深度与孔的宽度的乘积,它与激活介质中参与受激辐射的粒子数成比例。也就是说,"孔"的面积代表对振荡模式有贡献的反转粒子数,面积越大,有贡献的反转粒子数越多,振荡模式的输出功率也就越强。

2.7 激光振荡阈值条件

在激励源作用下,激光介质实现粒子数反转,从而具有增益,这是实现激光振荡的必要条件。只有当增益能够补偿光在谐振腔的两个反射面上由于透射和衍射等原因造成的损耗,以及由于工作物质内部的吸收和散射等造成的损耗时,才能形成激光振荡。这个条件称为激光器的阈值条件,亦即临界振荡条件。

1. 小信号增益系数的阈值条件

令激活介质的小信号增益系数为 $G^0(\nu)$,激活介质在沿着谐振腔的轴线方向上的长度为

L，腔的两个反射镜的反射率分别为 r_1 和 r_2。如果光刚从反射镜 1 垂直反射后的光强为 I_0，经过一个往返（即又回到镜 1 并垂直反射）后的光强为 I，则应有

$$I = I_0 r_1 r_2 e^{2(G^0 - \alpha_{内})L}$$

式中：$\alpha_{内}$ 为工作物质内部由于吸收、散射等原因造成的损耗系数（单位长度上光强减小的相对值）。阈值条件要求 $I \geqslant I_0$，所以

$$r_1 r_2 e^{2(G^0 - \alpha_{内})L} \geqslant 1 \tag{2.7-1}$$

如令 T_1 和 T_2 为两个反射镜的透射率，a_1 和 a_2 为两个反射镜由于衍射、散射和吸收等原因造成的损耗率，则式(2.7-1)还可以写成

$$(1 - a_1 - T_1)(1 - a_2 - T_2)e^{2(G^0 - \alpha_{内})L} \geqslant 1$$

或

$$G^0 \geqslant \alpha_{内} - \frac{1}{2L}\ln[(1 - a_1 - T_1)(1 - a_2 - T_2)] \tag{2.7-2}$$

令

$$\alpha = \alpha_{内} - \frac{1}{2L}\ln[(1 - a_1 - T_1)(1 - a_2 - T_2)] \tag{2.7-3}$$

式中：α 为总损耗系数，则式(2.7-2)可写成

$$G^0 \geqslant \alpha = G_t \tag{2.7-4}$$

式(2.7-4)即为小信号增益系数的阈值条件，$G_t = \alpha$ 称为阈值增益系数。

在 $(a_1 + T_1) \ll 1$，$(a_2 + T_2) \ll 1$ 条件下，式(2.7-3)可表示为

$$\alpha \approx \frac{a + T}{2L} \tag{2.7-5}$$

式中：

$$a = 2\alpha_{内}L + a_1 + a_2 \tag{2.7-6}$$
$$T = T_1 + T_2 \tag{2.7-7}$$

a 为往返损耗率（透射除外）；T 为往返透射损耗率。

2. 小信号情况下粒子数反转 Δn^0 的阈值条件

由于

$$G^0 = \Delta n^0 \sigma_{32} \geqslant \alpha$$

所以

$$\Delta n^0 \geqslant \frac{\alpha}{\sigma_{32}} \tag{2.7-8}$$

如 σ_{32} 取中心频率的值 $\sigma_{32}(\nu_0, \nu_0)$，且为均匀增宽，则

$$\sigma_{32}(\nu_0, \nu_0) = \frac{\lambda_0^2}{8\pi} A_{32} g_H(\nu_0, \nu_0) = \frac{\lambda_0^2}{8\pi} A_{32} \cdot \frac{2}{\pi \Delta \nu_H}$$

代入式(2.7-8),得到

$$\Delta n^0 \geqslant \frac{4\pi^2 \alpha \Delta \nu_H}{\lambda_0^2 A_{32}} = \Delta n_t \tag{2.7-9}$$

式中:Δn_t 为阈值反转密度(中心频率处)。

可以计算激光上能级的粒子数阈值 n_{2t}(三能级系统)和 n_{3t}(四能级系统)。对三能级系统,由 $n_{2t} - n_1 = \Delta n_t$, $n_{2t} + n_1 = n$,可得

$$n_{2t} = \frac{n + \Delta n_t}{2} \approx \frac{n}{2} \tag{2.7-10}$$

近似等号是因为 $n \gg \Delta n_t$。例如在典型的三能级系统红宝石中,总粒子数密度 $n = 1.9 \times 10^{19}$ cm^{-3},而 Δn_t 值为 10^{17} cm^{-3} 量级。对四能级系统,因激光下能级基本是空的,$n_2 \approx 0$,所以

$$n_{3t} \approx n_{3t} - n_2 = \Delta n_t = \frac{\alpha}{\sigma_{32}} \tag{2.7-11}$$

3. 泵源能量(或功率)的阈值条件

根据阈值反转 Δn_t,可以估算出所需泵源的能量(脉冲情况下)或功率(连续情况下),如表 2.7.1 所列。

表 2.7.1 三能级和四能级激光器阈值、泵源能量或功率

	三能级激光器	四能级激光器
粒子数反转阈值 Δn_t	$\dfrac{\alpha}{\sigma_{21}}$	$\dfrac{\alpha}{\sigma_{32}}$
激光上能级粒子数阈值 $n_{2t}(n_{3t})$	$\approx \dfrac{n}{2}$	$\approx \dfrac{\alpha}{\sigma_{32}}$
泵源能量密度 $\dfrac{E_{pt}}{V}$(脉冲)	$\approx \dfrac{h\nu_{13} n}{2\eta_1}$	$\approx \dfrac{h\nu_{14} \alpha}{\eta_1 \sigma_{32}}$
泵浦功率密度 $\dfrac{P_{pt}}{V}$(连续)	$\approx \dfrac{h\nu_{13} n}{2\eta_1 \eta_2 \tau}$	$\approx \dfrac{h\nu_{14} \alpha}{\eta_1 \eta_2 \sigma_{32} \tau}$

表中:n 为介质总的粒子数密度。η_1 表示无辐射跃迁量子效率。对四能级系统,$\eta_1 = S_{43}/(S_{43} + A_{41})$,表示由激励源泵浦到 E_4 能级上的粒子,只有一部分通过无辐射跃迁到达激光上能级 E_3,另一部分通过其他途径(用 A_{41} 表示跃迁几率)返回基态。若 $S_{43} \gg A_{41}$,则 $\eta_1 \approx 1$。对三能级系统,$\eta_1 = S_{32}/(S_{32} + A_{31})$。$\eta_2$ 表示荧光效率。对四能级系统,$\eta_2 = A_{32}/(A_{32} + S_{32})$,表示到达 E_3 能级的粒子,也只有一部分通过自发辐射跃迁到达 E_2 能级并发射荧光,其余粒子通过无辐射跃迁到 E_2 能级。对三能级系统,$\eta_2 = A_{21}/(S_{21} + A_{21})$。$\eta_1 \eta_2$ 代表总量子效率,表示发射荧光的光子数占工作物质从光泵吸收的光子数的百分数。τ 为激光上能级的自发辐射寿

命,对三能级系统,$\tau=\frac{1}{A_{21}}$;对四能级系统,$\tau=\frac{1}{A_{32}}$。

表中:"脉冲"是指泵浦作用时间 t 比激光上能级的寿命 τ 要短得多,即短脉冲情况($t \ll \tau$),这种情况下,在泵浦作用时间内,可不考虑自发辐射的影响。"连续"是指长脉冲($t \gg \tau$)情况,这种情况下,在泵浦作用时间内要考虑自发辐射的影响。

下面以三能级激光器为例,从物理意义上说明表中泵浦能量密度(脉冲)和泵浦功率密度(连续)的表达式。对于三能级激光器,为了形成激光振荡,通过泵浦作用,激光上能级至少要达到 $\frac{n}{2}$ 个粒子。在短脉冲泵浦情况下,自发辐射可以忽略不计,则在单位体积中,要使 E_2 能级增加一个粒子,必须吸收的泵源能量为 $\frac{h\nu_{13}}{\eta_1}$,因此,只有当吸收的泵源能量等于 $\frac{h\nu_{13}}{\eta_1} \cdot \frac{n}{2}$ 时,才能使 E_2 能级达到 $\frac{n}{2}$ 粒子。而在长脉冲情况下,必须要考虑自发辐射的影响。当 E_2 能级上粒子数密度稳定于阈值 $\frac{n}{2}$ 时,单位时间内在单位体积中就有 $\frac{n}{2\eta_2 \tau}$ 个粒子从 E_2 能级跃迁到 E_1 能级,因此为了使 E_2 能级上的粒子数稳定于阈值 $\frac{n}{2}$,单位时间在单位体积中,必须有 $\frac{n}{2\eta_2 \tau} \cdot \frac{1}{\eta_1}$ 个粒子吸收泵浦能量而从 E_1 能级跃迁到 E_3 能级,用 $h\nu_{13}$ 乘以上述粒子数,就是泵浦功率密度。

从表 2.7.1 中可以看出:

① 三能级系统所需的阈值能量(或功率)比四能级系统大得多,这是因为四能级系统的激光下能级在基态之上,$n_2 \approx 0$,所以只需把 Δn_t 个粒子激励到 E_3 能级上,就可以使增益克服腔的损耗而产生激光。而在三能级系统中,激光下能级是基态,至少要将 $n/2$ 个粒子激发到 E_2 能级上才能形成粒子数反转,而 $n/2 \gg \Delta n_t$。所以,三能级系统的阈值能量或功率要比四能级系统大得多。

② 三能级系统激光器中光腔损耗的大小对光泵阈值能量(功率)的影响不大,而在四能级系统中,阈值能量(功率)正比于光腔损耗 α。因为在四能级系统中,为获得激光,必须把 Δn_t 个粒子激发到高能级上,而 Δn_t 正比于 α。在三能级系统中,必须把 $(n + \Delta n_t)/2$ 个粒子激发到高能级上,而 Δn_t 与 n 相比可以忽略,因而 α 的影响也就很小。但当 α 很大时,以至于 Δn_t 可与 $n/2$ 相比拟时,α 的大小同样会影响三能级激光器的阈值能量。

③ 四能级的阈值能量(功率)反比于发射截面 σ_{32},而 σ_{32} 又反比于荧光谱线宽度 $\Delta\nu_F$,所以阈值能量(功率)正比于 $\Delta\nu_F$。

2.8 连续运转激光器的输出功率

激光器的输出功率是激光器件的一个重要参数。计算激光器输出功率是一个复杂的问题,已有不少文献对此进行过论述。本节只对单模连续运转激光器的输出功率进行粗略的估算。

在驻波型激光器中,腔内存在着沿腔轴方向传播的光 I_+ 和反方向传播的光 I_-,设 I_+ 方向反射镜的透射率为 T_1,I_- 方向反射镜的透射率为 T_2,输出激光束的截面面积为 A;假设光强在截面内均匀分布,则输出功率可表示为

$$P = AI_+ T_1 + AI_- T_2 \qquad (2.8-1)$$

如果再进一步假定 $I_+ = I_-$,则上式可写成

$$P = AI_+ T \qquad (2.8-2)$$

式中:$T = T_1 + T_2$,为两腔镜的总透射率。

由这里可以看出,要计算激光器的输出功率,必须要知道腔内的光强 I,如何确定腔内光强呢?

设激光工作物质在外界激发作用下,具有小信号增益系数 G^0,只有当 G^0 满足式(2.7-4)时,才能形成激光振荡。当 $G^0 = \alpha$ 时,激光器刚好达到阈值条件,只有极弱的激光输出。一般的激光器,总要有 $G^0 > \alpha$,这时腔内形成激光振荡,并且光强不断增加。当光强增加到一定程度时,增益饱和现象出现,即增益系数开始下降。当增益系数下降到与损耗相等时,腔内光强不再增加。此时激光器达到稳定工作状态。若外界激发作用更大,使得 G^0 更大,则光强 I_ν 将增加到更大的数值,使得饱和增益等于损耗。因此,不管外界激发作用多强,稳态工作时激光器的大信号增益系数总是等于损耗,即总有下面关系式成立:

$$G(\nu, I_\nu) = \alpha \qquad (2.8-3)$$

可以根据这一关系确定腔内光强,从而求出输出功率。

2.8.1 均匀增宽激光器的输出功率

均匀增宽激光器的激光振荡频率多在介质谱线中心频率 ν_0 附近,考虑中心频率处的增益系数,激光器的总损耗选用式(2.7-5),则在稳态工作时,式(2.8-3)应写成

$$G(\nu_0, I_\nu) = \frac{G_m}{1 + I_\nu/I_s} = \frac{a+T}{2L} \qquad (2.8-4)$$

式中:$G_m = G^0(\nu_0)$ 为中心频率处的小信号增益系数。对驻波型均匀增宽激光器来说,I_+ 与 I_- 同时参与饱和作用,即式(2.8-4)中的 $I_\nu = I_+ + I_- \approx 2I_+$。将它代入式(2.8-4),求出 I_+,再代入式(2.8-2),即可得到单模连续运转均匀增宽激光器的输出功率为

$$P = \frac{1}{2} ATI_s \left(\frac{2G_m L}{a+T} - 1 \right) \qquad (2.8-5)$$

可见,输出功率与小信号增益系数 G_m、腔长 L、饱和光强 I_s 成正比,与损耗率 a 成反比。

从输出功率的表达式还可以看出,输出功率 P 是反射镜透射率 T 的函数。透射率越大,

透过镜子的光强越大,有利于提高输出功率。但另一方面,反射镜的透射就相当于激光器的一种损失。透射率越大,激光器的损失就增大,这相当于使 G_T 增高,因而使得在稳态时腔内的光强要下降,将导致输出功率的下降。综合考虑这两方面的作用,应该存在一个使输出功率达到极大值的最佳透射率 T_m。从数学上讲,将 $P-T$ 的关系式对 T 求导数,并令其为零,即可求得最佳透射率。

图 2.8.1 所示为在 $2G_0L=3.0$ 情况下,对于损耗率 a 的某些数值,输出功率 P 与透射率 T 的函数关系曲线。从图中可见,对于同样的透射率,a 越小,输出功率越大;对每一条曲线,都存在一个最佳透射率,在这个透射率下输出功率最大。

对式(2.8-5)求极值,即令

$$\left.\frac{dP}{dT}\right|_{T=T_m} = 0$$

则得

$$T_m = \sqrt{2G_mLa} - a \tag{2.8-6}$$

图 2.8.2 所示为当 a 值不同时,T_m 与 $2G_mL$ 的关系曲线。

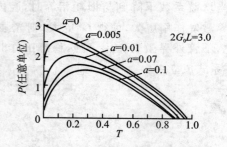

图 2.8.1　输出功率和透射率的关系　　图 2.8.2　最佳透射率和 $2G_mL$ 的关系

将式(2.8-6)代入式(2.8-5)中,得最佳透射率时的输出功率为

$$P_m = \frac{1}{2}AI_s(\sqrt{2G_mL} - \sqrt{a})^2 \tag{2.8-7}$$

在实际工作中,往往由实验测定最佳透射率,反过来估算器件损耗率 a 的大小。

2.8.2　非均匀增宽激光器的输出功率

与均匀增宽情况不同的是,当 $\nu \neq \nu_0$ 时,I_+ 和 I_- 两束光在非均匀增宽增益曲线上分别烧两个孔,即对每一个孔起饱和作用的只是 I_+ 或 I_-,而不是两者之和。将 $I_\nu = I_+$ 代入式(2.6-15),利用式(2.8-3)、(2.7-5)和式(2.8-2),可得到单模连续运转非均匀增宽激光器的输出功率为

$$P = AI_sT\left\{\left[\frac{2G_mL}{a+T}e^{-4\ln 2\left(\frac{\nu-\nu_0}{\Delta\nu_D}\right)^2}\right]^2 - 1\right\} \quad (2.8-8)$$

式中：$G_m = G_1^0(\nu_0)$为非均匀增宽谱线中心频率处的小信号增益系数。

当$\nu = \nu_0$，即纵模频率落在谱线中心时，I_+和I_-同时对该频率的增益起饱和作用，此时$I_\nu = I_+ + I_- \approx 2I_+$，用上面类似的推导，可得到$\nu = \nu_0$时的输出功率为

$$P = \frac{1}{2}AI_sT\left[\left(\frac{2G_mL}{a+T}\right)^2 - 1\right] \quad (2.8-9)$$

对式(2.8-8)和式(2.8-9)也可求其最佳透射率，只是表示式稍复杂些，这里就不讨论了。

2.8.3 兰姆凹陷

实验发现，对以多普勒增宽为主的非均匀增宽激光器，如将激光工作频率调到谱线中心频率，则其输出功率反而下降，即在单模输出功率和频率的关系曲线上，在$\nu = \nu_0$处有一个凹陷，这种现象称为兰姆凹陷。

如一激光器中谱线的非均匀增宽是由多普勒增宽造成的(如 He-Ne 激光器)，根据 2.6 节中的讨论，频率ν_1的激光振荡的建立，将在$G(\nu)$曲线上的ν_1和$\nu_1' = 2\nu_0 - \nu_1$两处造成两个凹陷(见图 2.8.3(a))。也就是有速度为

$$v_x = c\frac{\nu_1 - \nu_0}{\nu_0}$$

和

$$v_x' = -c\frac{\nu_1 - \nu_0}{\nu_0}$$

的两部分粒子对该频率的激光有贡献。此时相应的输出功率为图 2.8.3(b)中的A。而当振荡频率为ν_2时，情况类似，只是ν_2对应的小信号增益系数比ν_1大，所以输出功率相应增大到图 2.8.3(b)中的B点。当频率逐渐向中心频率ν_0趋近时，相应的输出功率逐渐增大。但当振

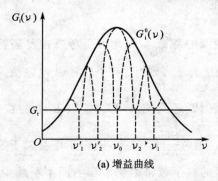
(a) 增益曲线

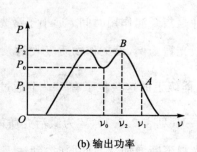
(b) 输出功率

图 2.8.3 兰姆凹陷的形成

荡频率恰好为中心频率 ν_0 时,只有 $v_x=0$ 一种粒子对它有贡献。所以,虽然它对应有最大的小信号增益系数,但由于对它有贡献的粒子少了一半,故此时输出功率反而会下降,因而在输出功率随振荡频率变化的曲线(见图 2.8.3(b))上,在中心频率 ν_0 处出现一个凹陷,这个凹陷称为兰姆凹陷。这一特性在稳频技术中有重要应用。

由于均匀增宽因素的存在,$G(\nu)$ 曲线上的凹陷有一定宽度 $\Delta\nu$:

$$\Delta\nu = \sqrt{1+\frac{I}{I_s}}\Delta\nu_H \quad (2.8-10)$$

所以大致可以认为,当纵模频率靠近中心 $\nu=\nu_0\pm\frac{\Delta\nu_H}{2}$ 的范围内时,两个孔就有比较明显的重叠,对激光有贡献的粒子显著减少,输出功率下降,因而上述兰姆凹陷有大致为 $\Delta\nu_H$ 的宽度。

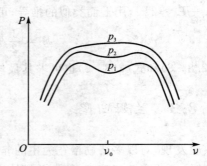

图 2.8.4 不同气压下输出功率和频率的关系

当激光管内气体压力大时,碰撞增宽使 $\Delta\nu_H$ 增大,这将使兰姆凹陷变宽,变浅,直到消失。图 2.8.4 所示为不同气压下输出功率随纵模频率变化的曲线,图中的压力为 $p_3>p_2>p_1$。

2.9 脉冲激光器的输出特性

在脉冲工作的激光器中,脉冲泵浦持续时间很短,在一次脉冲过程中,还来不及建立稳定状态,过程就结束了。所以,脉冲激光器的工作过程是一种暂态过程,在这种过程中,激光器的许多参量都有比较大的变化,过程进展的定量讨论比较复杂,定性讨论将在 5.3 节中进行。本节只对短脉冲的输出能量和长脉冲的输出功率进行估算。

2.9.1 短脉冲激励下的输出能量

短脉冲是指泵浦作用时间 t 远小于激光上能级的寿命 τ,因此可不考虑自发辐射的影响。以四能级激光器为例,设工作物质吸收的泵源能量为 E_p,则有 $\frac{E_p}{h\nu_{14}}$ 个粒子从基态 E_1 被激发到 E_4 能级,E_4 能级上的这些粒子有 $\frac{E_p\eta_1}{h\nu_{14}}$ 个通过无辐射跃迁到能级 E_3。能级 E_3 上的粒子数阈值为 $n_{3t}V=\frac{\alpha}{\sigma_{32}}V$(见表 2.7.1),$V$ 为激活介质体积。如果 $\frac{E_p\eta_1}{h\nu_{14}}>n_{3t}V$,则由于增益大于损耗,腔内受激辐射光强不断增加。与此同时,到达 E_3 能级的粒子数将因受激辐射而不断减少,当 E_3 能级粒子数减少到 $n_{3t}V$ 时,受激辐射光强便开始迅速衰减直至熄灭,E_3 能级上剩余的 $n_{3t}V$ 个粒子将通过自发辐射返回基态,它们对腔内激光能量没有贡献。因此,对腔内激光能量有贡献的反转粒子数为 $\frac{E_\mathrm{p}\eta_1}{h\nu_{14}} > n_\mathrm{3t}V$,这部分反转粒子将产生 $\left(\frac{E_\mathrm{p}\eta_1}{h\nu_{14}} - n_\mathrm{3t}V\right)$ 个受激辐射光子,所以腔内激光能量为

$$E_\text{内} = h\nu_{32}\left(\frac{E_\mathrm{p}\eta_1}{h\nu_{14}} - n_\mathrm{3t}V\right) = \frac{\nu_{32}}{\nu_{14}}\eta_1(E_\mathrm{p} - E_\mathrm{pt}) \tag{2.9-1}$$

式中:

$$E_\mathrm{pt} = \frac{h\nu_{14}}{\eta_1}n_\mathrm{3t}V = \frac{h\nu_{14}\alpha V}{\eta_1 \sigma_{32}} \tag{2.9-2}$$

为泵源能量阈值。

腔内光能部分损耗于腔内,部分经输出反射镜输出到腔外。设谐振腔由一面全反射镜和一面透射率为 T 的输出反射镜组成,则输出能量为

$$E = \frac{\nu_{32}}{\nu_{14}}\eta_0\eta_1 E_\mathrm{pt}\left(\frac{E_\mathrm{p}}{E_\mathrm{pt}} - 1\right) \tag{2.9-3}$$

式中:η_0 为谐振腔效率,其表达式为

$$\eta_0 = \frac{T}{2\alpha L} = \frac{T}{a+T} \tag{2.9-4}$$

表示输出占损耗的百分数。

同理,可得三能级激光器的输出能量为

$$E = \frac{\nu_{21}}{\nu_{13}}\eta_0\eta_1 E_\mathrm{pt}\left(\frac{E_\mathrm{p}}{E_\mathrm{pt}} - 1\right) \tag{2.9-5}$$

对于三能级系统

$$E_\mathrm{pt} = \frac{h\nu_{13}}{\eta_1}n_\mathrm{2t}V = \frac{h\nu_{13}nV}{2\eta_1} \tag{2.9-6}$$

式(2.9-3)及式(2.9-5)表明,输出能量 E 随泵源能量 E_p 线性增加,输出能量是由超过阈值那部分泵浦能量转化而来的。

2.9.2 长脉冲激励下的输出功率

在长脉冲激励下,$t \gg \tau$,激光上能级粒子数可以达到稳定值,这时可以和连续工作激光器一样当做稳态问题来处理,即可以利用式(2.8-5)来计算这种情况下的输出功率。

对于式(2.8-5),还可换一种写法。注意:该式中

$$\frac{2G_\mathrm{m}L}{a+T} = \frac{P_\mathrm{p}}{P_\mathrm{pt}}$$

式中:P_p 为泵源功率,P_pt 为泵源的阈值功率。对于四能级系统

$$I_s = \frac{h\nu_0 A_{32}}{\sigma_{32}} = \frac{h\nu_{32}}{\sigma_{32}\tau}$$

$$P_{pt} = \frac{h\nu_{14}\alpha V}{\eta_1\eta_1\sigma_{32}\tau} = \frac{h\nu_{14}}{\eta_1\eta_2\sigma_{32}\tau} \cdot \frac{a+T}{2L} \cdot LS$$

式中:S 为工作物质横截面面积。利用上面两式,式(2.8-5)可改写为

$$P = \frac{\nu_{32}}{\nu_{14}} \cdot \frac{A}{S}\eta_0\eta_1\eta_2 P_{pt}\left(\frac{P_p}{P_{pt}}-1\right) \tag{2.9-7}$$

同理,可求出三能级激光器的输出功率为

$$P = \frac{\nu_{21}}{\nu_{13}}\frac{A}{S}\eta_0\eta_1\eta_2 P_{pt}\left(\frac{P_p}{P_{pt}}-1\right) \tag{2.9-8}$$

式(2.8-5)和式(2.9-7)是一致的,只是在研究放电激励的气体激光器时把输出功率表示为式(2.8-5)比较方便,而在光泵激励的固体器件中,用式(2.9-7)比较方便。

2.10 自由振荡激光器的模式

本节说明不采取任何选模措施,激光器稳态振荡时可能的模,这里是指纵模。

2.10.1 均匀增宽激光器的模竞争和单模振荡

在均匀增宽激光器中,如果有一个纵模振荡,则随着该纵模光强的不断增加,会使整个增益曲线下降。此下降会影响另一个振荡着的模的增益系数。反之亦然。结果形成了模间的竞争,导致有的模消亡。

用图 2.10.1 说明模的竞争过程。图中:$G^0(\nu)$ 为小信号增益曲线,G_t 为阈值增益,即损耗线,激光器在稳态振荡时,模的饱和增益应等于损耗,即 $G(\nu, I_\nu) = G_t$。

假设有 3 个纵模落在由损耗线所决定的增益曲线的宽度内,这 3 个模标记为 ν_q、ν_{q-1} 和 ν_{q+1},它们的小信号增益系数均大于 G_t,因此 3 个模都振荡。3 个模的光强均增加,当增加到一定程度时,开始起饱和作用,每个模内的光强增加都引起增益曲线的整体下降。当增益曲线下降到曲线 1 时,ν_{q+1} 模的增益刚好等于损耗,该模的光强不再增加,但此时另两个模的增益还大于损耗,这两个模的光强还要增大,增益曲线继续饱和下降。随着曲线下降,ν_{q+1} 模的增益开始小于损耗,并逐渐熄灭。当增益曲线下降到曲线 2 时,ν_{q-1} 模的增益刚好等于损耗,该模光强停止增加,但 ν_q 模的增益还大于损耗,该模光强继续增加,曲线继续下降,ν_{q-1} 模因增益不抵损耗而逐渐熄灭。ν_q 模使曲线下降到曲线 3 时,该模的增益刚好等于损耗,ν_q 模内光强不再增加,激光器也就运行在 ν_q 模上。

ν_q 模之所以存在下来,是因为它最靠近谱线中心,而远离中心的两个模由于增益曲线的均匀饱和作用竞争不过 ν_q 模而熄灭。所以,在均匀增宽激光器中,通过饱和效应,靠近中心频率

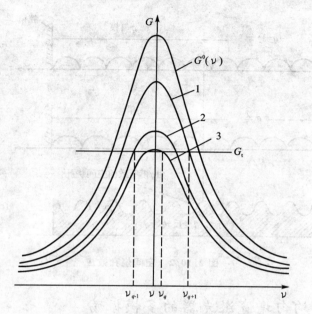

图 2.10.1 均匀增宽激光器中模竞争过程说明

的模,总是把其他模抑制下去,最后只剩它自己。通过这种模的竞争,可以得到单纵模振荡。

2.10.2 空间烧孔和多模振荡

在实际应用中,发现也有均匀增宽激光器,如均匀增宽的固体激光器存在多模振荡的现象,产生这一现象的原因是这类激光器的驻波模所造成的空间烧孔效应。

由于激光器模式的驻波结构,导致反转粒子数在空间分布不均匀的现象,称为空间烧孔效应。

如图 2.10.2 所示,由于谐振腔的作用,光强在腔内沿腔轴方向形成驻波分布,波腹处最强,波节处最弱,相邻腹点(或相邻节点)之间相隔半个波长。波场的这种分布造成介质内粒子数反转(或增益)在空间的分布不均匀:在波腹位置,粒子数反转消耗最大,增益最小;而在波节处,粒子数反转几乎无消耗,保持着最大的增益,从波腹到波节位置,粒子数反转从小到大。图(c)所表示的粒子数反转的驻波分布就是由图(b)的第 q 个振荡的驻波场造成的。

如果在腔内存在着另一个驻波场模,如在图(a)中所示的 $q+1$ 模就可利用第 q 模没有饱和的那些反转粒子数维持自己的振荡。对于其他纵模也可能有类似的情况而形成较弱的振荡。可见,由于空间烧孔效应的存在,不同的纵模可能消耗增益介质中空间不同部位的反转原子而形成多纵模的稳态振荡。

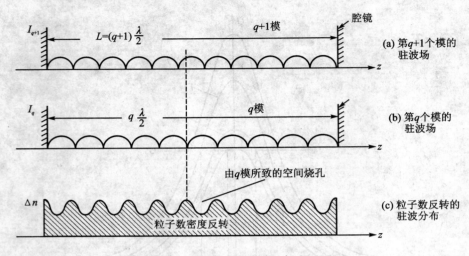

图 2.10.2 空间烧孔效应

2.10.3 非均匀增宽激光器的多模振荡

在非均匀多普勒增宽的激光器中,每一频率的光只在该频率附近一个小范围内引起增益饱和,增益曲线局部下降,形成"烧孔"。孔的宽度为

$$\Delta\nu = \sqrt{1 + \frac{I}{I_s}}\Delta\nu_H \tag{2.10-1}$$

式中:$\Delta\nu_H$ 为均匀增宽的线宽,对于多普勒增宽为主的非均匀增宽介质,$\Delta\nu_H \ll \Delta\nu_D$。

如果两个纵模的间隔大于孔宽,即

$$\frac{c}{2\eta L} > \sqrt{1 + \frac{I}{I_s}}\Delta\nu_H \tag{2.10-2}$$

则这两个纵模互不影响。反之,两个孔就有比较显著的重叠,两个模互有影响。

所以,在非均匀增宽激光器中,如果有多个模满足振荡条件,且相邻模的间隔大于孔宽,则这些模都能独立存在,形成多模振荡。

2.11 激光器的频率牵引

设 ν_q^0 和 ν_{q-1}^0 为无源腔内的两个振荡频率,如果将该腔变为有源腔,则振荡频率分别为 ν_q 和 ν_{q-1},如图 2.11.1 中虚线所示的位置,与原来的振荡频率相比,稍向原子谱线中心靠近,这种有源腔中的纵模频率比无源腔中的纵模频率更靠近谱线中心频率的现象,称为频率牵引效应。

频率牵引效应产生的原因是增益介质中的反常色散现象。

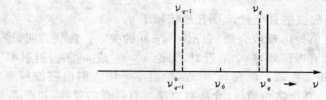

图 2.11.1　频率牵引效应

2.11.1　色　散

介质的折射率随入射光频率而变化称为色散。

经典的电磁场与原子相互作用理论可以解释吸收介质的色散现象。经典理论将原子看做是一个电偶极子，其电偶极矩为 er，e 为电荷，r 为正负电荷中心的距离。电偶极子在电场的作用下，要产生感应电极化现象。考虑一维情形，即用 x 代替 r 来表示电子的位移，则电子围绕某一平衡位置（$x=0$）附近的振动方程为

$$-m\omega_0^2 x - mr\dot{x} + eE(z)e^{j\omega t} = m\ddot{x} \qquad (2.11-1)$$

式中：左端第一项为恢复力项，ω_0 为偶极子的固有振动频率，m 为电子质量；第二项表示阻尼力，r 为经典辐射的阻尼系数；第三项为所受的强迫力，$E(z)e^{j\omega t}$ 为电场，ω 为入射电场的频率；右端 $\ddot{x}$ 为电子受力所产生的加速度。

从式（2.11-1）可以解出 x（略去暂态效应的解），原子偶极矩为 ex，设单位体积有 N 个同类原子，则介质的极化强度为 $P=Nex$（对气体介质，可以略去原子之间的相互作用）。由电磁场理论知道，介质的相对介电常数为

$$\varepsilon_r = 1 + \frac{\dot{P}}{\varepsilon_0 E} \qquad (2.11-2)$$

式中：ε_0 为真空中介电常数。介质的折射率为

$$\tilde{n} = \sqrt{\varepsilon_r} = n - i\eta \qquad (2.11-3)$$

式中：

$$n = 1 + \frac{e^2 N}{2m\varepsilon_0} \cdot \frac{\omega_0^2 - \omega^2}{(\omega_0^2 - \omega^2)^2 + r^2\omega^2} \qquad (2.11-4)$$

$$\eta = \frac{e^2 N}{2m\varepsilon_0} \cdot \frac{r\omega}{(\omega_0^2 - \omega^2)^2 + r^2\omega^2} \qquad (2.11-5)$$

可见，折射率与入射电磁波的频率有关。折射率为复折射率，它的实部 n 代表通常所说的折射率，它使电磁波在介质中的传播速度为 $\dfrac{c}{n}$。虚部 η 表示介质对电磁波的吸收程度，吸收系数为

$$\alpha = \frac{2\omega}{c}\eta \tag{2.11-6}$$

表示单位长度上介质吸收电磁波的百分数,α 明显地依赖于 η。

图 2.11.2 中实线(标注 $N>0$,吸收介质)表示了 n-ω 的关系。曲线表明,当入射电磁波(光波)的频率 ω 不在原子固有振荡频率 ω_0 附近时,无论 $\omega>\omega_0$ 或 $\omega<\omega_0$,折射率 n 都随 ω 的增加而增加,这一性质称为正常色散。而在 ω_0 附近,折射率 n 随入射电磁波频率的增加而急剧下降,这是反常色散现象。在反常色散区,介质对电磁波有强烈的吸收,如图 2.11.3 中实线所示。

若将式(2.11-4)和式(2.11-5)中的 N 修改为下上两能级原子数密度差,则 $N=N_1-N_2$,$N>0$ 对应吸收介质,$N<0$ 对应增益介质,如图 2.11.2 及图 2.11.3 中虚线就对应这种情况。对增益介质,在中心频率附近,折射率随入射光频率增加而增加,这是增益介质的反常色散现象,而在这一区域,介质对入射光呈负吸收状态,即将光放大了。

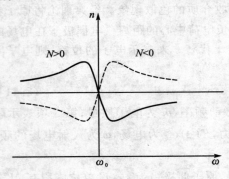

图 2.11.2 色散曲线

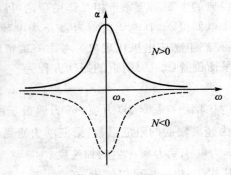

图 2.11.3 吸收曲线

2.11.2 频率牵引

在无源腔中,$n(\nu)=n^0$(对气体介质 $n^0=1$),纵模频率为

$$\nu_q^0 = q\frac{c}{2n^0 L} \tag{2.11-7}$$

式中:L 为腔长。

在有源腔中,$n(\nu)=n^0+\Delta n(\nu)$,纵模频率为

$$\nu_q = q\frac{c}{2[n^0+\Delta n(\nu)]L} \tag{2.11-8}$$

有源腔频率对无源腔频率的偏量为

$$\nu_q - \nu_q^0 = q\frac{c}{2(n^0+\Delta n)L} - q\frac{c}{2n^0 L} = q\frac{c}{2n^0 L}\left[\frac{1}{1+\frac{\Delta n}{n^0}} - 1\right] \simeq -\frac{\Delta n}{n^0}\nu_q^0 \tag{2.11-9}$$

上式可近似为

$$\frac{1}{1+\frac{\Delta n}{n^0}} \simeq 1 - \frac{\Delta n}{n^0}$$

若 $\nu_q^0 > \nu_0$,由图 2.11.2 的色散曲线(图中虚线)知 $\Delta n > 0$,按式(2.11-9)有 $\nu_q < \nu_q^0$;若 $\nu_q^0 < \nu_0$,则有 $\Delta n < 0, \nu_q > \nu_q^0$。上面两种情形均表明,有源腔的振荡频率总是比无源腔的振荡频率更靠近谱线中心。

设 S 表示牵引量 $\nu_q - \nu_q^0$(有源腔频率相对无源腔频率移动)相对于失谐量 $\nu_0 - \nu_q$ 所占比例数

$$S = \frac{\nu_q - \nu_q^0}{\nu_0 - \nu_q} = -\frac{\nu_q - \nu_q^0}{\nu_q - \nu_0} \tag{2.11-10}$$

可以证明,对均匀增宽介质

$$S = \frac{\Delta \nu_C}{\Delta \nu_H} \tag{2.11-11}$$

对非均匀增宽介质

$$S \simeq \frac{\Delta \nu_C}{\Delta \nu_D} \tag{2.11-12}$$

式中:$\Delta \nu_C$ 为无源腔线宽,$\Delta \nu_H$ 为均匀线宽,$\Delta \nu_D$ 为多普勒线宽。例如对 He-Ne 激光器,若 $\Delta \nu_C = 1.6 \times 10^6 \text{ s}^{-1}, \Delta \nu_D = 1.5 \times 10^9 \text{ s}^{-1}$,则 $S \approx 10^{-3}$ 量级,所以,牵引量是很小的。

2.12 激光的线宽极限

前面已讲过几种光谱线的宽度,例如,由于原子在激发态上存在有限的寿命 τ,导致原子发射的光谱线有一宽度

$$\Delta \nu = \frac{1}{2\pi \tau} \tag{2.12-1}$$

式中:$\Delta \nu$ 为光谱线的自然宽度。

设在无源腔中光子的平均寿命为 τ_C,则无源腔中本征模式的谱线宽度为

$$\Delta \nu_C = \frac{1}{2\pi \tau_C} \tag{2.12-2}$$

同理,设有源腔中光子的平均寿命为 τ_S,则有源腔中本征模式(即激光)的谱线宽度为

$$\Delta \nu_S = \frac{1}{2\pi \tau_S} \tag{2.12-3}$$

由于无源腔损耗的能量无从补充,而有源腔(激光谐振腔)的损耗由激光介质提供的增益不断补偿,所以 $\tau_C \ll \tau_S$,使得 $\Delta \nu_S \ll \Delta \nu_C$。

如何来确定 τ_S 的大小呢?

按 2.8 节中的讨论,不管外界激发作用多强,稳态工作时激光器的大信号增益系数总是等于损耗,即总有下面关系成立:

$$G(\nu, I_\nu) = G_t = \alpha \tag{2.12-4}$$

式中:G_t 为阈值增益系数,α 为损耗系数。式(2.12-4)表示,当激光器稳定运转时,腔内光强保持不变,光波为一不衰减的无限长波列,因此腔内光子寿命 τ_s 为无限长,按式(2.12-3),激光的线宽 $\Delta\nu_s$ 为零。事实是激光的线宽不可能为零,得到线宽为零的原因是以前在讨论介质增益时,没有考虑自发辐射的贡献。回顾 2.5 节中的速率方程,其中腔内光子数的时间变化方程为(三能级系统)

$$\frac{dN}{dt} = n_2 W_{21} - n_1 W_{12} + n_2 A_{21} - \xi N \tag{2.12-5}$$

介质的增益系数定义为

$$G = \frac{dI(z)}{I(z)dz} = \frac{1}{Nv} \cdot \frac{dN}{dt} \tag{2.12-6}$$

在将式(2.12-5)代入式(2.12-6)中时,略去了式(2.12-5)中右端的最后两项,包括自发辐射光子数 $n_2 A_{21}$。这样,介质的增益完全是净受激辐射(受激辐射减去受激吸收)光子的贡献。所以,激光完全由净受激辐射的光子组成,如果这些光子都集中在一个模式里(单模激光),则它们是完全相干的,所产生的光波波列为无限长,是理想的单色光,自然线宽为零。由于在一个模式中受激辐射的光子数远远大于自发辐射的光子数(十几个量级之悬殊),对于仅涉及增益和输出功率大小等一类问题时,略去自发辐射的处理方法是允许的,但当牵涉到激光线宽问题时,自发辐射的贡献就不能忽视了。

考虑一台单模运转的激光器,它输出的单模功率为 P_0,则 P_0 应表示为

$$P_0 = P_{st} + P_{sp} \tag{2.12-7}$$

式中:P_{st} 表示增益介质向激光模式内贡献的净受激辐射(受激辐射减去受激吸收)的功率;P_{sp} 为增益介质向激光模式内贡献的自发辐射功率;$P_{st} \gg P_{sp}$。式(2.12-7)表明,在激光的输出中,不完全是受激辐射光子,还含有极其少量的自发辐射光子,正是这部分光子导致了激光具有一定的宽度,这是必须有的宽度,称为激光的线宽极限。

设 W 表示腔内储存的激光能量,则 $-\dfrac{dW}{dt}$ 就表示腔内单位时间损耗的激光能量,$W \Big/ -\dfrac{dW}{dt}$ 就表示腔内光子的平均寿命。

对无源腔

$$\tau_C = \frac{W}{-\dfrac{dW}{dt}} = \frac{W}{P_0} \tag{2.12-8}$$

对有源腔

$$\tau_S = \frac{W}{-\dfrac{dW}{dt}} = \frac{W}{P_{sp}} \tag{2.12-9}$$

对无源腔,无增益补充,单位时间的损耗就是它的输出功率 P_0;而对有源腔,在稳态振荡时,受激辐射所贡献的能量(P_{st})必定小于谐振腔损耗的能量(P_0),单位时间内相干辐射能量的减少由自发辐射产生的功率补偿,所以有 $-\dfrac{dW}{dt} = P_{sp}$。

由式(2.12-8)及式(2.12-9)得到

$$\Delta\nu_C = \frac{1}{2\pi\tau_C} = \frac{P_0}{2\pi W} \tag{2.12-10}$$

$$\Delta\nu_S = \frac{1}{2\pi\tau_S} = \frac{P_{sp}}{2\pi W} = \frac{P_{sp}}{P_0}\Delta\nu_C \tag{2.12-11}$$

由于 $P_{st} \simeq P_0$,所以

$$\frac{P_{sp}}{P_0} \simeq \frac{P_{sp}}{P_{st}} = \frac{A_{21}}{W_{21}} = e^{\frac{h\nu}{kT}} - 1 = \frac{1}{\bar{n}} \tag{2.12-12}$$

式中:$\bar{n}$ 为光子简并度,等于受激辐射几率 W_{21} 与自发辐射几率 A_{21} 之比;而对激光辐射来说,$\bar{n}$ 为这一模中受激辐射的光子数,即

$$\bar{n} = \frac{W}{h\nu} \tag{2.12-13}$$

$$\frac{P_{sp}}{P_0} \simeq \frac{1}{\bar{n}} = \frac{h\nu}{W} \tag{2.12-14}$$

将式(2.12-14)代入式(2.12-11),再利用式(2.12-10),得到

$$\Delta\nu_S = \frac{2\pi(\Delta\nu_C)^2 h\nu}{P_0} \tag{2.12-15}$$

由式(2.12-15)可以看出,激光输出功率越大,则单模激光的线宽越窄。因为输出功率增大,腔内相干光子数就增多,自发辐射相对受激辐射所占比例就越小,因而线宽就越窄。

举一实例来估算激光极限宽度的大小。一台 He-Ne 激光器,腔长 $L=0.3$ m,一端透射率 $T=0.02$,单模输出功率 1 mW,运转波长 $\lambda=632.8$ nm,那么

$$\tau_C = \frac{L}{c\delta} = \frac{L}{c \cdot \dfrac{T}{2}} = 1.0 \times 10^{-7} \text{ s}$$

$$\Delta\nu_C = \frac{1}{2\pi\tau_C} = 1.59 \times 10^6 \text{ s}^{-1}$$

$$\Delta\nu_S = \frac{2\pi(\Delta\nu_C)^2 hc}{P_0 \lambda} = 5 \times 10^{-3} \text{ s}^{-1}$$

可见,激光的极限线宽远比无源腔的线宽窄,而与介质的荧光线宽比较,则小得不可比拟。实际激光器中由于各种不稳定因素的影响,激光线宽要比 $\Delta\nu_S$ 大得多。

习题与思考题

2-1 有圆柱形端面抛光红宝石样品一块,样品长度为 l,另有光源、单色仪、光电倍增管和微安表,如何测定红宝石样品对 694.3 nm 光的吸收系数?试画出实验方框图,写出实验程序及计算公式。

2-2 对于图 2.5.1 所示的红宝石激光器,设 $A_{31}=3\times10^5\ \text{s}^{-1}$,$A_{21}=3\times10^2\ \text{s}^{-1}$,$S_{32}=5\times10^6\ \text{s}^{-1}$。估算,为了实现粒子数反转,激发速率 W_{13} 至少为多大?(激光上下能级的统计权重相等,不考虑损耗)

2-3 利用速率方程式(2.5-7),推导增益系数公式(2.6-4)。

2-4 说明用迈克耳孙干涉仪测量某个光源的相干时间的方法。

2-5 证明当 E_2 与 E_1 两个能级间的受激辐射大于自发辐射时,每个模内的平均光子数(光子简并度)大于 1。

2-6 一质地均匀的材料对光的吸收为 $0.1\ \text{cm}^{-1}$,光通过 10 cm 长的材料后,出射光强为入射光强的百分之几?

2-7 一束光通过长度为 1 m 的均匀激活工作物质,如果出射光强是入射光强的 2 倍,求该物质的增益系数 G。

2-8 设粒子数密度为 n 的红宝石被一矩形脉冲激励光照射,其激励几率 $W_{13}(t)$ 如题 2-8 用图所示

$$W_{13}(t)=\begin{cases}W_{13} & 0<t\leqslant t_0\\ 0 & t>t_0\end{cases}$$

求激光上能级粒子数密度 $n_2(t)$,并画出相应的波形。

(提示:①由于 $S_{32}\gg W_{13}$,可假设 $n_3\approx 0$,$\dfrac{\text{d}n_3}{\text{d}t}\approx 0$;②只考虑阈值附近情形,可认为 $\Delta n W_{21}\approx 0$)

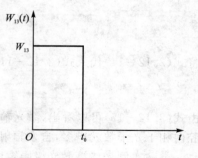

题 2-8 用图

2-9 某单模 632.8 nm He-Ne 激光器,腔长 $L=0.2$ m,两反射镜的反射率分别为 $r_1=1$,$r_2=0.98$,腔内损耗可忽略不计,稳态输出功率 $P=1$ mW。

(1)求腔内光子数 N;

(2)设小信号增益系数 $G_m=0.06\ \text{m}^{-1}$,试粗略估算腔内光子数自一个光子增到 N 时需多长时间?(假定光子在腔内增长过程中,小信号增益系数不变)

第 3 章 光学谐振腔

光学谐振腔是大多数激光器的重要组成部分。它的作用:一是提供光学反馈,使受激辐射在腔内维持振荡;二是对波形的限制作用,包括对腔内光束方向的限制及对频率的限制。这就控制了腔内实际振荡的模式数目,提高了光子简并度。激光与普通光相比有许多优异特性,究其原因,谐振腔起了很大的作用。

本章主要讨论激光器中光束特性与谐振腔结构之间的关系,即应用几何光学与物理光学理论来分析几类典型谐振腔中的光束特性,诸如光束的电磁场分布、振荡频率、损耗情况和发散角等。研究光学谐振腔的目的,就是通过了解谐振腔的特性来正确设计和使用激光器的谐振腔,使激光器的输出特性达到应用的要求。

3.1 光学谐振腔的构成和分类

在激活物质的两端恰当地放置两个反射镜片,就构成一个最简单的光学谐振腔。
光学谐振腔大体上可以分成三大类:开腔、闭腔和气体波导腔。

3.1.1 开 腔

通常的气体激光器和大部分固体激光器采用开式谐振腔,如图 3.1.1 所示。这类腔的主要特点是:侧面敞开,没有光学边界,并且它的轴向尺寸(腔长)远大于振荡波长,一般也远大于横向尺寸(即反射镜的线度),因此这类腔为开放式光学谐振腔,简称开腔。开腔又分为稳定腔、非稳腔和临界腔三大类。满足条件式(2.2-2)的腔称为稳定腔,即稳定腔满足条件

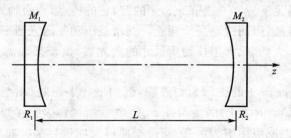

图 3.1.1 两球面镜开腔

$$0 < g_1 g_2 < 1$$
$$\left. g_1 = 1 - \frac{L}{R_1}, \quad g_2 = 1 - \frac{L}{R_2} \right\} \quad (3.1-1)$$

式中:R_1 和 R_2 为两个反射镜的曲率半径,符号规定,当凹面向着腔内时,R 取正号,凸面向着腔内时,R 取负号;L 为腔长;g_1 和 g_2 为谐振腔的 g 参数。稳定腔的特点是,傍轴光线在腔内能往返无限多次而不逸出腔外。图 3.1.2 表示稳定腔的几种构成方式。

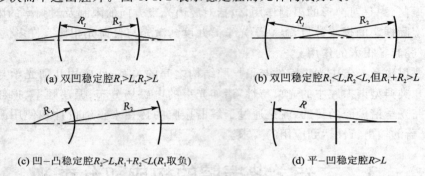

图 3.1.2 稳定腔的构成方式

图中:

图(a)为双凹稳定腔,稳定性条件为
$$R_1 > L, R_2 > L$$
图(b)也为双凹稳定腔,稳定性条件为
$$R_1 < L, R_2 < L, 但 R_1 + R_2 > L$$
图(c)为凹-凸稳定腔,稳定性条件为
$$R_2 > L, R_1 + R_2 < L (注意 R_1 应取负值)$$
图(d)为平-凹稳定腔,稳定性条件为
$$R > L$$

非稳定腔是所有满足 $g_1 g_2 < 0$ 或 $g_1 g_2 > 1$ 的腔,它的特点是,傍轴光线在腔内经有限次往返后必然从侧面逸出腔外,因而这是高损耗腔。低增益小功率激光器不宜采用这种腔,应使用稳定腔;但某些高增益、大功率、大工作物质尺寸的激光器,出于某种需要,采用非稳定腔更为有利。

满足 $g_1 g_2 = 0$ 或 $g_1 g_2 = 1$ 的腔称为临界腔,例如平行平面腔($R_1 = \infty, R_2 = \infty$)满足条件 $g_1 g_2 = 1$;对称共焦腔($R_1 = R_2 = L$)满足条件 $g_1 g_2 = 0$。所以称为临界腔,是由于腔参数的微小变化(例如由于加工误差或使用中的形变,使得平面镜变成带有某种曲率的球面镜,或 $R \neq L$)会使得上述两种腔形向稳定腔或者非稳定腔转变。

3.1.2 闭 腔

对于半导体激光器,通常并不是用两个反射镜放在半导体的两端构成谐振腔。以砷化镓(GaAs)激光器为例,图 3.1.3 所示为它的结构示意图。它的核心部分是 PN 结,PN 结的两个端面是按晶体的天然晶面剖切开的,称为解理面。该二表面极为光滑,通常就用这两个解理面构成谐振腔,激光可以由一端解理面输出,也可由两端输出。这种腔的横向尺寸往往可以与波长比较,是一种介质波导腔。对于某些固体激光器,腔的反射镜紧贴着激光器的两端,在侧壁磨光的情况下,那些与轴线交角不太大的光线将在侧壁上发生全内反射(因为固体介质折射率比空气折射率大),这也是一种介质腔。以上这类腔简称为闭腔,可采用微波技术中对"闭腔"的理论分析来处理。

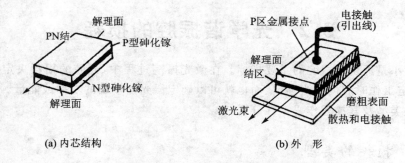

(a) 内芯结构   (b) 外 形

图 3.1.3   GaAs 激光器结构

3.1.3 气体波导腔

图 3.1.4 所示为气体波导腔结构示意图,它是在一段空心介质波导管两端适当位置放置两个适当曲率的反射镜片。这样,在空心介质波导管内,场服从波导管中的传输规律;而在波导管与腔镜之间的空间中,场按与开腔中类似的规律传播。例如,波导管内充以 CO_2、N_2、He 等混合气体,就成为波导 CO_2 激光器。

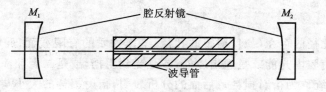

图 3.1.4   气体波导腔

由两个反射镜组成的谐振腔是最简单的腔,还有用多个反射镜以一定方式构成的多镜腔。图 3.1.5 所示为多镜腔的例子,图(a)为环形腔,图(b)为折叠腔,它们都不具有侧反射面,都属于开式谐振腔。本书不讨论闭腔,重点讨论开腔,对于气体波导腔也做一些介绍。

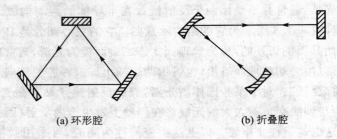

(a) 环形腔　　　　　　　(b) 折叠腔

图 3.1.5　多镜谐振腔

3.2　光学谐振腔的损耗

损耗的大小是评价谐振腔的重要指标。在激光振荡过程中,光腔的损耗决定振荡的阈值条件;决定稳定工作时腔内的光强,从而也就可以确定激光器输出的功率或能量。本节只对无源开腔的损耗类型及其描述作一般性分析。

3.2.1　损耗的类型

光腔损耗大致包含以下几种类型。

1. 几何损耗

光线在腔内往返传播时,一些不平行于光轴的光线在腔内经有限次往返传播后,有可能从腔的侧面偏折出去,即使平行于光轴的光线,也仍然有偏折出腔外的可能,这种损耗称为腔的几何损耗。几何损耗与腔型有关,例如稳定腔内傍轴光线的几何损耗为零,但非稳腔则有较高的几何损耗。几何损耗还因横模阶次不同而异,一般来说,高阶横模的损耗要比低阶的大。

2. 衍射损耗

由于腔内有限孔径的存在(如反射镜的孔径、工作物质的有限截面、腔内插入光学元件及腔内安放光阑等),使腔内光能或是逸出腔外,或是受到阻挡,或是二者兼而有之。这种损耗由光的衍射效应引起,统称为衍射损耗。后面的分析表明,衍射损耗的大小与腔的菲涅耳数$N=a^2/L\lambda$有关,与腔的几何参数$g=1-L/R$有关,还与横模阶次有关。

3. 透射损耗

为了从激光器谐振腔内输出光能,腔镜通常采用具有一定透射率的部分反射镜。就是全反射镜,通常也不会百分之百地反射,总有少许光透过。镜的透射对谐振腔构成损耗。

4. 其他损耗

其他损耗包括反射镜的吸收、散射,材料中的非激活吸收、散射,腔内插入物(如调 Q 元件、布儒斯特窗及调制器等)所引起的损耗。

上述,前两种损耗常称为选择性损耗,因不同横模而异;后两种损耗称为非选择性损耗,与光波模式无关。

3.2.2 损耗的描述

1. 用"平均单程损耗因子"δ 描述损耗

设光束在腔内某处的光强为 I_0,经过一次往返后,由于谐振腔的损耗,光强衰减为 I,则定义

$$I = I_0 e^{-2\delta} \tag{3.2-1}$$

平均单程损耗

$$\delta = \frac{1}{2} \ln \frac{I_0}{I} \tag{3.2-2}$$

如果损耗由多种因素引起,每一种因素引起的损耗以相应的损耗因子 δ_i 描述,则有

$$I = I_0 e^{-2\delta_1} \cdot e^{-2\delta_2} \cdots = I_0 e^{-2\delta}$$

而

$$\delta = \sum \delta_i = \delta_1 + \delta_2 + \cdots \tag{3.2-3}$$

2. 用光子在腔内的平均寿命 τ_R 描述损耗

当把激光强度 I 看成由 q 个具有 $h\nu$ 能量的光子所组成时,谐振腔的损耗还可用腔内光子的平均寿命 τ_R 来表示。设 $t=0$ 时刻的光强为 I_0,t 时刻的光强为 $I(t)$,则应有

$$I(t) = I_0 e^{-\frac{t}{\tau_R}} \tag{3.2-4}$$

或者用光子数表示

$$q(t) = q_0 e^{-\frac{t}{\tau_R}} \tag{3.2-5}$$

式中:τ_R 表示腔内光子的平均寿命。当 $t=\tau_R$ 时,$q(t)=q_0/e$,即寿命表示腔内光子数衰减到它

的初始值 $1/e$ 所用的时间。

从另一方面看，光从 $t=0$ 到时间 t 在腔内传播的距离为 $\frac{ct}{\eta}$（η 为介质折射率），每传播距离 L 损耗因子为 δ，传播距离 $\frac{ct}{\eta}$，损耗因子应为 $\frac{ct}{\eta} \cdot \frac{\delta}{L}$，这样，式(3.2-5)还可写成

$$q(t) = q_0 e^{-\frac{c\delta}{\eta L}t} \qquad (3.2-6)$$

比较式(3.2-5)与式(3.2-6)，可知

$$\tau_R = \frac{\eta L}{c\delta} \qquad (3.2-7)$$

可见，寿命与损耗成反比，腔的损耗愈小，τ_R 愈大，腔内光子的平均寿命愈长。

类似于式(3.2-3)，应有

$$\frac{1}{\tau_R} = \sum_i \frac{1}{\tau_i} = \frac{1}{\tau_1} + \frac{1}{\tau_2} + \cdots \qquad (3.2-8)$$

该式表明，在存在着各种损耗因素的情况下，光子在腔内寿命的倒数等于由各个损耗过程所各自决定的寿命的倒数和。

3. 用无源谐振腔的 Q 值描述损耗

与 LC 振荡回路或微波腔一样，对光学谐振腔也可以用品质因数 Q 来表示它的损耗。Q 值定义为

$$Q = 2\pi\nu \frac{\text{储存在腔内的总能量}}{\text{单位时间损耗的能量}} \qquad (3.2-9)$$

式中：ν 为腔内电磁场的振荡频率。式(3.2-9)显然还可以写成

$$Q = 2\pi\nu \frac{I}{-\frac{dI}{dt}}$$

式中：I 为腔内 t 时刻的光强。将式(3.2-4)代入上式很容易得到

$$Q = 2\pi\nu\tau_R \qquad (3.2-10)$$

并且

$$\frac{1}{Q} = \sum_i \frac{1}{Q_i} = \frac{1}{Q_1} + \frac{1}{Q_2} + \cdots \qquad (3.2-11)$$

由式(3.2-10)可以看出，光子在腔内的寿命愈长，腔的损耗愈小，则腔内的 Q 值愈高。

4. 用无源腔的本征模式的线宽 $\Delta\nu_C$ 描述损耗

谐振腔中振荡着的本征模式要满足谐振条件式(2.2-3)，相邻两模式间间隔(即相邻纵模间隔)由式(2.2-4)决定。每个纵模都有一定的线宽，其大小由光子在腔内的平均寿命决定。设 τ_C 为光子在无源腔中的平均寿命，则无源腔本征模式的线宽为

$$\Delta\nu_C = \frac{1}{2\pi\tau_C} \tag{3.2-12}$$

并且有

$$\Delta\nu_C = \Delta\nu_{C1} + \Delta\nu_{C2} + \cdots \tag{3.2-13}$$

式中:$\Delta\nu_{C1}$,$\Delta\nu_{C2}$,…为由各种损耗因素引起的线宽。可见,寿命越长,线宽越窄。

上面定义的 4 个量 δ、τ_R、Q 和 $\Delta\nu_C$ 都可以用来描述谐振腔的损耗,它们互相之间有联系,知道其中之一就可以知道另外 3 个量了。4 个量从不同角度反映了谐振腔的特性。在不同情况下,选用其中不同的参量描述谐振腔,会使问题的处理更为方便。例如,讨论腔的损耗大小及确定振荡阈值时,一般用 δ 较为方便;描述腔内光强随时间变化行为时,用 τ_R 意义更明显;在本书后面讨论脉冲宽度压缩技术中,用 Q 值较为合适(如调 Q 技术)。

3.2.3 损耗计算举例

1. 透射损耗

设谐振腔两个镜面对光强的透射率分别为 T_1 和 T_2,初始光强为 I_0 的光,在腔内往返一周经两个镜面反射后,其强度 I 应为

$$I = I_0(1-T_1)(1-T_2)e^{2GL} \tag{3.2-14}$$

写出上式时,认为只有透射损耗,所以 $1-T_1$ 为镜 1 的反射率,$1-T_2$ 为镜 2 的反射率。对于无源腔,增益系数 $G=0$。按 δ 的定义,对由镜的透射所引入的单程平均损耗因子 δ_t 应为

$$I = I_0(1-T_1)(1-T_2) = I_0 e^{-2\delta_t}$$

由此

$$\delta_t = -\frac{1}{2}\ln[(1-T_1)(1-T_2)] \tag{3.2-15}$$

当 $T_1=0$,$T_2=T\ll 1$ 时

$$\delta_t \approx \frac{1}{2}T \tag{3.2-16}$$

例如,腔长 $L=1$ m,$\nu=4.74\times 10^{14}$ s^{-1}($\lambda=0.6328$ μm)的 He-Ne 激光器,若 $T_1=0$,$T_2=T=0.02$,$\eta=1$,则

$$\delta_t = \frac{1}{2}T = 0.01$$

$$\tau_t = \frac{\eta L}{c\delta_t} = 3.3\times 10^{-7} \text{ s}$$

$$Q_t = 2\pi\nu\tau_t = 9.92\times 10^{8}$$

又如,腔长 $L=0.1$ m,$\nu=4.3\times 10^{14}$ s^{-1}($\lambda=0.6943$ μm)的红宝石激光器,$\eta=1.76$,若 $T_1=0$,

$T_2 = 0.5$,则

$$\delta_t = -\frac{1}{2}\ln[(1-T_1)(1-T_2)] \approx 0.36$$

$$\tau_t = 1.64 \times 10^{-9} \text{ s}$$

$$Q_t = 9.7 \times 10^7$$

以上两个例子说明,由腔镜的透射所引入的平均单程损耗因子越小,光子在腔内的平均寿命就越长,因而 Q 值就越高。

2. 平行平面腔中斜向传播波形的几何损耗

如图 3.2.1 所示,设平面波在平行平面腔中与轴线成 θ 角传播,经 m 次反射逸出腔外。当 θ 很小时,有

$$m \cdot L2\theta = D$$

所以

$$m = \frac{D}{2\theta L} \quad (3.2-17)$$

式中:D 为反射镜的横向尺寸。设光在腔内每往返一次所需的时间为 t_0,则光在腔内逗留的时间,即无源腔中光子的平均寿命为

$$\tau_\theta = m t_0 = \frac{D}{2\theta L} t_0 \quad (3.2-18)$$

由于

$$t_0 = \frac{2L}{\frac{c}{\eta}} = \frac{2\eta L}{c}$$

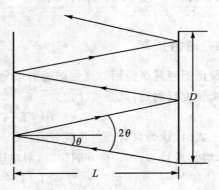

图 3.2.1 平行平面腔中斜向传播波形的几何损耗

将它代入式(3.2-18),得到

$$\tau_\theta = \frac{\eta D}{\theta c} \quad (3.2-19)$$

可见,光子在腔内的平均寿命与波的传输角 θ 成反比,θ 角越大,光子寿命越短,损耗因子也就越大。

对于腔长 $L=1$ m,$\nu=4.74\times10^{14}$ s^{-1} 的 He-Ne 激光器,$\eta=1$,若 $D=0.01$ m,$\theta=1\times10^{-3}$ rad 则

$$\tau_\theta = \frac{\eta D}{\theta c} = 3.3 \times 10^{-8} \text{ s}$$

$$\delta_\theta = \frac{\eta L}{c\tau_\theta} = 0.1$$

$$Q_\theta = 2\pi\nu\tau_\theta \approx 1 \times 10^8$$

可见，在平面腔中，斜向波形的损耗是可观的。但当 θ 不大时，腔仍可能有足够高的 Q 值。由于腔中高阶横模对应于较大的传播角，所以高阶横模的损耗比低阶横模大。

3. 衍射损耗

衍射损耗是由腔镜的有限孔径造成的，它与谐振腔的几何结构、横模阶次等因素均有很大的依赖关系，这是个很复杂的问题，这里只粗略估算。

考虑由两个圆形平面反射镜构成的平行平面腔，反射镜半径为 a，腔长为 L。光在这个腔内来回传输产生的衍射效应，可等效于光在如图 3.2.2 所示的孔阑传输线中传输所产生的衍射。孔阑孔径为 $2a$，孔阑间相距为 L。

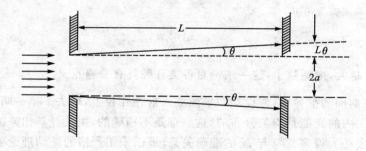

图 3.2.2　平面波的夫琅禾费衍射损耗

假设均匀平面波在孔阑间传输，它入射在半径为 a 的第一个圆形孔径上，穿过孔径时发生衍射，其第一极小值出现在

$$\theta \approx 1.22 \frac{\lambda}{2a} = 0.61 \frac{\lambda}{a}$$

的方向。忽略第一暗环以外的光，则第一暗环以内的光能 W_0 就是总光能，相当于谐振腔中初始光强，而射入第二孔径内的光能 W 就相当于在谐振腔中经单程传输后的光强。假设在中央斑内的光强是均匀分布的，则 W 与 W_0 之比应该等于第二个孔径面积与第一暗环所围面积之比，即

$$\frac{W}{W_0} = \frac{\pi a^2}{\pi (a+L\theta)^2} = \frac{a^2}{a^2 + 2aL\theta + L^2\theta^2} \approx \frac{a^2}{a^2 + 2aL\theta} =$$

$$\frac{1}{1+\frac{2L\theta}{a}} = \frac{1}{1+\frac{2L}{a}\left(0.61\frac{\lambda}{a}\right)} \approx \frac{1}{1+\frac{L\lambda}{a^2}} = \frac{1}{1+\frac{1}{N}}$$

式中：

$$N = \frac{a^2}{L\lambda} \tag{3.2-20}$$

N 为圆孔的菲涅耳数,其物理意义是,在平面波入射的情况下,菲涅耳数等于圆孔边缘到观察点(对面圆孔的中心)以及圆孔中心到观察点光程之差对半波长的倍数。将圆孔当成反射镜,就是谐振腔的菲涅耳数。菲涅耳数是衍射现象中的一个特征参数,表征着衍射损耗的大小。

按 δ 的定义,有

$$\frac{W}{W_0} = e^{-\delta_d} = \frac{1}{1+\frac{1}{N}}$$

所以

$$\delta_d = \ln\left(1+\frac{1}{N}\right) \tag{3.2-21}$$

当 $N \gg 1$ 时

$$\delta_d \approx \frac{1}{N} \tag{3.2-22}$$

可见,$\delta_d \propto \frac{1}{N}$。$N$ 越大,损耗越小,这一结论对各类开腔具有普遍意义。

应该指出,在前面的推导中,假设均匀平面波入射在孔径上,略去了第一暗环以外的光,又认为中央亮斑范围内的光能是均匀分布的,这些都是不精确的,由此计算出来的衍射损耗要比实际腔模的衍射损耗大得多。δ_d 与 N 的准确关系,可以采用严格的波动理论去解决。

3.3 谐振腔中模式的分析方法

一切被约束在空间有限范围内的电磁场,都只能存在于一系列分立的本征状态之中。场的每一个本征态就称为一个模。在激光技术中,电磁场被光学谐振腔部分或全部约束在腔内,将光学谐振腔内可能存在的电磁场的本征状态称为腔的模式,亦即激光器的模式。

电磁场的每一个本征态将具有一定的振荡频率和一定的空间分布。在激光器中,电磁场(光场)场强 $E=E(x,y,z)$,E 沿 z 轴(光传播的方向)的各种分布是以不同的振荡频率来表征的,称为纵模;E 沿 x-y 平面内的各种分布表现在输出光斑横向的强度分布上,称为横模。如果一个激光器发出的激光只有一个频率,则这个激光器称为单纵模(或单频)激光器,否则就称为多纵模(或多频)激光器。如果输出的光斑只有一个对称分布的亮斑,就称为单横模;输出的光斑由两个以上的小亮斑组成,亮区之间有明显的暗区隔开,就称为多横模。

在谐振腔中,电磁场可以看成横波场,腔中的模式可用符号 TEM_{mnq} 表示。其中,TEM 代表横向电磁波(Transverse electromagnetic wave),下标 mnq 表征该模式在三维空间的分布特征。其中,q 为纵模序数,一个 q 值对应一个振荡频率;m 和 n 为横模序数。TEM_{00q} 表示单横模,或称为基横模,其他所有横模称为高阶横模。

激光模式取决于激光器所采取的谐振腔的形式,不同类型的谐振腔其模式也各不相同。一旦给定了谐振腔的具体结构,则其中振荡模的特征也就随之确定下来。所谓振荡模的特征,除上面所指的振荡频率和空间分布外,还包括模在腔内往返一次经受的功率损耗以及模(光束)发散角等。

气体激光器主要采用开式谐振腔,即由在激活物质的两端放置两个反射镜组成平行平面腔或共轴球面腔(包括稳定腔和非稳腔)。也有采用气体波导激光器谐振腔的,其典型结构是在一段空心介质波导管两端外适当位置处放置两个适当曲率的反射镜。这样,在空心介质波导管与腔镜之间的空间中,场按与开腔中类似的规律传播。

也有不利用谐振腔的激光器(如 N_2 分子激光器),这是由于工作物质增益系数很高,它本身对自发辐射的行波进行了放大,这种辐射介于激光和荧光之间,称为超辐射效应,是比较个别的情形。从目前来看,利用谐振腔来获得激光振荡是普遍情形。如果从控制光束特性方面的作用来看,谐振腔则更是不可取代的。

本章主要讨论无源光学谐振腔中的模式特征。理论和实践都证明,无源腔的模式可以作为有源腔模式的良好近似。有源腔中激活媒质不会使腔的模式发生质的改变,这里只定性介绍激活媒质对场分布的影响。

分析激光模式的主要方法有以下几种。

3.3.1 直接求解麦克斯韦方程

从麦克斯韦方程组,可以得到在自由电荷密度 ρ 和传导电流密度 j 均为零的各向同性媒质中,电场矢量 $E(r,t)$ 所满足的波动方程为

$$\nabla^2 E(r,t) - \mu\varepsilon \frac{\partial^2}{\partial t^2} E(r,t) = 0 \tag{3.3-1}$$

如设

$$E(r,t) = U(r)e^{i\omega t} \tag{3.3-2}$$

代入式(3.3-1),就可得到 $U(r)$ 所满足的赫姆霍兹方程

$$\nabla^2 U(r) + K^2 U(r) = 0 \tag{3.3-3}$$

式中:

$$K^2 = \omega^2 \mu\varepsilon = \frac{\omega^2}{c^2} n^2 \tag{3.3-4}$$

如果寻求方程(3.3-3)的近轴窄光束形式的解,就可获得沿轴向传输的高斯光束,这正是大多数激光谐振腔所输出的光束。

3.3.2 求解衍射场的自洽积分方程

基本思想是惠更斯-菲涅耳原理。按该原理,一个镜面上的场可以看做由另一个镜上的场所产生;反之也是一样。用数学公式表达为

$$u_2(x,y) = \frac{\mathrm{i}k}{4\pi}\iint_{S_1} u_1(x',y') \frac{\mathrm{e}^{-\mathrm{i}k\rho}}{\rho}(1+\cos\theta)\mathrm{d}S' \qquad (3.3-5)$$

这就是菲涅耳-基尔霍夫衍射积分公式。式中(见图 3.3.1):$u_1(x',y')$ 为镜 1 上的场分布;$u_2(x,y)$ 为由 u_1 经腔内一次渡越后在镜 2 上生成的场;ρ 为源点 (x',y') 与观察点 (x,y) 之间连线的长度;θ 为镜 1 面上点 (x',y') 处的法线 n 与 ρ 之间的夹角;$\mathrm{d}S'$ 为镜 1 面上点 (x',y') 处的面积元;k 为波矢的模,$k=2\pi/\lambda$。

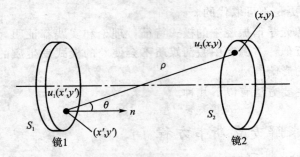

图 3.3.1 菲涅耳-基尔霍夫积分公式中各量的意义

由此算出镜 2 上的场分布,再把它作为初始场,利用式(3.3-5)计算镜 1 上的场分布,如此继续下去。当往返计算次数足够多,以至于两个镜面上的场达到"自洽"或自再现时,求解镜面上的场分布就相当于解以下的积分方程:

$$V(x,y) = \gamma \iint K(x,y,x',y') V(x',y') \mathrm{d}S' \qquad (3.3-6)$$

$$K(x,y,x',y') = \frac{\mathrm{i}k}{4\pi} \frac{\mathrm{e}^{-\mathrm{i}k\rho(x,y,x',y')}}{\rho(x,y,x',y')}(1+\cos\theta) \qquad (3.3-7)$$

式(3.3-6)即为开腔自再现模应满足的积分方程式。式中:K 为积分方程的核,γ 为一个与坐标无关的复常数。如果从方程(3.3-6)确定出 $V(x,y)$ 与 γ 的形式,就可以知道以下信息:镜面上场分布由模 $|V(x,y)|$ 描述,镜面上的相位分布由辐角 $\arg V(x,y)$ 描述。自再现模在腔内经单程渡越所经受的相对功率损耗 δ_d(称为模的单程损耗)由下式确定:

$$\delta_\mathrm{d} = \frac{|u_q|^2 - |u_{q+1}|^2}{|u_q|^2} = 1 - \left|\frac{1}{\gamma}\right|^2 \qquad (3.3-8)$$

自再现模在腔内经单程渡越总相移为

$$\delta\Phi = \arg u_{q+1} - \arg u_q = \arg \frac{1}{\gamma} \tag{3.3-9}$$

自再现模的谐振频率由下式决定：

$$\delta\Phi = \arg \frac{1}{\gamma} = q\pi \tag{3.3-10}$$

q 为整数。

已知谐振腔镜面上的场分布，按式(3.3-5)即可计算谐振腔内外任何一点的场分布，于是谐振腔的整个行波场就知道了。

3.3.3 开放式波导理论的方法

利用平板波导理论，考虑到波导开端的衍射，可求得平行平面腔模的解析近似表达式。对腔的菲涅耳数不太小的情形，这一理论的结果令人十分满意。用这种方法来分析非稳腔振荡模，也取得了一定的成功。

3.3.4 几何光学分析法

当腔的菲涅耳数 $N = \dfrac{a^2}{L\lambda}$ 远大于 1 时，衍射效应就变得不重要了，这时用几何光学方法对开腔进行分析也能得出一些有用的结果。例如开腔的稳定性条件、腔的几何损耗、非稳腔的共轭像点及几何自再现波形都可以用几何光学的方法进行分析。

3.4 平行平面腔中的模

3.4.1 场的自洽积分方程的数值解

设所考虑的是一对称矩形平面镜腔，镜的边长为 $2a \times 2b$，腔长为 L。a, b, L, λ 之间满足关系

$$\lambda \ll a, b; \quad a, b \ll L \tag{3.4-1}$$

在方程(3.3-6)中令

$$V(x, y) = V(x)V(y) \tag{3.4-2}$$

则方程(3.3-6)的求解归结为解下面的一组方程：

$$\left.\begin{aligned}V(x) &= \gamma_x \int_{-a}^{a} K_x(x,x')V(x')\mathrm{d}x' \\ V(y) &= \gamma_y \int_{-b}^{b} K_y(y,y')V(y')\mathrm{d}y' \\ K_x(x,x') &= \left(\frac{\mathrm{i}}{\lambda L}\mathrm{e}^{-\mathrm{i}kL}\right)^{\frac{1}{2}}\mathrm{e}^{-\mathrm{i}k\frac{(x-x')^2}{2L}} \\ K_y(y,y') &= \left(\frac{\mathrm{i}}{\lambda L}\mathrm{e}^{-\mathrm{i}kL}\right)^{\frac{1}{2}}\mathrm{e}^{-\mathrm{i}k\frac{(y-y')^2}{2L}} \\ \gamma &= \gamma_x\gamma_y\end{aligned}\right\} \quad (3.4-3)$$

式中:$K_x(x,x')$与$K_y(y,y')$的表达式是考虑到式(3.4-1)经过近似处理得到的。式(3.4-3)中的第一式表示一个在x方向宽度为$2a$而沿y方向无限延伸的条状腔的自再现模;第二式表示一个在y方向宽度为$2b$但沿x方向无限延伸的条状腔的自再现模。这两个方程形状完全一样,因而求解其中一个即可。

对圆形平面腔镜也可以进行类似的推导。

从数学上可以证明,方程(3.4-3)的解是存在的,但至今未能得到准确的解析形式。福克斯(Fox A.G.)和厉鼎毅(Li Tingye)首先对这些方程用计算机进行数值求解。求解方法是,假定在一个镜面处具有某种一定的初始场分布,然后利用菲涅耳-基尔霍夫衍射积分式(3.3-5)求出行进一次后在对面镜上的场分布,然后再求第二次行进后第一个镜面上的场分布,如此继续下去,直到两个镜面上具有稳定相对分布的波场。该波场就对应着自洽积分方程的一个特定的稳态解,即对应于腔内的一个特定的稳态解,也就是对应于腔内的一个特定的模。同时,还可计算出达到稳定状态后波场行进一次过程中所发生的能量损耗和相位移动。这相当于求出了自洽积分方程中的复常数γ,从而可以确定模的谐振频率。

3.4.2 波导理论给出的结果

将微波波导内电磁场的衍射理论推广到光频波段,在腔内的菲涅耳数不太小而所讨论的横模序数又不太大的情况下,得到平行平面腔模场分布、能量损耗和频谱结构的近似解析表达式。

1. 矩形镜腔

设两平行平面镜均为矩形镜,在x轴方向上的边长为$2a$,在y轴方向上的边长为$2b$,两镜相距为L。

① 模场分布 镜面模场函数$u_{mn}(x,y)$可表示为
$$u_{mn}(x,y) = u_m(x)u_n(y) \quad (3.4-4)$$
其中:

$$u_m(x) = \cos\frac{(m+1)\pi x}{2a\left(1+\beta\frac{1+\mathrm{i}}{M_a}\right)} \quad (m\text{ 为正偶数})$$

$$u_m(x) = \sin\frac{(m+1)\pi x}{2a\left(1+\beta\frac{1+\mathrm{i}}{M_a}\right)} \quad (m\text{ 为正奇数})$$

$$\left.\right\} \quad (3.4-5)$$

$$u_n(y) = \cos\frac{(n+1)\pi y}{2b\left(1+\beta\frac{1+\mathrm{i}}{M_b}\right)} \quad (n\text{ 为正偶数})$$

$$u_n(y) = \sin\frac{(n+1)\pi y}{2b\left(1+\beta\frac{1+\mathrm{i}}{M_b}\right)} \quad (n\text{ 为正奇数})$$

$$\left.\right\} \quad (3.4-6)$$

式中：

$$M_a = \left(8\pi\frac{a^2}{L\lambda}\right)^{\frac{1}{2}} = (8\pi N_a)^{\frac{1}{2}} \quad (3.4-7)$$

$$M_b = \left(8\pi\frac{b^2}{L\lambda}\right)^{\frac{1}{2}} = (8\pi N_b)^{\frac{1}{2}} \quad (3.4-8)$$

$$\beta = 0.824 \quad (3.4-9)$$

式(3.4-5)表示沿 y 轴方向无限延伸的窄带镜的波场分布函数。若将 $u_m(x)$ 写成 $|u_m(x)|\mathrm{e}^{-\mathrm{i}\theta_m}$，则 $|u_m(x)|$ 就是镜面上的振幅分布函数，而 θ_m 就是镜面上的相位分布函数。图 3.4.1 所示为根据式(3.4-5)画出的无限长窄带平行平面腔镜低次模的振幅和相位分布。

在式(3.4-5)中，当菲涅耳数 N_a 足够大时，$M_a \gg \beta$，$u_m(x)$ 可近似写成

$$u_m(x) \approx \cos\frac{(m+1)\pi x}{2a} \quad (m\text{ 为正偶数})$$

$$u_m(x) \approx \sin\frac{(m+1)\pi x}{2a} \quad (m\text{ 为正奇数})$$

$$\left.\right\} \quad (3.4-10)$$

这是一系列分立的平面波。因为在这种情况下，衍射效应可以忽略，平面波在腔内来回往返已不发生畸变。

② 能量损耗 矩形镜腔 TEM_{mn} 模在腔内单次行进一次时的能量损耗为

$$\delta_{mn} = \delta_m^{(x)} + \delta_n^{(y)} = 2\pi^2(m+1)^2\frac{\beta(M_a+\beta)}{[(M_a+\beta)^2+\beta^2]^2} + 2\pi^2(n+1)^2\frac{\beta(M_b+\beta)}{[(M_b+\beta)^2+\beta^2]^2}$$

$$(3.4-11)$$

③ 谐振频率

$$\nu_{mnq} = \frac{c}{2L}\left\{q + \frac{\pi(m+1)^2}{2}\frac{M_a(M_a+2\beta)}{[(M_a+\beta)^2+\beta^2]^2} + \frac{\pi(n+1)^2}{2}\frac{M_b(M_b+2\beta)}{[(M_b+\beta)^2+\beta^2]^2}\right\}$$

$$(3.4-12)$$

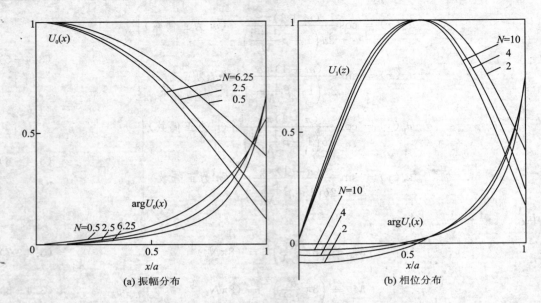

图 3.4.1 无限长窄带镜平行平面腔低次模的振幅和相位分布

2. 圆形镜腔

对于半径为 a 的圆镜腔来说,镜面上的场分布为

$$u_{mn}(r,\varphi) = J_n\left\{\frac{\mu_{n,m+1}\dfrac{r}{a}}{1+\beta\dfrac{1+\mathrm{i}}{M}}\right\}\cos n\varphi \quad (m=0,1,2,\cdots;n=0,1,2,\cdots) \quad (3.4-13)$$

式中:J_n 为第 n 阶贝塞尔函数;$\mu_{n,m+1}$ 为其第 $(m+1)$ 个零根,

$$M = \left(8\pi\frac{a^2}{L\lambda}\right)^{\frac{1}{2}} = (8\pi N)^{\frac{1}{2}} \quad (3.4-14)$$

单次行进能量损耗为

$$\delta_{mn} = 8\mu_{n,m+1}^2 \cdot \frac{\beta(M+\beta)}{[(M+\beta)^2+\beta^2]^2} \quad (3.4-15)$$

谐振频率

$$\nu_{mnq} = \frac{c}{2L}\left\{q + \frac{2\mu_{n,m+1}^2}{\pi} \cdot \frac{M(M+2\beta)}{[(M+\beta)^2+\beta^2]^2}\right\} \quad (3.4-16)$$

3.5 稳定共轴球面腔中的模

由两个具有公共轴线的球面镜构成的谐振腔,称为共轴球面腔。在共轴球面腔中,如果任

意傍轴光线在腔内能往返无限多次而不横向逸出腔外,则这类腔称为稳定腔,否则称为非稳腔。

设某共轴球面腔由相隔距离为 L 的两块反射镜组成,两反射镜的曲率半径分别为 R_1 和 R_2,如果为稳定腔,则该腔满足式(3.1-1)所表示的稳定性条件。

对于所有的稳定的共轴球面腔,当腔的菲涅耳数很大时,腔轴线附近的场可以近似表示为高斯束的形式。采用这类腔激光器所发出的激光,将以高斯光束的形式在空间传播。

3.5.1 高斯光束

1. 基模高斯光束

基模高斯光束可表示为以下一般形式:

$$u_{00}(x,y,z) = c_{00} \frac{\omega_0}{\omega(z)} e^{\frac{x^2+y^2}{\omega^2(z)}} \cdot e^{-i\left[k\left(z+\frac{x^2+y^2}{2R(z)}\right)-\arctan\frac{z}{f}\right]} \quad (3.5-1)$$

式中:c_{00} 为常数因子;$k=2\pi/\lambda$;其余各符号的意义为

$$\omega(z) = \omega_0\left[1+\left(\frac{z}{f}\right)^2\right]^{\frac{1}{2}} \quad (3.5-2)$$

$$R(z) = z + \frac{f^2}{z} \quad (3.5-3)$$

$$f = \frac{\pi\omega_0^2}{\lambda} \text{ 或 } \omega_0 = \left(\frac{\lambda f}{\pi}\right)^{\frac{1}{2}} \quad (3.5-4)$$

$\omega(z)$ 为与传播轴线相交于 z 点的高斯光束等相位面上的光斑半径;$R(z)$ 为与传播轴线相交于 z 点的高斯光束等相位面的曲率半径,符号规定:沿光传播方向发散球面波曲率半径为正,会聚球面波的曲率半径为负;ω_0 为基模高斯光束的腰斑半径;f 为高斯光束的共焦参数;束腰处作为坐标 z 的计算起点。

(1) 横向分布特点

式(3.5-1)中的 $c_{00}\frac{\omega_0}{\omega(z)}e^{-\frac{x^2+y^2}{\omega^2(z)}}$ 代表场的横向分布:在任意一个横截面上,振幅的横向分布是高斯型的,即在中心轴上,振幅达到极大值;在轴外,振幅随中心轴距离的平方指数衰减。在

$$\rho = (x^2+y^2)^{\frac{1}{2}} = \omega(z) \quad (3.5-5)$$

处,振幅减小到极大值的 e^{-1}。通常用半径为 $r=\omega(z)$ 的圆来规定基模光斑的大小,称为基模在 z 处的光斑半径。也有取基模强度为中心值强度的一半的点(即半功率点处)到中心轴的距离为光斑半径。按这种定义,求得光斑半径为

$$\omega'(z) = \left(\frac{\ln 2}{2}\right)^{\frac{1}{2}} \omega(z) \approx 0.589\omega(z) \qquad (3.5-6)$$

上述分布见图 3.5.1。

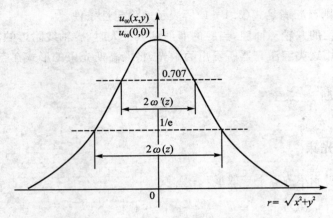

图 3.5.1 高斯分布与光斑尺寸

(2) 传输特点

随传输距离 z 的增加,光束发散,光斑扩大,中心值减小,场的横向分布趋于平缓。式(3.5-2)表明,基模光斑 $\omega(z)$ 的大小随着坐标 z 按双曲线规律变化

$$\frac{\omega^2(z)}{\omega_0^2} - \frac{z^2}{f^2} = 1 \qquad (3.5-7)$$

图 3.5.2 表示了 $\omega(z)$ 随 z 的变化。基模高斯光束就是以上述双曲线绕 z 轴旋转所构成的回转双曲面为界的。在远场的情况下,双曲线的渐进线为两条直线。

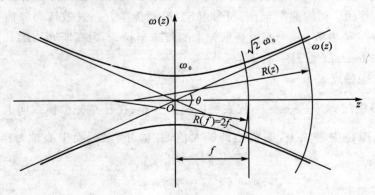

图 3.5.2 高斯光束及其参数

(3) 远场发散角

定义基模高斯光束的远场发散角（全角）为双曲线的两根渐近线之间的夹角

$$\theta = \lim_{z \to \infty} \frac{2\omega(z)}{z} = \frac{2\omega_0}{f} = \frac{2\lambda}{\pi\omega_0} \qquad (3.5-8)$$

(4) 相移特性

式(3.5-1)中的因子 $e^{-i\left[k\left(z+\frac{x^2+y^2}{2R(z)}\right)-\arctan\frac{z}{f}\right]}$ 描述高斯光束在点 (x,y,z) 处相对于原点 $(0,0,0)$ 的相位滞后。其中 kz 描述几何相移；$\arctan\frac{z}{f}$ 描述相对几何相移的附加相位超前。因子 $\frac{k(x^2+y^2)}{2R(z)}$ 表示与横向坐标 (x,y) 有关的相位移动。它表明高斯光束的等相位面是以 $R(z)$ 为半径的球面，$R(z)$ 由式(3.5-3)给出。

(5) 变心球面波

高斯光束与普通球面波不同，它的波面曲率中心的位置随波面位置而变化。从式(3.5-3)可以看出：

在 $z=0$ 处，$R(z) \to \pm\infty$（取"+"或"-"取决于 z 从哪个方向趋于零），表明束腰处的等相位面为平面，曲率中心在 ∞ 处。

在 $z>0$ 处，$R(z)>z$，这是发散的球面波，曲率中心在束腰左侧。当 $z=f$ 时，$R(z)=2f$；当 $z \to \infty$ 时，$R(z)=z$（曲率中心在束腰处）。

在 $z<0$ 处，$R(z)<z$，这是会聚的球面波，曲率中心在束腰右侧。当 $z=-f$ 时，$R(z)=-2f$；当 $z \to -\infty$ 时，$R(z)=z$（曲率中心在束腰处）。

可见，只有离束腰很远处，高斯光束的波面才与中心位于束腰的球面重合。

2. 厄米-高斯光束

在方形孔径稳定球面腔（包括方形孔径共焦腔）中，除了存在由式(3.5-1)所表示的基模高斯光束外，还可存在各高阶高斯光束。其横截面内的场分布可由高斯函数与厄米多项式的乘积来描述。沿 z 方向传输的厄米-高斯光束可以写成以下一般形式：

$$u_{mn}(x,y,z) = c_{mn} \frac{\omega_0}{\omega(z)} H_m\left(\frac{\sqrt{2}x}{\omega(z)}\right) H_n\left(\frac{\sqrt{2}y}{\omega(z)}\right) \times$$
$$e^{-\frac{x^2+y^2}{\omega^2(z)}} \cdot e^{-i\left[k\left(z+\frac{x^2+y^2}{2R(z)}\right)-(m+n+1)\arctan\frac{z}{f}\right]} \qquad (3.5-9)$$

式中：c_{mn} 是常数；$\omega(z)$ 和 $R(z)$ 分别由式(3.5-2)和式(3.5-3)给出。几个低次的 H_m 为

$$H_0(x) = 1$$
$$H_1(x) = 2x$$
$$H_2(x) = 4x^2 - 2$$
$$H_3(x) = 8x^3 - 12x$$
$$H_4(x) = 16x^4 - 48x^2 + 12$$

可见，当 $m=0, n=0$ 时，式(3.5-9)退化为基模高斯光束的表达式(3.5-1)。

厄米-高斯光束的横向场分布由高斯函数与厄米多项式的乘积来决定，它沿 x 方向有 m 条节线(光斑图有 m 个暗区)，沿 y 方向有 n 条节线。节线的形成是因为 $H_m(x)$ 是一个关于 x 的 m 次多项式，有 m 个根的缘故。图 3.5.3 表示出几个低阶厄米-高斯模的光斑，数出图中 x 方向与 y 方向的节线数，就能确定横模阶数 m 与 n。

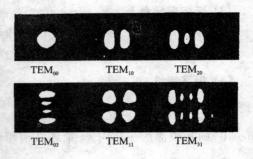

图 3.5.3　方形镜共焦腔模的强度花样

厄米-高斯光束沿传输轴线相对于几何相移的附加相位超前为 $(m+n+1)\arctan\dfrac{z}{f}$，它随 m 和 n 的增大而增大，光束发散角也随 m 和 n 而增大。

3. 拉盖尔-高斯光束

在圆形孔径稳定球面腔(包括圆形孔径共焦腔)中，高阶横模由拉盖尔多项式与高斯分布函数的乘积来描述。一般形式为

$$u_{mn}(r,\varphi,z) = A_{mn}\frac{\omega_0}{\omega(z)}\left(\frac{\sqrt{2}r}{\omega(z)}\right)^m L_n^m\left(\frac{2r^2}{\omega^2(z)}\right)e^{-\frac{r^2}{\omega^2(z)}} \times$$

$$\begin{Bmatrix}\cos m\varphi \\ \sin m\varphi\end{Bmatrix} \cdot e^{-i\left[k\left(z+\frac{r^2}{2R(z)}\right)-(m+2n+1)\arctan\frac{z}{f}\right]} \quad (3.5-10)$$

式中：A_{mn} 为常数；$\omega(z)$ 和 $R(z)$ 的意义与前面相同；L_n^m 为缔合拉盖尔多项式；因子 $\cos\varphi$ 和 $\sin\varphi$ 决定角向分布，可任选一个，但在 $m=0$ 时，只能选择 $\cos$ 项，否则将导致整个式子为零。当 $m=0$，$n=0$ 时，式(3.5-10)退化为基模高斯光束的表达式。

横向分布由 $L_n^m\left(\dfrac{2r^2}{\omega^2(z)}\right)e^{-\frac{r^2}{\omega^2(z)}}\begin{Bmatrix}\cos m\varphi \\ \sin m\varphi\end{Bmatrix}$ 描述，它沿半径 r 方向有 n 个节线圆，沿辐角 φ 方向有 m 条节线，如图 3.5.4 所示。

拉盖尔-高斯光束的附加相移为 $(m+2n+1)\arctan\dfrac{z}{f}$，它随 n 的增加比随 m 的增加更快；发散角也随 m 和 n 而增大。

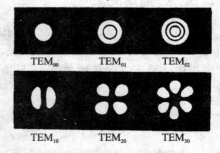

图 3.5.4　圆形镜共焦腔模的强度花样

4. 椭圆高斯光束

当圆形高斯光束通过柱透镜或其他像散元件后，就会形成椭圆高斯光束。例如，谐振腔的反射镜加工得不理想，在 x-z 面和 y-z 面内曲率半径不相等，或腔中插入的工作物质、布儒斯特窗及其他光学元件有像散作用，都会形成椭圆高斯光束。基模椭圆高斯光束形式为

$$u_{00}(x,y,z) = \left[\frac{\omega_{0x}\omega_{0y}}{\omega_x(z)\omega_y(z)}\right]^{\frac{1}{2}} e^{-\left(\frac{x^2}{\omega_x^2}+\frac{y^2}{\omega_y^2}\right)} \times e^{-i\left[k\left(z+\frac{x^2}{2R_x(z)}+\frac{y^2}{2R_y(z)}\right)-\frac{1}{2}\left(\arctan\frac{z}{f_x}+\arctan\frac{z-a}{f_y}\right)\right]}$$

(3.5-11)

式中：

$$\left.\begin{aligned}\omega_x(z) &= \omega_{0x}\left[1+\left(\frac{z}{f_x}\right)^2\right]^{\frac{1}{2}} \\ \omega_y(z) &= \omega_{0y}\left[1+\left(\frac{z-a}{f_y}\right)^2\right]^{\frac{1}{2}} \\ R_x(z) &= z+\frac{f_x^2}{z} \\ R_y(z) &= (z-a)+\frac{f_y^2}{z-a} \\ f_x &= \frac{\pi\omega_{0x}^2}{\lambda},\ f_y = \frac{\pi\omega_{0y}^2}{\lambda}\end{aligned}\right\}$$

(3.5-12)

a 为 x-z 面中的束腰与 y-z 面中的束腰之间的距离；x-z 面中的束腰作为计算 z 的起点。

椭圆高斯光束场的横向分布由式(3.5-11)的振幅部分决定。当

$$\frac{x^2}{\omega_x^2(z)}+\frac{y^2}{\omega_y^2(z)}=1$$

(3.5-13)

时，振幅衰减到中心值的 $1/e$。在一般情况下，这个方程表示一个椭圆，由此方程可确定椭圆高斯光束的轮廓线，如图 3.5.5 所示。

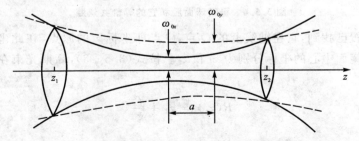

图 3.5.5 椭圆高斯光束，z_1、z_2 是呈现圆光斑的两个位置

由于 $\omega_x(z)$ 和 $\omega_y(z)$ 随传播距离 z 而变化，因此在不同位置的光束截面上，椭圆的形状是不同的，但在满足 $\omega_x(z)=\omega_y(z)$ 的位置上，光斑呈现圆状，这样的位置有两个。在椭圆光束出

现圆光斑的两侧,椭圆的形状是不同的,其长轴与短轴刚好互易。

对椭圆高斯光束,在 $x-z$ 面与 $y-z$ 面的光束远场发散角(全角)分别为

$$\theta_x = \frac{2\lambda}{\pi\omega_{0x}}, \quad \theta_y = \frac{2\lambda}{\pi\omega_{0y}} \tag{3.5-14}$$

椭圆高斯光束,在 $x-z$ 面与 $y-z$ 面中,波前的曲率半径一般也不相等(即非球面)。在某个特定位置上,等相面有可能是球面,条件是 $R_x(z)=R_y(z)$,这样的位置有两个。

3.5.2 稳定球面腔中的高斯光束

给定一个具体的谐振腔 (R_1,R_2,L),R_1 和 R_2 分别为两个反射镜的曲率半径,L 为腔长,该谐振腔满足稳定性条件式(3.1-1)。下面要确定高斯光束束腰在腔中的位置、高斯光束在腔中的损耗及谐振频率。

1. 束腰位置

设所考虑的谐振腔 (R_1,R_2,L) 为双凹稳定腔,如图 3.5.6 所示,确定高斯光束束腰在腔中的位置。

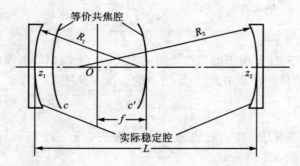

图 3.5.6 稳定球面腔和它的等价共焦腔

假设束腰位置已找到,它在轴线上的 O 点,O 点即坐标 z 的原点,在此坐标系中,所给球面腔的两个反射镜面中心的坐标分别为 z_1 和 z_2。按式(3.5-3),高斯光束在 z_1、z_2 处波阵面的曲率半径为

$$R(z_1) = z_1 + \frac{f^2}{z_1}$$

$$R(z_2) = z_2 + \frac{f^2}{z_2}$$

由于谐振腔两个反射镜的曲率半径 R_1 和 R_2 应与高斯光束相应处波阵面的曲率半径相等,考虑到符号的规定,应有

$$R_1 = -R(z_1) = -\left(z_1 + \frac{f^2}{z_1}\right)$$

$$R_2 = R(z_2) = z_2 + \frac{f^2}{z_2}$$

另外,有

$$L = z_2 - z_1$$

由上面 3 个方程可以得到

$$\left.\begin{array}{l} z_1 = \dfrac{L(R_2 - L)}{2L - R_1 - R_2} \\[2mm] z_2 = \dfrac{-L(R_1 - L)}{2L - R_1 - R_2} \\[2mm] f = \left[\dfrac{L(R_1 - L)(R_2 - L)(R_1 + R_2 - L)}{(2L - R_1 - R_2)^2}\right]^{\frac{1}{2}} \end{array}\right\} \quad (3.5-15)$$

这样,如果给定了稳定球面腔(R_1, R_2, L),按式(3.5-15)就可确定两个反射镜相对于束腰的位置 z_1、z_2 及共焦参数 f。f 实际上是所给腔(R_1, R_2, L)的等价共焦腔反射镜的焦距。如果以束腰为中心,以 $2f$ 为腔长组成对称双凹腔,则两反射镜曲率半径均为 $2f$,这就是腔(R_1, R_2, L)的等价共焦腔,二者具有相同的高斯光束。

式(3.5-15)在下列情况下可以简化:

① 对称稳定球面腔$(R_1 = R_2 = R)$

$$\left.\begin{array}{l} z_1 = -\dfrac{L}{2} \\[2mm] z_2 = +\dfrac{L}{2} \\[2mm] f = \dfrac{1}{2}(2RL - L^2)^{\frac{1}{2}} \end{array}\right\} \quad (3.5-16)$$

当 $R = L$ 时(共焦腔情形),由上式知 $f = \dfrac{R}{2}$(反射镜的焦距)。

② 平-凹稳定腔$(R_1 = \infty, R_2 = R)$

$$\left.\begin{array}{l} z_1 = 0 \\ z_2 = L \\ f = (RL - L^2)^{\frac{1}{2}} \end{array}\right\} \quad (3.5-17)$$

可见,对称稳定球面腔的束腰在腔中心,而平-凹稳定腔的束腰在平面镜上。

2. 束腰半径——镜面上的光斑半径

将式(3.5-15)代入式(3.5-4)和式(3.5-2),可得到腔(R_1, R_2, L)中高斯光束束腰半径及两反射镜面上的光斑尺寸为

$$\omega_0 = \left(\frac{\lambda f}{\pi}\right)^{\frac{1}{2}} = \left[\frac{\lambda^2 L(R_1-L)(R_2-L)(R_1+R_2-L)}{\pi^2(2L-R_1-R_2)^2}\right]^{\frac{1}{4}} \quad (3.5-18)$$

$$\left.\begin{aligned}\omega_{s1} &= \omega_0\left[1+\left(\frac{z_1}{f}\right)^2\right]^{\frac{1}{2}} = \left[\frac{\lambda^2 R_1^2 L(R_2-L)}{\pi^2(R_1-L)(R_1+R_2-L)}\right]^{\frac{1}{4}} \\ \omega_{s2} &= \omega_0\left[1+\left(\frac{z_2}{f}\right)^2\right]^{\frac{1}{2}} = \left[\frac{\lambda^2 R_2^2 L(R_1-L)}{\pi^2(R_2-L)(R_1+R_2-L)}\right]^{\frac{1}{4}}\end{aligned}\right\} \quad (3.5-19)$$

① 对于对称稳定球面腔($R_1=R_2=R$)

$$\omega_0 = \left[\frac{\lambda^2 L(2R-L)}{4\pi^2}\right]^{\frac{1}{4}} \quad (3.5-20)$$

$$\omega_{s1} = \omega_{s2} = \left[\frac{\lambda^2 R^2 L}{\pi^2(2R-L)}\right]^{\frac{1}{4}} \quad (3.5-21)$$

② 对于平-凹稳定腔($R_1=\infty, R_2=R$)

$$\omega_0 = \omega_{s1} = \left[\frac{\lambda^2 L(R-L)}{\pi^2}\right]^{\frac{1}{4}} \quad (3.5-22)$$

$$\omega_{s2} = \left[\frac{\lambda^2 R^2 L}{\pi^2(R-L)}\right]^{\frac{1}{4}} \quad (3.5-23)$$

3. 谐振频率

方形孔径稳定球面腔 TEM_{mnq} 模的谐振频率为

$$\nu_{mnq} = \frac{c}{2\eta L}\left[q+\frac{1}{\pi}(m+n+1)\arccos\sqrt{g_1 g_2}\right] \quad (3.5-24)$$

圆形孔径稳定球面腔 TEM_{mnq} 模的谐振频率为

$$\nu_{mnq} = \frac{c}{2\eta L}\left[q+\frac{1}{\pi}(m+2n+1)\arccos\sqrt{g_1 g_2}\right] \quad (3.5-25)$$

4. 模体积

谐振腔中,光束通过的那一部分体积称为模体积,它与谐振腔的结构有关。模体积越大,腔内储存的激光能量越大。

TEM_{00} 模(基模)的模体积为

$$V_{00} = \int_{z_1}^{z_2} \pi\omega^2(z)dz \quad (3.5-26)$$

式中:$\omega(z)$由式(3.5-2)表示;z_1和z_2表示谐振腔两个反射镜的坐标。对于对称球面腔,$z_1=-\frac{L}{2}, z_2=+\frac{L}{2}$。如果是共焦腔,由式(3.5-26)可算得

$$V_{00} = \frac{4}{3}L\pi\omega_0^2 = \frac{2}{3}L\pi\omega_{0s}^2 = \frac{2}{3}\lambda L^2 \quad (3.5-27)$$

式中:ω_{0s} 为共焦腔反射镜上的光斑尺寸,$\omega_{0s}=\sqrt{2}\omega_0$;$\lambda$ 为腔内工作波长。

通常由下式估算共焦腔基模的模体积:

$$V_{00} = \frac{1}{2}L\pi\omega_{0s}^2 = \frac{1}{2}\lambda L^2 \tag{3.5-28}$$

对于一般稳定球面腔,基模模体积可以表示为

$$V_{00} = \frac{1}{2}L\pi\left(\frac{\omega_{s1}+\omega_{s2}}{2}\right)^2 \tag{3.5-29}$$

式中:ω_{s1} 与 ω_{s2} 为两个反射镜面上的光斑尺寸。

5. 衍射损耗

按照前面给出的厄米-高斯函数式(3.5-9)或拉盖尔-高斯函数式(3.5-10),求得腔的衍射损耗为零,这是因为把腔的菲涅耳数 N 看得很大的缘故。所以,厄米-高斯近似或拉盖尔-高斯近似不能用来分析模的损耗。

理论分析表明,每个横模的衍射损耗由腔的菲涅耳数决定。

图 3.5.7 所示为用自洽积分方程数值求解方法得到的由两个相同圆镜组成的稳定球面腔两个低次模的单次行进能量损耗曲线。可以看出,在 N 值相同的情况下,衍射损耗随腔参数 g 值的减小而降低,与 $g=0$ 相对应的共焦腔具有最小的衍射损耗。由图还可以看出,与 $0<|g|<1$ 相对应的所有稳定球面腔的衍射损耗,均随 N 值的增大而迅速减小。

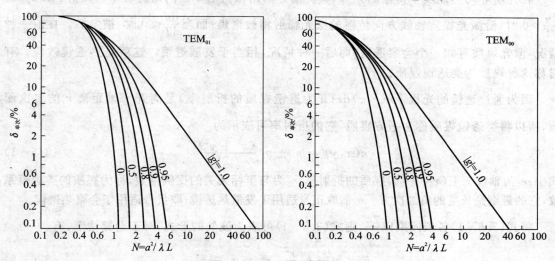

图 3.5.7 对称圆镜稳定球面腔 TEM_{mn} 模的单次行进能量损耗

对于方形镜共焦腔,TEM_{00} 模的损耗可近似按下式计算:

$$\delta_{00} = 10.9 \times 10^{-4.94N} \tag{3.5-30}$$

若采用圆形镜平行平面腔,则

$$\delta_{00} \approx 0.207 \left(\frac{1}{N}\right)^{1.4} \tag{3.5-31}$$

例如,对于 $N=5$ 的谐振腔,采用方形镜共焦腔,$\delta_{00} \approx 10^{-23}$;若采用圆形镜平行平面腔,则 $\delta_{00}=0.02$。可见,$\delta_{共焦腔} \ll \delta_{平行平面腔}$。实际上,当 $N>10$ 时,稳定球面腔不同横模的衍射损耗均可忽略。

3.6 平方媒质中的高斯光束

以上讨论了无源谐振腔中的高斯光束。如果谐振腔内充有媒质,且媒质是均匀的,即媒质各处的折射率相同,则以上的结果仍然适用,只需将式中的波长换成媒质中的波长即可。

实际上,在泵浦和激光存在的情况下,由于媒质的吸收而温度升高,并向周围环境散热。媒质外围区域比中心区域散热快。对于长圆柱形媒质,就形成从轴线(选为 z 轴)到周围边界的径向温度梯度。光学媒质的折射率是随温度变化的。如果 $\frac{\mathrm{d}n}{\mathrm{d}T}$(折射率的温度系数)$>0$,则媒质轴线区域变成光密区,边缘部分变成光疏区;如果 $\frac{\mathrm{d}n}{\mathrm{d}T}<0$,则轴线区域为光疏区,边缘部分为光密区。

在光学非均匀媒质中传播的光线,其传播方向由低折射率区向高折射率区偏折。因此,当 $\frac{\mathrm{d}n}{\mathrm{d}T}>0$ 时,沿激光媒质轴线方向传播的激光辐射将被聚焦;而当 $\frac{\mathrm{d}n}{\mathrm{d}T}<0$ 时,被发散。在前一种情况,激光媒质有如一个会聚透镜;而后一种情况,相当于发散透镜。这就是热透镜效应。有时称这种媒质为类透镜媒质。

因为通过透镜的光程 $\int n(r,z)\mathrm{d}z$(n 为透镜媒质的折射率)是离开 z 轴距离 r 的二次函数,所以将类透镜媒质称为平方媒质,它的折射率可表示为

$$n(x,y) = n_0 \pm n_2 \frac{(x^2+y^2)}{2} \tag{3.6-1}$$

式中:n_0 为轴线 z 上($x=y=0$)媒质的折射率;n_2 为与坐标无关的比例常数,称为媒质的类透镜系数,它的量纲是长度的负二次方。n_2 前取正号适用于发散热透镜;取负号适用于会聚热透镜。

将式(3.6-1)各项同乘以 $\frac{2\pi}{\lambda}$,则式(3.6-1)可表为波矢的形式,对于会聚情形,有

$$k = k_0 - k_2 \frac{r^2}{2}, \quad r^2 = x^2 + y^2 \tag{3.6-2}$$

或

$$k^2 = k_0^2 \left(1 - \frac{k_2}{k_0}r^2\right) \tag{3.6-3}$$

由式(3.6-2)到式(3.6-3),只保留了含有(k_2/k_0)的一级近似,这是因为考虑到 $n_0 \gg n_2$,即 $k_0 \gg k_2$ 的缘故。将式(3.6-3)代入波动方程

$$\nabla^2 E + k^2 E = 0 \qquad (3.6-4)$$

并且寻求形式为

$$E(x,y,z) = \Psi(x,y) e^{-i\beta z} \qquad (3.6-5)$$

的解,可以得到

$$E_{mn}(x,y,z) = E_0 H_m\left(\frac{\sqrt{2}x}{\omega_a}\right) H_n\left(\frac{\sqrt{2}y}{\omega_a}\right) e^{-\frac{x^2+y^2}{\omega_a^2}} \cdot e^{-i\beta_{mn} z} \qquad (3.6-6)$$

式中:

$$\beta_{mn} = k_0\left[1 - \frac{2}{k_0}\sqrt{\frac{n_2}{n_0}}(m+n+1)\right]^{\frac{1}{2}} \qquad (3.6-7)$$

$$\omega_a = \left(\frac{\lambda}{\pi}\right)^{\frac{1}{2}} \left(\frac{1}{n_0 n_2}\right)^{\frac{1}{4}} \qquad (3.6-8)$$

由式(3.6-6)给出的解是场在类透镜介质中的一种特解,称为类透镜介质的稳定传导模。将式(3.6-6)与高斯光束式(3.5-9)比较可以看出有两点不同:①ω_a 与 z 无关,即类透镜介质的稳定传导模的光斑半径在传输过程中保持不变,它是由媒质的类透镜系数及导模波长所决定的;②表征相位移动的因子 β_{mn} 与 x,y 无关,表明与传播轴线垂直的平面为等相位面。因此,式(3.6-6)所表示的是高斯平面波,即振幅分布为高斯型的平面波。如果入射光束的腰斑半径恰好等于稳定传导模的光斑半径(即 $\omega_0 = \omega_a$),则光斑的大小保持不变。如果 ω_0 大于或小于 ω_a,则光束在传播过程中其光斑半径将围绕 ω_a 以正弦或余弦的变化形式向前传播,如图 3.6.1 所示。

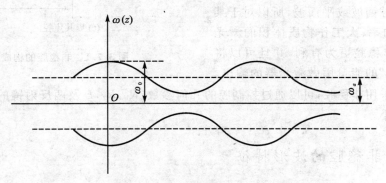

图 3.6.1 高斯光束在类透镜介质中的传播

光束在类透镜介质中之所以有上述传输形式,是因为类透镜介质的会聚作用和光束的发散作用(由于衍射引起的)相平衡的结果。至于折射率随 r 增加的情形(方程式(3.6-1)取正号),方程(3.6-4)不存在有限解,折射率导致散焦,扩大了衍射光斑尺寸。

3.7 非稳腔的模

3.7.1 非稳腔的特点

不满足式(3.1-1)的共轴球面腔称为非稳腔,即非稳谐振腔(R_1,R_2,L)满足下列不等式之一

$$\left.\begin{array}{l}g_1g_2<0\\g_1g_2>1\end{array}\right\} \quad (3.7-1)$$

通常采用的非稳腔为双凸腔、平-凸腔及凹-凸非稳腔中的虚共焦腔,如图 3.7.1 所示。对于虚共焦非稳腔满足以下关系式:

$$\left.\begin{array}{l}\dfrac{R_1}{2}+\dfrac{R_2}{2}=L\\2g_1g_2=g_1+g_2\end{array}\right\} \quad (3.7-2)$$

这种腔 $g_1g_2>1$,因此又称为正支望远镜型非稳腔。

非稳腔为高损耗腔,一般低增益激光器不便采用。但非稳腔和稳定腔相比,可提供较大的模体积,易于实现单横模振荡,其波形接近理想的球面波或平面波,所以对于某些高增益、高功率、大工作物质体积的激光器来说,采用非稳腔更为有利,并且可以将腔中"衍射损耗"的能量用做激光器的输出,

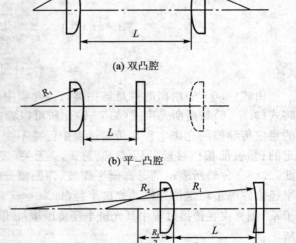

图 3.7.1 非稳腔的构成

"变废为利"。采用非稳腔,可以通过控制腔的几何参数(R_1,R_2,L 及两反射镜的大小)来改变输出功率的大小。

3.7.2 非稳腔的波形特征

在非稳腔中行进的光束存在着固有的发散作用,即沿任何方向行进的光线,均不能在往返一定次数后形成闭合的振荡回路,而是在往返有限次数后,必然侧向逸出腔外。这就是"非稳"的含意。分析表明,非稳腔本身仍然具有一定的稳定因素,体现在任何非稳腔的轴线上都存在着一对共轭像点 P_1 和 P_2(见图 3.7.2),由这一对像点发出的球面波(在极限情况下可能是平

面波)满足腔内往返一次成像的自再现条件。具体地说,从点 P_1 发出的球面波经 M_2 反射后将成像于点 P_2,这时反射光就好像是从点 P_2 发出的球面波一样。这一球面波再经过 M_1 反射时,又必成像在最初的源点 P_1 上。因此,对于腔的两个反射镜,点 P_1 和 P_2 互为源和像。从这一对共轭像点任何一点发出的球面波,在腔内往返一次后其波面形状保持不变,即能自再现。将这样一对发自共轭像点的几何自再现波形定义为非稳腔的共振模。可见,对给定的一个非稳腔,找出它的一对共轭像点,就确定了该非稳腔的一对共振模。

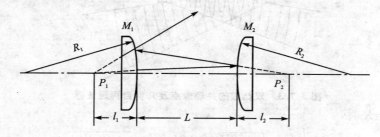

图 3.7.2 双凸腔的共轭像点

1. 双凸腔

如图 3.7.2 所示的双凸腔,设 P_1、P_2 为该腔的一对共轭像点,按成像关系,对 M_2 镜

$$\frac{1}{l_1+L} - \frac{1}{l_2} = \frac{2}{R_2} \tag{3.7-3}$$

对 M_1 镜

$$\frac{1}{l_2+L} - \frac{1}{l_1} = \frac{2}{R_1} \tag{3.7-4}$$

式中:l_1 为像点 P_1 到镜面 M_1 的距离;l_2 为像点 P_2 到镜面 M_2 的距离。在凸面镜情况下,R_1 和 R_2 本身应取负值。由式(3.7-3)和式(3.7-4)可解出 l_1 与 l_2 为

$$\left.\begin{array}{l} l_1 = \dfrac{\sqrt{L(L-R_1)(L-R_2)(L-R_1-R_2)} - L(L-R_2)}{2L-R_1-R_2} \\ l_2 = \dfrac{\sqrt{L(L-R_1)(L-R_2)(L-R_1-R_2)} - L(L-R_1)}{2L-R_1-R_2} \end{array}\right\} \tag{3.7-5}$$

如果计算得出 $l_i > 0$,对凸面镜 M_i,则表示像点在该镜后方,而对凹面镜 M_i,则表示像点在该镜前方。

从式(3.7-5)可以证明,$0 < l_1 < |R_1|$,$0 < l_2 < |R_2|$,表明双凸腔的一对共轭像点均在腔外,并且两个共轭像点各自处在凸面镜的曲率中心与镜面之间。双凸腔内存在着一对发散的几何自再现球面波,就好像是从虚像点 P_1、P_2 发出的球面波一样,如图 3.7.3 所示。

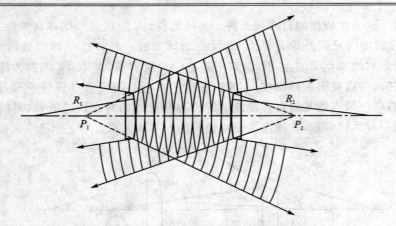

图 3.7.3 双凸腔的共轭像点及几何自再现波形

当 $R_1 = R_2 = R$ 时，

$$l_1 = l_2 = \frac{L}{2}\left(\sqrt{1 - \frac{2R}{L}} - 1\right) = \frac{L}{2}\left(\sqrt{1 + \frac{2|R|}{L}} - 1\right) \quad (3.7-6)$$

2. 平-凸腔

设 $|R_1| \to \infty$，得到

$$\left. \begin{array}{l} l_1 = \sqrt{L(L - R_2)} \\ l_2 = \sqrt{L(L - R_2)} - L = l_1 - L \end{array} \right\} \quad (3.7-7)$$

可见，平-凸腔一对共轭像点都在腔外，因而也是虚的。腔内也存在着一对发散的几何自再现球面波，像从 P_1 与 P_2 发出的球面波一样，如图 3.7.4 所示。从图中还可看出，一个平-凸腔内的自再现波形与一个腔长为其 2 倍的对称双凸腔内的自再现波形是相同的。

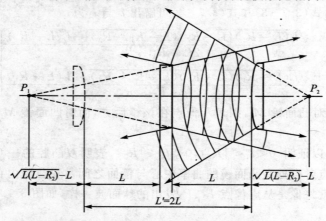

图 3.7.4 平-凸腔的共轭像点及几何自再现波形

3. 虚共焦非稳腔

对于满足式(3.7-2)的虚共焦非稳腔,并设 R_1 为凹面镜曲率半径,R_2 为凸面镜曲率半径,得到以下结果:

$$\left.\begin{array}{l} l_1 \to \infty \\ l_2 = \dfrac{|R_2|}{2} \end{array}\right\} \quad (3.7-8)$$

可见,像点 P_1 在凹面镜前方无限远处;像点 P_2 在凸面镜后方 $\dfrac{|R_2|}{2}$ 处,即在公共焦点上。相应的,一个几何自再现波形是平面波,另一个是以公共焦点为中心的发散球面波,如图 3.7.5 所示。两个像点都在腔外,且能获得一个平面波输出,这是虚共焦非稳腔的突出优点。

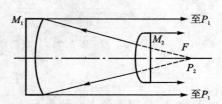

图 3.7.5　虚共焦望远镜型非稳腔共轭像点及几何自再现波形

3.7.3　非稳腔的放大倍率及损耗

非稳腔中的光线在腔内往返一次时,其孔径扩大的倍数,称为几何放大率,用 M 表示,它描述了非稳腔损耗的大小。

用图 3.7.6 来说明非稳腔对光波的放大情况。设相当于从共轭像点 P_2 发出的腔内球面波到达 M_1 时,其波面恰能完全覆盖 M_1,即波面半径为 a_1。当此波面经 M_1 反射到达 M_2 后,其波面半径扩展为 a_1',则 M_1 的单程放大率为

$$m_1 = \frac{a_1'}{a_1} = \frac{l_1 + L}{l_1} \quad (3.7-9)$$

同理,M_2 的单程放大率为

$$m_2 = \frac{a_2'}{a_2} = \frac{l_2 + L}{l_2} \quad (3.7-10)$$

非稳腔对几何自再现波形在腔内往返一周的放大率为

$$M = m_1 m_2 = \frac{(l_1 + L)(l_2 + L)}{l_1 l_2} \quad (3.7-11)$$

式中:l_1 和 l_2 由式(3.7-5)给出。可见,非稳腔的几何放大率只与 (R_1, R_2, L) 有关,而与镜的横向尺寸 a_1 和 a_2 无关。

对于虚共焦非稳腔,$l_1 = \infty$,$l_2 = \dfrac{|R_2|}{2}$,得到

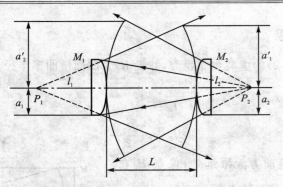

图 3.7.6 双凸非稳腔对几何自再现波形的放大率

$$M = m_1 m_2 = \left|\frac{R_1}{R_2}\right| = \frac{F_1}{F_2} \quad (3.7-12)$$

式中:F_1 和 F_2 分别为两个镜的焦距。

对 $R_1=R_2=R$ 的对称双凸腔,$l_1=l_2=l$,$m_1=m_2=m$,式(3.7-6)代入式(3.7-11),得往返放大率为

$$M = m^2 = \left[\frac{\sqrt{1+\frac{2|R|}{L}}+1}{\sqrt{1+\frac{2|R|}{L}}-1}\right]^2 \quad (3.7-13)$$

非稳腔的能量损耗与几何放大率有密切关系。由于非稳腔的两个反射镜的尺寸都是有限的,所以放大率越大,超出反射镜范围的部分就越多,从而能量损耗也就越大。分析表明,在三维反射镜的情况下,经两个镜面反射时总的能量损耗率为

$$\delta_{往返} = 1 - \frac{1}{M^2} \quad (3.7-14)$$

例如对虚共焦非稳腔,若 $R_1=1.5$ m,$R_2=-1$ m,$L=0.25$ m,得到 $M=1.5$,$\delta_{往返}=55.6\%$;对 $|R|=10$ m,$L=1$ m 的对称双凸腔,得到 $M=2.43$,$\delta_{往返}=83\%$。

实际上非稳腔常将这种损耗当成有用的输出。在这种情况下,腔的两反射镜通常都做成全反射镜,而将侧向逸出的能量取出来用做有用的能量。图 3.7.7 所示是在虚共焦腔内插入

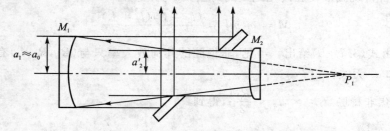

图 3.7.7 腔内放有带孔的倾斜耦合镜的虚共焦腔

带孔的倾斜反射镜以获得侧向耦合输出的例子。

3.8 波导激光谐振腔的模

3.8.1 波导腔的构成和特点

波导激光谐振腔一般由两部分组成：一部分是波导系统，另一部分是光学反馈系统。波导系统是一段空心波导管，如图 3.1.4 中所示，球面反射镜 M_1、M_2 构成反馈系统。反射镜中也可以有一个是(或两个全是)平面镜。如两个反射镜都紧贴波导口，称为内腔式波导激光器，反射镜与波导口分开时称为外腔式波导激光器。

波导腔有两个特点：① 波导管孔径较小，它的菲涅耳数 $N=a^2/L\lambda \leqslant 1$（$a$ 表示圆波导管半径）。按普通谐振腔观点，这样小的菲涅耳数损耗将很大，不能形成振荡，但波导激光器却可以稳定地工作。② 在波导气体激光器中，激活气体充于管内，因此激活气体的折射率 η_0 通常总是小于波导管材料的折射率 η。在这种情况下，光在波导管内传输时，在管壁上不可能发生全内反射，必有一部分光因折射而进入管壁介质中，形成一定的能量损耗。然而，对于传输方向十分接近于波导管轴线的一些低阶模，波导管壁对它们将有很高的反射率，形成波导激光谐振腔的振荡模式。

3.8.2 空心波导管中的模

1. 圆波导管中的模

圆波导管中的模限制在波导管内的电磁场，只能存在于一系列分立的本征状态中，称为波导管的本征模。

设波导管直径为 $2a$，长为 L，管内介质折射率为 η_0，管材料折射率为 η，且 $\eta_0<\eta$。管内激光在自由空间中波长为 λ_0，波导管内外均不存在自由电荷和传导电流。解带有边界条件的麦克斯韦方程组，采用圆柱坐标 (r,φ,z)，z 为波导管的轴线。在 $L\gg a, a\gg\lambda_0$ 的情况下，运算中略去 $\dfrac{\lambda_0}{a}$ 及其高阶项，且只考虑那些低损耗的波导模。

结果表明，在圆形波导中，可以存在以下 3 种类型的本征电磁场：

① 横电模 TE_{0m} ($n=0, m\geqslant 1$)　这种模的特点是，其电场 E 只有横向分量，E 线处在与波导管轴线垂直的平面内，而且是中心在波导轴上的圆形闭合线。H 线处在包含波导轴线 z 的纵平面内。管内电场可近似表示为

$$E_{\varphi 0m} = J_1\left(u_{0m}\frac{r}{a}\right)e^{-i(\gamma_{0m}z-\omega t)} \\ E_r = E_z = 0 \qquad \qquad \qquad } \tag{3.8-1}$$

② 横磁模 $TM_{0m}(n=0, m\geq 1)$ 这种模的特点是，场 H 只有横向分量，H 线为中心在波导轴线上的闭合圆，E 线处在包含波导轴线 z 的纵平面内。管内电场可近似表示为

$$E_{r0m} = J_1\left(u_{0m}\frac{r}{a}\right)e^{i(\gamma_{0m}z-\omega t)} \\ E_\varphi = 0 \\ E_z \to 0 \qquad \qquad \qquad } \tag{3.8-2}$$

③ 混杂模 $EH_{nm}(n\neq 0, m\geq 1)$ 这种模式具有电场和磁场的各个分量。其电场可近似表示为

$$E_{\varphi nm} = J_{n-1}\left(u_{nm}\frac{r}{a}\right)\cos n\varphi\, e^{-i(\gamma_{nm}z-\omega t)} \\ E_{rnm} = J_{n-1}\left(u_{nm}\frac{r}{a}\right)\sin n\varphi\, e^{-i(\gamma_{nm}z-\omega t)} \\ E_z \to 0 \qquad \qquad \qquad } \tag{3.8-3}$$

上述各式中：γ_{nm} 为传输常数，一般为复数；其实部描述模的相移特性，而虚部描述模的损耗特性。u_{nm} 为 $n-1$ 阶贝塞尔函数的第 m 个根，即 $J_{n-1}(u_{nm})=0$；若干 u_{nm} 的值如表 3.8.1 所列。

若干低阶波导模的场分布如图 3.8.1 所示。

表 3.8.1 u_{nm} 的数值

n \ m	1	2	3	4
1	2.405	5.52	8.654	11.796
2 或 0	3.832	7.016	10.173	13.324
3 或 −1	5.136	8.417	11.62	14.796
4 或 −2	6.380	9.761	13.015	16.223

事实上，波导管内的电磁场的纵向分量均可忽略不计，可以认为是横向电磁场，即 TEM 场。在波导管壁上（$r=a$ 处），各本征模电磁场均为零，而在波导管外部（$r>a$），场就小到可以忽略。

当 $n=0$ 时，波导模式或是 TE_{0m} 模，或是 TM_{0m} 模；当 $n\neq 0$ 时，必为混杂模 EH_{nm}。n 可为正整数或负整数，其大小表示场沿 φ 角方向变化的周期数（在 $0\sim 2\pi$ 范围内），$m\geq 1$ 为正整数，表示场沿半径方向最大（或最小）值的数目（在 $0\sim a$ 范围内），即节线圆的数目。

从图 3.8.1 可以看出，EH_{11} 模在波导管轴线上具有最大值，从中心向管壁按 $J_0\left(u_{11}\frac{r}{a}\right)$ 所

描述的规律降落。由于 EH_{11} 模的上述特点,使它成为最重要的波导模式。

2. 方形波导管中的模

在方形波导管中,不存在 TE_{0m} 和 TM_{0m} 模,只能存在 EH_{nm} 类型的模,其中损耗最低的模式始终是 EH_{11} 模,它在波导管轴线上强度最大,与稳定腔的 TEM_{00} 模类似,因而它是方形波导管中最重要的模式。对边长为 $2a \times 2a$ 的方形波导,电场沿 x 方向振动的混杂模 $E^xH^z_{11}$ 或电场沿 y 方向振动的混杂模 $E^yH^z_{11}$,管内的电场均可表示为

$$E = \cos\frac{\pi x}{2a}\cos\frac{\pi y}{2a} \qquad (3.8-4)$$

上式成立的条件是

$$\frac{\lambda}{4a} \ll 1, \frac{\lambda}{4a} \ll \sqrt{\eta^2-1}, \frac{\lambda}{4a} \ll \frac{\sqrt{\eta^2-1}}{\eta^2} \qquad (3.8-5)$$

式中:η 为管材料的折射率。

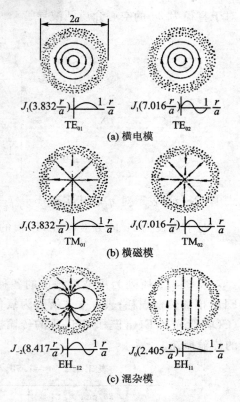

图 3.8.1 圆柱波导中的若干本征模

3.8.3 波导腔的损耗

波导腔的损耗主要由两部分组成,即传输损耗和耦合损耗。当光在空心介质波导管内传输时,在管壁上不可能发生全内反射,必有一部分光因折射而进入管壁介质中,形成一定的能量损耗,这就是波导模的传输损耗。波导模从波导口出射后,通过一段自由空间射向反射镜,该模场被腔镜反射以后,不可能全部回到波导管的同一模式中,从而形成能量损耗,称为耦合损耗。

1. 传输损耗

传输损耗由波导模的传输常数 γ_{nm} 的虚部决定。如设

$$\gamma_{nm} = \beta_{nm} + i\alpha_{nm} \qquad (3.8-6)$$

则

$$\alpha_{nm} = I_m\{\gamma_{nm}\} \qquad (3.8-7)$$

z 处场振幅 $E(z)$ 与 $z=0$ 处振幅之间关系应为

$$E(z) = E(0)e^{-\alpha_{nm}z} \qquad (3.8-8)$$

对于直径为 $2a$ 的空心介质圆波导管

$$\alpha_{nm} = \left(\frac{u_{nm}}{2\pi}\right)^2 \frac{\lambda_0^2}{a^3} \text{Re}\{\eta_n\} \tag{3.8-9}$$

$$\eta_n = \begin{cases} \dfrac{1}{\sqrt{\eta^2-1}} & \text{对 TE}_{0m} \text{ 模} \\[6pt] \dfrac{\eta^2}{\sqrt{\eta^2-1}} & \text{对 TM}_{0m} \text{ 模} \\[6pt] \dfrac{1}{2}\dfrac{\eta^2+1}{\sqrt{\eta^2-1}} & \text{对 EH}_{nm} \text{ 模} \end{cases} \tag{3.8-10}$$

式中：$\text{Re}\{\eta_n\}$ 表示对 η_n 取其实部；$\eta = \sqrt{\dfrac{\varepsilon}{\varepsilon_0}}$ 为管壁介质的相对折射率，一般是复数。

对于边长为 $2a$ 的方波导，EH_{11} 模的衰减常数

$$\alpha_{11} = \frac{1}{8} \frac{\lambda_0^2}{a^3} \text{Re}\{\eta_n\} \tag{3.8-11}$$

表 3.8.2 所列为用玻璃做成的各种不同半径的圆波导氦氖（He-Ne）激光器 EH_{11} 模及 EH_{12} 模的传输损耗；表 3.8.3 所列为氧化铍陶瓷（BeO）和石英（SiO_2）做圆波导材料二氧化碳（CO_2）激光器 EH_{11} 模和 EH_{12} 模的传输损耗；表 3.8.4 所列为方波导二氧化碳激光器 EH_{11} 模的传输损耗。

表 3.8.2　$\eta=1.50, \lambda_0=0.6328\ \mu m$ 时的圆波导传输损耗

$2a$/mm	$\alpha_{11}/\text{cm}^{-1}$	$\alpha_{12}/\text{cm}^{-1}$
0.25	4.4×10^{-4}	$5.268\alpha_{11}$
0.50	5.5×10^{-5}	$5.268\alpha_{11}$
0.75	1.6×10^{-5}	$5.268\alpha_{11}$
1.00	6.8×10^{-6}	$5.268\alpha_{11}$
2.00	8.5×10^{-7}	$5.268\alpha_{11}$

表 3.8.3　$\lambda_0=10.6\ \mu m$ 时圆波导的传输损耗

$2a$/mm	BeO		SiO_2	
	$\alpha_{11}/\text{cm}^{-1}$	$\alpha_{12}/\text{cm}^{-1}$	$\alpha_{11}/\text{cm}^{-1}$	$\alpha_{12}/\text{cm}^{-1}$
0.50	3.46×10^{-4}	$5.268\alpha_{11}$	1.44×10^{-2}	$5.268\alpha_{11}$
1.00	4.33×10^{-5}	$5.268\alpha_{11}$	1.8×10^{-3}	$5.268\alpha_{11}$
1.50	1.28×10^{-5}	$5.268\alpha_{11}$	5.3×10^{-4}	$5.268\alpha_{11}$
2.00	5.4×10^{-6}	$5.268\alpha_{11}$	2.3×10^{-4}	$5.268\alpha_{11}$

表 3.8.4　$\lambda_0 = 10.6\ \mu m$ 时方波导 EH_{11} 模的传输损耗

材料	α_{11}/cm^{-1}				
	$2a=1$ mm	$2a=1.5$ mm	$2a=2$ mm	$2a=2.3$ mm	$2a=3.3$ mm
SiO_2	1.6×10^{-3}	4.7×10^{-4}	2.0×10^{-4}	1.3×10^{-4}	4.4×10^{-5}
BeO	3.7×10^{-5}	1.1×10^{-5}	4.6×10^{-6}	3.0×10^{-6}	1.0×10^{-6}
$Al_2O_3(E\perp c\ 轴)$	1.8×10^{-3}	5.4×10^{-4}	2.3×10^{-4}	1.5×10^{-4}	5.1×10^{-5}
$Al_2O_3(E//c\ 轴)$	1.0×10^{-3}	2.9×10^{-4}	1.2×10^{-4}	8.1×10^{-5}	2.8×10^{-5}

计算中所取 $Re\{\eta_n\}$ 的数值分别为 SiO_2：1.42；BeO：0.033；$Al_2O_3(E\perp c)$：1.64；$Al_2O_3(E//c)$：0.88。

2. 耦合损耗

理论分析表明，如果在距波导口为 z 处，放一个凹面反射镜，则其曲率半径为

$$R = z + \frac{f^2}{z} \tag{3.8-12}$$

式中：

$$f = \frac{\pi\omega_0^2}{\lambda} \tag{3.8-13}$$

$$\omega_0 = \begin{cases} 0.634\ 5a, & a\ 为圆波导管半径 \\ 0.703\ 2a, & 2a\ 为方波导管边长 \end{cases}$$

则该反射镜能与波导管的 EH_{11} 模匹配，此时损耗最小。ω_0 定义为振幅的 $\frac{1}{e}$ 处的基模高斯光束的腰斑半径，该腰斑在波导口上。

在匹配情况下，反射镜有 3 种放法损耗最低，如图 3.8.2 所示。

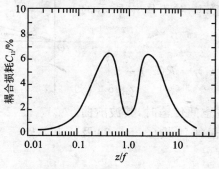

图 3.8.2　匹配反射镜对 EH_{11} 模的耦合损耗

从图中可以看出：

① $z \to 0, R \to \infty, C_{11} \to 0$。其中 $z=0$ 时，$R=\infty, C_{11}=0$，即用平面反射镜紧贴在波导口，将不引入耦合损耗。

② 当 $z=f$ 时，$R=2f$，C_{11} 具有极小值。此时 $C_{11} \approx 1.48\%$。

③ 当 $z > 9f$ 时，$C_{11} < 2\%$。在不匹配的情况下，常用平面反射镜放在波导口附近，耦合损耗可较小，损耗可按下面近似公式计算：

$$C_{11} = 0.57 \times \left(\frac{z}{f}\right)^{\frac{3}{2}}, \quad \left(\frac{z}{f} < 0.4\right) \tag{3.8-14}$$

3.9 高斯光束的传输与透镜变换

采用稳定共轴球面光学谐振腔所发出的激光以高斯光束的形式在空间传输。高斯光束与普通球面波既有相似之处，又有明显差别。相似之处是，它们在近轴区都是球面波，但高斯光束的强度分布是不均匀的，主要集中在传播轴线附近；高斯光束波面曲率中心的位置随波面位置而变化。由于高斯光束与普通球面波有联系，又有差别，因此高斯光束的传播规律也应具有这样的特点。研究高斯光束在空间的传输规律以及高斯光束通过光学系统的传输规律是激光理论和应用中的重要问题。

本节和后面几节只限于讨论最简单和最基本的规律，即基模高斯光束在自由空间以及均匀各向同性介质中的传输规律，以及简单透镜（或球面反射镜）系统对高斯光束的变换。

3.9.1 高斯光束在空间的传输规律

首先考察普通球面波在空间的传输。设有一曲率中心为 O 的普通球面波沿 z 轴方向传播，如图 3.9.1 所示。显然，该球面波的波前曲率半径 $R(z)$ 等于其传输的距离 z。对于图中所示的情形有

$$\left. \begin{array}{l} R(z_1) = z_1 \\ R(z_2) = R(z_1) + (z_2 - z_1) = R(z_1) + L \end{array} \right\} \tag{3.9-1}$$

对于基模高斯光束，它在空间传输时，其波前曲率半径及光斑尺寸的变化规律如式(3.5-3)及式(3.5-2)表示，现重写如下：

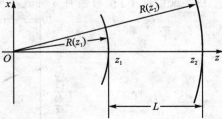

图 3.9.1 普通球面波在自由空间的传播

$$R(z) = z + \frac{f^2}{z} = z + \frac{1}{z}\left(\frac{\pi\omega_0^2}{\lambda}\right)^2 \qquad (3.9-2)$$

$$\omega(z) = \omega_0\sqrt{1+\left(\frac{z}{f}\right)^2} = \omega_0\sqrt{1+z^2\left(\frac{\lambda}{\pi\omega_0^2}\right)^2} \qquad (3.9-3)$$

可见,对高斯光束,除 $R(z)$ 的变化外,还有 $\omega(z)$ 的变化,而且高斯光束 $R(z)$ 的变化规律与普通球面波不同,比较式(3.9-2)与式(3.9-1)就可看出这一差别。

引入一个新的参数 $q(z)$,其定义为

$$\frac{1}{q(z)} = \frac{1}{R(z)} - \mathrm{i}\frac{\lambda}{\pi\omega^2(z)} \qquad (3.9-4)$$

称这个新参数为 q 参数,也称为高斯光束的复曲率半径,它把描述高斯光束基本特征的两个参数 $R(z)$ 和 $\omega(z)$ 统一在一个式子中,所以它是表征高斯光束的又一个重要参数。显然,只要知道高斯光束在某位置处的 q 参数值 $q(z)$,就能求出该位置处的 $R(z)$ 和 $\omega(z)$ 的数值:

$$\left.\begin{array}{l}\dfrac{1}{R(z)} = \mathrm{Re}\left\{\dfrac{1}{q(z)}\right\} \\[2mm] \dfrac{1}{\omega^2(z)} = -\dfrac{\pi}{\lambda}\mathrm{Im}\left\{\dfrac{1}{q(z)}\right\}\end{array}\right\} \qquad (3.9-5)$$

如果以 $q_0=q(0)$ 表示 $z=0$ 处的 q 参数值,并注意到 $R(0)\to\infty$,$\omega(0)=\omega_0$,则按式(3.9-4)有

$$\frac{1}{q_0} = 0 - \mathrm{i}\frac{\lambda}{\pi\omega_0^2} = \frac{1}{\mathrm{i}f}$$

由此得出

$$q_0 = \mathrm{i}\frac{\pi\omega_0^2}{\lambda} = \mathrm{i}f \qquad (3.9-6)$$

此式将 q_0 与 ω_0 及 f 联系起来。

下面将式(3.9-2)和式(3.9-3)代入式(3.9-4),利用式(3.9-6)有

$$\frac{1}{q(z)} = \frac{1}{z+\frac{f^2}{z}} - \mathrm{i}\frac{\lambda}{\pi\omega_0^2\left(1+\frac{z^2}{f^2}\right)} = \frac{1}{z+\frac{f^2}{z}} - \mathrm{i}\frac{1}{f\left(1+\frac{z^2}{f^2}\right)} =$$

$$\frac{z-\mathrm{i}f}{z^2+f^2} = \frac{1}{\mathrm{i}f+z} = \frac{1}{q_0+z}$$

由此可得

$$q(z) = q_0 + z \qquad (3.9-7)$$

这表明高斯光束在自由空间传播时,只要知道腰斑处的 q 参数 q_0,则任何位置 z 处的 q 参数 $q(z)$ 就可以按式(3.9-7)求得。按式(3.9-7),也可以求出高斯光束 z_1 与 z_2 两点 q 参数之间的关系,因为

$$q(z_1) = q_0 + z_1$$
$$q(z_2) = q_0 + z_2$$

所以
$$q(z_2) = q(z_1) + z_2 - z_1 \tag{3.9-8}$$
即如果已知高斯光束任一位置 z_1 的 q 参数 $q(z_1)$，则任意位置 z_2 处的 q 参数 $q(z_2)$ 也可由式(3.9-8)获得。

式(3.9-8)所示的高斯光束在自由空间中的传输规律与式(3.9-1)所示的普通球面波的规律是一样的，这一点并非偶然的巧合。高斯光束 q 参数的变化规律与普通球面波 R 的变化规律相同，深刻地揭示了事物之间的内在联系。事实上，如果在式(3.9-2)和式(3.9-3)中，令 $z \to \infty$，或 $\omega_0 \to 0$，则高斯光束的 $R(z) = z, \omega(z) \to \infty$，这时高斯光束就变成理想点波源所发出的球面波，波动光学的处理方法也就过渡到几何光学的处理方法。

3.9.2 高斯光束通过薄透镜的变换

按几何光学成像定律，当物体通过薄透镜成像时，物像应满足如下关系：
$$\frac{1}{u} + \frac{1}{V} = \frac{1}{F} \tag{3.9-9}$$
式中：u 为物距，V 为像距，F 为薄透镜的焦距，如图 3.9.2 所示。可见，一个薄透镜的作用，是将距离它为 u 处的物点 O 聚成像点 O'，u 与 V 满足上式。关于 V 的符号规定：像点在透镜右方时，V 取正，反之为负。

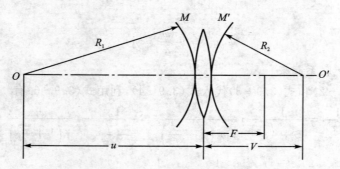

图 3.9.2 薄透镜成像规律

如果以 R_1 表示入射在透镜表面上的球面波面的曲率半径，以 R_2 表示经过透镜出射的球面波面的曲率半径，由于 $R_1 = u, R_2 = -V$（按光线传播方向，汇聚球面波的曲率半径为负），于是式(3.9-9)又可写成
$$\frac{1}{R_1} - \frac{1}{R_2} = \frac{1}{F} \tag{3.9-10}$$
该式表示，一个薄透镜的作用，是将它左侧的曲率半径为 R_1 的球面波改造成右侧的曲率半径为 R_2 的球面波。

图 3.9.3 所示为高斯光束通过薄透镜的变换。

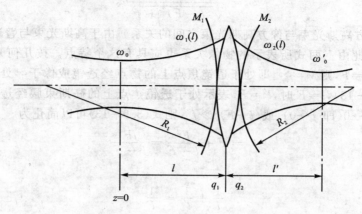

图 3.9.3　薄透镜对高斯光束的变换

图中，M_1 表示高斯光束入射在透镜表面上的波面，其曲率半径为 R_1；M_2 表示波面 M_1 经过透镜转换成的波面，其曲率半径为 R_2。R_1 与 R_2 的关系符合式(3.9-10)。同时，由于透镜很"薄"，所以紧挨透镜两方的波面 M_1 及 M_2 上的光斑大小及光强分布都应该完全一样。以 ω_1 表示入射在透镜表面上的高斯光束的光斑半径，ω_2 表示出射高斯光束的光斑半径，则高斯光束通过薄透镜的变换可以表示为

$$\left. \begin{aligned} \frac{1}{R_1} - \frac{1}{R_2} &= \frac{1}{F} \\ \omega_1 &= \omega_2 \end{aligned} \right\} \quad (3.9-11)$$

式中：$R_1, \omega_1, R_2, \omega_2$ 与透镜两侧高斯光束的腰 ω_0 和 ω_0' 及共焦参数 f 和 f' 的关系为

$$\left. \begin{aligned} R_1 &= l + \frac{f^2}{l}, \quad f = \frac{\pi \omega_0^2}{\lambda} \\ \omega_1 &= \omega_0 \sqrt{1 + \left(\frac{l}{f}\right)^2} \\ R_2 &= l' + \frac{f'^2}{l'}, \quad f' = \frac{\pi \omega_0'^2}{\lambda} \\ \omega_2 &= \omega_0' \sqrt{1 + \left(\frac{l'}{f'}\right)^2} \end{aligned} \right\} \quad (3.9-12)$$

一般的问题是，已知 ω_0, l, F，求 ω_0' 和 l'，即已知物方高斯光束束腰大小，它离透镜的距离，确定该高斯光束通过焦距为 F 的薄透镜后，它的束腰位置和大小。为此，将式(3.9-12)代入式(3.9-11)，可求得

$$l' = F + \frac{(l-F)F^2}{(l-F)^2 + f^2} \quad (3.9-13)$$

$$\omega_0' = \frac{F}{\sqrt{(l-F)^2 + f^2}} \omega_0 \qquad (3.9-14)$$

上两式表示了物方高斯光束与像方高斯光束之间的关系。由于高斯光束与普通球面波既有区别，又有联系，因此由上两式所表示的物像关系也应具有这个特点。按几何光学成像规律式(3.9-9)，如果 $u=F$，则 $V=\infty$，即处于透镜焦点上的物点经透镜成像于 ∞ 处；如按高斯光束成像规律式(3.9-13)，$l=F$ 时，$l'=F$，表示处于透镜焦点上的高斯束腰经透镜后，还成像在焦点上。如果 $\omega_0 \to 0$（即 $f \to 0$），或 $(l-F)^2 \gg f^2$，则式(3.9-13)可以简化为

$$l' = F + \frac{F^2}{l-F} = \frac{lF}{l-F}$$

或写成

$$\frac{1}{l} + \frac{1}{l'} = \frac{1}{F} \qquad (3.9-15)$$

这正是几何光学中的成像公式。条件 $(l-F)^2 \gg f^2$ 意味着物方高斯光束的束腰与透镜焦面相距足够远。

如设 q_1 表示入射高斯光束在透镜表面上的 q 参数值，q_2 为出射高斯光束在透镜表面上的 q 参数值，按 q 参数的定义，并利用式(3.9-11)，可写出

$$\frac{1}{q_1} = \frac{1}{R_1} - i\frac{\lambda}{\pi\omega_1^2} = \left(\frac{1}{R_2} + \frac{1}{F}\right) - i\frac{\lambda}{\pi\omega_2^2} = \left(\frac{1}{R_2} - i\frac{\lambda}{\pi\omega_2^2}\right) + \frac{1}{F} = \frac{1}{q_2} + \frac{1}{F}$$

或者写成

$$\frac{1}{q_1} - \frac{1}{q_2} = \frac{1}{F} \qquad (3.9-16)$$

这与式(3.9-10)是一样的。

从上面的讨论中可以看出，无论是在自由空间中传播或通过光学系统的变换，高斯光束的 q 参数都起着与普通球面波的曲率半径 R 一样的作用，因此有时将 q 参数称为高斯光束的复曲率半径。

3.10 光线传播矩阵与 ABCD 定律

本节用几何光学方法对普通光线的传播规律作进一步讨论。由于高斯光束 q 参数的变换规律与普通球面波波面曲率半径 R 的变换规律相同，所以通过本节的讨论对高斯光束的传输规律有进一步的认识。本章后面几节内容将用 q 参数讨论高斯光束的传输与变换。

3.10.1 光线传播矩阵

在傍轴近似下，可以用矩阵形式来表示光线的传播规律，或者说用矩阵形式来描述光学系

统对光线的变换作用。如果所考虑的光学系统是轴对称的,设为 z 轴,那么在任何包含 z 轴的平面内,一条光线可用两个参数表示:光线离开轴线 z 的距离 r,光线与 z 轴夹角 θ 的正弦值。当 θ 很小时,该正弦值可用 θ 角的弧度值表示。因此,θ 是用弧度表示的光线传播方向与 z 轴的夹角。关于 r 与 θ 的取值正负,如图 3.10.1 所示,规定:光线落在 z 轴上方时,r 为正,反之为负;θ 只取锐角值,当从 z 轴的方向逆时针旋转 θ 角而得到光线传播方向时,θ 为正,反之为负。首先考虑近轴光线通过长度 L 的均匀介质的传播,如图 3.10.2 所示。光线从入射参考面 RP_1 出发,其初始坐标参数为 r_1 和 θ_1,行进了 L 距离到出射参考面 RP_2 的光线参数为 r_2 和 θ_2,显然它们之间的关系为

$$\left. \begin{array}{l} r_2 = r_1 + L\theta_1 \\ \theta_2 = \theta_1 \end{array} \right\} \tag{3.10-1}$$

该方程可以写成矩阵形式

$$\begin{pmatrix} r_2 \\ \theta_2 \end{pmatrix} = \begin{pmatrix} 1 & L \\ 0 & 1 \end{pmatrix} \begin{pmatrix} r_1 \\ \theta_1 \end{pmatrix} = \boldsymbol{T}_L \begin{pmatrix} r_1 \\ \theta_1 \end{pmatrix} \tag{3.10-2}$$

即任一光线的坐标用一个列矩阵来表示,而用一个 2×2 方阵

$$\boldsymbol{T}_L = \begin{pmatrix} 1 & L \\ 0 & 1 \end{pmatrix} \tag{3.10-3}$$

来描述光线在自由空间中行进距离 L 时所引起的坐标变换。

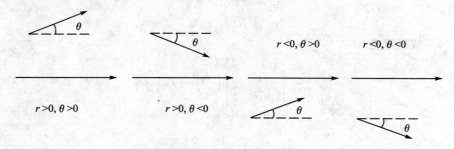

图 3.10.1 r 与 θ 符号的规定

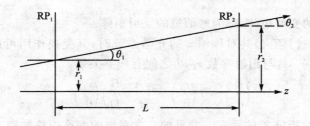

图 3.10.2 近轴光线通过长度为 L 的均匀介质的传播

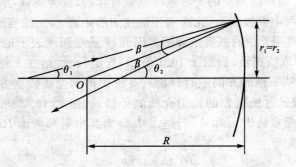

图 3.10.3　球面反射的光线传播

再看近轴光线在球面反射镜上的反射,如图 3.10.3 所示。设入射到球面镜上的光线坐标为 (r_1,θ_1),反射光线坐标为 (r_2,θ_2),球面反射镜的曲率半径为 R,则 r_2,θ_2 与 r_1,θ_1 有如下关系:

$$\left.\begin{aligned} r_2 &= r_1 \\ \theta_2 &= -\frac{2r_1}{R} + \theta_1 \end{aligned}\right\} \quad (3.10-4)$$

式(3.10-4)中的第二式可以通过下面两个式子消去 β 得到:

$$\theta_2 = -(2\beta + \theta_1)$$
$$r_1 = R(\theta_1 + \beta)$$

式(3.10-4)写成矩阵为

$$\begin{pmatrix} r_2 \\ \theta_2 \end{pmatrix} = \begin{bmatrix} 1 & 0 \\ -\dfrac{2}{R} & 1 \end{bmatrix} \begin{pmatrix} r_1 \\ \theta_1 \end{pmatrix} = \boldsymbol{T}_R \begin{pmatrix} r_1 \\ \theta_1 \end{pmatrix} \quad (3.10-5)$$

式中:

$$\boldsymbol{T}_R = \begin{bmatrix} 1 & 0 \\ -\dfrac{2}{R} & 1 \end{bmatrix} \quad (3.10-6)$$

为球面镜对傍轴光线的变换矩阵,称为球面镜的反射矩阵。

一般来说,光线通过具有公共对称轴 z 的光学系统时,其变换作用可用一个 2×2 矩阵 $\boldsymbol{T}$ 代表,光线的入射参数 r_1,θ_1 与出射参数 r_2,θ_2 之间有如下关系:

$$\begin{pmatrix} r_2 \\ \theta_2 \end{pmatrix} = \boldsymbol{T} \begin{pmatrix} r_1 \\ \theta_1 \end{pmatrix} = \begin{pmatrix} A & B \\ C & D \end{pmatrix} \begin{pmatrix} r_1 \\ \theta_1 \end{pmatrix} \quad (3.10-7)$$

式中:A,B,C,D 是变换矩阵 $\boldsymbol{T}$ 的元素。常见的光学系统的变换矩阵如表 3.10.1 所列。

表 3.10.1 变换矩阵表

1	均匀介质	n, n, n, 长度 l, RP$_1$ 和 RP$_2$	$\begin{pmatrix} 1 & l \\ 0 & 1 \end{pmatrix}$	透射矩阵
2	折射率突变的平面	n_1, n_2, RP$_1$, RP$_2$	$\begin{pmatrix} 1 & 0 \\ 0 & \dfrac{n_1}{n_2} \end{pmatrix}$	透射矩阵
3	折射率突变的球面	n_1, R, n_2, RP$_1$, RP$_2$	$\begin{pmatrix} 1 & 0 \\ \dfrac{n_2-n_1}{n_2 R} & \dfrac{n_1}{n_2} \end{pmatrix}$	透射矩阵
4	平行平板介质	$n_0=1$, n, $n_0=1$, RP$_1$, RP$_2$	$\begin{pmatrix} 1 & \dfrac{l}{n} \\ 0 & 1 \end{pmatrix}$	透射矩阵
5	薄透镜	f, RP$_1$, RP$_2$	$\begin{pmatrix} 1 & 0 \\ -\dfrac{1}{f} & 1 \end{pmatrix}$	透射矩阵
6	球面反射镜	R, RP$_1$,RP$_2$	$\begin{pmatrix} 1 & 0 \\ -\dfrac{2}{R} & 1 \end{pmatrix}$	反射矩阵
7	平面反射镜	RP$_1$,RP$_2$	$\begin{pmatrix} 1 & 0 \\ 0 & 1 \end{pmatrix}$	反射矩阵

续表 3.10.1

8	锥形反射镜	(图示)	$\begin{pmatrix} -1 & -\dfrac{2d}{n} \\ 0 & -1 \end{pmatrix}$	反射矩阵
9	正透镜介质	(图示)	$\begin{pmatrix} \cos\beta l & \dfrac{1}{\beta}\sin\beta l \\ -\beta\sin\beta l & \cos\beta l \end{pmatrix}$ $n=n_0\left(1-\dfrac{1}{2}\beta^2 r^2\right),\beta>0$	透射矩阵
10	负透镜介质	(图示)	$\begin{pmatrix} \text{ch}\,\beta l & \dfrac{1}{\beta}\text{sh}\,\beta l \\ \beta\,\text{sh}\,\beta l & \text{ch}\,\beta l \end{pmatrix}$ $n=n_0\left(1+\dfrac{1}{2}\beta^2 r^2\right),\beta>0$	透射矩阵

当光线顺序穿过变换矩阵分别为 $T_1,T_2,\cdots,T_m$ 的 m 个光学元件组成的光学系统时，前一元件的出射光线作为后一元件的入射光线，分别以第一个元件的入射面和最后一个元件的出射面为参考平面，即光学系统是由 m 个首尾相连顺序排列的元件所组成时，其变换矩阵等于这些元件各自的变换矩阵反序的乘积

$$T = T_m T_{m-1} \cdots T_1 \qquad (3.10-8)$$

根据这一原则，可以计算出多个元件组合系统的变换矩阵。

作为例子，考察近轴光线在谐振腔内往返一周的变换矩阵。图 3.10.4 所示为一共轴球面腔。该腔由曲率半径为 R_1 和 R_2 两个球面镜构成，腔长为 L，两镜面曲率中心的连线构成系统的光轴。

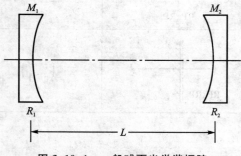

图 3.10.4　一般球面光学谐振腔

设开始时光线从镜 M_1 面上出发,向 M_2 方向行进,到达 M_2 时,在自由空间中行进了距离 L,其变换矩阵为

$$T_1 = T_L = \begin{pmatrix} 1 & L \\ 0 & 1 \end{pmatrix} \tag{3.10-9}$$

到达 M_2 的光线经 M_2 反射,其变换矩阵为

$$T_2 = T_{R_2} = \begin{pmatrix} 1 & 0 \\ -\dfrac{2}{R_2} & 1 \end{pmatrix} \tag{3.10-10}$$

由 M_2 反射到 M_1 的变换矩阵为

$$T_3 = T_L = \begin{pmatrix} 1 & L \\ 0 & 1 \end{pmatrix} \tag{3.10-11}$$

由 M_1 反射的变换矩阵为

$$T_4 = T_{R_1} = \begin{pmatrix} 1 & 0 \\ -\dfrac{2}{R_1} & 1 \end{pmatrix} \tag{3.10-12}$$

至此,光线在腔内已往返一周,总的变换矩阵为

$$T = T_4 T_3 T_2 T_1 = T_{R_1} T_L T_{R_2} T_L = \begin{pmatrix} A & B \\ C & D \end{pmatrix} \tag{3.10-13}$$

将式(3.10-9)~(3.10-12)代入式(3.10-13),得到总变换矩阵的各元素为

$$\left. \begin{aligned} A &= 1 - \frac{2L}{R_2} \\ B &= 2L\left(1 - \frac{L}{R_2}\right) \\ C &= -\frac{2}{R_1} - \frac{2}{R_2}\left(1 - \frac{2L}{R_1}\right) \\ D &= \left(1 - \frac{2L}{R_1}\right)\left(1 - \frac{2L}{R_2}\right) - \frac{2L}{R_1} \end{aligned} \right\} \tag{3.10-14}$$

3.10.2 ABCD 定律

几何光学中,往往研究球面波的等相位面的变化。若球面波的等相位面曲率半径 R 已知,则可确定该球面波的球心以及空间某一点该球面波的传播方向。在几何光学中,球面波用同心光束表示,可以利用变换矩阵的变换关系,研究同心光束的等相位面曲率半径的变化规律。

如图 3.10.5 所示,在初始参考平面 RP_1 处,同心光束(球心为 O_1)的一条光线用 $\begin{pmatrix} r_1 \\ \theta_1 \end{pmatrix}$ 表

示,通过由光学矩阵 $\begin{pmatrix} A & B \\ C & D \end{pmatrix}$ 描述的光学系统后,在参考平面 RP_2 处该同心光束(球面心为 O_2)的参数为 $\begin{pmatrix} r_2 \\ \theta_2 \end{pmatrix}$,则

$$\begin{pmatrix} r_2 \\ \theta_2 \end{pmatrix} = \begin{pmatrix} A & B \\ C & D \end{pmatrix} \begin{pmatrix} r_1 \\ \theta_1 \end{pmatrix} \tag{3.10-15}$$

或

$$\left. \begin{array}{l} r_2 = Ar_1 + B\theta_1 \\ \theta_2 = Cr_1 + D\theta_1 \end{array} \right\} \tag{3.10-16}$$

将式(3.10-16)的两个式子相除,可得

$$\frac{r_2}{\theta_2} = \frac{A\dfrac{r_1}{\theta_1} + B}{C\dfrac{r_1}{\theta_1} + D} \tag{3.10-17}$$

由于考虑近轴光线,因此有

$$R_1 = \frac{r_1}{\theta_1}, \quad R_2 = \frac{r_2}{\theta_2} \tag{3.10-18}$$

式中:R_1 和 R_2 分别为变换前后波面的曲率半径。于是得到

$$R_2 = \frac{AR_1 + B}{CR_1 + D} \tag{3.10-19}$$

式(3.10-19)即为 ABCD 定律,表示球面波经某个用 ABCD 矩阵描述的光学系统后波阵面曲率半径的变化规律。

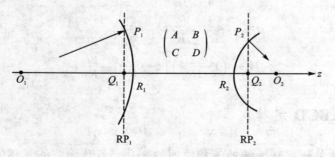

图 3.10.5 光学系统对球面波的变换

3.10.3 高斯光束的 ABCD 定律

由于高斯光束的 q 参数与普通球面波曲率半径 R 遵守相同的传输与变换规律,因此高斯

光束的变换规律为

$$q_2 = \frac{Aq_1 + B}{Cq_1 + D} \tag{3.10-20}$$

式中:q_1 和 q_2 分别为入射平面与出射平面的 q 参数,即变换前后高斯光束的 q 参数。

为了使用方便,有时将式(3.10-20)写成倒数形式

$$\frac{1}{q_2} = \frac{C + D\left(\frac{1}{q_1}\right)}{A + B\left(\frac{1}{q_1}\right)} \tag{3.10-21}$$

[例 1] 高斯光束在均匀介质中传播距离为 L 的情形,此时 $\begin{pmatrix} A & B \\ C & D \end{pmatrix} = \begin{pmatrix} 1 & L \\ 0 & 1 \end{pmatrix}$,代入式(3.10-20),得到

$$q_2 = q_1 + L \tag{3.10-22}$$

这与式(3.9-8)相同。

[例 2] 高斯光束通过焦距为 F 的薄透镜的变换,此时 $\begin{pmatrix} A & B \\ C & D \end{pmatrix} = \begin{pmatrix} 1 & 0 \\ -\frac{1}{F} & 1 \end{pmatrix}$ 代入式(3.10-21),得到

$$\frac{1}{q_2} = -\frac{1}{F} + \frac{1}{q_1}$$

由于

$$\frac{1}{q_1} = \frac{1}{R_1} - i\frac{\lambda}{\pi\omega_1^2}, \quad \frac{1}{q_2} = \frac{1}{R_2} - i\frac{\lambda}{\pi\omega_2^2}$$

代入上式,并比较实部和虚部得到

$$\left.\begin{array}{c} \omega_1 = \omega_2 \\ \dfrac{1}{R_1} - \dfrac{1}{R_2} = \dfrac{1}{F} \end{array}\right\} \tag{3.10-23}$$

这与式(3.9-11)相同,表明当高斯光束穿过薄透镜时,光斑半径保持不变,入射的等相位面曲率半径与出射的等相位面曲率半径之间满足几何光学中球面波的变换公式。

当参数为 q_1 的高斯光束顺序穿过分别由 m 个 $\begin{pmatrix} A_i & B_i \\ C_i & D_i \end{pmatrix}$ $(i=1,2,\cdots,m)$ 变换矩阵表示的光学元件时,该高斯光束在最后一个元件的出射面的参数 q_{m+1} 可以用 ABCD 定律直接计算:

$$q_{m+1} = \frac{Aq_1 + B}{Cq_1 + D} \tag{3.10-24}$$

其中

$$\begin{pmatrix} A & B \\ C & D \end{pmatrix} = \begin{pmatrix} A_m & B_m \\ C_m & D_m \end{pmatrix} \cdots \begin{pmatrix} A_1 & B_1 \\ C_1 & D_1 \end{pmatrix} \tag{3.10-25}$$

不必多次计算出中间元件上高斯光束的参数,使计算大为简化。

3.10.4 光线矩阵性质

光线矩阵具有如下性质:

① 对于一定几何结构的球面腔,$\frac{1}{2}(A+D)$ 不变,与初始平面选取在何处无关。

② 光线矩阵对应的行列式的值为 1,即
$$AD - BC = 1 \tag{3.10-26}$$
上式成立的条件是两个参考面都位于同一折射率的介质中。若入射参考面介质的折射率为 n_1,出射参考面介质的折射率为 n_2,应为
$$AD - BC = \frac{n_1}{n_2} \tag{3.10-27}$$

3.11 高斯光束的自再现变换与稳定球面腔

设某一高斯光束从两个反射镜组成的腔内某一参考平面(例如腔的一个镜面)出发时的参数为 q,在腔内往返一周后的参数为 q',按式(3.10-20),应有
$$q' = \frac{Aq + B}{Cq + D} \tag{3.11-1}$$
稳定腔的任一高斯模在腔内往返一周后,应能重现其自身,即该高斯光束能成为谐振腔的自再现条件为
$$q' = q \tag{3.11-2}$$
由上两式可知,对腔的高斯模应有
$$q = \frac{Aq + B}{Cq + D} \tag{3.11-3}$$
式中:A, B, C, D 为傍轴光束在腔内的往返矩阵元素。由式(3.11-3)并利用式(3.10-26)可解得
$$\frac{1}{q} = \frac{D-A}{2B} \pm i\frac{\sqrt{1 - \frac{(D+A)^2}{4}}}{B} \tag{3.11-4}$$
按 q 参数的定义式(3.9-4),该高斯模在参考平面上的波面曲率半径及光斑尺寸为
$$R = \frac{2B}{D-A} \tag{3.11-5}$$

$$\omega = \frac{(\lambda | B |)^{\frac{1}{2}}}{\pi^{\frac{1}{2}} \left[1 - \left(\frac{D+A}{2} \right)^2 \right]^{\frac{1}{4}}} \tag{3.11-6}$$

知道了参考平面上的 R 及 ω 值,就可以求出任意其他平面上的 R 及 ω 值,包括腰斑的大小和位置。

由式(3.11-6)可以导出谐振腔的稳定性条件。腔内存在着真实的高斯模的条件应该是能由式(3.11-6)算得实数的 ω 值,由此应有

$$\left(\frac{D+A}{2} \right)^2 < 1$$

或

$$-1 < \frac{D+A}{2} < 1 \tag{3.11-7}$$

这就是开腔的稳定性条件。对于腔参数为 (R_1, R_2, L) 的谐振腔,变换矩阵 A, B, C, D 的具体数值随所取参考平面位置不同而异,但可以证明, $\frac{1}{2}(D+A)$ 对于一定几何结构的球面腔是一个不变量,与光线的初始坐标及往返一次的顺序都无关。对共轴球面腔,下式永远成立:

$$\frac{1}{2}(D+A) \equiv 1 - \frac{2L}{R_1} - \frac{2L}{R_2} + \frac{2L^2}{R_1 R_2} \tag{3.11-8}$$

将它代入式(3.11-7),可以得出

$$0 < \left(1 - \frac{L}{R_1} \right)\left(1 - \frac{L}{R_2} \right) < 1 \tag{3.11-9}$$

这正是我们熟知的谐振腔稳定性条件。

3.12 高斯光束的聚焦与准直

在实际应用中,常常需要对高斯光束进行控制。例如在激光打孔、激光焊接应用中,要将高斯光束聚焦,以缩小腰斑半径来提高光束的功率密度;在激光测距中,为了改善光束的方向性,要压缩光束的发散角,这个问题通常称为光束的准直。

3.12.1 高斯光束的聚焦

通常使用光学系统对光束进行聚焦,这里只讨论高斯光束通过单透镜的聚焦问题。在3.9 节中已经给出了高斯光束通过焦距为 F 的薄透镜后,它的束腰位置和大小,由式(3.9-13)与式(3.9-14)表示。现将它们重写如下:

$$l' = F + \frac{(l-F)F^2}{(l-F)^2 + f^2} \tag{3.12-1}$$

$$\omega_0' = \frac{F}{\sqrt{(l-F)^2 + f^2}} \omega_0 \qquad (3.12-2)$$

如果 $\omega_0' < \omega_0$，就是聚焦。

实际应用中，通常透镜焦距 F 的大小是给定的，所以这里只讨论 ω_0' 随 l 的变化关系，这里 l 为物方高斯束腰距透镜的距离。

F 一定时，ω_0' 随 l 的变化关系，按式(3.12-2)可画出如图 3.12.1 所示的曲线。从图中可以看出：

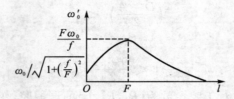

图 3.12.1 高斯光束的聚焦，F 一定时，ω_0' 随 l 的变化曲线

① 当 $l < F$ 时，ω_0' 随 l 减小而减小，并且当 $l = 0$ 时，ω_0' 最小。由式(3.12-1)和式(3.12-2)可得到 $l = 0$ 时

$$l' = \frac{F}{1 + \left(\frac{F}{f}\right)^2} < F \qquad (3.12-3)$$

$$\omega_0' = \frac{\omega_0}{\sqrt{1 + \left(\frac{f}{F}\right)^2}} \qquad (3.12-4)$$

可见，当 $l = 0$ 时，ω_0' 总比 ω_0 小，不论透镜的焦距 F 多大，它都有一定的聚焦作用，并且像方的腰斑位置将处在前焦点以内。在这种情况下，如果使用短焦距透镜，使得 $F \ll f$，则有

$$\left. \begin{array}{l} l' \approx F \\ \omega_0' \approx \dfrac{F}{f} \omega_0 \end{array} \right\} \qquad (3.12-5)$$

② 当 $l = F$ 时，从式(3.12-1)与式(3.12-2)得出

$$\left. \begin{array}{l} l' = F \\ \omega_0' = \dfrac{F}{f} \omega_0 \end{array} \right\} \qquad (3.12-6)$$

在这种情况下，仅当 $F < f$ 时，透镜才有聚焦作用。

③ 当 $l > F$ 时，ω_0' 随 l 的增大而减小，特别是当 $l \gg F$ 时（高斯光束腰斑远离透镜焦点），从式(3.12-1)和式(3.12-2)可得到

$$\left. \begin{array}{l} l' \approx F \\ \omega_0' \approx \dfrac{\lambda}{\pi \omega(l)} F \end{array} \right\} \qquad (3.12-7)$$

式中:$\omega(l)$为入射在透镜表面上的高斯光束光斑半径。式(3.12-7)的第二式是在式(3.12-2)中作了$(l-F)^2 \approx l^2$得出的

$$\omega_0' \approx \frac{F\omega_0}{\sqrt{l^2+f^2}} = \frac{\omega_0^2 F}{f\omega_0\sqrt{1+\left(\frac{l}{f}\right)^2}} = \frac{\omega_0^2}{f}\frac{F}{\omega(l)} = \frac{\lambda}{\pi}\frac{F}{\omega(l)} \quad \left(\text{利用了}\, f=\frac{\pi\omega_0^2}{\lambda}\right)$$

从式(3.12-7)可见,在$l \gg F$情况下,经过薄透镜变换之后的束腰半径与波长和透镜焦距成正比,而与透镜处的光斑尺寸成反比。因此,选择短波长激光和短焦距透镜可以获得小的焦斑。但波长的选择要根据实际情况来决定,例如理论上选 He-Ne 激光(0.632 8 μm)比 CO_2 激光(10.6 μm)更能获得小的焦斑,但后者功率比前者高上万倍,所以用激光进行机械加工还要选功率或能量大的激光器。透镜的焦距也不宜太短,否则会给加工带来麻烦,例如工件由于激光作用飞溅的气体或熔渣会污染透镜。因此,增大$\omega(l)$是减小ω_0'的有效途径。应当指出的是,$\omega(l)$也不能过分增大,因为前面推导的所有公式都采用了近轴光学近似,过分增大$\omega(l)$就会使这一前提失去意义,上面所得的结论也就不再适用。从物理意义上讲,增大$\omega(l)$,就会带来较大的球差,经透镜变换时,透镜上不同处的光束不再聚焦在同一焦平面上,而是聚焦在不同处,从而造成光斑尺寸的增大。

3.12.2 高斯光束的准直

1. 用单透镜准直

一个单透镜对高斯光束或者是聚焦,或者是使其发散。由于发散角与束腰大小成反比,所以在聚焦的情况下发散角反而更大了。设ω_0为入射高斯光束束腰大小,其发散角为θ,ω_0'为经过透镜变换后的高斯光束束腰大小,θ'为发散角,显然

$$\frac{\theta'}{\theta} = \frac{\omega_0}{\omega_0'} \quad (3.12-8)$$

可见,只有$\omega_0' > \omega_0$,即透镜对高斯光束发散,才能起准直作用,而且ω_0'越大,准直效果越好。

从图 3.12.1 的曲线可以看出,高斯光束通过焦距为F的薄透镜,只有当$l=F$时,才能得到最大的ω_0',此时$\omega_0' = \frac{F\omega_0}{f}$(见式(3.12-6)),将它代入式(3.12-8),得到

$$\frac{\theta'}{\theta} = \frac{f}{F} = \frac{\pi\omega_0^2}{\lambda F} \quad (3.12-9)$$

可见,ω_0越小,F越大,准直效果越好。但ω_0对于被准直的光束是一定的,实际上只有增大F。例如对$\lambda=0.632\,8\,\mu m$的 He-Ne 激光进行准直,若它的$\omega_0=0.3$ mm,为了使$\theta'/\theta=1/10$,按式(3.12-9)计算得$F=4.5$ m,即将被准直的光束束腰放在距透镜 4.5 m 的地方,才能达到压缩发散角 10 倍的效果。如果进一步压缩,F要更大,这是不可取的。因为装置过大,再有如前

面讲到的,束腰距透镜太远,高斯光束在透镜处光斑过大,已不是近轴近似了。

从前面的讨论中可以得到一个启示:如果预先用一个短焦距的透镜将高斯光束聚焦成一个小的腰斑,然后再用一个长焦距的透镜来改善其方向性,就可得到很好的准直效果。这样两个透镜所组成的系统实际上是一个望远镜。

2. 利用望远镜准直高斯光束

一个望远镜倒装使用,就是一个准直光学系统,如图 3.12.2 所示。图中,L_1 为一短焦距透镜,其焦距为 F_1,使用时选择 $l \gg F_1$,这样可将物高斯光束聚焦于前焦面上,得一极小光斑 ω_0',并且恰好落在长焦距(其焦距为 F_2)透镜 L_2 的后焦面上,腰斑为 ω_0' 的高斯光束被 L_2 很好地准直。

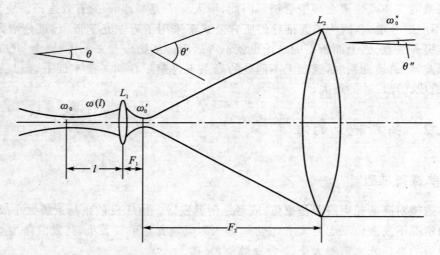

图 3.12.2 利用望远镜准直高斯光束

以 θ 表示入射高斯光束的发散角,θ' 表示经过 L_1 后的高斯光束发散角,θ'' 表示经过 L_2 后出射的高斯光束发散角,则该望远镜对高斯光束的准直倍率 M' 定义为

$$M' = \frac{\theta}{\theta''} \tag{3.12-10}$$

图 3.12.2 中

$$\theta = \frac{2\lambda}{\pi \omega_0}$$

$$\theta' = \frac{2\lambda}{\pi \omega_0'}, \quad \omega_0' = \frac{\lambda}{\pi \omega(l)} F_1 \quad (l \gg F_1 \text{ 条件下})$$

$$\theta'' = \frac{2\lambda}{\pi \omega_0''}, \quad \omega_0'' = \frac{F_2}{f'} \omega_0' = \frac{\lambda}{\pi \omega_0} F_2 \quad (\omega_0' \text{ 在透镜 } L_2 \text{ 的后焦点上})$$

将上面各式代入式(3.12-10)就得到望远镜对高斯光束的准直倍率为

$$M' = M \cdot \frac{\omega(l)}{\omega_0} = M\sqrt{1+\left(\frac{l}{f}\right)^2} \qquad (3.12-11)$$

式中：

$$M = \frac{F_2}{F_1} \qquad (3.12-12)$$

M 为望远镜的放大倍率，即几何压缩比，$\omega(l)$ 为物方高斯光束在透镜 L_1 处的光斑尺寸，f 为物方高斯光束的共焦参数。

由式(3.12-11)和式(3.12-12)可以看出，望远镜对高斯光束的准直倍率 M' 总是比它对普通的傍轴光线的几何压缩比 M 要高。M 越大，$\omega(l)/\omega_0$ 越大，M' 也越大。当 $l=0$ 时，$M'=M=F_2/F_1$。

3.13 高斯模的匹配

在某些应用场合，有可能要求将激光器输出的高斯光束注入另一个无源共振腔中，例如在研究激光器的频谱特性时，需要用一个无源腔作为干涉仪来研究激光输出的频谱特性。

无源腔有它自己的一套本征模式 $\varphi_{00},\varphi_{10},\varphi_{01}\cdots$ 希望激光器的基模 ψ_{00} 输入到无源腔时，转换成无源腔的基模 φ_{00}。如果不是这样的转换，则 ψ_{00} 输入到无源腔中，会激发起无源腔中一些本征模式的振动。从数学上，就会有

$$\psi_{00} = \sum_{mn} C_{mn}\varphi_{mn}$$

通过光学系统变换，使 ψ_{00} 转换为无源腔的 φ_{00}，称为模式匹配。在模式匹配的情况下，激光器输出的基模能量将完全转换成无源腔中基模的能量。

如果不匹配，转换成无源腔中多种模场的能量，而高次模场能量损耗大，因而使传输能量减少，并引起信号失真，特别是无源共振腔的模又会反馈到激光器共振腔中，破坏激光器谐振腔的单模工作状态。

现在分析如图 3.13.1 所示的两个共轴球面腔，每一个腔将各自产生一高斯光束。以 ω_0 表示光束Ⅰ的束腰，ω_0' 表示光束Ⅱ的束腰。如果在其间适当位置插入一个适当焦聚的透镜 L 后，光束Ⅰ与光束Ⅱ互为物像共轭光，则透镜 L 实现了两个腔之间的模匹配。

如果已知物方光腰 ω_0 与像方光腰 ω_0'，两腰间距离不确定，那么物距 l、像距 l' 以及透镜焦距 F 应满足什么关系？

根据图 3.13.1 中所标示参数意义和 q 参数在均匀介质中及经过薄透镜的变换规律，有

$$q_1 = q_0 + l = \mathrm{i}f_0 + l \qquad (3.13-1)$$

$$q_0' = q_2 + l',\ q_0' = \mathrm{i}f_0' \qquad (3.13-2)$$

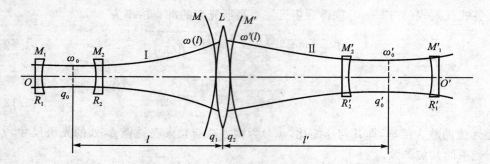

图 3.13.1 高斯模的匹配

$$\frac{1}{q_1} - \frac{1}{q_2} = \frac{1}{F} \tag{3.13-3}$$

式中：f_0 与 f'_0 为物方与像方高斯光束的共焦参数，其表达式为

$$f_0 = \frac{\pi \omega_0^2}{\lambda}, \quad f' = \frac{\pi {\omega'_0}^2}{\lambda} \tag{3.13-4}$$

将式(3.13-1)和式(3.13-2)代入式(3.13-3)，得到

$$\frac{1}{\mathrm{i}f_0 + l} - \frac{1}{\mathrm{i}f'_0 - l'} = \frac{1}{F} \tag{3.13-5}$$

或

$$F(\mathrm{i}f'_0 - l') - F(\mathrm{i}f_0 + l) = (\mathrm{i}f_0 + l)(\mathrm{i}f'_0 - l') \tag{3.13-6}$$

令式(3.13-6)两端的实部与实部相等，虚部与虚部相等就得到如下两个方程：

$$\left. \begin{array}{l} F^2 - f_0 f'_0 = (l - F)(l' - F) \\ \dfrac{f_0}{f'_0} = \dfrac{l - F}{l' - F} \end{array} \right\} \tag{3.13-7}$$

由这两个方程可解得

$$\left. \begin{array}{l} l = F \pm \sqrt{\dfrac{f_0}{f'_0}(F^2 - f_0 f'_0)} \\ l' = F \pm \sqrt{\dfrac{f'_0}{f_0}(F^2 - f_0 f'_0)} \end{array} \right\} \tag{3.13-8}$$

若将式(3.13-4)代入，则式(3.13-8)还可写成

$$\left. \begin{array}{l} l = F \pm \dfrac{\omega_0}{\omega'_0} \sqrt{F^2 - Z_0^2} \\ l' = F \pm \dfrac{\omega'_0}{\omega_0} \sqrt{F^2 - Z_0^2} \end{array} \right\} \tag{3.13-9}$$

式中：

$$Z_0 = \sqrt{f_0 f'_0} = \frac{\pi \omega_0 \omega'_0}{\lambda} \tag{3.13-10}$$

Z_0 为匹配的特征长度。式(3.13-9)两个式子根号前面的符号或同取正号,或同取负号,因为 $l-F$ 与 $l'-F$ 必须为同号,这从式(3.13-7)的第二式中可以看出来。

当 ω_0 和 ω_0' 给定时,式(3.13-9)的两个式子包含 3 个未知量 l,l' 及 F,因而其中有一个量可以独立选择。例如,任意选定一个 F 值(要求 F 值必须满足 $F \geqslant Z_0$ 的条件),由式(3.13-9)可以计算出一组 l 及 l',它们确定两个腔的相对位置及它们各自与透镜的距离,这样,模的匹配问题也就随之解决了。

如果已知 ω_0 和 ω_0' 外,两个腔之间的相对位置也固定,即两个光腰之间的距离

$$l_0 = l + l' \tag{3.13-11}$$

一定时,为了实现模匹配,F 不能随意选择。由式(3.13-9)及式(3.13-11)可唯一地解出一组 F, l, l',从而确定匹配所需要的系统参数。事实上,将式(3.13-9)中的两式相加,并利用式(3.13-11),可得到关于 F 满足的方程

$$(4-A^2)F^2 - 4l_0 F + (l_0^2 + A^2 Z_0^2) = 0 \tag{3.13-12}$$

式中:

$$A = \frac{\omega_0}{\omega_0'} + \frac{\omega_0'}{\omega_0} \tag{3.13-13}$$

因为 A, l_0, z_0 是已知的,所以由式(3.13-12)可解出 F,然后以所求之 F 值代入式(3.13-9),即可求出 l 和 l' 的值。

习题与思考题

3-1 腔长 $L=1$ m 的 He-Ne 激光器 632.8 nm 跃迁的多普勒线宽 $\Delta \nu_D = 1\,500$ MHz,若腔内总损耗恰好等于其激活介质峰值增益的 $\frac{1}{2}$,问能同时激发起几个纵模?

3-2 充气压约为 2.6×10^3 Pa 的封离式 CO_2 激光器的荧光线宽可用 $\Delta \nu_F \approx 100$ MHz 来估计。今有一腔长 $L=1$ m 的 CO_2 激光器,若腔内总损耗恰好等于其激活介质峰值增益的 $\frac{1}{2}$,问能同时激发起几个纵模?为了保持 CO_2 激光器的单纵模运转,腔长 L 最大不能超过多长?为了能同时激发 10 个纵模,L 最小不能小于多少?

3-3 某一 CO_2 激光器,用平-凹稳定腔,平面镜用锗片。当抽真空并充以工作气体后,发现锗片因形变而略微向腔内凸起。有人认为,这时腔变为非稳腔了。对吗?为什么?

3-4 一个 CO_2 激光器,腔长 $L=100$ cm,放电管直径 $D=1.5$ cm,两反射镜的反射率分别为 $r_1=0.985, r_2=0.80$,试计算因透射和衍射引起的平均单程损耗因子 δ_t 和 δ_d,并计算与两种损耗相应的 $\tau_t、\tau_d$ 和 $Q_t、Q_d$,最后求出腔的总损耗因子 δ、总 τ_R 及总 Q 值。

3-5 某单横模 632.8 nm He-Ne 激光器,采用平-凹腔,腔长 $L=0.3$ m,凹面镜为全反镜,曲率半径为 $R=1$ m,平面镜为输出镜。

(1) 输出镜面上的光斑尺寸有多大？输出光束发散角是多少？

(2) 若激光介质谱线的多普勒宽度 $\Delta\nu_D = 1\,500$ MHz，均匀线宽 $\Delta\nu_H = 150$ MHz，问该激光器可能有几个纵模振荡？

(3) 若输出镜的透射率 $T = 0.02$，输出功率 $P = 1$ mW，求腔内光子数（计算中忽略腔内损耗）。

3-6 以腔参数 $g_1 = 1 - \dfrac{L}{R_1}$，$g_2 = 1 - \dfrac{L}{R_2}$ 为纵横坐标画出谐振腔的稳区图，并标示出下述腔型在图中所占的位置或区域：(1)共焦腔；(2)平行平面腔；(3)双凹稳定腔；(4)凹-凸稳定腔。

3-7 某气体激光器，采用平-凹腔，腔长 $L = 1$ m，凹面镜曲率半径 $R = 2$ m，工作波长 $\lambda = 10\,\mu$m。

(1) 画出其等价共焦腔的位置；

(2) 计算束腰及两反射镜面上的光斑尺寸；

(3) 计算远场发散角。

3-8 一个凹-凸稳定谐振腔，腔长 $L = 16$ cm，凹面镜曲率半径 $R_1 = 20$ cm，凸面镜曲率半径 $R_2 = -32$ cm，设腔内工作波长 $\lambda = 1 \times 10^{-4}$ cm，试求：

(1) 束腰大小和位置；

(2) 两镜面上的光斑尺寸。

3-9 将由平面镜出射的 He-Ne 激光 ($\lambda = 632.8$ nm) 输入到一个干涉仪中。激光器的腔长 $L_1 = 0.5$ m，全反射镜曲率半径 $R_1 = 1$ m；干涉仪腔长 $L_2 = 0.1$ m，两反射镜的曲率半径 $R_2 = R_3 = 0.5$ m。实验室内有焦距 $F = 0.2$ m，0.25 m 和 0.3 m 三种薄透镜，问如何才能实现激光器与干涉仪的模式匹配？

3-10 由衍射场的自洽积分方程

$$\nu(x,y) = r\iint k(x,y,x',y')\nu(x',y')\mathrm{d}x'\mathrm{d}y'$$

得到长为 L 的方形镜共焦谐振腔的两个反射镜上场的某一种分布为

$$\nu(x,y) = c\left(4x^2 - \frac{L\lambda}{\pi}\right)e^{-\frac{\pi(x^2+y^2)}{L\lambda}}$$

$$r = e^{i(kL - \frac{3}{2}\pi)}$$

(1) 说明在镜面上振幅分布的特点；

(2) 镜面上的相位分布；

(3) 单程功率损耗；

(4) 谐振频率。

3-11 试证明，在 L 相同的所有对称稳定腔中，以共焦腔的基模体积为最小。

3-12 试利用往返矩阵证明共焦腔为稳定腔，即任意傍轴光线在其中可以往返无限多次,而且两次往返即自行闭合。

3-13 试讨论当高斯光束腰与透镜距离 $l \gg F$,$l=2F$,$l=F$,$l<F$ 时,高斯光束通过透镜的变换情况,并与几何光学中傍轴光线的成像规律进行比较,你能得出一些什么结论?

3-14 试证明对实共焦腔和虚共焦腔,下述关系式成立:
$$\frac{R_1}{2}+\frac{R_2}{2}=L, \quad 2g_1g_2=g_1+g_2$$

3-15 试证对虚共焦望远镜型非稳腔,一个像点在无穷远处,另一个像点在公共焦点上。

3-16 设对称双凸非稳腔的腔长 $L=1$ m,腔镜曲率半径 $R=-5$ m,求其往返功率损耗率。

3-17 某高斯光束,束腰 $\omega_0=1.2$ mm,$\lambda=10.6$ μm,今用一望远镜将其准直,望远镜主镜用镀金反射镜,曲率半径 $R=1$ m,口径为 20 cm;副镜为一锗透镜,焦距 $F_1=2.5$ cm,口径为 1.5 cm;高斯束腰与锗透镜相距 $l=1$ m,如题 3-17 用图所示。求该望远镜系统对高斯光束的准直倍率。

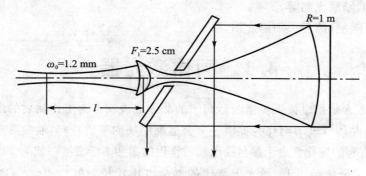

题 3-17 用图

3-18 设虚共焦非稳腔的腔长 $L=0.25$ m,凸球面镜 M_2 的曲率半径为 $R_2=-1$ m,其横截面半径为 $a_2=2$ cm。如果保持镜 M_2 的尺寸不变,并从镜 M_2 单端输出,试问凹球面镜 M_1 尺寸应选择多大?此时腔的往返功率损耗率多大?

3-19 BeO 在 10.6 μm 波长时 $\text{Re}\{\eta_n\}=0.033$,试求在内径为 $2a=1.4$ mm 的 BeO 波导管中 EH_{11} 模和 EH_{12} 模的损耗 α_{11} 和 α_{12},分别以 cm^{-1}、m^{-1} 及 dB/m 来表示。当通过 10 cm 长的这种波导时,EH_{11} 模的振幅和强度各衰减了多少(以百分数表示)?

3-20 一台玻璃波导 CO_2 激光器($\lambda=10.6$ μm),离波导口两端 $z=1$ cm 处各放置一平面镜,取因子 $\text{Re}\{\eta_n\}=1.37$,设波导管长 10 cm,管径 $2a=1.5$ mm,试计算 EH_{11} 模的传输损耗和系统的耦合系数。

第 4 章 典型激光器

介绍一些常见的、有代表性的激光器,着重介绍粒子数反转机制及其重要特点。激光器的种类很多,习惯上主要按两种方法进行分类。一种是按激光工作介质的形态来分类,可分为固体激光器、气体激光器、液体激光器、半导体激光器及自由电子激光器等。另一种是按激光器的工作方式来分类,可分为连续激光器和脉冲激光器。其中,脉冲激光器又按脉冲持续时间的长短分为普通脉冲激光器(脉冲宽度为 10^{-3} s 量级,即毫秒(ms)量级)、巨脉冲激光器(又称为 Q 开关激光器,脉冲宽度为 10^{-9} s 量级,即纳秒(ns)量级)和超短脉冲激光器(又称为锁模激光器,脉冲宽度可达 10^{-12} s、10^{-15} s 量级,即皮秒、飞秒(ps,fs)量级)。

此外,还可按激励方式分类,可分为光激励激光器、电激励激光器、热激励激光器、化学激励激光器及核能激励激光器等。

本章只按工作介质的分类加以介绍。

4.1 固体激光器

固体激光器通常是指以掺入少量激活离子的晶体或玻璃作为工作物质的激光器。产生激光的是激活离子,晶体或玻璃则作为提供一个合适配位场的基质材料,使激活离子的能级特性产生对激光运转有利的变化。由于参与受激辐射作用的激活离子密度一般为 $10^{25} \sim 10^{26}$ m^{-3},较气体工作物质高 3 个量级以上,激光上能级的寿命也比较长($10^{-4} \sim 10^{-3}$ s),因此储能能力强,易于获得大能量输出。

固体激光器普遍采用光激励的方式,以非相干的气体放电灯作为激励光源。通常脉冲激光器采用脉冲氙灯激励,连续激光器采用氪灯或碘钨灯激励,放电灯的发射光谱覆盖很宽的波长范围,其中只有与激光工作物质吸收波长相匹配的波段的光可有效地用于激励,产生粒子数反转,其他波段的光转化为热能,使激光腔内温度升高。因此,气体放电灯激励的激光器的效率较低,例如对 Nd:YAG 激光器的效率为 1%~3%。

固体激光器还可用半导体激光器作激励源。20 世纪 90 年代,大功率激光二极管及激光二极管列阵的出现,使得这项技术迅速发展起来。由于激光二极管的发射波长可以与激光工作物质相匹配,因此大大减小了气体放电光源泵浦时热效应的影响,使光能更多地用来增加反转粒子数,从而提高泵浦效率。半导体激光二极管泵浦的固体激光器的总效率可做到 7%~20%,远远高于放电灯激励的固体激光器。此外,它还具有小型化、质量轻、全固体化和寿命长等特点。

4.1.1 红宝石激光器

红宝石激光器是世界上第一台激光器。红宝石激光器的工作物质是红宝石晶体,它是含 0.03%~0.05%(质量比)三价铬离子的 Al_2O_3 人工晶体。在 Al_2O_3 中掺入少量的 Cr_2O_3,Cr_2O_3 中的 Cr^{3+} 部分取代了 Al_2O_3 中的 Al^{3+} 形成红宝石晶体。当 Cr^{3+} 的质量分数为 0.05% 时,它的体积粒子数为 $1.58×10^{25}$ m^{-3}。在晶体中形成激光的是 Cr^{3+}。

红宝石激光器的基本结构、能级及激光形成过程已在 2.3 节中有所说明,这里不再重复。

红宝石的突出优点是机械强度高,能承受很高的功率密度,易生长成大尺寸晶体,亚稳态寿命长,储能大,可获得大能量输出,输出为可见光,适于需要可见光的场合。其缺点是,它是三能级系统,阈值高,激光性能随温度变化明显。在低温(如 77 K)时,性能优良,可连续或高重复率脉冲运转。温度升高,输出激光向长波方向移动,荧光谱线增宽,荧光量子效率降低,导致阈值升高,效率下降,严重时会引起"温度猝灭"效应。在室温下,只能做低重复率的脉冲运行。

大能量红宝石脉冲激光器,输出能量可达数千焦耳。调 Q 红宝石激光器输出巨脉冲的峰值功率可达 10^7 W,脉宽为 $10\sim20$ ns。锁模红宝石激光器输出超短脉冲的峰值功率可达 10^9 W 量级,脉宽可达 10 ps。红宝石激光器由于阈值高,其应用不及钕激光器广泛,但在激光测距、材料加工、全息照相、医学上的诊断与治疗等方面仍有应用价值。

4.1.2 钕激光器

以三价钕离子(Nd^{3+})作为激活粒子的钕激光器是使用最广泛的固体激光器,其中最常用的是 Nd^{3+}:YAG 激光器和钕玻璃激光器。

Nd^{3+}:YAG 是掺钕离子的钇铝石榴石,它是由一定比例的 Al_2O_3、Y_2O_3 和 Nd_2O_3 熔化结晶生成。其中,Nd^{3+} 取代了钇铝石榴石中的部分 Y^{3+},掺杂量为 1% 原子比,分子式为 $Y_{2.97}Nd_{0.03}Al_5O_{12}$,钕离子的浓度为 $1.38×10^{26}$ m^{-3}。

图 4.1.1 中给出 Nd^{3+}:YAG 晶体中 Nd^{3+} 与激光产生过程有关的能级图。图中:$^4I_{9/2}$ 为基态(四能级系统中的 E_1),常温下钕离子都处于该能级上;$^4F_{3/2}$ 为亚稳能级(E_3),为激光上能级,$^4I_{13/2}$、$^4I_{11/2}$ 为激光下能级(E_2),$^4F_{3/2}$ 以上的各个能级均为吸收能级(E_4)。处于基态的钕离子吸收光泵发射的相应波长的光子能量后跃迁到各吸收能级,然后几乎全部通过无辐射跃迁迅速降到 $^4F_{3/2}$ 能级。处于 $^4F_{3/2}$ 能级的 Nd^{3+} 可以向多个终端能级跃迁并产生辐射,室温下有 3 条荧光谱线,其中心波长和对应的能级跃迁及荧光分支比(每条谱线强度与总荧光强度之比)为

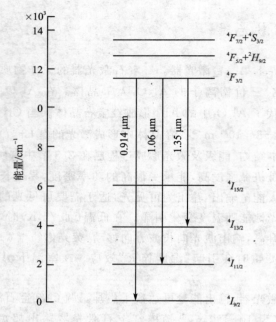

图 4.1.1　Nd:YAG 晶体中 Nd^{3+} 能级图

0.914 μm	($^4F_{3/2} \to {}^4I_{9/2}$)	25%
1.06 μm	($^4F_{3/2} \to {}^4I_{11/2}$)	60%
1.35 μm	($^4F_{3/2} \to {}^4I_{13/2}$)	14%

其中最强的是 1.06 μm 的荧光谱线。$^4F_{3/2}$ 向 $^4I_{9/2}$ 跃迁属三能级系统，阈值高，只能在低温下才能实现激光振荡。其他两种跃迁均属四能级系统，阈值低，易实现激光振荡，但由于 1.06 μm 谱线的荧光强度比 1.35 μm 谱线的荧光强度大，1.06 μm 的谱线首先起振，从而抑制了 1.35 μm 谱线。所以，Nd^{3+}:YAG 激光器通常只产生 1.06 μm 的激光振荡，只有采取选频措施，抑制 1.06 μm 谱线振荡，才能得到 1.35 μm 的激光。

Nd^{3+}:YAG 激光器的阈值泵浦能量比红宝石激光器小得多，晶体导热性好，易于散热，因此不仅可以高重复率脉冲运转，还可以连续运转。最大连续输出功率超过千瓦，脉冲重复率为每秒 5 000 次的输出峰值功率也达千瓦以上，每秒几十次重复频率的 Q 开关激光器的峰值功率可达几百兆瓦。Nd^{3+}:YAG 激光器是目前应用最广泛的固体激光器。

另一类钕激光器是钕玻璃激光器，是由某种型号的光学玻璃掺入适量的 Nd_2O_3 制成。玻璃在光学上属于各向同性材料，能均匀地掺入较高浓度的激活粒子。最佳掺杂 Nd_2O_3 的质量分数为 1%～5%，对应于 3% 的掺杂量，激活离子 Nd^{3+} 的体积粒子数为 3×10^{26} m^{-3}。

Nd^{3+} 在玻璃中和晶体中的能级结构基本相同，仅能级高度和宽度略有差异。荧光线宽比晶体中的大，这将增加激光阈值，但又有利于激光介质中储存更多的能量。通常情况下，只产生 1.06 μm 的激光振荡,如采取特殊选模措施时,可产生 1.37 μm 的激光。

钕玻璃易于制成大尺寸,且光学均匀性好,可以得到大能量大功率的输出。目前大能量钕玻璃器件单脉冲能量已达上万焦耳。由于荧光线宽较宽,适于制成锁模器件,可产生脉宽小于 1 ps 的超短脉冲。钕玻璃激光器在激光核聚变中已得到重要应用。钕玻璃的最大缺点是热导率太低,热膨胀系数大,不适于作连续和高重复率器件。

4.1.3 其他固体激光器

前面讲到的红宝石和钕激光器产生的激光具有固定的波长,近 10 年来发展起来一些具有可调谐性质的固体激光器,其突出特点是波长在一定范围内连续可调,这对于某些应用场合是非常重要的。下面只介绍这类激光器中比较常见的几种。

1. 钛宝石激光器

掺钛蓝宝石($Ti^{3+}:Al_2O_3$,简称钛宝石)激光器是一种可调谐固体激光器,其输出波长在 660~1 180 nm 范围内连续可调。钛宝石中,少量 Ti^{3+}(约 1.2%)取代了 Al_2O_3 晶体中的 Al^{3+},Ti^{3+} 为激活粒子,其能级结构示意图如图 4.1.2 所示。它是四能级系统,E_3、E_2 分别为激光的上下能级。激光下能级由于基质配位离子的作用构成了准连续的能带。激光上能级是同一个能级,而下能级是一定能量范围的能带,激光波长取决于能带中哪一个能级作为终端能级。激光器的调谐通过光腔中插入波长选择元件来实现。由于钛宝石激光上能级寿命较短(约为 3.8 μs),为了获得足够高的泵浦速率,大多数采用激光泵浦,即用另一台激光器作为泵浦源。常用的有氩离子激光器、铜蒸气激光器或倍频 $Nd^{3+}:YAG$(530 nm)激光器。闪光灯泵浦的钛宝石激光器也已获得成功。钛宝石激光器除调谐范围宽外,输出功率(或能量)大,转换效率高,可脉冲或连续运转。由于它具有很宽的荧光谱,经锁模可具有极窄的脉宽,锁模钛宝石激光器的脉宽已窄至几飞秒。钛宝石激光器已成为固体激光器发展的一颗新星,颇受人们重视。

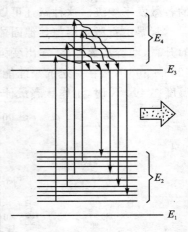

图 4.1.2 钛宝石能级图

2. 紫翠宝石激光器

紫翠宝石是在金绿宝石($BeAl_2O_4$)中掺入少量的 Cr^{3+} 生长的激光晶体。晶体质地坚硬,具有良好的导热性能,它在 $^4T_2 \rightarrow {}^4A_2$ 间的电子振动能级间的跃迁,能在近红外区产生激光。由于激光下能级与钛宝石晶体类似,也是一个具有一定能量范围的能带,所以紫翠宝石激光具有可调谐性,其输出波长为 700~820 nm。

图 4.1.3 所示为紫翠宝石中 Cr^{3+} 与激光跃迁有关的能级示意图。图中 $^4A_2$ 为基态,^2E、$^4T_2$ 为激发态。$^4T_2$ 与 ^2E 态的能量差得很小,只有几百个波数(cm^{-1},1 eV = 8 056 cm^{-1})。实际上 $^4T_2$ 是一个较宽的吸收带。由于 Cr^{3+} 在紫翠宝石中受到其周围基质离子的作用,以及 Cr^{3+} 本身的振动,使得基态 $^4A_2$ 也不是单一的态,在其上形成了一组振动能级。在紫翠宝石中,存在着两类激光跃迁:一类是 $^2E \rightarrow {}^4A_2$(基态)电子能级间跃迁,这是三能级类型的激光跃迁,波长为 680.4 nm(300 K 时),与红宝石中的 $^2E \rightarrow {}^4A_2$

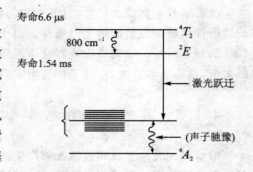

图 4.1.3 金绿宝石中 Cr^{3+} 能级图

跃迁类似。另一类跃迁是 $^4T_2 \rightarrow {}^4A_2$(振动态)间的激光跃迁,是电子振动能级间跃迁,属四能级类型的跃迁,在泵浦光作用下,处于基态 $^4A_2$ 的 Cr^{3+} 被激发到 $^4T_2$ 的各振动能级上,然后快速跃迁到 $^4T_2$ 能带的底部,并放出振动能量。$^4T_2$ 能带底部就是激光跃迁上能级,其下能级是 $^4A_2$ 的各激发子能级。这种跃迁可以产生可调谐激光。

紫翠宝石激光器与其他固体激光器相比,有一个突出优点,就是它的温度特性:随着温度的升高,增益系数提高,输出变强。图 4.1.4 所示为用 $\phi 6 \times 70$ mm 的紫翠宝石棒,用水加温(288~368 K),在一定的泵浦能量下测得的激光输出与温度的关系曲线。有实验证明,晶体温度在 400 K 时,工作状态最佳。

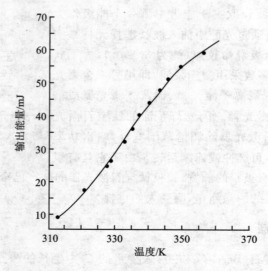

图 4.1.4 激光输出与温度的关系

紫翠宝石所以具有很好的温度特性,主要是它的受激辐射截面随温度升高而加大,当温度从 300 K 增到 475 K 时,受激辐射截面从 7×10^{-21} cm² 增加到 2×10^{-20} cm²。此外,当温度升高时,能级 ^2E 上的粒子也会有一部分激发到 $^4T_2$ 带中,导致反转粒子数的加大。

紫翠宝石通常由闪光灯或脉冲激光进行泵浦,输出脉冲激光,也可用弧光灯或连续激光泵浦,输出连续激光,还可以用激光二极管作泵浦源。紫翠宝石的激光平均输出功率可达十数瓦,单脉冲输出能量达焦耳级,倍频后可在 360～400 nm 范围内产生几瓦的功率输出。

3. LiSAF 激光器

LiSAF 是指掺铬的六氟铝酸锶锂晶体(Cr^{3+}:$LiSrAlF_6$),少量的 Cr^{3+} 取代晶体中的 Al^{3+},掺杂的质量分数约为 2.2%,它产生的激光可在 720～1 070 nm 范围内连续可调。LiSAF 晶体可做得很小,并且可以用激光二极管进行泵浦。例如,用输出中心波长为 679 nm、输出功率为 600 mW 的激光二极管去泵浦尺寸为 3 mm×3 mm×1 mm 的 LiSAF 晶体,可以得到 5～6 mW 的激光输出,整个装置全固化且体积很小。如果在腔内倍频(即通过非线性晶体,将激光振荡频率提高 1 倍),还可得到可调谐的蓝色激光。

4. 其他可调谐激光晶体

与 LiSAF 晶体相类似的还有 LiCAF(Cr^{3+}:$LiCaAlF_6$)、LiSGaF(Cr^{3+}:$LiSrGaF_6$),它们在 800～900 nm 范围内都有较强的发射谱,其性能与 LiSAF 相似,某些性能优于 LiSAF。此外,还有一些比较好的可调谐激光晶体,如掺铥钇铝石榴石(Tm^{3+}:$Y_3Al_5O_{12}$),调谐范围为 1 870～2 060 nm;掺铈氟化钇锂(Ce^{3+}:$LiYF_4$),室温下工作,调谐范围为 1 525～1 565 nm。

4.2 气体激光器

气体激光器是以气体或蒸气作为工作物质的激光器,它利用气体原子、分子或离子的分立能级进行工作。气体工作物质的光学均匀性比固体好,所以气体激光器输出的光束质量比固体激光器好。气体工作物质的谱线宽度远比固体窄,因而气体激光的单色性好。由于气体的激活粒子密度远比固体小,需要较大体积的工作物质才能获得足够的功率输出,所以气体激光器的体积一般比较大。

气体激光器通常采用气体放电泵浦方式。在放电过程中,快速电子与粒子碰撞,电子将其一部分能量传递给激活粒子,形成粒子数反转。在某些情况下,通过气体放电不能达到理想效果,也可以用其他激励手段,如热激励、化学激励、光激励、电子束激励和核能激励等。

气体激光器种类繁多,这里只介绍用途广、技术成熟的几种典型的气体激光器。

4.2.1 He-Ne 激光器

He-Ne 激光器是放电激励的具有连续输出特性的原子气体激光器，它的基本结构与激光作用能级已在 2.3 节中说明。He-Ne 激光器在可见和红外波段可产生多条激光谱线，其中最强的是 632.8 nm、1.15 μm 和 3.39 μm 三条谱线，632.8 nm（红光）谱线应用最多。这种激光器的输出只有毫瓦级，1～2 m 长的放电管可到几十毫瓦，最大可达 1 W。光束质量好，发散角小（1～2 mrad），单色性好，加之有可见光输出，适于在精密计量、检测、准直、导向、全息照相、医疗及光学研究等方面应用。

4.2.2 氩离子激光器

氩离子激光器是离子气体激光器中的代表性器件，发射的激光谱线很丰富，分布在蓝绿区。它是在可见光区功率最高的一种连续器件，因此用途极广，如用于染料激光器的泵浦源、全息照相、激光医学和光谱分析等方面。

氩离子激光器的基本结构如图 4.2.1 所示。放电管用石英玻璃管或陶瓷毛细管、金属管及石墨管等制作，内充以低气压氩气，用低电压大电流弧光放电激发。放电电流比 He-Ne 激光器高出 1 000 倍（管内电流密度可高达 100～1 000 A/cm²），放电过程在放电管内进行。为了提高电流密度，通常用适当的轴向磁场将放电区域约束在毛细管中心 1～2 mm 以内。高密度电流通过气体时，会产生高温等离子体，放电管需要耗散相当于 90% 输入功率的热量，所以放电管的通水冷却是至关重要的问题。

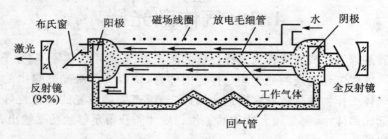

图 4.2.1 Ar⁺ 激光器结构示意图

图 4.2.2 所示为氩离子激光能级图。激光跃迁主要发生在 $3P^4 4P \rightarrow 3P^4 4S$ 两组能级之间。

Ar^+ 的激发主要是靠电子碰撞激发，其激发过程有三种方式：

① 两步过程。在此过程中，首先是快速电子与 Ar 原子碰撞，形成基态氩离子 Ar^+($3P^5$)，然后再与电子发生碰撞形成激发态 Ar^+($3P^4 4P$)，用式子表示为

$$\text{Ar}(3P^6) + e^* \longrightarrow \text{Ar}^+(3P^5) + e + e \quad (4.2-1)$$
$$\text{Ar}^+(3P^5) + e^* \longrightarrow \text{Ar}^+(3P^4 4P) + e \quad (4.2-2)$$

式中：e^* 表示快速运动电子。

② 一步过程。快速电子与基态氩原子碰撞，直接将氩原子 Ar 激发到 Ar^+ 的激发态 $3P^4 4P$ 上，用下式表示：

$$\text{Ar}(3P^6) + e^* \longrightarrow \text{Ar}^+(3P^4 4P) + e + e \quad (4.2-3)$$

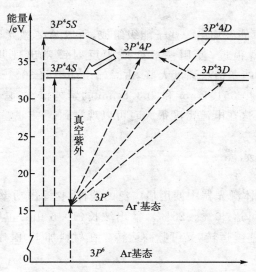

图 4.2.2 Ar^+ 能级和跃迁

上述两种方式，都是产生激发态氩离子的主要过程，哪一过程占主导地位，取决于激光器的工作条件（工作气压、放电电流等）。从能级图上可以看出，一步过程要求电子能量较高，需要 36 eV，而两步过程只需 16~20 eV 即可。在低气压脉冲放电的器件中，一步过程占主要地位；对气压较高、电流密度较大的连续工作器件，两步过程占主要地位。

③ 级联过程。该过程是氩原子先被激发到 Ar^+ 的 $3P^4 4P$ 以上的各能态上，然后通过辐射跃迁跳到激光上能级 $3P^4 4P$ 上。往 $3P^4 4P$ 以上的能态激发可以通过 Ar^+ 基态或其他中间能级而不需要从 Ar 原子基态直接激发，所以并不要求有"一步过程"那样高的电子能量。例如

$$\text{Ar}(3P^6) + e^* \longrightarrow \text{Ar}^+(3P^5) + e + e \quad (4.2-4)$$
$$\text{Ar}^+(3P^5) + e^* \longrightarrow \text{Ar}^+(3P^4 5S) + e \quad (4.2-5)$$
$$\text{Ar}^+(3P^4 5S) \longrightarrow \text{Ar}^+(3P^4 4P) + h\nu \quad (4.2-6)$$

对于 Ar^+ 激光器的激光下能级 $3P^4 4S$ 也存在上述三种激发过程，这对于粒子数反转是不利的。但在电子能量足够大时，对 $3P^4 4P$ 能级的激发截面要比 $3P^4 4S$ 能级的大，在这种放电

条件下,可以达到粒子数反转状态。

激光下能级($3P^4 4S$)粒子的排空,主要是通过辐射跃迁先到达 Ar^+ 基态($3P^5$),基态 Ar^+ 再在管壁处与电子复合而跃回到 Ar 原子基态($3P^6$)

从上面所讨论的 Ar^+ 激光器的激发机理,决定了它有三个主要特征:①工作气压低(低于 $1.06×10^2$ Pa),可保证管内电子具有高的能量;②采用弧光放电激励,增加管内电离和激发的过程,增大管内电子密度,保证足够的激光上能级粒子;③放电管径细(2~4 mm),以保证激光下能级粒子排空。

由于 Ar^+ 的激光上下能级均由一些子能级组成,所以 Ar^+ 激光器是一种发射多谱线的激光器,并且谱线波长靠得很近,使用一般介质膜反射镜常出现几条谱线同时振荡,其中 488.0 nm 和 514.5 nm 这两条谱线强度大些,占总输出功率的 30%~40%。

Ar^+ 激光器也可以输出 351.1 nm 和 363.8 nm 的紫外谱线,它们是 Ar 二次离化的离子(Ar^{++})受激辐射的谱线,这在电流密度很大时可以观察到。

4.2.3 CO_2 激光器

CO_2 激光器是分子气体激光器中使用最广泛的器件,它输出功率大(连续输出几瓦至几十千瓦),能量转换效率高(可达 20%~25%),输出波长(10.6 μm)正好处于大气窗口。CO_2 激光器件的形式多样,既可连续运转,又可脉冲运转。在材料加工、医疗、科学研究及国防技术等方面有广泛应用。

1. CO_2 分子的振转能级结构

分子由两个及两个以上原子组成,它的内能由三部分能量组成:①电子绕核运动的能量;②分子中原子间的振动运动的能量;③分子的转动能量。分子的内能 E 即为这三种能量之和

$$E = E_电 + E_振 + E_转$$

CO_2 激光器中,激光跃迁是发生在 CO_2 分子基电子态不同振转能级之间,因此,这里只讨论振动能级和转动能级的结构。

CO_2 分子是一种线性对称排列的三原子分子,三个原子排列成一直线,中央是碳原子,两端是氧原子,它有三种振动方式,如图 4.2.3 所示。

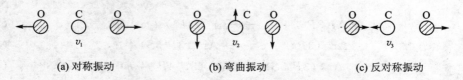

(a) 对称振动　　　　　(b) 弯曲振动　　　　　(c) 反对称振动

图 4.2.3 CO_2 分子的三种振动方式

① 对称振动：三个原子沿对称轴振动，但碳原子保持不动，两个氧原子同时相向碳原子或背向碳原子振动。这一振动方式用量子数 v_1 标记，并称为 v_1 振动模。

② 弯曲振动：三个原子的振动方向垂直于对称轴，并且碳原子的运动方向与两个氧原子的相反，这一振动方式用量子数 v_2 标记，称为 v_2 振动模。弯曲振动有两种振动方式：一种是 3 个原子做上下弯曲振动，另一种是做前后弯曲振动。在无外界扰动情况下，这两种振动方式所具有的能量相同，是二度简并的。

③ 反对称振动：三个原子沿对称轴振动，其中碳原子的运动方向与两个氧原子的相反，用 v_3 标记这一振动方式，称为 v_3 振动模。

在一级近似中，上述三种振动方式相互独立，CO_2 分子可以被激发到由这三种独立振动方式组合成的某一个态，该态的振动能级用 (v_1, v_2^l, v_3) 的形式表示，其中 l 是弯曲振动角量子数，它表征两个简并弯曲振动所合成的圆周运动的角动量在分子轴上的投影，因投影是量子化的，所以可用量子数 l 表示。当 v_2 为偶数时，$l = v_2, v_2 - 2, \cdots, 0$；当 v_2 为奇数时，$l = v_2, v_2 - 2, \cdots, 1$。$l = 0$ 的能级是非简并的，$l > 0$ 的能级是二度简并的。

图 4.2.4 所示为 CO_2 和 N_2 分子基态电子能级的几个与激光产生有关的振动子能级，图中未示出转动能级。N_2 分子是双原子分子，只有唯一的一种振动方式；图中给出振动量子数 $v = 0, 1$ 的振动能级。图 4.2.5 中给出振动能级 00^01 和 10^00 中的转动能级及它们之间的跃迁，其中的 J 和 J' 值表示转动量子数。根据波函数的对称性，在 00^01 振动能级上，转动量子数 J' 值为偶数的转动能级是不存在的；而对 10^00 振动能级，转动量子数 J 值为奇数的转动能级是不存在的。转动跃迁选择定则为 $\Delta J = J' - J = 0, \pm 1$。使 $\Delta J = +1$ 的跃迁称为 R 支跃迁，$\Delta J = -1$ 的跃迁为 P 支跃迁，$\Delta J = 0$ 的跃迁为 Q 支跃迁，Q 支跃迁在 CO_2 分子中是不存在的（因为不存在 $J = J'$ 的能级）。图中，各支括号中的数字是用相应的下振动能级的转动量子数来标记的。例如 R(10)，表示下振动能级转动量子数 $J = 10$，上振动能级转动量子数 $J' = 11$。

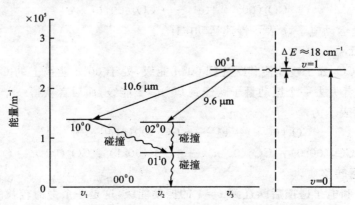

图 4.2.4　CO_2 和 N_2 分子基态电子能级的几个最低振动能级

2. CO_2 激光器的工作原理

CO_2 激光器最早由 C. K. N. Patel 研制成功,当时只用 CO_2 一种气体,输出功率只有 1 mW,后来人们又加入了 N_2 气和 He 气,功率大为提高。激光跃迁发生在 CO_2 分子的电子基态的两个振动—转动能级之间。N_2 的作用是通过共振能量转移提高激光上能级的激励效率,He 则有助于激光下能级的抽空。

在 CO_2 分子中,激光发生在 $00^01 \to 10^00$ 和 $00^01 \to 02^00$ 两组跃迁之间,前一组跃迁产生 10.6 μm 波长的激光,后一组跃迁产生 9.6 μm 波长的激光。由于以上跃迁具有同一上能级,而且前一组跃迁几率比后一组大得多,所以 CO_2 激光器通常只输出 10.6 μm 激光。若要得到 9.6 μm 激光振荡,则必须在谐振腔中放置波长选择元件抑制 10.6 μm 的激光振荡。

由于 CO_2 分子的振动能级含有许多转动能级,所以每组跃迁含有许多振动—转动跃迁谱线。对于 $00^01 \to 10^00$ 跃迁,P 支中最强的是 P(18),P(20),P(22) 和 P(24),R 支中最强的为 R(18),R(20),R(22) 和 R(24),各支谱线可以通过波长选择元件(例如 CO_2 谱线分析仪)得到。在不选支的情况下,在激光器中能同时形成激光振荡的有 1~3 条,这是因为同一振动能级的各转动能级之间靠得很近,能级转移很快($10^{-7} \sim 10^{-8}$ s),一旦某一转动能级上的粒子跃迁后,其他能级上的粒子就会按玻耳兹曼分配律,立即转移到这个能级上来,使其他能级上的粒子数减少,这就是转动能级竞争效应。由于这种竞争效应,如果工作条件使得某条谱线的增益系数较大,则此谱线首先起振,而同时抑制其他谱线振荡。

CO_2 激光器中,通过以下三个过程将 CO_2 分子激发到 00^01 能级。

(1) 电子直接碰撞激发

气体放电中,具有快速运动的电子与处于基态的 CO_2 分子发生非弹性碰撞后,CO_2 分子直接被激发到 00^01 振动能级,用反应式表示为

$$CO_2(00^00) + e^* \longrightarrow CO_2(00^01) + e \qquad (4.2-7)$$

式中:e^* 表示快速运动电子,e 表示慢速运动电子。

(2) 级联跃迁

电子与基态 CO_2 分子碰撞使其跃迁到 00^0n 能级,处于 00^0n 能级上的 CO_2 分子再与基态 CO_2 分子碰撞,前者失去一个振动量子跃迁到 00^0n-1 能级,而后者获得一个量子跃迁到 00^01 能级,这一过程可表示为

$$CO_2(00^00) + e^* \longrightarrow CO_2(00^0n) + e, \quad n > 1 \qquad (4.2-8)$$

$$CO_2(00^00) + CO_2(00^0n) \longrightarrow CO_2(00^01) + CO_2(00^0n-1) \qquad (4.2-9)$$

(3) 共振能量转移

基态 N_2 分子和电子碰撞后跃迁到 $v=1$ 的振动能级,这是一个寿命较长的亚稳态能级,因而可积累较多的 N_2 分子。然后,基态 CO_2 分子与亚稳态 N_2 分子发生非弹性碰撞并跃迁到激光上能级。这一过程可表示为

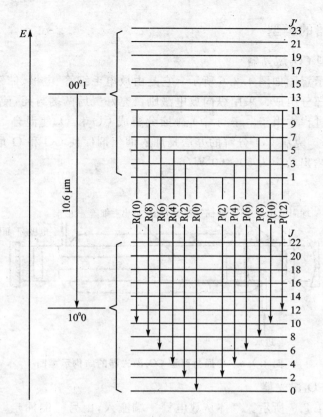

图 4.2.5 CO_2 分子 00^01 和 10^00 的振动—转动能级及跃迁

$$N_2(v=0) + e^* \longrightarrow N_2(v=1) + e \qquad (4.2-10)$$
$$CO_2(00^00) + N_2(v=1) \longrightarrow CO_2(00^01) + N_2(v=0) \qquad (4.2-11)$$

在以上 3 种激发途径中,共振能量转移几率最大,作用也最显著。

激光发生后,CO_2 分子将从 00^01 能级跃迁到 10^00 能级(对于 10.6 μm 激光),又从 10^00 能级回到基态。由于 10^00 能级与基态之间的偶极矩辐射跃迁是禁戒的,因此 CO_2 分子离开 10^00 能级主要靠与其他分子做非弹性碰撞来实现。10^00 能级的 CO_2 分子与基态 CO_2 分子碰撞后跃迁至 01^10 能级。01^10 能级的 CO_2 分子通过与基态 CO_2 分子碰撞返回基态,但这一过程几率很小,所以在 01^10 能级上出现粒子数的"堆积",这对激光运转极为不利。为了解决这一问题,在放电管中充有一定比例的 He 气,基态 He 原子和 01^10 能级 CO_2 分子碰撞可大大缩短此能级寿命,也相应地使激光跃迁下能级寿命大为缩短。此外,He 原子的热导率较高,可加速热量向管壁的传递,降低放电管中的气体温度,从而有效地降低激光跃迁下能级的粒子数。

3. CO_2 激光器的类型

(1) 普通封离型 CO_2 激光器

这种器件结构示意图如图 4.2.6 所示。它是由放电毛细管、电极、储气管、回气管、水冷套以及谐振腔镜等几部分组成。采用纵向放电激励。充好气后两端封死，使用方便，可以随意移动。缺点是在使用过程中由于电子与 CO_2 碰撞分解成 CO 和 O，使混合气体中 CO_2 气体浓度减小，输出功率下降。克服 CO_2 分解的办法是加入催化剂促使 CO 和 O 重新结合为 CO_2。封离型 CO_2 激光器的输出功率为 $50\sim60$ W/m。

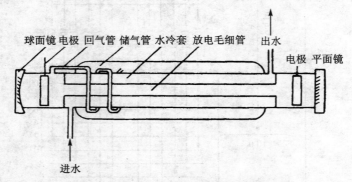

图 4.2.6 普通封离型 CO_2 激光器的结构示意图

(2) 纵向流动 CO_2 激光器

典型结构如图 4.2.7 所示。气体从放电管一端流入，由另一端抽走，气流、电流均与腔轴方向一致。气体流动的目的是及时排除 CO_2 分子与电子碰撞时分解出来的 CO 气体，并补充新鲜气体。当气体慢速流动时，每米放电长度上的输出功率与封离型相似；但当快速流动时，功率会显著提高。当在放电管中气体的流速为 $300\sim600$ m/s 时，输出功率可达 600 W/m 以上。因此，在 $500\sim5\,000$ W 范围内这类激光器是工业中应用最多的一种激光器。

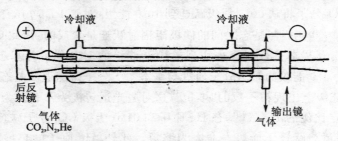

图 4.2.7 纵向流动 CO_2 激光器

(3) 横向流动 CO_2 激光器

这种器件的放电方向、气流方向和激光束输出方向都是互相垂直的，整个激光器由一个真空密封激光箱体围起来,结构紧凑,既能全封闭运行,又能补充少量气体。由于气体流过放电区的距离较短,所以对流速的要求比轴流情形要低得多,为 50～80 m/s。横流激光器的极间距离较短(约为 35 mm),内充气压较高(约为 1.2×10^4 Pa),极间电压不太高(约为 5 000 V),放电电流较大。若冷却效果好,激光输出功率可达 5 kW/m,在要求 2～10 kW 以上的高功率输出时,这种激光器占优势。

(4) 横向激励大气压(TEA)CO_2 激光器

TEACO_2 激光器,其英文为 Transversely Excited Atmospheric Pressure CO_2 Laser。这种激光器的放电方向与激光光轴相垂直,充有较高气压(10^5～10^6 Pa,而普通 CO_2 激光器的工作气压为 1.3×10^2～2×10^3 Pa),脉冲方式工作。这种激光器单位体积输出能量可高达 10～50 J/L,脉冲峰值功率可达 10^{12} W,每个脉冲能量可高达数千焦耳,是气体激光器在高功率和大能量方面与固体激光器竞争最有希望的器件。图 4.2.8 所示为早期的比较简单的一种 TEACO_2 激光器结构示意图。它的阴极由一列或多列并联在一起的针形电极组成,阳极为一个金属平板。

(5) 气动 CO_2 激光器

气动 CO_2 激光器是利用气体动力学方法来实现粒子数反转的。工作气体被加热到足够高的温度后,突然冷却,导致激光上下能级实现粒子数反转,从而形成激光。

图 4.2.9 所示为气动 CO_2 激光器整体结构示意图。图中:1 区为气室,2 区为喷管,3 区为激光工作区,4 区为扩压区。CO_2,N_2,He 等混合气体在 1 区进行加热。如用 CO 燃烧办法加热,或用电弧加热,这种加热方法器件是连续工作的。如用激波管加热或爆炸方法加热,器件是脉冲工作的。混合气体被加热到高温高压状态(例如 1 400 K,20 MPa),CO_2 分子的振动—转动能级都处于热力学平衡状态。假设经加热达到温度 T_1,则根据玻耳兹曼分布定律,CO_2 分子处在能级 00^01 和 10^00 上的分子密度分别为

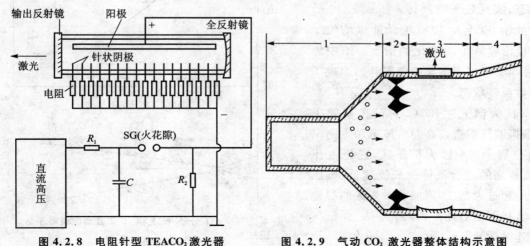

图 4.2.8　电阻针型 TEACO_2 激光器　　图 4.2.9　气动 CO_2 激光器整体结构示意图

$$n_1(00^01) = \frac{n}{S_v}e^{-\frac{E(00^01)}{kT_1}} \qquad (4.2-12)$$

$$n_1(10^00) = \frac{n}{S_v}e^{-\frac{E(10^00)}{kT_1}} \qquad (4.2-13)$$

式中：n 为混合气体 CO_2 分子的密度，S_v 为振动能级的统计和。因为能量 $E(00^01) > E(10^00)$，所以 $n_1(00^01) < n_1(10^00)$，这表示粒子大部分分布在激光的下能级。

被加热后处在高温高压的气体通过超声喷管迅速膨胀而被冷却到温度 T_2。CO_2 分子激光上能级 00^01 的寿命比下能级 10^00 寿命长，如果高温高压气体流过喷管区的时间比 CO_2 分子激光上能级的寿命短，比激光下能级的寿命长，则 CO_2 激光上能级的粒子数基本不变，仍可用 T_1 温度上的玻耳兹曼分布律来估算，而下能级粒子数则要重新分布，到达一个新的平衡态，可用 T_2 温度上的玻耳兹曼分布律估计，即

$$n_2(00^01) = \frac{n}{S_v}e^{-\frac{E(00^01)}{kT_1}} \qquad (4.2-14)$$

$$n_2(10^00) = \frac{n}{S_v}e^{-\frac{E(10^00)}{kT_2}} \qquad (4.2-15)$$

由上两式得

$$\frac{n_2(00^01)}{n_2(10^00)} = e^{-\frac{E(00^01)}{kT_1} + \frac{E(10^00)}{kT_2}} \qquad (4.2-16)$$

由于 $T_1 > T_2$，因而有可能使 $\frac{E(00^01)}{T_1} < \frac{E(10^00)}{T_2}$，即可以造成 $n_2(00^01) > n_2(10^00)$ 的状态，实现粒子数反转。图 4.2.10 所示为处于 00^01 及 10^00 振动能级的粒子数密度沿喷管下游变化的情况。图中表明，在喷管喉部下游某一位置开始形成了粒子数反转状态。

3 区为激光工作区，它设在喷管下游，谐振腔反射镜设在与气流运动方向垂直的位置上。4 区为扩压区，它把气压低、流速高的混合气体变成流速低、气压增高到超过大气压，以便将激光区的混合气体直接引出器件排到大气中去，保证激光器连续运转。

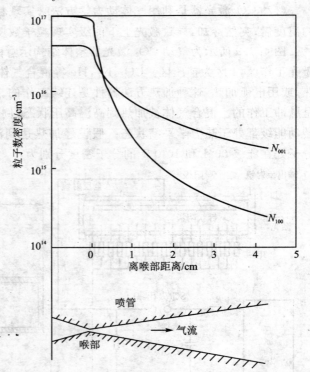

图 4.2.10 CO_2 分子 00^01 和 10^00 振动能级粒子数沿气流方向的分布

气动 CO_2 激光器的输出功率可达几十千瓦,缺点是其结构比普通 CO_2 激光器复杂得多,使用和操作均不方便。

(6) 波导 CO_2 激光器

波导 CO_2 激光器与普通小型 CO_2 激光器相似,与后者相比,其主要区别是放电管的孔径很细,为 1～4 mm,一般由氧化铍(BeO)陶瓷或玻璃作放电管材料,而普通纵向 CO_2 激光器的放电管直径一般为 10 mm 左右。由于孔径很细,菲涅耳数较小,衍射损耗太大,故不能传输通常意义上的高斯模。但理论分析表明,在一定条件下它能低损耗地传输准横向电磁波(即波导模),故称为波导激光器。

由于波导管很细,根据气体放电的相似定律 $pd=$ 常数(p 为压强,d 为放电管管径),波导激光器的充气压为 $(1.5～2.5)\times10^4$ Pa,又因线宽与气压成正比,因此波导激光器的频率调谐范围较大,一般为 500～600 MHz。由于放电孔径细,单位体积输出功率又较高,这就有利于器件的紧凑与小型化。

波导激光器可以采用纵向放电方式,也可以采用横向射频激励。图 4.2.11 所示为纵向放电波导 CO_2 激光器示意图。

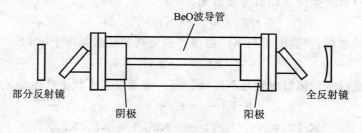

图 4.2.11 波导 CO_2 激光器

4.2.4 准分子激光器

准分子是指在激发态能够暂时结合成不稳定分子,而在基态又迅速离解成原子的缔合物。图 4.2.12 所示为准分子的势能曲线。由图中可以看出,激发态的势能曲线在某一核间距时势能最小,这就是束缚态的特征。基态势能曲线随核间距的增加而单调下降,显示了原子相排斥的特征。激光跃迁发生在束缚态和自由态之间。

准分子激光器分为 4 种类型:稀有气体、稀有气体卤化物(包括双原子和三原子)、稀有气体氧化物和金属蒸气卤化物准分子激光器。表 4.2.1 列出了一些准分子激光器及

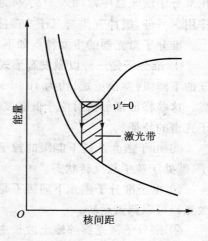

图 4.2.12 准分子能级图

其相应的波长,其中使用最多的是 XeCl*,ArF*,KrF*,XeF* 准分子激光器。

表 4.2.1　准分子激光器及其波长　　　　　　　　　　　　nm

稀有气体类	Ar_2^* (126.1), Kr_2^* (145.7), Xe_2^* (169~176)
稀有气体卤化物类	ArF^* (193.3), KrF^* (248.4), XeF^* (351.1), $ArCl^*$ (170), $KrCl^*$ (223), $XeCl^*$ (308), $XeBr^*$ (282), XeI^* (254), Ar_2F^* (285), Kr_2F^* (420), Xe_2F^* (610), Xe_2Cl (490)
稀有气体氧化类	ArO^* (557.6), KrO^* (557.8), XeO^* (550)
金属蒸气卤化物类	$HgCl^*$ (558.4), $HgBr^*$ (498.4)

准分子激光器普遍采用快速放电或电子束泵浦,现以放电泵浦 KrF* 准分子激光器为例说明其激励过程。在放电过程中,被电场加速的自由电子与 Kr 原子碰撞产生大量受激氪原子(Kr^*),Kr^* 与含卤素分子 NF_3 碰撞产生 KrF^* 准分子。以上过程可表示为

$$Kr + e^* \longrightarrow Kr^* + e \qquad (4.2-17)$$

$$Kr^* + NF_3 \longrightarrow KrF^* + NF_2 \qquad (4.2-18)$$

所产生的准分子可以产生受激辐射形成激光:

$$KrF^* + h\nu \longrightarrow Kr + F + 2h\nu \qquad (4.2-19)$$

当然还会有这样的过程:快速电子与 Kr^* 碰撞产生更高的受激氪原子(如 Kr^{**}):

$$e^* + Kr^* \longrightarrow Kr^{**} + e \qquad (4.2-20)$$

另外,KrF^* 还会通过自发辐射或者与 NF_3(或 NF_2)碰撞发生不利于产生激光的反应:

$$KrF^* \longrightarrow Kr + F + h\nu \qquad (4.2-21)$$

$$KrF^* + NF_3(NF_2) \longrightarrow Kr + F + NF_3(NF_2) \qquad (4.2-22)$$

在准分子激光器中常加入 He、Ne 或 Ar 等缓冲气体,其作用主要是抑制 NF_3 对 KrF^* 的猝灭作用。另外,缓冲气体与 KrF^{**} 碰撞,还可加速 KrF^{**} 向 KrF^* 能级的弛豫过程。

准分子激光器的主要特点如下:

① 准分子是一种以激发态形式存在的分子,寿命很短,仅有 10^{-8} s 量级,基态(即激光跃迁的下能级)寿命更短,约为 10^{-13} s,因此只能以其特征辐射的出现为标志来判断准分子的生成。这些特征辐射谱对应于低激发态到排斥态基态之间跃迁,其荧光谱为一连续带,这是准分子光谱的特征。

② 由于激光跃迁下能级的粒子迅速离解,所以激光下能级总是空的,只要激发态存在分子,就处于粒子数反转状态。

③ 由于准分子激光下能级不是某个确定的振动—转动能级,跃迁是宽带的,因此准分子激光器可以调谐运转。

④ 准分子激光器的输出波长主要处在紫外区到可见光区,具有波长短的特点。

准分子激光器脉冲输出能量可达百焦耳量级,平均功率大于 200 W,重复频率高达

1 kHz。在同位素分离、光化学、医学、生物学、微电子工业加工和泵浦染料激光器等方面获得了广泛应用。

4.3 染料激光器

染料激光器是以某种有机染料溶于一定溶剂(例如甲醇、乙醇和干油等)中作为激活介质的激光器。染料激光器的突出优点是其输出波长可调谐。使用不同的染料溶液,已在紫外(330 nm)到近红外(1.85 μm)相当宽的范围内获得了连续可调谐激光输出。表4.3.1列出了若干种主要染料、溶剂及相应的激光波长。

表 4.3.1 部分染料、溶剂及激光波长

染料名称	溶 剂	浓度/(mol·L^{-1})	激光调谐范围/nm
PTP	环乙烷	$(2\sim6)\times10^{-3}$	330～360
PBO	甲苯		355～486
DPS	乙二醇	5.6×10^{-4}	393～419
香豆素	乙醇	1×10^{-2}	390～540
荧光素钠	乙醇	5×10^{-3}	515～543
若丹明 6G	乙醇	2.5×10^{-3}	564～607
若丹明 B	乙醇	1.5×10^{-3}	595～643
甲酚紫	乙醇	2×10^{-3}	647～693
隐花青	甘油		$\lambda_{峰}$:745
嗯嗪	乙醇	2.1×10^{-3}	725～775

染料是一种有机化合物,它是一种复杂的大分子系统,通常由数十个原子组成,因此很难把染料发出的荧光归结为哪一对原子所发射,要精确地计算能级非常困难。采用某种模型可以近似地得到染料分子的能级图,如图4.3.1所示。

由于染料分子的运动包括电子运动、组成染料分子的原子间的相对振动和整个染料分子的转动,所以在染料分子的能级中,对应每个电子能级都有一组振动—转动能级,并且由于染料分子与溶剂分子的频繁碰撞,而使振动—转动能级展宽。所以,每一个电子态都可以看成由一个准连续的能带组成,这种宽带结构使得染料激光在很宽的范围内实现连续调谐。

在电子能级中,有单态($S_0, S_1, S_2, \cdots$)和三重态($T_1, T_2, \cdots$)两类,三重态较相应的单态能级略低。S_0是基态,其他能级均为激发态。

染料在紫外和可见光范围内有较强的吸收带,在泵浦光的照射下,大部分染料分子吸收光能而由基态S_0跃迁至激发态$S_1, S_2, \cdots$的某个振动—转动能级上,其中S_1态有稍长的寿命,因

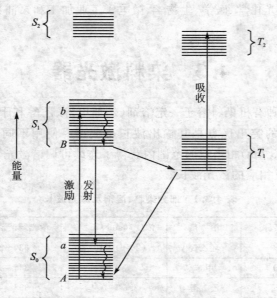

图 4.3.1 染料分子能级图

此,其他激发态的分子很快无辐射地跃迁到 S_1 态的最低振动能级上。当这些分子跃迁到 S_0 态上较高的振动能级时,就发出荧光,接着又很快通过无辐射跃迁回到 S_0 态的最低振动能级上。如果泵浦光的强度足够大,可在 S_1 和 S_0 之间产生粒子数反转,从而有可能产生激光。

由上述激光辐射过程可见,染料激光能级是一种四能级系统,容易实现粒子数反转,激光器的阈值低。染料激光可在大范围内实现调谐,如采用光栅、棱镜、F-P 标准具等波长选择装置就可实现精确的调谐和获得较窄的线宽。由于锁模脉冲宽度与频带宽度成反比,染料具有较宽的频带,所以可从锁模染料激光器中得到很窄的脉冲,目前已达到飞秒(10^{-15} s)量级。

需要指出的是,虽然 S 态和 T 态之间的偶极跃迁是禁戒的,但由于分子间的碰撞,处于 S_1 态中的分子很容易无辐射地跃迁到 T_1 上,T_1 的寿命又较长,就可以占有 S_1 上的部分分子,这对于产生激光是很不利的。解决这一问题的方法通常是在染料中加入三重态猝灭剂,以缩短 T_1 态的寿命;或者采用有足够高功率和足够快上升时间的泵浦光,使染料分子在 T_1 态积累之前就完成激光振荡,以使三重态 T_1 不起作用。

染料激光器均采用光泵浦的方式,可用闪光灯泵浦或激光泵浦(包括脉冲激光泵浦或连续激光泵浦)。

用闪光灯泵浦结构简单,价格便宜,但因泵浦光脉冲较宽,三重态的影响不能消除,需在染料中添加猝灭剂。若用脉冲激光泵浦,常用准分子激光器(主要在紫外区)、氮分子激光器(337 nm)、红宝石激光器(694.3 nm)、YAG 激光器(1.06 μm)及它的倍频光等作泵浦源。要求泵浦光满足一定的输出能量,且脉冲宽度要窄,以消除三重态的猝灭作用。若用连续激光泵浦，应是高功率激光，且在染料中添加猝灭剂，以及染料应当高速流过激活区。例如，用输出几瓦的单模 Ar^+ 激光泵浦以若丹明 6G 为介质的染料激光器。

图 4.3.2 所示为一种脉冲染料激光器的结构示意图。染料盒中装有按一定浓度配制的染料溶液作为激光工作物质；光栅与输出反射镜组成谐振腔；由 L_1、L_2 构成的望远镜作为光扩束器，一方面是改善光束的发散角以提高光栅的分辨率，压缩输出激光谱线的带宽，另一方面是防止高功率密度的激光对光栅的损伤。

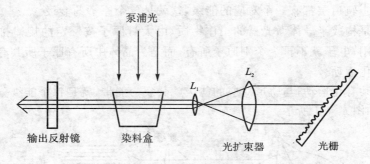

图 4.3.2　脉冲染料激光器

充当谐振反射镜的光栅还有一个作用——选频。它是一块闪耀光栅，当它运行于自准直状态时，要满足光栅方程

$$2d \sin \alpha = m\lambda \tag{4.3-1}$$

式中：d 为光栅常数；α 为入射角；λ 为入射波长；m 为衍射级次。当 d 和 m 一定时，λ 是 α 的函数。旋转光栅以改变 α 角，满足式(4.3-1)，便可以实现激光波长的可调谐。

当泵浦光射入染料盒后，染料分子被激发，在激光上下能级实现粒子数反转，从而产生受激辐射光。该光束经扩束射向闪耀光栅，满足光栅方程式(4.3-1)的光线经光栅反射后沿谐振腔轴线方向原路返回，在腔内形成振荡，而其他光线则以不同的角度返回而受到损耗。转动光栅，便可获得不同波长的激光振荡。

4.4　半导体激光器

以半导体材料作为工作物质的激光器称为半导体激光器。它具有体积小、效率高、易于调制、价格低等一系列优点。半导体激光器在激光通信、光纤通信、光存储、激光打印、测距和制导等领域均有重要应用。就激光器数量而言，它已成为国际市场上占有率最高的激光器。

4.4.1 有关半导体的基本概念

1. 电子共有化运动和能带

物质由原子组成,电子绕原子核运动,电子的运动轨道不是连续的,而是一些分立的轨道层。电子的每一个轨道层都有一个对应的能级,这就是单个原子的能级。

半导体晶体是构成半导体激光器的工作物质,由大量原子按一定的规律排列而成。由于原子间的相互作用,电子就不再为个别原子所有,而是为晶体中所有原子所共有。电子的这种运动就叫做共有化运动。

由于电子的共有化运动,与轨道对应的能级就分裂为能带,就是每个能级分裂成很多个非常靠近的能级,如图 4.4.1 所示。

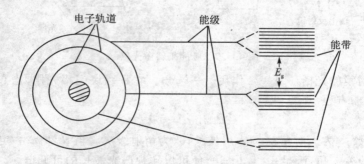

图 4.4.1 电子轨道和能级、能带之对应关系

如果晶体由 N 个原子组成,那么在每条能带中共有 N 个能级。例如锗晶体,$N=4\times10^{22}$ 个原子$/cm^3$,则在 1 cm^3 的晶体锗中,每条能带就含有 4×10^{22} 个能级,所以能级间距很小,约为 10^{-21} eV。不同能带之间有一定的间隔,在这个间隔范围内电子不能处于稳定能态,称为禁带,其间距用禁带宽度 E_g 来表示。对于半导体,禁带宽度为十分之几电子伏到 $3\sim 4$ eV(绝缘体 $E_g=5\sim10$ eV)。

根据泡利不相容原理,每个能级只能容纳 2 个电子,则具有 N 个能级的能带,只能容纳 $2N$ 个电子。电子在填充能带时,总是先从下面填起,内层电子所对应的能带都是被电子填满的。由价电子能级分裂而成的能带称为价带,价带有被电子填满的,也有没被电子填满的,这要由晶体的具体性质来决定。像金、银等晶体(导体),它们的价带有一半是空的;像锗、硅等晶体(半导体),它们的价带全被电子填满。被电子填满的能带又称为满带。在价电子以上的能带,在未被激发的正常情况下,往往没有电子填入,因此称为空带。如有电子因某种因素受激进入空带,则此空带又常称为导带。温度较高时,由于热运动可把价带中的一些电子激发到导带中;同时,在价带中因为电子跑掉而留下若干空着的能态,称为空穴。图 4.4.2 所示为半导体的能带略图。

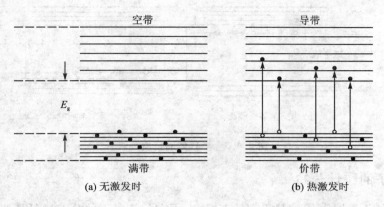

注：·—电子；°—空穴；↑—电子跃迁
图 4.4.2　半导体的能带略图

在完全无外来激发的情况下，半导体的价带总是被电子填满的，而价带上面的导带则完全空着。在此情况下，由于导带中无电子，即使加电场于该半导体，它也不会导电。同样，填满了电子的价带也是不导电的，因为导电就相当于价带电子从价带中的低能级向价带中的高能级跃迁，这显然违反泡利不相容原理。当有外来激发时，价带中的电子便可跃过禁带进入导带，导带中的这些电子在外加电场作用下，就会产生定向运动而形成电流。由于价带中的电子跃入导带，因而在价带中留下空穴，价带电子在外电场作用下也产生定向运动而形成电流，这种定向运动是通过电子不断补充到空穴中，从而留下新空穴来进行的，就像带正电的粒子运动一样。所以，半导体中，导带参与导电的是电子，价带参与导电的是空穴，它们都是电流的载流者，统称为载流子。

纯净的、不含杂质的半导体称为本征半导体，其特点是材料中载流子的分布是均匀的，即导带电子数和价带空穴数相等。这种半导体由于热运动而产生的自由电子和空穴的数量很少，因而导电能力差。如果在半导体中掺入有用的杂质，情况就不同了。图 4.4.3 所示为掺两类杂质时的情形。一类杂质称为施主杂质，它在导带下面形成杂质能级，该能级上的电子很容易跑到导带中去。设导带的底能级为 E_c，杂质能级为 E_D，ΔE_{CD} 即为施主电离能。例如对锗晶体，$E_g = 0.75$ eV，如掺 5 价的砷原子，则 $\Delta E_{CD} = 0.012\ 7$ eV，就是说，只需 0.012 7 eV 的能量就可使砷原子的电子施放到导带中去。另一类杂质称为受主杂质，它在价带上面形成受主杂质能级，价带的电子可以跑到受主能级上去，从而在价带中产生许多空穴。如在锗中掺入 3 价铟原子，锗中的电子只需 0.011 2 eV 的能量就可跳到铟原子上。掺施主杂质的半导体称为电子型半导体或 N 型半导体；掺受主杂质的半导体称为空穴型半导体或 P 型半导体。实践证明，半导体中所掺杂质的类型和含量对半导体的电学、光学等性质起极大的作用。

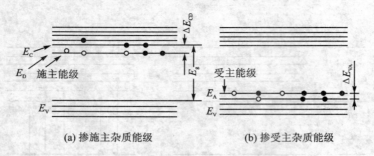

(a) 掺施主杂质能级　　　　(b) 掺受主杂质能级

图 4.4.3　半导体的杂质能级

2. 载流子的统计分布

当半导体处于温度为 T 的热平衡状态时,电子在各能级上的分布遵循费米-狄拉克(Fermi-Dirac)统计,即在热平衡情况下,电子占据能量为 E 的能级的几率为

$$f_e(E) = \frac{1}{1 - e^{(E-E_F)/kT}} \tag{4.4-1}$$

式中:$f_e(E)$ 为费米函数;k 为玻耳兹曼常数;T 为热平衡时的绝对温度;E_F 为费米能级,它是一个表征电子在各个能级分布情况的参数,并不表示电子可以实际占据的能级。在式(4.4-1)中,如令 $E=E_F$,则 $f_e(E)=\frac{1}{2}$。所以,E_F 表示电子填充几率为 50% 的这样一个能级。如在式(4.4-1)中令 $T=0$,则有 $E<E_F$ 时,$f_e(E)=1$;$E>E_F$ 时,$f_e(E)=0$。所以,也可将 E_F 理解为 $T=0$ 时完全填满和完全空缺能级之间的边界。图 4.4.4 所示为两种不同温度下的费米函数。

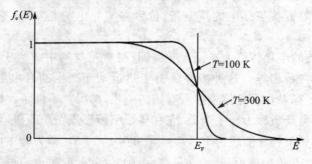

图 4.4.4　两种不同温度下的费米函数

对于半导体中的空穴,可相应写出它占据能量为 E 的能级的几率为

$$f_h(E) = 1 - f_e(E) = \frac{1}{1 + e^{\frac{(E-E_F)}{kT}}} \tag{4.4-2}$$

从式(4.4-1)还可以看出,当 $E-E_F \gg kT$ 时,电子分布很稀疏,费米函数可以简化为

$$f_e(E) \approx e^{E_F/kT} \cdot e^{-E/kT} \qquad (4.4-3)$$

这是一个玻耳兹曼分布。表明在电子分布稀疏的情况下,可以用经典的玻耳兹曼分布代替费米-狄拉克分布。对于那些比 E_F 低很多的电子能级,空穴分布也可用玻耳兹曼分布描述。上述情况称为载流子非简并化分布,而对于严格按费米-狄拉克描述的情况,则称载流子的简并化。

费米能级的位置与半导体类型有关。本征型半导体的费米能级居于禁带中央,因此导带内电子或价带内空穴是非简并化分布的。N 型半导体中导带电子主要来源于施主能级,此时费米能级位于导带底和施主能级间的中央位置处(当 $T \to 0$ K 时),当掺杂浓度增大到某一值时,会出现费米能级进入导带的情况,从而形成导带电子的简并化分布。P 型半导体费米能级位于价带顶和受主能级之间($T \to 0$ K 时),对于高掺杂 P 型半导体,费米能级也会进入价带,从而形成空穴的简并化分布。图 4.4.5 所示为 3 种类型半导体费米能级的大致位置。

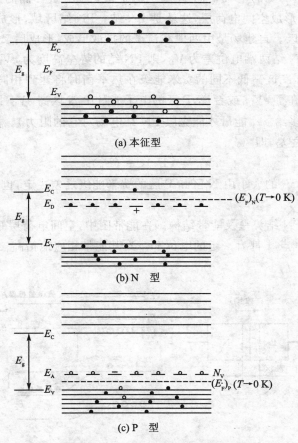

图 4.4.5　半导体能带中 E_F 的位置

在一个热平衡系统中只有一个费米能级,电子和空穴的分布由同一费米能级来描述。若两个平衡系统各有自己的费米能级,则当这两个系统达到热平衡时,它们的费米能级应趋于相等而处于同一水平上。

若已知半导体材料的费米分布函数,便可求得导带内电子密度 n:

$$n = \int_{E_C}^{E_{top}} N(E) f_e(E) dE \tag{4.4-4}$$

式中:E_C 是导带底能级的能量;E_{top} 是导带顶能级的能量;$N(E)$ 是导带中的能级密度。

3. PN 结的能带结构

利用控制杂质浓度的方法,使一块完整的半导体晶体的一部分是 P 型,另一部分是 N 型,在晶体内部实现 P 型和 N 型半导体的接触,则在它们交界面附近会形成一个所谓"PN 结"的结构,即在交界处,P 型一侧的空穴要向 N 型一侧扩散,而 N 型一侧的电子要向 P 型一侧扩散,结果在交界面两侧形成空间电荷层,这就是 PN 结。PN 结区域,形成电场(或称自建场),其方向自 N 区指向 P 区。自建场是由两侧载流子的扩散形成,形成后又阻止两侧载流子继续扩散。热平衡时,设 PN 结两端电位差为 V_D,则 PN 结的势垒高度为 eV_D(e 为电子电荷)。在能带图上,原来 P 区和 N 区高低不同的费米能级在热平衡时将达到相同的水平,这表明 P 区的能带相对于 N 区提高了 eV_D,或者说,P 区的电子能量比 N 区高 eV_D(因为 N 区的电子通过 PN 结到 P 区,必须要多给 eV_D 能量才能克服 PN 结电场对它的阻力)。因此,eV_D 等于原来 N 区和 P 区的费米能级之差,即

$$eV_D = (E_F)_N - (E_F)_P \tag{4.4-5}$$

这就是说,接触电位差 V_D 的大小由 N 区和 P 区的费米能级之差决定,也就是由两边的掺杂浓度所决定。

图 4.4.6 所示为 PN 结势垒及能带结构。在能带图中,空间电荷层对应的能带是倾斜的,这是因为自建场内每一点 x 都有一定的电位 $V(x)$,其能带相应地抬高 $|eV(x)| = |eEx|$(E 为自建场的电场强度)。

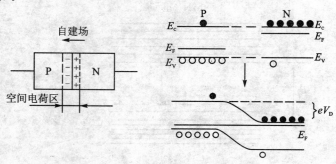

图 4.4.6　PN 结势垒及能带结构

当给 PN 结加上正向电压 V 时(将 P 型半导体接电池的正极,N 型半导体接电池的负极),由于 PN 结中外加场方向与自建场方向相反,使得自建场被削弱,势垒降低,如图 4.4.7(a)所示。如 N 区一边能带不动,则 P 区能带将向下移动 eV 高度。这就破坏了原来的平衡: N 区内电子向 P 区流动,P 区内空穴向 N 区流动,使得 P 区和 N 区内少数载流子(电子和空穴)比原来平衡时增加了,这些增多的少数载流子称为非平衡载流子。此时,费米能级将发生变化,非平衡状态下的费米能级称为准费米能级。电子的准费米能级$(E_F)_N$与空穴的准费米能级$(E_F)_P$是不同的,它们分别描述电子和空穴的分布。对 P 区来说,由于空穴是多数载流子,所以$(E_F)_P$变化不大,与平衡时的费米能级基本相同,而$(E_F)_N$则由于少数载流子的注入而有明显变化;对 N 区来说,恰恰相反,$(E_F)_N$变化不大,而$(E_F)_P$变化显著。由图 4.4.7(b)可见,在 P 区,$(E_F)_N$是倾斜的,这是由于在 PN 结内部电子的分布不是均匀的,而是处在向 P 区扩散的运动中,当电子注入 P 区后不断与 P 区的空穴复合而减少,直到非平衡载流子完全复合掉为止。在距离 PN 结扩散长度为 L_N 以外的地方,载流子的浓度又回到原来的平衡状态,因此$(E_F)_N$与$(E_F)_P$重合,重新变成统一的费米能级。对于 N 区中的$(E_F)_P$的变化也可做同样的解释。图中 L_P 表示空穴在 N 区的扩散长度。由于扩散长度随载流子迁移率$\mu(\mu=\overline{V}/E$,表示单位电场强度引起的载流子漂移的平均速度,单位为 $m^2/(V \cdot s)$)的增大而增大,而$\mu_N > \mu_P$,所以 $L_N > L_P$。

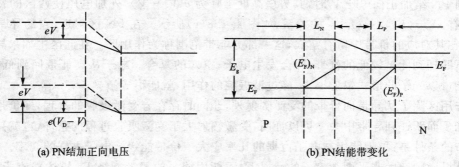

(a) PN 结加正向电压 　　　　(b) PN 结能带变化

图 4.4.7　加正向电压时的 PN 结能带

在扩散长度范围内,两种载流子将产生复合放出光子,这就是半导体场致发光机理。这种自发复合的发光称为自发辐射,所发出光的频率 ν 大致满足 $h\nu \approx E_g$ 的关系(E_g 为禁带宽度)。由于 $L_N > L_P$,所以复合发光的区域偏向 P 区一侧。

4.4.2　半导体激光器的工作原理

下面以注入式同质结半导体激光器为例,说明它的工作原理。所谓同质结是指 PN 结由同一种材料的 P 型和 N 型构成,例如由 P-GaAs 和 N-GaAs 构成的 PN 结即为同质结。注入式是指一种泵浦方式,即靠注入电流来激励工作物质的泵浦方法。

在电流(或光)的激励下,半导体价带中的电子可以获得能量,跃迁到导带上,在价带中形成一个空穴,这相当于受激吸收过程。如果导带中的电子(受到光的刺激)跃迁下来,与价带中的空穴复合,并放出一个频率为 $\nu = E_g/h$ 的光子,这相当于自发辐射(或受激辐射)。

如果半导体中,在 PN 结附近,作为激光上能级的导带中的电子数大于作为激光下能级的价带中的电子数,并且价带中留有空穴,就能产生光放大作用。

在热平衡状态下,电子基本处于价带中,半导体介质对光辐射只有吸收而没有放大作用。但是,有电流注入半导体二极管的 PN 结时,热平衡状态受到破坏,使 PN 结附近形成大量的非平衡载流子,在此注入区中,导带电子和价带空穴可处于相对反转分布状态,因而可使半导体介质产生光放大作用。

为了形成在正向偏压下的载流子的反转分布,必须采用重掺杂的 PN 型半导体。例如用 P^+-N^+ GaAs 表示重掺杂的 PN 型 GaAs 晶体(如图 4.4.8(a)所示),当其未受外加电源激励时的能级结构如图 4.4.8(b)所示,费米能级分别进入价带和导带,势垒高度为 eV_D。这表明,N 型区的导带底部有大量的电子,而在 P 型区价带顶部很少有电子,基本上是空的。在未加电压时,PN 结处于平衡状态,不会有电流,因为两区间载流子的相互扩散正好被自建场抵消。

当向 PN 结加正向电压 V 时,其势垒高度下降为 $e(V_D - V)$,外加电压使两区的费米能级偏离,并有 $eV = (E_F)_N - (E_F)_P$ 的关系,如图 4.4.8(c)所示。在 PN 区附近,它的导带中拥有电子,而在其对应的价带中留有空穴,这一部分能带范围称为作用区。在此区中如果导带中的电子向下跃迁到能量较低的价带,即会发生电子-空穴的复合。电子从高能带回到低能带时,多余的能量以光子的形式辐射出去,经过谐振腔的作用,就能形成激光。

在作用区除了从导带向价带的受激辐射外,还同时存在着受激吸收的过程,即价带中的电子吸收光子而跃迁到导带中去。可以证明,受激辐射大于受激吸收过程的条件,也就是载流子反转分布的条件是:导带能级被电子占据的几率应大于价带能级被电子占据的几率。

在外界激励产生非平衡载流子的情况下,不能用统一的费米能级 E_F 描述载流子的分布。但在较其复合寿命短的时间内,可认为电子在导带、空穴在价带分别达到平衡,它们对能级的占有几率可用导带中准费米能级 $(E_F)_N$ 与价带中准费米能级 $(E_F)_P$ 来表达:

$$f_{eC}(E_2) = \frac{1}{1 + e^{[E_2 - (E_F)_N]/kT}} \qquad (4.4-6)$$

$$f_{hV}(E_1) = \frac{1}{1 + e^{-[E_1 - (E_F)_P]/kT}} \qquad (4.4-7)$$

式中:E_2 和 E_1 分别为导带底部和价带顶部的能级;$f_{eC}(E_2)$ 为导带中电子占有能态 E_2 的几率;$f_{hV}(E_1)$ 为价带中空穴占有能态 E_1 的几率。

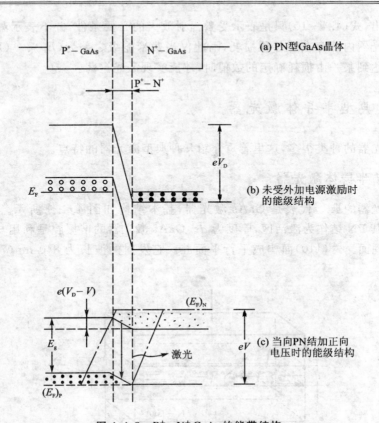

图 4.4.8 $P^+ - N^+$ GaAs 的能带结构

由式(4.4-7)可以得到价带中电子占有能态 E_1 的几率为

$$f_{eV}(E_1) = 1 - f_{hV}(E_1) = \frac{1}{1 - e^{[E_1-(E_F)_P]/kT}} \quad (4.4-8)$$

按载流子反转分布条件,应有

$$f_{eC}(E_2) > f_{eV}(E_1) \quad (4.4-9)$$

将式(4.4-6)和式(4.4-8)代入式(4.4-9),得到

$$(E_F)_N - (E_F)_P > E_2 - E_1 = E_g \quad (4.4-10)$$

这就是产生光受激辐射放大的条件,即:通过注入非平衡载流子,使非平衡的电子和空穴的准费米能级之差大于禁带宽度,即要求电子和空穴的准费米能级分别进入导带和价带。这就要求 PN 结两边的 P 区和 N 区必须是高掺杂的。

在满足式(4.4-10)条件下,如果有频率为 ν 的信号光入射于半导体,且满足

$$E_g < h\nu < (E_F)_N - (E_F)_P \quad (4.4-11)$$

则会出现光放大。

这里要指出,式(4.4-10)只是表示受激辐射放大的必要条件,并不表示激光振荡的阈值条件。因为激光器内部存在着各种损耗,因此仅当费米能级之差为$(E_F)_N-(E_F)_P$,或者正向注入电流密度达到某一由损耗确定的数值时,才能实现激光振荡。

4.4.3 典型半导体激光器

半导体激光器的种类很多,这里着重介绍几种典型激光器的特点。

1. 同质结半导体激光器

同质结激光器的典型代表是 GaAs 激光器,基本结构如图 4.4.9 所示。采用重掺杂的 P^+-N^+ GaAs,其 PN 结作为激活区,厚度为 d。GaAs 激光器的谐振腔是利用与 PN 结平面相垂直的自然解理面——(110)面构成平行平面腔。它发射的波长为 840 nm(77 K)和 900 nm(室温)激光。

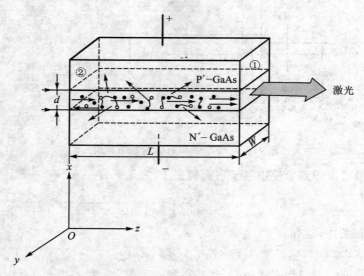

L—激光器腔长;W—激光器宽度;d—激活区厚度;①,②—(110)解理面

图 4.4.9 同质结 GaAs 激光器

从激光器工作特性来说,同质结激光器是很不理想的。主要缺点是:第一,激活区宽($d\approx 1\sim 2\ \mu m$),工作偏压高;第二,激活区与两侧邻近区折射率相近,光波导效应不明显,即不能在 x 方向上将光波场有效地约束在有源层(激活区)内,光的损耗大。这使得同质结激光器阈值电流密度很高,一般为$(2\sim 5)\times 10^4$ A/cm^2。这样高的电流密度将使器件发热。故同质结激光器在室温下只能以低重复率脉冲工作。

2. 异质结半导体激光器

为了解决同质结激光器存在的缺点,发展了异质结半导体激光器。由异种材料构成的"结"称为异质结,它又分为单异质结、双异质结和多异质结等多种。图 4.4.10 所示为 GaAs 的同质结(图(a))、GaAs/GaAlAs 单异质结(图(b))和 GaAs/GaAlAs 双异质结(图(c))。图中,n_1,n_2,n_3 分别为不同材料的折射率。异质结又可分为同型和异型两种,由 P-P 或 N-N 组成的为同型。仅在 GaAs 材料的一侧生长 GaAs/GaAlAs 结,而另一侧仍为一般的 GaAs PN 结的结构称为单异质结(SH);若在 GaAs 衬底的两侧各生长出 P-GaAlAs 层和 N-GaAlAs 层,就构成了两个结,称为双异质结(DH)。

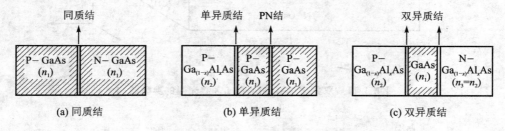

图 4.4.10 同质结和异质结示意图

异质结的作用主要有二:一是有效地将载流子(电子和空穴)约束在有源区内。因为两种不同材料形成"结"时,由于禁带宽度差异,使界面附近势垒增高。在正向偏置下,有源层可视为电子势阱与空穴势阱。从 N 区注入的电子与从 P 区注入的空穴都被这些势阱束缚在有源层内,使反转分布条件式(4.4-9)易于满足。二是有源层的折射率总是大于其相邻包围层的折射率,光波导效应显著,可有效地将光波场约束在有源层内。由于异质结对载流子和光波的限制作用,使阈值电流密度大为降低。

双异质结比单异质结作用更显著。图 4.4.11 所示为双异质结 GaAs/GaAlAs 激光器的典型结构,其中 P-GaAs 为有源区,受激辐射的产生与放大就在有源区中进行。最下一层为衬底,为 N-GaAs,最上一层 P^+-GaAs 为缓冲层,是为在它上面制作欧姆接触电极而设置的。GaAs/GaAlAs 的外延结构断面示意图如图 4.4.12 所示。

这种激光器的激射波长取决于 GaAlAs 中 Al 原子的掺杂情况,一般为 0.85 μm 左右。这种器件可用于短距离的光纤通信和作为固体激光器的泵浦源。

另一类是异质结 $InP/Ga_{1-x}In_xAs_{1-y}P_y$ 激光器。这种激光器的激射波长取决于下标 x 和下标 y,一般为 0.92~1.65 μm,但最常见的波长是 1.3 μm,1.48 μm 和 1.55 μm,其中 1.55 μm 附近的波长在光纤中传输损耗很低,可作为长距离光纤通信的光源。

近年来,以 $GaAs/Ga_{1-x}Al_xAs$ 和 $GaAs/In_{0.5}(Ga_{1-x}Al_x)_{0.5}P$ 材料体系为基础的室温连续可见光半导体激光器也迅速发展起来,通过改变 Al 原子含量可得到不同波长的可见光输出,

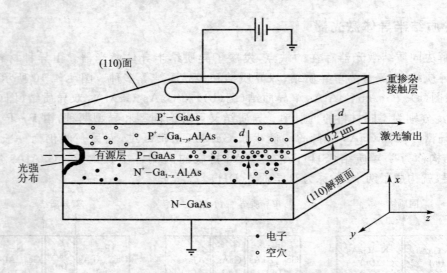

图 4.4.11 双异质结 GaAlAs/GaAs 激光器的典型结构

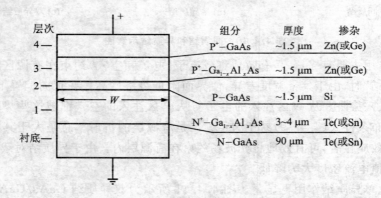

图 4.4.12 双异质结结构断面示意图

一般在 660～800 nm。

双异质结可使激活区压缩在 0.4 μm 以内,阈值电流密度降至 600～800 A/cm²,并实现室温连续运转。

3. 分布反馈式(DFB)半导体激光器

分布反馈式半导体激光器是伴随着光纤通信和集成光学的发展出现的,其最大特点是易于获得单模、单频输出,容易与光纤、调制器耦合。

一般的半导体激光器谐振腔是由两端两个平行的天然晶体解理面形成的平行平面腔,这种腔容易产生多模振荡。在 DFB 激光器中,利用特殊微电子工艺,将激活层沿光传播方向做成周期性的波纹光栅结构。图 4.4.13 所示为分布反馈式 GaAs/GaAlAs 双异质结激光器结构(a)及外延片剖面(b)示意图。光在波纹光栅传播中将产生周期性反射,从而取代解理面反射,称为分布反馈。如果波纹光栅的周期为 Λ,激活介质的折射率为 n,则理论分析表明,只有波长满足

$$m\lambda = 2n\Lambda \tag{4.4-12}$$

的光,才能在激活区内稳定振荡。式中:m 为反射级次,是正整数。式(4.4-12)表明,对于波纹光栅周期和介质折射率都已确定的激光器,只有满足式中波长的光,才能够在介质中来回反射。显然,这是波纹光栅提供反馈的结果,使来回两个方向的光波得到相互耦合。一旦激活区内实现载流子反转分布,上述光波将在来回反射中得到加强,当增益达到阈值时,就会输出激光。对于确定的介质,激光波长则完全由波纹光栅的周期 Λ 确定。因此,只要改变光栅结构,就可能得到不同波长的激光。

对于图 4.4.13 所示的激光器,如果光栅周期 Λ 为 341.6 nm,光栅深度为 90 nm,做成条形,条宽 50 μm,有源区厚 1.3 μm,条长 $L=630$ μm,在 $T=82$ K,用 50 ns 宽脉冲测得单纵模发射光谱,峰值为 811.2 nm,线宽为 0.03 nm,输出偏振光,电矢量与结平面平行,阈值电流密度为 9 000 A/cm^2,波长随温度变化也很小,约 0.05 nm/K。

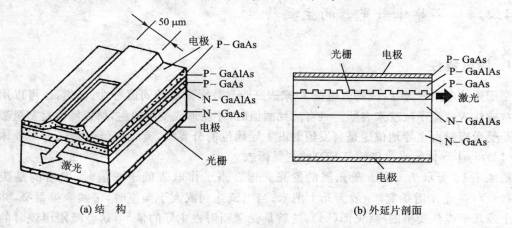

图 4.4.13 DFB GaAs/GaAlAs 双异质结激光器

4. 量子阱半导体激光器

一般双异质结半导体激光器有源层最佳厚度为 0.15 μm 左右,进一步减小有源层厚度将使激光器的阈值电流密度明显提高。如继续减小有源层的厚度,使其薄到载流子的德布罗意波长 $\lambda=h/p$ 时,(h 为普朗克常量,p 为载流子的动量),或薄到可与原子的玻尔半径(在Ⅲ-Ⅴ族半导体中,玻尔半径为 1~50 nm)相比拟时,晶体的能带结构、载流子在晶体中的运动性质都与在较厚的激活区中不同,即发生量子效应。晶体的这种结构称为量子阱,采用这种结构的

激光器就称为量子阱半导体激光器。

量子阱激光器是随着半导体晶体的生长技术的发展而出现的。因为这种含有许多极薄层的层状结构没有先进的半导体工艺是无法实现的。量子阱的特点：一是阱窄，阱深，对载流子和光波的约束更强烈；二是载流子在阱中的能量是不连续的，如图4.4.14所示。图中，E_{1e}和E_{2e}代表导带中电子子带，E_{1hh}和E_{2hh}代表价带中空穴子带。电子与空穴能量呈不连续状，表现出了量子特征。

量子阱激光器与通常的半导体激光器相比，具有阈值电流密度低（约200 A/cm²）、输出功率高、线宽窄、温度稳定性好，以及可以通过改变阱宽来改变激光器的发射波长等特点。因此，量子阱激光器已成为半导体激光器的发展方向。

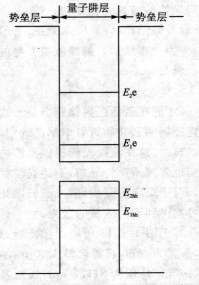

图 4.4.14 量子阱中量子化能级示意图

4.4.4 半导体激光器的主要特性

1. 阈值特性

常用阈值电流密度J_{th}或阈值电流I_{th}来表征半导体激光器的阈值特性；当然，也可以用阈值增益或注入载流子浓度来表征。只有达到阈值时，才能形成受激辐射，所以阈值是衡量激光器内是受激辐射占主导地位还是自发辐射占主导地位的分界线，有无阈值也是区分半导体激光器(LD)与半导体发光二极管(LED)的主要标志。

图4.4.15所示为GaAs激光器的发光光谱。当工作电流低于阈值时，发射的是荧光(见图(a))，荧光光谱很宽，一般为几十纳米；当电流达到或大于阈值时，谱线变得很窄，并出现一个或几个强烈变窄的峰(见图(b))，这就是受激辐射占主导的情形，这些峰刚出现时的电流值就是阈值电流。

阈值大小与半导体激光器的结构有关。前面已经指出，半导体激光器从同质结到异质结，从单异质结(SH)到双异质结(DH)，其阈值电流密度都大幅度下降，如图4.4.16所示。图中L表示腔长。从图中还可以看出，半导体激光器的阈值电流密度随温度升高而增大，增大的幅度随不同激光器而异。可以用下式近似表达半导体激光器的温度特性：

$$J_{th}(T) = J_{th}(T_r)e^{(T-T_r)/T_0} \quad (4.4-13)$$

式中：T_r为室温；$J_{th}(T_r)$为室温下的阈值电流密度；T_0是一个表征半导体温度稳定性的参数，称为特征温度，与激光器所使用的材料与结构有关，T_0越高，激光器的温度稳定性越好。例如

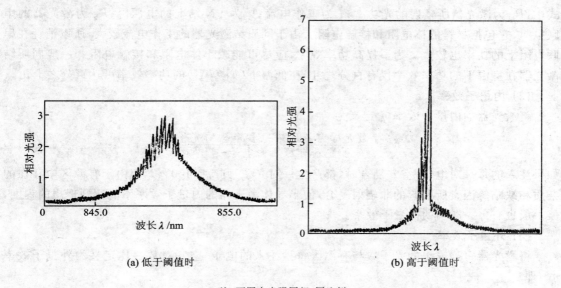

(a) 低于阈值时　　　　(b) 高于阈值时

注：两图中光强同相、同比例

图 4.4.15　GaAs 激光器的发光光谱

对 InGaAsP/InP 激光器，在 250~300 K 的温度范围内，T_0 值为 65~100 K。量子阱激光器具有很好的温度稳定性，T_0 值可达 400 K 以上。

阈值的大小还与多种因素有关。例如，有源层的厚度和宽度、激光器的腔长及激光器的工作波长等，都会影响阈值的大小，这里就不一一讨论了。

2. 转换效率

注入式半导体激光器是一种把电功率直接转换成光功率的器件，所以转换效率很高。转换效率常用功率效率和量子效率来度量。

(1) 功率效率

激光器所辐射的光功率（或光能）与输入激光器的电功率（或电能）之比定义为器件的功率效率 η_P，即

$$\eta_P = \frac{P_{ex}}{IV + I^2 R_s} \quad (4.4-14)$$

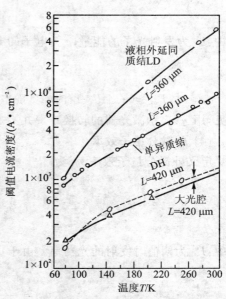

图 4.4.16　不同结构的半导体激光器阈值电流密度比较

式中：P_{ex} 为激光器所辐射的光功率；I 为工作电流；V 为 PN 结上的电压降；R_S 为激光器的串联电阻，它包括材料的体电阻和接触电阻。由于同质结激光器的工作电流较大，所以消耗在串联电阻上的功率也较大。为了提高功率效率，应尽可能减小体电阻和接触电阻。一般同质结激光器在室温下的功率效率仅有百分之几，在低温下（如 77 K）的功率效率可达百分之十几。

(2) 内量子效率

将激光器的内量子效率 η_i 定义为

$$\eta_i = \frac{\text{激光器有源区内每秒产生的光子数}}{\text{每秒注入有源区的电子-空穴对数}} \tag{4.4-15}$$

如果注入的每一对电子-空穴复合时，都产生一对光子，则 $\eta_i = 100\%$。但由于有源区中存在的杂质和缺陷等因素所引起的非辐射复合，使半导体激光器的内量子效率不能达到理想的程度，但一般也有 $\eta_i > 70\%$ 的内量子效率。

(3) 外量子效率

将激光器每秒输出的光子数与有源区每秒注入的电子-空穴对数之比定义为外量子效率 η_{ex}，即

$$\eta_{ex} = \frac{\dfrac{P_{ex}}{h\nu}}{\dfrac{I}{e}} \tag{4.4-16}$$

式中：$h\nu$ 为发射光子的能量，e 为电子的电荷。因为 $h\nu \approx E_g \approx eV$，还可将式(4.4-16)写为

$$\eta_{ex} = \frac{P_{ex}}{IV} \tag{4.4-17}$$

当 $I < I_{th}$ 时，$P_{ex} \approx 0$；当 $I > I_{th}$ 时，P_{ex} 随电流增加而直线上升，所以 η_{ex} 是电流 I 的非线性函数。可见，用 η_{ex} 表示激光器的转换效率并不是很方便。

(4) 外微分量子效率

定义外微分量子效率 η_D 为

$$\eta_D = \frac{\dfrac{(P_{ex} - P_{th})}{h\nu}}{\dfrac{(I - I_{th})}{e}} \tag{4.4-18}$$

式中：P_{th} 为阈值时发射的光功率。由于 $P_{ex} \gg P_{th}$，式(4.4-18)又可写成

$$\eta_D = \frac{\dfrac{P_{ex}}{h\nu}}{\dfrac{(I - I_{th})}{e}} = \frac{P_{ex}}{(I - I_{th})V} \tag{4.4-19}$$

这实际上是 P-I 曲线在阈值以上线性部分的斜率，故亦称为斜率效率，用它表示激光器的转换效率比较方便。

3. 光谱特性

半导体激光器发射的激光线宽比固体和气体激光器要宽,如 GaAs 激光器在 77 K 下,发射谱线宽度为十分之几纳米,在室温下更宽,为几纳米,比相干性好的 He-Ne 激光器高出 2～3 个量级。原因是半导体的激光发射并不是在两个分立的能级之间,而是在导带和价带之间,每个能带都包含了许多能级,这就使复合发光的光子能量有一个较宽的能量范围,所以半导体激光的单色性就要差一些。另外,光谱宽度随注入电流增加而变宽。

半导体激光的发射波长随温度而变化。当温度升高时,激光的峰值波长向长波方向移动。例如,对 GaAs 同质结器件,在 77 K 时发射的峰值波长为 0.84 μm,而在 300 K 时,就变为 0.902 μm。温度升高波长变长是由于温度升高禁带宽度变窄的结果。图 4.4.17 所示为某一试验用的 GaAs(掺施主浓度为 2×10^{18} cm^{-3})激光器峰值波长随温度的变化曲线。

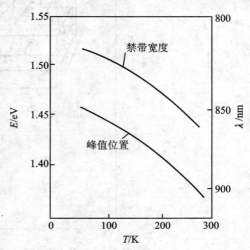

图 4.4.17 激光峰值位置随温度的变化

4. 光束发散角

光束发散角取决于激光器的横模特性。半导体激光器的谐振腔反射镜很小,有源区的厚度很薄,有源区的条宽比厚度大很多倍,所以激光束的方向性较之其他典型的激光器要差得多,并且在垂直于结的方向的发散角 $\theta_\perp$ 要比平行于结的方向的发散角 $\theta_\parallel$ 大得多,如图 4.4.18 所示。一般 $\theta_\perp$ 可达 30°～40°, $\theta_\parallel$ 也会有 10°～20°。

设 d 表示有源区的厚度,杜姆克(Dumke W. P.)给出了 $\theta_\perp$ 的近似表达式:

$$\theta_\perp = \frac{\frac{Ad}{\lambda}}{1 + \left(\frac{A}{1.2}\right)\left(\frac{d}{\lambda}\right)^2} \quad (4.4-20)$$

式中:

$$A = 4.05(n_2^2 - n_1^2) \quad (4.4-21)$$

n_2 为有源区的折射率,n_1 为有源区界面两边材料的折射率(设它们相等)。

当 d 很小时(例如 $d \leqslant 0.1$ μm),式(4.4-20)可写成($\theta_\perp$ 的单位为 rad)

$$\theta_\perp \approx \frac{Ad}{\lambda} \quad (4.4-22)$$

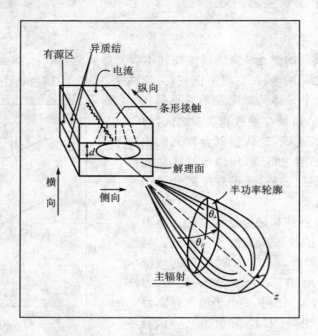

图 4.4.18 半导体激光器的远场分布图

例如,对 $Ga_{0.7}Al_{0.3}As/GaAs$ 激光器,$\lambda=0.9\ \mu m$,$d=0.1\ \mu m$,$n_2=3.59$,$n_1=3.25$,则由式(4.4-22)可得 $\theta_\perp \approx 1.05\ rad \approx 60°$。当 d 较大时(如 $d=2\ \mu m$),可以略去式(4.4-20)分母中的 1,可以得到

$$\theta_\perp \approx 1.2\frac{\lambda}{d} \quad (4.4-23)$$

这正是单缝衍射角宽度的计算公式。

式(4.4-23)也适于计算平行结平面方向上的发散角 $\theta_{/\!/}$(单位为 rad)。设有源层宽为 W,则

$$\theta_{/\!/} \approx \frac{\lambda}{W} \quad (4.4-24)$$

例如,当 $\lambda=0.9\ \mu m$,$W=2\ \mu m$ 时,$\theta_{/\!/}=0.45\ rad \approx 25°$。

5. 直接电流调制

图 4.4.19 所示为半导体二极管激光器输出功率 P 与注入电流密度 J 的变化曲线。可以看出,激光作用一旦开始,输出光功率对输入电流极端敏感,故可以简单

图 4.4.19 半导体二极管激光器输出功率 P 与注入电流密度 J 的变化曲线

地通过对注入电流的控制,调制激光输出,这是半导体激光器的一个突出优点。

设 P_0 为未调制输出功率,$P(f)$ 为调制后的输出功率,f 为调制频率,则 $P(f)$ 与 P_0 有如下关系:

$$P(f) = \frac{P_0}{[1+(2\pi f\tau)^2]^{\frac{1}{2}}} \tag{4.4-25}$$

式中:τ 为注入的非平衡载流子的寿命,它的大小直接影响着激光器发光随注入电流变化的跟随速度,是一个有关半导体调制特性的重要参数,其数值一般为纳秒量级,若加给器件的偏流高于阈值,τ 则可缩短到 0.1 ns。图 4.4.20 所示为不同 τ 值的归一化调制响应曲线,可见 $P(f)$ 随调制频率 f 及 τ 的增高而降低。定义调制频率的响应度 R 为

$$R = \frac{P(f)}{P_0} = \frac{1}{[1+(2\pi f\tau)^2]^{\frac{1}{2}}} \tag{4.4-26}$$

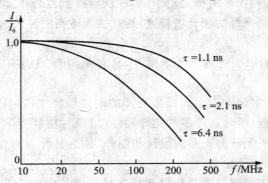

图 4.4.20 LED 的归一化调制频响特性

4.5 光纤激光器

光纤激光器一般是采用掺杂光纤作为增益介质,由于光纤纤芯很细,在泵浦光的作用下光纤内极易形成高功率密度,造成激光工作物质的激光能级粒子数反转,因此,适当加入正反馈回路构成谐振腔,便可形成激光振荡输出。图 4.5.1 所示为一个典型的端面泵浦的光纤激光器的基本原理图,增益介质为掺稀土离子的光纤芯,掺杂光纤夹在两个反射镜之间,从而构成 F-P 谐振器。由 LD 产生的泵浦光经耦合光学系统从光纤激光器的左边腔镜进入光纤。腔镜对泵浦光是高透射的,而对腔内形成的激光是高反射的,所以在掺杂光纤内,泵浦光可以达到很高的功率密度,使得光纤中掺杂元素的离子在激光作用的上下能级实现粒子数反转,并达到阈值条件,从而产生受激辐射,经右边腔镜和透镜组成的准直光学系统输出激光。注意:在输出的激光束中,还会含有未转换的泵浦光的成分,如不需要泵浦光波长,可设法滤去。

图 4.5.1　光纤激光器的基本原理图

光纤激光器实质上是一个波长转换器,通过它可以将泵浦波长光转化为所需的激射波长光。其特点主要体现在:

① 转换效率高　光纤既是激光增益介质又是光的导波介质,泵浦光的耦合效率高;光纤具有极低的体积面积比,散热快、损耗低,所以转换效率较高,激光阈值低。

② 输出激光波长多,具有可调谐性　由于稀土离子的能级非常丰富且种类繁多,使得光纤激光器可以通过掺杂不同能级的稀土离子,实现从紫外到红外很宽波段的激光输出;同时,由于稀土离子能级宽,玻璃光纤的荧光谱较宽,通过插入适当的波长选择器可得到可调谐光纤激光器,且调谐范围宽。

③ 由于光纤激光器的谐振腔内无光学镜片,具有免调节、免维护、高稳定性的优点,这是传统激光器无法比拟的。

④ 结构简单,易于小型化　由于光纤激光器的圆柱形尺寸,容易耦合到系统的传输光纤中,因此可以采用光纤光栅、耦合器等多种光纤元件,减少对块状光学元件的需求和光路机械调整的麻烦,极大地简化了光纤激光器的设计和制作,加之光纤具有极好的柔绕性,可设计得相当小巧灵活,使用方便,性价比高。

⑤ 兼容性好　光纤激光器与常规传输光纤在材料和几何尺寸上具有自然的通融性和兼容性,与现有的光纤器件也是完全相容的,故易于进行光纤集成,耦合损耗低,可以制作完全由光纤器件组成的全光纤传输系统。

⑥ 胜任恶劣的工作环境　对灰尘、振荡、冲击、湿度和温度具有很高的容忍度。

光纤激光器的分类方法有很多种,可以分别按照增益介质、谐振腔结构、光纤结构、输出波长和输出激光等进行分类。按增益介质将光纤激光器划分为四类:稀土类掺杂光纤激光器、非线性效应光纤激光器(如光纤受激拉曼散射激光器、光纤受激布里渊散射激光器)、单晶光纤激光器及塑料光纤激光器。按照谐振腔结构分类,光纤激光器的腔形有线形腔、环形腔和 8 字形腔等。按照光纤内部结构分类,可分为单包层和双包层两种。根据输出波长数目的多少,又可分为单波长和多波长光纤激光器。根据输出激光的时域特性,可分为连续和脉冲光纤激光器两大类。

图 4.5.2 所示为单包层和双包层两种光纤激光器原理结构图。其中,双包层光纤由纤芯、内包层、外包层和保护层四部分组成。纤芯由掺稀土元素的 SiO_2 组成,是激光振荡的通道,对相关波长为单模;内包层由横向尺寸和数值孔径比纤芯大得多、折射率比纤芯小的 SiO_2 组成,是泵浦光的通道,对泵浦光波长为多模;外包层由折射率比内包层小的材料构成;保护层由硬

塑料包围，起保护光纤的作用。泵浦光进入尺寸较大的内包层，在内包层内反射并多次穿越纤芯被掺杂离子吸收。内包层的折射率小于纤芯，可保证激光在单模纤芯中振荡，输出的激光模式好，光束质量高。合理设计内包层的形状和材料，可使其耦合进来的泵浦光被纤芯高效地吸收，因此可选用大功率的多模激光二极管阵列做泵浦，以保证在输出光束质量接近衍射极限的情况下，仍能获得高功率的激光。目前，在高功率激光器的应用方面，双包层光纤激光器已成为首选产品。高功率双包层光纤激光器在通信、工业加工、印刷、打标、军事和医疗等方面都有广泛的应用。

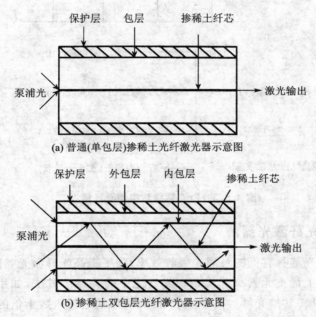

图 4.5.2　单包层和双包层光纤激光器原理结构图

4.5.1　稀土掺杂光纤激光器

掺杂光纤激光器的增益介质主要是掺稀土光纤，激光产生机制是受激辐射。按所掺稀土元素的不同，可分为掺铒（Er^{3+}）光纤激光器、掺镱（Yb^{3+}）光纤激光器以及铒/镱（Er^{3+}/Yb^{3+}）共掺光纤激光器等。

1. 掺铒光纤激光器

掺铒光纤在光纤激光器中有着重要的应用。它具有三能级系统，处于基态能级的铒离子在 980 nm 波长或 1 480 nm 波长的泵浦光作用下跃迁到高能级，然后通过无辐射热弛豫跃迁到亚稳态能级,在该能级和基态能级间的受激跃迁决定了对信号光的放大作用。Er^{3+} 能级结构和发生的一些典型跃迁相应的光波长如图 4.5.3 所示,其中从 $^4I_{13/2}$ 跃迁到基态 $^4I_{15/2}$,实现了 1 536 nm 的光放大。

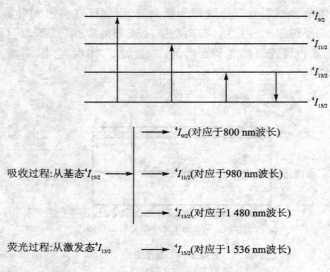

图 4.5.3 Er^{3+} 能级结构和跃迁情况

2. 铒/镱共掺光纤激光器

由于掺铒光纤激光器具有低的泵浦光吸收效率,为了提高光纤激光器的效率和输出功率,采用将两种或两种以上稀土元素一起掺杂在光纤之中的共掺杂方法,如用 Yb^{3+} 作为 Er^{3+} 的敏化剂,形成 Er^{3+}/Yb^{3+} 共掺光纤。其特点表现在:可以通过掺入数十倍的 Yb^{3+},提高对泵浦光的吸收,缩短光纤长度;Yb^{3+} 具有更宽的吸收带,允许使用较宽波长的泵浦光源;Yb^{3+} 的简单能级结构降低了从激活离子到 Yb^{3+} 敏化离子的后向能量转换,从而提高了发光效率。

Er^{3+}/Yb^{3+} 共掺光纤激光器具有阈值小、线宽窄、激光输出斜效率高、调谐范围宽、噪声低、制作简单、结构紧凑、抗电磁干扰、稳定性高及与光纤网络直接匹配等特点,被认为是未来长距离、大容量的超高速光纤通信系统的理想光源。

目前,比较成熟的有源光纤中掺入的稀土离子有:铒(Er^{3+})、钕(Nd^{3+})、镨(Pr^{3+})、铥(Tm^{3+})、镱(Yb^{3+})、钬(Ho^{3+})、镝(Dy^{3+})、铕(Eu^{3+})和钐(Sm^{3+})等,它们可以用在光纤放大器及光纤激光器中。掺 Yb^{3+} 光纤激光器是 1.0~1.2 μm 的通用光源。掺 Tm^{3+} 光纤激光器输出激光的波长是 1.4 μm 波段,可用于光纤通信光源。

4.5.2 非线性效应光纤激光器

随着光纤通信的发展,利用非线性效应的拉曼、布里渊散射光纤激光器成为光纤激光器研究中十分活跃的研究领域。

1. 光纤受激拉曼散射激光器

受激拉曼散射(SRS)是光纤非线性光学中重要的一种非线性过程,如果在光纤两端加上具有适当反射率的反射镜,就可以为一定波长的受激拉曼散射产生的斯托克斯(Stokes)光提供反馈,使之在传输过程中被放大,形成激光振荡,成为拉曼光纤激光器。如果泵浦光功率足够强,生成的 Stokes 光将形成第二级甚至更高级次的 Stokes 光,产生级联受激拉曼散射。通过相互级联的多次拉曼频移,就能够将泵浦光能量转化为所需的波长。

拉曼光纤激光器有线形腔和环形腔两种结构。随着拉曼光纤激光器技术的日益成熟,其波长范围、光束质量和功率水平等性能参数都具备了实用价值,应用于以光纤通信为代表的广阔领域。

2. 光纤受激布里渊散射激光器

把光纤置于激光器内,利用光纤中的布里渊增益就构成布里渊光纤激光器。受激布里渊散射(SBS)是一种能在光纤内发生的非线性过程,是通过相当于入射泵浦波频率下移的 Stokes 波的产生来表现的,频移量由非线性介质决定。泵浦波通过电致伸缩产生声波,引起折射率的周期性调制,泵浦波引起的折射率光栅通过布拉格(Bragg)衍射泵浦波,由于多普勒位移与以声速移动的光栅有关,因此散射光产生了频率下移。布里渊增益在单模光纤中的主要作用是提供一个线宽较窄、与泵浦光信号具有较准确频移的 Stokes 光,此 Stokes 频移由声子在单模光纤的速率决定(在单模光纤中,1 551 nm 波段此 Stokes 频移一般为 10 GHz)。作为增益介质的掺铒光纤的作用是补偿振荡器的损耗而对所产生的 Stokes 信号能量进行放大。这一系统若进一步级联,则线宽较窄,放大的 Stokes 信号可成为下一级 Stokes 的泵浦源,进而产生下一级 Stokes 信号,此过程周而复始即可产生多波长激光输出。

布里渊光纤激光器有环形腔和 F-P 腔两种结构。环形腔不需要腔镜,可以用光纤定向耦合器构成;而 F-P 结构的布里渊光纤激光器容易通过级联 SBS 产生高阶 Stokes 线。因此,为了避免多条 Stokes 线的产生,大多数布里渊光纤激光器采用环形腔结构。图 4.5.4 所示为布里渊环形激光器示意图。泵浦光 P 以逆时针方向耦合进单模光纤谐振腔。由一个偏振器控制泵浦光偏振方向使之与偏振腔本征偏振态相匹配,泵浦光频率被一个反馈环控制在光纤谐振腔的谐振中心频率处。SBS 激光 B 在谐振腔内沿顺时针方向传输,通过一个方向耦合器从输出臂耦合出来。布里渊光纤环形激光器由于具有线宽窄、频率稳定和增益方向敏感等优点,因此有重要的应用价值。

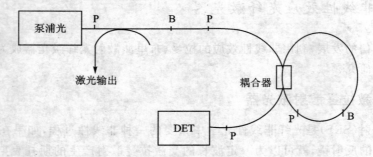

图 4.5.4 常规布里渊环形激光器示意图

布里渊光纤激光器不仅可以作为布里渊光纤陀螺成为新一代光纤陀螺,利用布里渊光纤激光器产生的 SBS 激光与抽运光产生的拍频驱动还可以制成微波频率发生器。另外,布里渊光纤激光器可用于稳定自由运转激光器的频率和线宽,还可应用于分布式压力或温度传感器、窄带放大器和频移器中。

4.6 其他激光器

4.6.1 自由电子激光器

自由电子激光器 FEL(Free Electron Laser)是一种通过相对论电子束(电子运动速度很高,不能忽略相对论效应的电子束)与电磁共振式的相互作用而产生相干电磁波的激光器。与传统的激光器不同,自由电子激光器的发射波长不受原子、分子等特定能级的束缚,因此,具有频谱范围广(厘米至软 X 射线波长范围)、频率可连续调谐,以及输出激光能量不受工作物质热破坏阈值的限制等特点。

自由电子激光器是由电子加速器、摆动器和谐振腔三部分构成,如图 4.6.1 所示。从加速器引出的高能电子束相当于激光工作物质,因而电子束质量的好坏直接影响着整个激光器性能。相对论电子束从激光共振腔的一端注入,经过摆动器时,受到空间周期性变化的横向静磁场作用。磁场由一组"摆动器"或"波荡器"的磁铁产生。磁铁以交替极性方式布置,磁场为螺旋式或平面式。在该磁场作用下,电子束在磁摆动器中一边前进,一边有横向摆动。例如,周期性磁场在水平面内,电子则周期性上下摆动。电子的横向及运动方向的改变,表明电子有加速度。根据电磁辐射理论,电子有加速就必然会辐射电磁波。这种带电粒子沿弯曲轨道运动而辐射电磁波,称为同步辐射。同步辐射有一个比较宽的频率辐射范围,但缺乏单色性和相干性。

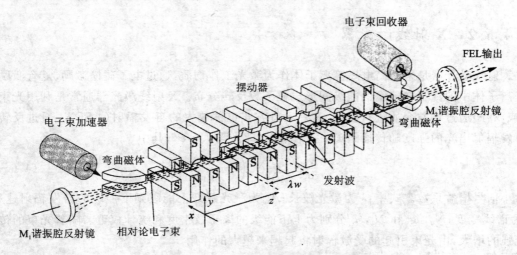

图 4.6.1 自由电子激光器的基本结构

在磁场的作用下,电子受到一个作用力而偏离直线轨道,并产生周期性聚合和发散作用。这相当于一个电偶极子,在满足共振关系的情况下电子的横向振荡与散射光场相互耦合,产生作用在电子上的纵向周期力——有质动力。在有质动力的作用下,电子束的纵向密度分布受到调制。于是,电子束被捕获和轴向群聚。这种群聚后的电子束与腔内光场(辐射场)进一步相互作用,会产生受激散射光,使光场能量增加,得到具有相干性的激光。这是通过自发辐射光子和电子相互作用的反馈机制,把自发辐射转换为窄带相干辐射,而且此辐射电磁波在电子运动的方向上强度最大。因此,摆动器促成自由电子激光器中电子和光子间的相互作用。在电子通过摆动器后,利用弯曲磁铁把电子和光分离。

凡是能使自由电子产生自发辐射的各种机理几乎都可以产生受激辐射,如受激康普顿辐射、受激韧致辐射、受激切伦柯夫辐射、受激拉曼散射及受激电磁冲击辐射等。因此,相对应有康普顿激光器、磁韧致激光器、切伦柯夫激光器和拉曼激光器等。工作在可见光或红外波段的康普顿型自由电子激光器(高电子能量、低电子密度)把激光器波段推向短波甚至到 X 射线;工作在毫米和亚毫米波段的拉曼型自由电子激光器(低电子能量、高电子密度)填补了可见光、红外光到微波之间的波段。

自由电子激光器主要用于可见光到紫外光的短波区和微波到红外光的长波区,但是,随着近年来超导加速器、新型光阴极注入器等相关技术的成功研制和能量回收装置与自由电子激光器的有效结合,自由电子激光的研究突破了功率和效率低的限制,进入了新一轮的高速发展,尤其体现在短波长(紫外、X 射线)、高功率(最高平均功率达 10 kW 以上)、小型化和实用化等方面,并推动了它在物性研究、半导体加工、光诱导化学、医用、原子能和军事等领域的应用。

4.6.2 X射线激光器

X射线激光器是采用高电离等离子体作为激光工作物质,通过电子碰撞激励、复合激励等使等离子体中的离子在特定的能级间形成粒子数反转分布。X射线激光器通常是利用光束单程(或双程)通过增益介质进行放大,这种运行方式也称放大的自发辐射(ASE)。通过反转离子自发辐射出光的强度随传播距离 l 指数增大,即光强 $I \propto e^{gl}$,其中

$$g = \frac{\lambda^2}{8\pi} A_{sp} \frac{1}{\Delta\nu} N_u \left(1 - \frac{g_u N_l}{g_l N_u}\right) \tag{4.6-1}$$

称为小信号增益系数。式中:λ 为激光波长;A_{sp} 为激光跃迁上能级到下能级的自发辐射速率;$\Delta\nu$ 为谱线宽度;N_u,g_u 和 N_l,g_l 分别为上下能级的离子数密度和统计权重。随着光束的传播和光强的增大,由光束引起的受激辐射将起越来越大的作用。

对于X射线激光器而言,一种产生粒子数反转的机制称为电子碰撞激发机制,处于基态的闭壳层离子经电子碰撞迅速激发到激光跃迁上能级,而激光下能级到基态是光学允许跃迁,它通过自发辐射快速退激发到基态而被抽空。这样,在一定条件下,下能级抽空速率可大于上能级占据速率,形成上下能级之间的粒子数反转。另一种重要的反转机制为电子碰撞复合(三体复合)机制,如果高温等离子体快速冷却,其内部将发生激烈的三体复合过程。闭壳层离子复合一个自由电子,形成新的低一级离化的离子。同时,首先复合到高激发态的电子不断地通过电子碰撞和辐射衰变级联退激发到低能级,如果某能级的退激发速率大于其上面能级的退激发速率,这两能级之间亦可形成粒子数反转。

目前,典型的X射线激光器主要有电子碰撞激励软X射线激光器和超短脉冲高强度激光激励软X射线激光器。电子碰撞激励软X射线激光器的工作原理是,在离子化活跃的等离子体加热相中产生反转分布,可以获得波长范围最宽、输出功率最强的X射线激光器,如已实现波长 10~25 nm 范围的兆瓦级的类氖离子软X射线激光器。超短脉冲高强度激光激励软X射线激光器的工作原理体现在激光介质吸收了超短脉冲高强度激光后,在激光电场作用下产生直接电离,即原子瞬间电离。电离产生的电子的能量谱线与入射激光的偏振方向有关:线偏振时,产生低温电子;圆偏振时,受电场作用产生高能电子。

习题与思考题

4-1 红宝石的激光上能级 ^2E 由两个能级 $2\overline{A}$ 和 $\overline{E}$ 组成,它们相差 $\Delta E = 29 \text{ cm}^{-1}$。$2\overline{A}$ 和 $\overline{E}$ 态的统计权重均是 2,而基态的统计权重是 4。$2\overline{A}$ 和 $\overline{E}$ 间的弛豫过程非常迅速,两能级间的粒子数相对分布近似于玻耳兹曼分布。

(1) 计算在 $T=300$ K 时,粒子在 $2\overline{A}$ 与 $\overline{E}$ 两个能级上分布的比值 $n_2(2\overline{A})/n_2(\overline{E})=?$

(2) 设某红宝石中铬离子的体积粒子数 $n=1.9\times10^{19}$ cm^{-3},粒子数反转阈值为 $\Delta n = n_2(\overline{E}) - \frac{2}{4}n_1 = 8.7\times10^{17}$ cm^{-3}。估算在短脉冲泵浦情况下,为了达到这个阈值,需要的泵源能量。用 $\nu_{13}=5.45\times10^{14}$ Hz 的泵浦光(相当于 0.55 μm 的绿光)来估算,红宝石的无辐射跃迁的量子效率 $\eta_1 = S_{32}/(S_{32}+A_{31})=0.7$。

4-2 试计算下列条件下的红宝石、YAG 激光器的阈值反转粒子数密度 Δn_t。工作物质长度为 $l=10$ cm,两反射镜的反射率分别为 $r_1=1$,$r_2=0.5$,腔内损耗不计,其他参数如下表:

激光器	折射率	荧光寿命 τ/ms	荧光线宽/MHz
红宝石	1.76	3	3.3×10^5
YAG	1.82	0.23	1.95×10^5

4-3 某 Nd^{3+}:YAG 激光器,当输入 50 J 时,其总体效率(也称为绝对效率,定义为输出与输入之比)$\eta_t=1.2\%$,斜率效率(输出与超过阈值部分的输入之比)$\eta_s=1.5\%$,求该器件的阈值能量。

4-4 有两台 Nd^{3+}:YAG 激光器,实测结果如下:器件 1 的 $(E_{th})_1=5$ J,当 $(E_{in})_1=15$ J 时,$(E_{out})_1=100$ mJ;器件 2 的 $(E_{th})_2=9$ J,当 $(E_{in})_2=15$ J 时,$(E_{out})_2=90$ mJ。

(1) 若要求输出 300 mJ 时,两个器件的输入能量各为多大?应选哪台器件?

(2) 若要求输出为 80 mJ 时,两个器件的输入能量各为多大?应选哪台器件?

4-5 一脉冲氙灯的储能电容器的电容量 $C=100$ μF,电压 $V=1\,000$ V,电光转换效率为 7%。用该氙灯来泵浦长 10 cm,直径为 1 cm 的 Nd^{3+}:YAG 棒,谐振腔两反射镜的透射率分别为 $T_1=0.4$,$T_2=0$,腔内其他往返损耗为 0.01。该工作物质无辐射跃迁量子效率 $\eta_1 = S_{43}/(S_{43}+A_{41})\approx 1$,光泵阈值能量密度为 4.8×10^{-3} J/cm^3。试计算此脉冲激光器的输出能量(激励光的中心波长取 0.75 μm)。

4-6 欲设计一台 TEM$_{00}$ 模并且偏振输出的 CO$_2$ 激光器。输出镜使用锗平面镜,凹面镜曲率半径 $R=2$ m,两镜间距 $L=0.5$ m,放电管直径 $d=6$ mm。设两反射镜的吸收和散射单程损耗为 $\delta_1=1\%$,每个布儒斯特窗的损耗 $\delta_2=2\%$,TEM$_{00}$ 模的单程衍射损耗为 $\delta_{00}=5\%$,试求该激光器的最佳透射率,并估算在最佳透射率时的输出功率。估算时,小信号增益系数用经验公式 $G_m = 1.4\times10^{-2}\frac{1}{d}$($d$ 以 mm 为单位)计算,饱和光强 $I_s=0.72$ W/mm^2,光束的有效截面 A 取放电管截面的 0.8。

4-7 某二氧化碳激光器(工作波长 $\lambda=10.6$ μm)用 SiO$_2$ 作波导管,管内径 $2a=1.4$ mm,取 Re$\{\eta_n\}=1.37$,管长 10 cm,两端对称地各放一平面镜作腔镜。试问:为了 EH$_{11}$ 模能产生振荡,反射镜与波导口距离最大不得超过多少?计算中激活介质增益系数取 0.01 cm^{-1}。

4-8 计算 He-Ne 激光器 $0.6328\ \mu m$ 跃迁的受激辐射截面 σ_{32} 及饱和光强 I_s,已知 $A_{32}=6.65\times10^6\ s^{-1}$,介质按多普勒加宽($T=400$ K)考虑。

4-9 若丹明 6G 溶液的 S_1-S_0 态的荧光量子效率为 0.87,S_1 态能级寿命为 5×10^{-9} s,计算该能级的辐射寿命 τ_{sp} 和非辐射寿命 τ_{nr}。

4-10 设半导体激光器激活区厚度 $d=2\ \mu m$,宽度 $W=10\ \mu m$,$\lambda=0.9\ \mu m$,求该激光器的垂直和水平两个方向的发散角。

4-11 砷化镓折射率为 3.4,若光束在空气中波长为 $0.9\ \mu m$,计算在砷化镓晶体中的波长,以及正入射时,晶体—空气界面的反射系数。

4-12 某半导体激光器使用 50 A 的矩形电流脉冲激发,在室温下产生峰值功率为 5 W、宽度为 2×10^{-7} s、重复率为 100 s^{-1} 的激光脉冲。每个脉冲周期中,激光器上电压降为 0.2 V。设 $R_s=0.1\ \Omega$,求:

(1) 功率效率 η_P;

(2) 占空因数(工作时间/总时间);

(3) 解释 $\eta_P<1$ 的原因。

4-13 假设 $R_s=0$,证明:

(1) 外量子效率 $\eta_{ex}=\dfrac{e\lambda P}{Ihc}$,其中 P 为输出光功率,I 为输入电流;

(2) 功率效率 $\eta_P=\eta_{ex}\dfrac{V_g}{V_d}$,其中 V_g 是以电子伏表示的禁带宽度 $\left(V_g=\dfrac{h\nu}{e}\right)$,$V_d$ 是结上电压;

(3) 设 $\lambda=0.9\ \mu m$,$V_d=2$ V,$\eta_{ex}=15\%$,求 η_P。

第5章 激光基本技术

在实际应用中,往往要对激光束提出各种要求。例如,准直要求单横模(基模)的激光束;干涉实验中要求激光要有较好的频率稳定性;测距要求窄脉冲、高峰值功率的激光束;通信中以激光作为载波,把信号加载到激光束上,这就要对激光进行调制,等等。一台普通的激光器输出的激光,其性能往往不能满足上述应用中的要求,这就要对激光器的输出特性加以控制。本章介绍控制与改善激光器输出特性的各种单元技术。

5.1 激光选模技术

激光的模式分为纵模和横模。纵模为光场在纵向上的分布,它由振荡频率决定。横模是光场的横向分布,它决定了垂直于传播方向上横截面上的衍射花样。一台普通的激光器输出的激光往往是多纵模和多横模的,这样的激光单色性差,且光强分布不均匀,光束发散角大。有些应用中,要求光束只含一个纵模,横模只有一个基横模。选模的目的就是选出单纵模和基横模。

5.1.1 横模选择技术

选横模的物理基础是:不同横模的衍射损耗不同,高阶横模比基横模损耗大。例如在稳定腔中,基横模的衍射损耗最低,随着横模级次的增高,衍射损耗将迅速增加。

激光器以 TEM_{mn} 模得以运转的条件是,该模在谐振腔内一个往返的增益,至少应能补偿它在腔内的往返损耗。如果只考虑因透射和衍射引起的损耗,按式(2.2-1),振荡条件应写成

$$r_1 r_2 e^{2(G_{mn}^0 - \alpha_{mn})l} \geqslant 1 \qquad (5.1-1)$$

式中:G_{mn}^0 为模的小信号增益系数;α_{mn} 为衍射损耗系数;r_1 和 r_2 为两腔镜的反射率;l 为腔长(增益介质长度)。从式(5.1-1)可见,选 TEM_{00} 模要求下两式同时满足:

$$\sqrt{r_1 r_2} e^{(G_{00}^0 - \alpha_{00})l} \geqslant 1 \qquad (5.1-2)$$

$$\sqrt{r_1 r_2} e^{(G_{10}^0 - \alpha_{10})l} < 1 \qquad (5.1-3)$$

一般 G_{00}^0 与 G_{10}^0 大体相同,因此为了满足式(5.1-2)和式(5.1-3),必须增大 α_{10}/α_{00} 的数值(高阶模与基模的衍射损耗比)。

下面简单介绍实现横模选择的几种具体方法。

1. 光阑法选横模

在光腔中插入一个小孔光阑,如图 5.1.1 所示,这可降低谐振腔的菲涅耳数,增大衍射损耗,使 TEM$_{00}$ 模和高次模满足式(5.1-2)和式(5.1-3)。插入小孔光阑后,由于基横模有最小的光斑尺寸,可以顺利通过,而高次模光斑尺寸大,衍射损耗大,不能形成振荡。由于在谐振腔的不同位置光斑尺寸不同,所以小孔光阑的大小因位置而异。

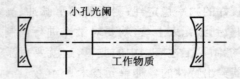

图 5.1.1 小孔选模激光器

加光阑的方法用得比较普遍,缺点是光阑较小,使基横模体积减小,不能充分利用激活介质。为了充分利用激光工作物质,可在腔内加透镜,在焦斑处放置光阑,即采用聚焦光阑法选模,如图 5.1.2 所示。该方法的缺点是,腔内有会聚光束,使光阑处的功率密度过高,容易烧坏光阑,故这种方法不适合大功率、大能量激光器选用。

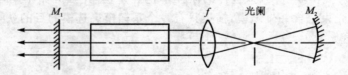

图 5.1.2 聚焦光阑选模

2. 非稳腔选横模

稳定腔不同横模间损耗差别较小,非稳腔则不同,不同横模间损耗差别很大。利用非稳腔,易于得到近于理想的球面波或平面波,是一种很好的基横模。由于非稳腔是高损耗腔,因此它只适于那些高增益工作介质的情况。

3. 正确选择腔的结构形式

对低增益介质的激光器,必须采用稳定球面腔,并可以选择适当的谐振腔结构来达到选横模目的。因为谐振腔的衍射损耗与腔参数 $g\left(g=1-\dfrac{L}{R}\right)$、菲涅耳数 $N\left(N=\dfrac{a^2}{L\lambda}\right)$ 以及模指数 mn 有着密切的关系,并已给出了详细的参数图。图 5.1.3 和图 5.1.4 分别给出了对称稳定腔和平-凹稳定腔两个低次模的单程损耗与菲涅耳数 N 的关系曲线。图中 $\delta_{10}=\alpha_{10}l,\delta_{00}=\alpha_{00}l$。虚线表示 TEM$_{00}$ 模的等损耗线。由两图可知,TEM$_{00}$ 模的衍射损耗随 N 的增大而减小(虚线

所示),δ_{10}/δ_{00} 值却随 N 的增大而增大,其中共焦腔($|g|=0$ 的线)与半共焦腔($|g|=0.5$ 的线)的 δ_{10}/δ_{00} 最大,而平行平面腔与共心腔($|g|=1$)的 δ_{10}/δ_{00} 最小。根据图中所示的定量关系,选择适当的腔型和 N 值,使 TEM_{00} 模和 TEM_{10} 模分别满足式(5.1-2)和式(5.1-3),就可以选出基横模。

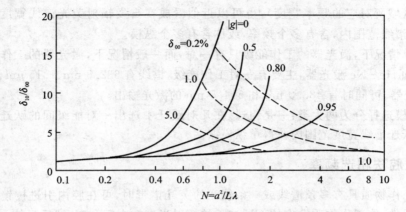

图 5.1.3 对称稳定腔的两个低次模的单程损耗比

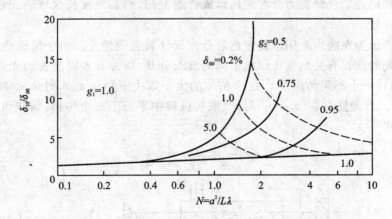

图 5.1.4 平-凹稳定腔的两个低次模的单程损耗比

4. 调节反射镜

光学谐振腔的两块反射镜精确对准时,各种模式的衍射损耗都最小。如果调整腔的一块镜子,使其略微倾斜,则各种模式的损耗都有相应增加。对于平面腔,当腔镜倾斜时,基模损耗增加最显著,腔的偏调有利于高阶模的优先振荡;对于球面稳定腔,高阶模式的损耗比较大,以至于不能产生激光振荡,而基模的损耗比较小,仍然可以产生激光振荡。用上述方法,可以比较容易得到基模,但激光的总功率输出也因此显著降低。

5.1.2 纵模选择技术

激光器的振荡频率范围,主要由工作物质增益曲线的频率来决定(更准确地说,是增益曲线阈值以上区域所对应的频率宽度),也可以近似看成在自发辐射荧光谱线宽度内。一般来说,每条荧光谱线范围内,含有多个频率,或称含有多个纵模。

在最简单情况下,激光器的工作能级只有一对,而一般情况下,激光器的工作能级往往不止一对。例如 He-Ne 激光器,主要有三对工作能级,谱线有 632.8 nm、1.15 μm 和 3.39 μm；Ar^+ 离子激光器,可同时有 488.0 nm 和 514.5 nm 的激光输出。

因此,纵模选择分为两大类:一是粗选,在几对跃迁中选出一对能级间的跃迁;二是精选,在所选出的跃迁谱线宽度范围内获得单纵模振荡。

1. 色散腔法粗选频率

当激光工作物质具有多条谱线或一条较宽的荧光谱带时,可在腔内引进棱镜或反射光栅等色散分光元件,使工作物质发出的不同波长的辐射光束在空间分离,然后只使一种较窄波长区域内的光束获得光学反馈能力并在腔内形成往返振荡,而其他波长区域的光辐射则因不具反馈能力而被抑制。

图 5.1.5 所示为在腔内采用棱镜做色散分光元件装置的情况。由于棱镜色散效应(介质的折射率 n 与光的波长有关),则可以把不同的波长分开,即含有不同波长的光束通过等腰棱镜后,会分别偏转一个不同的角度 θ,这个角度的大小取决于棱角 ε、入射角 α_1 和折射率 n(如图 5.1.6 所示)。当光路对称($\alpha_1 = \alpha_2$)时,光束在棱镜中平行于底边传播,偏转角 θ 变为最小,并且满足关系式

$$\sin \frac{\varepsilon + \theta}{2} = n \sin \frac{\varepsilon}{2} \qquad (5.1-4)$$

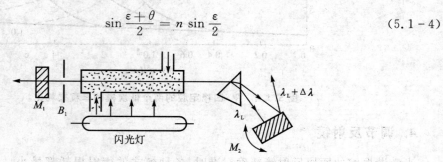

图 5.1.5 棱镜色散选频示意图

因此,通过调节棱镜方位,可使只有一个围绕着欲选波长 λ_L 的波长范围 $\lambda_L - \frac{\Delta\lambda}{2} \leqslant \lambda \leqslant \lambda_L + \frac{\Delta\lambda}{2}$ 起振,这个范围内的光通过棱镜折射后,垂直射到谐振腔终端平面反射镜 M_2 上,从而沿着原路反

射回腔内形成振荡。而界限 $\lambda_L \pm \frac{\Delta\lambda}{2}$ 之外的光,则经几次反射之后即移出腔外(如图 5.1.5 中 $\lambda_L + \Delta\lambda$)。这样,通过旋转腔的全反射镜 M_2 就可以选出所需要的波长。例如,对于 Ar^+ 激光器中的 488.0 nm 和 514.5 nm 的振荡谱线,利用此法可以很容易分开。这种方法也适用于在工作物质较宽的工作谱带范围内选择窄的光谱区域单独振荡;缺点是在腔内引入棱镜后,将增大腔内损耗,但如果把棱镜放置成布儒斯特角位置,可减少这种插入损耗。

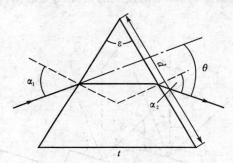

图 5.1.6　光束通过棱镜时的偏转

图 5.1.7 所示为由一个反射光栅代替一个反射镜所组成的色散腔情形。光栅绕平行于光栅刻线(即垂直于谐振腔轴)的轴线旋转。这时,具有最强的第一衍射级(欲选的波长)将沿腔轴反射回腔内形成振荡,而其他波长则散射到腔外。腔内装有望远镜系统进行扩束,它的作用有两个:一是使光大面积照到光栅上,因为光栅的光谱分辨率比例于对干涉有贡献的刻线数;二是降低光栅表面的功率密度,可避免光栅表面受到的破坏。

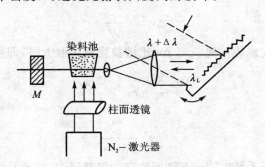

图 5.1.7　光栅选频示意图

图 5.1.8 所示为一块闪耀光栅示意图。当光波以入射角 α(与光栅法线所夹的角)射到光栅面上时,决定衍射角 β 的光栅方程为

$$d(\sin\alpha \pm \sin\beta) = m\lambda \qquad (5.1-5)$$

此时可得到相长干涉。式中:d 为光栅常数;m 为衍射级次($m = 0, \pm 1, \pm 2, \cdots$)。当 α 与 β 位

于光栅法线同一侧时,取"+"号;α 与 β 位于法线两侧时,取"−"号。若光栅在 $\alpha=\beta=\varphi$ 的条件下工作时,方程式(5.1-5)可简化为

$$2d\sin\varphi = m\lambda \tag{5.1-6}$$

此即光栅的波长调谐方程。当光栅常数 d 和衍射级次 m 一定时,波长 λ 是 φ 角的正弦函数。当旋转光栅(改变 φ 角)时,波长将按式(5.1-6)变化,就可以将所需的波长选出。

用色散腔法只能粗略地选频,在单条谱线上的荧光线宽范围内单一纵模的选择要用下面所述的方法。

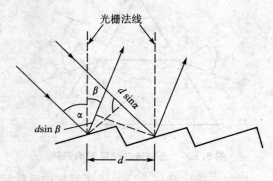

图 5.1.8 光栅方程式的示意图

2. 短腔法选纵模

由谐振腔理论可知,纵模间隔为

$$\Delta\nu_q = \frac{c}{2\eta L} \tag{5.1-7}$$

显然,缩短腔长,可以增大纵模间隔。当 $\Delta\nu_q$ 比增益线宽还要大时,即可实现单纵模振荡。由

$$\Delta\nu_q = \frac{c}{2\eta L} > \Delta\nu_{osc}$$

得

$$L < \frac{c}{2\eta\Delta\nu_{osc}} \tag{5.1-8}$$

式中:$\Delta\nu_{osc}$ 为由小信号增益系数 $G^0 > \alpha$ 条件所决定的振荡带宽,即增益线宽。下面按式(5.1-8)估算几种激光器为得到单纵模所需要的腔长:估算中取 $\Delta\nu_{osc} = \Delta\nu_F$(荧光谱线宽度),则

对 He-Ne 激光器,$\Delta\nu_F = 1.5\times 10^9$ Hz,$\eta=1$,$L<10$ cm;

对 CO_2 激光器,$\Delta\nu_F = 5\times 10^7$ Hz,$\eta=1$,$L<300$ cm;

对 Ar^+ 激光器,$\Delta\nu_F = 5.5\times 10^9$ Hz,$\eta=1$,$L<2.7$ cm;

对 YAG 激光器,$\Delta\nu_F = 2\times 10^{11}$ Hz,$\eta=1.82$,$L<0.04$ cm。

后两种情况是不可能实现的,说明短腔法选纵模只适于荧光谱线较窄的激光器。此外,由于腔长缩短,激光输出功率受到限制,因此在需要大功率单纵模输出的场合,此法不适用。

3. F-P 标准具选纵模

法布里-珀罗 F-P(Fabry-Perot)标准具是由两块平行放置的平面玻璃板或石英板组成的,两板的内表面镀以银膜或铝膜(或多层介质膜),以提高内表面的反射率。

图 5.1.9 所示为 F-P 标准具选纵模装置示意图。激光器腔内插入标准具后,激光振荡频率发生很大变化,因为产生振荡的频率不仅要符合谐振腔的共振条件,还要对标准具有最大的透射率。

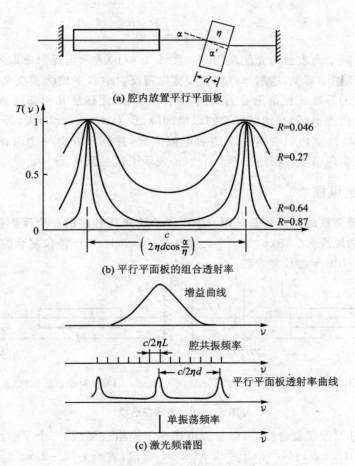

图 5.1.9 法布里-珀罗标准具选纵模

入射于标准具的光束在两个面上产生多次反射与透射,根据多光束干涉理论可知,标准具透射峰对应的频率为

$$\nu_m = m \frac{c}{2\eta d \cos \alpha'} \quad (5.1-9)$$

式中:m 为正整数;η 为标准具材料的折射率;α' 为标准具内光线与表面法线的夹角(光束进入板后的折射角)。在入射角 α 不大时,近似有 $\alpha' = \alpha/\eta$。从式(5.1-9)可以得到相邻两透射峰的间隔为

$$\delta\nu_m = \frac{c}{2\eta d \cos \alpha'} \approx \frac{c}{2\eta d} \quad (5.1-10)$$

透射谱线宽度为

$$\delta\nu = \frac{c}{2\pi\eta d} \frac{1-R}{\sqrt{R}} \quad (5.1-11)$$

式中:R 为标准具两个内表面对光的反射率。图 5.1.9(b)表示当反射率取不同值时,板的透射率变化曲线。从图中可见,透射率峰值曲线宽度随反射率 R 的增大而变窄。

通常,标准具的厚度 d 比谐振腔的长度 L 小得多,因此标准具相邻两透射峰的间隔 $\Delta\nu_m$(称为标准具的自由光谱区)远比谐振腔的纵模间隔 $\Delta\nu_g$($\Delta\nu_g = c/2\eta L$)大,因而适当选择 R 和板的厚度 d,使增益线宽内只含有一个透射率极大值,并且只含有一个谐振频率(要求 $\delta\nu < \Delta\nu_g$),这样就可以实现单纵模振荡。图 5.1.9(c)表示了这一原理。

4. 复合腔选纵模

复合腔选纵模方法的原理是基于用一个干涉系统来代替腔的一个反射镜。图 5.1.10 所示为两种复合腔的原理图。图(a)是一个迈克耳孙(Michelson)干涉仪复合腔,图(b)为福克斯-史密斯(Fox-Smith)干涉仪复合腔。

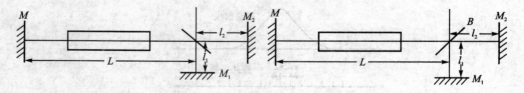

(a) 迈克耳孙干涉仪复合腔 (b) 福克斯-史密斯干涉仪复合腔

图 5.1.10　复合腔选模

对于迈克耳孙干涉仪复合腔,可以看成由两个子腔组合而成:一个子腔由全反射镜 M 和 M_1 组成,其腔长为 $(L+l_1)$;另一个子腔由 M 和 M_2 组成,腔长为 $(L+l_2)$。两个子腔的谐振频率及频率间隔分别为(设折射率 $\eta=1$)

$$\nu_{q_1} = q_1 \frac{c}{2(L+l_1)}, \quad \Delta\nu_{q_1} = \frac{c}{2(L+l_1)} \tag{5.1-12}$$

$$\nu_{q_2} = q_2 \frac{c}{2(L+l_2)}, \quad \Delta\nu_{q_2} = \frac{c}{2(L+l_2)} \tag{5.1-13}$$

激光器的谐振频率必须同时满足式(5.1-12)和式(5.1-13)两个条件。设 $l_2 > l_1$，并设第一个子腔的光束经过 N 个频率间隔后的频率正好与第二个子腔的光束经过 $(N+1)$ 个频率间隔后的频率再次相等，即

$$N \frac{c}{2(L+l_1)} = (N+1) \frac{c}{2(L+l_2)} \tag{5.1-14}$$

则复合腔内激光谐振的频率间隔应为 $\Delta\nu = N \cdot \Delta\nu_{q_1}$。从式(5.1-14)解出

$$N = \frac{L+l_1}{l_2-l_1} \tag{5.1-15}$$

于是得到复合腔的频率间隔为

$$\Delta\nu = \frac{c}{2(l_2-l_1)} \tag{5.1-16}$$

对于福克斯-史密斯复合腔，一个子腔是由 M、M_2 组成，腔长为 $(L+l_2)$；另一个子腔由 M、M_1 镜组成，腔长为 $(L+2l_2+l_1)$。两个子腔的谐振频率分别为

$$\nu_{q_1} = q_1 \frac{c}{2(L+l_2)} \tag{5.1-17}$$

$$\nu_{q_2} = q_2 \frac{c}{2(L+2l_2+l_1)} \tag{5.1-18}$$

复合腔的振荡频率必须同时满足式(5.1-17)和式(5.1-18)。与前面的分析方法类似，可以得到该复合腔的谐振频率间隔为

$$\Delta\nu = \frac{c}{2(l_1+l_2)} \tag{5.1-19}$$

对以上两类复合腔，适当选择 l_1 及 l_2，使复合腔的频率间隔足够大，即两相邻纵模的间隔足够大，可与增益线宽相比拟时，即可实现单纵模运转。

5.2 激光稳频技术

在激光精密计量、激光通信、高分辨光谱学等应用领域中，不仅要求激光是单频的，而且要求频率具有一定的稳定性。对于普通自由运转的激光器，因它受到工作环境条件等影响，激光器输出频率往往是不稳定的，是一个随时间变化的无规起伏量。要使激光频率稳定，就要利用各种稳频技术。本节只介绍频率稳定性的基本概念和几种应用较多的 He-Ne 激光器的稳频方法。

5.2.1 激光器频率的稳定度和再现度

频率稳定度,是指激光器在连续运转时,在一定的观测时间 τ 内频率改变量 $\Delta\nu(\tau)$ 与该期间内的激光振荡频率(参考频率) ν_s 之比:

$$S_\nu(\tau) = \frac{\Delta\nu(\tau)}{\nu_s} \tag{5.2-1}$$

变化量 $\Delta\nu(\tau)$ 越小,则 S 越小,表示频率的稳定性越好。例如 10^{-9} 比 10^{-8} 的稳定性好。

频率稳定度又可分为短期稳定度和长期稳定度,二者划分的基准是以探测器的响应(分辨)时间 τ_0 与测量仪器的观测取样时间 τ 之间的关系来定:当 $\tau \leqslant \tau_0$ 时,测得的频率稳定度称为短期稳定度;当 $\tau > \tau_0$ 时,测得的稳定度称为长期稳定度。比较恰当的表示法是,在稳定度数值后面标明取样时间 τ 值,例如 $S_\nu(\tau) = 10^{-10}(\tau = 10 \text{ s})$。粗略地说,1 s 以下时间测得的稳定度称为短期稳定度,1 s 以上称为长期稳定度。

频率稳定度描述激光频率在参考频率 ν_s 附近的漂移。单用这一标准还不足以描述激光器的稳定性,例如某台稳定度为 10^{-8} 的激光器,参考频率为 ν_s,过一段时间再进行测量,其稳定度仍为 10^{-8},但它却稳定在另一参考频率 ν'_s 上,说明后一段时间这台激光器的工作频率(参考频率)改变了。设激光器在工作过程中,参考标准频率的最大偏移量为 $(\nu'_s - \nu_s)$,则定义频率再现度为

$$R_\nu = \frac{|\nu'_s - \nu_s|}{\nu_s} \tag{5.2-2}$$

它描述参考标准频率本身的变化情况。

根据实际需要的不同,对稳定度和再现度有不同的要求,一般希望都能在 10^{-8} 以上。目前稳定度较高的可达 $10^{-11} \sim 10^{-13}$,再现度不易达到稳定度那样高,一般为 10^{-7} 左右,高的可达 $10^{-10} \sim 10^{-11}$。对于精密激光设备来说,再现度是相当重要的指标。

5.2.2 影响频率稳定的因素

一台单纵模运转激光器发射的振荡频率是

$$\nu = q\frac{c}{2\eta L} \tag{5.2-3}$$

式中:L 为谐振腔的长度,η 为腔中介质的折射率。腔长 L 和折射率 η 的微小变化都将导致频率 ν 的变化,从式(5.2-3)可以得到

$$\Delta\nu = -q\frac{c}{2\eta L}\left(\frac{\Delta L}{L} + \frac{\Delta\eta}{\eta}\right) = -\nu\left(\frac{\Delta L}{L} + \frac{\Delta\eta}{\eta}\right)$$

所以

$$\left|\frac{\Delta\nu}{\nu}\right| = \left|\frac{\Delta L}{L}\right| + \left|\frac{\Delta\eta}{\eta}\right| \qquad (5.2-4)$$

显然,各种能使腔 L、折射率 η 发生变化的因素都将引起工作频率的不稳定。例如,温度的起伏,会引起腔长和折射率的微小变化,引起频率漂移;外界的机械振动,会引起腔长的变化;对于外腔激光器,暴露在大气中的部分,由于大气的湿度、气压变化,会引起折射率变化;外磁场会对以金属作支架的谐振腔产生影响,使腔长发生变化;激光管内充气压的变化,工作电流的变化,都会引起频率的不稳定。以上各种因素均为外部因素,可以进行适当控制,提高激光器的稳定度。像自发辐射所造成的无规噪声等内部因素也会影响频率的稳定性,这种因素是难以控制的,它将最终限制激光频率的稳定。

5.2.3 稳频方法

一个普通自由运转的激光器,振荡频率可在原子谱线宽度范围内漂移。例如 He-Ne 激光器,设其多普勒线宽为 $\Delta\nu_D = 1.5\times 10^9$ Hz,激光频率为 $\nu = 4.7\times 10^{14}$ Hz,则它的稳定度为 $\Delta\nu_D/\nu \approx 10^{-6}$ 量级,而这对于精密测量来说是很不够的,因此要对其采取稳频措施。

稳频方法分为被动稳频和主动稳频两大类。被动稳频不采用人为伺服控制,而是尽量将激光器与变化的外界环境隔离开来,如恒温、防振、选取膨胀系数小的材料、采用稳压稳流电源等,用以减小外界环境对激光器的扰动。这种稳频方法结构简单,使用方便,但稳定度不高,一般只能达到 10^{-7} 量级,很难提高到 10^{-8} 量级。主动稳频是采用人为伺服控制的方法,其主要思想是,选取一个稳定的参考标准频率,采用电子学中伺服回路技术将激光器频率锁定在这一频率上。主动稳频很容易实现 10^{-8} 量级以上的稳定度,已有 10^{-14} 量级的报道。

主动稳频的方法很多,对于不同类型、不同运转方式的激光器,采用的方法也不同。如 He-Ne 激光器,常采用兰姆凹陷法、饱和吸收法及塞曼效应法进行稳频。下面只介绍前两种方法。

1. 兰姆凹陷稳频

兰姆凹陷的概念已在 2.8 节中说明(见图 2.8.3)。兰姆凹陷稳频法以增益曲线中心频率 ν_0(即兰姆凹陷底所对应的频率)作为参考标准频率,通过电子伺服系统控制激光器腔长,使频率稳定于 ν_0 处。图 5.2.1 所示为兰姆凹陷稳频装置示意图,图 5.2.2 所示为这一装置的稳频原理。激光管用膨胀系数较小的石英作成外腔式结构,长 0.1 m 左右,以保证单纵模输出。放电管内充以单一同位素 Ne^{20} 或 Ne^{22}(普通 He-Ne 激光器中所充氖气含有 Ne^{20} 和 Ne^{22} 两种同位素,二者谱线中心频率相差 890 MHz,因此兰姆凹陷曲线不对称且不够尖锐)。谐振腔的两个反射镜安置在殷钢架上,其中一个贴在压电陶瓷环上。陶瓷环的内外表面加有频率为 f

(约 1 kHz)的音频调制电压,当外表面为正电压、内表面为负电压时,陶瓷环伸长(相当于谐振腔的长度变短),反之则缩短(相当于腔变长),以此来调整谐振腔的长度,补偿外界因素所造成腔长的变化。选频放大器只对频率为 f(调制电压频率)的信号进行放大与输出,对其他频率信号不起作用。音频振荡器除给出一个频率为 f 的正弦调制信号加到压电陶瓷环上对腔长进行调制外,还供给相敏检波器一个参考信号电压。

兰姆凹陷稳频过程如下:如果激光振荡频率刚好与谱线中心频率重合(即 $\nu=\nu_0$),则调制电压使振荡频率在 ν_0 附近以频率 f 变化(图 5.2.2 中的 C 点处),而输出功率将发生 $2f$(图中标为 $2f_C$)的周期性变化,光电接收器将光信号变成频率为 $2f$ 的电信号,这个频率的信号不能通过选频放大器,伺服系统无输出信号送到压电陶瓷上,因此激光器继续工作于 ν_0 处。如果激光的振荡频率偏离了 ν_0,并且 $\nu>\nu_0$(图 5.2.2 中 D 点处),则激光功率将按频率 f(图中标为 f_D)变化,其变化幅度 δP 即为鉴别器的误差信号,它的相位与调制信号电压相同,因此相敏检波器将对该信号(经光电接收器转换成的电信号)放大,并输出一个负直流电压,此电压大小与误差信号成正比。结果使压电陶瓷缩短,腔变长,则激光振荡频率又回到 ν_0 处。同理,可以分析 $\nu<\nu_0$ 的情形,这时,输出功率仍按频率 f 变化(图 5.2.2 中的 f_B),但其相位与调制信号相反,相敏检波器输出的是一个正的直流电压,使陶瓷伸长,腔变短,激光频率又被拉向 ν_0 处。

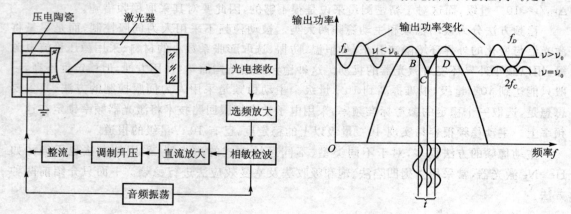

图 5.2.1　兰姆凹陷稳频装置示意图　　　图 5.2.2　兰姆凹陷稳频原理

用兰姆凹陷法稳频可使 He-Ne 激光器的 632.8 nm 谱线的频率稳定度达到 $10^{-9}\sim10^{-10}$ 量级,但由于谱线中心频率 ν_0 随激光器充气压、放电条件而改变,所以频率再现度只有 $10^{-7}\sim10^{-8}$ 量级。此外,这种激光器输出激光和频率均有微小的音频调制。

2. 饱和吸收稳频

兰姆凹陷稳频是以激光工作物质原子谱线中心频率 ν_0 作为参考标准频率的,但 ν_0 易受放电条件、管内气压等影响而发生变化,所以频率再现度不高。为了提高稳频精度,希望降低气压以提高兰姆下陷的锐度,但激光管不能在过低的气压下工作,因此频率稳定性的进一步提高也受到限制。饱和吸收稳频法可以克服上述缺点。

饱和吸收稳频装置如图 5.2.3 所示。在激光器内除了有激光管外,还放置一个吸收管,其

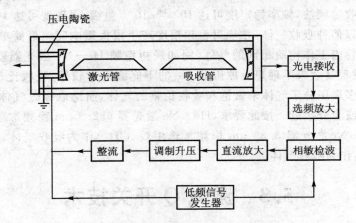

图 5.2.3 饱和吸收稳频装置

中充有特种气体,它在激光工作频率处有一个强吸收线。一般吸收管内的气压很低(1~10 Pa),并且因吸收管不加电场激活,所以吸收中心频率漂移极小。如果以这个中心频率作为参考频率,可以大大提高频率的稳定度和再现度。

饱和吸收稳频原理可由图 5.2.4 说明。由图可见,由于激光器中多了一个吸收管,激光器的输出功率-频率曲线在吸收物质原子谱线中心 ν_0'($\nu_0'\approx\nu_0$)附近出现了一个尖峰,称为反兰姆凹陷,它比兰姆凹陷宽度更窄,斜率更大,要求伺服控制精度更高,所以能得到好的稳频效果。

反兰姆凹陷形成原理与兰姆凹陷类似。对于 $\nu=\nu_0'$ 的光,其正向传播和反向传播两列行波光强均被吸收管中 $v_z=0$ 的分子所吸收,即两列光波作用于同一群分子上,故吸收容易达到饱和;而对于 $\nu\neq\nu_0'$ 的光,正向传播和反向传播的两列光强分别被纵向速度为 $+v_z$ 及 $-v_z$ 的两群分子所吸收,所以吸收不易达到饱和,在吸收线的 ν_0' 处出现吸收凹陷,如图 5.2.4(b)所示。吸收线在中心频率 ν_0' 处产生凹陷,意味着吸收最小,故激光器输出功

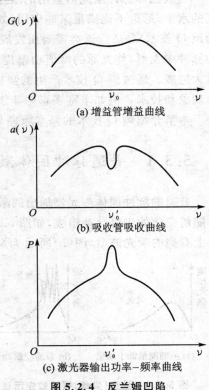

(a) 增益管增益曲线

(b) 吸收管吸收曲线

(c) 激光器输出功率-频率曲线

图 5.2.4 反兰姆凹陷

率在 ν_0' 处出现一个尖峰,如图 5.2.4(c)所示,通常称为反兰姆凹陷。饱和吸收稳频就是将反兰姆凹陷尖峰所对应的频率 ν_0' 作为参考标准频率所进行的稳频工作,其具体方法与兰姆凹陷稳频相似,在此不予重复。

采用饱和吸收稳频法,频率稳定度可达 $10^{-11} \sim 10^{-13}$ 量级,再现度可达 $10^{-10} \sim 10^{-11}$ 量级。吸收管内充以何种吸收气体,才能对稳频精度产生很大影响呢?最简单的办法是在吸收管内充以与激光管内工作物质相同的气体,例如最初稳频 He-Ne 激光器就选择 Ne 气体作为吸收气体,但发现其效果不理想。原因是 Ne 的下能级寿命较短,吸收比较弱,反兰姆凹陷不很明显。后来多采用分子气体来做饱和吸收稳频的气体,所选取吸收气体的吸收频率必须与激光频率一致或十分接近。按此要求,He-Ne 激光器 632.8 nm 稳频常选 $^{127}I_2$ 分子蒸气作为吸收气体;He-Ne 激光器 3.39 μm 稳频常选甲烷(CH_4)作为吸收气体;CO_2 激光器 10.6 μm 稳频可选 SF_6 作为吸收气体。

5.3 激光 Q 开关技术

一般固体脉冲激光器输出的激光,其脉宽有几百微秒甚至更长,其峰值功率也只有几十千瓦的水平,远远不能满足某些应用(如激光测距、激光雷达等)的要求。激光 Q 开关技术(也称为调 Q 技术)是适应这类需要而发展起来的。它将激光全部能量压缩到宽度极窄(纳秒量级)的脉冲中发射,使光源的峰值功率提高几个数量级,所以调 Q 技术是激光技术及应用的一个重大进展。通过调 Q 技术产生的强相干光与物质相互作用,又产生了一系列具有重大意义的新现象和技术。例如丰富多彩的非线性光学现象就与强短脉冲激光的产生是分不开的。

本节介绍调 Q 技术的基本原理与方法。

5.3.1 普通脉冲固体激光器的输出特性

普通的脉冲固体激光器输出的激光都不是单一的光滑脉冲,而是由许多振幅、脉宽和间隔作随机变化的尖峰脉冲组成,如图 5.3.1 所示。其中,图(a)所示为泵浦能量低于阈值时示波器上看到的荧光波型,图(b)所示为泵浦能量高于阈值时的激光波形。激光脉冲中的单个尖峰的脉宽为 $0.1 \sim 1$ μs,尖峰间的间隔为几微秒,整个小脉冲串的长度大致与闪光灯泵浦持续时间相等。这种现象称为激光器的弛豫振荡。

尖峰序列的产生可用图 5.3.2 说明。图中画出了在一次闪光灯泵浦过程中激光上下能级粒子数反转 Δn 和腔内光子数密度 N 随时间的变化情形。每个尖峰可以分为四个阶段:

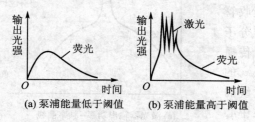

图 5.3.1 弛豫(尖峰)振荡效应示意图

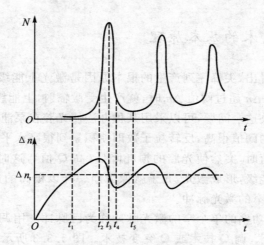

图 5.3.2 腔内光子数密度及反转集居数密度随时间的变化

第一阶段（$t_1 \sim t_2$） 工作物质在闪光灯泵浦下，上能级粒子数不断增多，并达到反转状态（$\Delta n > 0$），在 t_1 时刻，反转粒子数达到阈值（$\Delta n = \Delta n_t$），激光开始形成。随后，反转粒子数不断增加，腔内光子数 N（激光强度）也不断增加。在这一阶段，由于光子数增长而使反转粒子数减少（反转粒子数饱和效应）的速率小于泵浦使反转粒子数增加的速率，因此 Δn 一直增大，至 t_2 时刻，Δn 增至最大值。

第二阶段（$t_2 \sim t_3$） 从 t_2 时刻以后，Δn 开始下降，但由于 Δn 仍然大于 Δn_t，所以腔内光子数仍然增加，至 t_3 时刻，$\Delta n = \Delta n_t$，光子数也达到了最大值。

第三阶段（$t_3 \sim t_4$） 在 t_3 时刻，由于 $\Delta n = \Delta n_t$，光子数停止增长。t_3 时刻以后，由于饱和效应，Δn 继续减小，使得 $\Delta n < \Delta n_t$，从而光子数不断减少。

第四阶段（$t_4 \sim t_5$） 随着腔内光子数 N 的减少，使 Δn 的减小速率变小，至 t_4 时刻，泵浦使 Δn 的增大的速率恰好等于因受激辐射使 Δn 减小的速率。t_4 时刻以后，泵浦又起了主要作用，使 Δn 又重新增大。至 t_5 时刻，Δn 又达到阈值 Δn_t，于是又产生第二个尖峰。在整个闪光灯激励时间内，这种过程反复发生，形成一个尖峰序列。泵浦功率越大，尖峰形成越快，因而尖峰的时间间隔越短。

由于普通脉冲固体激光器输出的上述特点，存在着两个严重缺点：第一，总输出能量分布在一系列小脉冲中，而每个脉冲都在阈值附近发生，峰值功率都不高，增大泵浦能量，只能使小脉冲数目增多，而不能有效地提高整个激光器输出的峰值功率水平；第二，激光输出的时间波形很差，不能满足激光计时系统的需要。在许多实际应用中，需要高峰值功率的单脉冲，这就需要对普通脉冲固体激光器加以控制。

5.3.2 调 Q 技术的基本原理

从上面的分析可以看出,尖峰序列产生的根本原因是激光上能级粒子数不能长时间地大量积累,只要反转粒子数 Δn 超过阈值 Δn_t 时,就产生受激辐射,上能级刚积累起来的一点粒子马上就消耗了。为了解决这一问题,可以采用某种办法使光腔在泵浦开始时处于高损耗(低 Q 值)状态,这时激光振荡的阈值很高,反转粒子数即使积累到很高水平也不会产生激光;当积累的反转粒子数达到很大值时,突然使光腔的损耗降低(高 Q 值),这时 $\Delta n \gg \Delta n_t$。储存在上能级的粒子迅速跃迁到下能级,形成激光,光子就像雪崩一样以极高的速率增多,激光器便可输出一个峰值功率高、宽度窄的激光脉冲。

通常,把这种高峰值功率的单个窄的激光脉冲称为巨脉冲。用调节光腔 Q 值以获得巨脉冲的技术称为 Q 开关技术、调 Q 技术或 Q 突变技术。图 5.3.3 所示为 Q 开关激光器中各量

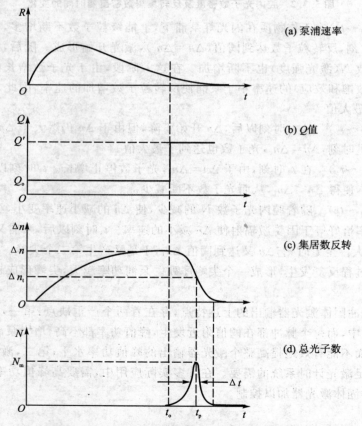

图 5.3.3 Q 开关激光器中的各量随时间的变化

随时间的变化。图(a)为泵浦能量 R 随时间变化;图(b)所示为谐振腔 Q 值是时间的阶跃函数:$t<t_0$ 时,$Q=Q_0$(低 Q 值,高损耗),$t>t_0$ 时,$Q=Q'$(高 Q 值,低损耗),并且 $Q'\gg Q_0$。图(c)表示粒子反转数 Δn 的变化。在泵浦过程的大部分期间,谐振腔处于低 Q 值状态,激光器由于损耗大、阈值高而不能起振,于是激光上能级粒子数不断积累,直至 $t=t_0$ 时,粒子数反转达到最大值 Δn;在这一时刻,Q 值突然升高,振荡阈值随之降低,于是激光振荡开始。由于上能级已经积累了大量粒子,粒子数反转超过阈值很多,因此受激辐射增强非常迅速,激光介质储存的能量在极短时间内转变为受激辐射场的能量,结果产生了一个峰值功率很高的窄脉冲,如图(d)所示。对于普通的脉冲调 Q 激光器,获得脉宽几十纳秒,峰值功率几十兆瓦的激光脉冲并不困难。

5.3.3 调 Q 方法

调 Q 方法有多种,如机械转镜调 Q、电光调 Q、声光调 Q 和染料调 Q 等,这里只介绍常用的电光调 Q、染料调 Q 和声光调 Q。

1. 电光调 Q

(1) 脉冲反射式 PRM(Pulse-Reflection-Mode)

图 5.3.4 所示为一种电光调 Q 激光器原理图,它是将一块电光晶体放在谐振腔中,利用晶体的电光效应来实现调 Q 的。电光晶体在外加电场作用下,使入射偏振光的振动方向发生变化,人为地在腔内引入了可控的等效反射损耗。

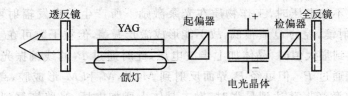

图 5.3.4 电光调 Q 激光器

电光调 Q 激光器的具体工作过程如下:

工作物质(如 YAG)在闪光灯激励下产生无规则的偏振光,经过起偏器后变成线偏振光。如果在晶体上加上半波电压,使通过晶体后的线偏振光的振动方向旋转 90°,则该光不能通过与起偏器偏振轴平行的检偏器。这相当于 Q 开关处于"关闭"状态,激光器的 Q 值很低(损耗很高),不能形成激光振荡。但在光泵的不断激励下,工作物质上能级的粒子数不断积累。当反转粒子数达到最大时,瞬时撤掉加在晶体上的电压,这时通过起偏器后的偏振光经过晶体,其振动方向未被旋转,能顺利地通过检偏器,这相当于谐振腔的 Q 值瞬时增大(损耗降低),Q 开关迅速打开,形成激光振荡,产生一个巨脉冲激光。

这种电光调 Q 的关键技术问题：一个是应保证晶体加上半波电压时，Q 开关处于"关闭"状态。另一个是应精确控制撤掉晶体上所加电压的时间（即打开开关时间），撤早了，粒子反转尚未达到最大；撤晚了，自发辐射损耗不能忽略。这些都会影响巨脉冲的质量。

常用 KD*P（磷酸二氘钾）晶体和 KDP（磷酸二氢钾）晶体作为调 Q 电光晶体。前者的半波电压约为 6 000 V，后者则需 14 000 V 左右。

图 5.3.4 所示为一种原理结构形式，在实际装置中，经常省掉检偏器，让起偏器兼作检偏器用，此时在晶体上加 1/4 波长电压，以关闭 Q 开关。

电光 Q 开关主要用于脉冲激光器，是目前使用最广泛的一种 Q 开关。它的主要特点是开关时间很短（约 10^{-9} s），用这种开关做成的调 Q 激光器可以获得脉宽窄、峰值功率高的巨脉冲。例如，典型的 Nd^{3+}∶YAG 电光调 Q 激光器，脉宽为 10～20 ns，输出峰值功率为几兆瓦到几十兆瓦；对于钕玻璃调 Q 激光器，不难获得数百兆瓦的峰值功率。

上面所讲的调 Q 激光器是用全反镜和输出反射镜构成谐振腔，激光振荡是利用输出反射镜的部分反射形成的。这种激光器输出方式是一面形成激光振荡，一面从输出镜端输出激光，即振荡和输出同时进行。这种由输出反射镜输出激光脉冲的调 Q 方式称为脉冲反射式（PRM）Q 开关，它的激光振荡在 Q 开关打开后才开始建立，光子在腔内往返一次不可能把全部反转粒子耗尽，而需要往返 N 次，即需要经过 $2NL/c$ 的时间才能将腔内激光能量全部输出。因此，这种激光器输出的脉冲宽度一般为 10～20 ns。

（2）脉冲透射式 PTM（Pulse - Transmission - Mode）

图 5.3.5 所示为这种方式的调 Q 原理。调 Q 晶体放于起偏器 P_1 和检偏器 P_2 之间，且 $P_1 // P_2$。M_1 与 M_2 为全反射镜，组成谐振腔，并且 M_2 置于 P_2 偏振棱镜界面反射偏振光的光路上。当电光晶体上不加电压时，工作物质在光泵激励下所产生的自发辐射可顺利通过 P_1 和 P_2，但输出端无反射镜，腔的 Q 值很低，故不能形成激光振荡，但粒子数可在上能级不断积累。当工作物质储能达到最大值时，晶体加上半波电压，此时通过 P_1 的线偏振光通过晶体后偏振面要旋转 90°，不能通过 P_2，但可经 P_2 界面反射到 M_2 上，M_1 和 M_2 形成腔，高 Q 值，激光振荡迅速形成。当腔内激光振荡达到最强时，撤去晶体上所加电压，光路恢复到加电压之前的状态，于是腔内储存的光能瞬间透过 P_2 输出。这种调 Q 方式称为脉冲透射式（PTM）Q 开关。

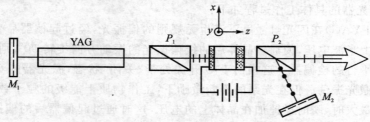

图 5.3.5　PTM 调 Q 激光器

因为它不是边振荡边输出,而是先振荡,谐振腔中储存的光能达到最大值后再瞬间释放出去,故又称为腔倒空。

从上面的讨论中可以看出,PRM 是工作物质储能式 Q 开关,它利用全反镜和输出反射镜构成谐振腔,振荡和输出同时进行;而 PTM 是谐振腔储能式 Q 开关,先振荡后输出。对 PRM,光子在腔内要往返 N 次,需经 $2NL/c$ 的时间,才能将腔内的光能全部输出;而对 PTM,能量释放是在 $2L/c$ 时间内完成的。所以,用 PTM 比用 PRM 更能获得短脉冲(~2 ns)。

2. 可饱和吸收染料调 Q

前面介绍的电光调 Q,谐振腔 Q 值的变化由外部驱动源控制,而与腔内激光光强无关,称为主动调 Q。下面介绍的方法表明,谐振腔 Q 值取决于腔内光强,称为被动调 Q。

利用染料的饱和吸收效应可以控制谐振腔的 Q 值。一些染料对光的吸收系数强烈依赖入射其上的光强:吸收系数随光强增加而减小。若将染料看成二能级系统,利用稳态速率方程,可求得中心频率处的吸收系数为

$$\alpha = \frac{\alpha_0}{1 + I/I_s} \tag{5.3-1}$$

式中:α_0 为中心频率小信号吸收系数;I 为入射染料中的光强;I_s 为饱和光强,是吸收系数减小到 $\alpha_0/2$ 时的光强。对于统计权重相等的二能级系统的饱和光强为

$$I_s = \frac{h\nu}{2\sigma_{12}\tau_2} \tag{5.3-2}$$

式中:σ_{12} 为吸收截面;τ_2 为高能级寿命。由式(5.3-1)可见,吸收系数随光强的增加而减小。实际上,当光强增加时,两个能级粒子数差变小,吸收系数就相应减小。当 $I \gg I_s$ 时,上下能级粒子数相等,$\alpha \to 0$,介质遂变为透明。经常称这种染料状态为"漂白"。图 5.3.6 所示为染料的吸收系数、透射率与光强的关系。

图 5.3.7 所示为染料调 Q 激光器的示意图,它是在谐振腔内插入一个染料盒构成的,盒的两端为光学平面窗片。在光泵开始激励工作物质时,只发射一些荧光,此时染料吸收系数很大,这

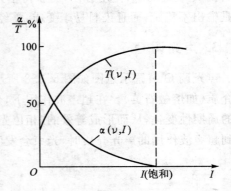

图 5.3.6 有机染料的可饱和吸收特性

相当于在激光谐振腔内引起了很大损耗,Q 值很低,不可能形成振荡。随着光泵的继续激励,激活介质中反转粒子数不断积累,荧光光强变强。当光强与 I_s 可比拟时,吸收系数显著减小;当降低到一定程度时,激光开始起振。随着激光强度的增加,染料吸收系数进一步降低,使染料得以"漂白",于是便产生了受激辐射光子的雪崩过程,形成巨脉冲输出。巨脉冲输出后,耗

尽了工作物质的反转粒子数,腔内光子数迅速下降;同时,染料的吸收剧增,谐振腔处于"关闭"状态,可饱和吸收染料 Q 开关完成了一个动作周期。

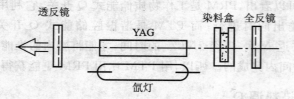

图 5.3.7　染料调 Q 激光器

用于 Q 开关的可饱和染料必须满足以下两个要求:

① 染料的吸收峰应与激光波长基本吻合。例如,五甲川染料的吸收峰中心波长为 1.06 μm,可用做 Nd^{3+}:YAG 激光器调 Q。氯铅钛菁染料的吸收峰中心波长为 700 nm,可用于 694.3 nm 的红宝石激光器调 Q。

② 染料要有适当的饱和参量值 I_s,染料的饱和参量要比介质的小,这是巨脉冲产生的必要条件。但是,I_s 不能太小,否则很弱的光强就能使染料"漂白"透明,激光工作物质反转粒子数的积累不够充分;I_s 也不能太大,否则染料极不易达到透明状态,使开关速度太慢。

若不能满足以上两个要求,则会影响调 Q 效果。

染料调 Q 通常只能用于脉冲激光器,因为连续激光器的腔内光强不足以使染料"漂白"。染料调 Q 装置简单,使用方便,可获得千兆瓦的峰值功率和数十纳秒脉宽的激光巨脉冲,其缺点是输出不稳定,而且染料易于变质,需经常更换。

3. 声光调 Q

声光调 Q 装置示意图如图 5.3.8 所示。在激光器谐振腔内放置带有超声波发生器的声光介质(如熔融石英)。在超声波作用下,介质的密度发生周期性的变化,导致介质对光的折射率的周期性变化,从而形成等效的"相位光栅",其光栅常数就是超声波的波长 λ_s。当光束通过受到超声波作用的声光介质时,光束会发生衍射,射向一个或多个离散方向,从而增加腔内光

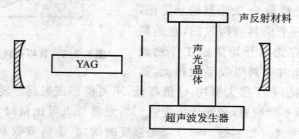

图 5.3.8　声光调 Q 装置示意图

损耗,降低 Q 值,不能形成激光振荡,但激光介质在光泵作用下可以积累反转粒子数。当反转粒子数达到最大值时,撤去超声波作用,介质又恢复原来的状态,光束顺利通过声光介质,不发生偏折,Q 值升高,形成振荡,得到一个强的激光脉冲。

声光衍射有以下两种类型:

① 当声光介质的厚度 l 比较小,或者超声频率很低时,满足

$$l\lambda \ll \lambda_s^2 \tag{5.3-3}$$

式中:λ 为通过声光介质光的波长;λ_s 为超声波长。如果光束垂直入射(光束与超声波的传播方向垂直),则可观察到从声光介质出射的各级次衍射光对称地分布在入射光方向的两侧。这种衍射称为拉曼-纳斯(Raman-Nath)衍射。

② 当声光介质比较厚,超声波频率比较高,满足条件

$$l\lambda \gg \lambda_s^2 \tag{5.3-4}$$

如果光束不是垂直入射,而是和超声波面以布拉格(Bragg)角 θ_B 入射

$$\sin \theta_B = \frac{\lambda}{2\lambda_s} \tag{5.3-5}$$

则衍射光较高级的衍射就会消失,只有零级和第一级两束光,衍射光方向和入射光方向成 $2\theta_B$ 角。这种衍射称为布拉格衍射,声光调 Q 多用此种衍射方式。

上述两种情形如图 5.3.9 所示。

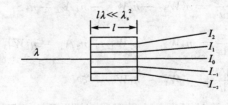

(a) 拉曼-纳斯衍射

(b) 布拉格衍射

图 5.3.9 两类声光衍射

设 $\lambda_0 = 1.06~\mu m$,$\lambda_s = 1.49 \times 10^{-2}~cm$,石英声光介质 $n = 1.5$,则

$$\theta_B = \arcsin \frac{\lambda_0}{2n\lambda_s} = \arcsin 0.0024 = 0.14°$$

$2\theta_B = 0.28°$,如果激光束在谐振腔内偏这样的角度,足够改变腔的 Q 值。

注意：图 5.3.9(b)中 θ_B 是表示在介质内的角度,衍射角 $2\theta_B$ 也是在介质内的角度,$2\theta'_B$ 则表示在介质外

$$2\theta'_B = 2n\theta_B \tag{5.3-6}$$

式中:n 为介质的折射率。

声光调 Q 所需要的驱动超声波发生器的调制电压较低(小于 200 V),而电光调 Q 则需较高的电压($10^3 \sim 10^4$ V)。声光调 Q 一般用于增益较低的连续激光器,可以获得几十千瓦至几百千瓦,脉宽约为几十纳秒的巨脉冲。声光介质中超声场出现的频率 f 为驱动器的脉冲调制频率,一般 $f = 1 \sim 20$ kHz,所以激光器输出重复频率为 f 的调 Q 脉冲序列。声光调 Q 对高能量激光器效果较差,不适宜高能调 Q 激光器。

5.3.4 调 Q 激光器的基本理论

1. 调 Q 速率方程

以三能级系统为例,如图 2.5.1 所示,略去小量 A_{31},S_{31},S_{21},则激光上、下能级的粒子数及腔内光子数随时间的变化方程为

$$\frac{dn_2}{dt} = n_1 W_{12} - n_2 W_{21} - n_2 A_{21} + n_3 S_{32}$$

$$\frac{dn_1}{dt} = n_2 W_{21} - n_1 W_{12} + n_2 A_{21} - n_1 W_{13}$$

$$\frac{dN}{dt} = n_2 W_{21} - n_1 W_{12} - \xi N$$

在调 Q 过程中,激光脉冲的持续时间为几十纳秒,在这样短的时间内,自发辐射和泵浦激励的影响可以忽略不计,因此速率方程可简化为

$$\frac{dn_2}{dt} = n_1 W_{12} - n_2 W_{21} = -\Delta n W_{21} \tag{5.3-7}$$

$$\frac{dn_1}{dt} = n_2 W_{21} - n_1 W_{12} = \Delta n W_{21} \tag{5.3-8}$$

$$\frac{dN}{dt} = n_2 W_{21} - n_1 W_{12} - \xi N = \Delta n W_{21} - \xi N \tag{5.3-9}$$

式中:$\Delta n = n_2 - n_1$,为激光上、下能级间的粒子数反转;$W_{21} = W_{12}$(假设上下能级的统计权重相等,受激辐射几率等于受激吸收几率);ξ 为腔内光子单位时间损耗率。

由式(5.3-7)减去式(5.3-8),得到

$$\frac{d\Delta n}{dt} = -2\Delta n W_{21} \tag{5.3-10}$$

在式(5.3-10)中,令 $\frac{dN}{dt}=0$,可求得稳态振荡时粒子数反转,以 Δn_t 表示,得到

$$\Delta n_t = \frac{\xi N}{W_{21}} \qquad (5.3-11)$$

将它代入到式(5.3-10)和式(5.3-9),得到

$$\frac{d\Delta n}{dt} = -2\frac{\Delta n}{\Delta n_t}\xi N \qquad (5.3-12)$$

$$\frac{dN}{dt} = \left(\frac{\Delta n}{\Delta n_t} - 1\right)\xi N \qquad (5.3-13)$$

这是一组一阶微分方程组,解它便可求得和时间有关的巨脉冲诸参量。若讨论光子数 N 与粒子数反转 Δn 之间的关系,可从式(5.3-12)、(5.3-13)中消去时间 t,为此,用上两式相除,便可得到

$$\frac{dN}{d\Delta n} = \frac{1}{2}\left(\frac{\Delta n_t}{\Delta n} - 1\right) \qquad (5.3-14)$$

式(5.3-12)、式(5.3-13)或式(5.3-14)即为调 Q 激光振荡速率方程。

2. 速率方程的求解

将式(5.3-14)积分

$$\int_{N_i}^{N} dN = \frac{1}{2}\int_{\Delta n_i}^{\Delta n}\left(\frac{\Delta n_t}{\Delta n} - 1\right)d\Delta n$$

$$N = N_i + \frac{1}{2}\left(\Delta n_i - \Delta n - \Delta n_t \ln\frac{\Delta n_i}{\Delta n}\right) \qquad (5.3-15)$$

式中: Δn_i 为初始反转原子数; N_i 为初始光子数; Δn 与 N 分别为末态反转原子数与光子数。

将 Q 开关打开的时刻设为 $t=0$ 时刻,此时 Δn_i 最大,$N_i \cong 0$(受激辐射微弱)。随着时间的增加,开始时,N 的增长不快,Δn 变化也不大,后来 N 大幅度增加,Δn 也开始剧减(饱和作用),直至 $t=t_p$ 时,腔内总光子数达到极大值,$N=N_m$,而 $\Delta n = \Delta n_t$(相当于 $\frac{dN}{dt}=0$ 情形),令式(5.3-15)中 $N=N_m$,$\Delta n=\Delta n_t$,得到

$$N_m \simeq \frac{1}{2}\left(\Delta n_i - \Delta n_t - \Delta n_t \ln\frac{\Delta n_i}{\Delta n_t}\right) = \frac{1}{2}\Delta n_t\left(\frac{\Delta n_i}{\Delta n_t} - \ln\frac{\Delta n_i}{\Delta n_t} - 1\right) \qquad (5.3-16)$$

式中: $\frac{\Delta n_i}{\Delta n_t}$ 称为反转比,是一个很重要的参量。

3. 巨脉冲的峰值功率和能量

(1) 峰值功率

设 τ_R 表示光子在谐振腔中的寿命,可以近似认为光子在寿命 τ_R 时间内逸出,每个光子的能量为 $h\nu_{21}$,则巨脉冲的峰值功率(瞬时最大功率)为

$$P_m = \frac{h\nu_{21} N_m V}{\tau_R} = \frac{h\nu_{21} V}{2\tau_R} \Delta n_t \left(\frac{\Delta n_i}{\Delta n_t} - \ln \frac{\Delta n_i}{\Delta n_t} - 1 \right) \qquad (5.3-17)$$

式中:V 为激活介质的体积。如果 $\Delta n_i \gg \Delta n_t$（高 Q 值情况），则

$$P_m \simeq \frac{h\nu_{21} \Delta n_i V}{2\tau_R} \qquad (5.3-18)$$

可见，$\Delta n_i / \Delta n_t$（反转比）越大，N_m 就越大，P_m 也越大。为了增大 $\Delta n_i / \Delta n_t$ 的值，Q 开关关闭时腔损耗要大，而打开后腔损耗要小；泵浦功率要高；尽量选择激光上能级寿命长的工作介质。

(2) 巨脉冲能量及能量利用率

腔内巨脉冲的能量为

$$E_{内} = \frac{1}{2} h\nu_{21} (\Delta n_i - \Delta n_f) V \qquad (5.3-19)$$

式中:V 为激活介质体积；Δn_f 为脉冲结束时的反转粒子数，此时 N_f（光子数）$\simeq 0$；因子 $\frac{1}{2}$ 是因为反转粒子数每减少 2 时，工作物质发射一个光子。

式(5.3-19)还可以写成

$$E_{内} = E_i - E_f = \frac{E_i - E_f}{E_i} \cdot E_i = \eta_x E_i \qquad (5.3-20)$$

式中：

$$E_i = \frac{1}{2} h\nu_{21} \Delta n_i V \qquad (5.3-21)$$

$$E_f = \frac{1}{2} h\nu_{21} \Delta n_f V \qquad (5.3-22)$$

$$\eta_x = \frac{E_i - E_f}{E_i} = \frac{\Delta n_i - \Delta n_f}{\Delta n_i} \qquad (5.3-23)$$

E_i 表示储存在工作物质中的初始能量，其中大部分可以转变为激光；E_f 为巨脉冲熄灭后，工作物质中剩余的能量，它将通过自发辐射消耗掉；η_x 称为能量利用因子，表示激光巨脉冲可以从介质中利用的能量比率；Δn_f 可以从方程(5.3-14)中求出

$$\int_{N_i=0}^{N_f=0} dN = \frac{1}{2} \int_{\Delta n_i}^{\Delta n_f} \left(\frac{\Delta n_t}{\Delta n} - 1 \right) d\Delta n$$

即

$$\Delta n_f = \Delta n_i - \Delta n_t \ln \frac{\Delta n_i}{\Delta n_f} \qquad (5.3-24)$$

如果已知 Δn_i 与 Δn_t，从上式即可计算出 Δn_f。

式(5.3-23)还可改写成

$$\eta_x = 1 - \frac{\Delta n_f / \Delta n_t}{\Delta n_i / \Delta n_t} \qquad (5.3-25)$$

由于 $\Delta n_f \ll \Delta n_i$,从式(5.3-25)中可以看出,能量利用因子 η_x 随反转比 $\Delta n_i/\Delta n_t$ 的增大而增大。

4. 巨脉冲的时间特性(脉冲宽度)

如图 5.3.10 所示,巨脉冲宽度 Δt 定义为

$$\Delta t = \Delta t_r + \Delta t_e \qquad (5.3-26)$$

式中:Δt_r 为腔内光子数由 $N_m/2$ 上升至 N_m 所需的时间;Δt_e 为由 N_m 下降至 $N_m/2$ 所需的时间。

由式(5.3-12)和式(5.3-15)联合起来可以估算脉冲宽度。对式(5.3-12)积分,可以得到

$$\Delta t_r = -\int_{\Delta n_r}^{\Delta n_t} \frac{\Delta n_t}{2\xi(N_m/2)\Delta n} \mathrm{d}\Delta n \qquad (5.3-27)$$

$$\Delta t_e = -\int_{\Delta n_t}^{\Delta n_e} \frac{\Delta n_t}{2\xi(N_m/2)\Delta n} \mathrm{d}\Delta n \qquad (5.3-28)$$

在式(5.3-15)中,令 $N=N_m/2$,$N_i=0$,可解出 Δn_r 与 Δn_e,将它们代入到式(5.3-27)与式(5.3-28),即可算出 Δt_r 与 Δt_e,从而可知道 Δt。

数值计算表明,当 $\Delta n_i/\Delta n_t$ 值增大时,脉冲的上升时间(前沿)和下降时间(后沿)同时缩短,脉冲变窄,只是后沿变化较缓慢些,这是因为受激辐射过程在脉冲峰值处已基本完成,后沿只是腔内光子数自由衰减的结果。

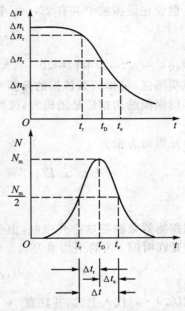

图 5.3.10 Q 开关过程中反转粒子数密度和光子数密度随时间的变化

5.4 激光锁模技术

利用调 Q 技术可以得到窄脉宽高功率的巨脉冲,但用这一方法压缩脉宽有一个极限,即调 Q 脉冲宽度不会比光在腔内传播一个单程所需要的时间短。由此可知,调 Q 脉冲宽度的下限为 L/c(L 为腔长)量级。对一般激光器,约为 10^{-9} s。本节将要讨论的锁模技术可将脉宽压缩到皮秒(ps)量级,最窄可达飞秒(fs)量级(目前已达几飞秒),并且具有更高的峰值功率。锁模脉冲对于探索微观世界的规律性及超快过程的研究有着十分重要的意义。

5.4.1 自由运转多纵模激光器的输出特性

腔长为 L 的激光器,其纵模的频率间隔为

$$\Delta \nu_q = \nu_{q+1} - \nu_q = \frac{c}{2L} \qquad (5.4-1)$$

自由运转激光器的输出一般包含若干个超过阈值的纵模,这些模的振幅和相位都不固定,激光输出随时间的变化是它们无规则叠加的结果,是一种时间平均的统计值。

假设在谐振腔中共有 $2N+1$ 个纵模,则激光电场强度可表示成

$$E(t) = \sum_{q=-N}^{N} E_q \cos(\omega_q t + \varphi_q) \tag{5.4-2}$$

式中:$q=-N,-N+1,\cdots,0,\cdots,N-1,N$ 表示 $2N+1$ 个振荡模中第 q 个纵模序数;E_q 为第 q 个纵模场强;ω_q 和 φ_q 为该模的角频率及初始相位。对各个不同纵模而言,如果不加特别控制,各不同纵模的初相位是随机的,彼此无关,即

$$\varphi_{q+1} - \varphi_q \neq 常数 \tag{5.4-3}$$

瞬时光强可表示为

$$I(t) \propto E^2(t) = \sum_{q=-N}^{N} E_q^2 \cos^2(\omega_q t + \varphi_q) +$$
$$2 \sum_{q \neq q'} E_q E_{q'} \cos(\omega_q t + \varphi_q) \cdot \cos(\omega_{q'} t + \varphi_{q'}) \tag{5.4-4}$$

若用探测器来测量这个光强时,由于测量时间 t 远比纵模振荡周期 $T=2\pi/\omega_q$ 长得多,实际测得的是在时间 t 内的平均值为

$$\bar{I}(t) \propto \overline{E^2}(t) = \frac{1}{t} \int_0^t E^2(t) \mathrm{d}t \tag{5.4-5}$$

将式(5.4-4)代入上式,并注意

$$\frac{1}{t} \int_0^t E_q^2 \cos^2(\omega_q t + \varphi_q) \mathrm{d}t = \frac{1}{2} E_q^2$$

$$\frac{1}{t} \int_0^t E_q E_{q'} \cos(\omega_q t + \varphi_q) \cdot \cos(\omega_{q'} t + \varphi_{q'}) \mathrm{d}t = 0 \quad (\omega_q \neq \omega_{q'} \text{ 时})$$

得到

$$\bar{I}(t) \propto \overline{E^2}(t) = \sum_{q=-N}^{N} \frac{E_q^2}{2} \tag{5.4-6}$$

若各纵模的振幅 E_q 均相等,并设 $E_q = E_0$,则有

$$\bar{I}(t) \propto \overline{E^2}(t) = (2N+1) \frac{E_0^2}{2} \tag{5.4-7}$$

从上面的讨论可以看出,自由振荡多纵模激光器的特性为:输出的激光在频域内,表现为频谱是由间隔为 $c/(2L)$ 的分离谱线所组成,它们的振幅是无规则的,相位在 $-\pi$ 到 π 之间随机分布;在时域内,其相位也是在 $-\pi$ 到 π 之间无规则起伏,各纵模振幅(或强度)分布具有噪声的特征。输出的平均光强是各个纵模光强之和。

5.4.2 锁模的基本原理

锁模是使光束中不同的振荡纵模具有确定的相位关系,从而使各个模式相干叠加,得到超

短脉冲。

为运算简便起见,设腔内 $2N+1$ 个纵模的振幅均为 E_0,处在介质增益曲线中心的模其角频率为 ω_0,初相位为 0,其模序数为 $q=0$,即以中心模作为参考。锁模要求各相邻纵模频率间隔相等,且相位差恒定,即有

$$\Delta\omega = \omega_{q+1} - \omega_q = 2\pi\frac{c}{2L} = \frac{\pi c}{L} \tag{5.4-8}$$

$$\varphi_{q+1} - \varphi_q = \varphi \tag{5.4-9}$$

式中:φ 为常数。式(5.4-8)在基横模的激光器中是能够实现的,式(5.4-9)是锁模的最基本的条件。

按上述假设,第 q 个振荡模应表示为

$$E_q(t) = E_0\cos(\omega_q t + \varphi_q) = E_0\cos[(\omega_0 + q\Delta\omega)t + q\varphi] \tag{5.4-10}$$

激光输出总光场是 $2N+1$ 个纵模相干的结果:

$$E(t) = \sum_{q=-N}^{N} E_0\cos[(\omega_0 + \Delta\omega)t + q\varphi] \tag{5.4-11}$$

利用三角函数关系

$$\cos\theta + \cos 2\theta + \cdots + \cos n\theta = \frac{\sin\frac{n}{2}\theta \cos\frac{n+1}{2}\theta}{\sin\frac{\theta}{2}} \tag{5.4-12}$$

可以得到

$$E(t) = A(t)\cos\omega_0 t \tag{5.4-13}$$

$$A(t) = E_0 \frac{\sin\left[\frac{1}{2}(2N+1)(\Delta\omega t + \varphi)\right]}{\sin\left[\frac{1}{2}(\Delta\omega t + \varphi)\right]} \tag{5.4-14}$$

$$I(t) \propto A^2(t) = E_0^2 \frac{\sin^2\left[\frac{1}{2}(2N+1)(\Delta\omega t + \varphi)\right]}{\sin^2\left[\frac{1}{2}(\Delta\omega t + \varphi)\right]} \tag{5.4-15}$$

以上各式表示了激光输出与相位锁定的关系。

5.4.3 锁模激光器的输出特性

从式(5.4-13)~(5.4-15)可以得出锁模激光器输出的下列特点:

① 锁模激光器内在给定空间点(如 $z=0$)处的光场为振幅受到调制的、频率为 ω_0 的单色正弦波。振幅的调制服从式(5.4-14)所表示的规律。

② 锁模激光器输出的是间隔为 $T=2L/c$ 的规则系列脉冲,T 为相邻两极大值之间的时间

间隔。为证明这一结论,在式(5.4-15)中令分母等于零,则有

$$\frac{1}{2}(\Delta\omega t + \varphi) = m\pi \qquad (m = 0,1,2,\cdots)$$

所以

$$t_m = \frac{2m\pi - \varphi}{\Delta\omega}, \quad \Delta\omega = \frac{\pi c}{L}$$

两个极大值之间的时间间隔

$$T = t_{m+1} - t_m = \frac{2\pi}{\Delta\omega} = \frac{2L}{c} \tag{5.4-16}$$

这是两个主脉冲间的间隔,恰好是一个光脉冲在腔内往返一次所用的时间。所以,锁模振荡也可形象地看做只有一个光脉冲在腔内来回传播,每当此脉冲行进到输出反射镜时,便有一个锁模脉冲输出,如图 5.4.1 所示。

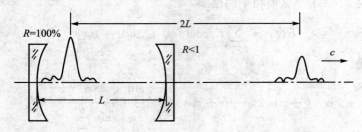

图 5.4.1 锁模脉冲的传输关系

③ 在两个相邻主脉冲之间,有 $2N$ 个零点,并有 $2N-1$ 个次极大值,称为次脉冲。图 5.4.2 所示为 7 个振荡模($N=3$)的输出光强,在两个主脉冲之间,有 6 个零点,5 个次脉冲。

④ 锁模脉冲宽度 τ,定义为由主脉冲峰值下降到第一个零值时的时间间隔,如图 5.4.2 所示。

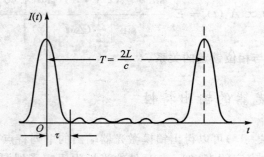

图 5.4.2 $(2N+1)=7$ 时 $I(t)$ 随时间变化示意图

在 $t=0$ 时，$I(t)$ 取极大值。$I(t)$ 取零值时要满足

$$\sin\left[\frac{1}{2}(2N+1)(\Delta\omega t+\varphi)\right]=0$$

即

$$\frac{1}{2}(2N+1)(\Delta\omega t+\varphi)=m\pi$$

令 $\varphi=0$，得

$$t=\frac{2m\pi}{(2N+1)\Delta\omega}=\frac{2m\pi}{2N+1}\cdot\frac{L}{\pi c}$$

取 $m=1$，得

$$\tau=\frac{1}{2N+1}\cdot\frac{2L}{c}=\frac{T}{2N+1} \tag{5.4-17}$$

可见，激光器可以振荡的纵模数越多，锁模脉冲宽度就越小。

由于

$$2N+1=\frac{\Delta\nu_{\text{osc}}}{\Delta\nu_q} \tag{5.4-18}$$

式中：$\Delta\nu_{\text{osc}}$ 为振荡线宽，就是增益曲线中可以起振部分的频率宽度；$\Delta\nu_q=\frac{c}{2L}$，$T=\frac{2L}{c}=\frac{1}{\Delta\nu_q}$。于是得到

$$\tau=\frac{1}{\Delta\nu_{\text{osc}}}\approx\frac{1}{\Delta\nu_F} \tag{5.4-19}$$

可见，锁模脉冲宽度近似等于激光工作物质荧光线宽的倒数。荧光线宽越宽，可能振荡的纵模数越多，锁模宽度就越窄。气体激光器线宽一般都比较窄，例如 He-Ne 激光器，$\Delta\nu_F=\Delta\nu_D=1\,500$ MHz，$\tau\approx 0.6$ ns。相比之下，固体的 $\Delta\nu_F$ 大得多，例如钕玻璃，$\Delta\nu_F=6\times 10^6$ MHz，可得到 $\tau=0.15$ ps 的超短脉冲。

⑤ 锁模脉冲的最大光强（脉冲峰值光强）I_m 为

$$I_m\propto E_0^2\lim_{t\to 0}\frac{\sin^2\left[\frac{1}{2}(2N+1)(\Delta\omega t)\right]}{\sin^2\left(\frac{1}{2}\Delta\omega t\right)}=(2N+1)^2 E_0^2 \tag{5.4-20}$$

将式(5.4-20)与式(5.4-7)比较可知，由于锁模，峰值光强增大了 $(2N+1)$ 倍。在固体激光器中，振荡纵模数量可达 $10^3\sim 10^4$，所以单个锁模脉冲的峰值光强可以很高，其原因就是各模式相干的结果。当然也要指出，输出的平均能量并不会因锁模而增加。

综上所述，多纵模激光器由于相位锁定的结果，导致输出一个峰值功率高、脉冲宽度窄的序列脉冲。多纵模激光器锁模后，各振荡模发生强度耦合而不再独立，每个模的强度应看成是由所有振荡模提供的。

5.4.4 锁模方法

锁模方法可分为两大类:主动锁模和被动锁模。利用由外部信号控制的调制器(电光或声光)对纵模进行振幅或相位调制,称为主动锁模;利用可饱和吸收体(如染料)吸收系数随光强变化的关系对光脉冲进行整形,称为被动锁模。锁模的具体方法有多种,本节仅对主动锁模和被动锁模两种类型中最基本的、也是最常见的锁模方法的基本原理加以介绍。

1. 损耗调制锁模(主动锁模)

图 5.4.3 所示是一种振幅损耗内调制锁模激光器的原理图。调制器放在腔的一端,可以是电光调制,也可以是声光调制。用 $E_0\cos(\omega_q t + \varphi_q)$ 表示接近增益曲线中心的一个纵模电场,

图 5.4.3 主动式锁模激光器

控制腔内插入的调制器,使其对光场的透射率 $T(t)$ 按频率 Ω 作简谐变化,即

$$T(t) = T_0 + \Delta T \cos \Omega t \tag{5.4-21}$$

式中:T_0 表示调制器的平均透射率;ΔT 为透射率变化的辐值。于是,通过调制器的电场为

$$\begin{aligned} E(t) &= (T_0 + \Delta T \cos \Omega t)[E_0 \cos(\omega_q t + \varphi_q)] = \\ &= (E_0 T_0 + E_0 \Delta T \cos \Omega t)\cos(\omega_q t + \varphi_q) = \\ &= E_c(1 + M\cos \Omega t)\cos(\omega_q t + \varphi_q) \end{aligned} \tag{5.4-22}$$

式中:$E_c = E_0 T_0$;$M = \dfrac{\Delta T}{T_0}$ 称为调制深度。将式(5.4-22)展开后,得出

$$E(t) = E_c \cos(\omega_q t + \varphi_q) + \frac{M}{2}E_c \cos[(\omega_q + \Omega)t + \varphi_q] + \frac{M}{2}E_c \cos[(\omega_q - \Omega)t + \varphi_q] \tag{5.4-23}$$

式(5.4-23)表明,由于调制的结果,使得腔内传播的不仅为原有的频率 ω_q,还包括频率为 $\omega_q \pm \Omega$ 的两个边频。如果使调制频率严格地与谐振腔纵模间隔相等,即令 $\Omega = \dfrac{\pi c}{L}$,则这两个边频正好是 ω_q 两侧相邻纵模的频率,即

$$\omega_{q+1} = \omega_q + \Omega = \omega_q + \frac{\pi c}{L} \tag{5.4-24a}$$

$$\omega_{q-1} = \omega_q - \Omega = \omega_q - \frac{\pi c}{L} \tag{5.4-24b}$$

因此，在振幅调制锁模激光器中，只要频率处在激活介质增益曲线中心频率附近某个优势纵模形成振荡，就将同时激起与之相邻的两个纵模的振荡，继而这两个边频纵模经调制又产生新的边频，并形成频率为 $(\omega_q \pm \Omega)$ 的纵模振荡，如此继续下去，直至介质增益线宽内满足阈值条件的所有纵模均被耦合激发而产生振荡为止。由于所有这些纵模皆有相同的初始相位（初始振荡模 ω_q 的相位 φ_q），各模间又保持恒定的频率差 $\left(均为 \Omega = \dfrac{\pi c}{L}\right)$，适当选择 M 大小可控制各模的振幅关系，它们相干叠加结果便得到锁模序列光脉冲输出。图 5.4.4(a) 所示为该过程的示意图。

以上是从频域的观点说明了锁模脉冲的形成过程。从时域的观点看，调制器给出周期性的光损耗，其周期为

$$T = \frac{2\pi}{\Omega} = \frac{2\pi}{\dfrac{\pi c}{L}} = \frac{2L}{c} \tag{5.4-25}$$

这正是光在谐振腔内往返一周所用的时间。从式(5.4-22)可以看出，$t=0$ 时，调制器对光的透射率最大（相应谐振腔的损耗最小），此时相当于"光闸"打开。在 $0<t<T$ 的时间内，调制器对光的透射率变小（相应谐振腔损耗加大），在此段时间内相当于"光闸"关闭。到 $t=T$ 时刻，"光闸"又打开。下面的打开时间分别为 $t=2T,3T,\cdots$。于是可以想象，对于恰好在 $t=0$ 时刻到达调制器的光脉冲，将不受阻挡地通过调制器，这部分光在谐振腔内往返一周后，正是 $t=T$ 时刻，将再次从调制器通过，照此下去。由于激光介质的放大作用，它们的强度不断增大，而其余的脉冲则在传播过程中不断受到损耗而抑制。换句话说，只有在损耗最小的时刻通过调制器的光信号能形成振荡，而光信号的其余部分因损耗大而抑制，因此形成周期为 $\dfrac{2L}{c}$ 的窄脉冲输出。图 5.4.4(b) 所示为损耗的周期性调制与锁模脉冲形成的关系。

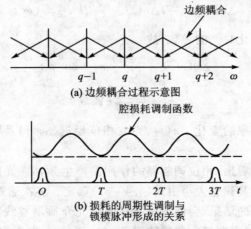

(a) 边频耦合过程示意图

(b) 损耗的周期性调制与
锁模脉冲形成的关系

图 5.4.4　主动调制锁模的形成

2. 相位调制锁模(主动锁模)

在激光器的谐振腔内放置一个相位调制器,利用晶体的电光效应,可以调制光的相位,即能实现锁模。

当晶体上施加电场之后,由于晶体束缚电荷的重新分布以及离子晶格的微小变形,导致晶体折射率的变化,折射率 n 与外场 E 的关系可表示为

$$n = n_0 + \gamma E + hE^2 + \cdots \tag{5.4-26}$$

或写成

$$\Delta n = n - n_0 = \gamma E + hE^2 + \cdots \tag{5.4-27}$$

式中:γ 和 h 为电光系数,$h \ll \gamma$;n_0 为未加电场时的折射率;γE 是一次项,由该项引起的折射率变化称为一次电光效应或普克耳斯(Pockels)效应;hE^2 是二次项,由它引起的折射率变化称为二次电光效应或克尔(Kerr)效应。

下面以铌酸锂($LiNbO_3$)晶体相位调制器为例予以说明。设光沿晶体的 x 方向入射,光的偏振方向沿晶体 z 向(z 向与 x 向垂直),外加的调制电压也在晶体的 z 向,即采用横向运用方式。设外加调制电压为

$$V = V_0 \cos \omega_m t \tag{5.4-28}$$

根据电光效应理论,该束偏振光在晶体中传播时,相应折射率的变化是

$$\Delta n(t) = k \frac{V_0}{d} \cos \omega_m t \tag{5.4-29}$$

式中:k 是由晶体材料决定的常数,与晶体的电光系数、寻常光折射率和非寻常光折射率有关;d 为晶体在 z 向上的长度。

如果晶体在 x 方向的长度为 l,则光波通过晶体后产生的相位延迟为

$$\Delta \varphi(t) = \frac{2\pi}{\lambda} l \Delta n(t) = \frac{2\pi}{\lambda} l k \frac{V_0}{d} \cos \omega_m t \tag{5.4-30}$$

由于频率的变化是相位变化时间的导数,故

$$\Delta \omega(t) = \frac{d\Delta \varphi(t)}{dt} = k' \sin \omega_n t \tag{5.4-31}$$

$$k' = -\frac{2\pi l}{\lambda d} k V_0 \omega_m \tag{5.4-32}$$

图 5.4.5 所示为晶体折射率的变化 $\Delta n(t)$、光波相位延迟 $\Delta \varphi(t)$ 及频率变化 $\Delta \omega(t)$ 与时间的关系。

从上面的讨论中可以看出,相位调制器的作用是产生频移。光脉冲每通过相位调制器一次,便会产生一定的频移,其频移大小由式(5.4-31)确定。多次通过相位调制器,便产生多次频移。经若干次以后积累的结果,会使该频率移至激光介质增益线宽之外,从而在腔内消失。从图 5.4.5 中还可以看出,存在着一些特殊时刻,如 t_0, t_1, t_2, t_3 时刻,这是相位变化极大值和

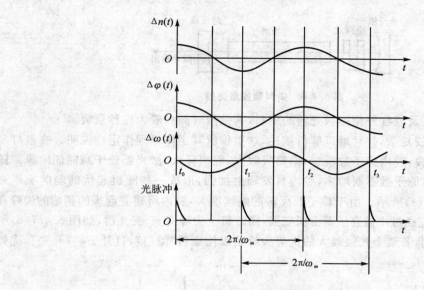

图 5.4.5 相位调制锁模原理

极小值所对应的时刻，在这些时刻通过调制器的光脉冲的频移为零，它们在腔内能保留下来，不断得到放大。如果调制器外加调制电压的频率 ω_m 取为与激光器内相邻纵模间的频率间隔相同，即

$$\omega_m = 2\pi\nu_m = 2\pi \cdot \frac{c}{2L} = \frac{\pi c}{L} \quad (5.4-33)$$

则相位变化相邻两个极大值（或相邻两个极小值）之间的时间间隔为

$$\frac{2\pi}{\omega_m} = \frac{2L}{c} \quad (5.4-34)$$

这表明将形成周期为 $2L/c$ 的锁模脉冲序列。

值得注意的是，每一周期内有两个相位极值，如 t_0 和 t_1 时刻，在这两个位置上通过的脉冲都可以被锁定，形成两个脉冲序列，二者之间可能产生跳变，它们之间的相位相差为 π，所以称为 180°自发相位开关。克服这种不稳定的跳模现象，需要采取一些措施。

3. 染料锁模（被动锁模）

在自由运转的激光器内插入很薄的可饱和吸收染料（如图 5.4.6 所示），适当选取激光器和吸收体参数，就可以得到激光锁模脉冲。

染料锁模装置与前面讲的染料调 Q 装置结构是相同的，不同之处是，两种染料的参数不同。用于锁模的染料是一种快饱和吸收体，即锁模染料在强光作用下可在瞬间饱和，变得透明，而在作用结束（或光信号变弱）时，又能瞬间恢复具有大的吸收系数状态而具有很低的光透

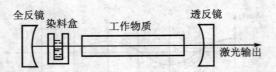

图 5.4.6 染料锁模激光器

射率。例如,用于可见及近红外锁模激光器的染料,其弛豫时间一般为皮秒量级。

染料锁模过程比较复杂,并且难以解析描述,这里仅就其工作原理作定性说明。在氙灯泵浦工作物质的初始阶段,腔内光子数极少,染料吸收大,腔损耗大,激光器处于高储能阶段。随后,介质中激光上能级原子数不断增多,腔内自发辐射加强,形成一些随机起伏的弱的噪声光辐射信号,如图 5.4.7(a)所示。由于粒子数反转的继续增大,腔内所建立起来的初始的尖峰和噪声脉冲分布由于反复通过增益介质而由弱变强,同时每个尖峰变宽、变光滑,如图 5.4.7(b)所示。随后,在某个时刻,若某个光强最大的优势尖峰足以使染料"漂白",打开染料"开关",优势

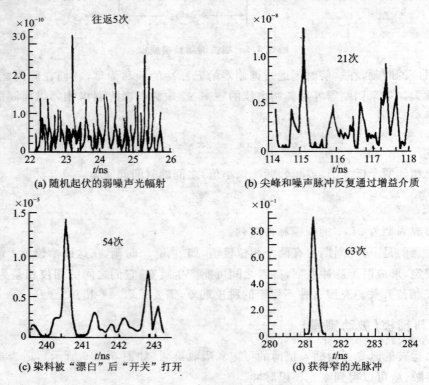

(a) 随机起伏的弱噪声光幅射

(b) 尖峰和噪声脉冲反复通过增益介质

(c) 染料被"漂白"后"开关"打开

(d) 获得窄的光脉冲

图 5.4.7 脉冲被动锁模激光器锁模脉冲形成的计算机模拟结果

尖峰脉冲便从噪声背景中突出出来,而且其光强获得迅速增大,如图 5.4.7(c)所示。由于染料具有很短的弛豫时间,当此优势尖峰通过开关后,染料瞬间恢复到具有大的吸收系数状态,即"开关"立刻又关闭,腔损耗恢复到极大状态。直到优势尖峰在腔内一次往返经增益介质放大后,光强进一步增强而再次通过染料,"开关"被再次瞬间打开,然后关闭。如此下去,优势脉冲相继多次往返通过增益介质,直到将介质中所有的储能转换为光脉冲的能量,激光则输出周期 $T=2L/c$ 的锁模序列脉冲。由于腔内循环的光脉冲信号在通过染料时脉冲前后沿都受到染料吸收,因而当它在腔内多次往返过程中脉宽不断被压缩变窄,并由此可获得窄的光脉冲,如图 5.4.7(d)所示。

从上面的分析可以看出,为获得好的锁模效果,应满足两个条件:①染料的弛豫时间十分短,这样,优势尖峰打开染料开关通过后,立即关闭,后面的噪声脉冲不能通过;②优势尖峰通过染料后,增益介质应继续对其放大增强,而对其他弱的脉冲光强增长较慢,并在多次往返后减小,最终在腔内仅保留一个最强脉冲的振荡。

上面只介绍了 3 种基本的锁模方法。实际上锁模方法有多种,例如联合锁模、同步泵浦锁模和对撞锁模等。特别是 20 世纪 80 年代发展起来的对撞锁模技术,使锁模脉冲进入了飞秒领域。关于这些锁模方法,本书不作介绍。

5.5 激光放大技术

在某些应用领域中,往往要求激光具有很高的功率或能量。为了获得大功率或高能量激光,仅靠激光振荡器(即前面所讲的激光器)来获取一般是很困难的,因为获取大功率高能量激光需要大大增加激光工作物质的体积,但制造光学均匀性好的大尺寸固体激光材料却十分困难,而且大功率或高能量激光振荡器难以产生性能(发散角、单色性和脉宽等)优良的激光。此外,谐振腔内大功率或高能量激光束的往返传输还会使腔内工作物质和光学元件遭到破坏。

利用调 Q 或锁模技术获得激光的大功率,是指峰值功率,但它的平均功率(能量)并不很大。因此,为了获得性能优良的大功率(能量)激光,就发展了激光放大技术。

5.5.1 激光放大器的基本原理

激光放大器与激光振荡器的主要区别是,前者没有谐振腔,因此激光放大器也称为行波放大器,它也是利用受激辐射进行光放大的。当一束激光射入具有粒子数反转的激光放大器时,由于入射光频率与放大介质的谱线频率相同,故激发态上的粒子在外来信号的作用下,产生强烈的受激辐射。这种辐射叠加到外来光信号上而得到放大,因而放大器能输出一束比原来激光亮度高得多的出射光束。激光放大器和振荡器一样,要求工作物质具有足够的粒子数反转,以保证信号通过时得到的增益足以克服放大器内部的损耗;此外,还要求和入射信号相匹配的能级结构。

图 5.5.1 所示为激光振荡器与放大器串接工作示意图。激光放大器仅由泵浦系统和工作物质组成,没有谐振腔。当激光振荡器输出的激光进入放大器时,放大器的激活介质应恰好使激励的粒子反转数处于最多状态。为此,振荡器与放大器的泵浦灯的点燃时间应受到控制,一般放大器的泵灯应比振荡器的泵灯提前触发一段时间。如红宝石放大器的氙灯点燃时间大约要超前振荡级几百微秒,而对 YAG、钕玻璃激光器,提前量很小,为简单起见,两灯可以同时触发。

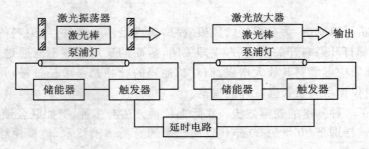

图 5.5.1 激光放大器工作示意图

在激光振荡-放大系统中,脉冲宽度、光束发散角以及谱线宽度主要由激光振荡器决定,激光的能量和功率则主要取决于激光放大器。因此,为获得高光束质量的大功率激光输出,激光振荡器一般工作在小功率状态,这样容易获得高质量光束,然后经放大器放大得到大功率高质量的激光输出。

按照被放大的激光脉冲宽度的大小,可将激光放大器分为长脉冲激光放大器(也称连续激光放大器)、脉冲激光放大器和超短脉冲激光放大器三类。当激光放大器输入信号的脉宽大于放大器介质上能级寿命时,由于光信号脉冲与工作物质相互作用时间足够长,受激辐射所消耗的反转粒子数可很快地由泵浦激发补充,因此反转粒子数可维持在一个稳定值附近,这就可以用稳态方法来研究放大过程,称为长脉冲放大器。当输入放大器光信号的脉宽比较窄(如调Q激光脉冲),小于激光荧光寿命时,反转粒子数和腔内光子数达不到稳定状态,这类需用非稳态方法研究的激光放大器,称为脉冲激光放大器。在超短脉冲情况下(如锁模激光放大),不能忽略物质的原子和光场相互作用的相位关系,在这种情况下,会产生一些瞬态相干光学效应,这称为超短脉冲放大器。

5.5.2 激光放大器的基本理论

1. 连续激光放大器

对连续激光放大器,可以用稳态方法来研究放大过程。设放大器的工作物质具有均匀加宽谱线,入射信号光的频率为放大介质的中心频率 ν_0,在 2.6 节中曾用稳态速率方程求得不计损耗情况下工作物质的增益系数为

$$g(\nu) = \frac{\mathrm{d}I(z)}{I(z)\mathrm{d}z} = \frac{g_m}{1 + I(z)/I_s} \tag{5.5-1}$$

式中:g_m 为小信号情况下中心频率处增益系数;$I(z)$ 为信号光在放大器中传输了距离 z 后的光强;I_s 为饱和参量。

(1) 输入信号强度对放大器增益的影响

① 小信号情形

若入射光信号非常微弱,并且工作物质也较短,使得放大器中 $I(z) \ll I_s$。在式(5.5-1)中,略去 $I(z)/I_s$,在 0 至 l 上积分,得到

$$I(l) = I_0 \mathrm{e}^{g_m l}$$

因此放大器的小信号功率增益为

$$G_P^0(\nu_0) = \frac{I(l)}{I_0} = \mathrm{e}^{g_m l} \tag{5.5-2}$$

式中:l 为放大器长度。可见,小信号时放大器功率增益随放大器长度增加而成指数增长。处于小信号状态的放大器可用做前置放大器。

② 大信号情形

当入射光较强,或工作物质较长,入射光得到充分放大时,往往形成 $I(z)$ 与 I_s 可比拟的状况。将式(5.5-1)改写为

$$g_m \mathrm{d}z = \frac{[1 + I(z)/I_s]\mathrm{d}I(z)}{I(z)} \tag{5.5-3}$$

将上式在放大器全长上积分,

$$\int_0^l g_m \mathrm{d}z = \int_{I_0}^{I(l)} \frac{\mathrm{d}I(z)}{I(z)} + \int_{I_0}^{I(l)} \frac{\mathrm{d}I(z)}{I_s}$$

$$\frac{I(l)}{I_0} = \mathrm{e}^{g_m l - [I(l) - I_0]/I_s} = \mathrm{e}^{g_m l - \left[\frac{I(l)}{I_0} - 1\right]I_0/I_s} \tag{5.5-4}$$

功率增益系数为

$$G_P(\nu_0) = G_P^0(\nu_0)\mathrm{e}^{-[G_P(\nu_0)-1]I_0/I_s} = G_P^0(\nu_0)\mathrm{e}^{-[G_P(\nu_0)-1]I(l)/G_P(\nu_0)I_s} \tag{5.5-5}$$

式中:$G_P^0(\nu_0) = \mathrm{e}^{g_m l}$,$I(l) = I_0 \mathrm{e}^{g_m l}$。

由式(5.5-5)可以看出,输入信号 I_0 越强,放大器的功率增益越小,这是放大器的饱和效应。另外,还可以看出,工作物质增益系数 $g_m l$ 越大,$I(l)$ 越大,$G_P(\nu_0)$ 减小得越显著。

(2) 最大输出光强

放大器的最大输出光强可由工作物质的饱和增益系数等于其损耗得到

$$\frac{\mathrm{d}I(z)}{I(z)\mathrm{d}z} = \frac{g_m}{1 + I(z)/I_s} - \alpha = 0 \tag{5.5-6}$$

式中：α 为损耗系数。由此得到

$$I_\mathrm{m} = I(z) = I_\mathrm{s}\left(\frac{g_\mathrm{m}}{\alpha} - 1\right) \tag{5.5-7}$$

(3) 增益谱宽及输出谱线轮廓变窄

由于增益系数 $g(\nu)$ 是 ν 的函数，所以放大器增益 $G(\nu)$ 也是 ν 的函数。

设 $\nu=\nu_0$ 时，$G_P=G_P(\nu_0)$ 最大，$\nu=\nu$ 时，$G_P(\nu')=\frac{1}{2}G_P(\nu_0)$，则放大器的增益谱宽为

$$\delta\nu = 2(\nu' - \nu_0)$$

对于无损且小信号运行的放大器，有

$$G_P^0(\nu_0) = e^{g_\mathrm{m} l}$$

$$G_P^0(\nu) = e^{g^0(\nu) l}$$

式中：$g^0(\nu)$ 为放大介质小信号频率 ν 处的增益系数；g_m 为放大介质小信号中心频率 ν_0 处的增益系数。

令

$$G_P^0(\nu') = \frac{1}{2} G_P^0(\nu_0)$$

则

$$e^{g^0(\nu')l} = \frac{1}{2} e^{g_\mathrm{m} l}$$

即

$$g^0(\nu')l = g_\mathrm{m} l - \ln 2 \tag{5.5-8}$$

对于均匀展宽的工作物质，有

$$g^0(\nu') = \frac{\left(\frac{\Delta\nu_\mathrm{H}}{2}\right)^2}{(\nu'-\nu_0)^2 + \left(\frac{\Delta\nu_\mathrm{H}}{2}\right)^2} g_\mathrm{m} \tag{5.5-9}$$

将式(5.5-9)代入式(5.5-8)，可解出 $\nu' - \nu_0$，谱宽为 $\delta\nu = 2(\nu' - \nu_0)$，于是放大器的增益宽度为

$$\delta\nu = \Delta\nu_\mathrm{H} \sqrt{\frac{\ln 2}{g_\mathrm{m} l - \ln 2}} = \Delta\nu_\mathrm{H} \sqrt{\frac{\ln 2}{\ln G^0(\nu_0) - \ln 2}} \tag{5.5-10}$$

可见，当

$$\sqrt{\frac{\ln 2}{\ln G^0(\nu_0) - \ln 2}} < 1 \tag{5.5-11}$$

即 $G^0(\nu_0) > 4$ 时，放大器的增益谱宽 $\delta\nu$ 小于工作物质的小信号增益曲线的宽度 $\Delta\nu_\mathrm{H}$。$G^0(\nu_0)$ 越大，则 $\delta\nu$ 越小，这将导致放大器输出的光谱轮廓比入射光谱轮廓窄。

在大信号输入情况下，入射光偏离中心频率越大，饱和效应越弱。因此，$\delta\nu$ 将随输出光强 $I(l)$ 的增加而增加，当 $I(l)$ 足够大时，$\delta\nu$ 可超过 $\Delta\nu_\mathrm{H}$。

2. 脉冲激光放大器

(1) 输运方程(速率方程)

脉冲激光放大器需用非稳态方法研究。

描述放大介质中粒子数反转 $\Delta n(z,t)$ 及光子流强度 $J(z,t)$ 随时间 t 及坐标 z 的变化方程称为输运方程。

与调 Q 速率方程一样,在信号脉冲作用期间,忽略光泵及自发辐射对放大器中粒子数反转的影响,因此对于三能级系统,粒子数反转 $\Delta n(z,t)$ 随时间的变化方程与式(5.3-10)相同,即

$$\frac{\partial \Delta n(z,t)}{\partial t} = -2\Delta n(z,t) W_{21} \tag{5.5-12}$$

式中:受激辐射几率 W_{21} 如式(1.5-24)所示。利用受激辐射系数 B_{21} 与自发辐射系数 A_{21} 之间关系式(1.4-11)以及辐射能量密度 $\rho = Nh\nu$(N 为光子数密度),式(5.5-12)可以写成

$$\frac{\partial \Delta n(z,t)}{\partial t} = -2\Delta n(z,t)\sigma_{21} v N(z,t) \tag{5.5-13}$$

式中:v 为脉冲信号在放大介质中的速度;$N(z,t)$ 为光子数密度;σ_{21} 为受激辐射截面,具有面积的量纲

$$\sigma_{21} = \frac{\lambda^2}{8\pi} A_{21} g(\nu,\nu_0) \tag{5.5-14}$$

λ 为波长;$g(\nu,\nu_0)$ 为线型函数。

为建立光子流强度 $J(z,t)$ 的方程,考查工作物质中 $z \sim z+dz$ 薄层中光子数密度 $N(z,t)$ 的变化。设工作物质的横截面积为 S,则在 dz 薄层中,在 dt 时间内光子数的增量为

$$\frac{\partial N(z,t)}{\partial t} S dz dt = [N(z,t) - N(z+dz,t)] Sv dt + \Delta n(z,t)\sigma_{21} v N(z,t) S dz dt \tag{5.5-15}$$

式中:右端第一项,是在 dt 时间内净流入 dz 薄层的光子数;第二项是由于受激辐射在 dt 时间内 dz 薄层中增加的光子数。

令

$$J(z,t) = \frac{I(z,t)}{h\nu} = \frac{vNh\nu}{h\nu} = vN(z,t) \tag{5.5-16}$$

式中:$I(z,t)$ 为光强;$J(z,t)$ 为单位时间流过单位横截面的光子数,称为光子流强度。将式(5.5-13)与式(5.5-15)的 $N(z,t)$ 用 $J(z,t)$ 表示,可得到

$$\frac{\partial \Delta n(z,t)}{\partial t} = -2\sigma_{21} \Delta n(z,t) J(z,t) \tag{5.5-17}$$

$$\frac{\partial J(z,t)}{\partial t} + v\frac{\partial J(z,t)}{\partial z} = v\sigma_{21} \Delta n(z,t) J(z,t) \tag{5.5-18}$$

式(5.5-17)与式(5.5-18)就是三能级系统脉冲行波放大器的输运方程,是有关脉冲放大器的基本方程。推导过程中,忽略了介质的损耗。

(2) 输运方程的解

为解输运方程,作如下假设:

① 设入射信号脉冲为矩形脉冲(如图 5.2.2 所示),其幅度为 J_0,宽度为 τ_0,即

$$\left.\begin{array}{l} 0 < t < \tau_0 \text{ 时}, J = J_0 \\ t < 0, t > \tau_0 \text{ 时}, J = 0 \end{array}\right\} \quad (5.5-19)$$

② 入射到放大器 $z=0$ 处的脉冲波形即为入射信号的光子流强度脉冲,即

$$J(0,t) = J_0(t), \; t > 0 \quad (5.5-20)$$

③ 在信号光脉冲到达之前,工作物质中的初始反转粒子数为 $\Delta n_0(z)$,且在横截面中均匀分布,忽略谱线宽度和线型的影响,于是有

$$\Delta n(z, t < 0) = \Delta n_0(z), \; \text{在 } 0 < z < L \text{ 处} \quad (5.5-21)$$

$$\int_0^z \Delta n_0(z') \mathrm{d}z' = \Delta n_0 z \quad (5.5-22)$$

$$\int_{-\infty}^{t-\frac{z}{v}} J_0(t') \mathrm{d}t' = J_0\left(t - \frac{z}{v}\right) \quad (5.5-23)$$

在上面假设下,输运方程的解为

$$\Delta n(z,t) = \frac{\Delta n_0 \mathrm{e}^{-\sigma_{21} \Delta n_0 z}}{\mathrm{e}^{2\sigma_{21} J_0 (t-z/v)} + \mathrm{e}^{-\sigma_{21} \Delta n_0 z} - 1} \quad (5.5-24)$$

$$J(z,t) = \frac{J_0 \mathrm{e}^{2\sigma_{21} J_0 (t-z/v)}}{\mathrm{e}^{2\sigma_{21} J_0 (t-z/v)} + \mathrm{e}^{-\sigma_{21} \Delta n_0 z} - 1} \quad (5.5-25)$$

(3) 功率增益

放大器单程功率增益 G_P 定义为输出功率与输入功率之比

$$G_P = \frac{J(L,t)}{J_0} = \frac{\mathrm{e}^{-2\sigma_{21} J_0 (t-L/v)}}{\mathrm{e}^{2\sigma_{21} J_0 (t-L/v)} + \mathrm{e}^{-\sigma_{21} \Delta n_0 L} - 1} \quad (5.5-26)$$

对于脉冲前沿,$t=L/v$,代入上式,得到

$$G_P = \mathrm{e}^{\sigma_{21} \Delta n_0 L} \quad (5.5-27)$$

表明对于脉冲前沿,其单程功率增益随放大器长度增加而成指数增长,与输入信号的强度无关。

对于脉冲后沿,$t=L/v+\tau_0$,代入式(5.5-26),得到

$$G_P = \frac{\mathrm{e}^{2\sigma_{21} J_0 \tau_0}}{\mathrm{e}^{2\sigma_{21} J_0 \tau_0} + \mathrm{e}^{-\sigma_{21} \Delta n_0 L} - 1} \quad (5.5-28)$$

如果 $\mathrm{e}^{2\sigma_{21} J_0 \tau_0} \simeq 1$,即 $2\sigma_{21} J_0 \tau_0 \ll 1$,则上式可近似写成

$$G_P \simeq \mathrm{e}^{\sigma_{21} \Delta n_0 L} \quad (5.5-29)$$

也就是说,对于脉冲后沿,只有当信号强度很小(J_0 很小)或信号的脉宽极窄(τ_0 很小)时,才能

获得指数的增益。反之,当入射信号很强,或者脉宽较宽时,脉冲后沿得不到放大。

(4) 脉宽变窄

从前面的讨论可以看出,当输入光脉冲强度很弱,满足 $2\sigma_{21}J_0\tau_0 \ll 1$ 的条件时,脉冲的各部分均得到同等大小的功率增益,输出脉冲波形不发生畸变。当输入光脉冲较强时,脉冲前沿的功率增益比后沿的大,使得输出脉冲形状发生畸变,矩形脉冲变成尖顶脉冲,脉冲宽度变窄(输出脉冲宽度 t_0 定义为最大光子流强度的 $1/2$ 处的时间间隔)。图 5.5.3 所示为矩形脉冲在放大过程中形状的变化。曲线 1 为矩形脉冲进入放大介质之前的形状;曲线 2 为 $\sigma_{21}\Delta n_0 L=1$ 时输出光脉冲的形状;曲线 3 为 $\sigma_{21}\Delta n_0 L=2$ 的输出光脉冲的形状。

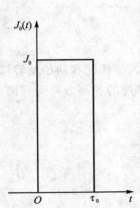

图 5.5.2 输出放大器的矩形脉冲

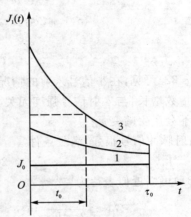

图 5.5.3 矩形脉冲在放大过程中形状的变化

发生脉宽变窄的物理原因是:当脉冲前沿进入放大介质时,反转粒子数密度最大,可以得到很高的增益。但到脉冲后面部位进入介质时,上能级的粒子数几乎消耗掉,光脉冲只能得到很小的增益,结果就引起脉冲形状变尖,脉宽变窄。

(5) 能量增益

放大器的输出能量(单位面积上输出总光子数)对输入能量(单位面积上输入总光子数)之比定义为脉冲能量增益。对矩形脉冲,能量增益为

$$G_E = \frac{\int_{L/v}^{\tau_0+L/v} J(L,t)\mathrm{d}t}{\int_0^{\tau_0} J(0,t)\mathrm{d}t} \tag{5.5-30}$$

式中:积分下限 L/v 为信号脉冲前沿到达放大器工作介质末端的时间;τ_0+L/v 为脉冲后沿离开的时间;$\int_0^{\tau_0} J(0,t)\mathrm{d}t = J_0\tau_0$ 为单位面积上输入的总光子数。将式(5.5-25)以 $J(L,t)$ 的形式代入式(5.5-30)并完成积分,得到

$$G_E = \frac{1}{2\sigma_{21}J_0\tau_0}\ln\{1+e^{\sigma_{21}\Delta n_0 L}[e^{2\sigma_{21}J_0\tau_0}-1]\} \qquad (5.5-31)$$

由上式可见，放大器的能量增益与初始反转粒子数 Δn_0，入射信号的强度 J_0，放大介质的长度 L 和脉冲宽度 τ_0 等因素有关。

① 当入射信号能量很小或脉冲很短，满足

$$2\sigma_{21}J_0\tau_0 \ll 1$$
$$2\sigma_{21}J_0\tau_0 e^{\sigma_{21}\Delta n_0 L} \ll 1$$

时，式(5.5-31)中

$$e^{2\sigma_{21}J_0\tau_0} \simeq 1+2\sigma_{21}J_0\tau_0$$
$$\ln\{1+2\sigma_{21}J_0\tau_0 e^{\sigma_{21}\Delta n_0 L}\} \simeq 2\sigma_{21}J_0\tau_0 e^{\sigma_{21}\Delta n_0 L}$$

于是得到

$$G_E \simeq e^{\sigma_{21}\Delta n_0 L} \qquad (5.5-32)$$

从式(5.5-32)可见，在小信号入射的情况下，能量增益随放大器长度和初始反转粒子数密度的增加呈指数增长，与入射信号强度无关。小信号放大时，脉冲的各部分都得到同样的放大，脉冲形状不会产生畸变。

② 入射脉冲信号很强，满足条件

$$2\sigma_{21}J_0\tau_0 \gg 1$$

式(5.5-31)可以近似表达为

$$G_E \simeq \frac{1}{2\sigma_{21}J_0\tau_0}\ln\{e^{\sigma_{21}\Delta n_0 L}\cdot e^{2\sigma_{21}J_0\tau_0}\} =$$
$$\frac{1}{2\sigma_{21}J_0\tau_0}(\sigma_{21}\Delta n_0 L + 2\sigma_{21}J_0\tau_0) = \frac{\Delta n_0 L}{2J_0\tau_0}+1 \qquad (5.5-33)$$

可见，在大信号情况下，能量增益随入射信号的增强而减小，即出现增益饱和现象。这是因为大信号时脉冲前沿将反转粒子数消耗，使脉冲后沿的增益远小于前沿的增益，这将引起脉冲形状畸变，脉宽变窄。

(6) 脉冲信号在有损耗介质中的放大

考虑损耗时，输运方程(5.5-18)的右端要加上一损耗项 $-\alpha vJ(z,t)$。α 为损耗系数，$-\alpha vJ(z,t)$ 表示因吸收和散射减少的光子数。解带有损耗项的输运方程可得到如下结果：

① 对于小信号情况，即

$$\sigma_{21}J(z) \ll 1$$
$$J(z) = \int_0^{\tau_0} J(z,t)\mathrm{d}t$$

为坐标 z 处单位面积上通过的总光子数，得到

$$J(L) = J(0)e^{(\sigma_{21}\Delta n_0 - \alpha)L} \qquad (5.5-34)$$
$$G_E = e^{(\sigma_{21}\Delta n_0 - \alpha)L} \qquad (5.5-35)$$

结果表明,在小信号情况下,$J(L)$ 与 G_E 均随 L 增加而指数上升。

② 对于强信号

$$\sigma_{21}J(z) \gg 1$$

得到

$$J(L) = \frac{\Delta n_0}{2\alpha} + J(0)\mathrm{e}^{-\alpha L} - \frac{\Delta n_0}{2\alpha}\mathrm{e}^{-\alpha L} \qquad (5.5-36)$$

$$G_E = \frac{\Delta n_0}{2\alpha J(0)}(1 - \mathrm{e}^{-\alpha L}) + \mathrm{e}^{-\alpha L} \qquad (5.5-37)$$

当 L 很大时,

$$J(L) \simeq \frac{\Delta n_0}{2\alpha} \qquad (5.5-38)$$

$$G_E \simeq \frac{\Delta n_0}{2\alpha J(0)} \qquad (5.5-39)$$

结果表明,强信号入射时,能量增益随入射能量 $J(0)$ 增加而下降。当 L 较小时,能量增益随 L 增加而增加;而当 L 很大时,从式(5.5-39)可以看出,能量增益与介质长度无关。式(5.5-38)表示,当 L 很大时,放大器所能输出的最大光子数密度。

5.6 激光调制技术

激光是一种光频电磁波,与无线电波相似,可以用来传递信息。激光具有很高的频率($10^{13} \sim 10^{15}$ Hz),频带宽,因此传递信息的容量大。光具有极短的波长和极快的传递速度,且光波的独立传播特性,使得可以利用光学系统实现二维并行光信息处理。所以,激光是传递信息(包括语言、文字、图像和符号等)的一种理想光源。

5.6.1 光调制的基本概念

激光作为传递信息的工具时,把欲传输的信息加载到激光辐射的过程称为调制。完成这一过程的装置称为调制器。激光起到携带低频信号的作用,称为载波。起控制作用的低频信号称为调制信号。被调制的激光称为已调制波或已调制光。就调制的方法而言,激光调制与无线电波调制相类似,有振幅调制、强度调制、频率调制、相位调制和脉冲调制等形式,激光调制方法的本质是低频技术向光频段的开拓,用来完成调制的设备及特性,对光调制和低频调制是不同的。

激光调制可分为内调制和外调制两种。内调制是指在激光振荡过程中加载调制信号,即以调制信号的规律去改变激光振荡的参数,从而达到改变激光输出特性,实现调制的目的。外调制是指在激光形成后,用调制信号对激光进行调制,它不是改变激光器的参数,而是改变已经输出的激光的参数(如强度、频率等)。

设激光瞬时电场表示式为

$$E(t) = A_0\cos(\omega_0 t + \varphi) \tag{5.6-1}$$

式中：A_0 为振幅；ω_0 为角频率；φ 为相位角。

光强 $I(t)$ 等于光波电场强度有效值的平方

$$I(t) = \left(\frac{A_0}{\sqrt{2}}\right)^2\cos^2(\omega_0 t + \varphi_0) = \frac{A_0^2}{2}\cos^2(\omega_0 t + \varphi_0) \tag{5.6-2}$$

设调制信号是余弦变化的，即

$$a(t) = A_m\cos\omega_m t \tag{5.6-3}$$

式中：A_m 为调制信号振幅；ω_m 为调制信号的角频率。

将调制信号 $ka(t)$ 分别加到式(5.6-1)中的 A_0,ω_0,φ_0 上，就得到调幅、调频和调相波，k 为比例系数；将 $ka(t)$ 加到式(5.6-2)中的 $\frac{A_0^2}{2}$ 上，就得到强度调制波。

1. 振幅调制

经过振幅调制的电场为

$$\begin{aligned}E_A(t) &= A_0[1 + ka(t)]\cos(\omega_0 t + \varphi) = \\ &\quad A_0\left(1 + \frac{kA_m}{A_0}\cos\omega_m t\right)\cos(\omega_0 t + \varphi_0) = \\ &\quad A_0(1 + M\cos\omega_m t)\cos(\omega_0 t + \varphi_0)\end{aligned} \tag{5.6-4}$$

式中：$M = \dfrac{kA_m}{A_0}$ 为调幅系数；kA_m 表示调幅振荡的最大振幅增量。

式(5.6-4)还可表示为

$$\begin{aligned}E_A(t) &= A_0\cos(\omega_0 t + \varphi_0) + \frac{M}{2}A_0\cos[(\omega_0 + \omega_m)t + \varphi_0] + \\ &\quad \frac{M}{2}A_0\cos[(\omega_0 - \omega_m)t + \varphi_0]\end{aligned} \tag{5.6-5}$$

式(5.6-5)表明，振幅调制的结果，激光场不仅为原有的频率 ω_0，还包括频率为 $\omega_0\pm\omega_m$ 的两个边频。

2. 强度调制

$$\begin{aligned}I(t) &= \left[\frac{A_0^2}{2} + k_I a(t)\right]\cos^2(\omega_0 t + \varphi) = \\ &\quad \frac{A_0^2}{2}\left(1 + \frac{k_I A_m}{\frac{A_0^2}{2}}\cos\omega_m t\right)\cos^2(\omega_0 t + \varphi_0) =\end{aligned}$$

$$\frac{A_0^2}{2}(1 + M_I \cos \omega_m t)\cos^2(\omega_0 t + \varphi_0) \tag{5.6-6}$$

式中：$M_I = \dfrac{k_1 A_m}{\dfrac{A_0^2}{2}}$ 为强度调制系数。

3. 频率调制

$$\begin{aligned}
E_f(t) &= A_0 \cos\left[\int_0^t (\omega_0 + k_f a(t))\mathrm{d}t + \varphi_0\right] = \\
&\quad A_0 \cos\left[\int_0^t (\omega_0 + k_f A_m \cos \omega_m t)\mathrm{d}t + \varphi_0\right] = \\
&\quad A_0 \cos\left[\omega_0 t + \frac{k_f A_m}{\omega_m}\sin \omega_m t + \varphi_0\right] = \\
&\quad A_0 \cos(\omega_0 t + M_f \sin \omega_m t + \varphi_0)
\end{aligned} \tag{5.6-7}$$

式中：$M_f = \dfrac{k_f A_m}{\omega_m}$ 为调频系数；积分 $\int_0^t [\omega_0 + k_f a(t)]\mathrm{d}t$ 表示经 t 时间相位角的变化量。

4. 相位调制

$$\begin{aligned}
E_p(t) &= A_0 \cos[\omega_0 t + k_p a(t) + \varphi_0] = \\
&\quad A_0 \cos(\omega_0 t + k_p A_m \cos \omega_m + \varphi_0) = \\
&\quad A_0 \cos(\omega_0 t + M_p \cos \omega_m t + \varphi_0)
\end{aligned} \tag{5.6-8}$$

式中：$M_p = k_p A_m$ 为调相系数。调幅时，要求 $M \leqslant 1$，否则调幅波就会发生畸变。强度调制时要求 M_I 必须比 1 小得多。比较式(5.6-7)与式(5.6-8)可见，调频和调相在改变载波相角上的效果是等效的，所以很难根据已调制的振荡形式来判断是调频还是调相。但调频与调相在性质上是不同的：调频系数 M_f 与调制频率 ω_m 有关，而调相系数 M_p 与 ω_m 无关。调频与调相在方法上和调制器的结构上也是不同的。由于光接收器（探测器）一般都是直接响应所接收到的光信息的强度变化，所以激光多采用强度调制，如图 5.6.1 所示。

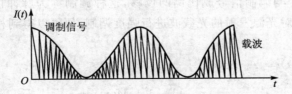

图 5.6.1　强度调制

以上几种调制形式所得到的调制波都是一种连续振荡的波，称为模拟式调制。另外，在目前的光通信中还广泛采用一种在不连续状态下进行调制的脉冲调制和数字式调制（也称为脉冲编码调制)。它们一般是先进行电调制(模拟脉冲调制或数字脉冲调制),再对光载波进行光强度调制。

脉冲调制是用一种间歇的周期性脉冲序列作为载波,这种载波的某一参量按调制信号规律变化的调制方法,即先用模拟调制信号对一电脉冲序列的某参量(幅度、宽度、频率和位置等)进行电调制,使之按调制信号规律变化,如图 5.6.2 所示,成为已调脉冲序列,然后再用这个已调脉冲序列对光载波进行强度调制,就可以得到相应变化的光脉冲序列。

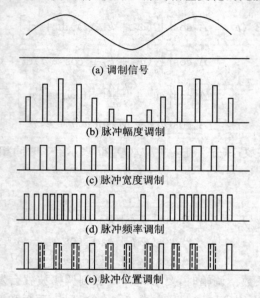

图 5.6.2 脉冲调制形式

激光脉冲调制与无线电波脉冲调制相似,也有脉冲幅度调制(PAM)、脉冲强度调制(PIM)、脉冲频率调制(PFM)、脉冲位置调制(PPM)及脉冲宽度调制(PWM)、脉冲编码调制(PCM)。例如,用调制信号改变电脉冲序列中每个脉冲产生的时间,则其每个脉冲的位置与未调制时的位置有一个与调制信号成比例的位移,这种调制称为脉冲位置调制(PPM),如图 5.6.2(e)所示,进而再对光源发射的光载波进行强度调制,便可以得到相应的光脉冲位置调制波,其表达式为

$$E(t) = A_0 \cos(\omega_0 t + \varphi_0) \quad (t_n + \tau_d \leqslant t \leqslant t_n + \tau_d + \tau) \tag{5.6-9}$$

$$\tau_d = \frac{\tau_p}{2}[1 + M(t_n)] \tag{5.6-10}$$

式中:$M(t_n)$ 为调制信号的振幅;τ_d 为载波脉冲前沿相对于取样时间 t_n 的延迟时间。为了防止脉冲叠加到相邻的样品周期上,脉冲的最大延迟必须小于样品周期 τ_p。

若调制信号使脉冲的重复频率发生变化,频移的幅度正比于调制信号电压的幅值,而与调

制频率无关,则这种调制成为脉冲频率调制(PFM),脉冲频率调制波的表达式为

$$E(t) = A_0 \cos\left[\omega_0 t + \Delta\omega \int M(t_n) \mathrm{d}t + \varphi_0\right] \quad (t_n \leqslant t \leqslant t_n + \tau) \quad (5.6-11)$$

脉冲位置调制与脉冲频率调制都可以采用宽度很窄的光脉冲,脉冲的形状不变,只是脉冲位置或重复频率随调制信号的变化而变化。这两种调制方法具有较强的抗干扰能力,故在光通信中得到较广泛的应用。

5.6.2 调制方法

尽管激光调制有各种不同的分类,但其调制的工作机理主要都是基于电光、声光、磁光等各种物理效应的。下面分别讨论电光调制、声光调制的基本原理和调制方法。

1. 电光调制

电光调制是利用某些晶体材料在外加电场作用下,其折射率发生变化所产生的电光效应为物理基础的。利用泡克耳斯(Pockels)效应实现电光调制有纵向电光调制和横向电光调制。

(1) 纵向电光调制

图 5.6.3 所示是一个典型的利用 KDP 晶体的纵向电光效应的调制器示意图。它是由起偏器 P_1、调制晶体、检偏器 P_2 和 1/4 波片等元件组成的。其中,P_1 的偏振方向平行于电光晶体的 x 轴,P_2 的偏振方向平行于 y 轴,入射的激光经 P_1 后变成振动方向平行于 x 轴的线偏振光,在进入晶体时,在晶体感应主轴 x' 和 y' 上的分量可分别写为

$$E_{x'} = A e^{i\omega t}, \quad E_{y'} = A e^{i\omega t} \quad (5.6-12)$$

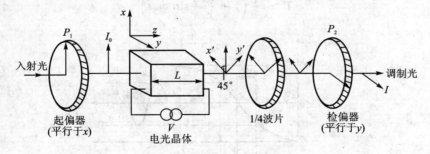

图 5.6.3 纵向电光强度调制

则通过长度为 l 的电光晶体后,这两个分量之间就产生了相位差 $\Delta\varphi$。若 $E_{x'}(l) = A e^{i(\omega t + \varphi)}$,则 $E_{y'}(l) = A e^{i(\omega t + \varphi - \Delta\varphi)}$。通过检偏器出射的光是该二分量在 y 轴上的投影之和,即

$$E_y = A(e^{-i\Delta\varphi} - 1) e^{i(\omega t + \varphi)} \cos 45° = \frac{A}{\sqrt{2}} (e^{-i\Delta\varphi} - 1) e^{i(\omega t + \varphi)} \quad (5.6-13)$$

相应的输出光强 I_0 为

$$I_0 = |E_y|^2 = 2A^2 \sin^2 \frac{\Delta\varphi}{2} \quad (5.6-14)$$

因此光强透射率 T（调制器的透射率）为

$$T = \frac{I_0}{I_i} = \sin^2 \frac{\Delta\varphi}{2} = \sin^2\left(\frac{\pi}{2}\frac{V}{V_{\lambda/2}}\right) = \sin^2\left(\frac{\pi n_0^3 \gamma_{63}}{\lambda}V\right) \quad (5.6-15)$$

式中：$I_i = 2A^2$ 为入射晶体时的光强；γ_{63} 为 KDP 晶体的电光系数。由式(5.6-15)可见，透射率 T 随外加电压的关系是非线性的（见图 5.6.4）。为使调制光强不发生畸变，必须选择合适的工作点，如使调制器工作在图中 A 点附近的线性区。为此，可给电光晶体加一固定偏压 $V_{\lambda/4}$，但会增加电路的复杂性，并且工作点稳定性较差，因为晶体的 $V_{\lambda/4}$ 会随温度变化而变化；也可在光路中插入一个 1/4 波片，并使其光轴与晶体主轴 x 成 $45°$，则它可使 x' 和 y' 两个分量间有一个固定 $\pi/2$ 的相位差。这样，通过晶体和 1/4 波片后的两个正交偏振分量间的相位差为

$$\Delta\varphi = \frac{\pi}{2} + \frac{\pi V}{V_{\lambda/2}} \quad (5.6-16)$$

若

$$V = V_m \sin \omega_m t \quad (5.6-17)$$

则按式(5.6-15)有

$$T = \sin^2\left(\frac{\pi}{4} + \frac{\pi V}{2V_{\lambda/2}}\right) = \frac{1}{2}\left[1 + \sin\left(\frac{\pi V}{V_{\lambda/2}}\sin \omega_m t\right)\right] \quad (5.6-18)$$

如果调制信号较弱，即 $V_m \ll V_{\lambda/2}$，则式(5.6-18)可写为

$$T \approx \frac{1}{2}\left(1 + \frac{\pi V_m}{V_{\lambda/2}}\sin \omega_m t\right) \quad (5.6-19)$$

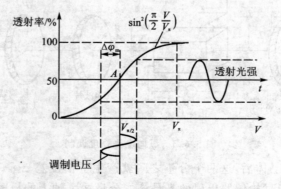

图 5.6.4　电光调制特性曲线

(2) 横向电光调制

图 5.6.5 所示是一种横向电光调制器的结构示意图。沿 z 方向加电场,通光方向沿感应主轴 y' 方向,经起偏器后光的振动方向与 z 轴的夹角为 $45°$。光进入晶体后,将分解为沿 x' 和 z 方向振动的两个分量,两者之间的折射率之差 $n_{x'} - n_z = n_{\text{o}} - \frac{1}{2} n_{\text{o}}^3 \gamma_{63} E_z - n_{\text{e}}$。假定通过方向上的晶体长度为 l,厚度为 d(即两极间的距离),则外加电压为 $V = E_z d$ 时,从晶体出射的两束光的相位差为

$$\Delta \varphi = \frac{2\pi}{\lambda} \left[(n_{\text{o}} - n_{\text{e}}) l - \frac{1}{2} n_{\text{o}}^3 \gamma_{63} \left(\frac{l}{d} \right) V \right] \quad (5.6-20)$$

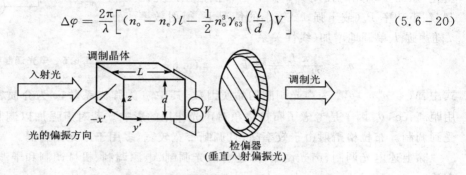

图 5.6.5 横向电光调制示意图

在 KDP 晶体横向调制器中,自然双折射的影响会导致调制光发生畸变,甚至使调制器不能工作。所以,在实际应用中,除采用如散热等措施以减小晶体温度的漂移外,可采用一种组合调制器的结构,也可采用 $n_{\text{e}} = n_{\text{o}}$ 的晶体补偿。

组合调制器是由两块特性和尺寸都相同的晶体,例如 KDP 晶体和插入其间的半波片组成,两晶体的放置使得它们的光轴是反向的。因此,当两块晶体的尺寸、性能以及受外界的影响相同时,由于自然双折射引起的相位差可完全得到补偿。考虑到加在两块晶体上的电场是反相的情况,这时总相位差为

$$\Delta \varphi = \frac{2\pi}{\lambda} \left(\frac{1}{d} \right) V n_{\text{o}}^3 \gamma_{63} \quad (5.6-21)$$

2. 声光调制

当声波在某些介质中传播时,会随时间与空间的周期性的弹性应变,造成介质密度(或光折射率)的周期变化。介质随超声应变与折射率变化的这一特性,可使光在介质中传播时发生衍射,从而产生声光效应:存在于超声波中的此类介质可视为一种由声波形成的相位光栅(称为声光栅),其光栅的栅距(光栅常数)即为声波波长。当一束平行光束通过声光介质时,光波就会被该声光栅所衍射而改变光的传播方向,并使光强在空间重新分布。按照声波频率的高低以及声波和光波作用长度的不同,声光互作用可以分为拉曼-纳斯衍射和布拉格衍射两种类型。声光调制就是利用这一原理实现光束调制的。

声光调制器的结构通常由声光介质、电-声换能器、吸声(或反射)装置及驱动电源组成,如图 5.6.6 所示。作为调制器来说,无论采用哪种衍射形式,都或是将零级光作为输出,或是将一级衍射光作为输出,不需要的其他级次衍射用光阑挡去。当超声波的功率随着调制信号改变时,衍射光的强度将随之发生变化,从而实现光的强度调制。对于布拉格型声光调制,在声功率 P_s(或声强 I_s)较小的情况下,衍射效率 η_s 随声强 I_s 单调地增加(线性关系)

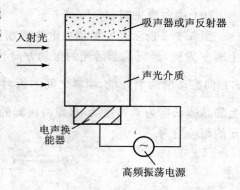

图 5.6.6　声光调制器结构示意图

$$\eta_s \approx \frac{\pi^2 L^2}{2\lambda^2 \cos^2\theta_B} M_2 I_s \qquad (5.6-22)$$

式中:$M_2 = n^6 p^2/\rho V_s^3$ 为声光调制的品质因数,其中 p 为弹光系数,ρ 为介质密度,L 为声光作用距离,$\cos\theta_B$ 因子是考虑了布拉格角对声光作用的影响。若对声强加以调制,则衍射光强也受到调制。布拉格衍射由于效率高,且调制带宽较宽,多用于声光调制器。

除上述电光调制、声光调制外,还有磁光调制、电源调制、机械调制和干涉调制等多种调制方法。

5.7　激光偏转技术

光束偏转是激光应用的基本技术之一。如激光大屏幕显示、激光图像传真、激光雷达的搜索和跟踪、高速全息摄影及激光印刷术等应用中都需要激光偏转技术。根据应用目的的不同,将激光偏转技术分为两类:一类是模拟式偏转,即光的偏转角是连续变化的,描述的是光束的连续位移,主要用于各种显示技术中;另一类是数字式偏转,即在选定空间中某些特定位置上使光离散,而不是连续的偏转,主要用于光存储等。

实现激光偏转的主要方法有机械偏转、电光偏转和声光偏转。

5.7.1　电光偏转

电光偏转是利用电光效应来改变光束在空间的传播方向的,其原理如图 5.7.1 所示。当一束平面波入射到光楔后,由光楔出射的波改变了原来的方向,相对原方向改变 θ 角,假定光楔折射率为 n,光楔的两直角边长 $AB=l$,$AC=d$,由几何光学可得

$$\theta = \arctan\left(\frac{\Delta n l}{d}\right) \qquad (5.7-1)$$

式中:Δn 为光楔的折射率 n 与空气折射率之差,$\Delta n = n-1$,当 θ 很小时,有

$$\theta = \Delta n l / d \qquad (5.7-2)$$

现代光存储器都采用如图 5.7.2 所示的由电光晶体和双折射晶体组合而成的二进制数字式偏转器。当电光晶体上未加电压时，入射到电光晶体上的线偏振光（垂直纸面），偏振状态保持不变地通过该晶体，随后又方向不变地通过双折射晶体（o 光）。当电光晶体加上半波电压 $V_{\lambda/2}$，线偏振光通过时，偏振面旋转 90°，对双折射晶体而言，o 光变成 e 光。该 e 光将在双折射晶体内以与表面法线方向成 α 角的方向传播，到达双折射晶体输出面时，偏移距离为 d，然后以平行于原光线方向射出。由晶体光学给出 α 的最大值 $\alpha_{\max}$ 为

$$\alpha_{\max} = \arctan \frac{n_e^2 - n_o^2}{2 n_e n_o} \qquad (5.7-3)$$

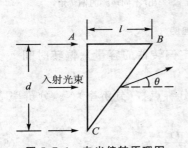

图 5.7.1　电光偏转原理图

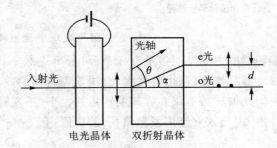

图 5.7.2　数字式电光偏转原理图

与 $\alpha_{\max}$ 相对应的 θ 为

$$\theta = \arctan\left(\frac{n_e}{n_o}\right) \qquad (5.7-4)$$

例如，对方解石有 $\alpha_{\max} \approx 6°$，$\theta \approx 51°$（在可见光及近红外波段）。

由此可见，电光晶体和双折射晶体的组合可构成一个一级数字偏转器，入射的线偏振光随电光晶体上加和不加半波电压而分别占两个地址之一。这样，如把 n 个这种数字偏转器组合起来，就实现 n 级数字式偏转。

5.7.2　声光偏转

声光效应除了可对光束进行调制外，还可以使光束偏转，声光偏转器的结构和声光调制器相同，在满足布拉格条件情况下，由于布拉格角一般很小，有 $\theta_B \approx \frac{\lambda}{2\lambda_s}$，则衍射光和入射光之间的夹角，即偏转角 θ 为

$$\theta = 2\theta_B = \frac{\lambda}{\lambda_s} = \frac{\lambda}{v_s} f_s \qquad (5.7-5)$$

可见，改变超声波频率 f_s，就可改变光束的偏转角，从而达到控制光束传播方向的目的，如

图 5.7.3 所示,图中 $\Delta\theta = \dfrac{\lambda}{v_s}\Delta f_s$。

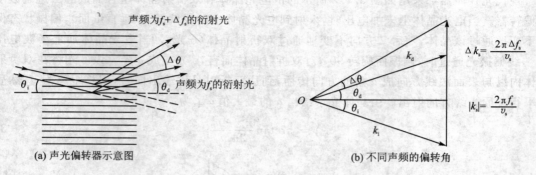

图 5.7.3　声光偏转原理图

偏转器的主要性能参量有 3 个：可分辨点数 N（决定偏转器的容量）、偏转时间 τ（其倒数决定偏转器的速度）和衍射效率 η_s（决定偏转器的效率）。

一个光偏转器不仅要看其偏转角的大小，还要看其分辨点数（分辨率）N。分辨率 N 定义为偏转角 $\Delta\theta$ 与入射光束发散角 θ_{div} 的比值，有

$$N = \frac{\Delta\theta}{\theta_{\text{div}}} = \frac{\lambda}{v_s}\Delta f_s \frac{D}{K\lambda} = \frac{D}{Kv_s}\Delta f_s \tag{5.7-6}$$

式中：$\dfrac{D}{v_s}$ 为声波穿过光束直径 D 所需的渡越时间 τ；K 是与光束截面形状和强度分布有关的常数。显然，要想提高声光偏转器的分辨率，希望声速 v_s 要小，则应选择品质因数 M_s 大的材料，只有增加超声带宽才能提高偏转器的分辨率 N。

习题与思考题

5-1　有一平凹腔 He-Ne 激光器（$\lambda = 0.632\,8\ \mu\text{m}$），腔长 0.5 m，凹面镜曲率半径 $R = 2$ m，欲用小孔光阑选出 TEM_{00} 模，试求光阑放于紧靠平面镜和紧靠凹面镜处两种情况下，小孔直径各为多少？

（对于 He-Ne 激光器，当小孔光阑的直径约等于基模半径的 3.3 倍时，可选出基横模。）

5-2　如题 5-2 用图所示 YAG 激光器的 M_1 是平面输出镜，M_2 是曲率半径为 8 cm 的凹面镜，透镜 P 的焦距 $F = 10$ cm，用小孔光阑选 TEM_{00} 模。试标出 P、M_2 与小孔光阑之间的距离。若工作物质的直径是 6 mm，问小孔光阑的直径应选多大？（在透镜 P 左端光斑面积可以近似认为等于工作物质的截面。）

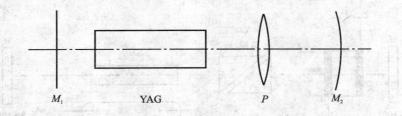

题 5-2 用图

5-3 有一方形孔径共焦腔 He-Ne 激光器,腔长 $L=30$ cm,放电管直径 $d=2a=0.12$ cm,工作波长 $\lambda=0.6328$ μm,镜的反射率为 $r_1=1$, $r_2=0.96$,单程衍射损耗因子 $\delta_{00}\approx 0$, $\delta_{10}=\delta_{01}\approx 1\times 10^{-6}$,其他损耗以每程 0.003 估计。问:此激光器能否做单横模运转? He-Ne 增益由公式 $e^{G^0 L}=1+3\times 10^{-4}\dfrac{L}{d}$ 计算。

5-4 激光工作物质是钕玻璃,其荧光线宽 $\Delta\nu_F=24.0$ nm,折射率 $\eta=1.50$。问:用什么方法可选出单纵模?

5-5 一台红宝石激光器,腔长 $L=0.5$ m,振荡线宽 $\Delta\nu_{osc}=2.4\times 10^{10}$ Hz,在腔内插入 F-P 标准具选单纵模。已知标准具内介质的折射率 $\eta=1$,求它的间距 d 及平行平板的反射率 R 各为多少?

5-6 有两只分别用石英玻璃和硬质玻璃制作的结构尺寸都相同的 CO_2 激光器,如不计其他因素的影响,当温度变化 0.5℃时,试比较两者的频率稳定度。已知:石英玻璃的线膨胀系数 $\alpha_{石}=6\times 10^{-7}$/℃,硬质玻璃的线膨胀系数 $\alpha_{玻}=1\times 10^{-5}$/℃。

5-7 在红宝石 Q 调制激光器中,有可能将几乎全部 Cr^{3+} 激发到激光上能级并产生激光巨脉冲。设红宝石棒直径 $d=1$ cm,长度 $l=7.5$ cm,Cr^{3+} 体积粒子数为 2×10^{19} cm^{-3},巨脉冲宽度 10 ns,求输出激光的最大能量和脉冲功率。

5-8 在光泵固体激光器中,弛豫振荡的典型参数是:振荡周期 $T=10^{-6}$ s,小尖峰脉冲的脉宽 $\tau=\dfrac{T}{2}$。设振荡持续时间为 0.5 ms,泵浦能量为 200 J,激光器的效率为 0.5%,试计算每个小尖峰激光脉冲的能量和功率。

5-9 如题 5-9 用图所示,是一种 PTM 调 Q 红宝石激光器的原理结构图。腔内的偏振器是改进型的格兰-付科棱镜。电光晶体 KD^*P 的一个电极 E_1 上加有固定的电压 $V_{\lambda/4}$(约 2 000 V),另一个电极 E_2 上的电压则按 $0-V_{\lambda/4}-0$ 的规律变化,试说明调 Q 原理。

5-10 试比较脉冲反射式(PRM)调 Q 激光器与锁模激光器,两类激光器在工作原理上有何不同?

5-11 有一个 Nd^{3+}:YAG 激光器,振荡线宽(荧光谱线中能产生激光振荡的范围)$\Delta\nu_{osc}=1.2\times 10^{11}$ Hz,腔长 $L=0.5$ m,计算如下参量:

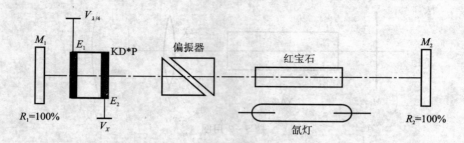

题 5-9 用图

(1) 相邻纵模频率间隔多大？
(2) 振荡线宽内可以容纳多少个纵模？
(3) 假设各纵模振幅相等，求锁模后脉冲的周期和宽度？
(4) 锁模脉冲及脉冲间隔各占有多大的空间距离？

5-12 有一多纵模激光器，纵模数是 1 000 个，激光器的腔长是 1.5 m，输出激光的平均功率为 1 W。假设各纵模振幅相等，求在锁模情况下，光脉冲的周期、宽度和峰值功率各是多少？

5-13 试设计一种实验装置，如何检验出入射光的偏振态（线偏振光、椭圆偏振光和自然光），并指出是根据什么现象？如果一个纵向电光调制器没有起偏器，入射的自然光能否得到光强调制？为什么？

第 6 章　激光半经典理论与量子理论

前面在处理光和物质的相互作用时涉及了经典理论和速率方程理论。经典理论对辐射场和组成物质的原子体系都作了经典式的描述，即将辐射场用经典的麦克斯韦方程描述，而将原子看做是经典的电偶极子，原子在电磁场的作用下产生极化。用经典理论可以讨论原子发射光谱线的自然线宽和线型，还可以讨论介质对光的吸收与色散。经典理论也是激光器光学谐振腔和激光传输问题的理论基础。然而，激光是一种量子现象，经典理论对许多激光现象是无法解释的。

速率方程理论将光场看做一群光子体系，工作物质由一群数目确定的粒子（原子、分子或离子）组成，这些粒子分布在与激光作用有关的各能级中。在光场作用下，粒子要产生受激吸收与受激辐射。与激光有关的各工作能级上的粒子数与谐振腔内光子数随时间的变化方程就是速率方程。用速率方程可以讨论激光器的振荡条件和输出功率或能量（或功率、能量随时间的变化）。由于速率方程是一组微分方程，在稳态情况下，又变为一组普通的代数方程，求解非常简单。如果只关心振荡条件和输出，速率方程能给出较好的近似。当然，速率方程忽略了光场的相位，没有考虑光场与原子的微观作用过程，在涉及与光场的相位特性有关的问题时，速率方程是无能为力的。

处理光和物质相互作用的理论还有半经典理论和量子理论。半经典理论将光场仍然看成是经典的电磁波场，而将原子看成量子力学体系，用量子力学方法描述。在激光场作用下，工作物质产生电极化。在求宏观电极化强度时，要用原子的波函数，这就引出了量子统计学中的密度矩阵方法。半经典理论能比较好地解释激光器中的一系列现象，但不能解释与激光场的量子特性有关的现象。半经典理论由于数学推导复杂，因此处理的工作物质的能级结构简单（一般为两能级原子系统），且只讨论较低次近似解的情况。

量子理论方法实际上就是量子电动力学的理论处理方法。这种方法首先将激光电磁场进行量子化，然后将量子化的激光场与用量子力学描述的原子体系作为一个统一的物理体系，用一个总的哈密顿能量算符表示，它包括辐射场能量算符、原子能量算符及相互作用能量算符 3 个部分。量子理论原则上可以讨论激光器的所有问题，只是与半经典理论一样，数学处理复杂。

本章介绍半经典理论与量子理论中最基本的内容。

6.1　激光电磁场方程

在半经典理论中，激光场服从麦克斯韦方程组。在 1.1 节中已给出在各向同性的均匀介

质中电磁场的电场强度 E 所满足的微分方程为

$$-\nabla^2 E + \mu_0 \sigma \frac{\partial E}{\partial t} + \mu_0 \frac{\partial^2 P}{\partial t^2} = -\mu_0 \varepsilon_0 \frac{\partial^2 E}{\partial t^2} \qquad (6.1-1)$$

如果将这个方程与经典强迫阻尼振荡方程比较,就可以对方程(6.1-1)作如下解释:等号左端第一项相当于弹性力,第二项相当于阻尼力,第三项相当于受迫力,右端相当于加速度项。σ 是工作物质的电导率,是为了避免复杂的边值问题,假定存在一个电导率为 σ 的损耗介质。但对于激光介质,即使是 $\sigma=0$ 的理想电介质,仍然保留该项以便唯象地表示谐振腔内由各种损耗机制造成电磁场的衰减。

在经典振动方程中,维持系统做持续振动的是受迫力的作用。从上面的类比可知,在电磁振动中,维持系统做持续振动的是含有电极化强度 P 的项,这项可类比作驱动源。它可以助长电磁振荡,也可以使振荡更快地衰减,这决定于 P 和 E 的相位关系。实际上,当单色辐射入射到介质中,介质中的原子被极化,产生感应电偶极矩(极化强度 P 为单位体积内的感应电偶极矩之和),感应电偶极矩对电磁场作功(正或负),使电磁场能量受到改变,或放大(正功),或减弱(负功)。可以证明,当反转粒子数为正时,电场 E 不断被加强;而当反粒子数为负时,电场 E 的能量不断被吸收,有更多的粒子由低能态跃迁到高能态。因此,具有粒子数反转的增益介质的宏观电极化强度 P,就成为激光场得以增强和维持振荡的增益源。

从方程(6.1-1)出发,可以推导出激光的电磁场方程。为了使问题简化,作如下假设:

首先,假设腔内的激光波场为单一的线偏振波场,而介质的极化也在同一方向。这样,方程(6.1-1)中的矢量函数就可用相应的标量函数代替。

$$-\left(\frac{\partial^2}{\partial x^2} + \frac{\partial^2}{\partial y^2} + \frac{\partial^2}{\partial z^2}\right)E + \mu_0 \sigma \frac{\partial E}{\partial t} + \mu_0 \frac{\partial^2 P}{\partial t^2} = -\mu_0 \varepsilon_0 \frac{\partial^2 E}{\partial t^2} \qquad (6.1-2)$$

其次,设腔内光场主要沿腔轴方向变化,而沿垂直于腔轴方向的变化比较缓慢(这在基高斯模近轴情况下是近似成立的),于是可认为

$$\frac{\partial^2 E}{\partial x^2} \approx 0, \quad \frac{\partial^2 E}{\partial y^2} \approx 0$$

于是方程(6.1-2)就变为

$$-\frac{\partial^2 E}{\partial z^2} + \mu_0 \sigma \frac{\partial E}{\partial t} + \mu_0 \frac{\partial^2 P}{\partial z^2} = -\mu_0 \varepsilon_0 \frac{\partial^2 E}{\partial t^2} \qquad (6.1-3)$$

方程(6.1-3)是一个二阶偏微分方程。其中,P 是一个与 E 有关的量,而且 P 与 E 的关系一般是非线性的,因此要求解这个方程是困难的。Lamb 用一种模分析法来解这个方程,就是将一个无源无损耗腔中的电磁波形成的一系列振荡模作为基础,将腔中待求的电场按这些本征模式展开,使展开系数(振幅和相位)成为随时间缓变的函数,把求电磁场的问题化成求这些缓变系数的问题,从而使问题大为简化。

根据上述思想,先考虑方程

$$\left.\begin{array}{l}-\dfrac{\partial^2 E}{\partial z^2}+\mu_0\varepsilon_0\dfrac{\partial^2 E}{\partial t^2}=0\\ E|_{z=0}=E|_{z=L}=0\end{array}\right\} \tag{6.1-4}$$

的解。这是无源($\rho=0$)无损($\sigma=0$)平行平面腔情形,L 为谐振腔的腔长。数学上,这是有界弦的自由振动问题,用分离变数法,可解得它的解是驻波

$$E_n(z,t)=T_n(t)z_n(z)=E_n\cos(\Omega_n t+\varphi_n)\sin k_n z \tag{6.1-5}$$

式中:

$$\left.\begin{array}{l}\Omega_n=\dfrac{n\pi c}{L}\\ k_n=\dfrac{n\pi}{L}\end{array}\right\} \tag{6.1-6}$$

Ω_n 为第 n 个振动的固有频率,k_n 为第 n 个振动的波矢量。

式(6.1-5)是满足式(6.1-4)的特解,这些特解的集合组成一个完备的正交函数集,所以式(6.1-4)的一般解可表示为

$$E(z,t)=\sum_n E_n\cos(\Omega_n t+\varphi_n)\sin k_n z=\sum_n T_n(t)\sin k_n z \tag{6.1-7}$$

利用解式(6.1-7),考虑方程(6.1-3)的解,边界条件仍然为 $E|_{z=0}=E|_{z=L}=0$。

对于方程(6.1-3),保持如下的设想:上述定解问题的解,可分解为无限多个驻波的叠加,每个驻波的振形,仍由该振动的固有函数 $\sin k_n z$ 所决定。就是说,假定式(6.1-3)的解具有如下形式:

$$E(z,t)=\sum_n A_n(t)\sin k_n z \tag{6.1-8}$$

此处将式(6.1-7)中的 $T_n(t)$ 换成了 $A_n(t)$,这是考虑到阻尼和强迫力的影响。

对于腔长一定的激光器来说,本征函数集 $\{\sin k_n z\}$ 可以作为已知量对待(因为 L 一定,$k_n=\dfrac{n\pi}{L}$ 就定了),因而求解电场 $E(z,t)$ 主要是求解 $A_n(t)$。为此,将式(6.1-8)代入式(6.1-3),得到

$$\sum_n k_n^2 A_n(t)\sin k_n z+\mu_0\sigma\sum_n\sin k_n z\dfrac{\mathrm{d}A_n(t)}{\mathrm{d}t}+\mu_0\dfrac{\mathrm{d}^2 P}{\mathrm{d}t^2}=-\mu_0\varepsilon_0\sum_n\sin k_n z\dfrac{\mathrm{d}^2 A_n(t)}{\mathrm{d}t^2}$$

以 $\sin k_m z$ 乘上式两边,并对 $(0,L)$ 区间积分,注意本征函数的正交性

$$\dfrac{2}{L}\int_0^L \sin k_m z\sin k_n z\,\mathrm{d}z=\delta_{mn} \tag{6.1-9}$$

得到

$$k_n^2 A_n(t)+\mu_0\sigma\dfrac{\mathrm{d}A_n(t)}{\mathrm{d}t}+\mu_0\dfrac{\mathrm{d}^2}{\mathrm{d}t^2}\left(\dfrac{2}{L}\int_0^L P\sin k_n z\,\mathrm{d}z\right)=-\mu_0\varepsilon_0\dfrac{\mathrm{d}^2 A_n(t)}{\mathrm{d}t^2} \tag{6.1-10}$$

如果设

$$P = P(z,t) = \sum_n P_m(t)\sin k_m z \tag{6.1-11}$$

式中:$P(z,t)$为由振荡的全部模引起的极化强度;$P_m(z)$为由振动的第 m 个模引起的极化强度。用 $\sin k_n z$ 乘以式(6.1-11)两端,并在 $(0,L)$ 区间内积分,利用正交性式(6.1-9),得到

$$P_n(t) = \frac{2}{L}\int_0^L P(z,t)\sin k_n z\, dz \tag{6.1-12}$$

即 $P_n(t)$ 为 $P(z,t)$ 的空间傅里叶分量。将式(6.1-12)代入式(6.1-10)得到

$$\mu_0\varepsilon_0\frac{d^2 A_n(t)}{dt^2} + \mu_0\sigma\frac{dA_n(t)}{dt} + k_n^2 A_n(t) + \mu_0\frac{d^2 P_n(t)}{dt^2} = 0 \tag{6.1-13}$$

现在假定 $A_n(t)$ 和 $P_n(t)$ 的形式,设

$$A_n(t) = E_n(t)\cos[\omega_n(t) + \varphi_n(t)] \tag{6.1-14}$$

式中:$E_n(t)$ 和 $\varphi_n(t)$ 为时间的慢变化函数。按式(2.1-8),知方程(2.1-3)的解为

$$E(z,t) = \sum_n E_n(t)\cos[\omega_n t + \varphi_n(t)]\sin k_n z \tag{6.1-15}$$

将它与方程(6.1-4)的解式(6.1-7)比较,可以看出这两个解的异同。相同之处是,它们都表示为非激活腔简正模本征函数 $\sin k_n z$ 之和的形式。不同的是,在式(6.1-15)中,由于受到阻尼和激发力扰动的影响,使得在振幅、相位和共振频率方面稍有不同,所以方程(6.1-3)所描述的是系统的一个准稳态受迫振荡。

由于宏观电极化强度 P 是由电场 E 诱导产生的,在时间上会有滞后,不是瞬时的。考虑到这一滞后效应,$P_n(t)$ 应写成如下形式:

$$P_n(t) = C_n(t)\cos[\omega_n t + \varphi_n(t)] + S_n(t)\sin[\omega_n t + \varphi_n(t)] \tag{6.1-16}$$

式中:第一项分量与 $A_n(t)$ 同相位;第二项分量与 $A_n(t)$ 差 $\frac{\pi}{2}$ 相位;$C_n(t)$ 和 $S_n(t)$ 都是时间的慢变化函数。因此有

$$\frac{d^2 P_n(t)}{dt^2} \approx -\omega_n^2 P_n(t) \tag{6.1-17}$$

将唯象参量 σ 用谐振腔第 n 个模的品质因数 Q_n 来代替,令

$$Q_n = \varepsilon_0\frac{\omega_n}{\sigma} \tag{6.1-18}$$

将式(6.1-14)和式(6.1-16)~(6.1-18)代入式(6.1-13)中,忽略 $\ddot{E}_n(t)$、$\ddot{\varphi}_n(t)$ 及 $\dot{E}_n(t)\dot{\varphi}_n(t)$ 等小量,并比较方程两端正弦项和余弦项的系数,可得

$$[\omega_n + \dot{\varphi}_n(t) - \Omega_n]E_n(t) = -\frac{\omega_n}{2\varepsilon_0}C_n(t) \tag{6.1-19}$$

$$\dot{E}_n(t) + \frac{\omega_n}{2Q_n}E_n(t) = -\frac{\omega_n}{2\varepsilon_0}S_n(t) \tag{6.1-20}$$

式(6.1-19)和式(6.1-20)就是激光振荡半经典理论中描述激光场的基本方程,称为激光电

磁场方程，也称兰姆（W. E. Lamb）方程。其中：第一个方程表示极化强度的同相位分量（即 $C_n(t)$ 在使场的频率 ω_n（有源腔频率）偏离非激活腔场的频率 Ω_n（无源腔振荡频率）中所起的作用，从而描述了频率牵引和排斥。第二个方程描述阻尼和激活介质对模的振幅的影响：如果极化强度的正交分量为零（即 $S_n(t)=0$），则像非激活介质损耗腔那样，振幅按指数规律衰减。所以，含有极化强度的正交分量 $S_n(t)$ 代表激活介质所起的增益，它克服腔的损耗，使振荡得以发生。

如果知道了介质的极化强度 $P(z,t)$，就可利用式(6.1-12)得到 $P_n(t)$，将 $P_n(t)$ 的表示式与式(6.1-16)比较，可确定 $C_n(t)$ 与 $S_n(t)$，将它们代入兰姆方程式(6.1-19)和式(6.1-20)中，就可讨论激光场的振幅特性和频率特性。

由于工作物质是由大量的、处于不同运动状态的粒子所组成，因此在求宏观极化强度时，应采用量子统计中的密度矩阵方法。

6.2 密度矩阵

6.2.1 量子统计系综和力学量的平均值

按统计系综的概念，把每一个原子看做一个系统，大量全同系统组成一个系综。若系综内的系统都处于用波函数 Ψ 所描写的相同的微观态，则此系综为量子力学的纯粹系综；若系综内的系统不处于相同的微观态，则称为混合系综。

对于纯粹系综，力学量 $\hat{F}$ 的平均值为

$$\overline{F} = \int \Psi^* \hat{F} \Psi \, \mathrm{d}\tau \tag{6.2-1}$$

这是量子力学平均，即按确定状态的平均。

对于混合系综，设系综由 N 个（$N \gg 1$）相同的量子力学系统组成，其中有 N_1 个系统处在 Ψ_1 态，有 N_2 个系统处在 Ψ_2 态，有 N_k 个系统处在 Ψ_k 态，且 $N_1 + N_2 + \cdots + N_k = N$，则态 Ψ_1，$\Psi_2, \cdots, \Psi_k$ 出现的几率分别为 $w_1 = \dfrac{N_1}{N}, w_2 = \dfrac{N_2}{N}, \cdots, w_k = \dfrac{N_k}{N}$，这时力学量 $\hat{F}$ 的平均值将是

$$\overline{\overline{F}} = \sum_{i=1}^{k} w_i \int \Psi_i^* \hat{F} \Psi_i \, \mathrm{d}\tau = \sum_{i=1}^{k} w_i \overline{F}_i \tag{6.2-2}$$

混合系综是量子力学更一般的统计系综，对于这个系综，力学量的平均值具有二重性。

这里只考虑 $k=N$ 的特殊情形，对于这种情形，$N_1 = N_2 = \cdots = N_N = 1, w_1 = w_2 = \cdots = w_N = \dfrac{1}{N}$，则式(6.2-2)变为

$$\overline{\overline{F}} = \frac{1}{N}\sum_{i=1}^{N}\int \Psi_i^* \hat{F} \Psi_i \mathrm{d}\tau = \frac{1}{N}\sum_{i=1}^{N}\overline{F}_i \qquad (6.2-3)$$

6.2.2 密度矩阵定义

在 L 表象中将表示式(6.2-3)具体化。设 $\hat{L}$ 具有断续谱值
$$\hat{L}\varphi_n = L_n\varphi_n \qquad n = 1, 2, \cdots$$
其中：φ_n 为 $\hat{L}$ 的本征矢，即 L 表象中的基向量。将 Ψ_i 向 $\{\varphi_n\}$ 展开
$$\Psi_i = \sum_n C_{in}\varphi_n, \quad \Psi_i^* = \sum_m C_{im}^*\varphi_m^* \qquad (6.2-4)$$
则
$$\overline{F}_i = \int \Psi_i^* \hat{F} \Psi_i \mathrm{d}\tau = \int \sum_m C_{im}^* \varphi_m^* \hat{F} \sum_n C_{in}\varphi_n \mathrm{d}\tau = \sum_m \sum_n C_{im}^* F_{mn} C_{in} \qquad (6.2-5)$$
式中：
$$F_{mn} = \int \varphi_m^* \hat{F} \varphi_n \mathrm{d}\tau \qquad (6.2-6)$$

F_{mn} 为算符 $\hat{F}$ 在 L 表象中的矩阵元素。将式(6.2-5)和式(6.2-6)代入式(6.2-3)中,得到
$$\overline{\overline{F}} = \frac{1}{N}\sum_{i=1}^{N}\overline{F}_i = \sum_m \sum_n \Big[\frac{1}{N}\sum_{i=1}^{N} C_{im}^* C_{in}\Big] F_{mn}$$
令
$$\rho_{nm} = \frac{1}{N}\sum_{i=1}^{N} C_{im}^* C_{in} \qquad (6.2-7)$$
则
$$\overline{\overline{F}} = \sum_m \sum_n \rho_{nm} F_{mn} \qquad (6.2-8)$$

由式(6.2-8)可以看出,ρ_{nm} 在这里起几率密度的作用,ρ_{nm} 的集合称为密度矩阵,ρ_{nm} 为密度矩阵的矩阵元,它是各几率振幅的二次积之和。用密度矩阵表述系综的状态是很方便的。

6.2.3 密度矩阵的性质及物理意义

密度矩阵的性质及物理意义如下：
① 密度矩阵 ρ 是厄米的。
证 明
$$\rho_{nm} = \frac{1}{N}\sum_{i=1}^{N} C_{im}^* C_{in}$$

$$\rho_{nm}^* = \frac{1}{N}\Big[\sum_{i=1}^{N} C_{im}^* C_{in}\Big]^* = \frac{1}{N}\sum_{i=1}^{N} C_{im} C_{in}^* = \frac{1}{N}\sum_{i=1}^{N} C_{in}^* C_{im} = \rho_{mn} \qquad (6.2-9)$$

所以 $\boldsymbol{\rho}$ 是厄米的。

② 密度矩阵 $\boldsymbol{\rho}$ 的对角元素具有几率的意义。

按 $\boldsymbol{\rho}$ 的定义,其对角元素为

$$\rho_{nn} = \frac{1}{N}\sum_{i=1}^{N} |C_{in}|^2$$

式中:$|C_{in}|^2$ 表示在态 $\Psi_i(x,t)$ 下,态 $\varphi_n(x)$ 出现的几率,而态 Ψ_i 在系综中出现的几率是 $\frac{1}{N}$,所以这个复合事件的几率是 $\frac{1}{N}|C_{in}|^2$。由于 $\Psi_1,\Psi_2,\cdots\Psi_N$ 在混合系综中均出现,所以在混合系综中找到本征态 φ_n 的几率是 $\sum_{i=1}^{N}\frac{1}{N}|C_{in}|^2$。就是说,$\rho_{nn}$ 表示在混合系综中找到态 φ_n 的几率,或者说表示在混合系综中测得值 $L=L_n$ 的几率。

③ 密度矩阵的对角元素为正。

这是因为 ρ_{nn} 表示的是几率,所以不能为负。

④ 密度矩阵的迹为1,即

$$\text{tr}(\boldsymbol{\rho}) = \sum_n \rho_{nn} = 1 \qquad (6.2-10)$$

符号 tr 表示矩阵的迹。

证明 因为

$$\int \Psi_i^* \Psi_i \, d\tau = 1 \qquad (6.2-11)$$

将式(6.2-4)代入

$$\int \Psi_i^* \Psi_i \, d\tau = \sum_m \sum_n C_{im}^* C_{in} \int \varphi_m^* \varphi_n \, d\tau = \sum_n |C_{in}|^2 = 1 \qquad (6.2-12)$$

所以

$$\sum_n \rho_{nn} = \sum_n \frac{1}{N}\sum_{i=1}^{N} |C_{in}|^2 = \frac{1}{N}\sum_{i=1}^{N}\sum_n |C_{in}|^2 = 1$$

⑤ 一个观察量的系综平均值 $\overline{F}$ 为矩阵 $(\boldsymbol{\rho}F)$ 或 $(F\boldsymbol{\rho})$ 的迹,即

$$\overline{F} = \text{tr}(\boldsymbol{\rho}F) = \text{tr}(F\boldsymbol{\rho}) \qquad (6.2-13)$$

证明

$$\overline{F} = \sum_m \sum_n \rho_{nm} F_{mn} = \sum_n \Big(\sum_m \rho_{nm} F_{mn}\Big) = \sum_n (\boldsymbol{\rho}F)_{nn} = \text{tr}(\boldsymbol{\rho}F)$$

或写成

$$\overline{\overline{F}} = \sum_m \left(\sum_n F_{mn} \rho_{nm} \right) = \sum_m (F\boldsymbol{\rho})_{mm} = \mathrm{tr}(F\boldsymbol{\rho})$$

⑥ 在表象间是么正变换的条件下，密度矩阵的迹和观察量的系综平均值并不改变，即设 $\boldsymbol{\rho}'$、F' 代表 M 表象中的密度矩阵和观察量，$\boldsymbol{\rho}$、F 代表 L 表象中的密度矩阵和观察量，则有

$$\mathrm{tr}(\boldsymbol{\rho}') = \mathrm{tr}(\boldsymbol{\rho}) \tag{6.2-14}$$

$$\mathrm{tr}(\boldsymbol{\rho}' F') = \mathrm{tr}(\boldsymbol{\rho} F) \tag{6.2-15}$$

证 明 设 S 为从 L 表象到 M 表象的变换矩阵，则

$$\mathrm{tr}(\boldsymbol{\rho}') = \mathrm{tr}(S^{-1}\boldsymbol{\rho}S) = \mathrm{tr}(SS^{-1}\boldsymbol{\rho}) = \mathrm{tr}(\boldsymbol{\rho})$$

同理可以证明式(6.2-15)。

⑦ 密度矩阵非对角元素的意义。

为了说明非对角元素的意义，将式(6.2-8)改写为

$$\overline{\overline{F}} = \sum_m \rho_{mm} F_{mm} + \sum_{m \neq n} \rho_{mn} F_{nm} \tag{6.2-16}$$

式中：若 $\rho_{mn}(m \neq n) = 0$，则物理量的系综平均值即为该量对本征态平均值 F_{mm} 再加权平均，其权重 ρ_{mm} 即为系统处于该本征态的几率；若 $\rho_{mn}(m \neq n) \neq 0$，则还要加上态与态之间的交叉项或干涉项。所以，非对角元素通常被认为是系综各本征态间相干性的表现。根据式(6.2-7)，$\rho_{mn} = \frac{1}{N} \sum_{i=1}^{N} C_{in}^* C_{im}$，如果各个系统的展开系数 C_{in} 和 C_{im} 的相对相位分布是随机的，则 $\rho_{mn} = 0$，因此，非对角元素又可以看做这种波函数相对相位分布混乱程度的量度。后面将证明，两能级原子介质的宏观极化强度，将通过密度矩阵的非对角元素求出。

6.2.4 密度矩阵的运动方程

密度矩阵的运动方程表示密度矩阵 $\boldsymbol{\rho}$ 随时间的变化关系。矩阵式(6.2-7)确定在某一时间(取这时间为原始时间 $t=0$)的 $\boldsymbol{\rho}_0$，用此矩阵所描述的混合系综是独立系统的集合，其中每一系统处于 $\Psi_i(x,o)$ 态，且每一系统在系综里出现的几率为 $\frac{1}{N}$。

在 $t > 0$ 时，混合系综里的系统将处于 $\Psi_i(x,t)$ 态。假设每一系统在系综里出现的几率仍为 $\frac{1}{N}$，则此时矩阵应表示为

$$\rho_{nm}(t) = \frac{1}{N} \sum_{i=1}^{N} C_{im}^*(t) C_{in}(t) \tag{6.2-17}$$

将上式对时间微分

$$\frac{\partial \rho_{nm}(t)}{\partial t} = \frac{1}{N} \sum_{i=1}^{N} \left[C_{im}^*(t) \frac{\partial C_{in}(t)}{\partial t} + C_{in}(t) \frac{\partial C_{im}^*(t)}{\partial t} \right] \tag{6.2-18}$$

式中：$\dfrac{\partial C_{in}(t)}{\partial t}$ 和 $\dfrac{\partial C_{im}^*(t)}{\partial t}$ 需要应用与时间有关的薛定谔方程（在 L 表象中）。

在 X 表象中，与时间有关的薛定谔方程为

$$\mathrm{i}\hbar\frac{\partial \Psi_i(x,t)}{\partial t} = \hat{H}\Psi_i(x,t) \tag{6.2-19}$$

设 L 表象中基矢为 $\{\varphi_n(x)\}$，令

$$\Psi_i(x,t) = \sum_n C_{in}(t)\varphi_n(x) \tag{6.2-20}$$

将它代入式(6.2-19)，注意 $\hat{H}$ 应是线性算符，并且不能含有对于时间的导数和对于时间的积分，得到

$$\mathrm{i}\hbar\sum_n \frac{\partial C_{in}(t)}{\partial t}\varphi_n(x) = \sum_n C_{in}(t)\hat{H}\varphi_n(x)$$

以 $\varphi_m^*(x)$ 左乘上式两端，对整个空间积分，利用波函数的正交性，有

$$\mathrm{i}\hbar\frac{\partial C_{im}(t)}{\partial t} = \sum_n H_{mn}C_{in}(t) \tag{6.2-21}$$

$$H_{mn} = \int \varphi_m^* \hat{H}\varphi_n \mathrm{d}x \tag{6.2-22}$$

式(6.2-21)即是 L 表象中的薛定谔方程。将它代入式(6.2-18)，利用密度矩阵定义式(6.2-7)和算符的共轭性 $H_{mm'}^* = H_{m'm}$，得到

$$\frac{\partial \rho_{nm}}{\partial t} = -\frac{\mathrm{i}}{\hbar}\Big[\sum_{n'}H_{nn'}\rho_{n'm} - \sum_{m'}\rho_{nm'}H_{m'm}\Big] = -\frac{\mathrm{i}}{\hbar}[(H\rho)_{nm} - (\rho H)_{nm}] \tag{6.2-23}$$

写成算符形式为

$$\frac{\partial \hat{\rho}}{\partial t} = -\frac{\mathrm{i}}{\hbar}(\hat{H}\hat{\rho} - \hat{\rho}\hat{H}) \tag{6.2-24}$$

式(6.2-24)即为密度矩阵的运动方程。如果在 $t=0$ 时的密度矩阵已知，原则上便可由该式确定其他时刻的密度矩阵。引用量子泊松(Poisson)括号，式(6.2-24)可写成

$$\frac{\mathrm{d}\hat{\rho}}{\mathrm{d}t} = \frac{\partial \hat{\rho}}{\partial t} + \frac{\mathrm{i}}{\hbar}[\hat{H},\hat{\rho}] = 0 \tag{6.2-25}$$

式中：

$$[\hat{H},\hat{\rho}] = (\hat{H}\hat{\rho} - \hat{\rho}\hat{H}) \tag{6.2-26}$$

式(6.2-25)说明，$\hat{\rho}$ 是运动积分，即保守体系的总能量守恒。式(6.2-25)是量子统计系综理论中的刘维(Liouville)方程。

6.3 二能级原子系综的密度矩阵

原子可以有许多能级，但与激光跃迁明显有关的能级主要有两个，即激光上、下能级。采

取两能级系统,是一个简化模型。对于静止原子和运动原子两种不同情况,密度矩阵方程是有差别的,要分别加以讨论。

6.3.1 静止原子情形

设二能级原子系统存在着自发辐射,且受到 $\hat{H}_1$ 场的微扰作用,其状态波函数为 $\Psi(q,t)$,它满足含时的薛定谔方程

$$(\hat{H} + \hat{H}_1)\Psi(q,t) = i\hbar \frac{\partial \Psi(q,t)}{\partial t} \quad (6.3-1)$$

式中:$\hat{H}$ 是未扰动系统的哈密顿算符。如果孤立系统二能级原子能量本征值分别为 E_a 和 E_b,相应的本征函数为 $u_a(q)$ 和 $u_b(q)$,则受扰动系统的波函数是孤立系统未扰动的本征函数的线性组合

$$\Psi(q,t) = a(t)u_a(q) + b(t)u_b(q) \quad (6.3-2)$$

假设微扰项是由电磁场引起的,并且电场和原子的相互作用取偶极近似,那么 $\hat{H}_1$ 就是电偶极子在外场中的能量

$$\hat{H}_1 = -\boldsymbol{P} \cdot \boldsymbol{E} = -e\boldsymbol{r} \cdot \boldsymbol{E} = -erE \quad (6.3-3)$$

式中:$\boldsymbol{P}$ 为原子的电偶极矩;最后一个等式取了标量近似。

按密度矩阵定义式(6.2-7),二能级原子系综密度矩阵各矩阵元为

$$\left. \begin{array}{l} \rho_{aa} = \dfrac{1}{N}\sum\limits_{k=1}^{N} a_K a_K^*, \quad \rho_{bb} = \dfrac{1}{N}\sum\limits_{k=1}^{N} b_K b_K^* \\[2mm] \rho_{ab} = \dfrac{1}{N}\sum\limits_{k=1}^{N} a_K b_K^*, \quad \rho_{ba} = \rho_{ab}^* \end{array} \right\} \quad (6.3-4)$$

由式(6.3-1)~(6.3-4)中各关系式,可以导出二能级原子系综密度矩阵各矩阵元随时间的变化方程为

$$\left. \begin{array}{l} \dot{\rho}_{aa} = \lambda_a - \gamma_a \rho_{aa} - \dfrac{i}{\hbar}(\rho_{ab} - \rho_{ba})ED \\[2mm] \dot{\rho}_{bb} = \lambda_b - \gamma_b \rho_{bb} + \dfrac{i}{\hbar}(\rho_{ab} - \rho_{ba})ED \\[2mm] \dot{\rho}_{ab} = -(i\omega_{ab} + \gamma)\rho_{ab} - \dfrac{i}{\hbar}(\rho_{aa} - \rho_{bb})ED \\[2mm] \rho_{ba} = \rho_{ab}^* \end{array} \right\} \quad (6.3-5)$$

式中:λ_a 和 λ_b 表示在单位体积、单位时间内激发到 a 态和 b 态的激发速率;γ_a 和 γ_b 表示两个能级上的衰减速率;$\gamma = (\gamma_a + \gamma_b)/2$ 为两个能级的平均衰减率;E 为外场(微扰场);ω_{ab} 为原子在 a、b 能级间的跃迁频率;D 为电偶极矩阵元,表达式为

$$D = D_{ab} = D_{ba} = \int u_a^* er u_b \mathrm{d}q = \int u_b^* er u_a \mathrm{d}q \qquad (6.3-6)$$

式(6.3-5)的前两式实际上是两个能级上的速率方程。以第一式为例,左端表示上能级粒子数的变化,右端第一项表示由于外界激发作用导致上能级粒子数的增加,第二项表示衰减作用导致的粒子数的减少,第三项表示受激辐射和受激吸收的综合作用导致的上能级粒子数的减少。

式(6.3-5)可以写成如下矩阵方程:

$$\dot{\boldsymbol{\rho}}(t) = \boldsymbol{\lambda} - \frac{\mathrm{i}}{\hbar}[\boldsymbol{H}\rho(t) - \rho(t)\boldsymbol{H}] - \frac{1}{2}[\boldsymbol{\Gamma}\rho(t) + \rho(t)\boldsymbol{\Gamma}] \qquad (6.3-7)$$

式中:$\boldsymbol{\lambda}$ 代表激发矩阵;$\boldsymbol{H}$ 为哈密顿矩阵;$\boldsymbol{\Gamma}$ 为衰减矩阵。它们分别表示为

$$\boldsymbol{\lambda} = \begin{pmatrix} \lambda_a & 0 \\ 0 & \lambda_b \end{pmatrix}, \quad \boldsymbol{H} = \begin{pmatrix} E_a & -ED \\ -ED & E_b \end{pmatrix}, \quad \boldsymbol{\Gamma} = \begin{pmatrix} \gamma_a & 0 \\ 0 & \gamma_b \end{pmatrix} \qquad (6.3-8)$$

6.3.2 运动原子情形

静止原子的密度矩阵,一般只适用于固态工作物质。二能级运动原子的密度矩阵,其结论可以用于气体工作物质。运动原子理论和静止原子理论的基本思想并无不同,只是必须注意运动原子的速度分布和位置变化所带来的复杂性。由于原子具有 z 方向的运动速度 v,所以在时刻 t_0 位置 z 处如被激发到 a 态的原子,在时刻 t 已不在位置 z 处了,这部分原子对 z 处 t 时刻的密度矩阵没有贡献。只有那些满足条件 $z = z_0 + v(t - t_0)$ 的原子,即在 t_0 时刻位置 z_0 处被激发,以速度 v 运动并在时刻 t 恰好到达 z 的原子,才对 $\rho(z, t)$ 有贡献。从这一点出发可求得运动原子的密度矩阵为

$$\frac{\mathrm{d}}{\mathrm{d}t}\boldsymbol{\rho}(z, v, t) = \left(\frac{\partial}{\partial t} + v\frac{\partial}{\partial z}\right)\boldsymbol{\rho}(z, v, t) = \boldsymbol{\lambda} - \frac{\mathrm{i}}{\hbar}[\boldsymbol{H}, \boldsymbol{\rho}] - \frac{1}{2}[\boldsymbol{\Gamma}\boldsymbol{\rho} + \boldsymbol{\rho}\boldsymbol{\Gamma}] \qquad (6.3-9)$$

式中:$\boldsymbol{\rho}$ 均指 $\boldsymbol{\rho}(z, v, t)$,表示速度在 v 附近,单位速度间隔的原子所组成的系综在 t 时刻位置 z 处的密度矩阵。

式(6.3-9)和静止原子的式(6.3-7)的形式相同,所不同的是:①对于运动原子,$\boldsymbol{\rho}$ 的变化率包括由时间推移直接产生的变化率 $\frac{\partial \rho}{\partial t}$ 和由于原子运动造成的变化率 $v\frac{\partial \rho}{\partial z}$ 两部分,静止原子因为是不动的,所以第二部分为零。②哈密顿矩阵中的光场 $E(z, t) = E[z_0 + v(t - t_0), t]$,表示在 t_0 时刻 z_0 处被激发的原子与该原子相互作用的光场为 z_0 处的场,即 $E(z_0, t_0)$。在 t 时刻,原子已运动到 $[z_0 + v(t - t_0)]$ 处,此时与它发生相互作用的场应该是 $[z_0 + v(t - t_0)]$ 处的场,即 $E[z_0 + v(t - t_0)]$。

6.4 宏观电极化强度与密度矩阵的关系

现在说明介质的密度矩阵与介质的电极化强度之间的关系。介质的电极化强度 P 代表介质的单位体积内的感应电偶极矩之和。设介质单位体积内的原子数目为 N,一个原子的感应电偶极矩的系综平均值为 $\bar{\bar{p}}$,则

$$P = N \cdot \bar{\bar{p}} \tag{6.4-1}$$

$$\bar{\bar{p}} = \frac{1}{M}\sum_{i=1}^{M}\bar{p}_i = \frac{1}{M}\sum_{i=1}^{M}\int \Psi_i^*(q,t)\hat{p}\Psi_i(q,t)dq \tag{6.4-2}$$

式中:$\hat{p}=er$。将 $\Psi_i(q,t)$ 向 $\hat{H}$ 的本征函数 $\{u_m\}$ 展开,对二能级系统而言

$$\Psi_i(q,t) = a_i(t)u_a(q) + b_i(t)u_b(q) \tag{6.4-3}$$

将它代入式(6.4-2),注意固有偶极矩的矩阵元为零及

$$D = \int u_a^* \hat{p} u_b dq = \int u_b^* \hat{p} u_a dq$$

得到

$$\bar{\bar{p}} = D\left[\frac{1}{M}\sum_{i=1}^{M}a_i^*(t)b_i(t) + \frac{1}{M}\sum_{i=1}^{M}b_i^*(t)a_i(t)\right] = D[\rho_{ba}(t) + \rho_{ab}(t)] \tag{6.4-4}$$

将这结果代入式(6.4-1),得到

$$P = ND(\rho_{ab} + \rho_{ba}) \tag{6.4-5}$$

可见,密度矩阵的非对角元素和介质的宏观极化强度是联系在一起的。

由式(6.4-5)可知,如果已知 D,通过密度矩阵方程求出 ρ_{ab} 和 ρ_{ba},介质的电极化强度 P 就随之得到确定;然后将求出的 P 代入到兰姆方程中(实际上用 P 的傅里叶分量),就可定量地讨论激光振荡的振幅特性和频率特性。

6.5 静止原子激光器的单模运转

单模是指腔内激光场只有第 n 个模

$$E = E(z,t) = E_n(t)\cos[\omega_n t + \varphi_n(t)]\sin k_n z \tag{6.5-1}$$

一般情况下为多模场,如式(6.1-15)所示。

将式(6.5-1)代入密度矩阵方程式(6.3-5),解出非对角元素 ρ_{ab} 与 ρ_{ba},利用式(6.4-5)求出极化强度 P,然后求出 $P_n(t)$,$C_n(t)$,$S_n(t)$,最后利用兰姆方程讨论激光场的振幅特性和频率特性。

由于非对角元素的微分方程中,含有对角元素,而对角元素的微分方程中又含有非对角元

素,所以只能逐级近似求解。方法是:假设 $E(z,t)=0$,可以得到 ρ_{aa} 和 ρ_{bb},作为零级近似记作 $\rho_{aa}^{(0)}$,$\rho_{bb}^{(0)}$。将 $\rho_{aa}^{(0)}$,$\rho_{bb}^{(0)}$ 代入非对角元素的微分方程中,可得到非对角元素的一级近似解 $\rho_{ab}^{(1)}$ 和 $\rho_{ba}^{(1)}$。将 $\rho_{ab}^{(1)}$,$\rho_{ba}^{(1)}$ 代入对角元素的微分方程中,得到对角元素的二级近似 $\rho_{aa}^{(2)}$ 和 $\rho_{bb}^{(2)}$,再将它们代入非对角元素的微分方程中,又可得到三级近似 $\rho_{ab}^{(3)}$ 和 $\rho_{ba}^{(3)}$。如此逐级解下去。

在具体运算中,对于慢变化函数(如 $E_n(t)$)可以看做常数提到积分号外。要略去高频项,如 $e^{\pm i(\omega_{ab}+\omega_n)}$ 的项,这称为旋转波近似。为什么要作这种近似,将在 6.11 节中说明。

在三级近似下,可以得到如下结果:

$$\dot{E}_n = E_n(\alpha_n - \beta_n I_n) \tag{6.5-2}$$

$$\omega_n - \Omega_n = \sigma_n - \rho_n I_n \tag{6.5-3}$$

这是单模场振幅和频率所满足的方程。式中

$$I_n = \frac{D^2 E_n^2}{2\hbar^2 \gamma_a \gamma_b} \tag{6.5-4}$$

为无量纲光强;α_n 为线性净时间增益系数;β_n 为自饱和系数;σ_n 为线性模牵引系数;ρ_n 为模推斥系数。各有关系数表达式如下:

$$\alpha_n = L(\omega_{ab} - \omega_n) F_1 - \frac{\omega_n}{2Q_n} \tag{6.5-5}$$

$$\beta_n = L^2(\omega_{ab} - \omega_n) F_3 \tag{6.5-6}$$

$$\sigma_n = L(\omega_{ab} - \omega_n) F_1 \frac{\omega_{ab} - \omega_n}{\gamma} \tag{6.5-7}$$

$$\rho_n = L^2(\omega_{ab} - \omega_n) F_3 \frac{\omega_{ab} - \omega_n}{\gamma} \tag{6.5-8}$$

$$L(\omega_{ab} - \omega_n) = \frac{\gamma^2}{(\omega_{ab} - \omega_n)^2 + \gamma^2} \tag{6.5-9}$$

$$F_1 = \frac{\omega_n D^2 \overline{N}}{2\varepsilon_0 \hbar \gamma} \tag{6.5-10}$$

$$F_3 = \frac{3}{2} F_1 \tag{6.5-11}$$

各式中:$L(\omega_{ab} - \omega_n)$ 为无量纲洛伦兹函数;F_1 为一阶因子;F_3 为三阶因子。

式(6.5-2)表示场的振幅特性。在场的振幅 $E_n(t)$ 较小时,由于 $\beta_n \ll \alpha_n$,右边的第二项可以忽略,$\dot{E}_n(t) = \alpha_n E_n$,将 α_n 的表达式代入,得到

$$\dot{E}_n(t) = \omega_n \left\{ \frac{D^2 \overline{N} \gamma}{2\varepsilon_0 \hbar[(\omega_{ab} - \omega_n)^2 + \gamma^2]} - \frac{1}{2Q_n} \right\} E_n(t) \tag{6.5-12}$$

式中:

$$\overline{N} = \frac{2}{L} \int_0^L (\rho_{aa}^{(0)} - \rho_{bb}^{(0)}) \sin^2 k_n z \, dz \tag{6.5-13}$$

为激活介质的平均原子数。如果采用一级近似,正好得到式(6.5-12),没有饱和项。

从式(6.5-12)可以看出,振幅随时间的变化率由该式右边两项决定,第一项表示在介质内平均反转原子数 $\overline{N}>0$ 情况下,腔内介质的极化(以 D^2 表示)导致振幅的增长,第二项表示由腔内存在的各种损耗机制导致的振幅衰减。如果要求激光振荡随时间增加,而不因腔的损耗按指数衰减,则必须有时间净增益系数 $\alpha_n \geqslant 0$,即

$$\frac{D^2 \overline{N} \gamma}{\varepsilon_0 \hbar [(\omega_{ab}-\omega_n)^2+\gamma^2]} \geqslant \frac{1}{Q_n} \tag{6.5-14}$$

$\alpha_n \geqslant 0$ 就是激光的振荡条件。一旦满足 $\alpha_n \geqslant 0$ 的条件,激光场振幅(或强度)就会逐渐增大。如果采用一级近似,这种增大是无限制的。实际上当然不会出现这种情况,因为当场的振幅增大时,由于受激辐射,高能级原子数减少,而低能级原子数增多,导致腔内光强增长缓慢,直至停止增长,这就是饱和效应。三级近似解式(6.5-2)正好描述了这一效应。随着 E_n 增加,$\beta_n I_n$ 增大,使得 E_n 增长率下降,最后当 $\alpha_n = \beta_n I_n$ 时,$\dot{E}_n = 0$ 达到稳定振荡。

式(6.5-3)表示场的频率特性。当光强为零时,得到 $\omega_n - \Omega_n = \sigma_n$,这是一级近似的情形。将 σ_n 的表达式代入,可以得到如下形式的公式:

$$\omega_n - \Omega_n = a(\omega_{ab}-\omega_n) \tag{6.5-15}$$

式中:a 为一级近似情形下的稳定因子;ω_{ab} 为原子谱线的中心频率;Ω_n 为无源腔频率;ω_n 为有源腔频率,即激光振荡频率。按上式,若 $\omega_n > \omega_{ab}$,则 $\Omega_n > \omega_n$,说明有源腔的频率(激光振荡频率)比无源腔的频率更靠近谱线中心,这就是频率牵引效应。在三级近似的表达式中,当腔内光强增加时,$-\rho_n I_n$ 项起作用,结果使频率牵引量减小,所以 $-\rho_n I_n$ 为频率推斥项。推斥的原因是一级近似将牵引估算多了,因为一级近似时使用的是未饱和的反转数 $\overline{N}$,三级近似作出了修正。考虑到三级近似,式(6.5-15)的形式为

$$\omega_n - \Omega_n = S(\omega_{ab}-\omega_n) \tag{6.5-16}$$

式中:S 为稳定因子,表明模的频率移动(相对于无源腔频率)相对于失谐量 $(\omega_{ab}-\omega_n)$ 所占的比例数,典型的 S 值在 $0.01 \sim 0.1$ 范围。

激光频率牵引究其原因是介质对光的色散现象。具体说,是在介质的中心频率附近,增益介质($\overline{N}>0$)的折射率随入射光频率的增加而增加的现象。

6.6 二模振荡与模式竞争

如果腔内激光场是两个模,即

$$E(x,t) = E_1(t)\cos[\omega_1 t + \varphi_1(t)]\sin k_1 z + \\ E_2(t)\cos[\omega_2 t + \varphi_2(t)]\sin k_2 z$$

将它代入密度矩阵方程(6.3-5)中,经过比较繁杂的推导,可得到两模的振幅和频率所满足的方程:

$$\dot{E}_1 = E_1(\alpha_1 - \beta_1 I_1 - \theta_{12} I_2) \tag{6.6-1}$$

$$\dot{E}_2 = E_2(\alpha_2 - \beta_2 I_2 - \theta_{21} I_1) \tag{6.6-2}$$

式中:α_1 和 α_2 分别为第一个模和第二个模的线性净增益系数;β_1 和 β_2 分别为两个模的自饱和系数;θ_{12} 和 θ_{21} 为交叉饱和系数。

交叉饱和系数描写一个模的存在对另一个模饱和强弱的影响。在方程式(6.6-1)和式(6.6-2)中,如去掉含有 θ_{nm} 的项,这两个方程就类似于在单模情况下得到的方程。由于交叉饱和项的存在,一个模强度的增加,将导致另一个模强度的减小,这就是模竞争效应。

对于二模振荡,频率方程为

$$\omega_1 + \dot{\varphi}_1 = \Omega_1 + \sigma_1 - \rho_1 I_1 - \tau_{12} I_2 \tag{6.6-3}$$

$$\omega_2 + \dot{\varphi}_2 = \Omega_2 + \sigma_2 - \rho_2 I_2 - \tau_{21} I_1 \tag{6.6-4}$$

式中:τ_{nm} 为频率交叉推斥系数,描写一个模的存在对另一个模的频率移动产生的影响。

下面集中讨论双模振荡时模间的竞争问题。将方程(6.6-1)的两边同乘以 $\dfrac{2 E_1 D^2}{2\hbar^2 \gamma_a \gamma_b}$,将方程(6.6-2)的两边同乘以 $\dfrac{2 E_2 D^2}{2\hbar^2 \gamma_a \gamma_b}$,得到如下的无量纲光强方程:

$$\dot{I}_1 = 2 I_1(\alpha_1 - \beta_1 I_1 - \theta_{12} I_2) \tag{6.6-5}$$

$$\dot{I}_2 = 2 I_2(\alpha_2 - \beta_2 I_2 - \theta_{21} I_1) \tag{6.6-6}$$

在稳态下,$\dot{I}_1 = \dot{I}_2 = 0$,可以获得双模光强的四组稳态解

① $\left.\begin{array}{l} I_1 = 0 \\ I_2 = 0 \end{array}\right\}$ (6.6-7)

② $\left.\begin{array}{l} I_1 = 0 \\ I_2 = \alpha_2/\beta_2 \end{array}\right\}$ (6.6-8)

③ $\left.\begin{array}{l} I_1 = \alpha_1/\beta_1 \\ I_2 = 0 \end{array}\right\}$ (6.6-9)

④ $\left.\begin{array}{l} I_1 = \dfrac{\alpha'_1/\beta_1}{1-c} \\ I_2 = \dfrac{\alpha'_2/\beta_2}{1-c} \end{array}\right\}$ (6.6-10)

式中：

$$\left.\begin{aligned}\alpha_1' &= \alpha_1 - \frac{\alpha_2}{\beta_2}\theta_{12} \\ \alpha_2' &= \alpha_2 - \frac{\alpha_1}{\beta_1}\theta_{21}\end{aligned}\right\} \qquad (6.6-11)$$

α_1' 为模 1 的有效增益系数，表示模 2 以强度 α_2/β_2 振荡时，模 1 的小信号增益系数。α_2' 为模 2 的有效增益系数，表示模 1 以 α_1/β_1 强度振荡时，模 2 的小信号增益系数。c 称为耦合系数，则

$$c = \frac{\theta_{12}\theta_{21}}{\beta_1\beta_2} \qquad (6.6-12)$$

表示两个模之间耦合的强弱。从表达式可见，一个模若其饱和主要由系数 β 决定，则称为弱耦合；若其饱和主要由系数 θ 决定，称为强耦合。因此，双模激光器中，若 $c>1$，则为强耦合；若 $c<1$，则为弱耦合；当 $c=1$ 时，为中间耦合。弱耦合模的特性与强耦合模的特性完全不同。后面的分析将证明，如果两个模只有弱耦合，它们之间虽有影响，但都能振荡。如果两模之间为强耦合，情况就完全不同，这时，一个模的振荡强度的增加，会使另一个模的振荡强度减弱，甚至不能振荡，这就是模间竞争效应。

下面讨论上述四组稳态解的稳定性问题。所谓稳定性，是指在稳态情况下，光强有一点扰动后，仍能恢复到原来的稳态。这相当于力学中的平衡态的稳定性问题。

第一组解表示两个模均不能振荡（两个模的净增益系数均为负值），解是稳定的，但没有实际意义，因为该激光器没有工作。第二组解相当于一个单模激光器，因为模式 1 无振荡，所以不产生模式竞争；或者初始的 α_1 是大于零的，但由于第二个模的振荡使 $\alpha_1' = \alpha_1 - \frac{\alpha_2}{\beta_2}\theta_{12}$ 减小，致使 $\alpha_1' < 0$，这样两个模竞争的结果，使模 1 振荡被抑制。对于第三组解可作类似的分析。对于第四组解的稳定性要作具体分析。

下面采用扰动分析法来讨论解的稳定性。考虑在稳态解附近强光有微小的起伏，即令

$$\left.\begin{aligned}I_1 &= I_1^{(s)} + \varepsilon_1 \\ I_2 &= I_2^{(s)} + \varepsilon_2\end{aligned}\right\} \qquad (6.6-13)$$

式中：上标 (s) 为稳态光强值；ε_1 和 ε_2 为光强的微小扰动；如果 I_1 和 I_2 是稳定解，则当 $t \to \infty$ 时，应有 $\varepsilon_1 \to 0$，$\varepsilon_2 \to 0$，否则就不是稳定的。

将式 (6.6-13) 代入式 (6.6-5) 和式 (6.6-6)，并略去数量级为 ε^2 的项，得到

$$\dot{I}_1^{(s)} + \dot{\varepsilon}_1 = 2I_1^{(s)}(\alpha_1 - \beta_1 I_1^{(s)} - \theta_{12}I_2^{(s)}) - 2I_1^{(s)}(\beta_1\varepsilon_1 + \theta_{12}\varepsilon_2) + \\ 2\varepsilon_1(\alpha_1 - \beta_1 I_1^{(s)} - \theta_{12}I_2^{(s)})$$

$$\dot{I}_2^{(s)} + \dot{\varepsilon}_2 = 2I_2^{(s)}(\alpha_2 - \beta_2 I_2^{(s)} - \theta_{21}I_1^{(s)}) - 2I_2^{(s)}(\beta_2\varepsilon_2 + \theta_{21}\varepsilon_1) + \\ 2\varepsilon_2(\alpha_2 - \beta_2 I_2^{(s)} - \theta_{21}I_1^{(s)})$$

因为

$$\dot{I}_1^{(s)} = 2I_1^{(s)}(\alpha_1 - \beta_1 I_1^{(s)} - \theta_{12} I_2^{(s)})$$

$$\dot{I}_2^{(s)} = 2I_2^{(s)}(\alpha_2 - \beta_2 I_2^{(s)} - \theta_{21} I_1^{(s)})$$

所以有

$$\left.\begin{array}{l}\dot{\varepsilon}_1 = -2I_1^{(s)}(\beta_1\varepsilon_1 + \theta_{12}\varepsilon_2) + 2\varepsilon_1(\alpha_1 - \beta_1 I_1^{(s)} - \theta_{12} I_2^{(s)}) \\ \dot{\varepsilon}_2 = -2I_2^{(s)}(\beta_2\varepsilon_2 + \theta_{21}\varepsilon_1) + 2\varepsilon_2(\alpha_2 - \beta_2 I_2^{(s)} - \theta_{21} I_1^{(s)})\end{array}\right\} \quad (6.6-14)$$

首先讨论第二组稳态解的稳定性。为此，将 $I_1^{(s)}=0, I_2^{(s)}=\alpha_1/\beta_2$ 代入式(6.6-14)，得到

$$\dot{\varepsilon}_1 = 2\varepsilon_1\left(\alpha_1 - \theta_{12}\frac{\alpha_2}{\beta_2}\right) = 2\varepsilon_1\alpha_1' \quad (6.6-15)$$

$$\dot{\varepsilon}_2 = -2\frac{\alpha_2}{\beta_2}(\beta_2\varepsilon_2 + \theta_{21}\varepsilon_1) \quad (6.6-16)$$

由式(6.6-15)可见，若 $\alpha_1'<0$，则 $t\to\infty$ 时，有 $\varepsilon_1\to 0$。由式(6.6-16)可见，在 $\alpha_2>0$ 时，当 $t\to\infty$ 时，$\varepsilon_2\to 0$ 恒能满足。所以，在 $\alpha_1'<0, \alpha_2>0$ 时，解 $I_1^{(s)}=0, I_2^{(s)}=\alpha_2/\beta_2$ 是稳定的。

由式(6.6-11)可知，若 $\alpha_1>0$，但 $\alpha_1'<0$，则表示模 2 的振荡抑制了模 1 的振荡。如果 α_1 足够大，以致使 $\alpha_1'>0$，则模 1 可以抵制模 2 的竞争，并建立起振荡，此时 ε_1 将不随时间的推移而趋于零。在这种情况下，$I_1^{(s)}=0, I_2^{(s)}=\alpha_2/\beta_2$ 就不是稳定解。

下面讨论第四组稳态解的稳定性。将 $I_1^{(s)}=\dfrac{\alpha_1'/\beta_1}{1-c}, I_2^{(s)}=\dfrac{\alpha_2'/\beta_2}{1-c}$ 代入式(6.6-14)，得到

$$\left.\begin{array}{l}\dot{\varepsilon}_1 = \dfrac{-2\alpha_1'/\beta_1}{1-c}(\beta_1\varepsilon_1 + \theta_{12}\varepsilon_2) \\ \dot{\varepsilon}_2 = \dfrac{-2\alpha_2'/\beta_2}{1-c}(\beta_2\varepsilon_2 + \theta_{21}\varepsilon_1)\end{array}\right\} \quad (6.6-17)$$

为便于进行解的稳定性分析，将式(6.6-17)写成矩阵形式，即

$$\frac{\mathrm{d}}{\mathrm{d}t}\begin{pmatrix}\varepsilon_1 \\ \varepsilon_2\end{pmatrix} = (\boldsymbol{H})\begin{pmatrix}\varepsilon_1 \\ \varepsilon_2\end{pmatrix} \quad (6.6-18)$$

式中：

$$(\boldsymbol{H}) = \frac{-2}{1-c}\begin{pmatrix}\alpha_1' & \dfrac{\alpha_1'\theta_{12}}{\beta_1} \\ \dfrac{\alpha_2'\theta_{21}}{\beta_2} & \alpha_2'\end{pmatrix} \quad (6.6-19)$$

为稳定性矩阵。由线性代数理论可知，如果采用一线性变换 $\boldsymbol{T}$，即

$$\begin{pmatrix}\varepsilon_1 \\ \varepsilon_2\end{pmatrix} = \boldsymbol{T}\begin{pmatrix}\varepsilon_1' \\ \varepsilon_2'\end{pmatrix} \quad (6.6-20)$$

可使式(6.6-18)变为

$$\frac{d}{dt}\begin{pmatrix}\varepsilon'_1\\ \varepsilon'_2\end{pmatrix}=\boldsymbol{T}^{-1}(\boldsymbol{H})\boldsymbol{T}\begin{pmatrix}\varepsilon'_1\\ \varepsilon'_2\end{pmatrix}=\begin{bmatrix}\lambda_1 & 0\\ 0 & \lambda_2\end{bmatrix}\begin{pmatrix}\varepsilon'_1\\ \varepsilon'_2\end{pmatrix} \tag{6.6-21}$$

就是说，使 $\boldsymbol{T}^{-1}(\boldsymbol{H})\boldsymbol{T}$ 为对角矩阵。这样就有

$$\dot{\varepsilon}'_1=\lambda_1\varepsilon'_1$$

$$\dot{\varepsilon}'_2=\lambda_2\varepsilon'_2$$

或者写成

$$\varepsilon'_1=c e^{\lambda_1 t}$$

$$\varepsilon'_2=d e^{\lambda_2 t}$$

式中：c,d 为常数。如果 $\lambda_1<0,\lambda_2<0$，则当 $t\to\infty$ 时，分别有 $\varepsilon'_1\to 0,\varepsilon'_2\to 0$。而按式(6.6-20)可知 ε_1 和 ε_2 是 ε'_1 和 ε'_2 的线性组合，所以有 $\varepsilon_1\to 0,\varepsilon_2\to 0$，也即 $I_1^{(s)}$ 和 $I_2^{(s)}$ 是稳定的。

使 $\boldsymbol{T}^{-1}(\boldsymbol{H})\boldsymbol{T}$ 为对角矩阵的过程称为将矩阵$(\boldsymbol{H})$对角化。对角化后矩阵的对角元素为矩阵$(\boldsymbol{H})$的特征值。求$(\boldsymbol{H})$的特征值归结为解下列方程：

$$\begin{vmatrix}(H)_{11}-\lambda & (H)_{12}\\ (H)_{21} & (H)_{22}-\lambda\end{vmatrix}=0 \tag{6.6-22}$$

即

$$\begin{vmatrix}\dfrac{-2\alpha'_1}{1-c}-\lambda & \dfrac{-2\alpha'_1\theta_{12}}{(1-c)\beta_1}\\ \dfrac{-2\alpha'_2\theta_{21}}{(1-c)\beta_2} & \dfrac{-2\alpha'_2}{1-c}-\lambda\end{vmatrix}=0 \tag{6.6-23}$$

由此解得

$$\lambda_{1,2}=-A\pm B \tag{6.6-24}$$

式中：

$$A=\frac{\alpha'_1+\alpha'_2}{1-c} \tag{6.6-25}$$

$$B=\sqrt{\left(\frac{\alpha'_1+\alpha'_2}{1-c}\right)^2-4\left(\frac{\alpha'_1\alpha'_2}{1-c}\right)} \tag{6.6-26}$$

为使 $\lambda_{1,2}<0$，须使 $A>B$。由于 $B>0$，所以 $A>B$ 意味着 $A^2>B^2$。由此条件可得到

$$\frac{\alpha'_1\alpha'_2}{1-c}>0 \tag{6.6-27}$$

这就是稳定性的判据。满足了这个条件，才有 λ_1 和 λ_2 都小于零，从而稳态解才是稳定的。

现在用条件式(6.6-27)来判断第四组稳态解的稳定性。由式(6.6-10)可知，要 $I_1^{(s)}$ 和 $I_2^{(s)}$ 有正解，只有以下两种可能的情况：

① $c<1,\alpha'_1>0,\alpha'_2>0$，这是弱耦合情况。

② $c>1,\alpha'_1<0,\alpha'_2<0$，这是强耦合情况。

对于情况①,条件式(6.6-27)是满足的,解式(6.6-10)是稳定的。对于情况②,条件式(6.6-27)是不满足的,此时解式(6.6-10)是不稳定的。所以,对于弱耦合情形,如果 $\alpha'_1>0$, $\alpha'_2>0$,两个模可以共存;如果 α'_1 与 α'_2 反号,即或是弱耦合,两模也不会共存。对于强耦合情形,虽然 $\alpha'_1<0$, $\alpha'_2<0$ 有稳态解,但不稳定,要产生强烈竞争,结果必定出现模抑制。

当 $c=1$ 时,式(6.6-27)失去判别作用,由于此时 $\theta_{12}\theta_{21}=\beta_1\beta_2$,使得式(6.6-5)与式(6.6-6)等价;或者说稳态时,方程

$$\left. \begin{array}{l} \alpha_1 - \beta_1 I_1 - \theta_{12} I_2 = 0 \\ \alpha_2 - \beta_2 I_2 - \theta_{21} I_1 = 0 \end{array} \right\} \tag{6.6-28}$$

在以 I_1、I_2 为坐标轴的平面上,是互相平行的两条直线。因此,任何满足式(6.6-28)的 I_1 与 I_2 都是稳定的,即稳定解为

$$\left. \begin{array}{l} I_1^{(s)} = I_1 \\ I_2^{(s)} = \dfrac{\alpha_1 - \beta_1 I_1}{\theta_{12}} \end{array} \right\} \tag{6.6-29}$$

或

$$\left. \begin{array}{l} I_2^{(s)} = I_2 \\ I_1^{(s)} = \dfrac{\alpha_2 - \beta_2 I_2}{\theta_{21}} \end{array} \right\} \tag{6.6-30}$$

图 6.6.1~图 6.6.3 所示为根据给定的介质常数,从不同的初始条件出发,利用计算机求解式(6.6-5)和式(6.6-6)所得到的瞬态光强变化路线(带箭头的曲线),它描写了某一初始振荡状态趋向稳定振荡状态的路径。图中不带箭头的两根直线是方程式(6.6-28)所确定的两条直线($c\neq 1$)。有稳态解要求式(6.6-28)有正实解,即要求这两条直线在第一象限有交点。

图 6.6.1 给出的数据属于 $c<1,\alpha'_1>0,\alpha'_2<0$ 情形,不符合式(6.6-27)所表示的稳定性条件。两条直线在第一象限没有交点,说明无稳态解,并且曲线族都会聚于与单模振荡相对应的定态解($I_1=0.5,I_2=0$)。这说明虽然两个模的线性净增益都大于零,但因第一个模的线性净增益比第二个模的大得多,占优势的 I_1 振荡抑制了 I_2 振荡;也说明在弱耦合情况下不一定实现模式共存。

图 6.6.2 所给出的数据属于 $c<1,\alpha'_1>0,\alpha'_2>0$ 情形,满足稳定性判据。两条直线在第一象限有交点,而且曲线族都会聚于这个交点。表明:两个模可同时稳定振荡,并且不管振荡状态过去的情况如何,这个解总代表唯一可能的稳定振荡。

图 6.6.3 所给数据为 $c>1,\alpha'_1<0,\alpha'_2<0$ 的强耦合情形,不满足稳定性判据,两条直线在第一象限有交点,说明有稳态解。但图中曲线族不是会聚于两条直线的交点,而是分别会聚于与单模运转相对应的两个定态解。这说明,在强耦合情况下,最终只有一个模稳定振荡,不可能出现两个模同时稳定振荡。即使两个模的线性净增益相等(如本图情形),最终也只能是一

个模振荡。到底哪个模存在，取决于系统的历史情况。

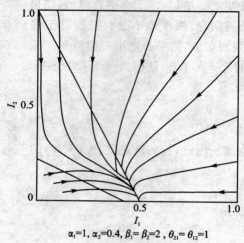

图 6.6.1 瞬态光强变化路线（无稳态解情形）
$\alpha_1=1, \alpha_2=0.4, \beta_1=\beta_2=2, \theta_{21}=\theta_{12}=1$

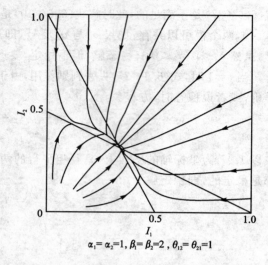

图 6.6.2 瞬态光强变化路线（有稳态解，且稳定）
$\alpha_1=\alpha_2=1, \beta_1=\beta_2=2, \theta_{12}=\theta_{21}=1$

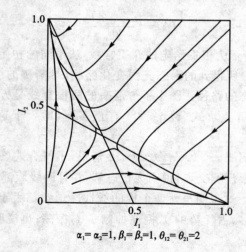

$\alpha_1=\alpha_2=1, \beta_1=\beta_2=1, \theta_{12}=\theta_{21}=2$

图 6.6.3 瞬态光强变化路线（有稳态解，但不稳定）

6.7 运动原子激光器的单模运转

分析步骤与静止原子情形一样，首先求解运动原子的密度矩阵的运动方程，求出极化强度及其傅里叶分量，然后将相应的量代入兰姆方程进行讨论。

对于三级近似,所得结果与静止原子单模运转的式(6.5-2)和式(6.5-3)相同,其中各系数的物理意义也相同,只是各系数的具体表达式与静止情形不同,因为运动情形要含有原子运动速度这个物理量。

对于运动情形所得的结果,与静止情形一样,可以讨论振荡条件、增益饱和、频率牵引和推斥。除此之外,还可以解释兰姆凹陷现象,即在非均匀多普勒增宽气体工作物质的激光器中,谱线中心频率输出功率下降的现象。

三级近似时,场振幅和频率所满足的方程为

$$\dot{E}_n = E_n(\alpha_n - \beta_n I_n) \tag{6.7-1}$$

$$\omega_n + \dot{\varphi}_n = \Omega_n + \sigma_n - \rho_n I_n \tag{6.7-2}$$

式中:I_n 为无量纲光强,由式(6.5-4)表达。其他各系数由表 6.7.1 列出。

表 6.7.1 各系数的物理意义

系 数	物理意义
$\alpha_n = F_1 \mathrm{e}^{-\xi^2} - \dfrac{\omega_n}{2Q_n}, \xi = \dfrac{\omega_n - \omega_{ab}}{ku}$	线性净增益系数
$\beta_n = F_3[1 + L(\omega_{ab} - \omega_n)]\mathrm{e}^{-\xi^2}$	自饱和系数
$\sigma_n = -F_1 \dfrac{2}{\sqrt{\pi}} \mathrm{e}^{-\xi^2} \int_0^\beta \mathrm{e}^{t^2} \mathrm{d}t$	线性模牵引系数
$\rho_n = F_3 \dfrac{\omega_{ab} - \omega_n}{\gamma} L(\omega_{ab} - \omega_n)\mathrm{e}^{-\xi^2}$	模推斥系数
$F_1 = \dfrac{\sqrt{\pi}D^2 \omega_n \overline{N}}{2\hbar\varepsilon_0 ku}$	一阶因子
$F_3 = \dfrac{F_1}{4}$	三阶因子

注:u 为气体原子的最可几速度;k 为波矢量;$L(\omega_{ab} - \omega_n)$ 为无量纲洛伦兹函数;$\overline{N}$ 为平均反转原子数。

先看振幅所满足的方程。由式(6.7-1)可知,在场振幅 E_n 较小时,右边的第二项可以忽略,有 $\dot{E}_n = \alpha_n E_n$,这就是一阶理论所得到的公式。在 $\alpha_n > 0$ 时,E_n 指数增加。随着 E_n 的增加,$\beta_n I_n$ 增大,E_n 的增长率下降,产生饱和效应。在 $\alpha_n = \beta_n I_n$ 时,$\dot{E}_n = 0$,达到稳定振荡状态。稳态时光强为

$$I_n = \frac{\alpha_n}{\beta_n} = 4 \frac{1 - \dfrac{\overline{N}_\mathrm{T}}{\overline{N}}\mathrm{e}^{\xi^2}}{1 + L(\omega_{ab} - \omega_n)} \tag{6.7-3}$$

式中:$\overline{N}_T$ 为阈值反转原子数。

由式(6.7-3)可以看出,I_n 是失谐量 $(\omega_{ab}-\omega_n)$ 的函数。当 $\omega_{ab}=\omega_n$ 时,分母取极大值,分子也取极大值。但在相对激发度 $\overline{N}/\overline{N}_T$ 足够大,多普勒增宽远大于均匀增宽的情况下(即 $ku \gg \gamma$),分子相对失谐量 $(\omega_{ab}-\omega_n)$ 的依赖关系远不如分母显著。也就是说,分子随 $\omega_{ab}-\omega_n$ 的变化比较平坦,而分母随 $\omega_{ab}-\omega_n$ 的变化比较尖锐。因此,稳态光强的频率调谐曲线在谱线中心有极小值,出现一个凹陷。这个凹陷称为兰姆凹陷。

将式(6.7-3)对频率 ω_n 求二阶导数,并令

$$\frac{\partial^2 I_n}{\partial \omega_n^2}\bigg|_{\omega_n=\omega_{ab}} > 0$$

即可求得出现兰姆凹陷的条件为

$$\frac{\overline{N}}{\overline{N}_T} > 1 + 2\left(\frac{\gamma}{ku}\right)^2 \tag{6.7-4}$$

可见,相对激发度越大,$\frac{\gamma}{ku}$ 越小,越容易出现兰姆凹陷。

图 6.7.1 所示为 I_n 随失谐量 $(\omega_{ab}-\omega_n)$ 的关系曲线。图中的参数为,在 $\frac{1}{e}$ 点处的多普勒宽度 ku 为 $2\pi \times 1010$ MHz,衰变常数 $\gamma = 2\pi \times 80$ MHz。图中各曲线(自下而上)对应的相对激发度取值分别为 1.01,1.05,1.10,1.15 和 1.20。从图中可以看出,在相对激发度大于 1.1 时,就明显地出现兰姆凹陷。

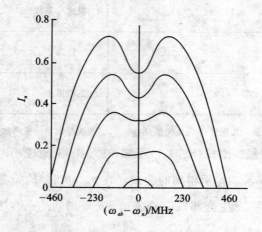

图 6.7.1 I_n 随失谐量 $(\omega_{ab}-\omega_n)$ 的关系曲线

现在看频率所满足的方程。从式(6.7-2)看出,当振荡不十分强时,等号右边的第三项可以忽略,这对应于频率牵引效应;当腔内振荡足够强时,$\rho_n I_n$ 变得不可忽略,它的作用有远离中

心频率的趋势,即为频率推斥效应。激光振荡频率究竟是更加靠近还是远离谱线中心频率,要由这两项的相对大小来决定。

6.8 经典辐射场的量子化

在半经典理论中,将辐射场视为经典电磁场,即满足经典的麦克斯韦方程组。半经典理论成功地解释了光和物质相互作用及激光的一系列物理现象,但是仍有不足之处。当涉及场的粒子性问题时,它就遇到了困难。例如,由半经典理论得出的激光场的振幅特性方程为 $\dot{E}_n = (\alpha_n - \beta_n I_n)E_n$,若初始场 $E_n(0) = 0$,则得到 $E_n(t) = 0$,这是与激光器为自激振荡器这一事实相矛盾的。另外,激光器的半经典理论也无法解释由场的粒子性所带来的一些现象,如光子统计分布、阈值附近强度起伏以及激光的固有线宽等,而辐射的量子理论则能弥补上述的欠缺,它能很好地符合实验得出的现象。

量子理论的基本出发点是,首先对电磁场进行量子力学处理,然后将量子化电磁场(光子场)以及与其发生相互作用的带电粒子体系(该体系服从量子力学规律)作为一个统一的物理体系加以考虑。这样,就把有关光的本性的电磁(波动)理论和光子(微粒)理论在量子化描述的基础上统一起来。

对于自由电荷密度 $\rho = 0$ 和传导电流密度 $j = 0$ 的各向同性媒质,从麦克斯韦基本方程组 (1.1-1)~(1.1-7) 出发,可以得到波动方程

$$\left. \begin{array}{c} \nabla^2 \boldsymbol{E} - \varepsilon_0 \mu_0 \dfrac{\partial^2 \boldsymbol{E}}{\partial t^2} = 0 \\ \nabla^2 \boldsymbol{H} - \varepsilon_0 \mu_0 \dfrac{\partial^2 \boldsymbol{H}}{\partial t^2} = 0 \end{array} \right\} \quad (6.8-1)$$

式中:$\varepsilon_0 \mu_0 = \dfrac{1}{c^2}$。

6.8.1 开式平面光腔中的场与谐振子

一般说来,应该对普通的电磁场进行量子化,但在讨论激光这个具体问题时,为了简单和直观,只讨论开式平面光腔中的场。

假设腔内光场是沿 x 轴方向线偏振的,且场主要沿腔轴(z 轴)方向变化(如图 6.8.1 所示),则腔内电场应满足

$$\left. \begin{array}{c} \dfrac{\partial^2 E_x}{\partial z^2} - \varepsilon_0 \mu_0 \dfrac{\partial^2 E_x}{\partial t^2} = 0 \\ E_x |_{z=0} = E_x |_{z=L} = 0 \end{array} \right\} \quad (6.8-2)$$

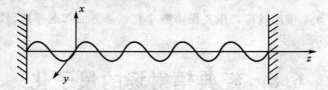

图 6.8.1 开式平面光腔

这是有界弦的自由振荡问题。用分离变数法解此方程,得第 n 个纵模的电场强度为

$$E_{nx}(z,t) = A_n e^{i(\Omega_n t+\varphi)} \sin k_n z \quad (6.8-3)$$

式中:

$$\Omega_n = \frac{n\pi c}{L\eta} \quad (6.8-4)$$

$$k_n = \frac{n\pi}{L} = \frac{\Omega_n \cdot \eta}{c} \quad (6.8-5)$$

Ω_n 为第 n 个模的固有角频率;k_n 为第 n 个模的波矢量;η 为介质的折射率;L 为腔长;c 为光速;A_n 为待定常数,是第 n 个模的电场强度的振幅。

将式(6.8-3)改写如下(暂时略去下标 n):

$$E_x(z,t) = q(t)\left(\frac{2\Omega^2 M}{V\varepsilon_0}\right)^{\frac{1}{2}} \sin kz \quad (6.8-6)$$

$$q(t) = A e^{i(\Omega t+\varphi)}\left(\frac{V\varepsilon_0}{2\Omega^2 M}\right)^{\frac{1}{2}} \quad (6.8-7)$$

式中:V 为光腔的体积;M 为具有质量量纲的常数;$q(t)$ 具有长度的量纲。这样引入是保证电场强度在 MKS 单位制中具有 $L^{\frac{1}{2}}M^{\frac{1}{2}}T^{-2}\mu^{\frac{1}{2}}$ 的量纲。

利用磁场强度与电场之间的关系,可以得到腔内磁场强度的表达式。因为

$$\nabla \times \boldsymbol{H} = \frac{\partial \boldsymbol{D}}{\partial t} = \varepsilon_0 \frac{\partial \boldsymbol{E}}{\partial t} \quad (6.8-8)$$

由于 $\boldsymbol{E}$ 是沿 x 方向线偏振的,根据电场与磁场间关系可知,$\boldsymbol{H}$ 是沿 y 方向线偏振的,再假设磁场也只沿 z 方向变化,则从式(6.8-8)和式(6.8-6)可得到

$$H_y(z,t) = \dot{q}(t)\frac{\varepsilon_0}{k}\left(\frac{2\Omega^2 M}{V\varepsilon_0}\right)^{\frac{1}{2}} \cos kz \quad (6.8-9)$$

光腔体积 V 内的电磁场能量为

$$H = \frac{1}{2}\int_V (\varepsilon_0 E_x^2 + \mu_0 H_y^2) d\tau$$

将式(6.8-6)和式(6.8-9)代入上式,得

$$H = \frac{1}{2}\int_V \frac{2M}{V}(q^2\Omega^2 \sin^2 kz + \dot{q}^2 \cos^2 kz) d\tau =$$

$$\frac{M}{V}\iint_S dx dy \left(q^2\Omega^2 \int_0^L \sin^2 kz \, dz + \dot{q}^2 \int_0^L \cos^2 kz \, dz\right)$$

注意到 $kL=n\pi$ (n 为整数),完成上式积分,就得到

$$H = \frac{1}{2}(M\Omega^2 q^2 + M\dot{q}^2) \qquad (6.8-10)$$

令

$$p = M\dot{q} \qquad (6.8-11)$$

它具有动量量纲。代入式(6.8-10),得到

$$H = \frac{1}{2}\left(M\Omega^2 q^2 + \frac{p^2}{M}\right) \qquad (6.8-12)$$

式(6.8-12)正好是一个具有质量 M、频率为 Ω 的经典简谐振子的能量。其中:第一项为势能,第二项为动能;q,p 分别为简谐振子的坐标和动量。因此,可以把一个模式的电磁场比拟为一个具有质量 M(虚设的)和频率 Ω 的简谐谐振子,而整个电磁场(由无穷多个模组成)与一组无穷多个简谐振子等价。

例如,第 i 个模的电磁场可以比拟为一个具有质量 M_i(虚设的)和频率 Ω_i 的简谐振子,其能量为

$$H_i = \frac{1}{2}\left(M_i\Omega_i^2 q_i^2 + \frac{p_i^2}{M_i}\right)$$

6.8.2 电磁场的能量量子化

仿照对经典简谐振子进行量子力学处理的同样方法,可以对上述辐射场进行量子化。为此,将式(6.8-12)中的广义坐标和动量用相应的算符代替,即式中的

$$p \to \hat{p} = -i\hbar\frac{\partial}{\partial q}, \quad q \to \hat{q} = q$$

则式(6.8-12)写为

$$\hat{H} = \frac{1}{2}\left(M\Omega^2 \hat{q}^2 + \frac{\hat{p}^2}{M}\right) \qquad (6.8-13)$$

$\hat{p}$ 和 $\hat{q}$ 满足对易的关系

$$\left.\begin{array}{l}[\hat{p},\hat{q}] = \hat{p}\hat{q} - \hat{q}\hat{p} = -i\hbar \\ [\hat{p},\hat{p}] = [\hat{q},\hat{q}] = 0\end{array}\right\} \qquad (6.8-14)$$

为了便于计算,并为以后对量子化电磁场的性质作更深入的讨论,引入下面新的算符:

$$\left.\begin{array}{l}\hat{a} = \left(\dfrac{M\Omega}{2\hbar}\right)^{\frac{1}{2}}\left(\hat{q} + \dfrac{i}{M\Omega}\hat{p}\right) \\ \hat{a}^+ = \left(\dfrac{M\Omega}{2\hbar}\right)^{\frac{1}{2}}\left(\hat{q} - \dfrac{i}{M\Omega}\hat{p}\right)\end{array}\right\} \qquad (6.8-15)$$

或相应的

$$\left.\begin{array}{l}\hat{q} = \left(\dfrac{\hbar}{2M\Omega}\right)^{\frac{1}{2}}(\hat{a}+\hat{a}^+) \\ \hat{p} = \dfrac{1}{i}\left(\dfrac{\hbar M\Omega}{2}\right)^{\frac{1}{2}}(\hat{a}-\hat{a}^+) \end{array}\right\} \quad (6.8-16)$$

式中:$\hat{a}^+$为$\hat{a}$的共轭算符。注意,$\hat{a}$不是厄米算符,因而$\hat{a}$与$\hat{a}^+$不相等,$\hat{a}$与$\hat{a}^+$不能作为场的可观察量。由$\hat{p}$与$\hat{q}$的对易关系式(6.8-14)可得出$\hat{a}$与$\hat{a}^+$的对易关系

$$[\hat{a},\hat{a}^+] = \hat{a}\,\hat{a}^+ - \hat{a}^+\,\hat{a} = 1 \quad (6.8-17)$$

将式(6.8-16)代入式(6.8-13),并利用对易关系式(6.8-17)可得到

$$\hat{H} = \hbar\Omega\left(\hat{a}^+\,\hat{a}+\dfrac{1}{2}\right) \quad (6.8-18)$$

并且存在着如下的对易关系:

$$\left.\begin{array}{l}[\hat{H},\hat{a}] = -\hbar\Omega\,\hat{a} \\ [\hat{H},\hat{a}^+] = \hbar\Omega\,\hat{a}^+ \end{array}\right\} \quad (6.8-19)$$

下面求由式(6.8-18)所表示的$\hat{H}$的本征值。

以E_n表示$\hat{H}$的本征值,$|n\rangle$表示属于这一本征值的本征态,则有

$$\hat{H}\,|n\rangle = \hbar\Omega\left(\hat{a}^+\,\hat{a}+\dfrac{1}{2}\right)|n\rangle = E_n\,|n\rangle \quad (6.8-20)$$

将$\hat{H}\hat{a}$作用到态$|n\rangle$上,利用$\hat{H}$与$\hat{a}$的对易关系式(6.8-19)和式(6.8-20),得到

$$\hat{H}\hat{a}\,|n\rangle = \hat{a}\,\hat{H}\,|n\rangle - \hbar\Omega\,\hat{a}\,|n\rangle = (E_n-\hbar\Omega)\hat{a}\,|n\rangle \quad (6.8-21)$$

将$\hat{H}\hat{a}$作用到态$\hat{a}|n\rangle$上,可以得到

$$\hat{H}\hat{a}^2\,|n\rangle = (\hat{a}\,\hat{H}-\hbar\Omega\,\hat{a})\hat{a}\,|n\rangle = (E_n-2\hbar\Omega)\hat{a}^2\,|n\rangle \quad (6.8-22)$$

可见,如果$|n\rangle$为$\hat{H}$的本征态,则$\hat{a}|n\rangle$,$\hat{a}^2|n\rangle$,$\cdots$也是$\hat{H}$的本征态,其本征值为$E_n-\hbar\Omega$,$E_n-2\hbar\Omega$,$\cdots$换句话说,若E_n是$\hat{H}$的本征值,则$E_n-\hbar\Omega$,$E_n-2\hbar\Omega$,$\cdots$也是$\hat{H}$的本征值。

从上面的讨论还可以看出,如果把具有能量为$\hbar\Omega$的单元看成一个简谐振子量子所具有的能量,则算符$\hat{a}$的作用是减少一个简谐振子量子,使场能量本征值为E_n的态变为能量本征值为$E_n-\hbar\Omega$的态。算符$\hat{a}$称为湮灭算符,在它的作用下场能量减小,每作用一次就减少$\hbar\Omega$。上面用$|n\rangle$表示的本征态可以看成具有n个谐振子量子的态,具有能量为E_n,则$\hat{a}|n\rangle$就表示具有$n-1$个谐振子量子的态,具有能量E_{n-1},因此可以写成

$$\hat{a}\,|n\rangle = S_n\,|n-1\rangle \quad (6.8-23)$$
$$\hat{H}\hat{a}\,|n\rangle = E_{n-1}\,\hat{a}\,|n\rangle \quad (6.8-24)$$
$$E_{n-1} = E_n - \hbar\Omega \quad (6.8-25)$$

式中:S_n为归一化因子。

同样,对算符$\hat{a}^+$有

$$\hat{H}\,\hat{a}^+\,|\,n\rangle = (E_n + \hbar\Omega)\,\hat{a}^+\,|\,n\rangle$$

$$\hat{H}\,\hat{a}^{+2}\,|\,n\rangle = (E_n + 2\hbar\Omega)\,\hat{a}^{+2}\,|\,n\rangle$$

$$\hat{a}^+\,|\,n\rangle = C_n\,|\,n+1\rangle \tag{6.8-26}$$

$$\hat{H}\,\hat{a}^+\,|\,n\rangle = E_{n+1}\,\hat{a}^+\,|\,n\rangle$$

$$E_{n+1} = E_n + \hbar\Omega \tag{6.8-27}$$

$\hat{a}^+$ 称为产生算符，在它的作用下场能量增加，每作用一次，增加一个谐振子量子，能量增加 $\hbar\Omega$。

为了找到 $\hat{H}$ 的最小本征值，设最低能量本征态为 $|0\rangle$（表示谐振子量子数目为零）相应的本征值为 E_0，显然算符 $\hat{a}$ 应满足

$$\hat{a}\,|\,0\rangle = 0 \tag{6.8-28}$$

按式(6.8-20)应有

$$\hat{H}\,|\,0\rangle = \hbar\Omega\left(\hat{a}^+\hat{a} + \frac{1}{2}\right)|\,0\rangle = \frac{1}{2}\hbar\Omega\,|\,0\rangle = E_0\,|\,0\rangle$$

所以

$$E_0 = \frac{1}{2}\hbar\Omega \tag{6.8-29}$$

这是最低的能量本征值。综合上述结果，可知 $\hat{H}$ 的本征值谱为

$$\frac{1}{2}\hbar\Omega, \frac{3}{2}\hbar\Omega, \frac{5}{2}\hbar\Omega, \cdots \tag{6.8-30}$$

或写成

$$E_n = \left(n + \frac{1}{2}\right)\hbar\Omega \quad (n = 0, 1, 2, \cdots) \tag{6.8-31}$$

这是一个质量为 M（虚设的）、频率为 Ω 的一维简谐振子的本征能量，也就是腔内一个模式（一种频率）电磁场的能量取值。式(6.8-31)表明，电磁场的能量是量子化的，并且电磁场具有零点能量。当谐振子数目为零时($n=0$)，电磁场并不消失，而是具有最低辐射零点能 $\hbar\Omega/2$。

上面将一个模式的电磁场比拟为一个简谐振子得到能量量子化。对于光场，既可以从电磁波动的观点进行描述，又可以从光子的观点进行描述。所以，上述的谐振子量子又常称为光子。每个光子具有能量 $\hbar\Omega$。以后将谐振子量子状态 $|n\rangle$ 称为光子数状态 $|n\rangle$。这样，式(6.8-31)还表示，一个模式的电磁场既是能量为 E_n 的电磁波，又是 n 个光子组成的光子流，这就是光的波粒二象性。

6.8.3 量子化场的本征态

前面已证明，若 $|n\rangle$ 为 $\hat{H}$ 的本征态，则 $\hat{a}|n\rangle$，$\hat{a}^2|n\rangle$，$\hat{a}^+|n\rangle$，$\hat{a}^{+2}|n\rangle$，$\cdots$ 都是 $\hat{H}$ 的本征态。下

面说明这些本征态之间的关系。

本征态之间应满足正交归一化条件

$$\langle n | m \rangle = \delta_{nm} \quad (6.8-32)$$

因此,应有

$$\langle n-1 | n-1 \rangle = \langle n | n \rangle = \langle n+1 | n+1 \rangle = 1 \quad (6.8-33)$$

由归一化条件能够确定式(6.8-23)和式(6.8-26)中的系数 S_n 和 C_n。对式(6.8-23)两边左乘厄米共轭得

$$\langle n | \hat{a}^+ \hat{a} | n \rangle = \langle n-1 | S_n^* S_n | n-1 \rangle = |S_n|^2 \langle n-1 | n-1 \rangle = |S_n|^2$$

由于 $\hat{a}^+ \hat{a} | n \rangle = n | n \rangle$ (将式(6.8-31)代入式(6.8-20)就可得到),所以上式左端为 n,如果取 S_n 的相位为零,则得到 $S_n = \sqrt{n}$。因此,式(6.8-23)为

$$\hat{a} | n \rangle = \sqrt{n} | n-1 \rangle \quad (6.8-34)$$

对式(6.8-26)进行同样的处理,并利用 $\hat{a}^+$ 与 $\hat{a}$ 的对易关系式(6.8-17),可得到

$$\hat{a}^+ | n \rangle = \sqrt{n+1} | n+1 \rangle \quad (6.8-35)$$

用 $\hat{a}^+$ 连续作用基态 $|0\rangle$,可以得到任一态 $|n\rangle$ 和基态 $|0\rangle$ 之间的关系为

$$| n \rangle = \frac{1}{\sqrt{n!}} (\hat{a}^+)^n | 0 \rangle \quad (6.8-36)$$

若以 $\hat{N}$ 表示 $\hat{a}^+ \hat{a}$

$$\hat{N} = \hat{a}^+ \hat{a} \quad (6.8-37)$$

则算符 $\hat{N}$ 的本征值是粒子数 n,因为

$$\hat{N} | n \rangle = \hat{a}^+ \hat{a} | n \rangle = n | n \rangle \quad (6.8-38)$$

$\hat{N}$ 称为光子数算符。

6.9 相位算符

在量子力学中,力学量用算符表示,因此量子化辐射场的场量也要用算符表示。将式(6.8-16)代入式(6.8-6),可以得到开式平面光腔中的场为

$$\hat{E}_x(z,t) = \left(\frac{\hbar \Omega}{V \varepsilon_0} \right)^{\frac{1}{2}} (\hat{a} + \hat{a}^+) \sin kz \quad (6.9-1)$$

一个单色平面波,由它的振幅、频率、相位及传播方向所确定。在频率和传播方向确定的情况下,振幅和相位就是两个重要的量。在经典理论中,振幅和相位两个量互相没有制约关系。场量子化后,它们之间有什么关系呢?

式(6.9-1)没有明显示出振幅和相位间的关系,因为算符 $\hat{a}$ 与 $\hat{a}^+$ 将振幅和相位两个信息都包括了。为了讨论振幅和相位的关系,也就是量子化辐射场的性质,将振幅和相位从 $\hat{a}$ 和 $\hat{a}^+$

中分出来。

$$\left.\begin{array}{l}\hat{a} = (\hat{N}+1)^{\frac{1}{2}} e^{i\hat{\phi}} \\ \hat{a}^+ = e^{-i\hat{\phi}} (\hat{N}+1)^{\frac{1}{2}}\end{array}\right\} \quad (6.9-2)$$

式中：$\hat{N}$ 为式(6.8-37)所定义的光子数算符，它与辐射场的振幅相联系；$\hat{\phi}$ 为相位算符。

由式(6.9-2)可以得到

$$\left.\begin{array}{l}e^{i\hat{\phi}} = (\hat{N}+1)^{-\frac{1}{2}} \hat{a} \\ e^{-i\hat{\phi}} = \hat{a}^+ (\hat{N}+1)^{-\frac{1}{2}}\end{array}\right\} \quad (6.9-3)$$

由 $\hat{a}$ 和 $\hat{a}^+$ 的对易关系可得

$$e^{i\hat{\phi}} \cdot e^{-i\hat{\phi}} = 1 \quad (6.9-4)$$

但应注意 $e^{-i\hat{\phi}} \cdot e^{i\hat{\phi}} \neq 1$。将 $e^{i\hat{\phi}}$ 和 $e^{-i\hat{\phi}}$ 作用到 $\hat{N}$ 的本征态 $|n\rangle$ 上，注意到

$$\left.\begin{array}{l}(\hat{N}+1)^{\frac{1}{2}} |n\rangle = (n+1)^{\frac{1}{2}} |n\rangle \\ (\hat{N}+1)^{-\frac{1}{2}} |n\rangle = (n+1)^{-\frac{1}{2}} |n\rangle\end{array}\right\} \quad (6.9-5)$$

有

$$e^{i\hat{\phi}} |n\rangle = \begin{cases} |n-1\rangle & (n \neq 0) \\ 0 & (n=0) \end{cases} \quad (6.9-6)$$

$$e^{-i\hat{\phi}} |n\rangle = |n+1\rangle \quad (6.9-7)$$

由于 $e^{i\hat{\phi}}$、$e^{-i\hat{\phi}}$ 和 $\hat{a}$、$\hat{a}^+$ 一样都不是厄米算符，因此不能作为场的可观察量。如果引入另一对算符：

$$\left.\begin{array}{l}\cos\hat{\phi} = \dfrac{1}{2}(e^{i\hat{\phi}} + e^{-i\hat{\phi}}) \\ \sin\hat{\phi} = \dfrac{1}{2i}(e^{i\hat{\phi}} - e^{-i\hat{\phi}})\end{array}\right\} \quad (6.9-8)$$

由于满足关系

$$\langle m | \cos\hat{\phi} | n\rangle = \langle n | \cos\hat{\phi} | m\rangle^*$$
$$\langle m | \sin\hat{\phi} | n\rangle = \langle n | \sin\hat{\phi} | m\rangle^*$$

所以 $\cos\hat{\phi}$ 与 $\sin\hat{\phi}$ 为厄米算符，用它们可以表示量子化辐射场的相位。

可以证明，以上所引入的一些算符满足如下的对易关系：

$$\left.\begin{array}{l}[\hat{N}, \hat{a}] = -\hat{a} \\ [\hat{N}, \hat{a}^+] = \hat{a}^+\end{array}\right\} \quad (6.9-9)$$

$$\left.\begin{array}{l}[\hat{N}, e^{i\hat{\phi}}] = -e^{i\hat{\phi}} \\ [\hat{N}, e^{-i\hat{\phi}}] = e^{-i\hat{\phi}}\end{array}\right\} \quad (6.9-10)$$

$$\left.\begin{array}{l}[\hat{N}, \cos\hat{\phi}] = -i\sin\hat{\phi} \\ [\hat{N}, \sin\hat{\phi}] = i\cos\hat{\phi}\end{array}\right\} \quad (6.9-11)$$

其中对易关系式(6.9-11)有明确的物理意义。

按量子力学理论,如果两个算符不对易,则它们没有完全的共同本征函数系,并且这两个算符所表示的力学量不能同时具有确定值。若算符$\hat{F}$和$\hat{G}$的对易关系为

$$[\hat{F},\hat{G}] = (\hat{F}\hat{G}-\hat{G}\hat{F}) = \mathrm{i}\hat{k} \tag{6.9-12}$$

$\hat{k}$是一个算符或普通的数,则在同一态中两个不对易算符所表示力学量的不确定程度用如下的测不准关系来估计:

$$\Delta F \cdot \Delta G \geqslant \frac{1}{2} |\langle \hat{k} \rangle| \tag{6.9-13}$$

式中:ΔF 和 ΔG 为均方差,表达式为

$$\Delta F = \sqrt{\langle \hat{F}^2 \rangle - \langle \hat{F} \rangle^2} \tag{6.9-14}$$

$$\Delta G = \sqrt{\langle \hat{G}^2 \rangle - \langle \hat{G} \rangle^2} \tag{6.9-15}$$

对易关系式(6.9-11)表明,算符$\hat{N}$与$\cos\hat{\phi}$和$\sin\hat{\phi}$没有共同的本征态,并且场的粒子数与相位不能同时具有确定值。由于场的粒子数正比于场振幅的平方,所以描述场的振幅与相位在同一态中不能同时具有确定值。这是量子化辐射场同经典辐射场的重要区别。对经典辐射场,振幅和相位之间没有制约关系,而对量子化辐射场,振幅和相位的测量结果受量子力学测不准关系的限制。将测不准关系式(6.9-13)用于式(6.9-11),得到在某态下光子数的测不准量和相位的测不准量为

$$\left.\begin{array}{l}\Delta N \cdot \Delta \cos\phi \geqslant \dfrac{1}{2} |\langle \sin\hat{\phi} \rangle| \\[6pt] \Delta N \cdot \Delta \sin\phi \geqslant \dfrac{1}{2} |\langle \cos\hat{\phi} \rangle|\end{array}\right\} \tag{6.9-16}$$

6.10 相干态

6.10.1 相干态的定义与表示

将湮灭算符的本征态称为相干态。至于为什么称为相干态,后面将加以说明。

为求相干态的表示,需解湮灭算符的本征方程

$$\hat{a}|\alpha\rangle = \alpha|\alpha\rangle \tag{6.10-1}$$

式中:$|\alpha\rangle$表示相干态,α为本征值。由于湮灭算符$\hat{a}$不是厄米算符,所以α不限于实数,可为任意复数,可以写成

$$\alpha = |\alpha|\mathrm{e}^{\mathrm{i}\theta} \tag{6.10-2}$$

式中:θ为α的辐角。为求解方程(6.10-1),由光子数表象的完备性,将$|\alpha\rangle$向光子数算符的本

征态 $|n\rangle$ 展开

$$|\alpha\rangle = \sum_{n=0}^{\infty} \langle n|\alpha\rangle |n\rangle = \sum_{n=0}^{\infty} C_n(\alpha) |n\rangle \tag{6.10-3}$$

式中：$C_n(\alpha) = \langle n|\alpha\rangle$ 是光子数表象与相干态表象之间的变换系数。$|\langle n|\alpha\rangle|^2$ 给出在态 $|\alpha\rangle$ 中找到 n 个光子的几率。将式(6.10-3)代入式(6.10-1)并利用式(6.8-34)，有

$$\sum_{n=1}^{\infty} C_n(\alpha) \sqrt{n} |n-1\rangle = \sum_{n=0}^{\infty} \alpha C_n(\alpha) |n\rangle$$

对上式左边的求和可移动指标 $n \to n+1$，且将求和限相应地改为由 $0 \to \infty$，则上式变为

$$\sum_{n=0}^{\infty} C_{n+1}(\alpha) \sqrt{n+1} |n\rangle = \sum_{n=0}^{\infty} \alpha C_n(\alpha) |n\rangle$$

用 $\langle m|$ 左乘方程两边，由正交归一性得

$$C_{n+1}(\alpha) \sqrt{n+1} = \alpha C_n(\alpha)$$

所以

$$C_n(\alpha) = \frac{\alpha}{\sqrt{n}} C_{n-1}(\alpha) = \frac{\alpha}{\sqrt{n}} \cdot \frac{\alpha}{\sqrt{n-1}} C_{n-2}(\alpha) =$$

$$\frac{\alpha}{\sqrt{n}} \cdot \frac{\alpha}{\sqrt{n-1}} \cdot \frac{\alpha}{\sqrt{n-2}} C_{n-3}(\alpha) = \cdots$$

即

$$C_n(\alpha) = \frac{\alpha^n}{\sqrt{n!}} C_0 \tag{6.10-4}$$

其中：常数 C_0 由归一化条件决定，即由

$$\langle \alpha|\alpha\rangle = |C_0|^2 \sum_{n=0}^{\infty} \sum_{m=0}^{\infty} \frac{(\alpha^*)^m \alpha^n}{\sqrt{n!}\sqrt{m!}} \langle m|n\rangle =$$

$$|C_0|^2 \sum_{n=0}^{\infty} \frac{(|\alpha|^2)^n}{n!} = |C_0|^2 e^{|\alpha|^2} = 1$$

求得

$$|C_0| = e^{-\frac{1}{2}|\alpha|^2}$$

C_0 的相位是任意的，不妨取为零，于是有

$$C_n(\alpha) = e^{-\frac{1}{2}|\alpha|^2} \frac{\alpha^n}{\sqrt{n!}} \tag{6.10-5}$$

$$|\alpha\rangle = e^{-\frac{1}{2}|\alpha|^2} \sum_{n=0}^{\infty} \frac{\alpha^n}{\sqrt{n!}} |n\rangle \tag{6.10-6}$$

利用 $|n\rangle$ 与基态 $|0\rangle$ 之间的关系式(6.8-36)，可以将式(6.10-6)写成

$$|\alpha\rangle = e^{-\frac{1}{2}|\alpha|^2} \cdot e^{\alpha \hat{a}^+} |0\rangle \tag{6.10-7}$$

式(6.10-6)和式(6.10-7)就是相干态的表示。由式(6.10-6)可以看出,相干态$|\alpha\rangle$可以由光子数态$|n\rangle$的适当叠加而成。单模光子数态$|n\rangle$不是相干态,因为$\hat{a}|n\rangle \neq n|n\rangle$。但$|n=0\rangle$态与$|\alpha=0\rangle$态是全同的,且满足$\hat{a}|0\rangle = 0|0\rangle = 0$。因此,基态$|0\rangle$是一个相干态。

6.10.2 相干态的性质

1. 相干态之间互不正交

设$|\beta\rangle$为有别于$|\alpha\rangle$的另一相干态,即

$$|\beta\rangle = e^{-\frac{1}{2}|\beta|^2} \sum_m \frac{\beta^m}{\sqrt{m!}} |m\rangle$$

则

$$\langle \beta | \alpha \rangle = \sum_n \sum_m \left[\frac{\beta^{*m}}{\sqrt{m!}} \cdot \frac{\alpha^n}{\sqrt{n!}} \right] e^{-\frac{1}{2}(|\alpha|^2+|\beta|^2)} \langle m | n \rangle =$$

$$\sum_n \frac{(\beta^* \alpha)^n}{n!} e^{-\frac{1}{2}(|\alpha|^2+|\beta|^2)} = e^{\beta^* \alpha - \frac{1}{2}|\alpha|^2 - \frac{1}{2}|\beta|^2} \quad (6.10-8)$$

以及

$$|\langle \beta | \alpha \rangle|^2 = e^{-|\beta-\alpha|^2} \quad (6.10-9)$$

当$\beta \neq \alpha$时,$\langle \beta | \alpha \rangle \neq 0$,可见相干态之间互不正交,原因在于湮灭算符不是厄米算符。如果$|\beta-\alpha| \gg 1$,式(6.10-9)右端变得很小,则可以认为这两个相干态近于正交。设想α和β为某一复平面上的两个代表点,按照测不准关系,每个代表点在该相空间内占有一定的面积。当两个代表点距离较远,它们所对应的面积不交叠时,两个相干态正交,而当对应的面积有相当一部分重叠时,两个相干态就不正交。

2. 相干态是具有最小测不准量的状态

对量子化辐射场,振幅和相位的测量结果受量子力学测不准关系的限制。在某态下光子数的测不准量与相位的测不准量应满足式(6.9-13),相干态是满足式(6.9-13)取等号的状态,即它是具有最小测不准量的状态。

从量子化的谐振子的坐标和动量所满足的测不准关系可以证明上述结论。从式(6.8-15)可以得到单位质量谐振子的$\hat{q}$、$\hat{p}$与$\hat{a}$、$\hat{a}^+$的关系:

$$\left. \begin{array}{l} \hat{q} = \sqrt{\dfrac{\hbar}{2\Omega}} (\hat{a}^+ + \hat{a}) \\ \hat{p} = i\sqrt{\dfrac{\Omega \hbar}{2}} (\hat{a}^+ - \hat{a}) \end{array} \right\} \quad (6.10-10)$$

于是

$$\langle \hat{q} \rangle = \langle \alpha | \hat{q} | \alpha \rangle = \sqrt{\frac{\hbar}{2\Omega}}(\alpha^* + \alpha)$$

$$\langle \hat{q}^2 \rangle = \langle \alpha | \hat{q}^2 | \alpha \rangle = \frac{\hbar}{2\Omega}(\alpha^{*2} + \alpha^2 + 2\alpha\alpha^* + 1)$$

$$\Delta q = \sqrt{\langle \hat{q}^2 \rangle - \langle \hat{q} \rangle^2} = \sqrt{\frac{\hbar}{2\Omega}} \quad (6.10-11)$$

$$\langle \hat{p} \rangle = \langle \alpha | \hat{p} | \alpha \rangle = i\sqrt{\frac{\Omega\hbar}{2}}(\alpha^* - \alpha)$$

$$\langle \hat{p}^2 \rangle = \langle \alpha | \hat{p}^2 | \alpha \rangle = -\frac{\Omega\hbar}{2}(\alpha^{*2} + \alpha^2 - 2\alpha\alpha^* - 1)$$

$$\Delta p = \sqrt{\langle \hat{p}^2 \rangle - \langle \hat{p} \rangle^2} = \sqrt{\frac{\Omega\hbar}{2}} \quad (6.10-12)$$

所以

$$\Delta q \Delta p = \frac{\hbar}{2} \quad (6.10-13)$$

依照测不准关系,应有

$$\Delta q \Delta p \geqslant \frac{\hbar}{2} \quad (6.10-14)$$

经典的简谐波具有确定的振幅和相位,并且具有最好的相干性。量子化辐射场的振幅和相位不能同时具有确定值,它们受测不准关系的制约。在量子化辐射场的所有状态中,相干态是最接近经典场的状态。在量子相干性理论中,相干态具有同经典的单色波完全一样的相干性质。在任何干涉实验中,量子相干态产生的干涉条纹和场的相关都与经典的单色波一样,这就是将$|\alpha\rangle$称为"相干态"的原因。

3. 相干态中光子数的分布

在相干态$|\alpha\rangle$中发现光子数态$|n\rangle$的几率为

$$P_n = |\langle n | \alpha \rangle|^2 = e^{-|\alpha|^2} \frac{|\alpha|^{2n}}{n!} \quad (6.10-15)$$

或用平均光子数$\bar{n}$表示

$$P_n = e^{-\bar{n}} \frac{\bar{n}^n}{n!} \quad (6.10-16)$$

式中:$\bar{n} = \langle \alpha | \hat{N} | \alpha \rangle = |\alpha|^2$为光子数算符$\hat{N}$在相干态中的平均值,这是一个在平均值附近的泊松(Poisson)分布,分布范围是$\Delta n = |\alpha|$。这种分布是相干态的一个重要标志。对于激光而言,如果激发度足够高,则相应的几率趋近于这个分布,但一般较宽,峰值较低。在热平衡下,

单模腔中的辐射场具有玻耳兹曼分布

$$P_n = e^{-n\hbar\omega/k_B T}[1 - e^{\hbar\omega/k_B T}] \qquad (6.10-17)$$

式中：T 是环境温度。图 6.10.1 所示为相干态分布和热平衡分布之比较。从图中可以看出，热平衡分布时，平均光子数接近于零。泊松分布时，其光子出现的几率集中在平均光子数附近。

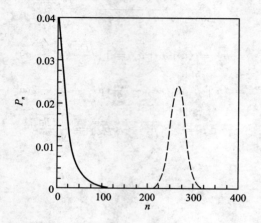

图 6.10.1　热平衡分布（实线）与相干态分布（虚线）之比较

4. 相干态的完备性

相干态满足完备性关系

$$\int |\alpha\rangle\langle\alpha|\, d^2\alpha = \pi \qquad (6.10-18)$$

下面通过计算来证明式(6.10-18)。积分在 α 的复平面上进行，面积元为

$$d^2\alpha = d[\text{Re}(\alpha)]d[\text{Im}(\alpha)] = |\alpha|\,d|\alpha|\,d\theta$$

由此

$$\int |\alpha\rangle\langle\alpha|\, d^2\alpha = \sum_n \sum_m \frac{|n\rangle\langle m|}{\sqrt{n!m!}} \int_0^\infty |\alpha|^{n+m} e^{-|\alpha|^2} |\alpha|\,d|\alpha| \int_0^{2\pi} e^{i(n-m)\theta} d\theta =$$

$$\pi \sum_n \frac{|n\rangle\langle n|}{n!} \int_0^\infty |\alpha|^{2n} e^{-|\alpha|^2} \cdot 2|\alpha|\,d|\alpha| =$$

$$\pi \sum_n \frac{|n\rangle\langle n|}{n!} \int_0^\infty x^n e^{-x} dx =$$

$$\pi \sum_n |n\rangle\langle n| = \pi$$

计算中利用了式(6.10-2)及积分 $\int_0^{2\pi} e^{i(m-n)\theta} d\theta = 2\pi\delta_{mn}$ 和变量代换 $x = |\alpha|^2$。

由于积分式(6.10-18)大于1,所以相干态是超完备的。相干态的这一性质表明,相干态的集合是足够大的,任何一个态矢都可以用相干态展开,包括任何一个相干态都可以用其他相干态展开。

6.11 辐射场与原子的相互作用

量子理论将辐射场与原子作为一个整体加以考虑,总的哈密顿算符是辐射场能量算符、原子能量算符以及相互作用能量算符之和,即

$$\hat{H} = \hat{H}_f + \hat{H}_a + \hat{V} \tag{6.11-1}$$

式中:$\hat{H}_f$ 为未微扰的辐射场的哈密顿能量算符;$\hat{H}_a$ 为未微扰的原子哈密顿能量算符;V 为辐射场和原子之间的相互作用能量算符。按式(6.8-18),有

$$\hat{H}_f = \hbar\Omega\left(\hat{a}^+ \hat{a} + \frac{1}{2}\right) \tag{6.11-2}$$

式中:Ω 表示辐射场的角频率;$\hat{a}^+$ 和 $\hat{a}$ 分别为光子产生算符和湮灭算符。

考虑二能级原子体系,上、下能级分别是 a 和 b,则 $\hat{H}_a$ 可以写成

$$\hat{H}_a = \hbar \begin{pmatrix} \omega_a & 0 \\ 0 & \omega_b \end{pmatrix} \tag{6.11-3}$$

为了便于讨论问题,拟将式(6.11-3)也写成用有关的原子算符来表示的形式,为此,用 $\begin{pmatrix} 1 \\ 0 \end{pmatrix}$ 和 $\begin{pmatrix} 0 \\ 1 \end{pmatrix}$ 表示原子的上、下能态。令

$$\left.\begin{aligned} \hat{\sigma} &= \begin{pmatrix} 0 & 0 \\ 1 & 0 \end{pmatrix} \\ \hat{\sigma}^+ &= \begin{pmatrix} 0 & 1 \\ 0 & 0 \end{pmatrix} \end{aligned}\right\} \tag{6.11-4}$$

由于

$$\left.\begin{aligned} \hat{\sigma}\begin{pmatrix} 1 \\ 0 \end{pmatrix} &= \begin{pmatrix} 0 \\ 1 \end{pmatrix} \\ \hat{\sigma}^+\begin{pmatrix} 0 \\ 1 \end{pmatrix} &= \begin{pmatrix} 1 \\ 0 \end{pmatrix} \end{aligned}\right\} \tag{6.11-5}$$

所以,$\hat{\sigma}$ 为原子的降阶算符;$\hat{\sigma}^+$ 为升阶算符,用它们来表示原子的发射与吸收。引用 $\hat{\sigma}$ 和 $\hat{\sigma}^+$ 后,式(6.11-3)可以写成

$$\hat{H}_a = \hbar\omega_a \hat{\sigma}^+ \hat{\sigma} + \hbar\omega_b \hat{\sigma}\hat{\sigma}^+ \tag{6.11-6}$$

在半经典理论中,辐射场和原子之间的相互作用能量算符为

$$\hat{V} = \begin{pmatrix} 0 & V_{ab} \\ V_{ba} & 0 \end{pmatrix} = -\mu E_x(z,t) \begin{pmatrix} 0 & 1 \\ 1 & 0 \end{pmatrix} \tag{6.11-7}$$

式中：μ 为单个原子的电偶极矩。利用式(6.11-4)和式(6.9-1)，式(6.11-7)可以表示为

$$\hat{V} = \hbar g (\hat{a} + \hat{a}^+)(\hat{\sigma} + \hat{\sigma}^+) \tag{6.11-8}$$

式中：

$$g = -\frac{\mu}{\hbar} \varepsilon \sin kz \tag{6.11-9}$$

$$\varepsilon = \left(\frac{\hbar \Omega}{V \varepsilon_0} \right)^{\frac{1}{2}}$$

V 为光腔的体积；g 为原子和辐射场之间的耦合系数，它的大小体现了辐射场和原子之间相互作用的强弱。

这样，系统总的哈密顿算符 $\hat{H}$ 式(6.11-1)可以写成

$$\hat{H} = \hbar \Omega \left(\hat{a}^+ \hat{a} + \frac{1}{2} \right) + \hbar (\omega_a \hat{\sigma}^+ \hat{\sigma} + \omega_b \hat{\sigma} \hat{\sigma}^+) + \hbar g (\hat{a} + \hat{a}^+)(\hat{\sigma} + \hat{\sigma}^+) \tag{6.11-10}$$

须指出的是，式(6.11-10)中相互作用算符含有不合理的部分。事实上，相互作用能量算符 $\hat{V}$ 式(6.11-8)为4项之和，即

$$\hat{V} = \hbar g (\hat{a} \hat{\sigma} + \hat{a}^+ \hat{\sigma} + \hat{a} \hat{\sigma}^+ + \hat{a}^+ \hat{\sigma}^+)$$

式中：$\hat{a}\hat{\sigma}$ 项表示原子从上能级跃迁到下能级，同时吸收一个光子，这显然不符合能量守恒定律；$\hat{a}^+\hat{\sigma}$ 则表示原子从上能级跃迁到下能级，同时产生一个光子，符合能量守恒定律；同理，对于 $\hat{a}\hat{\sigma}^+$ 和 $\hat{a}^+\hat{\sigma}^+$ 两项，$\hat{a}^+\hat{\sigma}^+$ 项是不符合能量守恒定律的。所以，考虑能量守恒关系，式(6.11-8)和式(6.11-10)应为

$$\hat{V} = \hbar g (\hat{a}^+ \hat{\sigma} + \hat{a} \hat{\sigma}^+) \tag{6.11-11}$$

$$\hat{H} = \hbar \Omega \left(\hat{a}^+ \hat{a} + \frac{1}{2} \right) + \hbar (\omega_a \hat{\sigma}^+ \hat{\sigma} + \omega_b \hat{\sigma} \hat{\sigma}^+) + \hbar g (\hat{a}^+ \hat{\sigma} + \hat{a} \hat{\sigma}^+) \tag{6.11-12}$$

上面的讨论都是在薛定谔表象中进行的。为了进一步看清相互作用算符所含不合理部分的物理实质，将式(6.11-8)转换到相互作用表象，并且在相互作用表象中讨论运动方程更合适。

在薛定谔表象中，哈密顿算符为

$$\hat{H} = \hat{H}_0 + \hat{V}$$

薛定谔方程为

$$|\dot{\Psi}\rangle = -\frac{i}{\hbar}(\hat{H}_0 + \hat{V}) |\Psi(t)\rangle$$

将上式积分得

$$|\Psi(t)\rangle = e^{-\frac{i}{\hbar}(\hat{H}_0 + \hat{V})t} |\Psi(0)\rangle$$

可观察量算符 $\hat{F}$ 的期待值为

$$\langle \hat{F} \rangle = \langle \Psi(t) \mid \hat{F}(0) \mid \Psi(t) \rangle \qquad (6.11-13)$$

式中：$\hat{F}(0)$ 表示 $\hat{F}$ 与时间无关。式(6.11-13)表明，波函数是时间的函数，而算符与时间无关，这是薛定谔表象的特点。

相互作用表象形式是将相互作用能量算符 $\hat{V}$ 合并到态矢里边去，而将未微扰项 $\hat{H}_0$ 赋予算符。这样，式(6.11-13)就变为

$$\langle \hat{F} \rangle = \langle \Psi(0)\mathrm{e}^{\frac{\mathrm{i}}{\hbar}\hat{V}t} \mid \mathrm{e}^{\frac{\mathrm{i}}{\hbar}\hat{H}_0 t}\hat{F}(0)\mathrm{e}^{-\frac{\mathrm{i}}{\hbar}\hat{H}_0 t} \mid \mathrm{e}^{-\frac{\mathrm{i}}{\hbar}\hat{V}t}\Psi(0) \rangle =$$
$$\langle \Psi^I(t) \mid \hat{F}^I(t) \mid \Psi^I(t) \rangle \qquad (6.11-14)$$

式中，相互作用表象态矢为

$$\Psi^I(t) = \mathrm{e}^{-\frac{\mathrm{i}}{\hbar}\hat{V}t}\Psi(0) \qquad (6.11-15)$$

相互作用表象中力学量 $\hat{F}$ 为

$$\hat{F}^I = \mathrm{e}^{\frac{\mathrm{i}}{\hbar}\hat{H}_0 t}\hat{F}(0)\mathrm{e}^{-\frac{\mathrm{i}}{\hbar}\hat{H}_0 t} \qquad (6.11-16)$$

将式(6.11-15)微分，就可得到相互作用表象中态矢的运动方程为

$$\mid \dot{\Psi}^I(t) \rangle = -\frac{\mathrm{i}}{\hbar}\hat{V} \mid \Psi^I(t) \rangle \qquad (6.11-17)$$

下面将式(6.11-8)转到相互作用表象。根据式(6.11-16)，并设 $\hat{H}_0 = \hat{H}_\mathrm{f} + \hat{H}_\mathrm{a}$，有

$$\hat{V}^I = \mathrm{e}^{\frac{\mathrm{i}}{\hbar}\hat{H}_0 t}\hat{V}(0)\mathrm{e}^{-\frac{\mathrm{i}}{\hbar}\hat{H}_0 t} =$$
$$\mathrm{e}^{\frac{\mathrm{i}}{\hbar}(\hat{H}_\mathrm{f}+\hat{H}_\mathrm{a})t} \cdot \hbar g(\hat{a}+\hat{a}^+)(\hat{\sigma}+\hat{\sigma}^+) \cdot \mathrm{e}^{-\frac{\mathrm{i}}{\hbar}(\hat{H}_\mathrm{f}+\hat{H}_\mathrm{a})t} =$$
$$\hbar g \mathrm{e}^{\frac{\mathrm{i}}{\hbar}\hat{H}_\mathrm{f} t}(\hat{a}+\hat{a}^+)\mathrm{e}^{-\frac{\mathrm{i}}{\hbar}\hat{H}_\mathrm{f} t} \cdot \mathrm{e}^{\frac{\mathrm{i}}{\hbar}\hat{H}_\mathrm{a} t}(\hat{\sigma}+\hat{\sigma}^+)\mathrm{e}^{-\frac{\mathrm{i}}{\hbar}\hat{H}_\mathrm{a} t} =$$
$$\hbar g \mathrm{e}^{\mathrm{i}\Omega(\hat{a}^+\hat{a}+\frac{1}{2})t}(\hat{a}+\hat{a}^+)\mathrm{e}^{-\mathrm{i}\Omega(\hat{a}^+\hat{a}+\frac{1}{2})t} \cdot$$
$$\mathrm{e}^{\mathrm{i}(\omega_a\hat{\sigma}^+\hat{\sigma}+\omega_b\hat{\sigma}\hat{\sigma}^+)t}(\hat{\sigma}+\hat{\sigma}^+)\mathrm{e}^{-\mathrm{i}(\omega_a\hat{\sigma}^+\hat{\sigma}+\omega_b\hat{\sigma}\hat{\sigma}^+)t} \qquad (6.11-18)$$

从式(6.11-18)的第二个等式到第三个等式，考虑了场算符($\hat{H}_\mathrm{f}, \hat{a}^+, \hat{a}$)及原子算符($\hat{H}_\mathrm{a}, \hat{\sigma}, \hat{\sigma}^+$)是相互独立的，所以将场算符和原子算符分别作了归拢工作(即通过颠倒场算符和原子算符的次序，使场算符和原子算符分别靠在一起，但每种算符之间的次序不能颠倒)。

利用算符 $\hat{A}, \hat{B}$ 间的如下关系：

$$\mathrm{e}^{\lambda\hat{A}}\hat{B}\mathrm{e}^{-\lambda\hat{A}} = \hat{B} + \lambda[\hat{A},\hat{B}] + \frac{\lambda^2}{2!}[\hat{A},[\hat{A},\hat{B}]] + \frac{\lambda^3}{3!}[\hat{A},[\hat{A},[\hat{A},\hat{B}]]] + \cdots$$
$$(6.11-19)$$

以及

$$\left.\begin{array}{l} [\hat{a}^+\hat{a},\hat{a}] = -\hat{a}, \quad [\hat{a}^+\hat{a},\hat{a}^+] = \hat{a}^+ \\ [\hat{\sigma}^+\hat{\sigma},\hat{\sigma}] = -\hat{\sigma}, \quad [\hat{\sigma}^+\hat{\sigma},\hat{\sigma}^+] = \hat{\sigma}^+ \\ [\hat{\sigma}\hat{\sigma}^+,\hat{\sigma}] = \hat{\sigma}, \quad [\hat{\sigma}\hat{\sigma}^+,\hat{\sigma}^+] = -\hat{\sigma}^+ \end{array}\right\} \qquad (6.11-20)$$

可以求得

$$e^{i\Omega\hat{a}^+\hat{a}t}(\hat{a}+\hat{a}^+)e^{-i\Omega\hat{a}^+\hat{a}t} = \hat{a}e^{-i\Omega t} + \hat{a}^+ e^{i\Omega t} \qquad (6.11-21)$$

$$e^{i(\omega_a\hat{\sigma}^+\hat{\sigma}+\omega_b\hat{\sigma}\hat{\sigma}^+)t}(\hat{\sigma}+\hat{\sigma}^+)e^{-i(\omega_a\hat{\sigma}^+\hat{\sigma}+\omega_b\hat{\sigma}\hat{\sigma}^+)t} = \hat{\sigma}e^{-i\omega t} + \hat{\sigma}^+ e^{i\omega t} \qquad (6.11-22)$$

其中

$$\omega = \omega_a - \omega_b \qquad (6.11-23)$$

是原子体系的共振跃迁频率。

将式(6.11-21)和式(6.11-22)代入式(6.11-18),得到

$$\hat{V}^I = \hbar g [\hat{a}\hat{\sigma}e^{-i(\Omega+\omega)t} + \hat{a}^+\hat{\sigma}e^{i(\Omega-\omega)t} + \hat{a}\sigma^+ e^{-i(\Omega-\omega)t} + \hat{a}^+\sigma^+ e^{i(\Omega+\omega)t}] \qquad (6.11-24)$$

由式(6.11-24)可见,遵循能量守恒定律的两项 $\hat{a}^+\hat{\sigma}$ 和 $\hat{a}\hat{\sigma}^+$ 分别与缓变因子 $e^{\pm i(\Omega-\omega)t}$ 相乘,而不遵循能量守恒定律的两项 $\hat{a}\hat{\sigma}$ 和 $\hat{a}^+\hat{\sigma}^+$ 分别与迅变因子 $e^{\pm i(\Omega+\omega)t}$ 相乘。在前面半经典理论中,带缓变因子的是共振项,而带迅变因子的是反共振项。按旋转波近似,反共振项应忽略,这正是从上面能量守恒讨论中所得到的结果。作旋转波近似后,式(6.11-24)应为

$$\hat{V}^I = \hbar g [\hat{a}^+\hat{\sigma}e^{i(\Omega-\omega)t} + \hat{a}\hat{\sigma}^+ e^{-i(\Omega-\omega)t}] \qquad (6.11-25)$$

如果注意到

$$\hat{V} = e^{i\hat{H}_0 t}\hat{V}e^{-i\hat{H}_0 t} = \hat{V}^I \qquad (6.11-26)$$

因为 $\hat{V}$ 与 $e^{\pm i\hat{H}_0 t}$ 对易;同时也说明,在薛定谔表象和相互作用表象中,$\hat{V}$ 与 $\hat{V}^I$ 是完全相同的。因此,相互作用表象中态矢的运动方程式(6.11-17)也可写成

$$|\dot{\Psi}^I(t)\rangle = -\frac{i}{\hbar}\hat{V}^I|\Psi^I(t)\rangle \qquad (6.11-27)$$

6.12 原子辐射和吸收的跃迁几率

考虑单模辐射场与一个二能级原子的相互作用。现在场和原子都用量子力学描述,并且采用相互作用表象。

设 $t=0$ 时,原子与辐射场组成的总的系统的初始态为

$$|\Psi^I(0)_{a-f}\rangle = |a\rangle|n\rangle = |a,n\rangle \qquad (6.12-1)$$

式(6.12-1)表示原子处于高能态 $|a\rangle$,而辐射场具有 n 个光子。由于辐射场与原子之间的相互作用,因此在随后的 t 时刻,原子状态由高能态跃迁到低能态从而放出一个光子,这一过程具有一定的几率。这时,系统的状态将描述为

$$|\Psi^I(t)_{a-f}\rangle = C_{a,n}(t)|a,n\rangle + C_{b,n+1}(t)|b,n+1\rangle \qquad (6.12-2)$$

式中:$C_{a,n}(t)$ 表示原子处于高能态 $|a\rangle$ 而辐射场具有 n 个光子的几率幅;$C_{b,n+1}(t)$ 表示原子处于低能态 $|b\rangle$ 而辐射场具有 $n+1$ 个光子的几率幅。$C_{a,n}(t)$ 与 $C_{b,n+1}(t)$ 是随时间缓变的。

为确定式(6.12-2)的具体形式,就必须找出 $C_{a,n}(t)$ 与 $C_{b,n+1}(t)$,因此,需要利用含时的薛定谔方程。在相互作用表象中,该方程如式(6.11-27)所示,式中的 V^I 表示为式(6.11-25)。将式(6.11-25)和波函数式(6.12-2)代入式(6.11-27),得

$$\dot{C}_{a,n}(t)\mid a,n\rangle + \dot{C}_{b,n+1}(t)\mid b,n+1\rangle = -\mathrm{i}g[C_{a,n}(t)\,\hat{a}\,\hat{\sigma}^+\,\mathrm{e}^{-\mathrm{i}(\Omega-\omega)t}\mid a,n\rangle +$$
$$C_{b,n+1}(t)\,\hat{a}\,\hat{\sigma}^+\,\mathrm{e}^{-\mathrm{i}(\Omega-\omega)t}\mid b,n+1\rangle +$$
$$C_{a,n}(t)\,\hat{a}^+\,\hat{\sigma}\,\mathrm{e}^{\mathrm{i}(\Omega-\omega)t}\mid a,n\rangle +$$
$$C_{b,n+1}(t)\,\hat{a}^+\,\hat{\sigma}\,\mathrm{e}^{\mathrm{i}(\Omega-\omega)t}\mid b,n+1\rangle] \quad (6.12-3)$$

将式(6.12-3)各项左乘态矢$\langle a,n\mid$,注意
$$\langle a,n\mid a,n\rangle = 1$$
$$\langle a,n\mid\hat{a}\,\hat{\sigma}^+\mid b,n+1\rangle = \sqrt{n+1}$$

其余各项由于正交性均为零。由此得到
$$\dot{C}_{a,n}(t) = -\mathrm{i}g\sqrt{n+1}\,\mathrm{e}^{-\mathrm{i}(\Omega-\omega)t}C_{b,n+1}(t) \quad (6.12-4)$$

将式(6.12-3)各项左乘$\langle b,n+1\mid$,可得
$$\dot{C}_{b,n+1}(t) = -\mathrm{i}g\sqrt{n+1}\,\mathrm{e}^{\mathrm{i}(\Omega-\omega)t}C_{a,n}(t) \quad (6.12-5)$$

式(6.12-4)和式(6.12-5)是态$\mid a,n\rangle$与态$\mid b,n+1\rangle$的几率幅所遵循的变化规律,由它们可求出$C_{a,n}(t)$和$C_{b,n+1}(t)$,从而可确定波函数式(6.12-2)。

下面讨论受激吸收和受激辐射的几率问题。

6.12.1 受激吸收几率

设量子系统的初始态为
$$\mid\Psi^I(0)_{a-f}\rangle = \mid b,n+1\rangle \quad (6.12-6)$$
它表示在时刻$t=0$,原子处于低能态$\mid b\rangle$,场中有$n+1$个光子,这时几率幅$C_{a,n}(t)$和$C_{b,n+1}(t)$分别为
$$\left.\begin{array}{l}C_{a,n}(0) = 0\\ C_{b,n+1}(0) = 1\end{array}\right\} \quad (6.12-7)$$

在$t>0$时刻,由于$n+1$个光子和原子发生作用,原子按一定几率吸收光子而跃迁到态$\mid a\rangle$,此时$C_{a,n}(t)>0$表示原子处于高能态的几率幅,而$\mid C_{a,n}(t)\mid^2$表示原子在场作用下由低能级跃迁到高能级的几率。

为求$C_{a,n}(t)$,对式(6.12-4)积分,得
$$C_{a,n}(t) = -\mathrm{i}g\sqrt{n+1}\int_0^t C_{b,n+1}(t')\mathrm{e}^{-\mathrm{i}(\Omega-\omega)t'}\mathrm{d}t'$$

考虑一级微扰,可令$C_{b,n+1}(t')\approx 1$,则上式可积分得出
$$C_{a,n}(t) \approx g\sqrt{n+1}\,\frac{\mathrm{e}^{-\mathrm{i}(\Omega-\omega)t}-1}{\Omega-\omega} \quad (6.12-8)$$

上式模的平方就是受激吸收几率

$$|C_{a,n}(t)|^2 = 4g^2(n+1)\frac{\sin^2\left[\frac{(\Omega-\omega)t}{2}\right]}{(\Omega-\omega)^2} \qquad (6.12-9)$$

6.12.2 受激辐射几率

设量子系统初始态为

$$|\Psi^I(0)_{a-f}\rangle = |a,n\rangle \qquad (6.12-10)$$

即此时

$$\left.\begin{array}{l} C_{a,n}(0) = 1 \\ C_{b,n+1}(0) = 0 \end{array}\right\} \qquad (6.12-11)$$

在 $t>0$,n 个光子与高能态原子作用,将发生受激辐射过程,受激辐射的几率应为 $|C_{b,n+1}(t)|^2$。采用上面同样的方法可以得出

$$|C_{b,n+1}(t)|^2 = 4g^2(n+1)\frac{\sin^2\left[\frac{(\Omega-\omega)t}{2}\right]}{(\Omega-\omega)^2} \qquad (6.12-12)$$

比较由式(6.12-9)和式(6.12-12)所表示的辐射场中的原子受激吸收和受激辐射几率,发现它们大小相等,且均正比于 $n+1$ 个光子。从初始条件式(6.12-7)和式(6.12-11)看,发生受激吸收时,场内有 $n+1$ 个光子;而发生受激辐射时,场内有 n 个光子,如此看来受激辐射几率应正比于光子数 n。那么与 1 相联系的几率代表什么意义呢?可以理解为,与因子 1 相联系的项给出了进入这个模式的自发辐射几率。

6.12.3 共振情况下吸收与辐射几率

在共振($\Omega=\omega$)时,式(6.12-4)和式(6.12-5)变为

$$\dot{C}_{a,n}(t) = -ig\sqrt{n+1}\,C_{b,n+1}(t) \qquad (6.12-13)$$

$$\dot{C}_{b,n+1}(t) = -ig\sqrt{n+1}\,C_{a,n}(t) \qquad (6.12-14)$$

将式(6.12-13)微分一次,并利用式(6.12-14),得到

$$\ddot{C}_{a,n}(t) = -g^2(n+1)C_{a,n}(t)$$

其解可写成

$$C_{a,n}(t) = A\sin(g\sqrt{n+1}\,t) + B\cos(g\sqrt{n+1}\,t) \qquad (6.12-15)$$

对上式微分一次,并利用式(6.12-13),得到

$$C_{b,n+1}(t) = iA\cos(g\sqrt{n+1}\,t) - iB\sin(g\sqrt{n+1}\,t) \qquad (6.12-16)$$

式(6.12-15)和式(6.12-16)中的 A、B 系数由初始条件决定。

对于

$$\left. \begin{array}{l} C_{a,n}(0) = 0 \\ C_{b,n+1}(0) = 1 \end{array} \right\} \quad (6.12-17)$$

由式(6.12-15)和式(6.12-16)可得 $B=0$，$A=-i$，此时式(6.12-15)和式(6.12-16)变为

$$\left. \begin{array}{l} C_{a,n}(t) = -i\sin(g\sqrt{n+1}\,t) \\ C_{b,n+1}(t) = \cos(g\sqrt{n+1}\,t) \end{array} \right\} \quad (6.12-18)$$

或者

$$\left. \begin{array}{l} |C_{a,n}(t)|^2 = \sin^2(g\sqrt{n+1}\,t) \\ |C_{b,n+1}(t)|^2 = \cos^2(g\sqrt{n+1}\,t) \end{array} \right\} \quad (6.12-19)$$

式(6.12-19)表示，当系统初始处于低能态时，在继后的时间里，系统处于高、低能态的几率。

对于初始条件为

$$\left. \begin{array}{l} C_{a,n}(0) = 1 \\ C_{b,n+1}(0) = 0 \end{array} \right\} \quad (6.12-20)$$

得到 $A=0, B=1$，所以有

$$\left. \begin{array}{l} C_{a,n}(t) = \cos(g\sqrt{n+1}\,t) \\ C_{b,n+1}(t) = -i\sin(g\sqrt{n+1}\,t) \end{array} \right\} \quad (6.12-21)$$

或

$$\left. \begin{array}{l} |C_{a,n}(t)|^2 = \cos^2(g\sqrt{n+1}\,t) \\ |C_{b,n+1}(t)|^2 = \sin^2(g\sqrt{n+1}\,t) \end{array} \right\} \quad (6.12-22)$$

式(6.12-22)是当系统初始处于高能态时，在继后的时间里，系统处于高、低能态的几率表达式。

6.13 光子统计

光子统计是指在某一态中找到光子数为 n 的几率随光子数 n 的分布。这里要求出在稳定状态下激光的光子分布，即激光光场处于一系列光子数态 $|n\rangle$ 的几率。讨论中要用到激光场的约化密度算符的运动方程。

6.13.1 约化密度算符

在 6.2 节中，通过原子系统的波函数定义了原子系统的密度矩阵。在处理原子和辐射场

相互作用的量子理论中,将辐射场和原子视为一个整体加以考虑,用$|\psi_{FA}(t)\rangle$表示这个复合体系的波函数,F表示场,A表示原子。由$|\psi_{FA}(t)\rangle$得出的密度算符为复合体系的密度算符,记为$\hat{\rho}_{FA}(t)$。

在处理关于辐射量子理论问题时,常常关注辐射场的量(例如光子统计和激光线宽),而对原子的情况并不太注意。如果将首要关注的部分与次要的部分分离开来,则在处理某类问题时会很便利。可以证明,如果辐射场量只与辐射场有关,则将复合体系的密度算符对原子变量取阵迹,得到只与辐射场变量有关的密度算符,因此定义

$$\hat{\rho}_F(t) = \text{tr}_A \hat{\rho}_{FA}(t) \quad (6.13-1)$$

式中:tr_A为对原子变量求阵迹;$\hat{\rho}_F(t)$为FA的复合体系密度算符$\hat{\rho}_{FA}(t)$的约化密度算符。与光场有关的力学量$\hat{M}_F$的平均值为

$$\langle \hat{M}_F \rangle = \text{tr}_F \{ \hat{M}_F \hat{\rho}_F(t) \} \quad (6.13-2)$$

可见,这时并不需要总的密度算符,而只需要由式(6.13-1)定义的密度算符即可,这使得计算得到简化。

6.13.2 场的运动方程

设所考虑的场为单模场,采用二能级静止原子模型。场的振荡频率与介质原子谱线的中心频率共振,原子和辐射场的相互作用是电偶极矩相互作用,采用旋转波近似及准稳态的假定,得到在光子数表象中约化密度算符矩阵元随时间的变化方程,即场的运动方程为(略去下标F)

$$\dot{\rho}_{nm} = -\frac{A}{2}[(m+n+2)\rho_{nm} - 2\sqrt{nm}\,\rho_{n-1,m-1}] + \frac{B}{8}\{[(n+1)^2 + 6(n+1)(m+1) + (m+1)^2]\rho_{nm} - 4(m+n)\sqrt{nm}\,\rho_{n-1,m-1}\} - \frac{C}{2}[(n+m)\rho_{nm} - 2\sqrt{(n+1)(m+1)}\,\rho_{n+1,m+1}] \quad (6.13-3)$$

特别是对于对角元素$n=m$,有

$$\dot{\rho}_{nn} = -(n+1)[A-B(n+1)]\rho_{nn} + (A-Bn)n\rho_{n-1,n-1} - Cn\rho_{nn} + C(n+1)\rho_{n+1,n+1} \quad (6.13-4)$$

采用更严格的解,可以得到

$$\dot{\rho}_{nn} = -\frac{(n+1)A}{1+(n+1)\frac{B}{A}}\rho_{nn} + \frac{nA}{1+n\frac{B}{A}}\rho_{n-1,n-1} - Cn\rho_{nn} + C(n+1)\rho_{n+1,n+1} \quad (6.13-5)$$

若将分母作如下近似:

$$\left[1+(n+1)\frac{B}{A}\right]^{-1} \approx 1-(n+1)\frac{B}{A}$$

$$\left[1+n\frac{B}{A}\right]^{-1} \approx 1-n\frac{B}{A}$$

即可得到式(6.13-4)。

式(6.13-3)和式(6.13-4)称为场的运动方程,它们反映了原子和场相互作用过程中场态的变化规律。由于 ρ_{nn} 表示了处在 $|n\rangle$ 态的几率,故 ρ_{nn} 的变化就是场中光子数分布的变化。式(6.13-4)右端给出了导致变化的因素:系数 A 和 B 的作用导致场中光子数增加直至饱和,系数 C 的作用使场中光子数减少。

为了讨论式(6.13-4)中 A,B,C 各项的物理意义,将该式改写成如下形式:

$$\dot{\rho}_{nn} = An\rho_{n-1,n-1} - A(n+1)\rho_{nn} - Bn^2\rho_{n-1,n-1} + B(n+1)^2\rho_{nn} - Cn\rho_{nn} + C(n+1)\rho_{n+1,n+1} \quad (6.13-6)$$

式(6.13-6)中各项的物理意义可用图 6.13.1 表示。图中:$|n-1\rangle,|n\rangle,|n+1\rangle$ 为光子数依次差 1 的 3 个光子数态。带箭头的竖线表示几率(方程中各项)在 3 个态间的"流动"情况。由相邻态 $|n+1\rangle$ 和 $|n-1\rangle$ 流入 $|n\rangle$ 态为正,由 $|n\rangle$ 态流向相邻态为负。这样,方程中各项意义可说明如下:

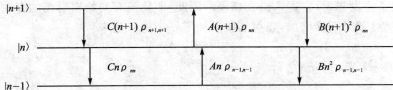

图 6.13.1 ρ_{nn} 运动方程各项的物理意义

① $An\rho_{n-1,n-1}$。在图中是从 $|n-1\rangle$ 态流入 $|n\rangle$ 态,为正。此项使 ρ_{nn} 增加,使场内光子数增加,起增益作用。

② $A(n+1)\rho_{nn}$。在图中是从 $|n\rangle$ 态流向 $|n+1\rangle$ 态,为负。此项使 ρ_{nn} 减小,使场内光子数增加,起增益作用。

③ $Cn\rho_{nn}$ 和 $C(n+1)\rho_{n+1,n+1}$。前者是从 $|n\rangle$ 态流向 $|n-1\rangle$ 态,使 ρ_{nn} 减小,后者是从 $|n+1\rangle$ 态流入 $|n\rangle$ 态,使 ρ_{nn} 增加,两者都使场内光子数减少,起损耗作用。

④ $Bn^2\rho_{n-1,n-1}$ 和 $B(n+1)^2\rho_{nn}$。这两项都使场内光子数减少,且都与光强的平方成正比,这表明是一种非线性效应,它使增益减小,意味着起增益饱和的作用。

在半经典理论中得到的单模场运动方程(6.5-2),可以改写为

$$\dot{I}_n = 2I_n(\alpha_n - \beta_n I_n) \quad (6.13-7)$$

由场的运动方程(6.13-6)可以求出场中平均光子数 $\langle n(t)\rangle$ 的运动方程

$$\frac{d\langle n(t)\rangle}{dt} = \frac{d}{dt}\sum n\rho_{nn} = \sum n\frac{d\rho_{nn}}{dt}$$

将式(6.13-6)代入,可得到

$$\frac{d\langle n(t)\rangle}{dt} = (A-C)\langle n\rangle + A - B[\langle n^2\rangle + 2\langle n\rangle + 1] \qquad (6.13-8)$$

在激光器中,当泵浦速率超过阈值时,腔内光子数剧增,满足$\langle n^2\rangle \gg 2\langle n\rangle + 1$。在此情况下,式(6.13-8)可简化为

$$\frac{d\langle n(t)\rangle}{dt} = (A-C)\langle n\rangle + A - B\langle n^2\rangle \qquad (6.13-9)$$

因为光强与平均光子数成正比,所以式(6.13-9)与式(6.13-7)相对应,通过比较可以看出

$$A-C \longleftrightarrow \alpha_n, \quad B \longleftrightarrow \beta_n \qquad (6.13-10)$$

可见,场的运动方程中系数$A-C$反映了介质的净增益特性,而B反映了介质的饱和特性。

将式(6.13-9)与式(6.13-7)相比,由量子理论得出的方程比由半经典理论得出的方程多了一项正的常数项A。在半经典理论中,若$I_n(0)=0$,按式(6.13-7)得$I_n(t)=0$,即激光器中的光强不可能在没有辐射场照射的情况下增强起来;而在量子理论中,若$\langle n\rangle = 0$,按式(6.13-9),则有

$$\frac{d\langle n(t)\rangle}{dt} = A > 0$$

这表明,A代表了自发辐射,它进入激光场模。因此,即使没有初始辐射场的存在,腔内模中光子数(即光强)仍然随时间而增加,辐射场能够从零场中建立起来。

6.13.3 激光光子统计

利用运动方程(6.13-6)对角矩阵元的稳态解,求出在稳定状态下激光的光子分布,即激光场处于一系列光子数态$|n\rangle$的几率。

在稳态振荡条件下,$\dot\rho_{nn}=0$,这要求相邻两态之间的几率流量为零。例如,在$|n\rangle$态和$|n-1\rangle$态之间几率流量等于零就要求(见图6.13.1)

$$An\rho_{n-1,n-1} - Bn^2\rho_{n-1,n-1} - Cn\rho_{nn} = 0$$

由此方程可以给出如下递推关系:

$$\rho_{nn} = \frac{A-Bn}{C}\rho_{n-1,n-1} \qquad (6.13-11)$$

按此关系递推下去,就得到

$$\rho_{nn} = \frac{A-Bn}{C} \cdot \frac{A-B(n-1)}{C} \cdot \cdots \cdot \frac{A-B}{C}\rho_{00}$$

即

$$\rho_{nn} = \rho_{00}\prod_{k=1}^{n}\frac{A-Bk}{C} \qquad (6.13-12)$$

式中：ρ_{00} 由归一化条件 $\sum_{n=0}^{\infty} \rho_{nn} = 1$ 确定。按归一化条件，有

$$1 = \rho_{00} + \sum_{n=1}^{\infty} \rho_{nn} = \rho_{00} + \rho_{00} \sum_{n=1}^{\infty} \left(\prod_{k=1}^{n} \frac{A - Bk}{C} \right)$$

亦即

$$\rho_{00} = \left[1 + \sum_{n=1}^{\infty} \left(\prod_{k=1}^{n} \frac{A - Bk}{C} \right) \right]^{-1} \tag{6.13-13}$$

若将归一化常数 ρ_{00} 用 N_p 表示，则式(6.13-12)可写成

$$\rho_{nn} = N_p \prod_{k=1}^{n} \frac{A - Bk}{C} \tag{6.13-14}$$

式(6.13-14)即为在稳定状态下，激光光子分布的表达式。下面将以阈值为界，就阈值以下、阈值处、阈值以上几种情况进行讨论。

1. 阈值以下

此情形 $A < C$，激光场内光子数 n 很少。由于 $B \ll A$（饱和项只有光强很大时才起作用，B 和 A 一般要差几个数量级），$1 \leq k \leq n$，所以对于式(6.13-14)中的每一个乘积因子，均有 $Bk \ll A$。于是式(6.13-14)可简化为

$$\rho_{nn} \approx N_p \left(\frac{A}{C} \right)^n \tag{6.13-15}$$

式中：ρ_{nn} 相对于 n 的关系曲线如图 6.13.2 中的曲线(a)所示。从图中可以看出，这种分布的特点是，在 $n=0$ 时，几率最大，随着光子数的增加，几率 ρ_{nn} 迅速减小。

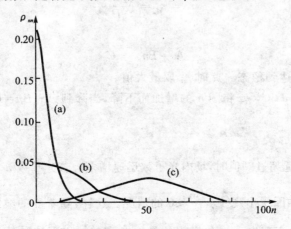

图 6.13.2　ρ_{nn} 相对 n 的关系曲线

2. 阈值处

在阈值处，$A=C$，式(6.13-14)变成

$$\rho_m = N_p \prod_{k=1}^{n}\left(1-\frac{Bk}{C}\right) \tag{6.13-16}$$

在刚达到阈值时，激光场中的光子数仍然不多，$Bk \ll C$，所以式(6.13-16)中每个乘积因子均有

$$0 < 1-\frac{Bk}{C} < 1$$

因此，最大的光子数几率是 ρ_{00}，并且从 ρ_{00} 开始，随着几率的增加而单调下降，但比式(6.13-15)下降得慢，如图 6.13.2 中的曲线(b)所示。

3. 阈值以上

在阈值以上，$A>C$，ρ_m 的分布曲线如图 6.13.2 中的曲线(c)所示。其特点是，分布曲线的峰值并不出现在光子数目为零的时候，而出现在光子数目较多的某个值。这种分布与热平衡下的光子统计分布是很不同的。下面对这种分布特征进行定性的说明。

在光子数目 n 很小时，$A \gg Bn$，式(6.13-14)可用下式近似表达：

$$\rho_m \approx N_p \left(\frac{A}{C}\right)^n \tag{6.13-17}$$

可见，当光子数目 n 很小时，ρ_m 随 n 的增加而迅速增加。随着 n 的增加，$A-Bn$ 愈来愈靠近 C，但只要 $A-Bn>C$，ρ_m 曲线仍呈上升的趋势，但要缓慢一些。当光子数目增加到

$$n = n_s = \frac{A-C}{B} \tag{6.13-18}$$

这时

$$A - Bn_s = C \tag{6.13-19}$$

增益与损耗相等，振荡达到稳态。此时 ρ_m 取最大值。

当 $n>n_s$ 时，$A-Bn<C$，ρ_m 将随 n 的增加而下降，当降到 $A-Bn=0$ 时，ρ_m 也降为零。

4. 甚高于阈值

当泵浦特别强，远远超过阈值时，场内光子数迅速增多。若光子数 $n>\frac{A}{B}$，就有 $A-Bn<0$，使式(6.13-14)中连乘因子出现 $\frac{A-Bn}{C}<0$ 的情况。这样，随着 n 的继续增大，具有 n 个光子的几率 ρ_m 会正值、负值交替出现。几率为负是不合理的。出现这种情况的原因是，在解运动方程中只讨论到四级近似。对于强信号，必须采用 ρ_m 的更精确表达式(6.13-5)。在该式中，

令 $\dot{\rho}_{nn}=0$，并考虑 $|n\rangle$ 态与 $|n-1\rangle$ 态之间的几率流量等于零，有

$$\frac{nA}{1+n\frac{B}{A}}\rho_{n-1,n-1} - Cn\rho_{nn} = 0$$

由此得递推关系为

$$\rho_{nn} = \frac{\frac{A}{C}}{1+n\frac{B}{A}}\rho_{n-1,n-1} \qquad (6.13-20)$$

由此式可得到

$$\rho_{nn} = \rho_{00}\left(\frac{A^2}{CB}\right)^n \frac{1}{\left(\frac{A}{B}+n\right)\left(\frac{A}{B}+n-1\right)\cdots\left(\frac{A}{B}+1\right)} \qquad (6.13-21)$$

或用 Γ 函数表示

$$\rho_{nn} = N'_p\left(\frac{A^2}{CB}\right)^n \frac{\Gamma\left(\frac{A}{B}+1\right)}{\Gamma\left(\frac{A}{B}+n+1\right)} \qquad (6.13-22)$$

式中：$N'_p = \rho_{00}$ 为归一化常数。

式(6.13-22)是几率随光子数分布更一般的表达式。利用 $\left[1+\frac{nB}{A}\right]^{-1} \approx 1-\frac{nB}{A}$ 的近似，式(6.13-22)即化为式(6.13-14)。

在场中光子数 $n \gg \frac{A}{B}$ 的情况下，式(6.13-22)可近似写成

$$\rho_{nn} \approx N'_p \frac{\left(\frac{A^2}{BC}\right)^n}{n!} \qquad (6.13-23)$$

利用式(6.13-23)可求得平均光子数和归一化常数

$$\bar{n} = \sum_n n\rho_{nn} = \frac{A^2}{BC} \qquad (6.13-24)$$

$$N'_p = e^{-\bar{n}} \qquad (6.13-25)$$

于是式(6.13-23)可表示成

$$\rho_{nn} = e^{-\bar{n}}\frac{\bar{n}^n}{n!} \qquad (6.13-26)$$

式(6.13-26)与式(6.10-16)形式相同。由此可知，在远超过阈值的情况下，激光 $\left(n \gg \frac{A}{B}\right)$ 情况的光子分布趋向于相干态光子统计的泊松分布。图 6.13.3 所示为具有相同光

子数的激光与单模相干态的光子分布。图中实线是高于阈值20%的激光光场的光子统计分布,而虚线则是相干态光子统计的泊松分布。可以看出,激光的光子分布明显不同于热平衡下的分布,也不完全等同于相干态的分布。与相干态相比,其宽度较宽。随着平均光子数的增加,激光的光子分布越来越接近于单模相干态的泊松分布。

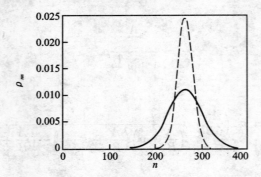

图 6.13.3　具有相同光子数的激光与单模相干态的光子分布

习题与思考题

6-1　评论处理光和物质相互作用的几种主要理论(每种理论的基本思想、理论的成功之处及理论的局限性)。

6-2　在推导激光器的电磁场方程(6.1-19)、(6.1-20)的过程中,做了哪些近似?每一个近似的事实根据是什么?

6-3　什么是纯粹系综?什么是混合系综?两种系综如何对力学量$\hat{F}$求平均?

6-4　以两能级原子系综为例,说明密度矩阵的对角元素和非对角元素所代表的物理意义。

6-5　设原子的状态 Ψ 可表示为 $\Psi = a(t)u_a(q) + b(t)u_b(q)$。

(1) 求电偶极矩算符$\hat{P}=er$的矩阵表示式。

(2) 利用密度矩阵求电偶极矩算符$\hat{P}$的均方根误差 ΔP。

6-6　设 $\boldsymbol{\rho}$ 是系综的密度矩阵,证明 $\mathrm{tr}(\boldsymbol{\rho}^2) \leqslant 1$,等号仅对纯态情况成立。

6-7　试证相应于热分布 $\rho = [1 - e^{\hbar\omega/k_B T}]e^{-n\hbar\omega/k_B T}|n\rangle\langle n|$ 的平均光子数

$$\langle n \rangle = \sum_n n\rho_{nn} = \frac{1}{e^{\hbar\omega/k_B T} - 1}$$

6-8　设 H 与 t 无关,试在初始条件 $\rho(t=0) = \rho(0)$ 下,求解密度矩阵的运动方程

$$\dot{\rho} = -\frac{i}{\hbar}[H, \rho]$$

6-9 如何利用激光的电磁场方程讨论激光场的振幅特性和频率特性？（说明主要步骤）

6-10 什么是旋转波近似？为什么要作这种近似？

6-11 半经典理论如何解释激光器的空间烧孔效应、增益饱和效应、频率牵引和推斥效应？

6-12 在讨论双模振荡时，提出方程的稳态解和稳定性问题，说明这两个概念的区别。如何判断代表两个模的方程的稳态解和稳定性问题？

6-13 量子化辐射场与经典辐射场有何不同？

6-14 计算电场算符 $\hat{E}_x(z,t) = \varepsilon(\hat{a}+\hat{a}^+)\sin kz$，$\varepsilon = \left(\dfrac{\hbar\Omega}{V\varepsilon_0}\right)^{\frac{1}{2}}$，在态

$$|\Psi\rangle = \frac{1}{\sqrt{2}}[|n\rangle + e^{-i\alpha}|n+1\rangle]$$

上的均方偏差 ΔE。

6-15 计算电场算符 $\hat{E}_x(z,t) = \varepsilon(\hat{a}+\hat{a}^+)\sin kz$ 在态 $|\Psi\rangle = \sum\limits_n C_n |n\rangle$ 上的期待值 $\langle E\rangle$。

6-16 什么是相干态？它和经典的单色辐射场有何关系？相干态有什么重要的性质？

6-17 量子理论如何解释原子发射和吸收的跃迁几率？

6-18 什么是约化密度算符？为什么用约化密度算符而不是用总的密度算符去讨论激光器问题？

6-19 证明式(6.13-8)。将式(6.13-8)与式(6.13-7)进行比较，你能得出什么结论？

6-20 如何应用激光场的运动方程讨论激光器内光子的统计分布？说明以下情况光子数分布的特点：

(1) 平衡热辐射；(2) 激光器阈值以下；(3) 阈值处；(4) 远高于阈值；(5) 泊松分布。

第 7 章 非线性光学效应

7.1 概 述

在激光出现以前,人们对于光学的认识主要限于线性光学现象,即光束在空间或介质中的传播是相互独立的,几个光束可以通过光束的交叉区域继续独立传播而不受其他光束的干扰;光束在传播过程中,由于衍射、折射和干涉等效应,光束的传播方向会发生改变,空间分布也会有所变化,但光的频率不会在传播过程中改变;介质的主要光学参数,如折射率、吸收系数等,都与入射光的强度无关,只是入射光的频率和偏振方向的函数。这是传统的线性光学的基本图像,介质对光的响应呈线性关系,人们可以用它来解释所观察到的大量的光学现象,似乎这就是光在介质中的传播及光与物质相互作用的基本规律。在线性光学范畴内,光在介质中的传播满足独立传播原理和线性叠加原理。

然而,随着激光的出现,人们对于光学的认识发生了重大变化。线性光学的基本观点已无法解释人们所发现的大量的新现象。当一束激光入射到介质后,会从介质中出射另一束或几束很强的有新频率的光束。它们可以处在与入射光频率相隔很远的长波边或短波边,或者是在入射光频率附近的新的相干辐射;两个光束在传播中经过交叉区域后,其强度会互相传递,其中一束光强度得到增强,而另一束光的强度会因此而减弱;介质的吸收系数已不再是恒值,它会随光束强度的增加而增大或者减小。不仅如此,一束光的光波相位信息在传播过程中,也会转移到其他光束上去,一束光的相位可以与另一束光的相位呈复共轭关系;一定强度的入射光在通过介质后,透射光束的强度可以具有两个或多个不同的值。如此众多的新奇现象,传统的线性光学的观点已无法解释,因此,在激光出现以后迅速发展起一门新的学科——非线性光学。它的研究范畴是介质对外加光场的响应,是外加光场振幅非线性关系的各种光学效应,此时,光在介质中传播会产生新的频率,不同频率的光波之间会产生耦合,独立传播原理和线性叠加原理不再成立。

在线性光学范畴内,人们认为光在介质中引起的极化强度 P 与光电场 E 的关系为

$$P = \varepsilon_0 \chi E \tag{7.1-1}$$

式中:ε_0 是真空介电常数;χ 是介质的线性极化率张量,通常 χ 是复数张量。式(7.1-1)配合电磁波在介质中传播的波动方程,可以解释介质中存在的吸收、折射、色散和双折射等各种线性光学效应。

普通光源产生的电场强度不超过 10^5 V/m 量级,而原子内部的场强典型值为 10^{10} V/m 量级。因此,普通光源所产生的光场远小于原子的内场,当光束通过介质时,介质的极化率表现

为恒量,与光电场无关。在激光出现以后,由于激光具有高度的相干性、单色性和方向性,以及短脉冲输出等特性,使得产生接近甚至超过原子内部场强的高功率的光场成为可能。当如此高强度的光通过介质时,介质的极化率就不再与光电场无关,而变为光场强度的函数。此时,光在介质中引起的极化强度 $\boldsymbol{P}$ 与光电场 $\boldsymbol{E}$ 的关系可以表示为

$$\boldsymbol{P} = \varepsilon_0 \boldsymbol{\chi}(\boldsymbol{E}) \cdot \boldsymbol{E} \qquad (7.1-2)$$

当入射光频率远离介质共振区或入射光较弱时,极化强度与入射光电场的关系可以采用下面的级数形式表示:

$$\boldsymbol{P} = \varepsilon_0 \boldsymbol{\chi}^{(1)} \cdot \boldsymbol{E} + \varepsilon_0 \boldsymbol{\chi}^{(2)} : \boldsymbol{EE} + \varepsilon_0 \boldsymbol{\chi}^{(3)} \vdots \boldsymbol{EEE} \cdots =$$
$$\boldsymbol{P}^{(1)} + \boldsymbol{P}^{(2)} + \boldsymbol{P}^{(3)} + \cdots \qquad (7.1-3)$$

式中:$\boldsymbol{P}^{(1)}, \boldsymbol{P}^{(2)}, \boldsymbol{P}^{(3)}, \cdots$ 分别为一阶(或线性)、二阶、三阶……极化强度;$\boldsymbol{\chi}^{(1)}$ 是一阶极化率张量或线性极化率张量,与之对应的光学效应就是线性光学效应;$\boldsymbol{\chi}^{(2)}$,$\boldsymbol{\chi}^{(3)}$ 是二阶和三阶非线性极化率张量,它们以及高阶非线性极化率张量 $\boldsymbol{\chi}^{(n)}$ 是表征光与物质非线性相互作用的基本参数,与之对应的光学效应称为 n 阶非线性光学效应。例如:与 $\boldsymbol{\chi}^{(2)}$ 对应的典型的二阶非线性光学效应有倍频效应、和频与差频效应、光学参量放大与光学参量振荡等;与 $\boldsymbol{\chi}^{(3)}$ 对应的典型的三阶非线性光学效应有自聚焦效应、四波混频效应、受激拉曼散射效应和受激布里渊散射效应等。

在激光出现以前,人们之所以未能感受和测量到与这些参数对应的光学效应,是因为所用的光电场太弱,以至于二阶以上的非线性光学效应无法被发现。自激光器诞生之后,特别是随着调 Q 激光技术的发展,在 1961 年弗兰肯(Franken)等人利用红宝石激光器首次进行了二次谐波产生的非线性光学实验,此后布洛姆伯根(Bloembergen)等人在 1962 年对光混频进行了开创性的研究工作。这标志着非线性光学的诞生。经过 40 多年的研究,非线性光学作为一门崭新的学科分支得到了飞速发展,它的主要任务就是发现各种非线性光学现象,并研究它们的产生机理、特性和应用。

研究非线性光学的意义在于:

① 可以开拓新的相干光波段,提供从远红外($8\sim14~\mu\mathrm{m}$)到亚毫米波,从真空紫外光到 X 射线的各种波段的相干光源。

② 可以解决诸如自聚焦、受激拉曼散射和受激布里渊散射等损耗在激光打靶、激光在介质中传输等的激光技术问题。

③ 可以提供一些新技术,并向其他学科渗透,促进它们的发展。例如,伴随非线性光学的发展,出现了非线性激光光谱学,大大提高了光谱分辨率;通过非线性光学相位共轭的研究,发展了非线性光学相位共轭技术,促进了自适应光学的发展,改善了激光束的质量;在光纤和光波导非线性光学中,通过光纤光孤子的产生和传输的研究,推动了光孤子通信的发展;表面、界面与多量子阱非线性过程的研究,已成为探测表面物理和化学的工具。

④ 由于非线性光学现象是光与物质相互作用的表现,因而可以利用非线性光学研究物质

结构,并且对于许多非线性光学现象的研究,已经成为获取原子、分子微观结构信息的一种手段。

7.2 光在非线性介质中传播的基本方程

7.2.1 非线性波动方程

根据光的电磁理论,由麦克斯韦方程组出发,可以导出非磁、均匀电介质中的波动方程为

$$\nabla^2 \boldsymbol{E} = \mu_0 \sigma \frac{\partial \boldsymbol{E}}{\partial t} + \mu_0 \varepsilon_0 \frac{\partial^2 \boldsymbol{E}}{\partial t^2} + \mu_0 \frac{\partial^2 \boldsymbol{P}}{\partial t^2} \tag{7.2-1}$$

式中:σ 为电导率;μ_0 为真空磁导率;ε_0 为真空介电常数;$\boldsymbol{E}$ 为光电场强度;$\boldsymbol{P}$ 为介质极化强度。这个方程描述了介质极化强度 $\boldsymbol{P}$ 与光电场强度 $\boldsymbol{E}$ 之间的关系。根据式(7.1-2),可以把 $\boldsymbol{P}$ 分成线性极化强度 $\boldsymbol{P}^{(1)}$ 和非线性极化强度 $\boldsymbol{P}^{NL}$ 两部分

$$\boldsymbol{P} = \boldsymbol{P}^{(1)} + \boldsymbol{P}^{NL} \tag{7.2-2}$$

引入 $\boldsymbol{\varepsilon} = \varepsilon_0(1 + \boldsymbol{\chi}^{(1)})$,由方程(7.2-1)可得到

$$\nabla^2 \boldsymbol{E} - \mu_0 \sigma \frac{\partial \boldsymbol{E}}{\partial t} - \mu_0 \frac{\partial^2 \boldsymbol{\varepsilon} \cdot \boldsymbol{E}}{\partial t^2} = \mu_0 \frac{\partial^2 \boldsymbol{P}^{NL}}{\partial t^2} \tag{7.2-3}$$

这就是非线性波动方程,方程的右边是介质非线性的驱动源。它在方程中反映了介质中各光波之间的耦合作用。这种耦合作用是通过非线性介质作为中间媒介而发生的。耦合结果可以在不同光波之间发生能量转移或产生新频率的光波。在各种非线性光学效应中,有一些效应,非线性介质的状态不发生变化(如光学倍频、混频及参量放大或振荡过程);也有一些非线性光学效应,光波与介质作用结果使介质的状态发生了变化(如在受激拉曼散射、双光子吸收过程中,介质的原子或分子发生了能级跃迁)。在弱光作用下,由于近似地认为 $\boldsymbol{P}^{NL} \approx 0$,式(7.2-3)就过渡到普通情况下的线性波动方程。

这样,在非线性光学中的问题就归结为下面两个问题:一是求出非线性光学介质感应的非线性极化强度 $\boldsymbol{P}^{NL}$;求得 $\boldsymbol{P}^{NL}$ 后,把它作为次波波源。二是在一定边界条件下求解麦克斯韦方程,从而求得非线性辐射场。

7.2.2 耦合波方程

为了突出问题的物理实质,使方程的数学表述变得简单明了,在耦合波方程的推导和各种非线性效应的处理中,采用了如下近似:

① 光与非线性介质相互作用时,是理想的单色平面波。

② 慢变振幅近似有效，即可忽略在一个波长范围内振幅的变化

$$\left|\frac{\partial^2 A(z)}{\partial z^2}\right| \ll \left|k\frac{\partial A(z)}{\partial z}\right|$$

③ 在考虑某阶非线性效应时，可忽略其他阶次的非线性光学效应。

由于方程(7.2-3)中的电场 $E=E(r,t)$ 是介质中的总光场，在非线性效应中它是许多单色场的叠加，对于稳态情况，假设光电场沿 $+z$ 轴方向传播，光场振幅不随时间变化，则它可以写为

$$E(z,t)=\frac{1}{2}\sum_n E_n(z,\omega_n)\exp(-\mathrm{i}\omega t)=\frac{1}{2}\sum_n a_n A_n(z)\exp[\mathrm{i}(k_n z-\omega_n t)]+\mathrm{c.c.} \tag{7.2-4}$$

式中：$E_n(z,\omega_n)$ 表示第 n 个波的电场强度，它的频率和波矢分别为 ω_n 和 k_n；$A_n(z)$ 是 $E_n(z,\omega_n)$ 的慢变化振幅；a_n 为电场方向上的单位矢量。

相应的有

$$P^{\mathrm{NL}}(z,t)=\frac{1}{2}\sum_n P^{\mathrm{NL}}(z,\omega_n)\exp(\mathrm{i}k'_n z-\mathrm{i}\omega'_n t)+\mathrm{c.c.} \tag{7.2-5}$$

如果介质是无损耗的，即 $\sigma=0$，这样就可以导出第 n 个光波场的慢变化振幅满足的波动方程

$$\frac{\mathrm{d}A_n(z)}{\mathrm{d}z}=\frac{\mathrm{i}\omega}{2\varepsilon_0 cn}a_n\cdot P_n^{\mathrm{NL}}(z,\omega_n)\exp(\mathrm{i}\Delta k z) \tag{7.2-6}$$

其中 $\Delta k=k'_n-k_n$。

对于二阶非线性光学效应，在介质中同时作用的光波有 3 个。这 3 个光波的频率分别为 ω_1、ω_2 和 ω_3（$\omega_3=\omega_1+\omega_2$）。根据非线性光学极化率理论可知

$$\left.\begin{aligned} P^{\mathrm{NL}}(z,\omega_1) &= \varepsilon_0\boldsymbol{\chi}^{(2)}(-\omega_1;-\omega_2,\omega_3):E^*(z,\omega_2)E(z,\omega_3) \\ P^{\mathrm{NL}}(z,\omega_2) &= \varepsilon_0\boldsymbol{\chi}^{(2)}(-\omega_2;-\omega_1,\omega_3):E^*(z,\omega_1)E(z,\omega_3) \\ P^{\mathrm{NL}}(z,\omega_3) &= \varepsilon_0\boldsymbol{\chi}^{(2)}(-\omega_3;\omega_1,\omega_2):E^*(z,\omega_1)E(z,\omega_2) \end{aligned}\right\} \tag{7.2-7}$$

把式(7.2-7)代入式(7.2-6)，可得到三波相互作用的稳态耦合波方程

$$\left.\begin{aligned} \frac{\mathrm{d}A_1}{\mathrm{d}z} &= \mathrm{i}B_1 A_2^* A_3\exp(-\mathrm{i}\Delta k z) \\ \frac{\mathrm{d}A_2}{\mathrm{d}z} &= \mathrm{i}B_2 A_1^* A_3\exp(-\mathrm{i}\Delta k z) \\ \frac{\mathrm{d}A_3}{\mathrm{d}z} &= \mathrm{i}B_3 A_1 A_2\exp(\mathrm{i}\Delta k z) \end{aligned}\right\} \tag{7.2-8}$$

式中：$B_n=\dfrac{\omega_n\chi_{n\mathrm{eff}}}{2n_n c}$；$\Delta k=k_1+k_2-k_3$；$n_n$ 为对应光波的折射率；$\chi_{n\mathrm{eff}}$ 为有效非线性极化率，其中

$$\chi_{1\mathrm{eff}}=a_1\cdot\boldsymbol{\chi}^{(2)}(-\omega_1;-\omega_2,\omega_3):a_2 a_3$$
$$\chi_{2\mathrm{eff}}=a_2\cdot\boldsymbol{\chi}^{(2)}(-\omega_2;-\omega_1,\omega_3):a_1 a_3$$

$$\chi_{3\text{eff}} = \boldsymbol{a}_3 \cdot \boldsymbol{\chi}^{(2)}(-\omega_3; \omega_1, \omega_2) : \boldsymbol{a}_1 \boldsymbol{a}_2$$

根据极化率理论,当光频远离共振区,介质无损耗时,可以证明

$$\chi_{1\text{eff}} = \chi_{2\text{eff}} = \chi_{3\text{eff}} = \chi_{\text{eff}}$$

7.2.3 曼利-罗(Manley-Rowe)关系

在满足光频远离共振区,介质无损耗的情况下,注意到 $\omega_3 = \omega_1 + \omega_2$,利用能流密度即光强表达式

$$I_i = \frac{1}{2}\varepsilon_0 c n_i |A_i|^2 \quad i=1,2,3 \quad (7.2-9)$$

根据耦合波方程(7.2-8)可导出下列关系式:

$$\frac{\mathrm{d}}{\mathrm{d}z}\left(\frac{I_1}{\omega_1}\right) = \frac{\mathrm{d}}{\mathrm{d}z}\left(\frac{I_2}{\omega_2}\right) = -\frac{\mathrm{d}}{\mathrm{d}z}\left(\frac{I_3}{\omega_3}\right) \quad (7.2-10)$$

式(7.2-10)就是曼利-罗关系式。它表明相互作用的 3 个光电场中光子数之间的变化关系。在无损耗非线性介质内的三波耦合过程中,如果频率 ω_1 和 ω_2 的两个光子同时湮灭,可以产生频率为 ω_3 的一个光子,这就是和频与倍频产生的情况;反过来,如果频率为 ω_3 的光子被湮灭,会同时产生两个频率为 ω_1 和 ω_2 的光子,这就是参量产生的情况。

事实上,式(7.2-10)正是在无损耗介质中三波非线性耦合过程的能量守恒关系,由式(7.2-10)很容易得到

$$\frac{\mathrm{d}I_1}{\mathrm{d}z} + \frac{\mathrm{d}I_2}{\mathrm{d}z} + \frac{\mathrm{d}I_3}{\mathrm{d}z} = 0 \quad (7.2-11)$$

即

$$I_1(z) + I_2(z) + I_3(z) = I \quad (7.2-12)$$

式中:I 为一常数,是初始时($z=0$)光电场的总光强。

7.3 二阶非线性光学效应

二阶非线性光学效应是由二阶非线性极化引起的一些非线性光学现象。当非线性介质具有中心对称性时,偶数阶非线性极化率张量元素全部为零。因此,只有无对称中心的介质才存在二阶非线性极化效应。在本节中,主要讨论和频与差频效应、倍频效应、参量放大与振荡等几种典型的二阶非线性光学效应。

7.3.1 和频的产生

方程组(7.2-8)是讨论非线性介质中三波(ω_1, ω_2, $\omega_3 = \omega_1 + \omega_2$)混频的基本耦合波方程

组。假定在光电场中开始没有频率为 ω_3 的光波分量,该分量是由入射到非线性介质中频率为 ω_1 和 ω_2 的光波混频产生的。在这种情况下,为确定所产生的频率为 ω_3 的光波电场的变化规律,需要在给定入射光电场 $A_1(0)$ 和 $A_2(0)$ 的条件下,求解基本耦合波方程组(7.2-8)。为求解这个方程组,通常可以采用两种方法,即小信号近似理论和大信号理论。所谓小信号近似理论,是认为在光混频过程中,频率为 ω_1 和 ω_2 的光波强度改变很小,以至于可以认为它们的强度在光波耦合过程中是不变化的;此时,可以把方程组(7.2-8)中的 A_1 和 A_2 看做常数,因此只需求解对应 A_3 的一个方程即可。所谓大信号理论,是认为在光混频过程中,ω_1、ω_2 和 ω_3 3个光波强度都在变化,此时确定 A_3 的变化规律,必须要同时求解方程组(7.2-8)中的3个方程。

1. 小信号近似理论处理

若假设 ω_3 光波的输入光强为 0(即 $A_3(0)=0$),非线性介质的相互作用长度为 L,对方程组(7.2-8)中的第3个方程直接积分可得

$$A_3(L) = iB_3 A_1 A_2 L \sin c(\Delta kL/2) \exp(i\Delta kL/2) \tag{7.3-1}$$

式中:$\sin c(x) = \dfrac{\sin(x)}{x}$。考虑到光强表达式(7.2-9)及 $B_3 = \dfrac{\omega_3 \chi_{\text{eff}}}{2n_3 c}$,可以得到

$$I_3 = \frac{1}{2} \frac{\omega_3^2 L^2 \chi_{\text{eff}}^2}{n_1 n_2 n_3 c^3 \varepsilon_0} I_1 I_2 \sin c^2 \left(\frac{\Delta kL}{2}\right) \tag{7.3-2}$$

函数 $\sin c^2 \left(\dfrac{\Delta kL}{2}\right)$ 随 $\dfrac{\Delta kL}{2}$ 的变化关系如图 7.3.1 所示。可以看出,当 $\Delta k = 0$ 时,$\sin c^2 \left(\dfrac{\Delta kL}{2}\right) = 1$ 为最大值;当 Δk 增加时,函数 $\sin c^2 \left(\dfrac{\Delta kL}{2}\right)$ 下降很快,因此,I_3 的强度下降也很快。$\Delta k = 0$ 的条件称为相位匹配条件。

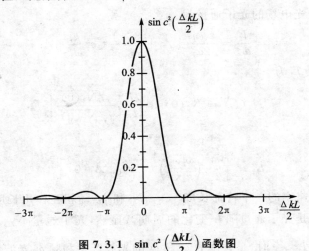

图 7.3.1 $\sin c^2 \left(\dfrac{\Delta kL}{2}\right)$ 函数图

式(7.3-2)表明,在满足相位匹配条件下,和频光的光强与非线性介质的相互作用长度的平方成正比,与两个入射光强的乘积成正比,还与介质的有效非线性系数的平方成正比。也就是说,相互作用长度越长,入射光强越大,介质的有效非线性系数越大,产生的和频光强就越大。但当不满足相位匹配条件且 Δk 失配量较大时,无论其他条件如何,产生的和频光都较小。

2. 大信号理论处理

在 ω_1 和 ω_2 入射光电场振幅为 $A_1(0)$ 和 $A_2(0)$ 的情况下,当满足相位匹配条件时,和频电场的一般解为

$$A_3(L) = \left(\frac{k_2\omega_3^2}{k_3\omega_2^2}\right)^{\frac{1}{2}} A_2(0)\mathrm{sn}(u,k) \tag{7.3-3}$$

式中:

$$\left.\begin{aligned} u &= \frac{1}{2c^2}\left(\frac{\omega_2^2\omega_3^2}{k_2 k_3}\right)^{\frac{1}{2}} |\chi_{\mathrm{eff}}| A_1 L \\ k &= \left(\frac{k_2\omega_1^2}{k_1\omega_2^2}\right)^{\frac{1}{2}} \frac{A_2(0)}{A_1(0)} \end{aligned}\right\} \tag{7.3-4}$$

在这里,频率为 ω_2 的光场分量已表示为入射光频率为 ω_1 和 ω_2 两个分量中强度较弱的一个。$\mathrm{sn}(u,k)$ 是以 u 和 k 为参变量的雅可比椭圆函数。已知 $\mathrm{sn}(u,k)$ 是周期函数,而且最大值为1。

由式(7.3-3)可以看出,$A_3(L)$ 的最大值由较弱的一个光场分量 ω_2 的强度 $A_2(0)$ 所确定。此外,当 u 很小时,$\mathrm{sn}(u,k)\approx u$,所以当 L 很小时,式(7.3-3)就近似为小信号近似理论的结果式(7.3-1)。

因为频率为 ω_i 的光电场的光子通量为

$$N_i = \frac{I_i}{\omega_i} = \frac{\varepsilon_0 c n_i}{2\omega_i} |A_i|^2 = \frac{1}{2}\varepsilon_0 c^2 \frac{k_i}{\omega_i^2} |A_i|^2 \tag{7.3-5}$$

所以,式(7.3-3)可改写为

$$N_3(L) = N_2(0)\mathrm{sn}^2\left[\frac{L}{l_\mathrm{M}}, \frac{\sqrt{N_2(0)}}{\sqrt{N_1(0)}}\right] \tag{7.3-6}$$

式中:

$$l_\mathrm{M} = \left[\frac{1}{2c^2}\left(\frac{\omega_2^2\omega_3^2}{k_2 k_3}\right)^{\frac{1}{2}} |\chi_{\mathrm{eff}}| A_1(0)\right]^{-1} \tag{7.3-7}$$

是表征产生和频过程速率的一个特征长度。N_1、N_2 和 N_3 随相互作用长度 L 的变化规律如图7.3.2所示。图中,p 是光子通量随 L 变化的周期。显然,光子通量 N_1、N_2 和 N_3 之间的变化满足曼利-罗关系,当 $L<\frac{p}{2}$ 时,是频率为 ω_1 和 ω_2 的光波产生和频 ω_3 光波的过程,此时 N_3 的增

加量等于 N_1 或 N_2 的减少量；当 $L=\frac{p}{2}$ 时，N_3 的最大值等于 $N_2(0)$，此时 $N_2\left(\frac{p}{2}\right)=0$。此后是 ω_3 和 ω_1 的光波产生差频 ω_2 光波的过程，此时 N_3 的减少量等于 N_1 或 N_2 的增加量；当 $L=p$ 时，N_3 达到最小值 0，而 N_2 达到最大值 $N_2(0)$。这样，随着 L 的增加就完成了一个周期的变化。当 $\frac{N_2(0)}{N_1(0)} \ll 1$ 时，光子通量的振荡周期 $p \to \pi l_M$；随着比值 $\frac{N_2(0)}{N_1(0)}$ 的增大，振荡周期 p 也随之增大；在 $\frac{N_2(0)}{N_1(0)}=1$ 的极限情况下，$p \to \infty$，这时函数 $\mathrm{sn}(u,k)=\mathrm{th}(u)$，不再为周期函数。此时，式(7.3-3)变为

$$A_3(L) = \left(\frac{k_2\omega_3^2}{k_3\omega_2^2}\right)^{\frac{1}{2}} A_2(0) \mathrm{th}\left(\frac{L}{l_M}\right) \qquad (7.3-8)$$

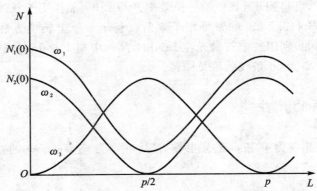

图 7.3.2　在相位匹配条件下，N_1、N_2 和 N_3 随晶体长度 L 的变化规律

3. 和频的应用——参量上转换

在非线性过程中，介质本身不参与能量的净交换，但光波频率可以发生转换的作用称为参量转换作用。利用和频过程借助强的泵浦激光 ω_1，把入射的低频弱信号光 ω_2 转换成高频的光信号 ω_3 的过程称为参量上转换。它是和频的一个主要应用，在此过程中，起频率转换作用的强光波 A_1（有时称为泵浦光）通常都比弱光波 A_2（有时称为信号光）强得多。参量上转换的实验装置示意图如图 7.3.3 所示。

参量上转换的主要实用价值在于它提供了一种代替红外探测器检测中远红外信号的有效方法。它可以把红外辐射很弱的信号或很弱的图像转换到可见光或近红外波段。虽然上转换效率很低，但因在可见光波段有比较灵敏的、高效率、快响应的探测器，可以通过提高可见光波段的探测能力补偿上转换效率的不足。显然，参量上转换技术对于红外弱信号探测是一个改进，对红外成像系统、红外光谱学、天文学和远距离监测等方面的应用起到重要的促进作用。

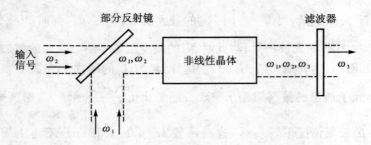

图 7.3.3 参量上转换实验示意图

例如,利用 10.6 μm 的红外信号与 1.06 μm 的 YAG 激光进行和频,采用 1 cm 长的淡红银矿晶体(Ag_3AsS_3)作为和频晶体,可以上转换到 0.96 μm。在泵浦激光为 10^4 W/cm² 且实现相位匹配的情况下,可得到 $6×10^{-4}$ 的转换效率。将 $LiIO_3$ 晶体用于双波长 $Na:YALO_3$ 激光器的和频,可直接获得 413.7 nm 的紫外相干辐射。利用参量上转换方法可以将红外图像转换为可见光图像。例如,利用红宝石激光在 $LiNbO_3$ 晶体中与 1.6 μm 的红外辐射和频可得到在 60 mrad 场中分辨率为 50 条线的可见图像。

7.3.2 差频的产生

如果入射光波是频率为 ω_1 和 ω_3 的光电场,产生频率为 $\omega_2 = \omega_3 - \omega_1$ 的差频光电场的变化规律仍然可用方程组(7.2-8)求解。

1. 小信号近似理论处理

若假设在差频过程中光电场 A_1 和 A_3 可以看做常数,且 $A_2(0)=0$,对方程组(7.2-8)中的第 2 个方程直接积分可得

$$A_2(L) = iB_2 A_1^* A_3 L \mathrm{sin}\, c\left(\frac{\Delta kL}{2}\right)\exp\left(\frac{i\Delta kL}{2}\right) \tag{7.3-9}$$

显然,在小信号情况下,差频产生与和频产生的情况类似。

2. 大信号理论处理

在满足相位匹配情况下,差频光波的光子通量的一般解形式为

$$N_2(L) = \frac{N_1(0)N_3(0)}{N_1(0)+N_3(0)} \times f^2\left[\left(\frac{N_1(0)+N_3(0)}{N_1(0)}\right)^{\frac{1}{2}}\frac{L}{l_M}, \left(\frac{N_3(0)}{N_1(0)+N_3(0)}\right)^{\frac{1}{2}}\right] \tag{7.3-10}$$

式中:函数 $f(u,k)$ 是雅可比椭圆函数 $\mathrm{sn}(u,k)$ 与 $\mathrm{dn}(u,k)$ 之比。其中

$$\mathrm{dn}(u,k) = \sqrt{1-k^2\mathrm{sn}^2(u,k)} \tag{7.3-11}$$

关于 N_1、N_2 和 N_3 随相互作用长度 L 的变化规律如图 7.3.4 所示,图中 p 是光子通量随 L 变化的周期。显然,光子通量 N_1、N_2 和 N_3 之间的变化满足曼利-罗关系。当 $L<\frac{p}{2}$ 时,是频率为 ω_1 和 ω_3 的光波产生差频 ω_2 光波的过程,此时 N_2 的增加量等于 N_1 的增加量或 N_3 的减少量;当 $L=\frac{p}{2}$ 时,N_2 的最大值等于 $N_3(0)$,此时 $N_3\left(\frac{p}{2}\right)=0$。此后是 ω_1 和 ω_2 的光波产生和频 ω_3 光波的过程,此时 N_3 的增加量等于 N_1 或 N_2 的减少量;当 $L=p$ 时,N_3 达到最大值 $N_3(0)$,而 N_2 为最小值 0。这样,随着 L 的增加就完成了一个周期的变化。

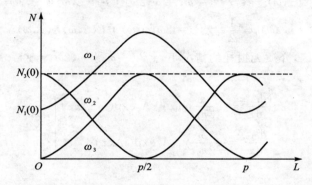

图 7.3.4 在相位匹配条件下,N_1、N_2 和 N_3 随晶体长度 L 的变化规律

3. 差频的应用——参量下转换

利用差频过程,把强的高频辐射光 ω_3 转换成较低频率辐射光 ω_2 的过程称为参量下转换。参量下转换实验示意图如图 7.3.5 所示。

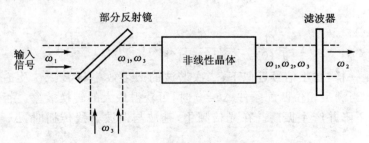

图 7.3.5 参量下转换实验示意图

差频产生过程在产生长波长的红外辐射源方面是很重要的。例如,两个温度稍有不同的红宝石激光器的输出,在 $LiNbO_3$ 晶体中混合时,可以得到波数为 $1\sim 8\ cm^{-1}$ 的辐射。利用一台红宝石激光器和一台可调谐染料激光器的输出,在 Ag_2AsS_3(硫砷银矿)中混频时,可在 $5\ \mu m$ 和 $10\ \mu m$ 波长附近产生可调谐的红外输出。

7.3.3 倍频的产生

倍频是基频光波在非线性介质内与自身相互作用产生二次谐波的一种特殊三波耦合作用情况。在此相互作用中,介质内只存在频率为 $\omega_1=\omega$ 和频率为 $\omega_2=2\omega$ 的两种光波。在推导倍频的耦合波方程时,应注意由于频率简并的影响基波与二次谐波对应的非线性极化强度分别为

$$\left.\begin{aligned} \boldsymbol{P}^{\mathrm{NL}}(z,\omega) &= \varepsilon_0 \boldsymbol{\chi}^{(2)}(-\omega;-\omega,2\omega):\boldsymbol{E}^*(z,\omega)\boldsymbol{E}(z,2\omega) \\ \boldsymbol{P}^{\mathrm{NL}}(z,2\omega) &= \frac{1}{2}\varepsilon_0 \boldsymbol{\chi}^{(2)}(-2\omega;\omega,\omega):\boldsymbol{E}(z,\omega)\boldsymbol{E}(z,\omega) \end{aligned}\right\} \quad (7.3-12)$$

在满足光频远离共振区,介质无损耗的情况下, $\boldsymbol{\chi}^{(2)}(-\omega;-\omega,2\omega)=\boldsymbol{\chi}^{(2)}(-\omega;\omega,\omega)$,可导出倍频的耦合波方程

$$\left.\begin{aligned} \frac{\mathrm{d}A_1}{\mathrm{d}z} &= \mathrm{i}\frac{\omega}{2n_1 c}\chi_{\mathrm{eff}}A_1^* A_2 \exp(-\mathrm{i}\Delta kz) \\ \frac{\mathrm{d}A_2}{\mathrm{d}z} &= \mathrm{i}\frac{\omega}{2n_2 c}\chi_{\mathrm{eff}}A_1^2 \exp(\mathrm{i}\Delta kz) \end{aligned}\right\} \quad (7.3-13)$$

式中: $\Delta k = 2k_1 - k_2$。

1. 小信号近似理论处理

若假设在倍频过程中,基频光波的光场振幅可以看做常数,非线性介质长度为 L,在初始边界上,没有倍频分量,即 $A_2(0)=0$,则对方程组(7.3-13)中的第 2 个方程直接积分,可得

$$A_2(L) = \mathrm{i}\frac{\omega}{2n_2 c}\chi_{\mathrm{eff}}A_1^2 L\ \mathrm{sin}\,c\left(\frac{\Delta kL}{2}\right)\exp\left(\mathrm{i}\frac{\Delta kL}{2}\right) \quad (7.3-14)$$

倍频效率为

$$\eta = \frac{I_2(L)}{I_1(0)} = \frac{\omega^2}{2n_1^2 n_2 c^3 \varepsilon_0}\chi_{\mathrm{eff}}^2 I_1 L^2 \mathrm{sin}\,c^2\left(\frac{\Delta kL}{2}\right) \quad (7.3-15)$$

与和频、差频产生一样,在小信号近似下,二次谐波的产生效率与 L^2、χ_{eff}^2 及 I_1 成正比,尤其与 Δk 有密切关系。当满足相位匹配条件 $\Delta k=0$ 时,可获得最大的转换效率。否则,随 Δk 增加,倍频效率会迅速下降并产生振荡。在光倍频中,基波与谐波共线传播时, $\Delta k=0$ 的条件即为 $n_1=n_2$ 的条件。

2. 大信号理论处理

小信号近似仅适用于倍频转换效率很低的情况,当 $\Delta k=0$,即相互作用实现相位匹配,又有一定相互作用长度时,可实现较高的倍频转换效率。此时,基波就不能再看做是不变的,由方程组(7.3-13)可获得满足相位匹配条件时的基波和谐波的解

$$\left.\begin{aligned} A_1(L) &= A_1(0)\operatorname{sech}\frac{L}{l_{\text{SH}}} \\ A_2(L) &= A_1(0)\operatorname{th}\frac{L}{l_{\text{SH}}} \end{aligned}\right\} \quad (7.3-16)$$

式中：

$$l_{\text{SH}} = \left(\frac{\omega^2}{k_2 c^2} \mid \chi_{\text{eff}} \mid A_1(0)\right)^{-1} \quad (7.3-17)$$

基波和谐波的图解关系如图 7.3.6 所示。由图可见，在完全相位匹配条件下，二次谐波的振幅从 0 开始，最后基波功率全部转变为二次谐波的功率。当 $z=l_{\text{SH}}$ 时，约有一半的基波功率已转变为二次谐波的功率。

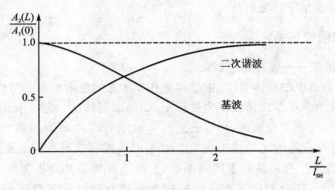

图 7.3.6　相位匹配条件下二次谐波产生规律

3. 倍频的应用

倍频产生是非线性光学混频中最典型、最重要的频率变换技术，也是应用最广泛的一种技术。伴随着调 Q 技术、超短脉冲激光技术的出现和发展，以及新型的高效的非线性晶体的获得，倍频效率可达到 70%～80%，可以说倍频产生和光混频已成为激光技术中频率转换的重要手段。例如，Nd^{3+}：YAG 固体激光器的输出波长为 1.06 μm，通过倍频过程可以得到 0.53 μm 的绿光，再进行一次倍频过程可以得到 0.265 μm 的紫外光，基波分别与二次谐波和四次谐波混频可以获得三次谐波(0.353 μm)及五次谐波(0.212 μm)。用这些新产生的波长再去激励可调谐染料激光器、光参量振荡器或受激拉曼散射频移器，就可以获得新的可调谐波段激光。光混频不仅可以使激光波长向紫外扩展，也可以使它向红外乃至远红外扩展。显然，这对于开拓激光在光谱技术中的应用以及在许多其他领域的应用具有重要意义。

7.3.4 相位匹配技术

通过和频、差频及倍频的产生可以知道,从理论上说,要想有效地进行非线性光学频率变换,必须满足相位匹配条件。以倍频产生为例,在基波与谐波共线传播时,相位匹配条件就是指基波和二次谐波在介质中的传播速度相等,或者说折射率相等。但对于一般光学介质而言,由于色散效应,其折射率随着频率变化,例如在正常色散区,频率高的光波折射率较高,因此要想实现相位匹配条件必须采取某种措施。下面介绍两种实现相位匹配的方法:一是利用晶体的双折射特性补偿晶体的色散效应,实现相位匹配;二是在气体工作物质中利用缓冲气体提供必要的色散补偿,实现相位匹配。

1. 晶体中的相位匹配

(1) 角度相位匹配——临界相位匹配

图 7.3.7 所示为负单轴晶体 KDP 中寻常光和非常光的色散曲线。可以看出,随着光波长的增加,折射率将减小。在二次谐波产生过程中,如果取基波(0.496 3 μm)为寻常光偏振,二次谐波(0.347 1 μm)为非常光偏振,则基波折射率 n_{1o} 介于二次谐波的两个主折射率 n_{2o} 和 n_{2e} 之间。于是,只要选择合适的光传播方向($\theta_m = 50.4°$),就可实现相位匹配条件 $n_{1o} = n_{2e}(\theta = 50.4°)$。这种使基波与二次谐波有不同偏振态,通过选择特定光传播方向实现相位匹配的方法称为角度相位匹配。这个能保证相位匹配的光传播方向的空间角度叫做相位匹配角 θ_m。由于角度相位匹配对于角度相对 θ_m 的变化很敏感,所以又称为临界相位匹配。

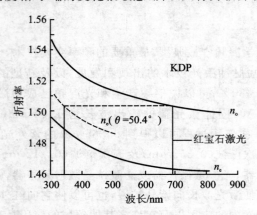

图 7.3.7 KDP 晶体的色散曲线

这种实现相位匹配的方法可以通过 KDP 晶体的折射率曲面很清楚地看出。KDP 晶体相应于基波频率和二次谐波频率的折射率曲面如图 7.3.8 所示。由图可见，基波的寻常光折射率曲面与二次谐波的非常光折射率曲面有两个圆交线（在图中看到 4 个点），若交点 P 对应的方向与光轴 Oz 方向的夹角为 θ_m，恰好也是晶体中的基波法线方向与光轴方向的夹角，就是 $n_{1o} = n_{2e}(\theta_m)$，则该 θ_m 就是相位匹配角。应当指出的是，并不是任意晶体对任意波长都能实现角度相位匹配。例如，若非线性光学材料是正单轴石英晶体，基波选为非常光，二次谐波选为寻常光，由图 7.3.9 所示的石英晶体的折射率曲面可见，因其基波频率的两个折射率曲面完全

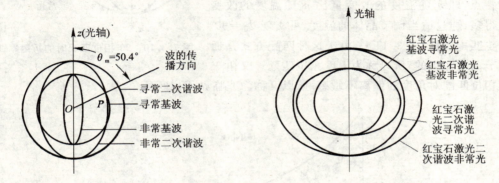

图 7.3.8　KDP 晶体折射率曲面通过光轴的截面　　图 7.3.9　石英晶体折射率曲面通过光轴的截面

位于二次谐波频率的两个折射率曲面之内，基波频率和二次谐波频率的折射率曲面没有交点，所以没有任何光传播方向能实现相位匹配。

(2) 温度相位匹配——非临界相位匹配

角度相位匹配是简单可行的相位匹配方法，在倍频产生及其他光混频过程中已广泛采用。但是，在应用角度相位匹配方法时还存在下面一些问题：

① 走离效应。通过调整光传播方向的角度实现相位匹配时，参与非线性作用的光束选取不同的偏振态，就使得有限孔径内的光束之间发生分离。例如，在二次谐波产生过程中，当晶体内光传播方向与光轴夹角 $\theta = \theta_m$ 时，对于寻常光，其波振面法线方向与光线方向一致，而对于非常光，其波振面法线方向与光线方向不一致，在整个晶体长度中，使得不同偏振态的基波与二次谐波的光线方向逐渐分离，从而使转换效率下降，这就是走离效应。

② 输入光发散引起相位失配。实际上的光束都不是理想均匀平面波，而是具有一定的发散角。根据傅里叶光学，任一非理想的平面波光束都可视为具有不同方向波矢的均匀平面光波的叠加。而具有不同波矢方向的平面波不可能在同一相位匹配角 θ_m 方向达到相位匹配。

③ 输入光束的谱线宽度引起相位失配。混频或二次谐波产生过程的相位匹配角随着波长的不同而发生变化。实际上，任一束光都是具有一定谱线宽度的非理想单色波，所有频率分量不可能在同一个匹配角下达到相位匹配。

根据角度相位匹配存在的实际问题，观察图 7.3.10 所示的 $LiNbO_3$ 晶体的折射率曲面。如果能够使得相位匹配角 $\theta_m = 90°$，即在垂直于光轴的方向上实现相位匹配，则光束走离效应的限制可以消除，二次谐波接收角的限制也可以放宽。为了实现这种 90°匹配角的相位匹配，可以利用某些晶体（$LiNbO_3$、KDP 等）折射率的双折射量与色散是其温度函数的特点，即 n_e 随温度的改变量比 n_o 随温度的改变量大得多，通过适当调节晶体的温度，可实现 $\theta_m = 90°$ 的相位匹配（见图 7.3.11）。由于这种匹配方式是通过调节温度实现的，所以称为温度相位匹配。又由于温度相位匹配对角度的偏离不敏感，所以又称为非临界相位匹配。

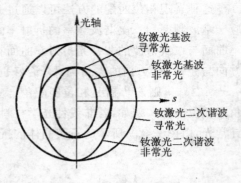

图 7.3.10　90°相位匹配时的折射率曲面

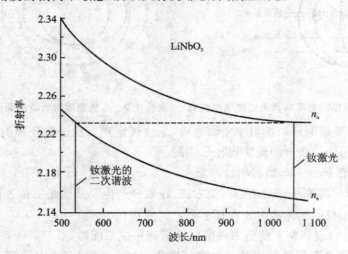

图 7.3.11　$LiNbO_3$ 晶体在匹配温度下的色散曲线

2. 气态工作物质中的相位匹配

在实际的非线性光学过程中，有时采用碱金属蒸气作为非线性介质。这是因为碱金属蒸气能提供合适的能级，使所用激光频率满足三阶非线性极化率共振增强的要求，从而可大大提高非线性过程的效率。在这种情况下，可以利用附加缓冲气体来达到相位匹配的目的。以金属铷（Rb）蒸气中加氙（Xe）实现三次谐波的相位匹配为例，基频光（1.06 μm）和三次谐波（0.355 μm）处在 Rb 蒸气的反常色散区（相应于 5s—5p 跃迁）的两侧，与一般正常色散相反，这时三次谐波在 Rb 蒸气中的折射率要比基波在 Rb 蒸气中的折射率小（如图 7.3.12 所示)。只要在 Rb 蒸气中加入适当压力具有正常色散的 Xe 气就可调节混合气体的折射率,从而达到相位匹配的要求。

气体介质中实现相位匹配的另一种方法是在反常色散区附近选择相互作用频率。由于这种方法中只有一种气体,就避免了要求气体混合物具有高度均匀性的问题,以及压力增宽引起的附加吸收。

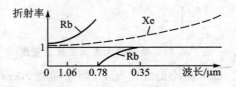

图 7.3.12　铷和氙的色散曲线

7.3.5　光学参量放大与参量振荡

光学参量放大实质上就是一个差频产生的三波混频过程。根据曼利-罗关系可知,在差频过程中,每湮灭一个最高频率的光子,同时要产生两个低频光子,在此过程中这两个低频波获得增益,因此可作为它们的放大器。例如将一个强的高频光(泵浦光)和一个弱的低频光(信号光)同时入射到非线性晶体中,就可以产生差频光(称为空闲光或闲置光),而弱的信号光被放大了。若信号光、空闲光同泵浦光多次通过非线性晶体,则它们可以得到多次放大。若将非线性晶体置于谐振腔中,并用强的泵浦光照射,则当增益超过损耗时,在腔内可以从噪声中建立起相当强的信号光及空闲光。应当指出的是,在光学参量振荡器中建立起来的两种频率的光波,任何一个都可以称为"信号光"或"空闲光",区别哪个是信号光,哪个是空闲光是没有意义的,名字的区别仅在于表明它们是两种不同的频率。光学参量振荡器的谐振腔可以同时对信号频率和空闲频率共振,也可以对其中一个频率共振。前者通常称为双共振光学参量振荡器(DRO),后者通常称为单共振光学参量振荡器(SRO)。

1. 光学参量放大

在光学参量放大器中,光学参量放大是由非线性介质中光波之间的相互作用产生的,是光学参量振荡器的工作基础。其实验装置示意图如图 7.3.13 所示,当一个强的高频泵浦光 ω_3 和一个弱的低频信号光 ω_1 同时入射到非线性晶体中时,就可以产生差频光(空闲光)ω_2,在整个过程中,信号光 ω_1 和空闲光 ω_2 被放大了。根据差频产生的大信号理论,在差频过程中限制功率转换的是泵浦光的强度。因此,在参量放大中有可能获得更大的能量转换。

根据曼利-罗关系,在耦合波方程中的任何一个光电场振幅 $A_1(z)$、$A_2(z)$ 和 $A_3(z)$ 都不能认为是不变的,即使是泵浦光 $A_3(z)$ 原则上也可以减小到 0,而同时信号光 $A_1(z)$ 和空闲光

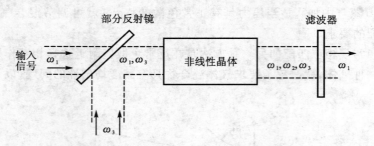

图 7.3.13　参量放大实验装置示意图

$A_2(z)$ 得到不断放大。但是,如果在小信号情况下,即泵浦光 $A_3(z)$ 很强而信号光 $A_1(z)$ 很弱时,虽然信号光 $A_1(z)$ 和空闲光 $A_2(z)$ 可能发生了显著变化,但泵浦光还未发生明显减小,因此,在整个参量放大过程中可以把泵浦光 $A_3(z)$ 看做常数。与前面一样,每个单色平面波都表示为

$$E(z,t) = \frac{1}{2}\sum_n a_n A_n(z)\exp[i(k_n z - \omega_n t + \varphi_n)] + c.c. \quad (7.3-18)$$

式中:φ_n 为初始相位。当非线性介质的线性损耗可以忽略时,三波耦合作用的耦合波方程组(7.2-8)可写为

$$\left.\begin{array}{l}\dfrac{\mathrm{d}A_1}{\mathrm{d}z} = iB_1 A_2^* A_3 \exp[-i(\Delta kz + \varphi)] \\[4pt] \dfrac{\mathrm{d}A_2}{\mathrm{d}z} = iB_2 A_1^* A_3 \exp[-i(\Delta kz + \varphi)] \\[4pt] \dfrac{\mathrm{d}A_3}{\mathrm{d}z} = iB_3 A_1 A_2 \exp[i(\Delta kz + \varphi)]\end{array}\right\} \quad (7.3-19)$$

式中:$\varphi = \varphi_1 + \varphi_2 - \varphi_3$。

对于小信号增益情况,泵浦光的衰减很小,在方程组(7.3-19)中 $A_3(z)$ 可以近似作为常数。因此,只剩下与 $A_1(z)$ 和 $A_2(z)$ 有关的两个方程。假设边界条件为初始输入的弱信号光 $A_1(z=0)=A_1(0)$,初始空闲光为 0,即 $A_2(z=0)=0$,则在满足相位匹配条件时,方程的解为

$$\left.\begin{array}{l}A_1(z) = A_1(0)\left[1 + \mathrm{sh}^2(\Gamma_0 z)\right]^{\frac{1}{2}} \\[4pt] A_2^*(z) = A_1(0) \dfrac{B_2 A_3^*}{\Gamma_0}\mathrm{sh}(\Gamma_0 z)\end{array}\right\} \quad (7.3-20)$$

式中:$\Gamma_0^2 = B_1 B_2 |A_3|^2$。因此,频率为 ω_1 的信号光的功率增益为

$$G(z) = \left|\frac{A_1(z)}{A_1(0)}\right|^2 = 1 + \mathrm{sh}^2(\Gamma_0 z) \quad (7.3-21)$$

2. 光学参量振荡器

由于信号光 $A_1(z)$、空闲光 $A_2(z)$ 和泵浦光 $A_3(z)$ 在非线性晶体中耦合作用的结果使得信

号光和空闲光都获得增益。如果将受泵浦光辐照的非线性晶体置于谐振腔内(如图 7.3.14 所示),则当增益超过损耗时在谐振腔内就会产生参量振荡。

实际上,光学参量振荡是通过参量散射或荧光引起的噪声光子的放大产生的。也就是说,不需要输入信号光,只要用泵浦光 ω_3 辐照非线性晶体,也会自发辐射频率为 ω_1 和 ω_2 的光,其中 $\omega_1+\omega_2=\omega_3$ 且 $k_1+k_2=k_3$。参量散射或荧光是指频率为 ω_1 和 ω_2 的初始光子数为零的参量产生过程。

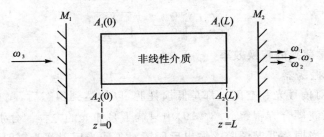

图 7.3.14 光学参量振荡器示意图

(1) 光学参量振荡器的阈值

如果假设非线性晶体的长度为 L,当增益达到振荡阈值时,信号光与空闲光在腔内循环一周时仍保持原来的数值。这可表示为

$$\left.\begin{array}{l} r_1 A_1(L)\exp(\mathrm{i}k_1 L) = A_1(0) \\ r_2 A_2^*(L)\exp(-\mathrm{i}k_2 L) = A_2(0) \end{array}\right\} \quad (7.3-22)$$

式中:$A_1(0)$ 和 $A_2(0)$ 分别为信号光和空闲光在非线性晶体输入端处的幅度;$A_1(L)$ 和 $A_2(L)$ 为输出端处相应的幅度;r_1 和 r_2 分别为信号光和空闲光从非线性晶体输出面通过光学谐振腔,经过反射镜 M_1 和 M_2 反射后,再回到晶体输入面处的复传输系数(其中包括反射镜的损耗及腔内损耗)

$$\left.\begin{array}{l} r_1 = R_1 \exp[\mathrm{i}(\psi_1 - k_1 L)] \\ r_2 = R_2 \exp[\mathrm{i}(\psi_2 + k_2 L)] \end{array}\right\} \quad (7.3-23)$$

式中:ψ_1 和 ψ_2 分别为无泵浦光场时信号光和空闲光循环一周的相位移。

在相位匹配情况下,令 $z=L$,把式(7.3-20)代入式(7.3-22),经推导,可得到双共振参量振荡器的阈值条件为

$$(\Gamma_0 L)_{\text{th}}^{\text{DRO}} = \sqrt{\frac{(1-R_1^2)(1-R_2^2)}{(R_1+R_2)^2}} \quad (7.3-24)$$

双共振参量振荡器的振荡频率 ω_1 和 ω_2 必须对应光学谐振腔的两个纵模,并且谐振腔对这两个频率的光波都是低损耗的,即 R_1 和 R_2 都趋近于 1。这样,式(7.3-24)可近似为

$$(\Gamma_0 L)_{\text{th}}^{\text{DRO}} = \sqrt{(1-R_1)(1-R_2)} \quad (7.3-25)$$

当 $R_2=0$ 时,根据式(7.3-24),可得到单共振参量振荡器的阈值条件为

$$(\Gamma_0 L)_{\text{th}}^{\text{SRO}} = \sqrt{\frac{1-R_1^2}{R_1^2}} \quad (7.3-26)$$

在 R_1 趋近于 1 时,式(7.3-26)可近似为

$$(\Gamma_0 L)_{\text{th}}^{\text{SRO}} = \sqrt{2(1-R_1)} \quad (7.3-27)$$

可见,单共振参量振荡器的泵浦阈值相对双共振参量振荡器增大了,且有

$$\frac{(\Gamma_0 L)_{\text{th}}^{\text{SRO}}}{(\Gamma_0 L)_{\text{th}}^{\text{DRO}}} = \sqrt{\frac{2}{1-R_2}} \quad (7.3-28)$$

(2) 光学参量振荡器的转换效率

1) 双共振参量振荡器

假设双共振腔对信号光和空闲光都是低损耗腔,以致达到稳态后,$A_1(z)$ 和 $A_2(z)$ 都近似为常数不变,于是三波耦合方程组(7.3-19)中只剩下泵浦光的方程。分别考虑在腔内前向和后向传播的泵浦场,当振荡器谐振腔的输出反射镜对泵浦光反射率为零时,后向传输的泵浦光是由后向传输的信号光和空闲光混频产生的和频光。此光称为逆转光。显然,逆转光的产生降低了光学参量振荡器的转换效率。

由泵浦光方程和曼利-罗关系,可以导出双共振参量振荡器的量子效率为

$$\eta = \frac{I_1}{\omega_1} \bigg/ \frac{I_3(0)}{\omega_3} = \frac{1}{\sqrt{N}}(R_1+R_2) - \frac{1}{2N}(R_1+R_2)^2 \quad (7.3-29)$$

式中:N 为泵浦光强与振荡阈值光强之比 $N=I_{30}/I_{3\text{th}}$。当 R_1 和 R_2 接近于 1 时,式(7.3-29)可近似为

$$\eta = \frac{2}{N}(\sqrt{N}-1) \quad (7.3-30)$$

当 $N=4$ 时,转换效率获得极大值 50%。显然,由于逆转光的产生使双共振光学参量振荡器的最高转换效率只有 50%。可以证明,在无逆转光产生的双共振光学参量振荡器中转换效率最高可达到 100%。例如,在能够消除逆转光的环形腔中,双共振参量振荡器的转换效率为

$$\eta = \frac{4}{N}(\sqrt{N}-1) \quad (7.3-31)$$

当 $N=4$ 时,$\eta=100\%$。

2) 单共振参量振荡器

对于单共振参量振荡器,当参量振荡达到稳态时,只有 $A_1(z)$ 近似为常数不变,于是三波耦合方程组(7.3-19)中剩下空闲光 $A_2(z)$ 和泵浦光 $A_3(z)$ 的方程。假定边界条件为 $A_2(0)=0$,$A_3(z=0)=A_3(0)$,在相位匹配下,可以导出单共振参量振荡器的量子效率为

$$\eta = \frac{I_2(L)}{\omega_2} \bigg/ \frac{I_3(0)}{\omega_3} = (\Gamma_0' L)^2 \sin c^2(\Gamma_0' L) \quad (7.3-32)$$

式中：$\Gamma_0'^2 = B_2 B_3 |A_{10}|^2$。当 $\Gamma_0' L = \pi/2$ 时，转换效率为 100%。

(3) 光学参量振荡器的频率调谐

光学参量振荡器的最大特点是，其输出频率可以在一定范围内连续改变，不同的非线性介质和不同的泵浦光源，可以得到不同的调谐范围。当泵浦光频率 ω_3 固定时，参量振荡器的振荡频率应该同时满足以下频率和相位匹配条件：

$$\left. \begin{array}{c} \omega_3 = \omega_1 + \omega_2 \\ \bm{k}_3 = \bm{k}_1 + \bm{k}_2 \end{array} \right\} \quad (7.3-33)$$

若 3 个光波共线传输，则从式(7.3-33)可得出

$$\omega_1(n_3 - n_1) = \omega_2(n_2 - n_3) \quad (7.3-34)$$

由此可见，信号光和空闲光的频率依赖于泵浦光的折射率，因此可以通过改变泵浦光的折射率 n_3 而使 ω_1 和 ω_2 频率做相应变化，以满足相位匹配条件。通过改变泵浦光与非线性晶体之间的夹角（角度调谐），或改变晶体的温度（温度调谐）等可以改变折射率 n_3，从而达到调节光学参量振荡器频率的目的。改变加在非线性晶体上的电场（通过电光效应）或压力（通过光弹性效应）也可以调节光学参量振荡器的振荡频率，但其调谐范围一般不如角度及温度调谐的范围宽。温度调谐的缺点是不能快速调谐，但调谐时晶体不动，输出光束稳定。此外，利用频率可调谐的光源作为泵浦光，也可以实现光学参量振荡器的频率调谐。

3. 光学参量振荡器的应用

光学参量振荡器(OPO)是利用非线性晶体的混频特性来实现频率变换的器件，具有调谐范围宽、结构简单及工作可靠等特点。随着一些新的激光光源、新型及高效非线性光学晶体的发展，光学参量振荡器已成为当前非线性光学及频率变换技术的热点，并得到飞速发展。采用不同的泵浦波长、不同的非线性晶体及调谐方式，已实现的调谐范围为 0.4～16 μm，最窄脉宽可达飞秒和皮秒量级，峰值功率可达几百兆瓦，转换效率从百分之几到 60%。稳态的连续波光学参量振荡器、红外光学参量振荡器已在光谱技术中得到应用。脉冲 fs、ps 的行波放大和同步泵浦光学参量发生器也在可调谐超短脉冲产生和时间分辨光谱中得到应用。

7.4 三阶非线性光学效应

三阶非线性光学效应是由三阶非线性极化引起的一些非线性光学现象。对于三阶非线性极化来说，不管介质具有什么样的对称性，总存在一些非零的三阶极化率张量元素。因此，在任何介质中都能观察到三阶非线性光学效应。在本节中，主要讨论自聚焦现象、四波混频效应、受激拉曼效应和受激布里渊效应等。

7.4.1 自聚焦现象

1. 光束自聚焦现象的物理描述

当一束高强度激光入射到各向同性介质中时,介质中总的频率 ω 的极化强度可以表示为

$$P(\omega) = P^{(1)}(\omega) + P^{(3)}(\omega) = \varepsilon_0 \chi^{(1)} A + \frac{3}{4}\varepsilon_0 \chi^{(3)}(-\omega;\omega,\omega,-\omega)|A|^2 A \tag{7.4-1}$$

可求出此时总的介电系数为

$$\varepsilon = \varepsilon_0 \left(1 - \chi^{(1)} + \frac{3}{4}\chi^{(3)}|A|^2\right) \tag{7.4-2}$$

因此,此时的折射率为

$$n = \left(\frac{\varepsilon}{\varepsilon_0}\right)^{\frac{1}{2}} = \left(1 + \chi^{(1)} + \frac{3}{4}\chi^{(3)}|A|^2\right)^{\frac{1}{2}} = n_0 + \Delta n \tag{7.4-3}$$

式中:$n_0 = (1+\chi^{(1)})^{\frac{1}{2}}$ 为线性折射率。通常 $n_0 \gg \Delta n$,且

$$\Delta n = \frac{3}{8n_0}\chi^{(3)}|A|^2 \tag{7.4-4}$$

若令

$$\Delta n = n_2 |A|^2 \tag{7.4-5}$$

则

$$n_2 = \frac{3}{8n_0}\chi^{(3)} \tag{7.4-6}$$

式中:n_2 称为非线性折射率系数;$n_2|A|^2$ 反映了光强引起折射率的变化。当一束强度为高斯分布的激光束在介质中传播时,由于束轴与边缘处的光场强度不同,因而在光束的传播途径中造成介质折射率的非均匀分布。这种分布使介质成为一种类透镜介质。当 $n_2 > 0$ 时,由于光束中心部分的光强较强,则中心部分的折射率变化较光束边缘部分的变化大,因此,光束在中心比在边缘的传播速度慢,结果使介质中传播的光束波面越来越畸变,如图 7.4.1 所示。这种畸变好像光束通过正透镜一样,光线本身呈现自聚焦现象。但是,由于具有有限截面的光束还要经受衍射作用,所以只有自聚焦效应大于衍射效应时,光才表现出自聚焦现象。相反,当 $n_2 < 0$

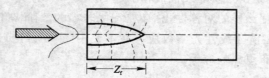

图 7.4.1 光束在非线性介质中的光线路径(虚线为波面,实线为光线)

时，则会导致自散焦现象。

引起光束自聚焦的原因是光致折射率的变化，而光致折射率变化的物理机制是多种多样的，归纳起来主要有以下几种：

① 电子云分布畸变　在强光作用下，介质内部原子或分子电子云分布的畸变，导致介质极化强度的改变，从而引起折射率发生变化。这种过程的响应时间一般在 $10^{-14} \sim 10^{-15}$ s。

② 与分子取向有关的高频光克尔效应　一些液体分子是具有极性的，在高强度光电场作用下，分子有可能重新取向，从而引起折射率发生变化。这种过程的响应时间一般在 $10^{-11} \sim 10^{-12}$ s。

③ 电致伸缩效应　在强光场作用下介质内部带电质点发生位移，引起介质内密度的起伏，从而引起折射率发生变化。这种过程的响应时间一般在 $10^{-8} \sim 10^{-9}$ s。

④ 热效应　由于各种介质对入射光束存在不同程度的吸收，导致介质温度升高，从而引起折射率发生变化。这种过程的响应时间一般在 $10^{-3} \sim 1$ s。

⑤ 光折变效应　光束照射到光折变晶体中，使处于晶体内部的电荷激发和再分布，电荷的再分布可以产生一内部电场，通过线性电光效应感生折射率变化。这种过程的响应时间与入射光强和光折变材料有关，可以为 10^{-8} s，也可达几分钟。

上述过程都会产生非线性折射率，但是具有不同的响应时间，所以在不同情况下引起折射率变化的机理也不同。这取决于入射激光的作用时间。对于 ps 光脉冲，主要是电子云分布畸变起作用；对于 ns 光脉冲，电子云分布畸变、光克尔效应、电致伸缩效应都可能起作用；而热效应只对长时间激光照射才有明显作用。总之，当入射激光的持续时间远小于某一物理机制的响应时间，这种物理机制引起的折射率变化的贡献就可以忽略不计。

2. 稳态自聚焦

稳态自聚焦是指在连续或长脉冲激光作用下的自聚焦过程。光束自聚焦后的截面尺寸，焦点位置都保持相对稳定。

假设介质是无吸收的各向同性介质，并且电场是线性偏振的，则方程(7.2-3)中的介电常数是标量，极化强度 $\boldsymbol{P}^{NL}$ 的幅度 $P^{NL}(\omega)$ 就是式(7.4-1)的 $P^{(3)}(\omega)$。在稳态情况下，光束的电场幅度 A 和 $P^{(3)}(\omega)$ 不随时间变化，因此由慢变振幅近似，可得到稳态自聚焦波动方程为

$$\nabla_\perp^2 A + 2ik_0 \frac{\partial A}{\partial z} = -k_0^2 \frac{\Delta n}{n_0} A \tag{7.4-7}$$

式中：$\nabla_\perp^2 = \frac{\partial^2}{\partial x^2} + \frac{\partial^2}{\partial y^2}$。

假设激光束光强和波面是轴对称分布的，并且一般情况下波面不一定是平面，采用柱坐标，复幅度 A 可以表示为以下形式：

$$A(r,z) = A_0(r,z)\exp[ik_0 S(r,z)] \tag{7.4-8}$$

式中：$A_0(r,z)$ 为光场的振幅；$S(r,z)$ 为实际光束波面与理想平面波的光程差，称为程函数；r 为径向坐标；z 为光波传输方向坐标；k_0 为波数。将方程(7.4-7)从直角坐标转换为柱坐标，可得到关于振幅 $A_0(r,z)$ 和程函数 $S(r,z)$ 的两个方程

$$\left.\begin{aligned}\frac{\partial A_0^2}{\partial z} + \nabla_\perp \cdot (A_0^2 \nabla_\perp S) &= 0 \\ 2\frac{\partial S}{\partial z} + (\nabla_\perp S)^2 &= \frac{\nabla_\perp^2 A_0}{k_0^2 A_0} + \frac{\Delta n}{n_0}\end{aligned}\right\} \quad (7.4-9)$$

式中：$\nabla_\perp = \frac{\partial}{\partial r}$，$\nabla_\perp^2 = \left(\frac{\partial^2}{\partial r^2} + \frac{1}{r}\frac{\partial}{\partial r}\right)$。

如果没有非线性折射率，即 $n_2 = 0$ 时，在傍轴近似下，方程(7.4-9)就是描述在透明介质中高斯光束传播规律的方程，其解为

$$\left.\begin{aligned}A &= \frac{A_0 a_0}{a(z)} \exp\left[-\frac{r^2}{2a^2(z)}\right] \\ S &= \frac{r^2}{2R(z)} + \phi(z)\end{aligned}\right\} \quad (7.4-10)$$

假设在介质具有非线性折射率时，在傍轴近似下，方程(7.4-9)具有与式(7.4-10)类似形式的解，将 A 和 S 的解代入方程(7.4-9)，则可求得 $R(z)$、$a(z)$ 和 $\phi(z)$ 分别满足的方程式。这里只给出 a 的方程，从它可以了解光束的焦点位置及其他一些性质。

$$\frac{d^2 a(z)}{dz^2} = \frac{1}{k_0^2 a^3(z)}(1 - 2B) \quad (7.4-11)$$

式中：

$$B = \frac{2k_0^2 n_2}{\pi n_0^2 c \varepsilon_0} P \quad (7.4-12)$$

P 为通过整个横截面的总功率。

在初始条件为 $z=0$ 处，波面曲率半径 $R(0) = R_0$，光束半径 $a(0) = a_0$，相位 $\psi(0) = 0$，由方程(7.4-11)可求得光斑大小的解为

$$\frac{a^2(z)}{a_0^2} = (1 - 2B)\frac{z^2}{k_0^2 a_0^4} + \left(1 + \frac{z}{R_0}\right)^2 \quad (7.4-13)$$

这就是各向同性介质中，傍轴近似下的光束半径的变化规律。

若入射激光的波前近似为一个平面，即 $R_0 \to \infty$，则式(7.4-13)可进一步简化为

$$\frac{a^2(z)}{a_0^2} = (1 - 2B)\frac{z^2}{k_0^2 a_0^4} + 1 \quad (7.4-14)$$

从式(7.4-14)可以看出，当 $B < \frac{1}{2}$ 时，$a(z) > a_0$，光束仍为发散波；但当 $B > \frac{1}{2}$ 时，$a(z) < a_0$，由于自聚焦，光束成为会聚波，并在某个 $z = z_f$ 处形成焦点，即 $a(z_f) = 0$；当 $B = \frac{1}{2}$ 时，$a(z) = a_0$，

是临界状态。

对应临界状态的输入功率 P_c 为

$$P_c = \frac{\pi n_0^2 c \varepsilon_0}{4 k_0^2 n_2} \qquad (7.4-15)$$

从物理意义上说,临界功率的存在意味着入射激光束产生的自聚焦效应正好抵消由于衍射产生的发散。

当 $P > P_c$ 时,自聚焦焦距 z_f 为

$$z_f = \frac{k_0 a_0^2}{\left(\dfrac{P}{P_c} - 1\right)^{\frac{1}{2}}} \qquad (7.4-16)$$

可见,对于近似平面波前入射的激光,a_0 越小,P 越大,则 z_f 越小,即较小的激光束截面、高的功率更容易产生激光束的自聚焦。

当入射激光束是会聚球面波时,即 $R_0 < 0$,则 z_f 的值为

$$\frac{1}{z_f} = \frac{1}{|R_0|} \pm \frac{1}{k_0 a_0^2}\left(\frac{P}{P_c} - 1\right)^{\frac{1}{2}} \qquad (7.4-17)$$

这时,自聚焦作用有两种情况:当激光束会聚程度不太高,即 $|R_0|$ 比较大时,式(7.4-17)右边必须取正号。若会聚较强,即 $|R_0|$ 很小,以至于 $|R_0| < k_0 a_0^2 \left[\left(\dfrac{P}{P_c}\right) - 1\right]^{\frac{1}{2}}$ 时,则 z_f 会有两个值:一个在原来的焦点之前,另一个在原来的焦点之后。这正是自聚焦过程出现的双焦点现象。

当入射激光束是发散球面波时,即 $R_0 > 0$,则 z_f 的值为

$$\frac{1}{z_f} = -\frac{1}{R_0} + \frac{1}{k_0 a_0^2}\left(\frac{P}{P_c} - 1\right)^{\frac{1}{2}} \qquad (7.4-18)$$

显然,当入射激光功率 P 取确定值时,发散球面波前的半径 R_0 有最小限制,只有大于这个 R_0 值的发散波才能产生自聚焦。

上述讨论是在傍轴近似下得到的,只适用于满足傍轴近似传播的光束,更严格的解只能用计算机求解得到。当高功率激光在固体介质中传播时,如果产生自聚焦现象,会导致丝状破坏,因此,在实际应用中应尽量避免自聚焦效应对器件造成的损害。

如果入射激光脉冲很短,接近或小于非线性介质的响应时间,必须考虑振幅随时间的变化,此时自聚焦产生的焦点位置在介质中并不是固定的,而是随时间变动的。这种情况称为动态自聚焦。

7.4.2 四波混频

1. 四波混频概述

四波混频是介质中 4 个光波相互作用引起的非线性光学现象,它起因于介质的三阶非线

性极化。四波混频相互作用的方式一般可分为以下 3 类,如图 7.4.2 所示。

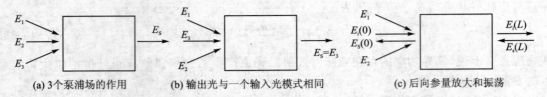

图 7.4.2　四波混频中的 3 种作用方式

① 3 个泵浦场的作用情况。在这种情况下,作用的光波频率为 ω_1,ω_2 和 ω_3,得到的信号光波频率为 ω_s,这是最一般的三阶非线性效应。

② 输出光与一个输入光具有相同模式的情况。在这种情况下,例如输入信号光为 $E_{s0}=E_{30}$,$\omega_s=\omega_3$,则由于三阶非线性相互作用的结果,E_3 将获得增益或衰减。

③ 后向参量放大和振荡情况。这是四波混频中的一种特殊情况,其中两个强光波作为泵浦光场,而两个反向传播的弱光波得到放大。

在四波混频中,相位匹配($\Delta k=0$)是非常重要的条件,因为它可以大大增强信号光的输出。相位匹配的方式可以是多种多样的,它可以根据泵浦光波的传播方向和实际的实验条件而定。相位匹配方式不仅要考虑最佳相位匹配,而且还要考虑最佳作用长度和空间的分辨率。

2. 简并四波混频

简并四波混频是四波混频的一种特殊情况,是指参与作用的 4 个光波的频率相等。假设所讨论的简并四波混频的结构如图 7.4.3 所示,非线性介质是透明、无色散的克尔介质,三阶极化率是 $\chi^{(3)}$,则在简并四波混频条件下,$\omega_1=\omega_2=\omega_3=\omega_4=\omega$。由于 $\boldsymbol{k}_1=-\boldsymbol{k}_2$,$\boldsymbol{k}_3=-\boldsymbol{k}_4$,$\boldsymbol{k}_1+\boldsymbol{k}_2+\boldsymbol{k}_3+\boldsymbol{k}_4=0$,相位匹配自动满足。如果两个泵浦场 $\boldsymbol{E}_1(r,t)$ 和 $\boldsymbol{E}_2(r,t)$ 在作用过程中没有衰减,即 A_1,A_2 为常数,取信号光波的传播方向为 $+z$,则在慢变化振幅近似下,四波混频的耦合波方程可以简化成

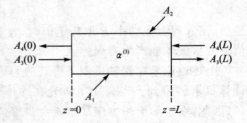

图 7.4.3　简并四波混频结构示意图

$$\left.\begin{array}{l}\dfrac{\mathrm{d}A_3(z)}{\mathrm{d}z}=\mathrm{i}\kappa A_4^*(z)\\[2mm]\dfrac{\mathrm{d}A_4(z)}{\mathrm{d}z}=-\mathrm{i}\kappa A_3^*(z)\end{array}\right\}\qquad(7.4-19)$$

式中:

$$\kappa=\frac{3\omega}{nc}\chi^{(3)}A_1A_2 \qquad(7.4-20)$$

如果考虑到只有信号光 $E_3(z,t)$ 入射，没有 $E_4(z,t)$ 光波入射，则边界条件为 $A_3(z=0)=A_3(0)$，$A_4(z=L)=0$，对方程(7.4-19)求解，可得

$$\left.\begin{aligned} A_3(z) &= \frac{\cos[|\kappa|(z-L)]}{\cos(|\kappa|L)} A_3(0) \\ A_4(z) &= \mathrm{i}\,\frac{\kappa}{|\kappa|}\frac{\sin[|\kappa|(z-L)]}{\cos(|\kappa|L)} A_3^*(0) \end{aligned}\right\} \quad (7.4-21)$$

在介质两个端面的输出光电场分别为

$$\left.\begin{aligned} A_3(L) &= \frac{A_3(0)}{\cos(|\kappa|L)} \\ A_4(0) &= -\mathrm{i}\,\frac{\kappa}{|\kappa|}\tan(|\kappa|L) A_3^*(0) \end{aligned}\right\} \quad (7.4-22)$$

由于泵浦光 $E_1(r,t)$ 和 $E_2(r,t)$ 是严格的平面波，所以 $A_4(0) \propto A_3^*(0)$。此时，反射光波 $E_4(z,t)$ 是信号光 $E_3(z,t)$ 的背向相位共轭波。由此定义相位共轭反射率 R 和透射率 T 为

$$\left.\begin{aligned} R &= \frac{|A_4(0)|^2}{|A_3(0)|^2} = \tan^2(|\kappa|L) \\ T &= \frac{|A_3(L)|}{|A_3(0)|} = \sec^2(|\kappa|L) \end{aligned}\right\} \quad (7.4-23)$$

这样，由方程式(7.4-22)和式(7.4-23)可得到如下结果：

① 产生的反射光波 $E_4(z,t)$ 是信号光 $E_3(z,t)$ 的相位共轭波，并且随着 $|\kappa|L$ 增大 R 值增大。泵浦光场 A_1、A_2 越大，介质的 $\chi^{(3)}$ 越大，κ 就越大，故在简并四波混频中，为了提高反射率，应选取 $\chi^{(3)}$ 较大的材料，或者提高泵浦光的强度。

② 当 $\frac{\pi}{4} < |\kappa|L < \frac{3\pi}{4}$ 时，因为 $\tan(|\kappa|L) > 1$，所以 $R > 1$。这说明，经过四波混频，不仅可以得到相位共轭波，而且可以得到放大的相位共轭波。同时，信号光的透射率 $T \geqslant 1$，因此，简并四波混频既可作为一种有放大作用的相位共轭器，又可作为一个相干透射放大器。如图7.4-4给出了 R 和 T 都大于 1 时，在介质中透射光 $E_3(z,t)$ 和反射光 $E_4(z,t)$ 的功率分布情况。

③ 当 $|\kappa|L \approx \frac{\pi}{2}$ 时，$R \to \infty$，此时介质内产生无腔镜自振荡，即当输入信号光等于 0 时，仍有确定的输出，成为一个光学参量振荡器。振荡时在介质中，$E_3(z,t)$ 和 $E_4(z,t)$ 的功率分布情况如图7.4.5所示。

应该注意在达到振荡条件或具有很高的相位共轭反射率时，必须考虑泵浦光的耗尽，这时精确的解应该求解包括 $E_1(r,t)$，$E_2(r,t)$，$E_3(z,t)$ 和 $E_4(z,t)$ 4 个光场的耦合波方程组。此外，当介质中存在非饱和吸收、共振吸收等情况时都会对相位共轭反射率产生影响。

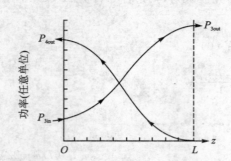
图 7.4.4　简并四波混频的放大特性

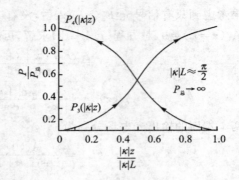
图 7.4.5　振荡时,介质中 $E_3(r,t)$ 和 $E_4(r,t)$ 的功率分布

3. 简并四波混频的应用

简并四波混频是最重要的非线性光学相位共轭技术之一,各种物质的简并四波混频都能产生相位共轭波。该技术在诸如相干光通过扰动介质的传输与畸变补偿、相位共轭反射镜、光学相位共轭腔、图像传输、激光远距离瞄准、激光通信、相差的自动校正、实时全息显示、低噪声探测器、三阶非线性极化率张量参量以及非线性激光光谱等方面得到广泛应用。

7.4.3　受激拉曼散射(SRS)

1. 普通拉曼散射与受激拉曼散射

当一束频率为 ω_P 的光波通过液态、气态或固态介质时,其散射光谱中存在着相对入射光有一定频移的成分 ω_S,频移量 $\omega_P - \omega_S = \omega_v$ 相应于介质内部某些确定的能级跃迁的频率,例如晶体中光学声子的频率,这种散射就是普通的自发拉曼散射。自发拉曼散射的效率是很低的,相应于每个入射光子的散射光子为 $10^{-6} \sim 10^{-7}$ 量级。当 $\omega_P > \omega_S$ 时,这种散射称为斯托克斯散射;当 $\omega_P < \omega_S$ 时,称为反斯托克斯散射,其强度比斯托克斯散射小几个量级。这两种散射的能级跃迁示意图如图 7.4.6 所示。其中,图(a)表示分子原来处在基态 $v=0$ 上,一个频率为 ω_P 的入射光子被分子吸收,同时发射一个频率为 $\omega_S = \omega_P - \omega_v$ 的斯托克斯光子,而分子被激发到 $v=1$ 的振动能级上;图(b)表示分子原来处在 $v=1$ 的激发态上,散射的反斯托克斯光的频率为 $\omega_{AS} = \omega_P + \omega_v$。

对于普通的拉曼散射光来说,它们都是非相干辐射。当用强激光照射某些介质时,在一定条件下,散射光具有受激辐射的性质,是相干辐射。这就是所谓的受激拉曼散射。

与普通拉曼散射相比较,受激拉曼散射具有以下特点:

① 明显的阈值性。只有当入射激光光强或功率密度超过一定激励阈值时,才能产生受激

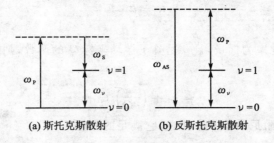

图 7.4.6 斯托克斯与反斯托克斯散射

拉曼散射效应。

② 受激散射光具有明显的定向性。当入射激光光强超过一定激励阈值后，受激散射光束的空间发散角明显变小，一般可达到与入射光相近的发散角。

③ 受激散射光的光谱具有较高的单色性。当入射激光光强超过一定激励阈值后，散射光的光谱宽度明显变窄，可达到与入射激光单色性相当或更窄的程度。

④ 受激散射光的高强度性。受激散射光强或功率可以达到与入射激光相同的量级。

⑤ 受激散射光随时间的变化特性与入射激光类似。有时候，受激散射光脉冲的持续时间远比入射激光脉冲短。

⑥ 受激散射中存在斯托克斯散射和反斯托克斯散射，其频率分别低于或高于入射激光的频率，与入射激光的频差等于介质的激发频率。增大入射激光强度或增加介质长度可得到高阶斯托克斯受激散射和高阶反斯托克斯受激散射。

受激拉曼散射的机理可以简单地解释为：在受激拉曼散射中，相干的入射光子主要不是被热振动声子所散射，而是被受激声子散射。所谓受激声子，是指最初一个入射光子与一个热振动声子相碰，结果产生一个斯托克斯光子和一个受激声子；当入射光子再与这个新产生的受激声子相碰时，与再产生一个斯托克斯光子的同时，又产生了一个受激声子。如此继续下去，便形成一个产生受激声子的雪崩过程。产生受激声子过程的关键在于要有足够多的入射光子。由于受激声子所形成的声波是相干的，入射激光是相干的，因此所产生的斯托克斯光也是相干的。

2. 受激拉曼散射的经典理论

对于普通的拉曼散射过程，须采用量子理论进行讨论。而对于受激拉曼散射过程来说，由于总是满足入射激光光子数和受激拉曼散射光的光子数远大于 1 的条件，因而可以利用经典电磁场理论进行讨论。从经典的观点来看，拉曼散射起因于分子振动引起的线性极化率的周期性变化，光场通过分子的极化率与分子振动产生耦合。

当一个电场强度为 E 的光照射到介质中时，光场在分子中感应的分子电偶极矩 μ 为

$$\boldsymbol{\mu} = \boldsymbol{\alpha} \cdot \boldsymbol{E} \tag{7.4-24}$$

式中:α 是分子电极化率。

为了简化,假设极化率为标量,且 α 是分子振动坐标 Q 的函数,则在平衡位置附近,α 可展开为

$$\alpha = \alpha_0 + \left(\frac{\partial \alpha}{\partial Q}\right)_0 Q + \cdots \tag{7.4-25}$$

假设分子振动可用一个阻尼谐振子来描述,它满足的方程为

$$\frac{\partial^2 Q}{\partial t^2} + \Gamma \frac{\partial Q}{\partial t} + \omega_v^2 Q = \frac{1}{M} F(z,t) \tag{7.4-26}$$

式中:ω_v 为分子共振频率;Γ 为振动阻尼系数;M 为分子约化质量;$F(z,t)$ 为驱动力。

在存在外加光场时,分子的势能为

$$U = -\boldsymbol{\mu} \cdot \boldsymbol{E} \cong -\alpha_0 \boldsymbol{E} \cdot \boldsymbol{E} - \left(\frac{\partial \alpha}{\partial Q}\right)_0 Q \boldsymbol{E} \cdot \boldsymbol{E} \tag{7.4-27}$$

作用在分子上的力为

$$F = -\frac{\partial U}{\partial Q} \cong \left(\frac{\partial \alpha}{\partial Q}\right)_0 \boldsymbol{E} \cdot \boldsymbol{E} \tag{7.4-28}$$

当产生拉曼散射时,介质内存在的总电场为泵浦光场和散射光场之和,即 $\boldsymbol{E} = \boldsymbol{E}_P + \boldsymbol{E}_S$,则对应共振频率分子所受的力为

$$F = \frac{1}{4}\left(\frac{\partial \alpha}{\partial Q}\right)_0 A_P A_S^* \exp[\mathrm{i}(k_v z - \omega_v t)] + c.c. \tag{7.4-29}$$

式中:k_v 为分子振动波的波数,且 $k_v = k_P - k_S$,$\omega_v = \omega_P - \omega_S$;$A_P$ 和 A_S 分别为泵浦光和散射光的慢变化振幅。这里需要说明的是,在拉曼散射中,斯托克斯散射在各个方向上的频率相同且自动满足相位匹配条件。

将式(7.4-29)代入式(7.4-26),在慢变化振幅近似下,可得

$$\frac{\partial Q_v}{\partial t} + \frac{\Gamma}{2} Q_v = \mathrm{i} K_1 A_P^* A_S \tag{7.4-30}$$

式中:Q_v 为分子振动波的慢变化振幅,且

$$K_1 = \frac{1}{4\omega_v M}\left(\frac{\partial \alpha}{\partial Q}\right)_0$$

在拉曼介质中,对应斯托克斯频率的极化强度由泵浦光和分子振动的混频产生,而对应泵浦光频率的极化强度由斯托克斯光和分子振动的混频产生。如果拉曼分子数密度为 N,则

$$\left.\begin{aligned} P_S &= N\mu_S = \frac{N}{4}\left(\frac{\partial \alpha}{\partial Q}\right)_0 Q_v^* A_P \exp[(\mathrm{i}k_S z - \omega_S t)] + c.c. \\ P_P &= N\mu_P = \frac{N}{4}\left(\frac{\partial \alpha}{\partial Q}\right)_0 Q_v A_S \exp[(\mathrm{i}k_P z - \omega_P t)] + c.c. \end{aligned}\right\} \tag{7.4-31}$$

如果介质是无损耗的,将式(7.4-31)代入式(7.2-3),并利用式(7.4-30),在慢变化振

幅近似下,可获得前向稳态受激拉曼散射的耦合波方程为

$$\begin{aligned}\frac{\partial A_P}{\partial z} &= -\frac{\omega_P}{2n_P c}\chi_R\mid A_S\mid^2 A_P \\ \frac{\partial A_S}{\partial z} &= \frac{\omega_S}{2n_S c}\chi_R\mid A_P\mid^2 A_S\end{aligned}\right\} \quad (7.4-32)$$

式中:

$$\chi_R = \frac{4n_S c}{\omega_S}\frac{K_1 K_2}{\Gamma},\ K_2 = \frac{\omega_S^2 N}{4\varepsilon_0 k_S c^2}\left(\frac{\partial\alpha}{\partial Q}\right)_0 \quad (7.4-33)$$

χ_R 定义为共振拉曼极化率。

式(7.4-32)可以改写为

$$\begin{aligned}\frac{\partial I_P}{\partial z} &= -g_P I_S I_P \\ \frac{\partial I_S}{\partial z} &= g_S I_P I_S\end{aligned}\right\} \quad (7.4-34)$$

式中:$g_P = \frac{2\omega_P}{n_P n_S c}\sqrt{\frac{\mu_0}{\varepsilon_0}}\chi_R$,$g_S = \frac{\omega_S}{\omega_P}g_P$,分别为泵浦光和散射光的增益系数;$I_P$,$I_S$ 分别为泵浦光和散射光的光强。

在转换效率较低时,泵浦光强近似不变。如果由噪声产生的初始散射光强为 I_{S0},相互作用长度为 L,则

$$I_S(L) = I_{S0}\exp(g_S I_P L) \quad (7.4-35)$$

散射光强随泵浦光强增加呈指数形式增长。如果定义转换效率约为1%时的泵浦光强为产生受激拉曼散射阈值光强 I_{Pth},即 $R = I_S(L)/I_P(0)\approx 1\%$,则可导出产生受激拉曼散射的阈值条件为

$$g_S I_{Pth} L \approx 25 \sim 30 \quad (7.4-36)$$

由式(7.4-34)可以得到

$$\frac{dN_P(z)}{dz} = -\frac{dN_S(z)}{dz} \quad (7.4-37)$$

式中:$N_P(z)$ 和 $N_S(z)$ 分别为泵浦光和散射光的平均光子通量。这又是一类曼利-罗关系。该式表明,散射光光子数的任何增加或减小恰好与泵浦光光子数的减小或增加相等。因此,由于非线性耦合作用,散射光被放大,泵浦光被衰减。

假设在入射端初始泵浦光光子流为 $N_P(0)$、初始散射光光子流为 $N_S(0)$,由式(7.4-34)可获得

$$\begin{aligned}N_S(z) &= N_S(0)\frac{N_S(0)+N_P(0)}{N_S(0)+N_P(0)\exp(-z/l_R)} \\ N_P(z) &= [N_S(0)+N_P(0)]\frac{N_P(0)\exp(-z/l_R)}{N_S(0)+N_P(0)\exp(-z/l_R)}\end{aligned}\right\} \quad (7.4-38)$$

式中：l_R 为拉曼过程的一个特征长度，定义为

$$l_R = \{g_P \omega_S [N_S(0) + N_P(0)]\}^{-1} \quad (7.4-39)$$

图 7.4.7 所示为 $N_P(z)$ 和 $N_S(z)$ 的变化规律。后向受激拉曼散射除散射光传播方向与前向相反外，耦合波方程的推导过程与前向完全相同。

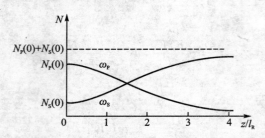

图 7.4.7 SRS 中 $N_p(z)$ 和 $N_s(z)$ 的变化规律

3. 受激拉曼散射的多重谱线特性

在前向受激拉曼散射的光谱实验中发现，除存在与普通拉曼散射光谱线相对应的谱线外，有时还有一些新的等频率间隔的谱线，如图 7.4.8 所示。这就是受激拉曼散射的多重谱线特性。图 7.4.8(a) 所示为普通拉曼散射产生的谱线，其中 A_S 线和 A_{AS} 线对应同一分子能级间的跃迁（A_S 是斯托克斯线，A_{AS} 是反斯托克斯线）。图 7.4.8(b) 所示为受激拉曼散射光谱，其中除 A_S 线和 A_{AS} 线（即图 7.4.8(b) 中的 A_{S1} 线和 A_{AS1} 线）外，还在 ν_0 的高频方向和低频方向出现一些等间隔的新谱线，它们之间的频率间隔正好等于 A_S 线或 A_{AS} 线相对于 ν_0 线的频率差，而且这些新谱线所对应的受激散射光只在一些特定的方向上产生。通常把与普通拉曼散射谱线相对应的 A_{S1} 线或 A_{AS1} 线称为一级谱线，把其他谱线依次称为二级谱线、三级谱线……

值得注意的是，在受激拉曼散射中散射分子跃迁到高能级上的粒子数与低能级上的粒子数相比是可以忽略的，但在实验上仍能观察到很强的一级反斯托克斯谱线及高级斯托克斯和反斯托克斯谱线。这个问题可以用非线性介质中多光束相互作用理论来解释。

例如，受激拉曼散射中一级反斯托克斯的产生可以认为是由入射光、一级斯托克斯光和一级反斯托克斯光之间非线性相互耦合的结果。

在这种耦合过程中，满足能量守恒和动量守恒关系，可表示为

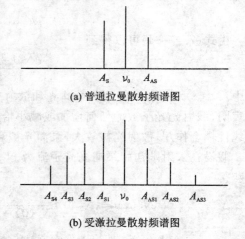

(a) 普通拉曼散射频谱图

(b) 受激拉曼散射频谱图

图 7.4.8 普通拉曼散射与受激拉曼散射频谱图

$$\left.\begin{aligned}\omega_S &= \omega_P - \omega_\nu \\ \omega_{AS} &= \omega_P + \omega_\nu\end{aligned}\right\} \quad (7.4-40a)$$

及

$$\left.\begin{aligned}\bm{k}_S &= \bm{k}_P - \bm{k}_\nu \\ \bm{k}_{AS} &= \bm{k}_P + \bm{k}_\nu\end{aligned}\right\} \quad (7.4-40b)$$

显然，每产生一个反斯托克斯光子需要吸收一个声子。受激反斯托克斯散射是入射激光光子与受激声子的相互作用结果。因此，产生反斯托克斯光子的前提条件是介质中必须有受激声子的存在。受激声子可由斯托克斯散射产生。这也是反斯托克斯散射通常与受激斯托克斯散射同时存在的原因。在这种耦合作用过程的始末，散射分子的本征态并不发生改变。

在式(7.4-40)中，消去与声波有关的量，可得到

$$\left.\begin{aligned}\omega_{AS} &= 2\omega_P - \omega_S \\ \bm{k}_{AS} &= 2\bm{k}_P - \bm{k}_S\end{aligned}\right\} \quad (7.4-41)$$

这正是满足相位匹配条件情况下的四波混频关系，其相位匹配矢量图如图 7.4.9 所示。因此，反斯托克斯的产生是通过介质中三阶非线性极化导致的四波混频过程产生的。由于介质的色散效应，相位匹配条件不可能在同一个方向上实现，对于给定的入射光波矢 $\bm{k}_P$ 来说，由于一级斯托克斯散射光可以在较大的角度范围内产生，故可以在某一特定的 $\bm{k}_S$ 和 $\bm{k}_{AS}$ 方向上满足相位匹配条件，反斯托克斯光以特定的角度辐射，在横截面上其强度呈环状分布。同理，可以解释其他高级拉曼散射的产生。

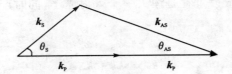

图 7.4.9　产生一级反斯克托斯散射光的相位匹配矢量图

4. 受激拉曼散射的应用

受激拉曼散射与自发拉曼散射一样可作为一种光谱工具，用来研究分子的振动能级以及晶体晶格光学支振动的振动能级；用来鉴别化学物质的种类，分析分子结构、分子间和分子内作用力，测量散射物质的浓度，以及对物质进行痕量分析。利用拉曼光纤传感器可以对环境温度、压力进行监测。受激拉曼散射可作为变频器，获得长波或短波相干光源，尤其在获得红外可调谐光方面具有十分重要的应用。在拉曼光束净化、拉曼光纤放大和拉曼脉冲压缩等方面也得到了广泛应用。

7.4.4 受激布里渊散射(SBS)

1. 受激布里渊散射的一般描述

布里渊散射是指入射到介质的光波与介质内的弹性声波发生相互作用而产生的光散射现象。由于光学介质内大量质点的统计热运动会产生弹性声波,它会引起介质密度随时间和空间的周期性变化,从而使介质折射率也随时间和空间发生周期性变化,因此声振动介质可以看做一个运动着的光栅。这样,一束频率为 ω_P 的光波通过光学介质时,会受到光栅的"衍射"作用,产生频率为 $\omega_S = \omega_P - \omega_a$ 的散射,这里的 ω_a 是弹性声波的频率。由此可见,布里渊散射中声波的作用类似于拉曼散射中分子振动的作用。

自发布里渊散射介质内的弹性声波场是由热激发产生的,它产生的强度十分微弱。但当一束强激光通过介质时,会在介质内产生频率为 ω_a 的相干声波,同时产生频率为 ω_S 的散射光波,声波和散射光波都沿着特定方向传播,并且只有入射光强度超过一定阈值时才能发生这种现象。这就是具有受激辐射特性的布里渊散射,称为受激布里渊散射。受激布里渊散射介质内的弹性声波场是一种相干声波场,是在强光作用下介质通过电致伸缩效应产生的。

根据场的量子理论,可以将受激布里渊散射过程看做是光子场与声子场之间的相干散射过程。在此过程中,入射光子、散射光子和声子三者之间必须满足能量守恒和动量守恒条件。存在两种散射过程:第一种散射过程是湮灭一个入射光子,同时产生一个散射光子和一个声子,其能量和动量关系为

$$\omega_P = \omega_S + \omega_a$$
$$\boldsymbol{k}_P = \boldsymbol{k}_S + \boldsymbol{k}_a \tag{7.4-42}$$

式中:ω_P、ω_S 和 ω_a 分别为入射光子、散射光子和声子的频率;$\boldsymbol{k}_P$、$\boldsymbol{k}_S$ 和 $\boldsymbol{k}_a$ 分别为三种波量子的波矢。这种散射过程所产生的散射光子的频率低于入射光子的频率,称为斯托克斯散射。相应的动量匹配图如图 7.4.10 所示。

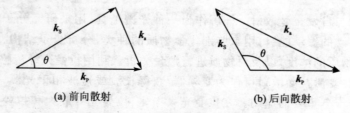

(a) 前向散射   (b) 后向散射

图 7.4.10 布里渊散射中斯托克斯光产生的动量匹配关系

在布里渊散射中,由于声子频率远小于光子频率,即 $\omega_a \ll \omega_P$ 和 ω_S,故可认为 $\omega_P \approx \omega_S$,或 $k_P \approx k_S$,由图 7.4.10 可近似求得散射光的频移量为

$$\Delta\omega = \omega_S - \omega_P = -|\omega_a| = -2n_P\omega_P \frac{v_a}{c}\sin\frac{\theta}{2} \qquad (7.4-43)$$

式中：n_P 为对应泵浦光频率 ω_P 的介质折射率；v_a 为声速；c 为光速。由式(7.4-43)可以看出，散射光的频率和散射方向有关。当 $\theta = \pi/2$ 时，即散射光的方向与入射光的方向相反时，斯托克斯散射的频移量最大

$$\Delta\omega_{max} = -2n_P\omega_P \frac{v_a}{c} \qquad (7.4-44)$$

此时，声波场的传播方向与入射光的传播方向相同。

第二种散射过程是湮灭一个入射光子和一个声子的同时产生一个散射光子，此时散射光子的频率大于入射光子的频率，称为反斯托克斯散射。用与上面同样的方法可得到反斯托克斯散射的最大频移量为

$$\Delta\omega_{max} = 2n_P\omega_P \frac{v_a}{c} \qquad (7.4-45)$$

但此时声波场的传播方向与入射光的传播方向相反。

2. 受激布里渊散射的经典理论

假设介质内弹性运动的声波场压强为 P，介质质点沿声波传播方向上的弹性运动速度为 u，介质的平均密度为 ρ_0，在有外界光波 E 存在时，介质内的带电质点在外电场作用下离开平衡位置，在介质内部引起附加的作用力（电致伸缩力）为 f，则介质单位体积元的运动方程为

$$\nabla P + \Gamma\rho_0 u + \rho_0 \frac{\partial u}{\partial t} = -f \qquad (7.4-46)$$

式中：

$$f = -\frac{1}{2}\gamma\nabla(E^2), \qquad \gamma = \rho_0 \frac{d\varepsilon}{d\rho} \qquad (7.4-47)$$

γ 为介质的电致伸缩系数或弹性光学系数；ε 为介质的介电常数；ρ 为介质的密度。

根据介质运动的连续性方程

$$\nabla \cdot u + \frac{1}{\rho_0}\frac{\partial \rho}{\partial t} = 0 \qquad (7.4-48)$$

可导出介质内弹性声波的介质密度波动方程

$$\nabla^2 \rho - \frac{\alpha_a}{v_a}\frac{\partial \rho}{\partial t} - \frac{1}{v_a^2}\frac{\partial^2 \rho}{\partial t^2} = \frac{1}{v_a^2}\frac{\gamma}{2}\nabla^2(E^2) \qquad (7.4-49)$$

式中：v_a 为声波在介质中的传播速度；α_a 为声波在介质内的衰减系数，且 $\Gamma = \alpha_a \cdot v_a$，$v_a^2 = \partial P/\partial \rho$。

假设介质没有损耗，在入射光波电场的作用下，介质内的带电质点产生偏离平衡位置的移动，引起了介质的电致伸缩效应，从而导致介质介电常数的变化。这就形成了介质的弹性光学

效应。此时,介电系数可表示为

$$\varepsilon = \varepsilon_{10} + \Delta\varepsilon = \varepsilon_{10} + \frac{\gamma}{\rho_0}(\rho - \rho_0) \tag{7.4-50}$$

式中:ε_{10} 为不存在光电场时介质的介电常数。因此,可导出介质内电磁场的波动方程为

$$\nabla^2 \boldsymbol{E} - \frac{n^2}{c^2}\frac{\partial^2 \boldsymbol{E}}{\partial t^2} = \mu \frac{\gamma}{\rho_0}\frac{\partial^2}{\partial t^2}(\rho \boldsymbol{E}) \tag{7.4-51}$$

式中:n 为介质折射率;μ 为磁导率;$\boldsymbol{E} = \boldsymbol{E}_\mathrm{P} + \boldsymbol{E}_\mathrm{S}$ 为介质中总的光电场。

为了简化,进一步假设入射光波和散射光波为同一偏振方向的线偏振光,并且入射光沿 $+z$ 方向传播,散射光是后向散射,即沿 $-z$ 方向传播,声波与光波之间满足相位匹配条件,则在慢变化振幅近似下,由式(7.4-49)和式(7.4-51)可导出稳态受激布里渊散射的耦合波方程

$$\left.\begin{array}{l}\dfrac{\partial I_\mathrm{P}}{\partial z} = -g_\mathrm{P} I_\mathrm{P}(z) I_\mathrm{S}(z) \\ \dfrac{\partial I_\mathrm{S}}{\partial z} = -g_\mathrm{S} I_\mathrm{P}(z) I_\mathrm{S}(z)\end{array}\right\} \tag{7.4-52}$$

式中:I_P 和 I_S 分别为泵浦光和散射光光强;且

$$\left.\begin{array}{l}g_\mathrm{P} = \dfrac{\omega_\mathrm{P}}{2n_\mathrm{P}^2 c^2 \varepsilon_0^2}\dfrac{\gamma^2}{\rho_0}\dfrac{\omega_\mathrm{a}}{v_\mathrm{a}^3 \alpha_\mathrm{a}} \\ g_\mathrm{S} = \dfrac{\omega_\mathrm{S}}{2n_\mathrm{S}^2 c^2 \varepsilon_0^2}\dfrac{\gamma^2}{\rho_0}\dfrac{\omega_\mathrm{a}}{v_\mathrm{a}^3 \alpha_\mathrm{a}}\end{array}\right\} \tag{7.4-53}$$

在转换效率较低时,泵浦光强近似不变。如果由噪声产生的初始散射光强为 $I_\mathrm{S}(z=L) = I_\mathrm{S}(L)$,泵浦光强为 $I_\mathrm{P}(z=0) = I_\mathrm{P}(0)$,相互作用长度为 L,则

$$I_\mathrm{S}(0) = I_\mathrm{S}(L)\exp(g_\mathrm{S} I_\mathrm{P0} L) \tag{7.4-54}$$

散射光强随泵浦光强增加呈指数形式增长。如果定义转换效率约为 1% 时的泵浦光强为产生受激布里渊散射阈值光强 I_Pth,即 $R = I_\mathrm{S}(0)/I_\mathrm{P}(0) \approx 1\%$,则可导出产生受激布里渊散射的阈值条件为

$$g_\mathrm{S} I_\mathrm{Pth} L \approx 25 \sim 30 \tag{7.4-55}$$

在转换效率较高时,必须考虑泵浦光的变化。假设 $\omega_\mathrm{P} \approx \omega_\mathrm{S}$,则 $g_\mathrm{P} \approx g_\mathrm{S} = g$,由式(7.4-52)可导出

$$I_\mathrm{S}(L) = \frac{I_\mathrm{P}(0)[I_\mathrm{S}(0)/I_\mathrm{P}(0)][1 - I_\mathrm{S}(0)/I_\mathrm{P}(0)]}{\exp\{gI_\mathrm{P}(0)L[1 - I_\mathrm{S}(0)/I_\mathrm{P}(0)]\} - I_\mathrm{S}(0)/I_\mathrm{P}(0)} \tag{7.4-56}$$

散射光强反射率 $R = I_\mathrm{S}(0)/I_\mathrm{P}(0)$ 随小信号增益 $gI_\mathrm{P}(0)L$ 的变化关系如图 7.4.11 所示。显然,随 $gI_\mathrm{P}(0)L$ 增大,散射光强逐渐接近初始泵浦光强,而透射的泵浦光强则逐渐减小。

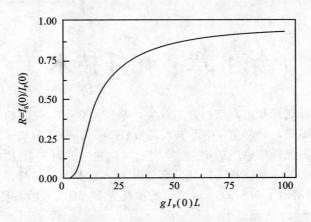

图 7.4.11　散射光强反射率 R 随小信号增益 $gI_P(0)L$ 的变化关系

3. 受激布里渊散射的应用

受激布里渊散射具有两个重要特性：一是它能产生泵浦光的后向相位共轭光，二是能够进行脉冲压缩。因此，受激布里渊散射作为相位共轭镜和脉冲压缩器已经在各种激光器上得到应用。用它形成的相位共轭腔能够输出高质量的光束，可以在强激光系统中用来补偿传输中带来的相位畸变，获得近衍射极限光束输出；可以在自适应光学系统进行自动"瞄准"。用受激布里渊散射可以把激光脉宽压缩 20 倍以上，最短可获得近百皮秒的短脉冲输出。在光纤传输中可以用来净化光束，获得单模高功率输出。受激布里渊散射传感器已在物质应力及温度等检测方面得到应用。此外，受激布里渊散射在激光相干组束、布里渊光纤陀螺、慢光效应、光通信、图像传输和激光等离子体诊断等方面都有广泛的应用。

习题与思考题

7-1　非线性光学现象具有哪些特点？

7-2　光在非线性介质中的传播方程与线性介质中的传播方程有什么不同？

7-3　试以倍频为例说明相位匹配的重要性。

7-4　光学参量放大和激光放大有什么不同？

7-5　利用晶体的双折射效应为什么能实现相位匹配？

7-6　如何利用简并四波混频测量介质的三阶非线性系数？

7-7　受激散射的特点是什么？

7-8　受激拉曼散射和受激布里渊散射的异同点是什么？

7-9　利用哪些非线性光学效应可获得可调谐光输出？

第8章 光纤技术

光纤是一种能够传送光频电磁波的介质波导。早在1927年,英国的J.C.Baird提出了石英纤维可以用来解析图像。1966年,英籍华人高锟(K.C.Kao)等发表了"光频介质纤维表面波导"的学术论文,提出光纤传输线的概念,他们当时试验的光纤损耗太大,达1 000 dB/km。到1968年,研制出了0.85 μm波长下损耗低至5 dB/km的整块石英样品。1970年,美国康宁(Corning)玻璃公司研制出了0.632 8 μm波长的损耗为20 dB/km的石英光纤。现在,光纤损耗已减小到零点几dB/km甚至更小。

由于光纤的传输损耗低、信息容量大、抗电磁干扰能力强、尺寸小、质量轻、有利于敷设和运输等优点,以及激光技术的发展,使得光纤在通信、传感及其他领域得到了越来越广泛的应用。

本章将简要介绍光纤传光的基本原理、特性及其应用。

8.1 光纤结构与分类

光纤结构如图8.1.1所示。它包括纤芯、包层和护套3大部分。其中,纤芯和包层是传光的波导结构,护套只起保护作用。

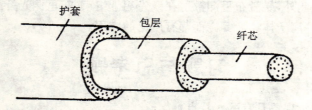

图8.1.1 光纤结构

将许多根光纤组合在一起,制成光缆,以提高光纤的利用效率。光缆由缆芯、护套和外护层3部分组成,多数情况下,还有加强构件。图8.1.2所示为几种结构光缆的示意图。

由于光纤是利用光的全反射原理来传输光线的,只有光从光密媒质射向光疏媒质时,才能发生全反射现象,因此纤芯折射率总要比包层的折射率高。图8.1.3所示为两种最基本的光纤导光结构的折射率剖面。其中,图(a)所示为纤芯和包层中折射率均匀分布,且$n_1 > n_2$,这种光纤称为阶跃光纤。图(b)所示为沿光纤半径折射率呈梯度式分布,称为梯度折射率光纤。在特定梯度分布条件下,光纤中的传输光线有自动周期会聚的趋势,所以又称为自聚焦光纤。

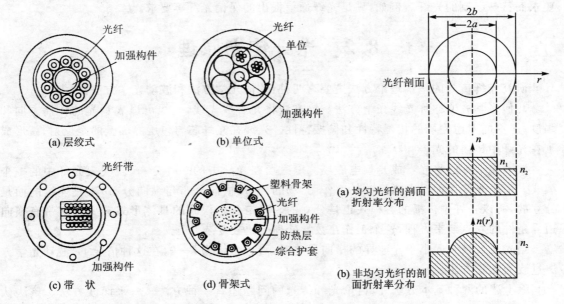

图 8.1.2 光缆的基本结构　　　　图 8.1.3 光纤断面折射率分布

光纤可按不同方式进行分类：

① 按光纤芯折射率剖面分类，可分为阶跃光纤和梯度折射率光纤。阶跃光纤其纤芯和包层折射率都是均匀的，但芯的折射率高于包层折射率，在它们的边界处，折射率突变。梯度折射率光纤纤芯的折射率是渐变的，中心折射率高，沿半径方向逐渐减小。目前，大部分是按平方律分布，包层一般是均匀的。

② 按模式分类，可分为单模光纤和多模光纤。单模光纤只允许基模通过，而多模光纤则允许若干个模式通过。标准的单模光纤的芯径为 $8\sim 10\ \mu m$，多模光纤的芯径为 $50\ \mu m$，两种光纤外径均为 $125\ \mu m$。

③ 按材料分类，可分为石英光纤、多组分玻璃光纤、塑料光纤和晶体光纤等。石英光纤损耗低，工作波长在 $0.85\ \mu m$ 和 $1.3\ \mu m$ 时，其损耗分别为 $3\ dB/km$ 和 $0.4\ dB/km$；工作波长在 $1.55\ \mu m$ 时，损耗可降到 $0.15\ dB/km$。石英光纤主要用于通信中，故又称通信光纤。多组分玻璃光纤由普通光学玻璃拉制而成，它的损耗较大，主要用做传输光束和传输像束等。塑料光纤是用两种以上高分子材料共聚而成，价格低廉，但损耗较大，只能用于短距离的信息传输或传输光和像。晶体光纤用晶体材料制成，如 YAG 光纤，可作光纤激光器或放大器。

④ 按波长分类，可分为传输紫外、可见光、红外几种光纤。在通信领域，通常分为短波长 $(0.8\sim 0.9\ \mu m)$ 光纤、长波长 $(1.3\sim 1.6\ \mu m)$ 光纤和超长波长 $(2\ \mu m$ 以上$)$ 光纤。

⑤ 按用途分类，可分为普通光纤和特种光纤。特种光纤是指在特定波段（如红外波段，紫外波段等）使用的、由特种材料制作的、并具有特种功能的光纤。特种光纤是为满足某种应用

要求而特殊研制的光纤。例如,满足光纤通信提出的保偏光纤等要求。

8.2 光纤传光原理

研究光纤传光的基本理论方法主要有两种:几何光学方法和波动光学方法。

几何光学方法亦称光线光学方法。该方法将光看成光线,光线可以表示光的传播方向和强度,但不能考虑光场的相位特性和偏振特性。光线在光纤芯与包层界面上的全反射,就形成了在光纤中传播的光。

波动光学方法将光看成光频电磁场。电磁场在光纤中的一种分布,就代表光纤中的一个模式。由于光纤界面对电磁场的约束作用,场的分布(横向分布与纵向分布)不是连续的而是分立的,所以光纤中传播的各模式也是分立的。确定各个模式的具体形式需要求解带有横向边界条件的麦克斯韦方程,这个工作在数学处理上比较复杂。

当光波波长 λ 远小于光波导的横向尺寸时,可近似认为 $\lambda \to 0$,在这种情况下,波动光学方法过渡为光线方法。

除上述的两种基本方法外,讨论光纤传光的问题还有一种方法——平面波方法。该法认为,在均匀各向同性介质中,电磁场以平面波的形式存在,其波矢 k 的方向与能流方向一致。在非均匀介质中,波矢将向折射率高的区域弯曲,但在局部范围内仍可看成是平面波。用平面波法来研究光纤中光的传播,认为光的传播方向由几何光学方法确定,而其相移(包括传播过程中的相位变化以及在反射处的相位突变)则由平面波的相位关系确定。

本节采用几何光学方法和平面波方法讨论光纤传光原理,对于波动光学方法,只引用若干结论。

8.2.1 几何光学分析方法

下面的讨论以阶跃型光纤为例。光纤中的光线可分为子午光线和偏斜光线两类。如图 8.2.1 所示,过光纤轴(z 轴)的任意平面称为子午面,图中画出了子午面 $MM'N'N$。在子午面内的射线称为子午光线。子午光线在光纤端面上的投影是一条过轴的直线,如图(a)所示。图(b)所示为光纤中的偏斜光线,这种光线的轨迹是空间折线,并且不与光纤轴线相交。偏斜光线在端面上的投影形成了焦散面。

下面研究子午光线的情形。设入射光线的入射角为 ϕ_0,光纤之外是空气,$n=1$,按折射定律有

$$\sin \phi_0 = n_1 \sin \theta_z = n_1 \cos \theta \tag{8.2-1}$$

式中:θ_z 为入射光线的折射角;θ 表示折射光线到达包层界面的入射角。由于 $n_1 > n_2$,所以在界面上可以产生全反射,条件是

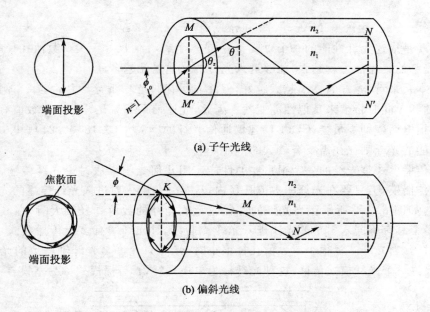

(a) 子午光线

(b) 偏斜光线

图 8.2.1 光纤中的光线

$$\sin\theta \geqslant \sin\theta_c = \frac{n_2}{n_1} \tag{8.2-2}$$

式中：θ_c 是产生全反射的临界角。显然，只有 $\theta \geqslant \theta_c$ 的光线才能产生全反射，发生全反射的光线才能被约束在光纤内以锯齿波的形式向前传播。因此，要满足全反射条件，相应的端面入射角 ϕ_0 必须满足关系式

$$\sin\phi_0 \leqslant \sin\phi_c = n_1\cos\theta_c = n_1\sqrt{1-\sin^2\theta_c}$$

将式(8.2-2)代入上式，得

$$\sin\phi_0 \leqslant \sqrt{n_1^2 - n_2^2} \tag{8.2-3}$$

式中：ϕ_c 是与 θ_c 相应的端面入射角，称为光纤的孔径角。凡是入射角小于 ϕ_c 的光线便可在光纤中作全反射传播，所以 ϕ_c 表征光纤的收光能力。

光学上，显微镜物镜的通光能力常用数值孔径来描述，记为 NA。在光纤中也常用这概念来描述光纤的通光能力，并且令

$$\mathrm{NA} = \sin\phi_c = \sqrt{n_1^2 - n_2^2} \tag{8.2-4}$$

NA 称为光纤的数值孔径。若令 $\widetilde{\Delta} = \dfrac{n_1 - n_2}{n_1}$ 表示光纤的相对折射率差，当 $n_1 \approx n_2$ 时，式(8.2-4)可简化为

$$NA \approx \sqrt{2n_1(n_1-n_2)} = n_1\sqrt{2\widetilde{\Delta}} \tag{8.2-5}$$

数值孔径 NA 是描述光纤性能的一个重要参数,它与光纤几何尺寸无关。数值孔径越大,即孔径角越大,光纤的集光能力就越强,能够进入光纤的光通量就越多。

从集光本领来看,光纤的 NA 越大越好,但并非所有的光纤都需要大的 NA。例如通信用光纤,过大的 NA 同时将带来其他性能变差。因此,光通信系统对光纤的 NA 数值有一定的要求。国际电报电话咨询委员会(CCITT)建议通信光纤的 NA 为 $(0.18\sim 0.24)\pm 0.02$,而对专用于传输光能的光纤则往往需要有较大的 NA。

光纤的传播模式是光纤的一个很重要的性能。用几何光学方法讨论光纤传输,可以这样理解光纤的传播模式:只要在光纤的数值孔径内,从某一角度入射进入光纤传播的光就称为一个光纤模式,如图 8.2.2 所示。当光纤的芯径较大或光纤的数值孔径较大时,在其数值孔径内,可允许多个具有不同入射角的光线进入光纤传播,此时光纤中有多个传播模式,这种光纤称为多模光纤。当光纤芯径很小或数值孔径很小时,光纤只允许与光纤轴一致的光进入光纤传播,即只允许一个光纤模式传播,这种光纤称为单模光纤,其传播模式称为基模。

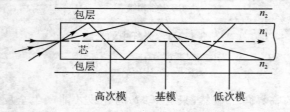

图 8.2.2　光纤模式的概念

按几何方法得到,在数值孔径内光的入射角可以连续变化,即光纤模式是连续的。实际上不然,光纤的模式不是连续的,对于多模光纤,各个模式所对应的入射角是某些不连续的特征角。关于这一问题,从波动光学观点出发,可以得到清楚的解释。

8.2.2　平面波方法

研究阶跃型光纤的一个子午面,它等效于一个对称薄膜波导,如图 8.2.3 所示。图中 d 为薄膜厚度,相当于纤芯直径;薄膜中间层折射率为 n_1,相当于纤芯折射率;薄膜上下两层折射率为 n_2,相当于光纤包层折射率。设薄层在 y 方向为无限大。

在薄膜中任意点 r 处的电场和磁场可表达为

$$\boldsymbol{E}(\boldsymbol{r}) = \boldsymbol{E}_0(\boldsymbol{r})e^{i(\omega t - \boldsymbol{k}\cdot\boldsymbol{r})} \tag{8.2-6}$$

$$\boldsymbol{H}(\boldsymbol{r}) = \boldsymbol{H}_0(\boldsymbol{r})e^{i(\omega t - \boldsymbol{k}\cdot\boldsymbol{r})} \tag{8.2-7}$$

上两式所表示的波是一个平面波,式中的 $\boldsymbol{E}_0(\boldsymbol{r})$ 和 $\boldsymbol{H}_0(\boldsymbol{r})$ 一般说来是随地而异的,仅仅局限在

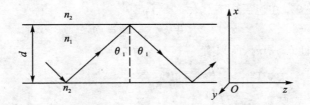

图 8.2.3 薄膜波导中光的传输

一个点附近是常数。但如果物质各向同性,而又均匀,则 $E_0(r)$ 与 $H_0(r)$ 就变为常数。上两式中,k 为波矢,$k=nk_0$,n 为介质折射率,$k_0=2\pi/\lambda$ 为真空中波数,ω 为角频率。在直角坐标系中,k 可分成 k_x,k_y,k_z 三个分量

$$k = k_x i_x + k_y i_y + k_z i_z \tag{8.2-8}$$

$$|k|^2 = k_x^2 + k_y^2 + k_z^2 = k_0^2 n^2 \tag{8.2-9}$$

对于阶跃型光纤,纤芯和包层均为各向同性介质,波矢 k 的方向就是光线的方向。光线在光纤子午面中行进,遇到纤芯与包层的交界面时便发生反射,于是光平面波就在光纤子午面中呈"锯齿形"轨迹向 z 方向连续传播,如图 8.2.3 所示。由于折射率 $n_1 > n_2$,所以在纤芯与包层界面上可能发生全反射。在界面处的全反射临界角为

$$\theta_c = \arcsin \frac{n_2}{n_1} \tag{8.2-10}$$

当光线的入射角 θ_1 取不同值时,光纤中的光线将出现不同的传输模式。

1. 导模和辐射模

① 当 $\theta_c < \theta_1 < \frac{\pi}{2}$ 时,光线在界面上将发生全反射。这样,电磁波将被限制在光纤芯中,把这种波型称为导模或导波。

在图 8.2.3 所示的情况下,考虑到 y 方向无限大,电磁波沿 y 方向无变化,按式(8.2-6),略去 $e^{i\omega t}$ 项,波导中的电磁场可写成

$$E_i = E_{0i}\, e^{-i(k_{ix}\cdot x + k_{iz}\cdot z)} \tag{8.2-11}$$

其中 $i=1,2$,分别表示光纤芯和包层中的量。在光纤芯中有

$$k_{1z} = \beta = k_0 n_1 \sin\theta_1 \tag{8.2-12}$$

β 称为 z 方向的传播常数。由于 $\theta_c < \theta_1 < \frac{\pi}{2}$,$\sin\theta_c < \sin\theta_1 < 1$,$\sin\theta_c = \frac{n_2}{n_1}$,所以有

$$n_2 k_0 < \beta < n_1 k_0 \tag{8.2-13}$$

在包层中,有

$$k_{2z} = n_2 k_0 \sin\theta_2 = k_0 n_1 \sin\theta_1 = \beta \tag{8.2-14}$$

式中:θ_2 为光线进入包层中的折射角。可见,在光纤芯和包层中,沿 z 方向的传播常数相同。

另外，按式(8.2-9)，在包层中有
$$k_{2x}^2 + k_{2y}^2 + k_{2z}^2 = k^2 = n_2^2 k_0^2$$
式中：$k_{2y}=0$，$k_{2z}=\beta$，且 $\beta > n_2 k_0$，所以有
$$k_{2x}^2 = n_2^2 k_0^2 - \beta^2 < 0 \tag{8.2-15}$$
显然，k_{2x} 为虚数。将 k_{2x} 写成
$$k_{2x} = \pm i \sqrt{\beta^2 - n_2^2 k_0^2}$$
将它代入式(8.2-11)，并利用式(8.2-13)得到
$$\boldsymbol{E}_2 = \boldsymbol{E}_{02} e^{\pm \sqrt{\beta^2 - n_2^2 k_0^2} \cdot x - i\beta z} \tag{8.2-16}$$
式(8.2-16)指数因子中第一项前应取负号，表示 $\boldsymbol{E}_2$ 的幅度将随 $+x$ 的增加而作指数衰减。如取正号，则 $\boldsymbol{E}_2$ 将随 $+x$ 增加而增加，在无穷远处将成为无穷大，这不满足在无穷远处波变为零的物理要求。所以，k_{2x} 为虚数，代表在包层中沿 x 轴向外作指数衰减，说明光能被限制在纤芯及其表面附近，沿轴传播。令
$$\alpha^2 = -k_{2x}^2 = \beta^2 - n_2^2 k_0^2 \tag{8.2-17}$$
α 称为包层中的衰减系数。

② 当 $\theta_1 < \theta_c$ 时，光线在界面上得不到全反射，只有当部分反射。在这种情况下，类似于前面的讨论，可以得到
$$\beta = n_1 k_0 \sin\theta_1 < n_2 k_0 \tag{8.2-18}$$
$$k_{2x}^2 = n_2^2 k_0^2 - \beta^2 > 0 \tag{8.2-19}$$
k_{2x} 为实数。它表明在包层中存在着沿 x 方向传播的平面波，这样势必有一部分能量辐射到包层中去，因此把它称为包层辐射模。

前面的讨论说明，当入射波为均匀平面波时，因入射角的不同而使光纤中产生两种类型的波——导模和辐射模。当入射波为非均匀平面波时还会产生 k_z 为复数或虚数的情况，它们对应更复杂的模式，本书不再进行讨论。

2. 导波的横向谐振特性与特征方程

导波在纵向（z 方向）是以行波的形式向前传播，而在横向（x 方向），要经过上、下界面的来回反射。导波能够在纤芯中长期存在下去，在横向方向上必须满足相长干涉的条件。所谓谐振性，是指光纤中入射波与反射波相叠加，它们的相位满足相长干涉条件，从而在横截面坐标上形成驻波。

设想在如图 8.2.4 所示厚度为 d 的薄膜波导中，有一个平面波在里面来回反射。用 A 代表入射波，B 代表下界面的反射波，即把 A 波作为直接波，B 作为反射波。A 波不断地从外面送来，某个时刻它的波平面到达 A' 的位置。另外，在此以前送来的一个波平面，它到达 A 位置后，继续往下斜射，抵达下界面，换一个方向，往上反射，沿 B 线到达上界面，再换一个方向，这

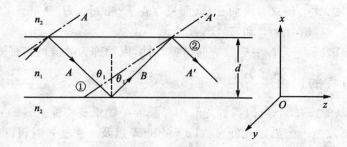

图 8.2.4 薄膜波导中的谐振形式

时它与后来从 A 直接到 A' 的平面波（直接波）重合。这两个波，一个是直接的，一个是经过两次反射的，只有它们的相位差满足 2π 的整数倍时，才能相互加强而得到谐振。

从图 8.2.5 可见，两个波的路程差为

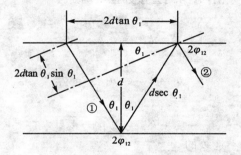

图 8.2.5 薄膜波导中谐振波的形成

$$2d\sec\theta_1 - 2d\tan\theta_1\sin\theta_1 = 2d\cos\theta_1$$

它们的相位差为 $n_1 k_0 \cdot 2d\cos\theta_1$。另外，还要考虑光在两个界面上反射时的相位移动。设每个界面上的相位移动为 $2\varphi_{12}$，总的移动就是 $4\varphi_{12}$。考虑了这些，两个波相互加强的条件就可写成

$$2dn_1 k_0 \cos\theta_1 - 4\varphi_{12} = 2m\pi \quad (m = 0,1,2,3\cdots) \tag{8.2-20}$$

式中：φ_{12} 可以从电磁波的菲涅耳反射公式求得，结果为

$$\varphi_{12}^{\text{TE}} = \arctan\left(\frac{\alpha}{h}\right) \tag{8.2-21}$$

$$\varphi_{12}^{\text{TM}} = \arctan\left[\left(\frac{n_1}{n_2}\right)^2 \left(\frac{\alpha}{h}\right)\right] \tag{8.2-22}$$

$$\alpha = \sqrt{\beta^2 - n_2^2 k_0^2} \tag{8.2-23}$$

$$h = k_{1x} = n_1 k_0 \cos\theta_1 \tag{8.2-24}$$

α 为前面所说的包层中的衰减系数；h 为光纤芯的横向相位常数。TE 和 TM 表示两种基本波

型。TE 表示横电波,其电场只有横向分量,即只存在 E_y 和 H_x、H_z 分量。TM 表示横磁波,其磁场只有横向分量,即只存在 H_y 和 E_x、E_z 分量。

方程(8.2-20)表示了光纤中导波横向谐振特性,因而称为导波的特征方程。

3. 对特征方程的讨论

分析特征方程(8.2-20),可以得到光纤中导模的一些重要特性。

① θ_1 不能连续取值。当给定光纤参数(n_1、n_2 和 d)以及工作波长时,特征方程确定了 θ_1 与 m 的关系。由于 m 只能取 $0,1,2,\cdots$ 不连续的值,因此 θ_1 的值也是不连续的。就是说,并非满足了全反射条件 $\theta_1 > \theta_c$ 的光波都能成为导波,只有满足特征方程的 θ_1 值的那些波才是光纤中允许的传播模,因此光纤中的模式是不连续的。当特征方程中取 φ_{12}^{TE} 或 φ_{12}^{TM} 时,它的导膜就分别用 TE_m 或 TM_m 表示。

② 对于每一个确定的导模,它的一些参数也就确定了。如

z 方向的传播常数

$$\beta = k_{1z} = n_1 k_0 \sin \theta_1$$

横向相位常数

$$h = k_{1x} = n_1 k_0 \cos \theta_1$$

包层中衰减系数

$$\alpha = i k_{2x} = \sqrt{\beta^2 - n_2^2 k_0^2}$$

显然,导模的 β、h 及 α 也是不连续的。

③ 特征方程实际上也给出了传播常数 β 与波长 λ 的关系,所以特征方程也称为色散方程。由特征方程和传播常数 β 的定义可知,模阶数 m 越大,则 θ_1 越小,因而 β 越小。在所有导模中,最低阶模 TE_0、TM_0 对应最小的 m,因而其 β 值最大。

④ 由特征方程可以确定导模的截止波长。如前所述,当 $\theta_1 > \theta_c$ 时,光纤中存在导模,而 $\theta_1 < \theta_c$ 时,光纤中产生辐射模,所以 $\theta_1 = \theta_c$ 是导模截止的条件。当 $\theta_1 = \theta_c$ 时,$\sin \theta_c = n_2/n_1$,$\cos \theta_c = \sqrt{1 - \left(\frac{n_2}{n_1}\right)^2}$,$\alpha = 0$,所以 $\varphi_{12}^{TE} = \varphi_{12}^{TM} = 0$。于是由特征方程可以得到

$$\lambda_c = \frac{2d\sqrt{n_1^2 - n_2^2}}{m} = \frac{2d(NA)}{m} \tag{8.2-25}$$

式中:NA 为数值孔径。

导模形成的条件是 $\theta_1 > \theta_c$,即 $\cos \theta_1 < \cos \theta_c$。由特征方程得到导模波长为

$$\lambda = \frac{2dn_1 \cos \theta_1}{m} < \frac{2dn_1 \cos \theta_c}{m} = \frac{2d\sqrt{n_1^2 - n_2^2}}{m} = \lambda_c \tag{8.2-26}$$

即只有小于截止波长的模才能形成导模。

从式(8.2-25)可以看出,截止波长 λ_c 不仅与光纤参量有关,而且与模阶次 m 有关。对于

一定的光纤,不同模式(不同的 m 值)的截止波长是不同的,例如,对 TE_0 模,$m=0$,$\lambda_c \to \infty$,说明 TE_0 模不存在低频截止,任何频率都可以传输。当 m 增大时,λ_c 就变短,说明高阶模有各自的截止波长。

⑤ 由特征方程可以确定光纤中传输的模式数。对于光纤中传播的波长为 λ 的导模,由特征方程得到(略去 φ_{12})

$$m = \frac{2dn_1 \cos\theta_1}{\lambda} \tag{8.2-27}$$

由于形成导模的条件为 $\theta_1 \geqslant \theta_c$,所以 $\cos\theta_1 \leqslant \cos\theta_c$,于是有

$$m \leqslant \frac{2dn_1 \cos\theta_c}{\lambda} = \frac{2d\sqrt{n_1^2 - n_2^2}}{\lambda} = \frac{2d(\mathrm{NA})}{\lambda} \tag{8.2-28}$$

由式(8.2-28)计算出的数字(取整数),是波长为 λ 的导模的最高阶次。在保持 λ 不变的情况下,在 $\theta_1 > \theta_c$ 的范围内,调整 θ_1,使 $m-1$,$m-2$,$\cdots$,0 分别满足式(8.2-27),就得到不同的模,如 TE_{m-1},TE_{m-2},$\cdots$,TE_0。由式(8.2-28)可知,当光纤数值孔径 NA 的值固定,且纤芯的直径 $d \gg \lambda$ 时,m 值可取很多个,可传播的特征角也有很多个,但不连续;当 NA 值很小,而 d 又和波长 λ 相当时,则 m 有可能只取一个值,这就是单模传播的条件。

在阶跃型光纤中,通常定义一个参数

$$V = \frac{d}{2}k_0\sqrt{n_1^2 - n_2^2} = \frac{\pi d}{\lambda}(\mathrm{NA}) \tag{8.2-29}$$

式中:d 为光纤芯直径;k_0 为真空中波数;λ 为工作波长;NA 为数值孔径,V 称为归一化频率或称为结构参量,它是由光纤结构和工作波长决定的。光纤波导理论指出,当

$$V < 2.405 \tag{8.2-30}$$

时,光纤中只允许存在一个模式,是光纤波导中的基模,或称优势模。式(8.2-30)就是单模光纤的条件。而当

$$V > 2.405 \tag{8.2-31}$$

时,一定是多模光纤。当 V 值很大时,允许存在的模式总数为

$$m = \begin{cases} \dfrac{V^2}{2} & \text{(阶跃光纤)} \\ \dfrac{V^2}{4} & \text{(自聚焦光纤)} \end{cases} \tag{8.2-32}$$

按式(8.2-32)计算出的模式总数 m,已包括了两种独立偏振状态。

由于不同的 m 值对应着不同的 θ_1 角,所以相邻的两个 θ_1 角间的关系就是 m 值改变 1 时的两角余弦之差。从式(8.2-27)可以得到

$$\cos(\theta_1)_{m+1} - \cos(\theta_1)_m = \frac{\lambda}{2n_1 d} \tag{8.2-33}$$

由式(8.2-33)可以看出,当 λ,d,n_1 确定后,两个相邻特征角 θ_1 之间的余弦之差是一定的。当

$d \gg \lambda$ 时，$\cos \theta_1$ 之值变化很小，故可视角 θ_1 为连续变化，所以只要满足全反射条件的光线均能传播；当 $d \approx \lambda$ 时，$\cos \theta_1$ 值变化明显，为一系列分立的值，θ_1 角取值不连续，只是某些特征角，即沿光纤传播的只能是包含某些模的光波。$d \gg \lambda$ 即是前面说的 $\lambda \to 0$ 情况，在这种情形下，波动光学过渡到几何光学。

前面以阶跃型光纤的子午面为例，分析了光纤的传光原理及某些特性，所提出的一些概念对于阶跃型光纤的斜射光线及梯度折射率型光纤也都是有用的，只是数学处理上复杂一些，因而在量的表述上有所不同。例如，阶跃型光纤中的斜射光线是一条与光纤轴线不相交的空间折线，比子午光线有更大的入射角，并且它的数值孔径大于子午光线的数值孔径，因而光纤中传输的光线，斜射光线的成分要多于子午光线。

设计梯度折射率光纤的目的，是改善光纤的某些传光特性，以适应某种应用需要。梯度型光纤中光线有以下三种典型的传输路径（见图 8.2.6）：

① 沿光轴直线行进的中心光线。这种光线所走路程最短，但纤轴处折射率最高，所以速度最慢。

② 偏离光纤轴的交轴光线。此光线是子午光线，它在光纤波导中不断弯曲，行进一段距离后又穿过光纤轴。所以它走的路径呈正弦波状，显然比沿光纤轴行进的中心光线所走的路径长。但这种光线大部分路径上折射率较低，因而速度比中心光线快。

③ 偏斜光线。其路径呈螺旋线状。虽然它走的路程比另两种光线都长，但它始终在低折射率区行进，所以速度快。

通过适当控制纤芯折射率的分布，可以使三种光纤的群延时几乎相等，模间色散可以减小到很小的程度。这样，利用梯度型光纤可以实现长距离的高速数据传输。

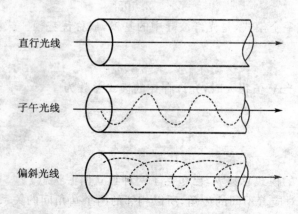

图 8.2.6 梯度型光纤中的三种光线路径

8.3 光纤的损耗和色散

光纤中的损耗和色散对于光纤通信系统来说是两个十分重要的特性参量。光波在光纤中传播时,输入端的功率将由于各种原因,不能全部传到输出端,构成损耗。由于损耗,为了实现长距离的光纤通信,就须在一定距离(如几千米至几十千米)建立中继站,把衰减了的信号反复增强。损耗大小就决定了光信号在光纤中被增强之前可传输的最大距离。但是,两中继站间可允许的距离不仅由光纤的损耗决定,而且还受色散的限制。向光纤输入脉宽为 τ_0 的脉冲,经过一段距离后,在幅度变小(由于衰减)的同时,脉宽展宽为 τ,这种脉冲展宽的现象称为光纤的色散。光纤的色散将限制光纤传输光信号的光频带宽,从而限制了光纤的传输信息容量。

讨论光纤的损耗和色散的目的,是要明了其起因,以便采取相应措施,尽量减少这种损耗和色散,使光纤得到最有效的利用。

8.3.1 光纤的传输损耗

一个实际应用中的光纤系统,应该考虑下列损耗:①光源的输出功率只有一部分进入光纤,因此光源与光纤之间构成了耦合损耗;②光在光纤中的传输损耗;③光纤之间的连接损耗;④光纤的输出端至接收器间的耦合损耗。还有一个须考虑的问题就是光脉冲的展宽问题(光纤色散)。关于损耗,本节只讨论光在光纤中的传输损耗。

1. 吸收损耗

当光与电子相互作用或者与介质组分的振动态发生作用时,材料会吸收光子,产生电子的不同能级之间的跃迁或分子的不同振动状态之间的跃迁,就是吸收。金属不透光,是因为金属中的自由电子可以与任何波长的电子发生作用。在光的透明介质中,束缚电子有较高的激发能,所以只有较高能量的紫外光子才能与其发生作用,并为它们所吸收。所有的介质材料在紫外波段都有很强的电子吸收带,而在红外波段出现振动吸收带。

上面所说的吸收是物质的固有吸收,并不是由杂质或者缺陷引起的。

在光纤的制作过程中,由于材料不纯净及工艺不完善,总要留有一些杂质离子,主要是过渡金属离子和氢氧根离子 OH^-,它们产生了附加的吸收,即杂质吸收。过渡金属离子对可见光或近红外光都有吸收作用。OH^- 产生分子振动吸收。振动的基频相应的波长为 $\lambda = 2.8\ \mu m$,它的二次、三次、四次谐波分别为 $\lambda = 1.39\ \mu m$,$0.95\ \mu m$ 和 $0.725\ \mu m$,OH^- 对上述波长都产生吸收作用。

为了减少杂质吸收,就要在制作光纤过程中,对原材料进行提纯。原材料的脱水技术对消除 OH^- 非常重要。实验证明,在纯熔融硅中,要想得到 $4\ dB/km(\lambda = 0.85\ \mu m)$ 的损耗,杂质

浓度应降到 10^{-6} 以下；要想得到 0.5 dB/km 以下的损耗，OH^- 的含量就要降到 10^{-8} 量级。

在讨论光纤损耗时，必须指明波长，给出损耗与波长的关系曲线。图 8.3.1 所示为石英系光纤的损耗曲线。图中，损耗除吸收损耗外，还包括下面将要讲述的散射损耗。由图可见，对于石英系光纤，在波长 0.83~0.85 μm，1.3 μm 和 1.55 μm 处是低损耗的，这是当前光纤的主要工作波长。

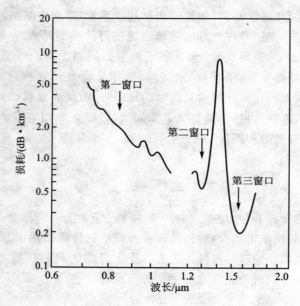

图 8.3.1　石英系光纤的典型损耗曲线

2. 散射损耗

物质内部的散射，会减小传输的功率，产生损耗。

光纤在制造过程中，会形成缺陷，如气泡、杂质和不溶解粒子等，这些都是散射体。另外，由于光纤材料的密度不均匀或者内部应力不均匀而导致折射率不均匀，从而产生散射。对于掺杂硅光纤，在 0.6~1.6 μm 波段，瑞利(Rayleigh)散射是散射损耗的主要部分。瑞利散射与波长 λ 的 4 次方成反比，即

$$\alpha_{Rs} = A\lambda^{-4} \qquad (8.3-1)$$

式中：α_{Rs} 为由瑞利散射引起的衰减系数，dB/km；A 为瑞利散射系数，$(dB/km) \cdot (\mu m)^4$。

从式(8.3-1)可见，波长越短，因散射而引起的衰减越严重。瑞利散射大小还与组分有关，与光纤的相对折射率差 $\widetilde{\Delta}$ 有关。

对于瑞利散射,已有理论计算公式。下面给出一个经验公式

$$\alpha_{Rs} = \frac{A}{\lambda^4}(1 + B\widetilde{\Delta}) \tag{8.3-2}$$

式中:λ 为工作波长,单位为 μm;A、B 为与石英和掺杂材料有关的常数;$\widetilde{\Delta}$ 为相对折射率差。
- 对 $GeO_2 - SiO_2$ 多模光纤,$A = 0.8$,$B = 100$;
- 对 $P_2O_5 - SiO_2$ 多模光纤,$A = 0.8$,$B = 42$;
- 对 $GeO_2 - SiO_2$ 单模光纤,$A = 0.63$,$B = 180 \pm 35$。

例如,当 $\widetilde{\Delta} = 0.3\%$,$\lambda = 1.55\ \mu m$ 时,按式(8.3-2)求得掺锗石英单模光纤的瑞利散射损耗为 0.16 dB/km;当 λ 降至 1.3 μm 时,瑞利损耗增至 0.32 dB/km。

当入射到光纤中的光功率密度很大时,光纤会呈现非线性,以至于会产生受激拉曼和受激布里渊散射。这种散射在长距离积累下也不可忽略。因此,在长距离通信或传输中应避免使用过强的光输入。

3. 光波导的散射

如果光纤的芯径沿 z 轴有变化,则一种模式会转换成其他模式和辐射模式,各种模式的衰减不同。总的来说,由模式的变换而产生的附加损耗称为波导散射损耗。

4. 光纤弯曲造成的损耗

光纤是柔软的,可以弯曲。弯曲的光纤虽然可以导光,但是会使光的传播路径改变,使得光能渗透过包层向外泄漏而损失掉。设光纤弯曲处的曲率半径为 R,则由弯曲而产生的衰减系数为

$$\alpha_c = c_1 e^{-c_2 R} \tag{8.3-3}$$

式中:c_1 和 c_2 为常数,与曲率半径 R 无关。由式(8.3-3)可见,衰减与曲率半径呈指数关系变化,R 越小,α_c 越大。所以,在光纤弯曲时,它的曲率半径有一个可允许的最小值,曲率半径大于这个允许值时,弯曲造成的损耗可以忽略不计,而小于这个允许值时,弯曲损耗将变得明显起来。一般认为,当曲率半径大于 10 cm 时,弯曲损耗可以忽略。

5. 包层损耗

在分析光纤时,曾假设包层的厚度是无限大的。实际上,包层的厚度是有界的,只有几十微米量级。光纤芯中的导波和辐射波的电磁场都要进入包层,在包层外面,电磁场并没有消失,还要延伸到外面去。这部分电磁场的能量就构成了包层损耗。

包层外面的电磁场,要与邻近的光纤耦合,产生串光现象。对于光纤通信,就会产生串话现象。为了避免串光,包层外面通常加一层衰减大的套子(护套),把进入套子的电磁场消灭

掉。护套还起加强光纤机械强度的作用。

实用上,光纤的损耗用光纤的衰减率来描述。衰减率用每千米(km)中的损耗分贝(dB)数的形式定义之(单位为 dB/km),即在 $Z=1$ km 情况下,

$$衰减率 = -10 \lg\left(\frac{I_1}{I_0}\right) \quad (8.3-4)$$

式中:I_0 为初始光强;I_1 为 $Z=1$ km 时的光强。例如,当光在光纤中传输 1 km 以后,光强下降到入射光强的 1/10,则该光纤的衰减率为 10 dB/km;如果光强减少到入射光强的一半,则衰减率为 3 dB/km。

8.3.2 光纤的色散

光脉冲在光纤中传输一段距离之后不仅振幅衰减,而且脉冲宽度展宽(如图 8.3.2 所示)。脉冲展宽可能导致脉冲之间的"搭接",使接收机难以鉴别,在通信中引起误码。目前,光纤通信的损耗已经可以降到很低,脉冲展宽常常成为限制中继站间距的主要因素。因此,讨论这一现象(光纤色散)产生的原因和减小它的影响的方法是十分重要的。

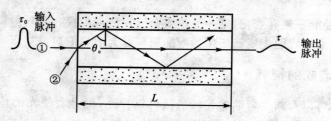

图 8.3.2 光纤的脉冲展宽

对于一个复色波,其传播速度包含两种含义:等相位面的传播速度和等振幅面的传播速度。前者称为相速度,后者称为群速度。由于光波能量正比于振幅的平方,所以群速度即是波能量的传播速度。群速度 v_g 定义为

$$v_g = \frac{d\omega}{dk} = \frac{d\omega}{d\beta} \quad (8.3-5)$$

式中:$\beta = k = nk_0$;v_g 和相速度 v 的关系为

$$v_g = v\left(1 + \frac{\lambda}{n}\frac{dn}{d\lambda}\right) \quad (8.3-6)$$

式中:n 为介质的折射率。可见,对于正常色散介质 $\left(\frac{dn}{d\lambda} < 0\right)$,$v_g < v$;对于反常色散介质 $\left(\frac{dn}{d\lambda} > 0\right)$,$v_g > v$;在无色散介质中,$v_g = v$。

光脉冲能量在光纤中的传播速度为群速度,光脉冲行经一段距离 L 所需的时间称为群

延时

$$\tau_g = \frac{L}{v_g} = L\frac{d\beta}{d\omega} = \frac{L}{c}\frac{d\beta}{dk_0} \qquad (8.3-7)$$

可见，如果 $d\omega/d\beta=$ 常数，则群延时将不随频率而变，光脉冲在光纤中传输的形状保持不变，没有展宽。但是，一般来说，$d\beta/d\omega \neq$ 常数，这就出现了群延时差，造成光脉冲的展宽。总的延时差 $\Delta\tau$ 由 3 部分组成

$$\Delta\tau = \Delta\tau_m + \Delta\tau_n + \Delta\tau_w \qquad (8.3-8)$$

式中：$\Delta\tau_m$ 为由多模色散引起的群延时差；$\Delta\tau_n$ 为光纤波导材料色散引起的群延时差；$\Delta\tau_w$ 为光纤波导结构色散引起的群延时差。一般来说，$\Delta\tau_m \gg \Delta\tau_n > \Delta\tau_w$。

与延时差 $\Delta\tau$ 相应的光频带宽为

$$B \approx \frac{1}{\Delta\tau} \qquad (8.3-9)$$

下面简要讨论 3 种情况下的群延时。

1. 多模色散

多模光纤中，引起脉冲展宽的主要原因是模间色散。对于多模光纤，入射光脉冲的能量是分配在各个模式中的。不同的模式，即使频率相同，其群延时也不同，从而出现模群延时差。群延时差等于行进的最快的最低阶模与最慢的最高阶模两者的群延时相减。可以用几何光学方法估算阶跃光纤的群延时差。

如图 8.3.2 所示，图中画出了两根极端的光线：光线①沿光纤轴线传播，对应行进最快的最低阶模，它的延时最短；光线②刚好满足全反射条件，对应行进最慢的最高阶模，它的延时最长。

对于光线①，其延时为

$$t_1 = \frac{L}{v_1} = \frac{n_1 L}{c} \qquad (8.3-10)$$

对于光线②，其延时为

$$t_2 = \frac{\frac{L}{\sin\theta_c}}{v_1} = \frac{n_1^2 L}{cn_2} \qquad (8.3-11)$$

于是可以得到多模模间群延时差为

$$\Delta\tau_m = t_2 - t_1 = \frac{Ln_1}{c}\left(\frac{n_1}{n_2} - 1\right) \approx \frac{L}{2cn_1}(\text{NA})^2 \qquad (8.3-12)$$

式(8.3-12)最后一个等式利用了式(8.2-5)，并且 $n_1 \approx n_2$。与 $\Delta\tau_m$ 相应的光频带宽为

$$B \approx \frac{1}{\Delta\tau_m} = \frac{2cn_1}{L(\text{NA})^2} \qquad (8.3-13)$$

这是对于阶跃光纤的结果。对于自聚焦多模光纤,理论分析表明,模间群延时差为

$$\Delta\tau'_m = \frac{L}{8cn_1^4}(NA)^4 \qquad (8.3-14)$$

因为$(NA) \ll 1$,所以自聚焦光纤的模间色散比阶跃光纤要小得多,或者说传输带宽要宽得多。

2. 材料色散

材料色散是由材料折射率随波长的变化引起的。在单模光纤情况下,材料色散和波导色散将成为主要的色散因素。由于光源发出的光脉冲不是单色辐射,它有一个有限的谱宽$\Delta\lambda$,因此不同波长的光将以不同的速度传播,因而引起脉冲展宽。

可以证明,材料色散群延时为

$$\Delta\tau_n = -\frac{\lambda L}{c}\frac{d^2 n}{d\lambda^2}\Delta\lambda \qquad (8.3-15)$$

可见,材料色散取决于折射率对于波长的二阶导数。

图8.3.3所示为单位长度($L=1$ km)光纤上,单位光源谱宽($\Delta\lambda=1$ nm)对应的,石英光纤材料色散$\frac{\lambda}{c}\frac{d^2 n}{d\lambda^2}$[单位:ps/(km·nm)]随波长$\lambda$的变化曲线。从图8.3.3中的曲线可以看出,当$\lambda \approx 1.3$ μm时,$\frac{d^2 n}{d\lambda^2}=0$,称为零色散波长。所以,为了减小材料色散引起的群延时差,应选择窄光源(即$\Delta\lambda$小)或在较长波长下工作,因为在较长波长下材料的色散较小。例如,若选择GaAlAs发光管为光源,其波长约在0.8 μm处,从曲线上可查出对应$\lambda=0.8$ μm处的$\frac{\lambda}{c}\frac{d^2 n}{d\lambda^2} \approx -110$ ps/(km·nm)。若谱宽为40 nm,则该材料的脉冲展宽为4 400 ps/km。

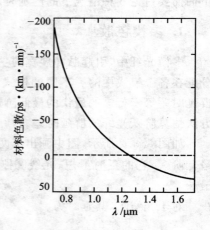

图8.3.3 石英材料色散曲线

3. 波导结构色散

对于一般的阶跃光纤定义参数b

$$b = \frac{a^2(\beta^2 - n_2^2 k_0^2)}{a^2 k_0^2(n_1^2 - n_2^2)} = \frac{a^2(\beta^2 - n_2^2 k_0^2)}{V^2} \qquad (8.3-16)$$

式中:a为光纤芯半径;V为由式(8.2-29)所定义的波导结构参量。由式(8.3-16)定义的b,称为归一化传播常数。由于$n_2 k_0 \leqslant \beta < n_1 k_0$,所以$0 \leqslant b < 1$。式(8.3-16)实际上表示了$b=f(V)$的关系。波导结构色散引起的群延时差为

$$\Delta \tau_w = -\frac{n_2}{c\lambda}\widetilde{\Delta} V \frac{d^2(Vb)}{dV^2}\Delta\lambda \qquad (8.3-17)$$

可见,波导结构色散引起的群延时差的大小取决于光源的谱宽和结构参数。$\frac{Vd^2(Vb)}{dV^2}$ 称为波导色散因子。实际光纤的 V 一般取 $0.2\sim 0.4$,色散因子介于 $0.2\sim 0.1$ 之间,这是很小的。在多模光纤中完全可以忽略不计。对于单模光纤,如果工作波长较短($0.8\ \mu m$ 左右),脉冲展宽主要仍由材料色散引起,但对工作波长较长的区域($1.3\sim 1.7\ \mu m$),因为材料色散引起的群延时也很小,所以波导结构色散已不能忽略。在长波长区域,适当调整波导的结构参量(主要为芯径和折射率差,或折射率分布),可以使总的色散最低。例如,为了获得 $1.55\ \mu m$ 的零总色散,光纤直径(阶跃型)为 $4.0\sim 4.8\ \mu m$,掺 GeO_2 浓度约为 $13\ mol$,$\widetilde{\Delta}$ 为 $0.55\%\sim 1.8\%$。

8.3.3 光纤孤子

由于光纤的色散作用,使得光脉冲在光纤中传播一段距离后,脉冲宽度展宽。另一方面,当强光在光纤中传播时,会引起一系列的非线性效应,其中之一是压缩光脉冲宽度。当这种由于非线性效应产生的压缩作用与由色散产生的光脉冲展宽作用恰好相抵消时,光脉冲形状保持不变。这种不变的光脉冲,称为光学孤立波(Solitary wave)或称为孤立子或孤子(Soliton)。光纤中传播的孤立波可称为光纤孤子。很显然,光纤孤子对光纤通信具有重要的意义。

对于光纤而言,由于介质的非线性变化,其芯部折射率应为

$$n = n(\omega) + i\chi(\omega) + n_2 |E|^2 \qquad (8.3-18)$$

式中:$n(\omega)$ 为折射率的线性部分;$\chi(\omega)$ 为介质的线性损耗;n_2 为光纤的非线性折射率系数,它由光纤介质的三阶非线性效应决定,其数量级约为 $10^{-16}\ cm^2/W$;E 为光场。当光场较小时,式(8.3-18)最后一项可以忽略;但当光场较大时,最后一项便不能忽略,表现出非线性。

设光强为 $I(t)=|E(t)|^2$ 的光脉冲通过长为 L 的光纤传输后,由于非线性效应产生的相位移动为

$$\Delta\varphi(t) = \frac{2\pi}{\lambda}n_2 I(t)L \qquad (8.3-19)$$

可见,光脉冲 $I(t)$ 的不同部分,相应于不同的相位移动,这种现象称为自相位调制。

由于产生附加的相位,所以要产生频率移动

$$\Delta\omega = \frac{\partial}{\partial t}[\Delta\varphi(t)] \qquad (8.3-20)$$

由式(8.3-19)和式(8.3-20)可以看出,频移 $\Delta\omega$ 沿光脉冲成一种分布状态:光脉冲的前半部,$I(t)$ 随时间增加而不断增加,相位落后越来越大,使得 $\Delta\omega<0$,即光脉冲的频率变低;光脉

冲的后半部，$I(t)$不断减小，相位落后越来越小，使得$\Delta\omega>0$，即光脉冲的频率变高。光脉冲$I(t)$经自相位调制后的频率变化曲线如图8.3.4所示。从图中可见，脉冲的前半部，频率变低；后半部，频率变高。

另一方面，对于反常色散区域，介质的折射率随入射光频率的增加而减小，折射率减小，表明光的群速度增大，即在反常色散区域内，光的群速度随其频率增加而增大。所以，在反常色散区域内，脉冲前半部分因频率降低而群速度变小，而脉冲后半部分因频率增加而群速度变大，脉冲前半部分运动得比后半部分慢，结果光脉冲被压缩而变窄。如果压缩与展宽正好平衡，则脉冲将稳定无变化地传输，这是基本孤子情形。如果压缩超过展宽，则沿光纤传输的脉冲，其形状将发生周期性变化，其变化过程是压缩、分裂、恢复原状，变化周期为$Z_0=\pi/2$。这是高阶孤子情形。图8.3.5所示为几个低阶孤子沿光纤传输时的变化规律。图中，$N=1$为基本孤子情形，$N=2,3$分别为二阶孤子和三阶孤子情形。

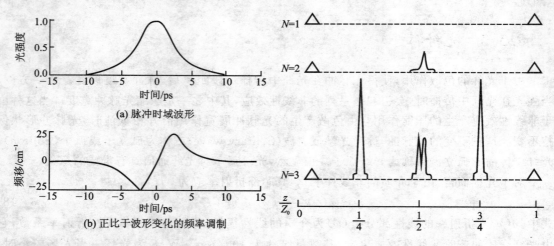

(a) 脉冲时域波形

(b) 正比于波形变化的频率调制

图8.3.4　脉宽为6 ps的脉冲，由于自相位调制效应所引起的频率变化曲线

图8.3.5　孤子波形图（N是阶数）

光纤中的非线性效应使脉冲宽度得到压缩，但非线性效应的产生与入射光的强度直接有关，所以对于给定的光纤，存在着一个阈值功率P_t，当光脉冲的功率等于或超过它时，才能在光纤中观察到光脉冲的压缩和形成光纤孤子的现象。

光纤孤子是自然界中孤立波和孤立子现象中的一类。孤立波现象首先是在流体中发现的，后来在光学领域中发现了孤立波，即自感应透明现象。自感应透明，是指当入射光脉冲的场强相对于时间的积分面积等于2π时，共振吸收介质对光场呈现出透明的效应，亦即满足上述条件的光脉冲在介质传输过程中，其本身的脉冲形状和能量将保持不变。1973年长谷川（A. Hasegawa）和塔波特（F. Tappert）提出产生光纤孤子的设想，1980年莫列诺（L. Mollenauer）等人首次在实验上观察到了光纤孤子脉冲。

孤立波与孤立子是同一概念。从波动观点看,孤立波是在传播过程中保持自身形态不变的定域化的波,并且两个孤立波碰撞前后波形和速度都保持不变,说明孤立波有明显的粒子性,可以从粒子的观点来描述。从粒子观点看,孤立子是能量被集中在有限时间和空间的孤立波,并且两个孤立子之间发生碰撞,碰撞后它们各自的能量不会随时间扩散,仍保持着原来的速度和形状。

基本光纤孤子可以作为光纤通信的信息携带者。在脉冲功率 $P \geqslant P_t$ 情况下得到的光纤孤子在传输过程中将保持不变,在假设光纤损耗为零时才成立。对于实际光纤,由于存在损耗,到一定距离后,$P<P_t$,这时系统进入线性区域,色散作用又将使脉冲展宽。可以证明,如果损耗较小,虽然宽度会改变,振幅也会衰减,但脉冲孤子的特性不会有本质变化。所谓孤子特性,是指孤子的面积(孤子的脉冲振幅与脉冲宽度的乘积)为1。因此,为了实现全光的长距离的光纤孤子通信,就要设法给光纤补充能量,以补偿光纤的损耗,使孤子脉冲稳定无畸变地沿光纤传输。1988年,莫列诺及其研究小组,利用拉曼增益周期性地补偿光纤的损耗使光学孤子脉冲传输了近4 000 m,次年传输距离达到了6 000 m。

利用光孤子的概念还可以制成孤子激光器。孤子激光器的结构包括光学孤子成形及成形孤子受激振荡放大两部分。孤子激光器可提供形状一定、脉宽可控而且是超短脉冲的脉冲光源,这种光源比任何其他方法产生的超短光脉冲都优越。现在人们已经得到了飞秒量级的光学孤子。光学孤子在光通信工程、光子计算技术以及自然界中各类超快速现象的研究方面,具有巨大的潜在应用价值。

8.4 光纤的连接与光耦合

在实际应用中,常需将两根光纤连接起来使用。光纤的连接与电线的连接不同。电线的连接只需把被连接的导线彼此接触,并把它们固定紧即可;而光纤连接必须把被连接端面相互对准、贴紧,否则在连接处会引起较大的损耗。

光纤的光耦合,是指把光源发出的光功率最大限度地输送到光纤中去。这是一个比较复杂的问题,涉及光源辐射的空间分布、光源发光面积以及光纤的收光特性和传输特性等。

光纤的连接与耦合,涉及许多具体技术问题,本节只作原理性的介绍。

8.4.1 光纤的连接及损耗

光纤之间的连接分为永久性连接和活动性连接两种。永久性连接,一般分为黏接剂连接和热熔连接两种方式。不管哪一种方式,都需用V形槽或精密套管,将两光纤轴心对准,再加进黏接剂并使之固化;或将光纤对接部加热熔融,冷却后光纤即可对接起来,如图8.4.1所示。

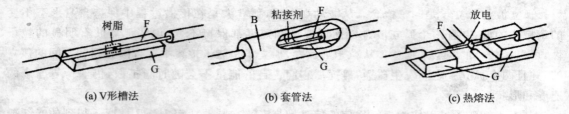

(a) V形槽法　　(b) 套管法　　(c) 热熔法

F—裸光纤；G—V形槽；B—密封套管（玻璃和陶瓷等）

图 8.4.1　光纤永久性连接

在光纤连接中，由于工艺造成的连接误差或因被连接的两根光纤结构参数不同，都会造成连接处的损耗。图 8.4.2 中的情形：图(a)所示为两根光纤的轴线横向偏离；图(b)所示为两根光纤的轴线成折线；图(c)所示为两根光纤的端面间成一夹角；图(d)所示为两根光纤的端面弯曲；图(e)所示为两根光纤之间有间隙；图(f)所示为两根光纤的芯径不同；图(g)所示为两根光纤的折射率分布不同。

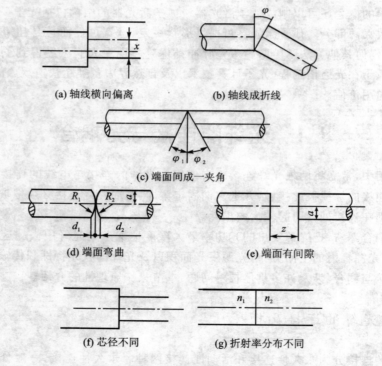

(a) 轴线横向偏离　　(b) 轴线成折线

(c) 端面间成一夹角

(d) 端面弯曲　　(e) 端面有间隙

(f) 芯径不同　　(g) 折射率分布不同

图 8.4.2　光纤连接处损耗的若干情形

合理地设计光纤连接器的定心结构，提高光纤与光纤的对准精度，对降低连接损耗是很重要的。

8.4.2 光纤的光耦合

1. 直接耦合

这是最简单的耦合方式,就是将一根平端面的光纤直接靠近光源的发光面放置,如图 8.4.3 所示。

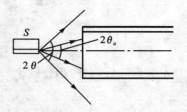

图 8.4.3 光纤与光源直接耦合

在光纤一定的情况下,耦合效率与光源种类密切相关。如果光源是半导体激光器(LD)或发光二极管(LED),因其发光面积比光纤端面面积小,因此只要光源与光纤面靠得足够近,LD 或 LED 所发出的光都能照到光纤端面上,但其中大角度的光线进入纤芯变成辐射模,如图 8.4.4 所示。所以,只有那些以小角度射入纤芯的光才能变为光纤中的导模。

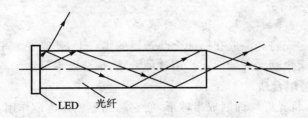

图 8.4.4 LED 和光纤耦合示意图

如果光源和光纤直接对接,可用下面的经验公式估计其耦合效率:

$$\eta \approx (\mathrm{NA})^2 \frac{120°}{\sqrt{\theta_\perp \theta_\parallel}} \qquad (8.4-1)$$

式中:NA 为光纤的数值孔径;$\theta_\parallel$ 和 $\theta_\perp$ 分别为光源的水平光束发散角和垂直光束发散角。对于 LED,正面出光的,$\theta_\parallel = \theta_\perp \approx 120°$;端面出光的,$\theta_\parallel \approx 120°$,$\theta_\perp \approx 70°$。对于 LD,$\theta_\parallel \approx 10°$,$\theta_\perp \approx 40°$。若 NA=0.2,对于正面出光的 LED,$\eta \approx 0.04$;而对于 LD,$\eta = 0.24$。可见,效率是很低的。

如果用 He-Ne 激光器作为光源,因为 He-Ne 激光的发散角很小,只有几毫弧度(1 mrad≈3′27″),进入光纤芯的光都能成为光纤中的导模,效率几乎达到 100%(以射入光纤端面上的光为 1)。

2. 透镜耦合

在光源与光纤端面之间插入一个透镜,称为透镜耦合,其示意图如图 8.4.5 所示。

对于 LED 类的光源,设 S_o 表示光源的发光面积,S_f 表示光纤的接收面积,则经过任意一

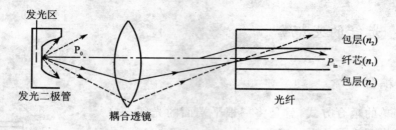

图 8.4.5 透镜耦合

个光学系统后,它的耦合效率

$$\eta \leqslant \frac{S_t}{S_e}(NA)^2 \qquad (8.4-2)$$

式(8.4-2)表明,如果 $S_e > S_t$ 则 $\eta < (NA)^2$,即加透镜后,并没有提高耦合效率。如果 $S_e < S_t$,可以提高耦合效率,并且发光面积越小,耦合效率提高得越多。下面是利用透镜耦合的几个具体方法。

(1) 双凸透镜耦合

如图 8.4.6 所示。先将光源放在第一个凸透镜的焦点上,使光变为平行光,然后再用另一个凸透镜将此平行光聚焦到光纤端面上。用这种方法,耦合效率可达到 50% 左右。

(2) 光纤端头透镜耦合法

如图 8.4.7 所示,将光纤端面制成半球形,使它起到短焦距透镜作用。用这种方法可提高耦合效率。这种耦合方法对阶跃型光纤较好,对梯度型光纤则差些。

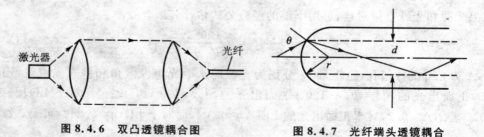

图 8.4.6 双凸透镜耦合图　　图 8.4.7 光纤端头透镜耦合

(3) 圆柱透镜耦合

对于发散角在空间不对称的光源,使用柱面透镜耦合的方法效果较好。例如,半导体激光器的激光垂直于 PN 结方向的发散角比平行于 PN 结方向上的发散角大,所以直接耦合效率不高。用一个柱面透镜,将垂直于 PN 结方向的发散角压缩,得到近圆形光斑,然后再与圆形平面的光斑相耦合,就可使耦合效率大为提高,如图 8.4.8 所示。

研究表明,当柱透镜半径 R 与光纤半径相同,激光器位于光轴上,且镜面位于 $Z = 0.3R$ 时,可得到最大耦合效率,甚至可达到 80%。如果激光器的位置在轴上有偏离,则耦合效率明显下降,说明这种耦合方式对激光器、圆柱透镜及光纤的相对位置的精确性要求很高。

(4) 自聚焦光纤透镜耦合

假设在光纤芯中有若干根光线以不同的角度传导,每根光线均按一定的轨迹行进,形成一根根周期变化的曲线。一般说来,这些光线沿轴向传播轨迹的周期不同,因而不能完全聚焦于一点。如果光纤沿径向折射率的分布为双曲正割分布,即

$$n(r) = n(0)\text{sech}(Ar) \quad (8.4-3)$$

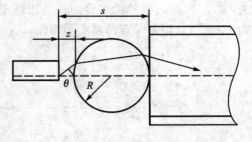

图 8.4.8 圆柱透镜耦合

式中:$n(0)$ 为光纤轴上的折射率;A 为常数。在这种分布下,通过光纤的所有光线的光程均相同,即

$$\int_s n(r)\mathrm{d}s = 常数 \quad (8.4-4)$$

则不同入射角的子午光线具有相同的轴向传播速度,它们经半个周期长,就会聚到一点。图 8.4.9 表明了光纤的这种性质。这种性质称为自聚焦,具有这种性质的光纤称为自聚焦光纤。

用一段长度为 $L_{T/4}$(四分之一周期长)的自聚焦光纤代替凸透镜,也可构成耦合器,如图 8.4.10 所示。一般是将光纤与自聚焦光纤透镜胶合在一起,平行光进入自聚焦透镜,经聚焦全部进入光纤。这种耦合形式结构紧凑,稳定可靠,效率一般为 50% 左右。

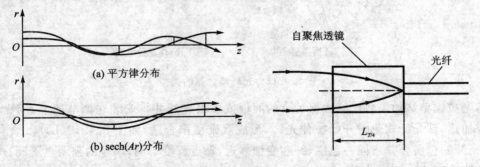

图 8.4.9 子午线周期与折射率分布关系　　图 8.4.10 自聚焦透镜耦合

在实际应用中,常将光源、耦合透镜及光纤组成一体,并且封装起来。因此,大部分组件都带有数十厘米的光纤(称为尾纤)。

8.4.3 光纤分路器与合路器

光纤分路器与合路器(也称光纤耦合器)是把光纤中一路光信号功率分配到 N 条支路上

去,或把 N 路光信号功率合到一条光路中。分路器反过来使用就是合路器。图 8.4.11 所示为 1×4 型分路器与合路器的示意图。

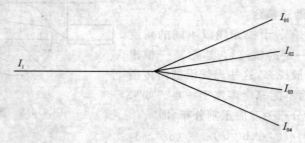

图 8.4.11 光纤分路器

光纤分路器与合路器通常有两种结构类型:磨抛型与熔融拉锥型,如图 8.4.12 所示。磨抛型结构是把单膜光纤固定在石英基块中具有一定曲率半径 R 的弧形槽中,把石英基块连同光纤一起研磨、抛光,以除去部分光纤包层使研磨面达到光纤芯附近的消逝场区域。然后将两个装有光纤并磨抛好的石英块在磨抛面对合,这时由于两光纤附近的消逝场重叠而在两光纤之间发生耦合,构成定向耦合器,即光纤分路器与合路器,如图 8.4.12(a)所示。耦合强弱由剖面的磨抛程度决定,如磨抛至纤芯的部分,产生强耦合,否则产生弱耦合。

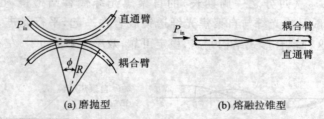

图 8.4.12 光纤耦合器的类型

熔融拉锥型结构是将已除去保护套的两根或多根光纤并排安装在调节架上,用火焰对耦合部分加热,到光纤软化时开始拉伸光纤,形成双锥型耦合区,如图 8.4.12(b)所示。在耦合区,各光纤的包层合并成同一包层,纤芯变细靠近,靠近程度不同,耦合的强弱也不同。用光纤功率计监视两输出端的功率,直到耦合比(某一输出端口功率与各端口总功率之比)符合要求时停止加热,进行成品封装,形成器件。当拉锥到一定程度时,耦合功率将呈现正弦式振荡。

对于 2×2 单模光纤耦合器,通过耦合模方程,可以得到无损耗情况下耦合区内的光功率为

$$P_1 = P_0 \cos^2(cz) \tag{8.4-5}$$

$$P_2 = P_0 \sin^2(cz) \tag{8.4-6}$$

式中:P_0 为 $z=0$(耦合区入口)处输入至光纤 1 中的光功率,即光纤中传输的总功率;P_1 为耦

合到直通臂中的传输功率；P_2 为进入耦合臂中的功率；c 为耦合系数,表示直通臂光纤中导模的消逝场通过耦合区进入耦合臂导模场的有效程度，c 与光波波长、纤芯折射率、纤芯半径、纤芯间距和归一化频率等有关。由于纤芯间距是变化的,因此 c 也是 z 的函数。

式(8.4-5)和式(8.4-6)表示了耦合区两纤芯中光功率随耦合区长度的耦合交换规律,可根据耦合比的要求,决定耦合区的长度。

8.4.4 波分复用器

波分复用 WDM(Wavelength-division Multiplexing)器是合波器与分波器的统称。在光纤传输系统中,为了增大传输信息容量,需要将不同波长的光混合在一起送入光纤,即进行合波；或者相反,把不同波长的光从光纤光路中分离出来,即进行分波。图 8.4.13 所示为一个 WDM 传输系统的示意图,前一个 WDM 用于合波,后一个 WDM 用于分波。也可以是两者功能合二为一的元件。

对 WDM 器件的基本要求是损耗低、隔离度高。隔离度是描述不同光波长的光信号之间的串音程度。

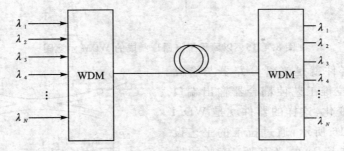

图 8.4.13　WDM 传输系统示意图

WDM 中的核心部分可以是色散元件,以实现将不同的波长分开。采用的色散元件有衍射光栅、干涉薄膜和棱镜等。图 8.4.14 是以光栅为核心制成的 WDM 器件。光栅的分光原理是：在同一入射角下不同波长的光经光栅后将有不同的空间衍射角,从而可将各个波长分开,送入不同的光纤或光电探测器中。反过来,如果选择好各个波长的光对光栅的入射角,则不同波长的光经光栅衍射后可以得到相同的空间衍射角,这就是合波情形。图 8.4.15 是利用干涉薄膜原理制成的 WDM。薄膜对 λ_1 全透,对 λ_2 全反,就可以将 λ_1、λ_2 合成 $\lambda_1+\lambda_2$(如图 8.4.15 所示情形)；或者反过来,有 $\lambda_1+\lambda_2$ 的光从右方入射到薄膜上,就可以分成 λ_1 和 λ_2。

目前二信道的 WDM 大都采用熔融拉锥法制作,其制作方法与前面讲的光纤分路器与合路器的拉锥法相同。从式(8.4-5)和式(8.4-6)可以看出,由于耦合系数 c 随波长而变,因而耦合功率 P_1、P_2 也应与波长有关。通过改变熔融拉锥工艺,使耦合器输出端口的分光比不受波长

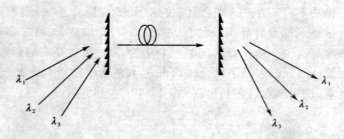

图 8.4.14　以光栅为核心制成的 WDM 示意图

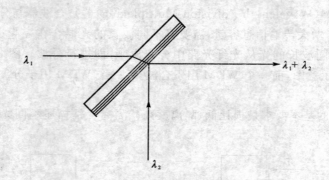

图 8.4.15　以薄膜干涉原理制成的 WDM 示意图

的影响,这样的器件就是光纤分路器与合路器。若改变熔融拉锥工艺使耦合器输出端口分光比随波长而变化,这样的器件就是 WDM 器件。如图 8.4.16 所示,通过拉锥的工艺设计,使直通臂对波长 λ_1 的光有近 100% 的输出,而对波长 λ_2 的光输出接近零。这样,当输入端有 λ_1,λ_2 两个波长光信号同时输入时,λ_1,λ_2 光信号则分别从直通臂和耦合臂输出;反之,当直通臂和耦合臂分别有 λ_1 和 λ_2 的光信号输入时,也能将其合并从一个端口输出。

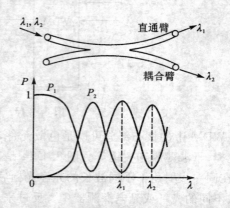

图 8.4.16　熔融光纤型波分复用器结构和特性

8.5　光纤的应用

　　光纤的应用十分广泛,近年来随着光纤技术的发展,又拓宽了许多新领域。光纤通信与光纤传感是光纤的两个最主要的应用。光纤还可以直接传送光学图像,进行光信息处理,传输光能以及制成光纤激光器与放大器等。本节只对光纤的一些重要应用作简要的介绍。

8.5.1 光纤通信

用光纤传输载有大量信息的光信号,就是光纤通信。由于研制出了低损耗的光纤,使得光纤通信迅速发展起来。光纤通信的主要特点如下:

① 信息容量大。光通信以光波为载波,载波频率为光频,所以带宽很宽。若使用 0.01% 光频的相对带宽,理论上可以传输近 1 千万路电话,这样大的信息容量是以往任何一种通信方式不可能实现的。

② 成本低。光纤的主要原料是石英(SiO_2),来源丰富,将来光纤的造价一定会低于铜芯电缆。同时,光纤质量轻,便于敷设。

③ 保密性好。光纤内传输的光几乎都在光纤芯内,因此保密性好。同一光缆中的光纤之间也不会串扰。

目前,光纤通信所采用的方式基本上是光电型的,而不是全光型的,即首先把电信号调制到光波上,被调制的光波通过光纤传输到达接收地,通过解调再恢复成电信号。全光型、远距离、大容量及高速率是光纤通信的发展方向。

图 8.5.1 所示为光纤通信系统示意图。整个系统由光发射机、传输光纤(缆)、中继器和光接收机组成。

图 8.5.1 光纤通信系统

光发射机本质上是一个电/光变换装置,它主要由光源和驱动电路两部分组成。光发射机的主要作用是实现信息信号对光的调制作用。光源一般是半导体激光器(LD)或发光二极管(LED)。调制方式可以是调幅(即强度)、调频或调相。调幅是让光的振幅受到信息信号的调制,即光的振幅随信息信号的变化而变化;调频是让光的频率受到信息信号的调制,使光频变化反映出信息信号;调相与调频相类似。

光纤通信对光源的基本要求是:光源的发射波长应处于光纤的低损耗区;光源要有一定的输出功率;光源易于调制且调制频带宽;光源易于与光纤连接等。GaAlAs 发光器件的发射波长为 0.85 μm 左右,正好处于光纤损耗较小的区域。但在这区域中,光纤材料的色散比较大,不适宜高速率、远距离的通信系统中。InGaAsP/InP 发光器件的发射波长在 1.3~1.6 μm 区域,也正好处于光纤低损耗区。其中:1.3 μm 波长的单模光纤可实现零色散,可适用于高速率、远距离通信;1.55 μm 波长的光纤损耗最低(可达 0.2 dB/km),如果用 LD,可实现远距离的无中继传输。

从光源发出的经过调制的光要经耦合器输入到光纤(缆)中。如果光纤很长,则光纤与光纤之间要有连接器。如果通信距离很长,则中间要有一个或若干个中继器。中继器的作用是恢复光信号的大小和质量。中继器首先用光接收器实现光电转换,将所得到的电信号放大,再由光发射机实现电光转换并将光信号再次由光纤发送出去。若使用全光学放大器,则不需要光电与电光转换,而由该放大器直接放大信号,再送入光纤。减小损耗、减小色散可以提高中继距离。

光接收机本质上是一个光电变换装置,它把光信号变成电信号,并进行放大。所以,它主要由光检测器和电子放大等电路组成。光纤通信对光检测器的基本要求是:①对所用波长都有很好的光谱响应;②检测灵敏度高,能检测纳瓦(nW)级的弱光信号,要求信噪比大,量子效率高,噪声低,暗电流小;③检测器有一定的检测速度。Si 光电二极管及其雪崩二极管能覆盖短波长段(0.8～0.9 μm);Ge、InGaAs、GaAsSb 等光电二极管及其雪崩二极管能覆盖长波长段(1.1～1.7 μm)。光纤通信一般使用雪崩光电二极管(APD)和 PIN 光电二极管。

如果通信距离较近,中间可不用中继器。图 8.5.2 所示为一个简单的短距离光纤通信系统的示意图。这种系统的特点是:发送光源可用价廉的 LED 发光二极管,探测器可用 PIN 光电二极管。发送机和接收机功率低、体积小,组件与光连接器连接方便。这种系统可用于连接一个建筑物内各个分立的设备,也可用于工矿、企业短距离范围内的通信。

光纤通信在我国已进入实用化阶段,但与电讯系统通信相比,仍处于初级阶段。随着光电子技术的进步,光纤通信将不断发展。主要趋势是提高传输信息容量,提高信息传输和处理速度,增加传输距离。可以预计,光纤通信在不久的将来会有更快的发展和更广泛的应用。

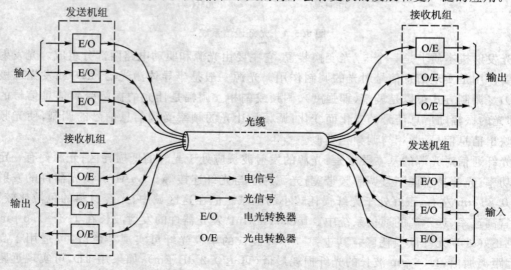

图 8.5.2　短距离光纤通信系统示意图

8.5.2 光纤传感器

由于光纤中传输的光波的特征参量(如振幅或强度、相位、频率或波长、偏振态和模式等)对外界环境因素(如温度、压力、电流、磁场、位移和速度等)很敏感,因此通过感测光纤中传输光波的特征参量可以实现对各种物理量的测量。以这一原理制成的测量装置称为光纤传感器。

由于光纤本身的特点,光纤传感器灵敏度高,对环境的适应性好,不受电磁干扰,绝缘性好。在很多情况下,探头不必与待测物体接触,可实现非破坏性测量。当探头必须伸入待测件体内时,由于光纤细轻,不会对待测体产生破坏作用。

光纤传感器可按不同方法分类。按其所测物理量分类,可分为温度传感器、压力传感器和电流传感器等。若按工作原理分类,可以分为两大类:一类是传光型(或称非功能型)传感器,光纤仅作为传光的介质,敏感元件由其他非光纤元件构成;另一类是传感型(或称功能型)传感器,在这类传感器中,光纤不仅起光的传输作用,而且具有感测环境因素敏感元件的作用。

光纤传感器中传输的光波的特征参量的变化,直接或间接地与各种物理效应有关。表 8.5.1 和表 8.5.2 列出了一些待测的物理量及其所用的物理效应。

表 8.5.1 光纤传感器所用的主要光转换元件及检测方法(传光型)

检测量	光转换元件	检测方法
温 度	半导体晶体(吸收) 荧光体 标准具 黑体辐射物	光强透过率 发光强度 反射率/透过率 光强
压 力	光弹性元件	偏振光
位 移	干涉仪	干涉
速 度	干涉仪	相位
膜 厚	干涉仪 椭圆偏振干涉仪	相位 偏振光
浓度/成分	光吸收元件 荧光 干涉仪	光强 光强 相位

表 8.5.2 光纤传感器所用物理效应及检测方法(传感型)

检测量	物理效应	检测方法
温　度	光路长度变化 折射率变化 黑体辐射 散射	干涉 偏振光 发光强度 光强
压力/应变 音响/振动	光路长度变化 折射率变化 微弯损耗	干涉 偏振光 光强
电　压	电致伸缩引起光路长度变化	干涉
磁　场	磁致伸缩引起光路长度变化 法拉第效应及安培定律	干涉 偏振光
角速度	赛格奈克(Sagnac)效应	干涉
流　速	多普勒(Doppler)效应	频差
放射线 光频率 光　强	光吸收 空间相干传输 荧光	光强 多重反射干涉 光强

无论哪种光纤传感器,在测量某个物理量时,都必然会对所传输光波的某一个(或几个)特性参量进行调制,再从已知的被调制好的参量与待测物理量的关系中求出待测物理量。常用到的调制有振幅(强度)调制、相位调制、频率调制和偏振调制等。显然,光纤传感器涉及大量的物理学基础知识及电子学、光学及光电转换等领域的专门知识。光纤传感器所探测的物理量不下 100 种,其应用领域又十分宽广。因此,对光纤传感器的全面讨论已超出本书范围,下面只对几种典型的光纤传感器作原理性介绍。

1. 强度调制型光纤传感器

以测温光纤为例。图 8.5.3 所示为一种结构最简单的光纤温度传感器,它是传感型的。光纤的芯径与折射率随周围的温度而变化,形成线路的不均匀而使传输光散射到光纤外,从而使光的振幅发生变化。测量光的振幅的变化,就可以知道外界温度的变化。如果光纤纤芯和包层材料折射率随温度变化,且在某一温度下实现交叉时,这种光纤还可用作光纤温度开关传感器。图 8.5.4 示出了三对这种光纤材料的折射率交叉点情况。当纤芯的折射率大于包层折射率时,光

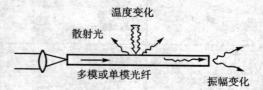

图 8.5.3 传感型光纤温度传感器的工作原理

能被集中在纤芯中。当温度升高到两折射率曲线的交叉点时,因纤芯与包层折射率差为零;光能进入包层。温度再升高,纤芯中光能量传输将中断,传感器可以发出警报信号,实现对设备的温度监控。

图 8.5.5 所示为传光型温度传感器原理。它的光转换元件是一个半导体晶体薄片,把它夹在两根光纤之间,外面包上不锈钢管(见图 8.5.5(a))。许多半导体材料在比它的红限波长 λ_g(即其禁带宽度对应的波长)短的一段光波长范围内有递减的吸收特性,超过这一范围几乎不产生吸收,这一波段范围称为半导体材料的吸收端。例如,GaAs、CdTe 材料的吸收端在 0.9 μm 附近(见图 8.5.5(b))用这种半导体材料作为温度敏感头的原理是,它们的禁带宽度随温度升高几乎线性地变窄,相应的红限波长 λ_g 几乎线性地变长,从而使其光吸收端线性地向长波方向平移。只要吸收端波长移动范围在光源光谱范围内,半导体透射光强就随温度变化,测量光纤的出射光强,就可以知道传感头的温度。

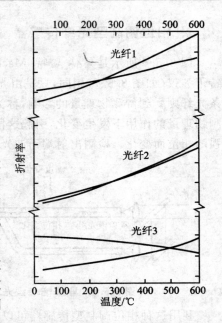

图 8.5.4 三对光纤玻璃折射率交叉点

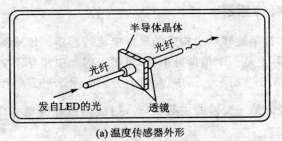

(a) 温度传感器外形

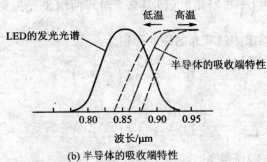

(b) 半导体的吸收端特性

图 8.5.5 利用半导体晶体的光纤温度传感器

2. 相位调制型光纤传感器

图 8.5.6 所示是马赫-曾特(Mach-Zehnder)型光纤干涉仪示意图,它与普通的马赫-曾特干涉仪(如图 8.5.7)相同,只是由光纤代替两臂:一条光纤不受外界影响,称为参考臂;另一条光纤则受到待测物理量的影响,称为传感臂。传感臂的有效光程或折射率或光纤直径在待测物理量的作用下发生变化,引起这段光纤中传输光波的相位变化,因而使出射端光信号的光强随相位而变化。检测出射端干涉光强的变化,可以得到待测信号的物理量。

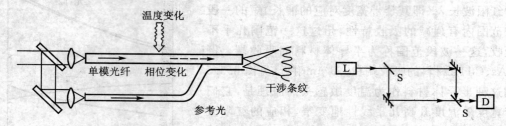

图 8.5.6　马赫-曾特型光纤干涉仪　　　　图 8.5.7　马赫-曾特干涉仪

利用这种相位调制型传感器可以检测温度、应力、压力、电流和磁场等物理量。这是一种传感型光纤传感器。

3. 偏振调制型光纤传感器

图 8.5.8 所示为用法拉第旋转效应构成的光纤电流传感器。传感器的光路中放一个沃拉斯特棱镜作检偏器,它实际上是一个偏振分束器,可把入射光中相互正交的两个线偏振光分开并沿不同方向输出,如图 8.5.9 所示。图中,I_1 和 I_2 分别表示水平方向和垂直方向线偏振分量的强度。当沃拉斯特棱镜的第一棱镜的主截面与入射线偏振光振动方向成 $\frac{\pi}{4}$ 角时,可得等强度输出。当两者之间变为 $\left(\frac{\pi}{4}+\theta\right)$ 角时(即偏离 θ 角),两输出光振幅分别为 $A\cos\left(\frac{\pi}{4}+\theta\right)$ 和 $A\sin\left(\frac{\pi}{4}+\theta\right)$,从而棱镜输出的两束光的强度分别为

$$I_1 = A^2\cos^2\left(\frac{\pi}{4}+\theta\right) \tag{8.5-1}$$

$$I_2 = A^2\sin^2\left(\frac{\pi}{4}+\theta\right) \tag{8.5-2}$$

由式(8.5-1)和式(8.5-2)可得

$$\frac{I_1-I_2}{I_1+I_2} = \cos^2\left(\frac{\pi}{4}+\theta\right)-\sin^2\left(\frac{\pi}{4}+\theta\right)$$

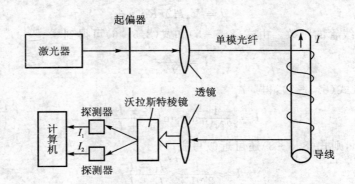

图 8.5.8 偏振调制型纤电流传感器

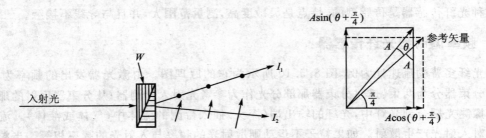

图 8.5.9 用沃拉斯特棱镜作检偏器

利用三角公式 $\cos^2\alpha - \sin^2\beta = \cos(\alpha+\beta)\cos(\alpha-\beta)$，可得到

$$\sin 2\theta = \frac{I_1 - I_2}{I_1 + I_2} \tag{8.5-3}$$

在图 8.5.8 中，由激光器发出的光先经一起偏器变成线偏振光，并使其振动方向和沃拉斯特棱镜的第一棱镜主截面成 $\frac{\pi}{4}$ 角，然后进入单模光纤，在到达电流母线之前基本保持其偏振方向不变。在电流母线处，电流产生的磁场使光纤中偏振光的偏振方向发生旋转。设旋转角度为 θ，则有

$$\theta = V_d \int_0^L \boldsymbol{H} \cdot \mathrm{d}\boldsymbol{l} \tag{8.5-4}$$

式中：$\boldsymbol{H}$ 为磁场强度；L 为介质中光程长度；V_d 是费尔德（Verdet）常数。

对于长直导线，距传输电流强度 I 的导线距离为 R 处的磁场强度为

$$H = \frac{I}{2\pi R} \tag{8.5-5}$$

若绕在导线上的光纤螺线管各处的半径 R 相等，则可认为光纤上各点的 H 相同，则式(8.5-4)可写成

$$\theta = V_d H 2\pi R N \qquad (8.5-6)$$

式中：N 为光纤螺线管的匝数。由式(8.5-5)和式(8.5-6)可得到

$$I = \frac{\theta}{N V_d} \qquad (8.5-7)$$

将式(8.5-3)代入式(8.5-7)，得

$$I = \frac{1}{2N V_d} \arcsin\left(\frac{I_1 - I_2}{I_1 + I_2}\right) \qquad (8.5-8)$$

如果偏角 θ 比较小，则式(8.5-8)还可近似写成

$$I \approx \frac{1}{2N V_d} \cdot \frac{I_1 - I_2}{I_1 + I_2} \qquad (8.5-9)$$

可见，只要测出通过沃拉斯特棱镜后的光强 I_1 与 I_2，就可知道导线中的电流强度 I。

这种光纤传感器是传感型的，特点是灵敏度高，测量范围大，并且与导线不接触。

4. 频率调制型光纤传感器

以光纤多普勒流速计为例，图 8.5.10 所示为它的原理图。由激光器发出的频率为 f_0 的光经过分束器分为两束：透过分束器那部分光作为参考光射入检测器；从分束器反射的那部分光作为探测光耦合到光纤中，光纤的输出端（探头）插入待测的流体中（气体或液体）。流体中的粒子对入射光产生散射。如果粒子不运动则散射光的频率与入射光的频率相等。当粒子以速度 v 运动时，散射光的频率与入射光的频率就不同了，这就是光学中的多普勒效应。

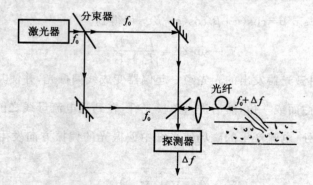

图 8.5.10　光纤多普勒流速计

设探头出射的频率为 f_0 的光，经运动粒子散射后进入光纤，由于多普勒效应，散射后的光频率变为 $f_0 + \Delta f$。将散射信号光与参考光在探测器混频，把探测器输出信号送入频谱分析装置，可以得到多普勒频移 Δf，它与粒子的运动速度 v 成正比

$$\Delta f = \frac{2nv}{\lambda}\cos\theta \qquad (8.5-10)$$

式中：n 是流体折射率；θ 是探头处光纤轴线与流体运动方向的夹角；λ 是光波长。对于一个具体的测试装置与测试对象，式(8.5-10)中的 n、θ 是已知量，λ 是选定的激光器波长，如果能精确地测定 Δf，则由式(8.5-10)即可算出流速 v。

5. 光纤角速度传感器

光纤陀螺是光纤角速度传感器最典型的应用例子之一。

陀螺是航空、航天飞行器及航海船只惯性导航系统中的重要部件。最早使用的是机械陀螺，它的核心部件是放在万向支架上高速旋转的转子。机械陀螺从 20 世纪 30 年代起，就已广泛应用于航空航海事业。它的缺点是，在陀螺轴承上存在摩擦力矩、转子质量分布不平衡而产生附加力矩以及机械变形引起力矩，这些都限制了机械陀螺精度的进一步提高。

1960 年激光问世后，人们用一种新的物理思想——Sagnac 效应建立了激光陀螺；从 20 世纪 80 年代起，由于低损耗光纤的出现，人们又开始了光纤陀螺的研究。为了对光纤陀螺有更深入的理解，首先从激光陀螺讲起。

(1) 激光陀螺

图 8.5.11 所示为激光陀螺的原理图。由全反射镜 M_1，M_2，M_3 和分束镜 BS 组成一个环状回路。回路内有一个 He-Ne 激光器，它的两端都输出激光，其中一束激光沿环路顺时针传播，另一束激光沿环路逆时针传播。M_4 为辅助反射镜，它把顺时针传播的透过 BS 那一束光反射回去，再由 BS 反射，与逆时针传播透过 BS 的那一束光汇合，同时进入光电接收器 PM。整个装置可绕垂直于环路平面的轴转动。当装置不转动时，顺时针和逆时针的两束光以同样时间走完一圈。如果装置绕着自己的轴转动，则两束光走完一圈所用的时间不一样：顺着转动方向传播的光走完一圈所用的时间长一些；而逆着转动方向传播的光走完一圈所用的时间要短一些。两束光在一圈内的时间差 Δt 取决于环路的转速 ω 和环路的面积 S，它们的关系为

$$\Delta t = \frac{4S}{c^2}\omega \qquad (8.5-11)$$

式中：c 为光速。

由式(8.5-11)可见，环路面积 S 越大，转速 ω 越高，两束光在一圈内的时间差 Δt 也就越大。两束光走一圈所用的时间不同，相当于两束光以同样速度走过的距离不同，也就是两束光有光程差 ΔL，其大小为

$$\Delta L = c\Delta t = \frac{4S}{c}\omega \qquad (8.5-12)$$

式(8.5-12)表示，若一个环形回路在旋转，则沿回路两相对方向传播的光走完一圈会产生光程差，这一现象称为 Sagnac 效应，是法国人 Sagnac 在 1913 年提出来的。

式(8.5-12)的严格推导必须运用广义相对论并且在加速度参照系中进行。

由 ΔL 可得到两相对方向传播的光走完一圈所产生的相移为

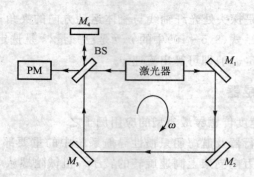

图 8.5.11 激光陀螺原理

$$\Delta\phi = \frac{2\pi\Delta L}{\lambda} = \frac{8\pi S}{c\lambda}\omega \tag{8.5-13}$$

在陀螺环路旋转时,两束光走过的路程长短不同,相当于它们具有不同长度的谐振腔。激光的振荡频率与谐振腔的长度有关。既然两束光具有不同长度的谐振腔,它们就具有不同的振荡频率,其频差 $\Delta\nu$ 正比于环路的转动角速度 ω,具体关系为

$$\Delta\nu = \frac{4S}{\lambda L}\omega \tag{8.5-14}$$

式中:λ 是激光工作波长,L 为环路总长度。

式(8.5-12)~式(8.5-14)就是激光陀螺的基本公式。对于一定几何结构的陀螺仪,S 和 L 是已知的,激光波长 λ 也是已知的。一般把陀螺仪与飞行器固定在一起,所以,当测出了光程差 ΔL 或频差 $\Delta\nu$,就可以由式(8.5-12)或式(8.5-14)确定飞行器的角速度 ω。

记录频差 $\Delta\nu$ 可利用记录光的拍频方法,用一般光电探测器和频率计就可以。记录光程差 ΔL 一般用光的干涉法,即当陀螺转动时,两束光的光程差发生变化,干涉条纹也发生变化,就像激光测长仪一样,可用光电探测器和脉冲计数器来记录变化的干涉条纹数,从而确定任一时刻的转速。

激光陀螺的回路可以是正方形的,也可以是三角形的。例如,有一种用整块优质石英做成的陀螺,在其内部挖成空腔,充以氦氖混合气体,在石英块角上用光胶法贴上反射镜,光路则在石英块内孔道中通过,如图 8.5.12 所示。

假如环路的总长度为 32 cm,环路所围成面积为 50 cm²,所用波长为 0.63 μm,则由式(8.5-14)可算

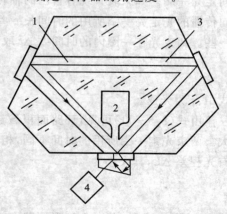

1、3—阳极;2—阴极;4—光电探测器
图 8.5.12 激光陀螺的结构

出 $\Delta\nu \approx 10^5 \omega$。

激光陀螺可作为物体旋转角速度的传感器使用。如果在飞机上安装3个激光陀螺,使其平面分别与飞机的3个坐标轴垂直,就可以测量飞机相对于3个轴旋转的角速度 ω_x、ω_y 和 ω_z,从而掌握飞机的整个飞行姿态,以便进行自动调整控制。实际上可以做成3轴的整块的激光陀螺,以便简化结构。

在激光陀螺结构中,没有转子和轴承,因而不存在由于摩擦或转子的质量不平衡而引起的附加力矩,所以测量精度高。激光陀螺的频差很大,例如用 He-Ne 激光器作光源时,频差可以达到 10^9 Hz,这样就可以使角速度的测量范围很大。它可以高精度地测量 75 r/s 的高角速度,也可以测量到 $0.01°/h$ 的低角速度。激光陀螺元件少,结构简单、紧凑,耗电量小,并且可以瞬时启动,不需要较长的准备时间。

激光陀螺的一个主要问题是存在"死区",即陀螺转速降低时,两束光的频差变小,当转速降到某一值时,频差突然消失。结果,在小的旋转速度下,测量角速度的误差增加了,而在某个很小的角速度下,$\Delta\nu=0$,这就无法测量了,如图 8.5.13 中的 AA 段。

对于"死区"现象,一种解释是,把环形激光振荡看做两个耦合的振荡器,顺时针和逆时针传播的两个波,被反射镜从一个方向散射到另一个方向(光线的逆散射)的任何信号所影响,这导致在低转速上出现非线性响应。在某一段旋转速度范围内,两个振荡锁定在一个共同的频率上,这样就观察不到频差信号了。在较高的旋转速度下,获得的信号渐近地趋向线性性质。

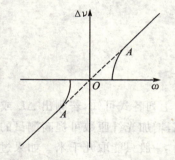

图 8.5.13　激光陀螺的特性曲线

克服"死区"现象的方法是"偏频"方法,即人为地建立一个固定的光程差或频率差,例如给陀螺附加一个固定的机械转速 $\omega_{位移}$,这样,既使被测转速为零,$\Delta\nu$ 仍有较大的值。用这种方法能使陀螺远离非线性区工作,低转速就可以测量了。但"偏频"的办法在技术上比较复杂。

(2) 光纤陀螺

图 8.5.14 所示为光纤陀螺的原理结构图,它与激光陀螺的不同之处是用单模光纤圈代替了激光陀螺的回路。从激光器 L 发出的光经分束器分成两束,耦合进光纤回路两端,经过光纤圈后射出,再经过分束器,两束光在探测器 D 处汇合。当光纤圈不动时,两束光无光程差,而当光纤圈绕垂直于圈平面中心轴转动时,两束光产生光程差。

设光纤圈围成的面积为 S,光纤圈有 N 匝光纤环组成,再设光纤圈的直径为 D,注意

$$SN = \frac{\pi D^2}{4} \cdot \frac{L}{\pi D} = \frac{DL}{4} \tag{8.5-15}$$

式中:L 为绕成光纤圈的光纤总长度,则式(8.5-11)~(8.5-14)分别变为

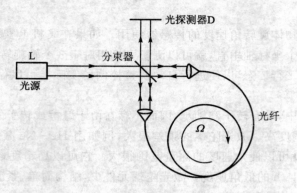

图 8.5.14 光纤旋转传感器原理结构

$$\Delta t = \frac{4SN}{c^2}\omega = \frac{DL}{c^2}\omega \qquad (8.5-16)$$

$$\Delta L = \frac{4SN}{c}\omega = \frac{DL}{c}\omega \qquad (8.5-17)$$

$$\Delta \phi = \frac{8\pi SN}{c\lambda}\omega = \frac{2\pi DL}{c\lambda}\omega \qquad (8.5-18)$$

$$\Delta \nu = \frac{4SN}{\lambda L}\omega = \frac{D}{\lambda}\omega \qquad (8.5-19)$$

由上列各式可知,若测出 ΔL 或 $\Delta \nu$,即可确定回路的旋转角速度 ω。对于直径一定的光纤陀螺,增加光纤匝数可提高测量的灵敏度。但不能无限制地增加光纤长度,因为光纤有一定的损耗,一般只能取几千米。如果过长,损耗要增加,两相对传输的光的行为的差异会增大,可能导致系统不能工作。

光纤陀螺除具备激光陀螺的优点外,还具有尺寸小、质量轻、成本低的特点。特别是利用光纤陀螺测转速,不存在"死区",很低的角速度也可以测量,所以光纤陀螺的研究特别受到关注。目前,光纤陀螺还处于不断研究开发之中,研究方向是提高其性能指标和稳定性,从分立元件向集成化发展。

8.5.3 光纤图像传输

利用光纤可以进行图像传输,这时光纤的作用就像一个透镜。物体发出的光从光纤的一端送入,经过一段距离传送后,在观察者一方生成物像。图像传输的基本要求是,物体经光纤传输后,其形状及各部分颜色均保持不变。从光学角度说,物体经光纤传输后,各部分的空间相位、时间相位以及频率(波长)关系不产生失调。因此,成像光纤与通信光纤不同,前者需要专门设计和制作。例如,通信光纤可用单模光纤,而成像光纤必须是多模光纤,否则像质就不好。当然，模式太多，模色散变大，也导致像质下降。因此，成像光纤是在保证足够多的模式数量的基础上，寻求最佳折射率分布，使之模色散减到最小。所以，设计和制作成像光纤远比通信光纤难度大。

光纤传输图像具有独特的优点：它是一种纯光学方法，不必进行电光与光电转换，从而省去相应的电路系统与光电子器件；光纤传像有很好的抗电磁干扰能力。

光纤传像的方式主要有两种：其一是相关纤维束方法，它是将大量光纤排列成像素进行传输；其二是利用单根光纤实现图像传输。传输光纤又分为柔性和刚性两类。柔性传像束是长的光纤束，它可弯曲，在军事上可作潜望镜，在工业中可作工业窥镜，在医疗中可作各种医用窥镜（如胃窥镜）；刚性传像束可做成光学纤维面板或微通道板，用于变像管极间的传像元件等。

1. 相关纤维素方法

这种方法是将许多根（数万根乃至数十万根）光纤按一定结构排列，如排成正方形、六角形等，然后在光纤之间填充具有黏结作用的光学绝缘介质，如图 8.5.15 所示。这种相互位置受到严格控制的纤维束称为相关纤维束。被传送的图像从纤维束的一端输入而在另一端输出，每根光纤起到传递物体一个像素的作用。表征纤维束性能的指标主要有数值孔径、透射率、分辨率以及对比度等。

(1) 数值孔径

对于单根光纤来说，凡是落在光纤数值孔径范围内的光都能收集。传像束中光纤的数值孔径要比通信光纤的大，一般大于 0.5，有的可接近 1。在纤维束中，由于浸涂光学绝缘层，其数值孔径有所下降，但每根光纤总是收集它所对应空间范围内的光。

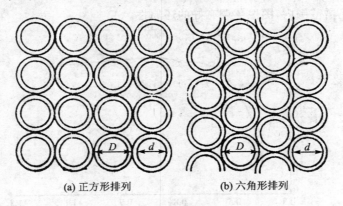

(a) 正方形排列　　　　(b) 六角形排列

图 8.5.15　光纤束的排列

(2) 透射率

传像束对所传光波要有高的透射率。影响透射率有多方面的因素。传像束的空间不能全部被利用，因为传像束是由许多单根光纤组合而成的，光纤之间有空隙，每根光纤由纤芯和包层组成,而包层是不透光的。所以,当光束入射到传像束端面时,仅在光纤芯部透光。把传像束的各根光纤芯的有效传光面积 S 和传像束端部总面积 S_0 之比定义为填充系数

$$K = \frac{S}{S_0} \tag{8.5-20}$$

用填充系数来描述传像束的透光程度。设 d 和 D 分别表示光纤芯和整个光纤的直径,则当光纤排成 $N \times N$ 型正方结构时,$S_0 = (ND)^2$,$S = N^2 \cdot \frac{\pi}{4} d^2$,所以

$$K_{正方} = \frac{\pi}{4} \left(\frac{d}{D}\right)^2 = 0.785 \left(\frac{d}{D}\right)^2 \tag{8.5-21}$$

当光纤排成六角形时有

$$K_{六角} = \frac{\pi}{2\sqrt{3}} \left(\frac{d}{D}\right)^2 = 0.907 \left(\frac{d}{D}\right)^2 \tag{8.5-22}$$

式(8.5-21)和式(8.5-22)说明,六角形结构的填充系数优于正方形结构的填充系数。从公式还可看出,$\frac{d}{D}$ 要尽可能大,也就是包层的厚度要薄,但太薄会产生串光,根据耦合波理论估算,包层的厚度要大于 $\pi\lambda$(λ 为工作波长)。

影响透射率的还有光纤材料的吸收和散射。另外,光纤端面有百分之几的菲涅耳反射,因此光纤端面要镀增透膜。光纤芯—包界面不是一个理想的全反射表面,会引起光能损耗,这种损耗称为全反射损耗,提高光纤的拉丝工艺可减少这种损耗。

为了保证通过传像束后物体图像色调的还原,要求光纤束对较宽波段的光都应有很好的透射率。例如,图 8.5.16 所示的某根光纤的光谱透射率曲线,在 $0.6 \sim 1~\mu m$ 之间有较好的光谱透射率,在这光谱范围内,图像色调有好的还原性。

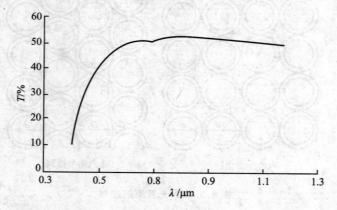

图 8.5.16　光谱透射率曲线

(3) 分辨率

分辨率表示纤维束对空间信息的最大分辨能力。凡是比光纤直径更小的空间信息,纤维束是不能区分开的。所以光纤直径越小,分辨的空间信息越小,其分辨能力就越高,即分辨率与光纤直径成反比关系。当光纤排列是正方形结构时,其极限的点分辨率为

$$R_{正方} = \frac{1}{2D} \qquad (8.5-23)$$

当光纤排列是六角形结构时

$$R_{六角} = \frac{1}{\sqrt{3}D} \qquad (8.5-24)$$

从式(8.5-23)和式(8.5-24)可知,六角形结构的分辨率高于正方形结构的分辨率。减小光纤直径可提高分辨率,但光纤直径减小,全反射次数增多,全反射损耗增大,使传像束的透射率下降。所以像质和透射率等技术指标要综合考虑。

式(8.5-23)和式(8.5-24)所表示的是静态情况下的分辨率。传像束属于网格结构,在光纤芯部外的图像细节不能被传送。传递的图像也呈现网格结构。如果让传像束对入射的图像做相对运动,即动态取样,那么由于每根光纤可对多个像元取样,这样被传送的每个像元都是经过若干根光纤传送的一个综合效应的像,从而提高了分辨率,改善了像质。经估算,动态分辨率比静态分辨率提高 2 倍多。

2. 单光纤方法

单根光纤的图像传输大致采用两种方法:一种是图像在单根多模光纤中直接传输;另一种是以光纤中的光线对 3 种物理坐标(轴向角 φ,工作波长 λ,时间 t)的函数关系为基础,通过编解码实现图像的传输。

自聚焦光纤在近轴光线情况下具有自聚焦性质,所以自聚焦光纤具有成像特性。

设光纤具有双曲正割函数的折射率分布,即

$$n(r) = n(0)\mathrm{sech}(\alpha r) = n(0)\left[1 - \frac{1}{2}(\alpha r)^2 + \frac{5}{24}(\alpha r)^4 + \cdots\right] \qquad (8.5-25)$$

式中:$n(r)$ 为纤芯离轴 r 处的折射率;$n(0)$ 为轴心处折射率;α 为一常数,与传输光波长有关。可以证明,从光纤一端输入的子午光线就会在经历一段距离 P 后重新会聚,称 P 为节距,且

$$P = \frac{2\pi}{\alpha} \qquad (8.5-26)$$

利用 P 可判定不同长度光纤的传光性能。

当 $\alpha r \ll 1$ 时,忽略高次项,式(8.5-25)可近似写成

$$n(r) \approx n(0)\left[1 - \frac{1}{2}(\alpha r)^2\right] \qquad (8.5-27)$$

可见,当 $\alpha r \ll 1$ 时,平方律的折射率分布的光纤就是自聚焦光纤。自聚焦光纤由于色差与制造

的复杂性,不能作长距离传输的成像光纤,只能在较短距离(几米)上传输图像。

自聚焦光纤除用做传像外,在微光学系统中它是一种很理想的微透镜,常用来聚焦与准直。用于聚焦的光纤常采用约 $0.5P$ 长度,而用于准直的光纤多采用约 $0.25P$ 长度。图 6.5.17 所示为自聚焦光纤用于发光管(LED)与光纤的光耦合以及对发光管输出光的准直。这种微透镜又称为 GRIN(Graded Index)。

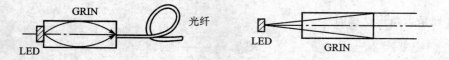

图 8.5.17 自聚焦光纤用于聚焦与准直

单根光纤的图像传输还可以采用编码技术进行。有多种编码方案,如对前面所说的 3 个物理坐标 φ, λ, t 中的任一个实行编码,或 $\varphi-t, \lambda-t, \varphi-\lambda$ 联合编码。下面以颜色编码(λ 编码)为例说明传像原理。

图 8.5.18 所示为利用颜色编码技术应用单光纤(多模)传输彩色图像的原理图。图中,彩色物体(如照片)O 发出的光经透镜 C_1 准直送到透射光栅 A,经光栅 A 衍射的光再投射到光栅槽与 A 相垂直的反射光栅 B 上,透镜 C_2 将从光栅衍射的光会聚送入多模光纤 F。$C_2', B', A',$ C_1' 等起着相似的作用,最后由透镜 C_1' 将物像成在观察屏 I 上。在这里 A、B 起到了颜色编码作用,而 A'、B' 则起到解码作用。应用这种技术可以在 10 m 以上距离内传输较高质量的彩色图像。

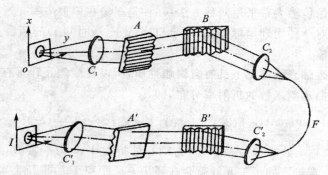

图 8.5.18 用单光纤传输彩色图像的方法

8.5.4 光纤用于能量传输

由于低损耗光纤的出现,用光纤可以将光能传输很远的距离。利用光纤传输的光能可以进行照明、热加工(例如激光焊接、切割、打孔和表面热处理等)、激光医疗(手术、照射等)以及激光与物质相互作用研究等。利用光纤传输光能具有许多优点,首先它可以使光束能向任意方向上方便地传送;其次它可以将光束穿过各种环境介质导引至所需的工作场合,特别是对光不易进入的一些地方加工。例如,图 6.5.19 所示的对工件内部进行激光加工的情形。

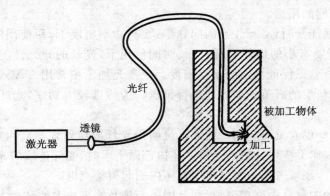

图 8.5.19　用光纤传能对工件内部进行激光加工

采用光纤传输的光能,可以直接利用,也可以将它转换成电能再利用。因此,光纤传能的末端装置要适应这些不同用法。

用光纤传输光信息(如光纤通信)和传输能量,都是传输光频电磁波,本质上并无差别,但信息功能与能量功能不同,因此对两种用途的光纤的要求也不尽相同。信息光纤是用光来收集、传输和处理信息的,人们关心的是信息的传递及信息量的大小,所以对传递信息的光纤有一些特殊的要求,如必须考虑光纤色散对信息质量的影响。对传输能量的光纤,希望能在最大范围内,尽最大的能力来传输能量,因此要考虑光纤的承受能力问题。

图 8.5.20 所示为 4 分支光纤加工光学系统光路图。

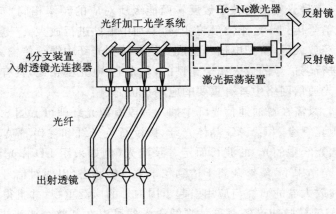

图 8.5.20　4 分支光纤加工光学系统光路图

图中，激光振荡装置可以是 YAG 激光器或其他大功率、高能量激光器。He-Ne 激光器是用其产生的红光（0.63 μm）调整光路用的。由激光振荡装置产生的激光分成 4 路分别耦入 4 条光纤中，在出射透镜一端出射的 4 路激光可以做加工用，例如组成 4 个方位同时焊接的装置，或者 4 路各有不同的用途。

在使用光纤传输能量时，必须注意的问题是：在高功率密度下，所使用的光纤不发生端面及内部的破坏；光纤要有小的传输损耗；在长时间使用下，光纤的导光性能不降低；光纤出射时，发散角应尽可能小，以保证足够的功率密度。在激光加工中常用 YAG（输出 1.06 μm）激光器作光源，用塑料包层的石英玻璃光纤进行传送。为传送较大功率，光纤芯一般都较粗，直径越大，传输能量越大。

在医疗方面，光纤也有重要应用。前面已说明用光纤成像原理制成内窥镜。用光纤作传输线路的光刀已在临床上应用。特别是给人体内部做手术时，光纤传输的光能用做照明，同时用做照射治疗。此外，还可考虑用光纤给埋在体内的起搏器充电。

利用光纤传输的能量会做许多事情，涉及国民经济及军事技术的各个方面，在此不可能一一列举。许多应用还需进一步开发，而光纤技术也还需要更深入发展。

8.5.5 光纤激光器和放大器

利用掺稀土元素的光纤可以做成光纤激光器和放大器。光纤激光器和放大器成本低，易于制作，且工作波长对目前和将来的某些应用（如光通信、医学和传感器等领域）很重要，所以受到国内外研究部门的广泛重视。

光纤激光器已在 4.5 节中介绍，此处不再赘述。

光纤放大器的原理与激光放大器原理相同。将工作物质激励达到粒子数反转状态，不加谐振腔，即对光信号（信号光频率与粒子数反转两能级所对应的频率相同）有放大作用。对于光通信系统网络，光信号传到一定距离后将变弱，要加中继站进行放大。一般传统的方法是把光信号变成电信号，经放大后，再把电信号变成光信号接到光纤中继续传输。这种方式比较复杂。用光纤放大器进行弱信号的放大属全光型的，与光电、电光型相比，具有结构简便的特点。所以，光纤放大器在光通信网络中具有重要的应用价值。

采用光纤放大器，只需在普通通信光纤中插入一段有源光纤即可。图 8.5.21 所示为光纤放大器的原理。有源光纤有 Nd:YAG 晶体光纤、掺钕石英光纤和掺铒石英光纤等，选用何种光纤，视信号光（通信光纤中的光）的波长而定。泵浦光（例如采用 LD 作光源）可横向耦合到有源光纤中，在泵浦光作用下，使掺杂离子达到粒子数反转状态，以便对信号光进行放大。

对光纤激光器和放大器的研究与应用引起了国内外的广泛重视，并且得到了飞速的发展。光纤激光器的调 Q 与锁模脉冲已经获得。光纤激光器可以在其整个荧光谱线范围内进行调谐输出，并且可以获得窄带宽、单纵模的输出。光纤放大器已实现了光放大。光纤激光器和放大器的应用越来越广泛，特别是在光通信方面的应用越来越成熟。

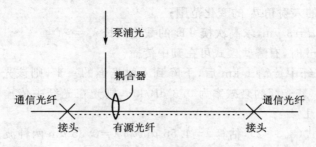

图 8.5.21 光纤放大器

习题与思考题

8-1 一阶跃型光纤的纤芯折射率 $n_1=1.5$，包层折射率 $n_2=1.48$，空气折射率 $n=1$。
(1) 计算光纤的受光角 $2\phi_{max}=$？
(2) 相应该光纤的数值孔径 NA＝？
(3) 如果将该光纤浸入水中（$\eta_{H_2O}=1.33$），ϕ_{max} 改变吗？改变多少？

8-2 一阶跃光纤 $n_1=1.5$，$\eta=1.3~\mu m$，试计算：
(1) 若相对折射率差 $\widetilde{\Delta}=0.25$，为保证单模传输，其芯半径 a 应取多大？
(2) 若取 $a=5~\mu m$，为保证单模传输，$\widetilde{\Delta}$ 应取多大？
(3) 若该光纤的材料色散系数 $\left(-\dfrac{\lambda}{c}\dfrac{d^2 n}{d\lambda^2}\right)$ 为 85 ps/(km·nm)，注入谱宽为 $\Delta\lambda=2$ nm 的 LD 激光。问：此时单位长度材料色散 $\Delta\tau_n=$？

8-3 某阶跃型光纤芯与包层的折射率分别为 $n_1=1.50$，$n_2=1.45$，试计算
(1) 在 1 m 长的光纤上，由子午光线的光程差所引起的最大模间群延时差 $\Delta\tau_m=$？相应的光频带宽 $B=$？
(2) 若将 $\Delta\tau_m$ 减小为 50 ns/km，n_2 应选何值？此时光纤的带宽 $B=$？

8-4 一阶跃型光纤芯的折射率 $n_1=1.5$，相对折射率差 $\widetilde{\Delta}=0.01$，纤芯半径 $a=25~\mu m$，$\lambda=1~\mu m$。试计算光纤的归一化频率 $V=$？其中传输的模数 $m=$？

8-5 两阶跃型光纤芯的折射率均为 1.5，纤芯直径 $2a$ 分别为 50 μm 和 8 μm；相对折射率差 $\widetilde{\Delta}$ 分别为 0.01 和 0.001；工作波长 λ 分别为 0.85 μm 和 1.55 μm。问：何种情形是单模光纤？何种情形是多模光纤？多模光纤的模数为多少？

8-6 有一对称式薄膜波导，其结构参数为：波导层折射率 $n_1=3.60$，波导层两边折射率

相等,即 $n_2=n_3=3.55$。

(1) 求形成导波的入射角 θ_1 的变化范围;

(2) 若波导层厚 $d=3\ \mu m$,求高次模 TE_3 的截止波长 $\lambda_c=?$

(3) 当 $\lambda=0.9\ \mu m$ 时,有哪些模式可在其中传播?

8-7 若光在光纤中传输 1 km 后,下降到入射光强的一半,则该光纤的衰减率为多少 dB/km? 多少 km^{-1}? 若光纤的衰减率为 0.3 dB/km,则光在光纤中传输 1 km 后,光强下降到初始光强的百分之几?

8-8 用经验公式(8.3-2),估算 $\lambda=1.55\ \mu m$ 和 $\lambda=0.85\ \mu m$ 两种波长情况下,由瑞利散射引起的衰减系数 α_{RS}。采用掺锗石英单模光纤,取 $\widetilde{\Delta}=0.3\%, A=0.63, B=180$。计算结果说明什么问题?

8-9 甲乙两个发射波长均为 $\lambda=0.85\ \mu m$ 的激光二极管(LD),甲的有源层厚度 $d_1=1\ \mu m$,宽 $W_1=10\ \mu m$;乙的有源层厚度 $d_2=2\ \mu m$,宽 $W_2=10\ \mu m$。将它们与数值孔径 $NA=0.2$ 的光纤直接对接,问:甲乙两个 LD 耦合效率各为多少?

8-10 目前的光纤通信为什么采用 $0.85\ \mu m$、$1.30\ \mu m$ 和 $1.55\ \mu m$ 三个波长?光纤通信为什么向长波长、单模光纤方向发展?

8-11 将 $50\ \mu W$ 的光功率注入长 300 m 的光纤中,如果在另一端接收到的功率为 $38\ \mu W$,试问:光纤的损耗为多少 dB/km? 如光纤长 5 km,输出光功率将是多少?

8-12 LED 光源,功率 $P=1\ mW$,波长 $\lambda=0.85\ \mu m$,$\Delta\lambda=40\ nm$。将它与一阶跃光纤相接,光纤芯折射率 $n_1=1.5$,$\widetilde{\Delta}=0.01$,材料色散 $\dfrac{dn_1}{d\lambda}=3\times10^5\ m^{-1}$,$\dfrac{d^2 n_1}{d\lambda^2}=3\times10^{10}\ m^{-2}$。

(1) 若探测器最小可探测功率 $P_{min}=5\times10^{-4}\ mW$,光纤传输损耗为 2 dB/km,输入输出耦合损耗共 5 dB,试求出损耗限制的最大传输距离 $L_{max}=?$

(2) 计算由于材料色散及模间色散引起的脉冲展宽。

第 9 章 光存储技术

随着社会的进步和科学技术的发展,需要存储的信息在急剧增加,存储的方法也在不断更新。用纸张存储信息至今仍在广泛使用,但它的存储密度低,占用体积大,并且不易检索和永久保存。第二次世界大战期间发展了微缩胶片技术,它的存储密度高,成本低,也能永久保存,但记录的资料不能修改和补充,也不易自动检索。20 世纪 50 年代,由于磁记录技术的发展,研制出了磁盘存储器。它具有存储容量大和存取速度快的特点,发展异常迅速,特别适于与计算机联用。上述各种存储方法,在社会中占据各自的位置,仍将继续发挥它们的作用。

信息资料的飞速增长,人们需要存储密度更高、存取速度更快的存储技术。1960 年激光器问世后,根据激光的优良特性,人们开始了高密度光学数据存储的研究工作。20 世纪 70 年代,研制成功了世界上第一个光盘系统,这以后的三十几年中,以光盘为代表的光学存储技术得到了飞速发展,各种光存储器不断涌现。目前,光存储技术仍在迅速发展。本章重点介绍光盘存储,并对其他的光学存储加以简要介绍。

9.1 关于信息的基本概念

信息一词在概念上与消息的意义相似,但信息的含义更深刻。信息可理解为消息中包含的有意义的内容,即对于接收者来说,某些消息比另一些消息更有意义,也就含有更多的信息。例如,"人有两手,每手五指"的消息,人们听了不足为奇,因为这个消息必然发生;而"人有两手,每手六指"的消息,人们听了却很惊奇,因为这个消息极难发生。因此说,前一种消息所含的信息量小,而后一种消息所含的信息量大。

从数学角度看,消息中的信息量与消息发生的几率密切相关。消息出现的几率愈小,则消息中所包含的信息量就愈大。如果某消息必然发生(几率为 1),则该消息所传递的信息量为零;如果某消息不可能发生(几率为 0),则该消息将传递无穷的信息量。另外,如果得到的消息是由若干个独立事件构成的,那么得到的总的信息量,就是若干个独立事件的信息量的总和。

根据信息的上述性质,可以对信息作定量的表达。用 I 表示消息 x 所含信息量,该消息出现的几率为 $p(x)$,则定义 I 与 $p(x)$ 有如下关系:

$$I = \log_a \frac{1}{p(x)} = -\log_a p(x) \qquad (9.1-1)$$

这样定义的信息量能够将信息的上述性质全部表达出来。例如按式(9.1-1),$p(x)=1$ 时,$I=0$;$p(x)=0$ 时,$I=\infty$。若事件 x_1 出现的几率为 $p(x_1)$,事件 x_2 出现的几率为 $p(x_2)$,则这

两个事件所含的信息总量为

$$I[p(x_1)p(x_2)] = \log_a \frac{1}{p(x_1)p(x_2)} = I[p(x_1)] + I[p(x_2)] \quad (9.1-2)$$

信息量单位的确定取决于对数的底 a。如果取 $a=2$，则信息量的单位为比特(bit)；如果取 e 为对数的底，则信息量的单位为奈特(nit)；若取 $a=10$，则信息量的单位为十进制单位，或称为哈特莱。上述 3 种单位的使用场合，应根据计算及使用的方便来决定。通常广泛使用的单位为比特，因为当代信息存储和传播通常采用二值数据编码的方式。

两个等几率事件 A 与 B(例如在掷硬币试验中，国徽图案的朝上与朝下)，构成信息的基本单位。传送它们的状态需要一个二进制的波形(或二值脉冲)。定义：传送两个等几率的二进制波形之一的信息量为 1，单位为 bit。按式(9.1-1)计算，应为

$$I = \log_2 \frac{1}{\frac{1}{2}} = \log_2 2 = 1 \text{ bit} \quad (9.1-3)$$

如果传送的是 M 个等几率事件，或者说是 M 个等几率的消息，就需要用 M 进制的波形来传送。但 M 进制波形总可用二进制波形来表示。对于 M 进制波形，传送每一波形的信息量(单位为 bit)为

$$I = \log_2 \frac{1}{\frac{1}{M}} = \log_2 M \quad (9.1-4)$$

式中：$\frac{1}{M}$ 为每一波形出现的几率。

若 $M = 2^K (K=1,2,3,\cdots)$，这里 K 实际上就是 M 进制波形用二进制波形表示时，所需的波形数目。在这种情况下，式(10.1-4)就变为

$$I = \log_2 2^K = K \quad (9.1-5)$$

式(9.1-5)表明，传送每一个 M 进制波形的信息量就等于用二进制波形表示该波形所需的波形数目。

如果所传送的各消息是非等几率的情况，设离散信息源由 n 个消息组成，记为 $x_1, x_2, \cdots, x_n$，且每个消息独立出现的几率为 $p(x_1), p(x_2), \cdots, p(x_n)$，则每个消息所包含的信息量分别为 $I_1 = -\log_2 p(x_1), I_2 = -\log_2 p(x_2), \cdots, I_n = -\log_2 p(x_n)$。于是，每个消息所包含的信息量统计平均值，即平均信息量(单位为 bit/消息)为

$$\overline{I}(x) = p(x_1)[-\log_2 p(x_1)] + p(x_2)[-\log_2 p(x_2)] + \cdots +$$
$$p(x_n)[-\log_2 p(x_n)] = -\sum_{i=1}^{n} p(x_i) \log_2 p(x_1) \quad (9.1-6)$$

在光存储器中，常用到存储容量、数据传输速率、误码率等表征存储器性能的量，下面对这些量的概念做一些简要的说明。

在计算机和数字通信中,最适用的是二进制数字,即 0 和 1。在数字通信中常用时间间隔相同的符号来表示一位二进制数字,这个间隔称为码元长度(或称为字节)。

信息以字节(Byte 用 B 表示)为单位表示其容量,例如,一页 A4 文件为 2 KB,就是说在该页文件上可存储 2 KB 信息;一张光盘的存储量为 10 GB,即表示在该盘片上可存入 10 GB 的信息。

数据传输速率,通常是以码元传输速率来衡量,定义为每秒传送码元的数目,单位为波特(Baud 用 B 表示)。例如,某系统的数据(信息)传输速率为 3 MB,则该系统每秒传送 3 兆码元。

数据传输速率还可用每秒传送的信息量来表示,单位是比特/秒,或记为 bit/s。例如,若某系统每秒传送 1 000 个符号,而每一符号的平均信息量为 1 bit,则该系统的信息传输速率为 1 000 bit/s。在二进制下,规定每个码元含有 1 bit 信息,所以码元速率与信息速率在数值上相等,只是单位不同。

误码率,是指错误接收的码元数在传送总码元数中所占的比例,即码元在传输系统中被传错的几率。误码率和误信息率(或称误比特率)是等价的概念,是指错误接收的信息量在传送信息总量中所占的比例,是码元的信息量在传输系统中被丢失的几率。

9.2 光存储的一般特点

用光学的方法存储信息,人们并不陌生。例如,照相术是人们最熟悉的一种光存储方法。微缩胶片技术将普通照相术的存储密度提高了好几个数量级。当前,光学存储主要指与计算和其他通信系统联机的海量存储技术,其主要代表是光盘存储技术。与传统的磁性存储技术(磁带、磁盘)相比,光学存储有以下特点:

① 存储密度高。光盘存储用激光器作光源。由于激光具有很好的方向性,发散角很小,亮度很高,可以聚焦成直径小于 1 μm、高功率密度的小光斑,这样的尺寸和它的发射波长差不多。所以理论估计,存储 1 bit 信息所需的介质面积约为 λ^2,光学存储的面密度为 $1/\lambda^2$ 数量级,其中 λ 是用于存储的光的波长。通过使用多层记录材料,存储密度还要增大;还可以用材料的整个体积进行光学存储,存储体密度可达 $1/\lambda^3$。按 $\lambda=0.5$ μm 计算,存储面密度可达几百 MB/cm^2,体密度可达 TB/cm^3 的数量级($1T=10^{12}$),为普通磁盘的 10~100 倍,是当前任何其他数据存储技术无法比拟的。

② 非接触式读/写信息。这是光盘存储器所具有的独特性能。光盘机中光头与盘间通常有约 2 mm 的距离,光头不会磨损或划伤盘面,所以光盘寿命长,一般可在 10 年以上。由于无接触读/写,所以记录的信息不会因反复读取而产生信息衰减。记录介质上附有透明保护层,因而光盘表面灰尘和划痕,对记录信息影响不大,使光盘工作和保存的条件要求降低。由于无接触,光盘片可以方便地自由更换。

③ 抗电磁干扰。外界电磁干扰的频率远低于光频,因此光学存储与读取过程不受外界电磁场的干扰,不同光束之间也很难互相干扰。

④ 记录速度快。由于激光能够聚焦成很高的功率密度,所以能以很高的数据速率写入信息。单通道记录可达 50 Mbit/s;采用多通道记录时,数据传送速率可超过 200 Mbit/s。

⑤ 信息位的价格低。由于光学存储密度高,又可大量复制,所以存储每位信息的价格低廉。它的信息位价格是磁记录的几十分之一。

光盘存储技术目前还有它的不足之处,主要有:①光盘机的信息或数据传输速率比磁带机高而比磁盘机低。②光盘的原始误码率较高。这是因为光盘的基本存储单元每位只占约 $1~\mu m^2$ 的面积,盘面上极小的缺陷或针孔都会引起错误,所以必须采取误码校正措施。③光盘机较磁带机或磁盘驱动器复杂。光盘的这些缺点在科学技术不断进步过程中,必将逐步得到克服。

9.3 光盘存储

自激光器出现之后,关于光盘存储的基础性研究工作逐渐展开。到 20 世纪 60 年代末,世界上研制成功了第一片光盘。此后,光盘存储技术迅速发展。80 年代,在声视领域中迅速形成了激光唱盘 CD(Compact Disk)和激光视盘 LVD(Laser Video – Disk)产业。光盘作为一种新型的信息存储手段,在计算机外存设备上的应用也发展很快,目前已成为光电子产业的主要支柱之一。

1. 光盘的主要类型

根据性能和用途,光盘存储器大致可分为以下三种类型:

① 只读式存储光盘 ROM(Read Only Memory);

② 一次写入光盘 WORM(Write Once Read Many),或称为写入后立即读出光盘 DRAW(Direct Read After Write);

③ 可擦重写光盘 DRAW – E(Erasable)。

只读式光盘存储系统只能用来读出已经记录在光盘中的信息,不能写入信息。目前,市场上的电视录像光盘系统和数字音响光盘系统属于这一类型。光盘上存储着容量很大的由专业工厂制好的视频、音频或数字信息。一片电视录像盘双面可录存约 1 h 的彩色电视节目,相当于 50 GB 的信息容量。只读型光盘也可用于计算机系统,作为大量发行数据和软件的一种手段,例如可在一张光盘上十分密集地存储 10 种以上广泛使用的参考文件。

一次写入光盘(WORM)也称为写入后立即读出光盘(DRAW),它是利用聚焦的激光束热能在介质的微区产生不可逆的物理和化学变化来记录信息的。这种光盘具有写、读两种功能,用户可以自行一次写入,写完即可读,但信息一经写入便不可擦除。如发现某段有错误,可将该段作废,更换地址重写。光盘上留有备用的空白区,可把要修改或重写的内容追记在空白区内。这种光盘已商品化,主要用于一次写入多次读出的技术,如存储图像、文件和档案资料等。

可擦重写光盘是可以写入、擦除、重写的可逆型记录系统,它利用激光照射,引起介质的可逆性物理变化而进行记录,目前主要有光磁记录和相变记录两种类型,前者更为成熟。可擦重写光盘存储技术是近 10 年开发出来的新一代光盘存储技术,它使光盘存储技术克服了以往不可擦除的弱点,从而能与磁记录存储技术竞争,而且也可以与计算机联机使用。

2. 光盘的写/读原理

利用激光的单色性高、方向性好和高亮度的特性,将光束聚焦成直径为 $1\ \mu m$ 左右的光点,使能量高度集中,在储存介质中形成极微小的光照微区,使光照部分发生物理和化学变化,从而使光照微区的某种光学性质(反射率、折射率和偏振特性等)与周围介质有较大反衬度,这就实现了信息的写入(存储);再用低强度的激光束聚焦成光点,扫描信息轨道,根据反射光的变化以读出写入的信息。这就是光盘最基本的写/读原理。

用图 9.3.1 可以说明光盘的写/读原理。图中用 He-Ne 激光器作为写/读能源。激光器的输出分成强度不等的两束光,其中 90% 用于记录,10% 用于读出。记录光束用光调制器产生的信息信号进行调制,经过调制的记录光束经聚焦系统聚焦成直径约 $1\ \mu m$ 的光点,正好落在光盘存储介质的平面上,于是有一定宽度和间隔的记录光脉冲在介质上形成一连串的物理标志,它们是相对于周围的背景在光学上能显示出反差的微小区域,如凹坑。在记录过程中,光盘在电机带动下以一定速度旋转。如果载有光头的小车做匀速直线运动,则烧蚀的凹坑形成等节距的螺旋线信道。如果在记录数据时,小车停止不动,只有在光盘每转结束时,写入光束断开,小车才将光头定位到下一个信道位置上,然后开始记录新的数据,这时凹坑形成的信道就是同心圆。这样,光盘就以记录斑的形式写入了大量的信息位,如图 9.3.2 所示。

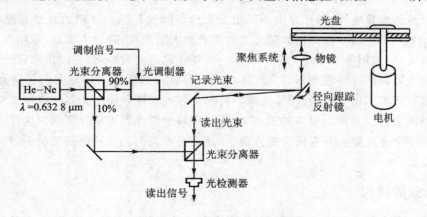

图 9.3.1 光盘写/读系统

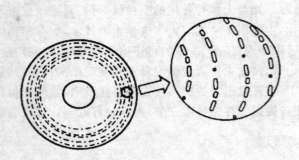

图 9.3.2　光盘记录斑示意图

读出光束经反射镜、光束分离器、反射镜、径向跟踪反射镜、聚焦系统物镜,也聚焦在光盘存储介质的平面上,形成微米大小的读出光点。读出光束的功率一定要比写入光束的功率低,以保证读出光点的功率密度小于存储介质的记录阈值,否则将破坏盘面上原已写入的信息。读出光点从盘面上反回,透过光束分离器至光检测器。由于数据道上没有凹坑的地方和有凹坑的地方对读出光点的反射特性有差异,就可以将信息分离出来。读出光束对光盘表面的信息纹迹扫描,读出光点被反射回来受到了凹坑长短和间距的调制。受调制的反射光经过光检测器转换成电信号,再经电路系统解调处理,就恢复成所要记录的信息(例如视频或音频信号)。

上述写/读方式写后就可以立即读出,可检测出记录信号与读出信号之间的差异。如发现某段有不可校正的错误,可将该段作废,在下一个地址重新写入信息。这就是写入后立即读出的原理。

3. 光盘存储的光源

由于激光的优异特性,激光是唯一可用于光盘存储的光源。早期的光盘存储实验大多采用 Ar^+ 激光器和 He-Ne 激光器。随着光盘系统的大量生产,并进入家庭,采用气体激光器的装置体积太大,给使用带来不便。从 20 世纪 80 年代起,许多技术先进的国家已开始大批量生产半导体激光器。半导体激光器具有尺寸小、效率高、可直接调制和寿命长等特点,各种类型的光盘存储装置都采用它作为读/写光源。特别是阵列式半导体激光器的研制成功,给光盘存储带来了新的潜力。采用集成阵列式光头,阵列中每个激光器可单独调制。这样,一个光头就可同时把若干个光点聚焦到存储介质表面上,从而在不提高光盘转速的情况下,产生更高的数据存储速率。

4. 光盘的结构

光盘是光盘存储装置中的重要部件。光盘的盘体结构由三部分组成:光盘基片、存储介质和密封层(保护层),如图 9.3.3 所示。

光盘基片是最为关键的光学零件,存储介质层就附着在它的表面,因此对基片的光学质量有严格的要求。基片可以由玻璃、压模聚合物或塑料制作。玻璃易于加工,但易碎裂。塑料易于复制,是一大优点。通常采用的主要基片材料有丙烯酸类树脂(如有机玻璃)、聚碳酸酯类树脂和环氧类树脂等。有机玻璃作基片时,具有极好的光学和机械性能。

密封层(保护层)的作用,是保护存储介质,防止其划伤及受灰尘和指纹的污染,也使存储介质免受周围大气中的水蒸气及腐蚀性物质的有害影响,以保证记录与读出的信号质量,减小误码率。图 9.3.3(a)所示是在记录层表面直接覆盖一层薄的透明聚合物作为保护层。将两片同样的光盘对称地粘接在一起,使保护层面对着,就别成双面光盘。图 9.3.3(b)所示是空气夹层结构,它实际上是用两片光盘面对面地黏合在一起构成的,在数据存储区的内径和外径处用两个间隔圈将盘片隔开,中间形成空腔。这种光盘基片还兼有保护层的作用。由于读/写操作都是经由基片进行的,所以要求基片具有极好的光学性能。

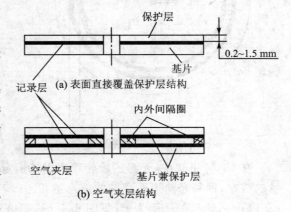

图 9.3.3 光盘结构示意图

5. 光盘的存储格式

光盘上的信息总是沿着轨道进行记录和读出的。所谓轨道,是一条距离盘中心为 r 的狭窄圆环(如图 9.3.4 所示)或是一条连续的螺旋线。两条相邻轨道之间有一环状保护带。两条相邻轨道的中心线在半径方向上的距离称为道间距。光盘的道间距为 $1~\mu m$ 数量级,而硬磁盘为 $10~\mu m$ 数量级。一些光盘在记录数据之前就已在光盘表面刻蚀了物理轨道,如带有预刻槽格式的光盘(如图 9.3.5 所示),另一些光盘则没有预先刻蚀。有预刻槽的光盘是使用广泛的一种,相邻两圈预刻槽之间是台阶。如将数据记录在槽内,这时台阶就是保护带。相反,如将数据记录在台阶上,则台阶就是轨道,而刻槽就是保护带。通常刻蚀的槽深为 $\lambda/8$(λ 为激光束的波长),这样对读/写激光束的径向位置变化具有最佳灵敏度。

一般将光盘上每一轨道划分为若干扇段,每个扇段规定可以存储一定的字节(如 512 B 或 1024 B)。如果光盘是以恒定角速度旋转,则光盘上的每一条轨道均划分为相同数目的扇段,如图 9.3.6 所示。

在光盘上存储信息,基本的格式有两种:等角速度格式(或称 CAV 格式)和恒线速度格式(或称 CLV 格式)。

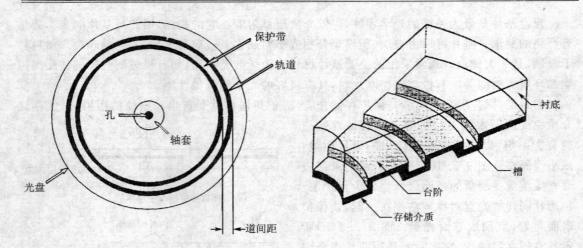

图 9.3.4 光盘的轨道　　　　图 9.3.5 轨道的形成

在 CAV 格式中,光盘的旋转频率保持恒定。其特点是,光盘上的每一条轨道容纳相同数量的数据,即每条轨道所存储的信息量相同。若一个光盘的数据记录区的内径和外径分别为 r_{min} 和 r_{max},轨道的间距为 t_p(见图 9.3.6),则该记录区可利用的轨道数为 $(r_{max}-r_{min})/t_p$。每一轨道所容纳的数据量相同,就以 r_{min} 轨道来计算。设 ρ 表示 r_{min} 轨道上的线密度,它是盘上最大的轨道线密度,则 r_{min} 轨道上的数据容量为 $2\pi r_{min}\rho$。因此,CAV 格式光盘的存储容量为

$$C = 2\pi r_{min}\rho \frac{(r_{max}-r_{min})}{t_p} \qquad (9.3-1)$$

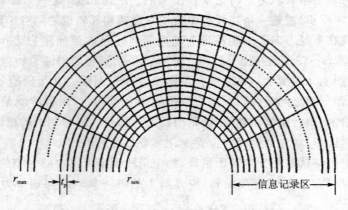

图 9.3.6 光盘的扇段(CAV 格式)

设

$$\alpha = r_{min}/r_{max} \qquad (9.3-2)$$

则式(9.3-1)可写成

$$C = 2\pi\rho \frac{r_{\max}^2(\alpha - \alpha^2)}{t_p} \qquad (9.3-3)$$

当 $\alpha = 0.5$ 时,式(9.3-3)达到最大值。此时,

$$C_{\max} = \pi\rho \frac{r_{\max}^2}{2t_p} \qquad (9.3-4)$$

在 CLV 格式中,为了使读出光点保持恒定的轨道速度,要求光盘的旋转频率在从内侧到外侧半径扫描信息的过程中不断减小。这种存储方式的特点是,整个盘面上的面密度恒定。这意味着,外轨道比内轨道能容纳更大的信息量。仍用 ρ 代表线密度,此时对各轨道来说,ρ 也是恒定的。用中间轨道 $(r_{\max}+r_{\min})/2$ 上的存储量

$$2\pi \frac{(r_{\max}+r_{\min})}{2} \cdot \rho = \pi\rho(r_{\max}+r_{\min})$$

代表各轨道的平均存储量,轨道数仍为 $(r_{\max}+r_{\min})/t_p$,则 CLV 格式光盘的存储量为

$$C = \pi\rho \frac{(r_{\max}^2 - r_{\min}^2)}{t_p} \qquad (9.3-5)$$

或

$$C = \pi\rho \frac{r_{\max}^2(1-\alpha^2)}{t_p} \qquad (9.3-6)$$

当 $r_{\min}$ 足够小时,式(9.3-5)可近似写成

$$C \approx \pi\rho \frac{r_{\max}^2}{t_p} \qquad (9.3-7)$$

将式(9.3-7)与式(9.3-4)比较可知,当 $r_{\min}$ 足够小时,CLV 光盘的容量接近同样大小的 CAV 光盘容量的 2 倍,存储容量得到了最佳利用。

6. 光盘存储系统

光盘存储系统包括光盘及其驱动器。

光盘的记录密度极高,基本存储单元每位只占有约 1 μm^2 的面积,盘片上极小的缺陷或针孔都会引起错误,因此对盘面的加工精度要求很高。光头在盘面上的定位与聚焦精度也必须很高,否则也会产生写入与读出的错误。因此,实用的光盘存储系统包含着多种技术,例如高性能的激光器技术,高精度光学技术,精密机械与精密加工技术,精密伺服控制技术,数据处理与误码校正技术以及整个系统的电子线路与软件技术等。可以说,光盘技术是光、机、电相结合的高技术产物。

9.4 可擦重写光盘

一次写入光盘对存储的信息不能擦除,但可以长期保存,这对于档案存储、图书管理与检索等应用是一个优点。但对于不要求永久性存储的许多应用,特别是大多数计算机存储应用

来说,可擦性却是必需的。只有可擦性光盘发展起来,才能与磁盘存储竞争,并能充分显示出光盘存储的优越性。

利用光磁技术和相变技术,光盘可以做到擦除、重写。第一代可擦光盘的缺点是,需要擦除状态。没有擦去旧的信息时不能写入新的信息,这一点与磁记录不同。磁盘可在原位直接重写,而可擦光盘必须先用擦激光将某一信道上的信息擦除,然后再用写激光将新的信息写入,要求光盘在第一转内擦去原有信息,在第二转内记录新的信息。这种先擦后写的两步过程限制了数据的存取时间和传输速率,因而不能应用到计算机系统的主内存,即随机存取存储器RAM(Random Access Memory)。但是,这类光盘可代替磁带,用于海量脱机存储和图像数字存储。后来,人们对这一类光盘进一步研究,出现了直接重写光盘。

1. 光磁盘的写/读原理

光磁盘存储是用磁性材料作为记录介质,用激光作为记录、读出和擦除手段的存储。

(1) 记录原理

光磁盘的记录原理如图 9.4.1 所示。光磁盘所用的磁膜有一容易磁化的轴,它与膜面垂直。磁膜制成后,膜面上的磁畴杂乱地排列着。在写入信息前,用一定强度的磁场 H_0(H_0 要比矫顽磁力 H_c 大),对磁膜进行初始磁化,使磁畴单元具有相同的磁化方向,即磁化强度 M 均指一个方向,如图 9.4.1(a)所示均指向下方,这是输入信号前的初始状态。

写入时,将磁光读/写头的脉冲激光聚焦到介质表面,光照微区的温度不断升高,介质材料的矫顽磁力 H_c 不断下降。当温度升至居里温度 T_c 时,矫顽磁力 H_c 下降至零,介质在这个微区的净磁化强度为零(退磁)。此时,通过绕在读/写头上的通电线圈向该微区施加一反向磁场 H(H 为 $(8\sim15)\times10^3$ A/m),使微斑反向磁化。介质中无光照的相邻区域,磁化方向仍保持原来的方向,如图 9.4.1(b)所示。这样就以磁化方向的差别记录了信息(见图 9.4.1(c))。

当把激光束从选择的记录点移开时,该微区的温度即恢复到室温,而室温下的正常矫顽磁力高达$(1.6\sim2.4)\times10^5$ A/m,要改变磁性需要很强的磁场。这意味着,光磁记录在室温下有极其可靠的抗偶然擦除性。

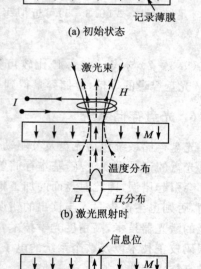

图 9.4.1 光磁记录原理

(2) 法拉第效应与克尔效应

法拉第效应与克尔效应是磁光效应中的两种效应，它们表现为光与磁化介质相互作用时其偏振状态的变化。光磁盘的读出要利用这两个效应。

1945 年法拉第(M. Faraday)发现，在磁场的作用下，本来不具有旋光性的物质也产生了旋光性，能够使线偏振光的振动面发生旋转，这就是法拉第效应。后来，维尔德(Verdet)对法拉第效应进行了仔细研究，发现光振动平面转过的角度 θ 与光在物质中通过的长度 l 和磁感应强度 B 成正比，即

$$\theta = VBl \tag{9.4-1}$$

式中：比例常数 V 称为维尔德常数，单位为 $rad/(T \cdot m)$，它决定于物质的种类、光的波长和温度。例如，用 $\lambda = 0.589\ 3\ \mu m$ 的偏振光照射加有磁场的磷冕玻璃，在 18℃时，$V = 4.86\ rad/(T \cdot m)$。

实验发现，当线偏振光通过透明的磁光介质时，如果沿磁场方向传播，迎着光线看，振动面向右旋转角度 θ；如磁场改变方向，则振动面向左旋转角度 θ。这说明，法拉第效应的旋光方向取决于外加磁场方向。这一特性对光磁盘的读出很重要，因为可以根据旋光方向来确定外加磁场的方向。

磁光克尔效应是 Kerr 在 1877 年发现的，它是指直线偏振光入射到磁性介质时，反射光束的偏振面发生旋转的现象。如图 9.4.2 所示，如沿着反射光的传播方向看，磁化方向向上时，其原来偏振面(图中虚线表示)向右旋转一角度，记为 θ_K；而当磁化方向向下时，向左旋转一角度，记为 $-\theta_K$。因此，如把直线偏振光射向磁性介质，则根据其反射光偏振面的旋转方向，就可判定射入点的磁化方向。

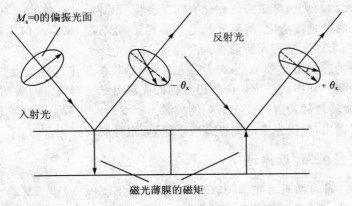

图 9.4.2 磁光克尔效应示意图

(3) 光磁盘的读出

光磁盘记录的读出，就是检测记录介质的磁化方向。从原理上讲，它既可利用法拉第效应，也可利用克尔效应。检验透过记录介质的光时，要利用法拉第效应；检验从记录介质表面

反射的光时,则要利用克尔效应。当前,使用克尔效应的例子较多。

利用克尔效应读出原理如图 9.4.3 所示。首先将读出激光通过起偏镜后变为直线偏振光,照射到记录介质上,并扫描录有信息的信道。经反射后,其偏振面对应于向上和向下的磁化方向将旋转 θ_K 和 $-\theta_K$ 角度。通过检查 θ_K 的正负,即可判别记录介质的磁化方向。实际测量时,常将检偏镜的偏振方向放到与 $-\theta_K$ 正交的位置(见图 9.4.3),于是从磁化方向向下的区域来的反射光不能通过检偏镜,而从磁化方向向上的区域来的反射光则可通过 $\sin(2\theta_K)$ 的分量。因此,磁化方向向上的区域与磁化方向向下的区域相比,就显得明亮了。用光检测器将光的强弱变化转变为电流变化,就可检测出相应的信号,这就是读出的原理。

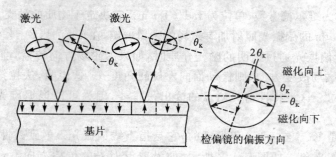

图 9.4.3　光磁读出原理

(4) 信息的擦除

擦除时,用原来的写入光束扫描信息道,并施加与初始 H_0 方向相同的磁场(仍通过绕在读/写头上的通电线圈),则微区磁头的磁化方向又会恢复原状,从而擦除了原有的信息。由于磁畴磁化方向的翻转的速度有限,故磁光光盘一般需要两次操作来写入信息,即第一次是擦除原有轨道上的信息,第二次是写入新信息。

由于克尔效应的旋转角比较小,只有十分之几度,给检测带来一定难度,所以也有人利用法拉第效应进行检测。利用法拉第效应读出数据的光磁盘结构,其读/写头部分位于光盘的一侧,而探测振动面旋转角的装置则位于另一侧。激光器发出的偏振光通过光盘,由位于光盘另一侧的光电检测器读出,分析光束的偏振方向,就可确定薄膜的磁化方向。

2. 相变型光盘的写/读原理

相变型光盘是一种可擦重写光盘,其记录膜为硫系(S,Se,Te)半导体合金构成的相变材料,如 TeGeSbS,TeGeAs,TeGeSn 等。这类相变材料在不同功率密度和脉冲激光作用下,会发生晶态—非晶态之间的可逆相变,导致该材料的某些物理或化学性质(如反射率、折射率)也发生相应的可逆变化。相变光盘的信息写入和擦除正是利用这种可逆变化来实现的。

(1) 激光引发的相变机理

固体的晶态和非晶态是体内能不同的两种结构状态。从一种状态变为另一种状态不能自发地进行,必须供给其能量,克服一定的能量势垒,才能过渡到另一个状态。如果采用激光照射使光盘上的薄膜由非晶态变为晶态或由晶态变为非晶态,则称为激光引发的晶化或非晶化现象。

薄膜处于晶态时,原子的排列在长距离内有序,对光的反射率、折射率与吸收系数均大,透射率低。处于非晶态时,原子的排列在长距离内无序,表现为各向同性,对光的反射率、折射率与吸收系数均小。

半导体材料对光有多种可能的吸收过程。激光引发的晶化大致分为以下两种机理:

① 热致晶化。晶化是由非晶半导体薄膜吸收的光子能量转变为热能所引起的,是利用了光与物质作用的热效应。非晶薄膜吸收了足够的光子能量后使光照区域温度升高,当达到材料的晶化温度时,在冷却的条件下使原子重新排列,转变为晶态。当照射激光波长较长,其能量低于所照射半导体禁带宽度时,光能转化为热能导致晶化占主导地位。

② 光致成核的热致晶化。这种晶化是利用了光与物质作用的粒子作用和热效性。当照射激光的能量高于半导体禁带宽度,即激光波长较短时,光子能量将激发成键电子产生自由载流子,导致键的破裂和键的重新排列,出现成核中心,成核中心在热能作用下使晶核生长,之后完成晶化。

激光引发的非晶化的机理一般解释如下:当用功率密度大、脉冲宽度窄的激光照射晶态半导体薄膜时,该薄膜吸收足够的光子能量后使光照区温度迅速升高至熔点。由于激光脉冲很窄,原光照区急剧冷却,处于过冷状态。在快速冷却过程中,材料黏度迅速增大,原子来不及规则排列而固化起来,形成非晶态。

(2) 相变光盘的写入、擦除和读出

在记录信息前,必须用连续激光扫描信息道,使光盘上的记录膜全体处于均一的晶态中。这个过程也就是激光退火过程,或称为记录介质的初始化过程。经过初始化的相变光盘即可进行写入和擦除操作。

① 信息的写入。用几十纳秒的高功率激光脉冲聚焦到介质薄膜上,使光照微区温度急剧升至熔点(例如 600℃)以上,然后立即撤去脉冲,介质的光照微区要在极短的时间内(10^{-8} s 量级)冷却到室温,于是该微区就会发生非晶化,而记录膜的其他部分(非光照区)则仍为晶态。此时,光照区与非光照区将具有不同的反射率。若将此非晶态区域视为"1",晶态区域视为"0",光引发的非晶化即可视为在记录膜上写入数字信号。如果这种反射率的差别能长期保持,则写入的信号就得以储存。

② 信息的擦除。用较低功率密度、较宽脉冲激光聚焦到写入斑点上,使斑点温度从室温升至熔点以下,微区在此温度进行退火处理,通过晶核形成、长大后回到结晶态,或者说光照微区从"1"又回到"0"的状态。这时,原来写入的信号已被擦除。

③ 信息的读出。用不会引起材料相变的低功率密度激光连续扫描信息道,扫到写入斑点处,介质处于非晶态,反射率低;扫到无信号处,介质处于晶态,反射率高。利用反射率的"低"

和"高",可以分辨二进制的"1"和"0",于是可以读出所记录的信息,如图 9.4.4 所示。

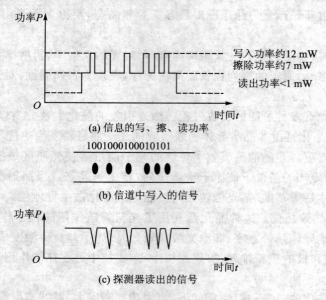

图 9.4.4 相变型光盘的写、读原理

3. 直接重写技术

光盘的直接重写(direct overwrite),就是在写入信息的同时自动擦除原有信息,无需两次动作。这种光盘能够有效地提高数据传输率,有望应用到计算机系统的随机存取存储器中。

实现直接重写的可能途径:一是研究快速擦除的介质,二是研究快速擦除的具体技术方法。

由于相变光盘记录区的写入态为非晶态,擦除态是晶态,所以高速擦除就是高速晶化。光盘在高速旋转,通过一个光斑的时间极短。例如,对于转速为 1 800 r/min 的 ϕ130 的光盘,其最内圈的线速度为 5.5 m/s,最外圈的线速度为 11.4 m/s,激光在光盘内外圈每一光斑(设为 1 μm)上的辐照时间各为 180 ns 和 90 ns。这就是说,相变材料的晶化和非晶化时间都要小于 100 ns,才能进行直接重写。早期使用记录膜的结晶化时间都在微秒量级,20 世纪 80 年代末找到了结晶化时间少于 0.3 μs 的存储材料,使得用单光束直接重写成为可能。图 9.4.5 所示为相变光盘单光束直接重写时的激光功率调制示意图(见图(a))和直接重写轨迹示意图(见图(b))。图中:P_W 为写入功率,它受信号调制;P_E 为擦除功率,且 $P_W > P_E$。当盘面被峰值写入功率的激光照射时,被照区就变成非晶态,即写入态(不管该区在光照前是处于非晶态还是晶态);同样,当该区被擦除功率的激光照射时,该区就变成晶态,即擦除态。读出激光功率比 P_E 还要低。这样,相变光盘在重写时就不需先转一圈擦除旧信息,再转一圈重新写入新信息,而是在重新写入的同时直接擦除了旧的信息,这对提高相变光盘的数据传输速率十分重要。

第一代的磁光盘,都不能像磁盘那样直接重写。原因在于电磁铁的电感过大,电磁场跟不上数据变化的速率。因此,光盘转第一圈时只能进行擦的工作,此时电磁铁给出一个方向的磁场,同时激光束连续照射。转第二圈时,电磁铁的磁场反向,激光按信息调制成光脉冲,写入新数据。

后来有人研制出了实现直接重写的技术,磁场调制法就是其中的一种。如图9.4.6所示是较简单的用激光连续照射的方案。有一个微型的电磁线圈作磁头,光盘旋转时,让它悬浮其上,距离磁盘保护膜 $2\sim 4\ \mu m$。记录时,磁头磁场按所需记录的信息调制,同时激光连续照射。所用记录层的矫顽磁力在室温下高,但在用激光照射达到居里温度时,矫顽磁力迅速下降,此时就可以用记录的信息所调制的磁头上的磁场进行记录。这个磁场并不需要太强,约 10^4 A/m 量级即可。

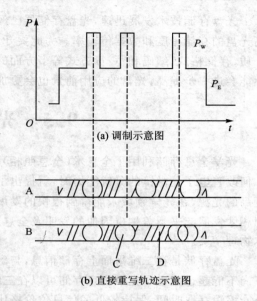

A—直接重写前;B—直接重写后;C—非晶态记录畴;D—晶化擦除态;P_W—写入功率;P_E—擦除功率;t—时间

图 9.4.5 相变光盘单光束直接重写时的激光功率

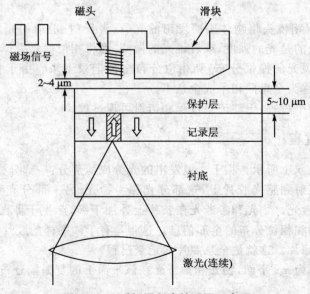

图 9.4.6 磁场调制直接重写示意图

光盘存储技术发展迅速,光盘存储器已经进入了消费领域。今后的发展趋势是,进一步提高光盘的存储密度和数据传输率。为此要开展许多方面的研究工作,包括激光器、光头、存储介质、存储格式、编码和写/读方式等多方面的进一步开拓工作。随着技术的发展,光盘的存储性能会进一步提高,光盘的应用前景也会更加广阔。

9.5 光全息存储

光学全息存储利用了全息术(全息照相)原理。早在 1948 年,英国人盖柏(Gabor)在研究如何改善电子显微镜的分辨能力时,就提出了全息照相的概念,但由于当时缺乏相干性好、亮度高的光源,在光学领域未能得到很快的发展。直到激光器问世,有了优质的相干光源,全息照相才发展起来。盖柏也因他的发明及全息照相方法的发展,在 20 世纪 70 年代初荣获诺贝尔物理学奖。

光盘存储是在二维平面上存储信息,与磁盘相比,有着更高的存储面密度,但其数据传输率尚不能超过磁盘。光学全息存储可以在三维体积内存储信息,达到高密度存储。全息存储还能缩短存取时间,保持较低的信息位价格比。进入 20 世纪 80 年代,国际上在存储方法和存储材料等方面加紧对全息存储进行研究,并取得了极大进展,全息存储技术的实用化正在逐步实现。

9.5.1 全息图的记录与再现

普通照相通过照相镜头将物体表面发出的光(或者反射、散射的光)成像在感光胶片上。实际上感光胶片记录的是光的强度,或者说光的振幅,而将相位信息丢掉了。全息照相则是把光的强度分布(或者说光的振幅分布)和相位分布全都记录下来。由于它记录了光的全部信息,故把这种照相术称为全息照相术或全息术。

全息照相包括两个过程:干涉记录过程和衍射再现过程。

1. 干涉记录过程

记录过程如图 9.5.1 所示。相干光源发出的光分成两部分:一部分光照明物体,从该物体上反射或散射的光照射到感光胶片上,这部分光称为物光;另一部分光直接照射到感光胶片上,这部分光称为参考光。物光和参考光在胶片上叠加干涉,产生干涉图样,这种干涉图样包含了物体光场的振幅和相位分布的全部信息。这张具有干涉图样的胶片经过适当曝光与冲洗处理,就是一张全息照片。这就是全息照片的记录过程。

设照相底版平面为 xy 平面,物光和参考光在该平面上的复振幅分布分别为

$$\widetilde{E}_0(x,y) = E_0(x,y)\mathrm{e}^{\mathrm{i}\varphi_0(x,y)} \tag{9.5-1}$$

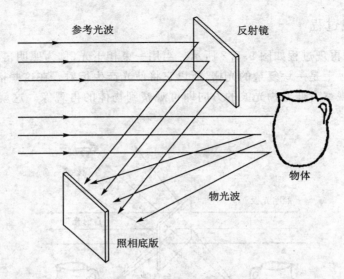

图 9.5.1 全息图的记录

$$\widetilde{E}_R(x,y) = E_R(x,y)e^{i\varphi_R(x,y)} \tag{9.5-2}$$

式中：$E_O(x,y)$ 和 $E_R(x,y)$ 分别为物光和参考光的振幅；$\varphi_O(x,y)$ 和 $\varphi_R(x,y)$ 分别为物光和参考光的相位分布。在照相底版平面上，这两束光干涉产生的光强度分布为

$$\begin{aligned}I(x,y) &= (\widetilde{E}_O+\widetilde{E}_R)(\widetilde{E}_O+\widetilde{E}_R)^* = \\ &\widetilde{E}_O\widetilde{E}_O^* + \widetilde{E}_R\widetilde{E}_R^* + E_OE_Re^{i(\varphi_O-\varphi_R)} + E_OE_Re^{-i(\varphi_O-\varphi_R)} = \\ &(E_O^2+E_R^2) + 2E_OE_R\cos(\varphi_O-\varphi_R)\end{aligned} \tag{9.5-3}$$

式中：第一项 $(E_O^2+E_R^2)$ 是背景光强；第二项的大小是周期性变化的，引起明暗条纹的出现，表示了物光与参考光的干涉效应。

将照相底版适当曝光和冲洗，就得到一张全息图。冲洗后底版的透射系数应与曝光时在底版平面上的光强呈线性关系，即

$$\widetilde{t}(x,y) = t(x,y)I(x,y)$$

式中：比例系数 $t(x,y)$ 可能与空间位置有关。为简单起见，设 $t(x,y)=1$，则全息图的透射系数为

$$\begin{aligned}\widetilde{t}(x,y) &= I(x,y) = \\ &(E_O^2+E_R^2) + E_OE_Re^{i(\varphi_O-\varphi_R)} + E_OE_Re^{-i(\varphi_O-\varphi_R)} = \\ &(E_O^2+E_R^2) + 2E_OE_R\cos(\varphi_O-\varphi_R)\end{aligned} \tag{9.5-4}$$

2. 衍射再现过程

全息图的衍射再现过程如图 9.5.2 所示。当用一束相干光(称为照明再现光)照射全息图时，由于全息图实际上是一块复杂的光栅，所以它将使光产生衍射。在这些衍射的光波中包含着原来的物光波，观察者迎着物光波的方向即可观察到物体的再现像。这就是全息照片的再现过程。

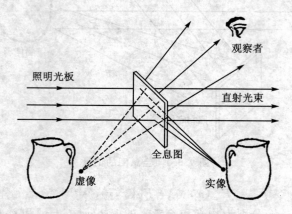

图 9.5.2　全息图的再现

设再现光的复振幅为

$$\widetilde{E}_C(x,y) = E_C(x,y) e^{i\varphi_C(x,y)} \qquad (9.5-5)$$

用它来照明全息图，则透过全息图的光波在 xy 平面上的振幅分布为

$$\widetilde{E}_d(x,y) = \widetilde{t}(x,y)\widetilde{E}_C(x,y) = (E_O^2 + E_R^2)E_C e^{i\varphi_C} + E_O E_R E_C e^{i(\varphi_O - \varphi_R + \varphi_C)} + E_O E_R E_C e^{-i(\varphi_O - \varphi_R - \varphi_C)} \qquad (9.5-6)$$

式(9.5-6)即是再现时衍射光的复振幅表达式，也是全息术的基本公式。

如果所用的再现光与参考光波完全相同，即

$$\widetilde{E}_C(x,y) = E_R(x,y) e^{i\varphi_R(x,y)}$$

则式(9.5-6)变为

$$\widetilde{E}_d(x,y) = (E_O^2 + E_R^2)E_R e^{i\varphi_R} + E_R^2 E_O e^{i\varphi_O} + E_R^2 e^{i2\varphi_R} E_O e^{-i\varphi_O} \qquad (9.5-7)$$

由式(9.5-7)可见，衍射光中包含有 3 项：第一项为再现光波本身，只是其振幅受到 $E_O^2 + E_R^2$ 的调制，这一部分衍射光仍沿再现光方向传播；第二项除了常数因子 E_R^2 外，与物光的表达式完全一样，因而它代表了原来的物光波，观察这个波的效果与观察物体本身一样，当迎看这个光波传播时，就会看到一个与原来物体完全相同的虚像；第三项包含波函数 $E_O(x,y) e^{-i\varphi_O(x,y)}$ 和相位因子 $e^{i2\varphi_R}$，前者为物光的相位共轭波，它的波面的曲率与物光相反，当物光是发散的球面波时,它就是会聚的球面波,因此,它在全息图的另一侧形成物体的实像(见图 9.5.2),称为共轭像。相位因子 $e^{i2\varphi_R}$ 对相位共轭波的影响通常是转动了它的传播方向。

9.5.2 全息图的分类

全息图可按不同方式进行分类。下面给出几种主要的分类方法。

1. 按光路的布置分类

当物体离记录介质的距离较远时所拍摄的全息图称为夫琅禾费全息图,例如当照射到照相底版上的物光和参考光是两个相干的平面波时,就属于此种情形。当物体离记录介质的距离较近时所拍摄的全息图称为菲涅耳全息图,这时物光可以看做球面波。

如果物体通过透镜成像在记录介质上,则得到的全息图称为像面全息图。如果透镜使物光波分布在记录介质平面上产生一个二维空间傅里叶变换,则得到的是傅里叶变换全息图。

2. 按照明方式分类

按照明方式可分为透射全息图和反射全息图。当物光与参考光从记录介质的同一侧入射时,所记录的全息图称为透射式全息图。观察透射式全息图的再现像时,照明光波与衍射光波分别在全息图的两侧。当物光与参考光分别从记录介质的两侧入射时,得到的是反射式全息图。观察它的再现像时,照明光波与衍射光波在全息图的同一侧,即再现光波犹如在全息图上反射而成像。

透射全息图再现时,如果用参考光作为再现光,则可以看到物体的虚像;如果用参考光的共轭光作为再现光,则看到的是一个实像。反射全息图可以用白光再现。因为反射全息图的体光栅具有选色性,只有某种颜色的光波能反射回来形成像,其他颜色的光波都被透过去了,不会由于各种颜色像的混叠而产生色模糊。

3. 按记录介质的厚度分类

当记录介质的厚度小于所记录干涉条纹的间距时,称为薄全息图或平面全息图;反之,用厚的介质记录三维干涉图样,得到的是厚全息图或体全息图。通常用下式所表示的 Q 值来判定二维或三维全息图:

$$Q = \frac{2\pi\lambda d}{n(\Delta x)^2} \qquad (9.5-8)$$

式中:λ 为激光波长;n 为感光乳剂层的折射率;d 为感光乳剂的厚度;Δx 为干涉条纹的间距。当 $Q<1$ 时为二维(平面)全息图,当 $Q>10$ 时为三维全息图。

对于平面全息图,用任意波长的单色光从任意角度进行照射,都能得到重现的像,即平面全息图对角度及波长没有灵敏的选择性,角度和波长变化会产生像差,但一般仍能给出再现像。

对于体全息图,再现光的波长、入射角 θ 和干涉条纹间距 Δx 之间必须满足一定的条件(所谓布拉格条件),也就是说,对某一波长的再现光只有从一个适宜的方向来照射体全息图时,才能看到物体的像,即体全息图的再现具有波长的选择性。这种波长选择性就是用白光再现的理论基础。

9.5.3 夫琅禾费全息图与菲涅耳全息图

1. 夫琅禾费全息图

如图 9.5.3 所示,照射到照相底版上的物光和参考光是两个相干的平面波。设它们的波矢量平行于 x-z 平面,并分别与 z 轴成 θ_O 和 θ_R 角,因而该两光波在照相底版平面(x-y 平面)上的复振幅分别为

$$\widetilde{E}_O(x,y) = E_O(x,y)e^{-ikx\sin\theta_O} \quad (9.5-9)$$

$$\widetilde{E}_R(x,y) = E_R(x,y)e^{ikx\sin\theta_R} \quad (9.5-10)$$

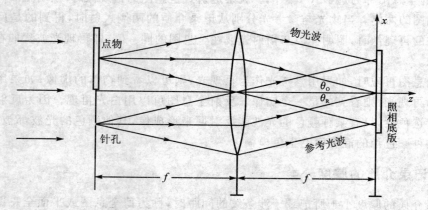

图 9.5.3 夫琅禾费全息图记录

将式(9.5-9)和式(9.5-10)代入式(9.5-3),注意,式中 $\varphi_O = -kx\sin\theta_O$,$\varphi_R = kx\sin\theta_R$,就得到两光波的干涉光强为

$$I(x,y) = E_O^2 + E_R^2 + E_O E_R e^{-ikx(\sin\theta_O + \sin\theta_R)} + E_O E_R e^{ikx(\sin\theta_O + \sin\theta_R)} =$$
$$E_O^2 + E_R^2 + 2E_O E_R \cos[kx(\sin\theta_O + \sin\theta_R)] \quad (9.5-11)$$

照相底版曝光和冲洗后,其透射系数为

$$\widetilde{t}(x,y) = E_O^2 + E_R^2 + 2E_O E_R \cos[kx(\sin\theta_O + \sin\theta_R)] \quad (9.5-12)$$

可见,这个平面波全息图实际上就是全息光栅,透射极大值满足 $kx(\sin\theta_O + \sin\theta_R) = 2m\pi$ 的条件,即

$$x(\sin\theta_O + \sin\theta_R) = m\lambda \quad m = 0, \pm 1, \cdots \quad (9.5-13)$$

当再现时,如果再现光与参考光完全相同(见图 9.5.4(a)),则透过全息图的光场复振幅为

$$\widetilde{E}_d(x,y) = (E_O^2 + E_R^2)E_R e^{ikx\sin\theta_R} + E_R^2 E_O e^{-ikx\sin\theta_O} + E_R^2 e^{ikx(2\sin\theta_R)} E_O e^{ikx\sin\theta_O} \quad (9.5-14)$$

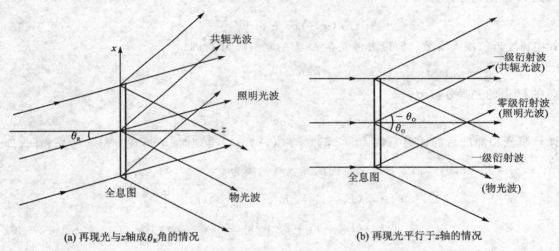

图 9.5.4 夫琅禾费全息图的再现

这是 3 个沿不同方向传播的平面光波:第一项代表直射的再现光;第二项是物光;第三项是物光的相位共轭光,其传播方向与 z 轴的夹角近似为 $2\theta_R - \theta_O$。

如果参考光和再现光都沿着 z 轴方向传播,$\theta_R = \theta_C = 0$,则透过全息图的光场复振幅为

$$\widetilde{E}_d(x,y) = (E_O^2 + E_R^2)E_R + E_R^2 E_O e^{-ikx\sin\theta_O} + E_R^2 E_O e^{ikx\sin\theta_O} =$$
$$(E_O^2 + E_R^2)E_R + 2E_R^2 E_O \cos(kx\sin\theta_O) \quad (9.5-15)$$

可见,衍射光中包含沿 z 轴传播的直射光,沿与 z 轴成 θ_O 角传播的物光和与 z 轴成 $-\theta_O$ 角传播的相位共轭光(见图 9.5.4(b))。这 3 个光波对应于正弦光栅的零级、正、负一级衍射光。透射极大值满足条件

$$x\sin\theta_O = m\lambda \quad m = 0, \pm 1, \cdots \quad (9.5-16)$$

2. 菲涅耳全息图

考虑物光是球面波,参考光是平面波的情况,如图 9.5.5(a)所示。透明片 M 上有一点物

S,当用单色平面波照射 M 时,由 S 散射的光波是球面波,它是物光。而直接透过 M 的是平面波,它是参考光。这两束光产生的干涉图样由照相底版 H 记录下来,成为点物的全息图。设物光在 H 上的复振幅如式(9.5-1)所示,式中 φ_O 为射向底版 H 上点 (x,y,O) 与点 $(0,0,0)$ 两光线的相位差,如 S 点离原点距离为 Z_1,则

$$\varphi_O = \frac{2\pi}{\lambda}[\sqrt{x^2+y^2+Z_1^2}-Z_1] \approx \frac{2\pi}{\lambda}\left[Z_1\left(1+\frac{x^2+y^2}{2Z_1^2}\right)-Z_1\right] = \frac{\pi}{\lambda Z_1}(x^2+y^2) \tag{9.5-17}$$

所以 H 上的复振幅为

$$\widetilde{E}_O(x,y) = E_O e^{i\frac{\pi}{\lambda Z_1}(x^2+y^2)} \tag{9.5-18}$$

式中:E_O 近似视为常数。假设参考光在 H 上的复振幅为 1,即

$$\widetilde{E}_R(x,y) = 1$$

则在 H 上的光强分布为

$$I(x,y) = (E_O^2+1) + E_O e^{i\frac{\pi}{\lambda Z_1}(x^2+y^2)} + E_O e^{-i\frac{\pi}{\lambda Z_1}(x^2+y^2)} \tag{9.5-19}$$

H 经曝光和冲洗后的透射系数为 $\tilde{t}(x,y) = I(x,y)$。在再现时,若再现光与参考光相同,即 $\widetilde{E}_O(x,y) = \widetilde{E}_R(x,y) = 1$,则透过全息图的光场复振幅为

$$\widetilde{E}_d(x,y) = (E_O^2+1) + E_O e^{i\frac{\pi}{\lambda Z_1}(x^2+y^2)} + E_O e^{-i\frac{\pi}{\lambda Z_1}(x^2+y^2)}$$

$$(E_O^2+1) + 2E_O \cos\left[\frac{\pi}{\lambda Z_1}(x^2+y^2)\right] \tag{9.5-20}$$

可见,透过全息图的衍射光包含 3 部分:直射照明光;发散的球面物光,当迎着它观察时,可以看到点物 S 的虚像 S';会聚的球面相位共轭光,在全息图右方 Z_1 处形成点物 S 的实像 S''(见图 9.5.5(b))。

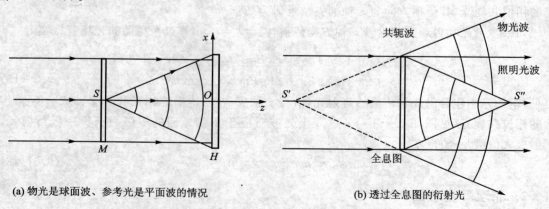

(a) 物光是球面波、参考光是平面波的情况　　(b) 透过全息图的衍射光

图 9.5.5　共轴型菲涅耳全息图的记录与再现

从式(9.5-20)还可以看出,底片 H 上的干涉条纹是一些中心在原点的亮、暗圆环。由

$$\frac{\pi}{\lambda Z_1}(x^2+y^2)=\frac{\pi}{\lambda Z_1}\rho^2=2m\pi$$

可以得到亮环半径为

$$\rho_m=\sqrt{2m\lambda Z_1} \qquad m=0,1,2,\cdots \qquad (9.5-21)$$

即亮环的半径正比于偶数的平方根。

上述的菲涅耳全息图是同轴全息图,再现时产生的两个像(一个虚像和一个实像)均在轴上。同轴全息图易受以轴为中心的相干背景噪声的影响,使像质变坏。当物光与参考光不同轴时,两个像彼此分开,这种情形称为离轴菲涅耳全息图,避免了背景噪声的影响。离轴菲涅耳全息图的记录与再现如图 9.5.6 所示。图中:O 代表物光,R 代表参考光,C 代表再现光。

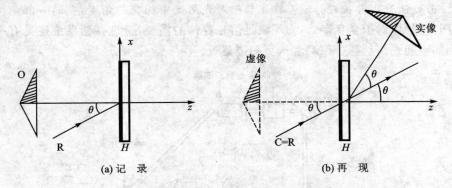

图 9.5.6 离轴菲涅耳全息图的记录与再现

菲涅耳全息图常用于全息存储。此外,像面全息图、傅里叶变换全息图和体积全息图也常用于全息存储。图 9.5.7 所示为菲涅耳全息图存储原理示意图。图中:O 代表物光,R 代表参考光。

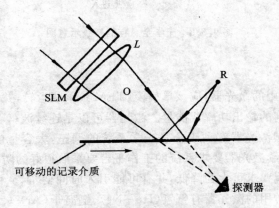

图 9.5.7 菲涅耳全息存储原理示意图

SLM 为空间光调制器,它的作用是将待存储的信息加载于物光波上。会聚的物光波(或称信号波)与发散的参考光波在可移动的记录介质上干涉叠加,形成菲涅耳全息图。当用原参考光照明再现时,在原物光波的聚焦位置上产生像点。通过移动存储介质,即可存储一系列菲涅耳全息图。

9.5.4 全息存储及特点

图 9.5.8 所示是典型的光学全息存储系统示意图。其基本组成与普通光学全息系统相似,都是将激光器发出的相干光分成物光和参考光,并使这两束光在存储介质内相交,在交叉点处产生干涉而形成亮、暗图样。全息记录介质经曝光和处理后,形成与原来亮、暗图样对应的全息图。改变激光束波长或介质上物光与参考光两光束相交的角度,在同一部位可记录不同的全息图。但是,对于全息存储,为了满足信息存储的需要,全息存储系统还具有一些独特的部件,例如空间光调制器(SLM)和选页扫描器等。

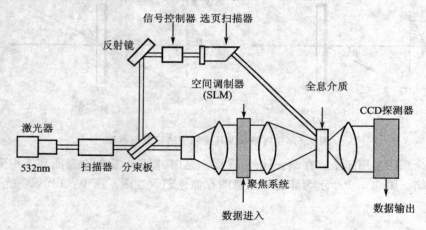

图 9.5.8 光学全息存储系统示意图

1. 激光器

全息存储系统中所用的激光器,应该单横模(TEM_{00})单频运转,并具有很好的频率稳定性和功率稳定性,具有较高的输出功率或能量。激光器可以是连续波(CW)运转的,也可以是脉冲波(PW)运转的。连续激光器有利于全息光学系统的调整,大容量的全息存储系统基本上采用这种激光器。用连续激光器要求系统的工作平台要采取很好的防振措施。如采用脉冲激光器,对工作平台及环境要求可大为降低,并有可能引入时间变量,从而拓宽全息存储的应用领域。目前,全息术中常用的激光器有氦氖(He-Ne)、氩离子(Ar^+)、氪离子(Kr^+)等气体激光器以及红宝石($Cr^{3+}:Al_2O_3$)、掺钕钇铝石榴石($Nd^{3+}:YAG$)固体激光器。随着全息存储系统向小型化、集成化方向发展，激光二极管(LD)以及由它泵浦的固体激光器也正得到越来越多的应用。表 9.5.1 列出了全息术中常用的激光器及典型的性能指标。

表 9.5.1 全息术中常用的激光器

激光器	波长/nm	CW/PW	典型功率/能量(单模)	激励方式
红宝石	694.3	PW	10 J/脉冲	闪光灯
He-Ne	632.8	CW	2~60 mW	电
Ar^+	488.0	CW	1 W	电
	514.5	CW	2 W	电
Kr^+	647.1	CW	500 mW	电
He-Cd	441.6	CW	25 mW	电
$Nd^{3+}:YAG$	1064	CW/PW	400 mW	LD
	532(倍频)	CW/PW	400 mW	LD
LD	670	CW/PW	25 mW	电

2. 空间光调制器

空间光调制器是光学全息存储的二维信号输入器件，它可对某光波波前的某些特性进行调制，如二维光场分布的相位、振幅或强度和偏振态，从而将信息加载于该光波上。作为输入器件，可以将空间光调制器视为一种可控制的透明片。人们最熟悉的电影胶片就是一个空间光调制器，照明光通过它时，在银幕上就形成画面，就是说，调制器把信息加到了照明光上。全息存储中用的空间调制器有数十种，有电控、光控或声控多种方式。例如，由一个装有扭曲 90°的向列型液晶分子的液晶盒和放其两端的偏振片就组成一个电寻址的液晶空间光调制器。设检偏器与起偏器平行，没加电场时，起偏器的线偏振光的偏振平面通过液晶盒后旋转 90°，因此光不能通过检偏器。而在电场的作用下，分子的扭曲及倾角发生改变，液晶分子的取向趋于与外加电场平行，结果只有部分光通过检偏器。当电场进一步增加时，所有的液晶分子均取向于外加电场的方向，此时分子对光的偏振平面不产生影响，因而所有的光均可通过检偏器。通常，对于二值化的图像，若检偏器与起偏器平行(夹角 0°)或垂直(夹角 90°)，则可分别形成正像或负像；如果检偏器与起偏器夹角 45°，即将检偏器的透光轴垂直于亮态和暗态偏转方向之间夹角的平分线时，则可得到二值化相位调制($-1,+1$)。目前已能够实现液晶器件的多级相位调制。改变每一像素单元的外加电压可改变其透射率，此时若 LCD 屏的外加电压是由计算机、摄像机或电视机产生的，则此 LCD 屏可以产生灰度图像。

3. 探测器

探测器用于探测由照明再现光再现的全息图像。常用探测器包括照相胶片、光电探测器阵列和CCD探测器等。照相胶片须进行显影、定影处理,速度慢,耗时多。而光电探测器阵列和CCD探测器可以实时地将二维光学再现图像信号转换为时序电信号,因而具有简便、速度快、与电子信息处理系统兼容、便于与计算机接口等优点。

4. 选页扫描器

选页扫描器是一种寻址器件,它的作用是改变参考光的方向,使物光和参考光都射到全息介质的同一处,实现精确定位。这个定位过程必须既快又准确,以实现多重记录和随机存取,提高全息存储器的数据传输速度和读出数据的保真度。寻址器件的性能可用分辨率和随机存取时间来描述。目前,常用的寻址方法有机械寻址法、利用晶体的电光效应和声光效应的电光寻址法及声光寻址法3种,它们都是使光线偏转的方法。

除了上述的关键器件外,整个全息存储系统还需要很多其他光学元件和电子学元件才能保证系统的正常工作。例如需要很多透镜,用做准直扩束,或用做傅里叶变换,或用做成像;光路的折叠还需要偏振分束器、分光镜和反射镜;等等。由于篇幅所限,在此就不一一介绍了。

5. 全息存储的特点

与已经成熟的磁性存储技术和光盘存储技术相比,全息存储具有以下特点:

(1) 高存储容量

全息存储可以做到体存储。二维存储容量的理论极限为 S/λ^2(S 为存储面积,λ 为光波长),而三维存储容量的理论极限为 V/λ^3(V 为存储体积),存储的面密度与体密度分别为 $1/\lambda^2$ 和 $1/\lambda^3$。如采用波长为 500 nm 的光在折射率为 2.0 的介质中存储全息图,其存储体密度的光学极限为 6.4×10^{13} bit/cm^3。

如果一块全息干版用做普通照相,存储密度的量级为 10^7 bit/cm^2;如用做平面全息图存储信息,存储密度可提高一个数量级;如果用做体全息图,存储密度可达 10^{12} bit/cm^3。体全息图是三维全息图,它将信息记录在整个介质体积中。用不同角度或相位的参考光束,或用不同波长的记录光,可在介质的同一体积内记录多重全息图,每一幅全息图都可以在适当的条件下(光束的入射角度、波面相位或波长)分别再现。记录多重全息图的技术称为"复用"技术。上述的"复用"称为共同体积复用技术,包括有角度复用、相位编码复用或波长复用等技术。另一种复用称为空间复用技术,主要是针对平面型记录材料,将信息记录在材料的不同空间区域。记录的方法,一是读写光路不动,让记录材料移动;二是记录材料不动,让物光和参考光同步地沿其表面移动。采用空间复用,相邻全息图在空间不重叠,再现出的页面之间可以避免串扰噪声。空间复用和共同体积复用的结果使存储容量大为增加。

有人给出了一个具体的例子说明全息存储容量之大：一块 240 mm×240 mm 的全息干版，可存入 28 800 页书。一个大型图书馆若藏书 100 万册，每册 300 页，有 10 000 块全息干版即可全部存入。这些干版有两个书橱即可容纳。

(2) 高的数据传输速率和很快的存取时间

全息图是以页面的形式进行存储的，一页中的所有位都并行地记录和读出。而磁盘和光盘，数据位都是利用机械部件使存储介质运动，按位串行读取的，因而其速度受到限制。全息存储不一定要用机电式读写头，而可以用无惯性的光束偏转（例如声光偏转器）、参考光束的空间相位调制或波长调谐等手段进行非机械寻址，所以具有很高的读取速度。例如，寻址一个全息数据页面的时间可以小于 100 μs，而磁盘系统的机械寻址需要 10 ms。

数据传输速率的大小取决于数据存入存储器或从存储器中取出存储数据所需要的时间。由于全息存取时间很短，所以全息存储具有很高的数据传输速率。

(3) 高冗余度

以全息图形式存储的信息是分布式的，每一信息单元都存储在全息图的整个表面上（或整个体积中），故记录介质的局部缺陷或损伤都不会引起信息的丢失，这是其他任何存储技术所不具备的。

目前，全息存储研究的重点是对高性能全息存储材料的研究，进一步提高存储容量以及对实用化存储系统的研制。全息信息存储技术正面临实用化的重大突破。

9.6 其他光存储技术简介

前面介绍的光全息存储是一种超高密度的光存储。下面再介绍几种有希望获得超高密度的光存储技术。

9.6.1 近场光学存储技术

目前，各种光盘的存储均使用含有物镜的光学头进行写或读。由于物镜距离记录介质较远（毫米级），故称为远场记录。在这种成像系统中，衍射极限是一个基本效应，它限制了存储系统在记录介质上的空间分辨率，使其仅为波长的量级，所以光盘的存储面密度为 $1/\lambda^2$。按这一规律，只有缩短波长才能提高存储密度，但这种缩短不会有太大的改善，比如从目前的红外光转到紫外光，也只是几倍的关系。

20 世纪 80 年代以来，发展了一个新型的近场光学理论，它对传统的光学分辨极限产生了革命性的突破，可将显微术的空间分辨率开拓到光波长的几十分之一。尤其是随之发展起来的近场扫描光学显微术，已达到小于 1 nm 的极高分辨率。如果用这种分辨率的光学系统进行光盘存储，其存储密度将有极大提高。

近场光学研究的是距离物体表面一个波长范围内的光学现象。

在观察一个物体时,实际上只能得到它所成的像,通常都用这个物体发射的电场(光场)分布来代表它的成像过程。由光的电磁场理论分析可以知道,物体表面的场分布可以划分为两个区域:一个是距离物体表面仅几个波长范围的区域,称为近场区域;另一个是从近场区域外至无穷远处的区域,称为远场区域。通常的观察仪器如显微镜、望远镜及各种光学镜头,都处在远场范围内。传统的波动光学对于远场中传播的光波特性已进行了详尽的研究,但对于近场区的光场研究甚少。实际上,近场区的光场结构相当复杂,在这区域内的光场大致包括两部分:一部分是通常观察到的,可以向远处传播的场,称为辐射场。另一部分是仅局限于物体表面一个波长范围内的场成分,这种场的特性"依附"于物体表面,即与物体表面场密度、电流分布以及物体所包括的结构细节有关。但这部分场的强度随着离开物体表面的距离而迅速衰减,它不能在自由空间中存在,称为非辐射场,或称为衰逝波。

普通的光学显微镜无法将光聚焦到小于 $\lambda/2$ 的尺寸,但利用近场光学原理可以做到很小的聚焦点。设法制作一个孔径足够小的小孔(1~100 nm),当入射光通过小孔后,会迅速衍射到各个方向,但在非常靠近小孔的近场区域,光束的束径将等于小孔的尺寸,如图 9.6.1 所示。如果样品表面被置于这一近场区域内,并利用该近场光点对样品表面进行二维扫描,则通过对表面各点信息的采集处理,样品表面的三维图像就可以建立。这样建立起的图像的分辨率就是小孔尺寸量级。近场小孔效应可以用光纤探针的针尖来完成。与现有的扫描隧道显微镜(STM)中的金属探针不同的是,近场光学扫描显微镜(NSOM)一般采用介质材料探针,例如拉细的锥形石英光纤,外层镀以金属膜(如铝膜)。

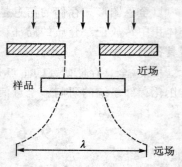

图 9.6.1 近场与远场示意图

近场光学理论还有很多问题需要解决。将近场记录原理应用于光盘存储也有很大的难度,最难的是如何保证探针与样品的"近场距离"。随着科学技术的发展,近场光学理论将会愈来愈完善,应用近场光学原理进行超高密度的存储也一定会实现。

9.6.2 双光子光学存储

介质中的分子同时吸收两个光子而被激发到高的电子能态的过程,称为双光子过程,如图 9.6.2 所示。两个光子的波长可以相同也可以不相同。双光子过程有两个显著特点:①双光子过程的中间态为虚拟态,第一个光子把分子激发到一个中间的虚拟态(图 9.6.2 中的 A_2 态),第二个光子继续将分子激发到实际的激发态。因此,双光子过程不同于两光子过程,后者的中间态是真实存在的。②双光子激发过程的速率正比于入射光强度的平方(对于单光子,正比于入射光的强度）。双光子过程中,两个光子中任何一个都不能单独地被吸收,只有两个组合才能与分子的跃迁相谐振。故两个光子必须在时间与空间上都相互重叠,才能引起双光子吸收。

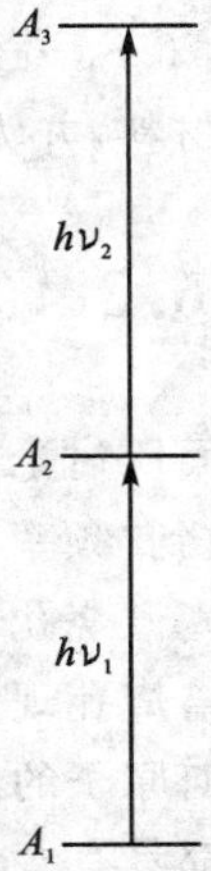

当两束波长分别为 λ_1 与 λ_2 的光沿不同方向照射并聚焦到材料的同一区域,在此区域中若发生了双光子过程,则材料在该区域发生了理化特性(如折射率、吸收率、荧光特性和电特性等)的改变,从而记录了一个信息位。这就是双光子光学存储的基本原理。双光子存储是一种体积存储技术,其存储密度的上限为 $1/\lambda^3$ 的数量级。由于双光子过程是基于分子跃迁,材料的响应可以做到皮秒量级,且理论上的分辨极限可达分子尺寸。

双光子存储的介质主要是电子俘获材料和光致变色材料。下面以光致变色材料说明读写原理。

螺旋苯丙吡喃 SP(Spirobenzopynan)是一种光致变色材料,将它植入基质(聚甲基丙烯酸甲酯)中。SP 在光吸收的初始阶段只吸收紫外光,经紫外激活后结构发生变化,随后便可吸收可见光或近红外光。这种材料同时吸收一个红外(1.064 μm)和一个绿(0.532 μm)光子就可将 SP 从 S_0 态激发到 S_1 态,或用两个绿光子将 SP 激发到 S_1 态(先到 S_2 态,然后快速转移到 S_1 态),如图 9.6.3 所示。这样,就在介质中的两光束的交叉点,记录了一个信息位。

图 9.6.2 双光子激发能级图

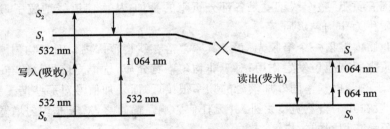

×—SP 分子异构作用的中间过程

图 9.6.3 光致变色分子写入和读出过程的能级示意图

SP 被双光子激发到高能态后,经异构化的过程,成为半花青染料结构。异构化后,基态与激发态间的能级间距变小,并在 0.55 μm 区有强吸收,因此有可能用一个绿光区的光子照明读出,或用两个近红外光子照明读出。读出过程也是基于双光子吸收。读出时间可以快达几十皮秒。这种材料的记录能量约为 10 PJ/μm³。用强度大于 10 W/cm² 的绿光照明数秒可以实现光学擦除。

双光子吸收材料的有限寿命是这一技术成为实用的关键。SP 的寿命在室温下为 1 h 左右(在 276 K,寿命为数月,在 77 K 可达数年)。人们正在研究在室温下具有更长寿命的双光子存储材料,并为可擦除的存储和只读存储探寻适合的材料。

9.6.3 光谱烧孔存储技术

前面所讨论的光存储,都是"位置选择光存储"。如果能把光的频率也作为附加的存储因素,即做到"频率选择光存储",那么在同一空间的光斑上,有可能将存储密度提高 3~4 个数量级。用光谱烧孔 SHB(Spectral Hole Burning)的方法可以做到这一点。

光谱烧孔现象发生在非均匀增宽的工作物质中。

任何原子的激发态都具有有限的寿命,所以一切原子,不论其处在何种环境中,其发射的光谱线都具有寿命增宽或称自然增宽。如果原子间有碰撞,还有碰撞增宽。自然增宽和碰撞增宽都属于均匀增宽。这种增宽的特点是,大量原子构成的原子集团作为一个整体,引起谱线增宽,原子集团中任何一个原子对光谱线轮廓的贡献与任何另一个原子都没有什么不同。这种类型的跃迁,所有原子都具有相同的中心频率、相同的线型及相同的频率响应。这种媒质称为均匀媒质。

在许多物理情况下,单个原子或原子群是可以分辨的。例如气体原子,可以不同的运动速度进行分类。这样,对于同一对能级之间的跃迁,每一原子或小原子群的辐射只对线型函数的某一小频率范围有贡献,整个线型就是各部分贡献的叠加,从而使谱线增宽了,这就是非均匀增宽。这种媒质称为非均匀媒质。

如果向某介质内发射一个窄频光信号,其频率落在线型范围内。对于均匀增宽介质,这个光信号会和介质内所有原子发生作用;对于非均匀增宽介质,这个光信号只能与一部分原子发生作用,这些原子的谐振频率同外加信号的频率很接近,而外加信号对那些谐振频率远离信号频率的原子(一般在几个自然宽度之外)并无任何影响。简言之,对于非均匀增宽,外加信号并不是对所有原子都有相同的效应。

如果用频率为 ω_0、线宽很窄的强激光激发非均匀增宽的工作物质,和激光频率相同的一小部分激活中心受激发,即这部分激活中心吸收了入射光跃迁到高能态,在吸收-频率曲线上相应频率处出现一吸收峰。此后,如用另一束窄带可调谐激光扫描该物质的非均匀增宽的吸收谱线,由于与原来入射光频率 ω_0 共振的那部分离子几乎全部被激发到激发态,出现吸收饱和,而不与其共振的离子仍有正常的吸收,因而在吸收-频率曲线上,在 ω_0 处会出现一个凹陷,这就是光谱烧孔现象,如图 9.6.4 所示。

上面所描述的"孔"是瞬态孔,激发激光停止后,激发态电子回到基态,"孔"也就消失了。但如果激活中心受激发后产生了光化学和光物理的变化,并且这种变化可以保持较长的时间,则称为持续光谱烧孔(PSHB)。在非均匀增宽吸收线内给定频率上,以出现或不出现光谱孔

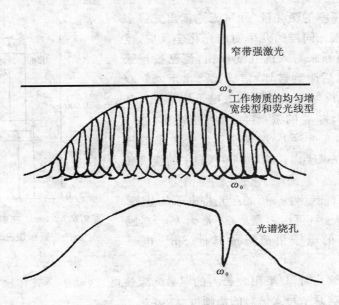

图 9.6.4 光谱烧孔的原理示意图

作二进制"1"或"0"编码,如图 9.6.5 所示,则形成编码光谱烧孔的光存储。一个光谱线型内烧孔的数目取决于非均匀增宽的线宽 $\Delta\omega_I$ 和均匀增宽的线宽 $\Delta\omega_H$ 之比,可以达到数千个孔数,这就使存储密度由于加上了频率维度,在一个光斑位置上可存储多个信息,使存储密度可提高上千倍。

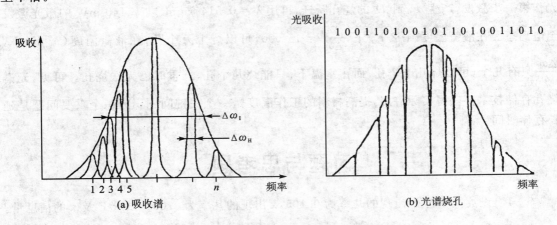

图 9.6.5 固体中激活中心吸收谱及光谱烧孔

光谱烧孔可分为单光子和双光子两类过程。单光子光谱烧孔是激光一步激发电子从下能级至电离态,并且由陷阱俘获电子。单光子方法要求光子的能量高(即波长要短)。另一个问题是,如果用同一频率的激光读"孔",无论读出光强多么弱,都会以和写入光同样的几率引起光化学反应,反复读孔的过程会使原来写入的孔变模糊,使已被记录的信息在多次读出后受到破坏,信噪比严重下降。双光子烧孔是先由波长为 λ_1 的激光激发电子从基态至某一亚稳态,再用波长为 λ_2 的激光再激励至电离态,然后由陷阱俘获。图 9.6.6 所示为这种双光子激发的过程。图示为 Sm^{2+} 在碱土卤化物(如 BaFCl)中的能级和烧孔示意图。

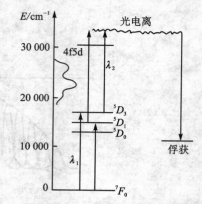

图 9.6.6 Sm^{2+} 在碱土卤化物中的能级和烧孔示意图

首先用波长 λ_1(能量为 $\hbar\omega_1$)的激光将电子从基态 $^7F_0$ 激发到亚稳态 $^5D_{0,1,2}$,再用 λ_2 激光(能量为 $\hbar\omega_2$)激励至电离态,被电离的电子由陷阱或其他 Sm^{3+} 电子俘获。

用双光子方法读孔时,只要用波长 λ_1 的弱激光束便可,这就不会破坏已写入的信息,多次读孔过程也不会影响原来写入信息的清晰度。

信息擦除可用光擦除或热擦除两种方法。

利用光谱烧孔进行存储,要求材料的非均匀增宽线宽 $\Delta\omega_I$ 与均匀增宽线宽 $\Delta\omega_H$($\Delta\omega_H$ 即表示每个烧孔的宽度)的比值要大。由于 $\Delta\omega_I$ 随温度变化很小,而 $\Delta\omega_H$ 随温度升高迅速增大,所以 $\frac{\Delta\omega_I}{\Delta\omega_H}$ 随温度升高迅速减小。例如材料 $BaFCl:Sm^{2+}$,用 $\lambda_1=0.63\ \mu m$、功率为 25 mW 的激光作第一步激发,产生 $^7F_0$ 到 $^5D_0$ 的烧孔跃迁,再用 $\lambda_2=0.5145\ \mu m$、功率 140 mW 的激光激发至电离态。在液氦温度(4.2 K)下,$\frac{\Delta\omega_I}{\Delta\omega_H}=15\ 000$,可以烧上万个孔;在液氮温度(77 K)下,$\frac{\Delta\omega_I}{\Delta\omega_H}$ 只有几十,可以烧几十个孔;而在室温下,只能烧几个孔,严重时已无法烧孔。可见,光谱烧孔存储技术要获得实际应用,提高材料的工作温度是一个关键问题。另一个重要问题是延长存储时间。

习题与思考题

9-1 设英文字母 E 出现的几率为 0.105,x 出现的几率为 0.002,试求 E 及 x 的信息量。

9-2 设有 4 个消息 A,B,C,D 分别以几率 $\frac{1}{4},\frac{1}{8},\frac{1}{8}$ 和 $\frac{1}{2}$ 传送,每一消息的出现是相互独立的。试计算其平均信息量。

9-3 光存储的一般特点是什么?

9-4 说明光盘的存储原理。只读式存储光盘、一次写入光盘、可擦重写光盘各有什么特点?

9-5 说明光盘存储两种格式(CAV 和 CLV)的特点。

9-6 用光磁盘和相变型光盘为什么可以做到直接重写?

9-7 什么是全息存储?它有什么特点?

9-8 什么是近场光学存储?

9-9 什么是双光子过程?双光子过程有什么特点?为什么利用双光子过程可以进行信息存储?

9-10 什么是光谱烧孔?产生光谱烧孔的条件是什么?为什么利用光谱烧孔现象可以进行信息存储?

9-11 利用光谱烧孔进行存储,对材料有什么要求?

第 10 章 光电子技术的其他应用

10.1 激光干涉计量

凡以激光为光源，以它的波长（或频率）为"尺子"（长度基准），以光的干涉原理对各种物理量，如长度、角度、位移、速度、加速度、流量和流速等进行精密的测量，称为激光干涉测量。实现激光干涉测量的仪器，称为激光干涉仪。

在激光干涉计量中，一个重要的基准是长度基准。1960 年确定的长度基准是"1 m 等于 ^{86}Kr 原子在 $2P10\sim5D5$ 能级跃迁时辐射的真空波长的 1 650 763.73 倍"。激光辐射的单色性、相干性和亮度均优于 ^{86}Kr 的辐射。尤其是利用饱和吸收稳频的激光器，其稳定性和重复性，均比 ^{86}Kr 高几个数量级，达到或超过了 ^{86}Kr 的极限值。1973 年，国际计量局米定义咨询委员会正式公布了几种稳频激光的波长值，如甲烷稳定的氦氖激光波长 $\lambda_{真空}=3.392\ 314\ 0\ \mu m$，碘 ^{127}I 分子稳定的氦氖激光波长 $\lambda_{真空}=0.632\ 991\ 399\ \mu m$，并规定上述两个波长作为副基准使用。在 1975 年召开的第 15 届国际计量大会上，提出"要求国际计量局和各国研究所继续对这些辐射（指甲烷和碘稳定的 He-Ne 激光波长）进行研究"。

23 年后，即 1983 年 10 月 20 日，第 17 届国际度量衡委员会重新确定米的定义，即"米是光在真空中经历了时间间隔为 1/299 792 458 秒所传播的路程长度"，这就是当前所使用的长度基准。

10.1.1 激光测长

激光测长所使用的仪器可分为单频干涉仪和双频干涉仪两种。

1. 单频干涉仪

所谓单频干涉仪实际上就是迈克耳孙干涉仪，它是在实际长度测量中广泛使用的一种干涉仪。

图 10.1.1 所示是单频激光干涉仪的结构示意图。一般来说，激光测长干涉仪主要由干涉部分、干涉条纹计数和数据处理的电子电路部分以及机械部分组成。图中只表示了干涉仪部分。经稳频的 He-Ne 激光器 1 发出的光束经平行光管 2 后变为平行光束，再经分光器 3 将光束分为两路。透过分光镜的一路光束射向可移动角锥镜 4，称为测量光束。另一路由分光镜反射到固定角锥镜 5，称为参考光束。分光镜 3 到固定角锥镜 5 有固定的光程。两路光束

经各自的角锥镜全反射后在分光镜重新汇合并产生干涉。干涉条纹经光电接收器 6 接收后再进行计数和显示。根据显示的条纹数目,就可以测出工作台移动的距离。

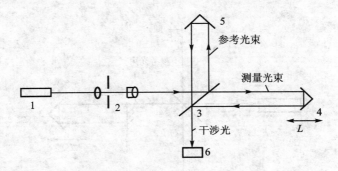

1—He-Ne 激光器;2—平行光管;3—分光器;4—角锥棱镜;5—固定角锥棱镜;6—光电接收器

图 10.1.1 单路单频激光干涉仪示意图

参考光束和测量光束所走的路程不同,光程差就不同。当光程差为波长的整数倍时,两束光的相位相同,光电接收器收到一个亮信号。反之,若光程差为半波长的奇数倍时,两束光的相位相反,它们互相抵消,光电接收器收到一个暗信号。当工作台及被加工的工件连续移动时,角棱镜 4 随之变化,于是出现了明暗交替的干涉条纹。干涉场在明暗条纹之间按正弦规律变化,即

$$I = I_0 + I_m \cos 2\pi \frac{\Delta}{\lambda} \qquad (10.1-1)$$

式中:Δ 为光程差。若光电接收器所记录的干涉条纹数目为 N,因光程差与 N 成正比,则

$$\Delta = N\lambda \qquad (10.1-2)$$

另一方面,因为测量光束往返各一次,所以光程差 Δ 是角锥棱镜 4 移动 L 的 2 倍,即 $\Delta = 2L$。比较上述两个 Δ 的表示式,得出被测长度 L 为

$$L = \frac{N\lambda}{2} \qquad (10.1-3)$$

因为激光干涉仪的波长 λ 是已知的,所以只要读出计数器的数字 N,就可测出被移动位移 L 的大小。

为了提高分辨率,采用图 10.1.2 所示单频双路激光干涉仪。激光器 1 发出的单色光经分光器 2 分光后,参考光束射向固定的平面反射镜 5 后再沿原路返回到分光器 2。测量光束射向可动角锥棱镜 3 后再射到平面反射镜 4,然后可沿原光路返回到分光器 2,它与返回的参考光束产生干涉作用。在某些干涉仪中,角锥棱镜 3 和平面反射镜 4 都固定在测量头上,即 3 和 4 的距离为常量。另一些干涉仪把 4 固定在干涉仪上,而把 3 安装在测量头上,即 3 和 4 间的距离是变化的。在前一种情况下,测量长度的表示式与式(10.1-3)相同。在后一种结构中,

因测量光束在被测光路中往返各两次,所以光程差 $\Delta=4L$,故被测长度 L 为

$$L = \frac{N\lambda}{4} \tag{10.1-4}$$

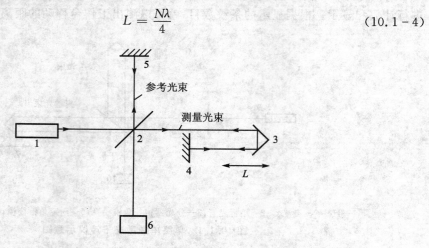

1—激光器;2—分光器;3—可动角锥棱镜;4—反射镜;5—固定平面反射镜;6—光电接收器

图 10.1.2 单频双路激光干涉仪示意图

因此,双路法的分辨率可以比单路法的分辨率提高 1 倍,即测量头以相同的速度运动时,干涉仪显示的条纹数目 N 将增加 1 倍。

若以 $\frac{\lambda}{2}$ 表示量化单位,即相应于产生两条干涉条纹时的测量头移动距离,以 v 表示测量头的运动速度,则干涉条纹的变化频率 f 为

$$f = \frac{v}{\frac{\lambda}{2}} \tag{10.1-5}$$

例如,对于 He-Ne 激光器,波长 $\lambda=0.6328\ \mu m$,若测量头的运动速度为 31.64 mm/s,则对单频单路干涉仪,其计数频率为 100 kHz,对于单频双路干涉仪,其计数频率为 200 kHz。若测量头的运动速度增加,由式(10.1-5)可见,计数频率成正比增加。由于计数频率受光电接收器及其他信号处理系统的频响限制,所以测量头的运动速度一般只能在几十 mm/s 到几百 mm/s 之间调整。

无论是单路或双路单频激光干涉仪,都有一个共同的问题,即光强除按正弦规律变化外,还存在一个直流分量,如式(10.1-1)所示。若计数器的平均触发电平与直流分量有关,且两者的数值很接近时,如图 10.1.3(a)所示,则计数器能正常工作;若光强由于某种原因,例如光源的变化,或光路中空气湍流的扰动,使直流分量远离触发电平,如图 10.1.3(b)所示,则计数器不能正常工作。为克服这一缺点,需采用双频激光干涉仪。

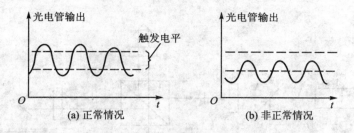

图 10.1.3 单频激光干涉仪中直流分量对计数频率的影响

2. 双频干涉仪

双频干涉仪中应用两种不同频率（波长）的光束进行长度测量。众所周知，普通光源发出不同波长、不同相位的光波，相干性能极差。但若有两束频率接近，相位恒定的激光，由于其时间和空间相干性好，它们之间也能产生良好的干涉作用。这种特殊的干涉称为拍。一般由塞曼（Zeeman）效应形成频率接近的两束相干光。

光谱在磁场中的分裂称为塞曼效应。由于外磁场方向与原子的角动量间夹角不同，使原子获得不同的附加能量，引起能级分裂和谱线分裂。谱线分裂程度近似与磁场大小成正比，分裂情况（分裂数目、相对强度和各谱线的偏振等）与磁场和光束的取向有关。

如果在 He-Ne 激光管上加一纵向直流磁场，把激光管谐振腔的频率调谐到原子谱线中心频率 f_0 处，则由于塞曼效应而分裂的两条谱线相对原谱线中心是对称分布的。这两条谱线不仅频率上有差别（相差几兆赫兹到十几兆赫兹），而且偏振状态也不同，如图 10.1.4 所示。频率较高者

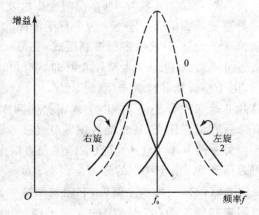

图 10.1.4 具有塞曼效应的增益频率特性曲线

为左旋圆偏振（曲线 2），频率较低者为右旋圆偏振（曲线 1），而曲线 0 为未加磁场前的原增益曲线。把这种具有两种不同频率、不同偏振状态的激光作为双频干涉仪的光源，就可实现对长度的干涉测量。

图 10.1.5 所示为双频激光干涉仪的结构示意图。置于轴向磁场中的 He-Ne 激光器 1 发出频率分别为 f_2 和 f_1 的左右旋圆偏振光，经分光镜 2 反射和透射，反射光通过一个放在特定位置的偏振片 3 后，只让 f_2 和 f_1 的水平（或垂直）分量通过，而不让垂直（或水平）分量通过。光电检测器 D_1 将接收到 f_1 和 f_2 的拍频信号 $\cos \pi (f_1 - f_2)t$ [或 $\sin \pi (f_1 - f_2)t$]，该拍频信号可作为参考信号。

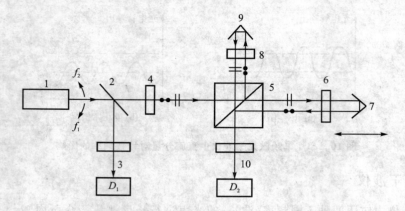

1—激光器；2—分光镜；3—偏振片；4—1/4 波片；5—偏振分光镜；6—1/4 波片；
7—可动角锥反射镜；8—1/4 波片；9—固定角锥反射镜；10—偏振片；D_1、D_2—光电检测器
图 10.1.5　双频激光干涉仪结构示意图

透射光经 1/4 波片 4 后，把两个相反方向的圆偏振光变为两个互相垂直的线偏振光，一个为垂直于纸面的 f_2，另一个为平行于纸面的 f_1，图中分别用圆点和平行线表示。线偏振光射向偏振分光镜 5，它由多层镀膜组成，且与入射光成布儒斯特角。于是，平行线偏振光 f_1 全部透过分光镜 5，再经 1/4 波片 6 射向装有可动角锥反射镜 7 的测量头。若测量头以速度 v 移动，由于多普勒效应就产生频差 Δf，f_1 的线偏振光频率为 $(f_1 \pm \Delta f)$。经全反射后，再经 1/4 波片 6 返回到分光镜 5。由于线偏振光两次经过 1/4 波片，相移为 90°，所以由平行线偏振光变为垂直线偏振光，故它能被偏振分光镜 5 全反射。

另一路频率为 f_2 的垂直线偏振光由偏振分光镜 5 全反射后射向固定角锥反射镜 9，然后再返回到 5。由于在它的光路上也安装了一个 1/4 波片 8，所以两次经过 8 后也相移为 90°，于是由垂直偏振变为水平偏振，它能被偏振分光镜 5 透射。该频率为 f_2 的透射光与由测量头反射回来的频率为 $(f_1 \pm \Delta f)$ 的光相干涉，产生干涉条纹，经偏振片 10 后，被光电检测器 D_2 接收。显然，干涉条纹即与 f_2 和 f_1 有关，也与测量头的运动速度 v 有关。多普勒频移 Δf 与 v 的关系为

$$\Delta f = \frac{2v}{c} f_1 \tag{10.1-6}$$

式中：$c = \lambda_1 f_1$ 为光速。若测量头的移动速度为 $v = \mathrm{d}L/\mathrm{d}t$，则由 D_2 测出的计量脉冲数 N 为

$$N = \int_0^t \Delta f \, \mathrm{d}t = \int_0^t \frac{2v}{c} f_1 \, \mathrm{d}t = \int_0^L \frac{2}{\lambda_1} \mathrm{d}L = \frac{2}{\lambda_1} L \tag{10.1-7}$$

或被测长度 L 为

$$L = \frac{\lambda_1}{2} N \tag{10.1-8}$$

干涉条纹的变化规律为

$$I = \sin\frac{1}{2}[2\pi(f_2 - f_1 \pm \Delta f)t + \varphi] \qquad (10.1-9)$$

由上式可见,双频激光干涉仪是交流系统,不含直流分量,从而可以从根本上解决影响干涉仪可靠性的直流漂移问题。它的信噪比较高,抗干扰,例如抗空气湍流的能力较强。用双频激光干涉仪测量的长度达 60 m 以上,测量的速度可达 300 mm/s。

激光干涉仪的特点是测量精度高,亮度高,便于实现自动测量。它在精密计量中有着广泛的应用,除测量长度以外,还可以精密测量角度、振动、流速,研究等离子体,用于无损探伤,检验光学元件以及控制机床进行高精度加工等。但它一般只能用于千米以内的精密测量,对于更远距离的测量,可采用脉冲测距法和相位测距法。

10.1.2 激光测速

激光测速是用一束单色激光照射到随流体一起运动的微粒(自然存在或人为掺的)上,测出其散射光相对于入射光的频移——多普勒频移,然后利用多普勒频移关系式计算出流体的速度。激光多普勒测速常采用的方法是差频法,大致分为两类:一类是检测散射光和入射光之间的频率——多普勒频率,这种方法又称为参考光束型;另一类是检测两束散射光之间的频差——多普勒频差,这种方法又称为双散射光束型。

1. 参考光束型

图 10.1.6 所示为参考光束型的一种光路原理图。

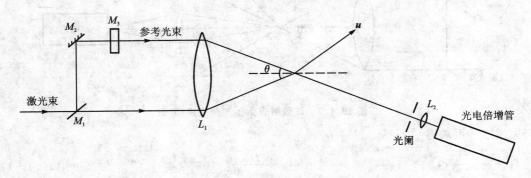

图 10.1.6 参考光束型测速原理图

激光束入射到分束器 M_1 后被分成两束:一束是从 M_1 透过直接到达会聚透镜 L_1 的强光束,它经 L_1 会聚后照射到散射微粒上,产生散射光,因为这一束光是为散射微粒提供照明的,所以称为照明光束;另一束光是从 M_1、M_2 反射后又经过中性密度滤光器 M_3 衰减的弱光束,该光束是为检测散射光的多普勒频移提供比较标准的,所以称为参考光束。设参考光的频率为 f_1,发生多普勒频移的散射光的频率为 f_s,这两束光在光电倍增管的光阴极上相叠加,形成拍的现象。可以求得光电倍增管输出的光电流为

$$I = I_d + I_a \cos[2\pi f_D t + (\varphi_s - \varphi_1)] \quad (10.1-10)$$

式中:φ_1 和 φ_s 分别为参考光和散射光的初相位;I_d 为光电流 I 的直流分量,I_a 为反映多普勒频移的光电交流分量的最大值;$f_D = f_s - f_1$ 为多普勒频移。

通过运算,可以求得被测速度 u 在垂直于参考光和照明光交角平分线方向上的投影 u 为

$$u = \frac{\lambda_1 f_D}{2n \sin \frac{\theta}{2}} \quad (10.1-11)$$

式中:λ_1 为光在真空中的波长;n 为介质折射率;θ 为入射光与散射光方向间的夹角。因为 n、λ_1 和 θ 都是已知量,f_D 可以通过测量光电倍增管输出的光电流频率来确定,这样由式(10.1-11)便可确定速率 u。

2. 双散射光束型

图 10.1.7 所示为双散射光束型的测速原理图。它通过检测在同一测量点上的两束散射光的多普勒频差来确定被测点处流体的速度。这时,光电倍增管的光阴极上接收的两束在同一方向 S 具有不同频率的散射光的合成光。

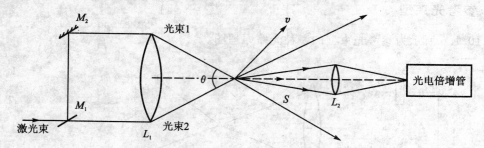

图 10.1.7 双散射光束型测速原理图

通过推导可求得

$$u = \frac{\lambda_1 f_{DS}}{2n \sin \frac{\theta}{2}} \quad (10.1-12)$$

式中:f_{DS} 为多普勒频差,也就是光电倍增管输出的光电流的频率。

10.2 激光测距与激光雷达

10.2.1 激光测距

根据所要求的测量精度和测量距离不同,目前所采用的激光测距主要分为脉冲测距法和相位测距法。

1. 激光脉冲测距法

激光脉冲测距的基本原理如图 10.2.1 所示,将持续时间非常短的激光脉冲射向被测目标,遇到目标后,部分能量从目标返回到接收器上,从发射信号和回波的时间间隔 t 就可以确定到达目标处的距离 L 为

$$L = \frac{c}{2}t \quad (10.2-1)$$

由于激光的方向性极好,强度高,瞄得准,射得远。利用激光这些特性可以制成各种激光测距仪、激光雷达等。测量目标的距离、方位和速度都非常精确,甚至要比普通微波雷达高得多。例如,目前采用脉宽为 20~40 ns 的巨脉冲红宝

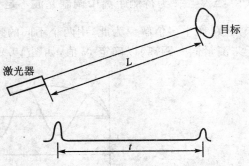

图 10.2.1 激光脉冲测距示意图

石激光器和测定脉冲传输时间的光电时间间隔仪的激光测距系统对地球—卫星、地球—月球之间距离的测量精度已达到 15~30 cm。用 Q 开关锁模红宝石激光器与一种新型皮秒定时技术制成的精密测距系统,在 3 000 km 距离的范围内的测距精度已达到 1~3 cm。

2. 相位测距法

相位测距法是测量从仪器发出的连续调制光,在待测距离上往返所产生的相位移来计算待测距离 L 的。其基本公式与式(10.2-1)相同。在相位测距法中,测距是将时间的测定转化为相位的测定。如果已被调制的做正弦变化的连续激光从 A 点传播到 B 点,如图 10.2.2 所示。

其时间和相位的变化关系为

$$t = \frac{\phi}{\omega} = \frac{\phi}{2\pi f} = \frac{(2\pi N + \Delta\phi)}{2\pi f} \quad (10.2-2)$$

式中:f 为调制频率;N 为波长的个数;$\Delta\phi$ 为不足一个波长的相位尾数。所以,式(10.2-1)可

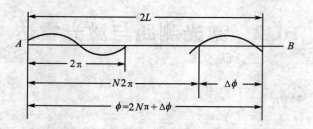

图 10.2.2　相位移与距离的关系

以写成

$$L = \frac{1}{2}c \cdot \frac{(2\pi N + \Delta\phi)}{2\pi f} = N \cdot \frac{c}{2f} + \frac{\Delta\phi}{2\pi} \cdot \frac{c}{2f} = N \cdot \frac{c}{2f} + \Delta N \cdot \frac{c}{2f} \quad (10.2-3)$$

式中：$\Delta N = \frac{\Delta\phi}{2\pi}$ 为待测距离中调制光波不足整数波长的相位尾数。由于 c 和 f 已知，L 和 N 为未知数，产生多值解。为此，用两个不同的频率测量同一距离（即相当于用两把不同精度的尺子来测量同一距离）以确定 N 值，如图 10.2.3 所示。

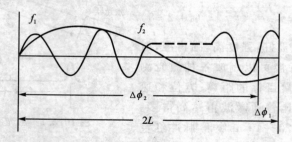

图 10.2.3　用两个不同频率 f_1 和 f_2 测量同一距离

这两个频率分别为 f_1 和 f_2，可以形象地将它们看成精度不同的两把"米"尺，即精尺和粗尺。f_1 和 f_2 的选择应考虑到测程和精度的要求、实际测相精度、光源调制效率、高频元件的频率上限、f_1 和 f_2 的衔接以及计算方便等。

根据测距基本方程可以得到方程组

$$\left. \begin{array}{l} L = N_1 \dfrac{c}{2f_1} + \Delta N_1 \dfrac{c}{2f_1} \\[6pt] L = N_2 \dfrac{c}{2f_2} + \Delta N_2 \dfrac{c}{2f_2} \end{array} \right\} \quad (10.2-4)$$

假定相位器的实际测相精度为 1/1 000 时，若选取 f_1 对应的波长是 10 m，f_2 对应的波长是 1 000 m，则有 $\dfrac{f_1}{f_2} = 100$。在测距仪测程内有 $N_2 = 0$（如图 10.2.3 所示）。所以取 $\dfrac{f_1}{f_2} \times \Delta N_2$ 的整数部分为 N_1。这样，由相位尾数 $\Delta\phi_2$ 就可以确定 N_1 值。因此，将 f_1、f_2 先后给出的两个

相位尾数结合起来，就可得到完整的测量结果。

10.2.2 激光雷达

1. 激光雷达的特点及分类

由于激光的单色性和相干性，使激光雷达具有以下主要优点：
①具有极高的角分辨能力；
②具有极高的距离分辨能力；
③速度分辨率高、测速范围宽；
④可获得目标的多种图像；
⑤抗干扰能力强；
⑥可用于水下探测和水下通信；
⑦与微波雷达相比较，激光雷达的体积和质量都较小。

同时激光雷达也有以下缺点：
①全天候性能低于微波雷达；
②波束窄，探索目标困难；
③技术上的难度较大。

目前，激光雷达大致可归纳为两种分类方法：按功能用途分类和按工作体制分类。按功能用途可分为测距激光雷达、精密跟踪测量雷达、制导激光雷达、火控激光雷达、引信用激光雷达、气象激光雷达、测污激光雷达、水下激光雷达、导航激光雷达、遥感遥测激光雷达、地震预报雷达及空中交通管制雷达等。激光雷达的工作体制多种多样，按检测方法可分为能量检测和相干检测；按发射波形可分为单脉冲、连续波、调频脉冲压缩、调频连续波、调幅连续波和脉冲多普勒等体制。

2. 激光雷达的基本组成

激光雷达的基本组成如图 10.2.4 所示。它主要由激光发射系统、激光接收系统、信息处理、随动控制系统和显示系统组成。雷达工作时，激光发射器发射的激光通过调制器、波束控制器和发射光学系统射向空间，在扫描器的控制下，激光束按照规定的方式在空间扫描。当激光照射到目标时，激光反射回来一部分，被接收光学系统收集到光电探测器上，通过混频转换成电信号，经过放大、信息处理，再送到随动系统，并跟踪目标，同时在显示器上显示。

3. 激光图像雷达

激光图像雷达由扫描 CO_2 激光器和光电成像接收机组成。激光器照射目标，从目标不同

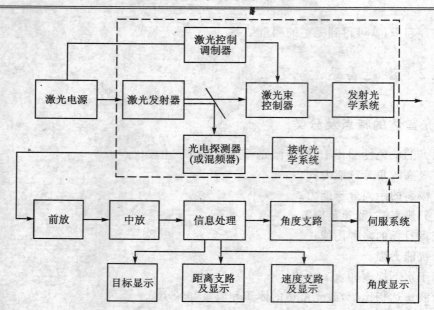

图 10.2.4 激光雷达系统方框图

部位反射回来的信号由光电成像探测器接收,然后对目标距离、目标多普勒频率和目标反射强度进行数据处理,得到目标图像。

激光图像雷达具有高分辨率、多功能、抗干扰好、目标鉴别性能好等优点。

(1) 激光图像雷达成像原理

激光图像雷达根据成像方法不同,大致有以下 3 种类型:

① 扫描反射成像(强度成像) 利用激光束在目标上扫描,根据目标各部分反射激光的辐射强度而构成图像。

在激光扫描反射成像系统中,激光衍射极限光束角 θ_d 可以写作

$$\theta_d = \frac{a\lambda}{D} \quad (10.2-5)$$

式中:a 为常数;λ 为激光波长;D 为扫描孔径。如果由光束在一个方向扫过角度 θ,由 θ 角内可分辨的衍射极限光斑数,即每一扫描中的单元数为

$$N = \frac{\theta}{\theta_d} = \frac{D\theta}{a\lambda} \quad (10.2-6)$$

按顺序进行线扫描,在每帧时间 t_f 内形成 L 条线图像,也可认为是扫描出 L 条画面,这些画面按顺序组合起来,再现后形成目标图像。这就是在一帧时间周期内得到一幅整个视场中扫描单元组成的二维像面的原理。

② 距离-多普勒成像 利用目标各部分的距离信息和速度信息(多普勒频率)来构成图像。

相干激光雷达的距离分辨率和多普勒信号分辨率都很高,因此对运动目标采用距离-多普勒成像,即根据目标纵向反射光的时间延迟求出目标的纵向尺寸,而目标的横向尺寸从多普勒频移比较求出。当目标绕其中心轴转动时,目标轴相对激光雷达视线扫描一个足够大的角度,便形成目标的合成图像。这种成像法的信息概念如图10.2.5所示。

距离-多普勒成像的关键在于把回波信号的多普勒频移转换成目标横向尺寸分辨 Δx

$$\Delta x = \frac{\lambda}{2\omega t_m} \text{ 或 } \Delta x = \frac{\lambda}{2\Delta\theta} \quad (10.2-7)$$

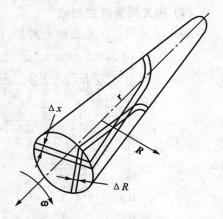

图 10.2.5 距离-多普勒成像信息概念

式中:λ 为激光波长;t_m 为测量时间,$t_m = \frac{1}{\delta f_D}$($\delta f_D$ 目标元的多普勒频率增量);ω 为目标绕轴转动角速度;$\Delta\theta$ 为 t_m 时间内目标轴转动角。

图 10.2.5 中的 ΔR 为纵向尺寸分辨

$$\Delta R = \frac{c}{2B} = \frac{\lambda}{2\left(\frac{B}{f_0}\right)} \quad (10.2-8)$$

式中:c 为光速;B 为信号带宽;f_0 为工作频率。

在对目标观测时间内,将增量距离延时和回波信号的多普勒频移储存起来,利用式(10.2-7)和式(10.2-8)进行数据处理,便可得到目标图像。

③ 干涉全息成像 利用目标各处的光场相干信息构成图像。

普通的照相利用几何光学成像原理,在感光片上记录被摄物体表面光强变化的平面像。全息照相不单是记录了被摄物体表面的反射波强度(振幅),而且还记录了反射波的相位。实验室中一般是通过一束参考光束和一束被摄物体上的反射光束在感光胶片上叠加而产生干涉现象来实现的。为记录目标反射光的振幅和相位,也可用两束光干涉在空间形成一个固定的干涉场,目标通过干涉场时,其散射能量返回到探测器上,把所探测到的信号立体化地记录下来,便产生一个全息图像。不过,此干涉场与目标相比必须足够大,以便产生足够的信息形成一个全息图。要建立这样一个场,就需要有扩光束的镜片和非常灵敏的探测设备来检测微弱的返回光束。为了能在雷达上应用,利用相控阵的方法,即为得到空间目标的全息像,将激光束分解成基准(或叫参考)光束和相移光束。这两束光分开并扩束后,照射到目标上。由于相移光束和基准光束在该目标附近交叠,当目标与运动的干涉条纹相对稳定时,干涉条纹在目标上扫过,雷达接收到返回光束,经过处理变为扫描目标的全息图。这样,瞬时干涉不大,能量集中,可以提高返回的信息强度,从而达到远距离成像的目的。

(2) 激光图像雷达组成

激光图像雷达主要由激光成像、信息处理及控制分系统3大部分组成,如图10.2.6所示。

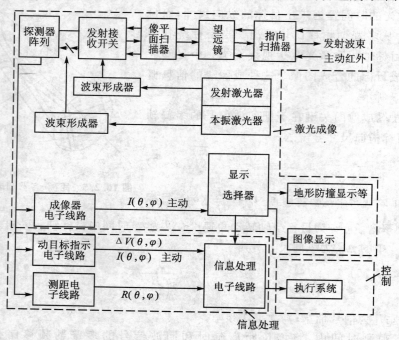

图 10.2.6 激光图像雷达原理方框图

激光成像分系统主要由激光器、发射机、接收机以及视频信号存储、处理和显示设备组成。它是利用激光束对目标进行照射,接收目标反射的激光辐射,产生连续或脉冲信号,然后在显示器上将电信号还原成目标图像的系统。信息处理分系统主要包括图像信息处理、距离信息处理和速率信息处理。

10.3 激光工业加工

激光加工是指激光束作用于物体的表面而引起的物体变形,或使物体性能改变的加工过程。按光与物质相互作用机理,大体可将激光加工分为激光热加工和光化学反应加工两类。

激光热加工是指激光束作用于物体所引起的快速热效应的各种加工过程。由于激光的方向性好,能量比较集中,如再利用聚焦装置使光斑尺寸进一步缩小,可以获得很高的功率密度,足以使光斑范围内的材料在短时间内达到熔化或汽化温度。激光光化学反应加工是指激光作用于物体,借助高密度高能光子引发或控制光化学反应的各种加工过程,也称为冷加工。工程上不同的加工工艺要求采用不同的激光装置。例如,激光热加工的光源主要采用红外激光器,

如 CO_2 激光器、CO 激光器和 Nd:YAG 激光器;激光光化学反应加工的光源主要采用紫外激光器,如准分子激光器。

激光加工与其他方法比较,有如下优越性:

① 光点小,能量集中,加工点位置以外的热影响小;
② 无接触加工,对工件不污染;
③ 能穿过透光外壳对被密封的内部材料进行加工;
④ 加工精确度高,适用于自动化。

10.3.1 激光热加工的一般原理

激光热加工大多基于光对非透明介质的热作用,即吸收光能引起的效应。因此,激光光束特性、材料对光的吸收作用和导热性等对激光加工有很大影响。

用于激光加工的激光束常用基模(TEM_{00}),因为它有轴对称的光强分布,能达到最佳的激光束聚焦。当高斯光束入射到焦距为 f 的透镜面上的光束截面半径为 ω,则由透镜聚焦后,焦点处的光斑截面半径 ω'_0 近似为

$$\omega'_0 \approx \frac{\lambda f}{\pi \omega} \tag{10.3-1}$$

从而可以计算出经透镜聚焦后焦平面上的功率密度。如果激光是高阶横模,光束具有非轴对称结构,光斑尺寸比基模显著增大,在激光总功率相同的情况下,焦点处的功率密度将减小。

当光波照射在不透明的物体表面时,一部分光被反射,另一部分光被吸收。对多数金属来说,在光学波段上有高的反射率(70%~95%),大的吸收系数($10^5 \sim 10^6 \ cm^{-1}$)。一般认为,光在金属表面层里,能量就被吸收了,并把吸收的光能转化为热能,使材料局部温度升高,然后以热传导方式把热传到金属内部。此外,金属的反射率与金属的表面状况有关。粗糙的表面和有氧化物膜层的表面较之光滑表面有更小的反射率。非金属材料的反射和吸收系数则在很大范围内变化。

因为金属表面吸收的光能转化为热能,而热能以热传导的方式继续向材料深处传递,所以金属的导热性对材料的热影响很大。根据热传导理论可以计算激光照射下被加工材料表面的温度和内部的温度分布。了解温度场分布可为判断能进行何种加工提供依据。

10.3.2 几种激光热加工方法

1. 激光焊接

激光焊接过程是将分开的两块材料的边缘熔化,在冷却时它们便凝结在一起,由于在连接过程中像氧化物这类杂质被焊接到表面上,因此激光焊接比普通焊接方法牢固。

激光焊接可分为脉冲激光焊接和连续激光焊接。在连续的激光焊接中又可分为热传导焊接和深穿焊接。随着激光器输出功率的提高,特别是数千瓦级高功率连续 CO_2 激光器的发展,激光深穿焊接已迅速发展起来,输出功率达 20 kW 的 CO_2 激光器,焊接穿透深度可达 19 mm,用 77 kW 的 CO_2 激光器焊接,最大焊接深度可达 2 in(50.8 mm)。高功率激光深穿焊接具有广泛的应用前景,特别是在机械制造、造船及国防工业上起很重要的作用。

与连续热传导激光焊接($10^4 \sim 10^5$ W/cm^2 的功率密度)不同的是激光深穿焊接是采用 $10^5 \sim 10^7$ W/cm^2 的高功率密度,焊接时金属表面的温度很高,其热量不能单靠热传导、对流、辐射从激光入射点处排走,而使作用点处的金属达到汽化,因而在材料中会形成"孔穴"。材料内的金属蒸气压有力地支持着"孔穴"周围液态金属。后续的激光束作用在"孔穴"中,通过孔壁的多次反射,使激光束直接进入金属内部,并逐步使"孔穴"加深。深穿焊接的焊接深宽比可达 10:1 以上,而热传导焊接的深宽比为 3:1。

焊接时,在"孔穴"内形成的高压金属蒸气温度很高,在向"孔穴"外喷射后使得"孔穴"表面的气体离化形成等离子体。等离子体形成后反过来又屏蔽后继的激光束,使激光束功率密度降低,这对得到深宽比大的焊接影响很大,严重时不能产生深穿焊接效应。因而在激光深穿焊接中,抑制或吹开等离子体是一个很重要的问题。

在激光焊接中要考虑的另一个重要问题是,必须提供足够的功率使材料熔化,但又不能使它汽化。所以对于铬和钽这样的材料,其熔点和沸点很接近,就不易用激光焊接,必须十分小心地控制激光束功率才能焊接好这些金属。而对金、铜和镍等金属,由于它们的熔点和沸点相差较远,焊接就比较容易。另外,焊接金属时还会碰到的困难是大多数金属的吸收率随温度上升而提高,因此,焊接工件时,由于对激光的吸收常常是一种不稳定状态,为避免汽化,光束功率和照射时间就必须严格控制。

2. 激光打孔

与激光焊接相比,激光打孔装置要求聚焦后激光束的功率密度更高,能把材料加热到汽化温度,利用汽化蒸发把加工部分的材料除去。

激光打孔机用的激光器主要有红宝石、钕玻璃、Nd:YAG 和 CO_2 激光器等,一般用光学系统将光斑尺寸聚焦到几微米到几十微米。采用调 Q 脉冲,功率密度达到 $10^8 \sim 10^{10}$ W/cm^2,可对各种材料加工小孔和微孔,特别适合在高熔点、高硬度的材料上打细小的深孔。从深径比来看,用激光打出的孔,其深度与孔径之比,可高达 50 以上,这是用其他加工的方法难以达到的。

激光打孔有一定的质量指标,如孔的大小、孔的深度、孔的垂直度以及孔的几何形状(圆度和锥度)。

孔的深度,由 3 个因素决定:①孔深正比于脉冲能量。②孔深与聚焦透镜的焦距 f 有关,一般来讲,当激光能量不变时,短焦距透镜打出的孔要比长焦距透镜打出的孔深些。③孔深还与激光模式有关。在其他条件相同的情况下,基横模激光打出的孔要比多横模激光打出的孔深得多。

孔的准直度指所打孔的轴线与工件表面相垂直,要做到这一点除需要保证工件表面与透镜焦平面平行,还要求激光束垂直地通过透镜的中心。

孔的几何形状,从上向下看是指孔的圆度,从侧面看是指孔的锥度。一般来说,只有在基横模激光的作用下,才可能得到圆的孔、孔的锥度小且深度深。

3. 激光切割

激光切割原理与激光打孔相似,只要移动工件或激光束进行连续打孔形成切缝。由于激光切割具有切缝窄,速度快,即使很脆的材料也能方便地切割等优点,因此,在加工上有着独特的应用。常用连续的或高重复率的大功率 Nd:YAG 和 CO_2 激光器。有时还用附带有气体喷口的切割机,所用的气体一般为惰性气体或氧气,喷射惰性气体主要是防止工件燃烧或氧化;喷射氧气可以加快切割速度,并能保护光学系统不被汽化的材料所污损。目前,激光已成功地应用于切割钢板、钛板、石英、陶瓷、塑料以及布匹、纸张等许多方面,并且与数控技术结合,可以进行各种精密切割。

4. 激光热处理

激光热处理就是通过具有足够功率密度的激光束扫描金属表面,激光束能量以极快的速度使金属表面加热,使其局部表面温度高达或超过相变温度(或经熔化并掺入某种合金元素后),然后以极快的速度自行冷却,使金属表面强化、硬化或合金化,从而达到改善和提高金属表面性能的目的。由于激光功率密度高,加热及冷却快,因此可实现自动冷却淬火。激光热处理比目前普遍采用的高温炉(或火焰加热)处理、化学热处理以及感应热处理等方法有许多优点,如处理速度快,不需要淬火介质,硬化均匀,变形小,硬化深度可精确控制,而且可通过光学扫描系统和增加吸收的涂敷物,得到任何形状的表面热处理。

10.3.3 激光光化学反应加工——激光光刻

随着微电子工业的发展,集成电路的容量变得越来越大,体积越来越小,它的线度仅1.5~3 μm。在传统的集成电路生产过程中,一般采用光刻的方法:先将电路图形放大绘制出来,然后用照相制版的方法将电路图形制成掩膜板,再用掩膜板将电路图形曝光到涂有光刻胶的基片上,然后进行显影、烘干、腐蚀、去胶,就得到了所需的电路图形了,整个过程非常复杂。

准分子激光器的输出波长很短,在紫外波段范围内,可以达到空间分辨率为 10^{-7} m,而且更易引起光化学反应。用准分子激光照射放在卤素气体中的硅片,只有激光照射到的部分才发生光化学反应,产生腐蚀,其他未照射部分则不发生光化学反应。这样就可以按需要在硅片

上蚀刻出线度为 10^{-6} m 的超大规模集成电路的电路图形。采用激光不需要使用感光剂,而且极大地简化了传统工艺的程序。硅片在曝光的同时,腐蚀也就形成了。只需一道工序即可。另一个典型的例子就是激光蚀刻全息光栅,制作过程与上述类似。

10.4 激光制导

激光制导是利用一束激光对准目标照射,由于激光在目标上反射,而使目标暴露,然后发射制导炸弹,它能够自动跟踪激光方向,使自己处于引导状态,炸弹便沿着从目标上反射的激光指示方向,迅速飞向目标,将目标击中。激光驾束制导是利用激光波束控制导弹飞行攻击目标的制导系统。它具有系统简单、制导精度高、机动性强和抗干扰性能好等特点。特别适用于低空、超低空防空导弹,也适用于反坦克导弹。

10.4.1 激光驾束制导的原理

激光驾束制导系统原理图如图 10.4.1 所示,激光驾束制导系统由制导的瞄准具和导弹上的接收机构成。瞄准具由激光发射编码分系统和瞄准跟踪分系统组成。

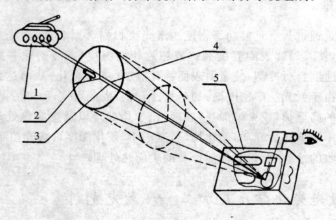

1—目标;2—导弹;3—激光波束轴线;4—瞄准线;5—瞄准具
图 10.4.1 激光驾束制导原理图

激光驾束制导的基本工作原理是:由制导站的激光发射编码系统向目标空间发射经调制编码的激光波束,通过瞄准望远镜将瞄准线(此瞄准线与激光发射编码坐标原点重合)对准目标,与瞄准具装在一起的导弹发射器将导弹发射到波束中,当导弹偏离瞄准线时,导弹尾部的激光接收机接收到激光编码信号,经过弹上的接收机译码,计算出导弹偏离瞄准线的方向和大小,形成导弹修正信号,控制导弹沿瞄准线飞行,直到击中目标。

10.4.2 激光驾束制导的主要组成和功能

激光驾束制导系统按功能可分为3大部分:瞄准跟踪分系统、激光发射编码分系统和弹上接收译码分系统,如图10.4.2所示。

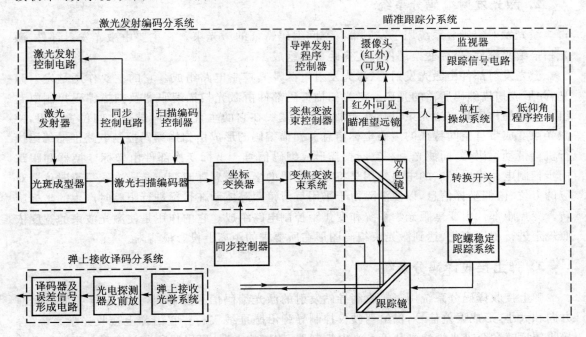

图 10.4.2 激光驾束制导组成方框图

1. 瞄准跟踪分系统

瞄准跟踪分系统用于瞄准跟踪目标,它由瞄准望远镜、陀螺稳定平台及跟踪控制器组成。另外,光路中还插入了双色镜。跟踪控制器的控制信号来源:人工手控状态时,由单杆或拇指开关提供;电视自动跟踪状态时,由电视自动跟踪器提供;红外自动跟踪状态时,由红外坐标仪产生跟踪信号。

瞄准望远镜用于目视观察、瞄准和捕获目标。陀螺稳定平台用于稳定光轴,减少在导弹发射时由于战车的颠簸运动和发射振动对瞄准的干扰,使激光轴在空间稳定的跟踪状态下,保证瞄准望远镜的光轴平稳地跟踪目标。单杆手控跟踪器用于控制跟踪,使瞄准线跟踪目标,在对敌作战中,射手用眼睛通过瞄准镜观测目标,用单杆手柄操纵跟踪器,使瞄准望远镜的瞄准线始终对准目标。电视跟踪器在自动跟踪状态时,控制跟踪镜跟踪目标。当目标在电视屏上偏离十字线中心时,电视跟踪器产生一个误差信号,这个信号控制跟踪镜的运动,使目标与电视屏上的十字线中心重合。双色镜用于将激光发射编码的激光轴与瞄准镜的瞄准光轴重合。跟踪镜用于使激光轴和瞄准镜重合的光轴转向并指向目标,通过它的运动实现在一定范围内对目标跟踪。

2. 激光发射编码分系统

激光发射编码分系统用于发射带有空间编码特征的激光束。它主要由激光发射部件、激光扫描编码部件、坐标变换部件和变焦距部件组成。

激光发射部件由激光发射器、激光发射电源及其控制电路组成。它的主要作用是发射激光,并形成扫描编码所需的光斑。激光扫描编码部件由激光扫描编码器及扫描编码控制电路组成。它的作用是将激光束以瞄准光轴为坐标基线在它的垂直平面内进行空间位置编码,使激光束变成带有空间特征的编码坐标信息。扫描编码的形成由扫描编码控制电路推动编码执行机构带动编码器,而使光束在空间扫描形成编码信号。坐标变换部件由坐标变换器和跟踪同步控制电路组成。它的主要作用是将激光编码的坐标信息随时变成与瞄准线每瞬时位置对应的方位、俯仰坐标信息,以便消除由于采用反射镜跟踪体制在目标进行跟踪时产生的坐标旋转。变焦距部件由变焦距光学系统和变焦距控制电路组成。它的作用是使激光波束的宽度依照规定进行程序变化,达到激光束编码图形在所要求的距离上投影最清晰。

3. 弹上接收译码分系统

弹上接收译码分系统用于接收制导站发射的激光编码信号并译码,判断出导弹偏离瞄准方向和大小,形成误差信号,供给驾驶仪控制导弹沿瞄准线飞行。它由弹上接收光学系统(含接收望远镜和窄带光学滤光片等)、光电控制器、前置放大器、译码器和误差检测电路等组成。

接收光学系统的作用是接收瞄准具发射出来的激光编码信息,把激光会聚到光电探测器上。窄带滤光片为带通滤光片,用来消除背景光。光电探测器的作用是把接收光学系统接收的编码激光信号变成电信号,供给前置放大器。该信号经前置放大器进一步放大,达到一定幅度,输给译码电路。译码电路和误差信号检测电路主要用于译出编码信号基准,形成方位误差和俯仰误差信号,供给驾驶控制仪控制导弹飞行。

10.5　激光通信

激光通信是光电子技术应用的一个重要的方面,它包括激光大气传输通信、卫星激光通信、光纤通信和水下激光通信等多种方式。其中,光纤多路通信是激光通信的一个重要发展方向。

由于激光具有极好的方向性和单色性,光波又是频率极高的电磁波,它为通信提供了有利条件。激光通信具有以下优点：

① 信息容量大，传送路数多。

② 方向性好，发散角小，光能量集中，因而可传输较远的距离。利用不可见光通信，由于光束很窄，不易被他人截获，保密性强。

③ 设备轻便、经济、容量大。从发展看使用半导体激光器作光源，玻璃纤维作传输介质，半导体光电器件为接收器的通信系统，设备简便，信息容量大，既可节省大量金属材料，又可节约大量费用。

10.5.1 大气传输通信

大气传输通信就是把发送信号直接经过大气空间传送到接收端。激光束在大气中传播会受到大气中微粒吸收或散射，随着传输距离的增加，激光的能量损耗增大。也就是说，激光通信的距离将受到一定的限制，并且根据不同的用途还要选择合适的波长。在大气中受所谓大气窗口的限制，激光通信所使用的波段受到一定的限制，一般使用大气吸收较少的 CO_2 激光。目前，点对点的大气激光通信线路最长达几百千米，已研制出许多轻巧的激光通信机，可用于船对船、飞机对飞机、地对地及地对各种飞行器之间的通信。

大气传输激光通信受气候的影响较大，遇到特大的雨、雪、雾时，信号受到严重衰减，甚至会使通信中断。此外，由于气温变化和大气湍流会使空气折射率发生变化而引起光束抖动，以及任何意外的空间拦截物，如鸟类、飞机的挡光都可使通信中断。因此，大气传输激光通信目前使用范围有限。但是，由于它不需要敷设线路，保密性强，方向性好，对于近距离的机动、保密专业通信，仍有一定的实用价值。

10.5.2 卫星激光通信

在外层空间，即大气层以外的宇宙空间，由于不存在吸收和散射等损耗，因而激光通信用于卫星之间的通信前景广阔。卫星激光通信不但传输的信息量大、安全可靠，而且传播的速度快。一束激光可传输 100 Mbit/s 的信息，相比之下安装在目前的数字式电视转播卫星上的无线转播系统，只能传输 20 Mbit/s 的信息。卫星激光通信系统是通过激光束将许多卫星连接起来形成通信网络，以激光为载体在卫星间传输信息。采用这种通信方式，激光信号在空间沿着地球轨道前进而不用多次上下往返，只有到了目的地时激光信号才从空间发射到地面。这种卫星激光通信系统的示意图如图 10.5.1 所示。

低轨道卫星把收集到的大量数据发回地面的过程是：低轨道卫星和地球控制站位于地球对面时，不能直接把数据发到地面控制站，而需要经过同步卫星的转接。这共需要 3 条中继线路，即低轨道卫星至同步卫星 1#，用激光传送信息；同步卫星 1# 至同步卫星 2#；同步卫星 2#

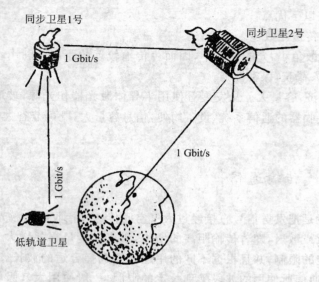

图 10.5.1 卫星激光通信示意图

至地面控制站,可用激光也可用微波或毫米波传送。

图 10.5.2 所示为空间激光通信方框图,经激光器发射的激光,由信号处理装置送来的 1 Gbit/s 的数据信号进行电光调制,然后由望远镜发射出去,接收机装在同步卫星上,激光信号由望远镜接收,经光电倍增管还原为 1 Gbit/s 的数据信号,再由信号处理装置处理。接收端的探测器、信标和电子线路与发射端的探测器和电子线路配合动作,使相距数万千米的收发望远镜自动探索、跟踪、对准。从低轨道卫星上来的 1 Gbit/s 的数据信号可以经过两次卫星中继传到地面控制站。

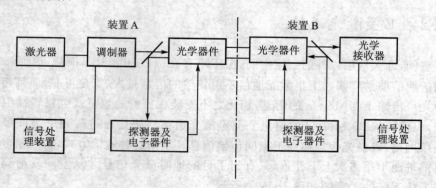

图 10.5.2 空间激光通信方框图

10.5.3 光纤通信

激光在大气中传输受到距离、气候的限制,因此人们就探索新的传输介质,提出将激光封闭在光导纤维(光纤)中传输。目前,光纤按传输模式可分为单模光纤和多模光纤。多模光纤存在模色散影响带宽等问题,因此只适用于短距离通信。单模光纤不存在模色散问题,其失真小、脉冲频率高,适用于高速、大容量、远距离的光纤通信。现在,1.3 μm 单模光纤的损耗最低可达 0.35 dB/km,无中继距离 30~50 km,1.5 μm 单模光纤的损耗最低可达 0.14~0.16 dB/km,无中继距离可达 100 km。最近研制的光纤损耗越来越小,无中继距离越来越大,最长可达几百千米,例如已投入使用的 220 km 中继距离的海底光缆。光纤的频率带宽可达 10 GHz,比双股电线的 100 kHz 和同轴电缆的 100 MHz 宽得多。光纤还有体积小、质量轻、价格低廉等优点。例如已开发成功的 1 000 芯单模光缆的最大直径仅 40 mm。

光纤通信系统主要由光源、探测器件、光纤、耦合器、连接器和其他电信号处理的电路组成。

在光纤通信中,一般不采用将一束连续激光进行频率或幅度调制,而是采用脉冲数码调制。光纤的脉冲数码调制通信的基本原理是:首先将需要传递的模拟信号经编码转化为数字化的电脉冲,经放大后再去调制激光光源,使光源发出一系列数字化的光脉冲(携带着模拟信号),再经耦合器耦合到光纤中去。如传输距离过远、中途可设若干中断站。接收机把数字化的光脉冲经检测器转换为数字化的电脉冲,并经放大、解码还原成原来的模拟信号,完成光通信的全过程。

图 10.5.3　光纤通信系统示意图

与模拟光通信比较,脉冲数码调制通信有下列优点:

① 抗干扰能力强。模拟信号直接传输时,传输介质的吸收、色散等对信号的干扰较大。而脉冲传输信号是用有脉冲、无脉冲的组合代表的,只要产生的失真、噪声等不超过某一数值(脉冲振幅的一半),就可以用比较简单的鉴别器识别出是有脉冲还是无脉冲,并以此恢复原有信号。

② 信号在传输过程中受到的噪声和失真不积累,容易实现长距离无误差传输。因为传输一定距离后可以加一个中继站,按照所接收到的"有""无"组合,重新产生和发送脉冲信号一样的脉冲系列,而把噪声和失真完全消除掉。

③ 易于与其他数字化设备连接使用。由于电子数字计算机、数字自动控制的广泛使用，数字化光纤通信可直接与一些数字化设备连接，实现远距离自动控制。

当然数字编码光纤通信也有它的缺点，同样传递一路模拟信号它要占用较宽的频带。此外，编码调制系统的电路比较复杂，除了编码、解码电路外，还需要有稳定的同步定时电路等。

在光纤通信系统中，为了得到较大的通信容量，可以通过频率分割、时间分割等方式，使多路不同的光信号在同一信道上传输。这就是多路信号的复用。光频的复用可分为光频率复用、光时间复用和光空间复用等方式。

光频率复用就是用一根光纤同时传送许多个光频的方法。这些光载频的频率各不相同。在接收端可以设法把各路不同的光载频分开来，用来完成光信号分路作用的是窄带滤光器，它是让在某一光频率附近很窄的频带范围内的光通过，其他频率的光都受到很大的衰减。只要在接收端装有与发送的各个光载频中心频率相同的一些窄带滤光器，就能将各个光载频分开，然后再从这些电信号中分别解调出所传输的电信号。

光空间复用就是利用不同的空间位置传送不同光信号的方法。其中最主要的是许多根光纤组成一根光缆的空间复用。几个独立的，但完全一样的光纤通信系统，使用完全独立的中继器。每个系统用一根光纤，能得到较长的中继距离并使中继器的结构简单。与频率复用相比，空间复用更为经济。因为每个通信系统的光源频率是相同的，不需要滤光器，也没有滤光器引入的损耗。

光时间复用就是利用不同的时间间隔传送不同光脉冲信号的使用方式。在发送端用不同的激光器来获得相位差180°的两列光脉冲，即两脉冲正好在时间上互相错开，分别受到两个电信号的调制，然后用光复用开关把它们叠加在一起。在接收端，可以用光分路器把合成的光信号分成两列光脉冲。

10.5.4 水下通信

激光水下通信在军事上有着非常重要的应用前景。由于目前潜艇的通信主要是无线电通信，而陆地上广泛使用的无线电波和微波在水下几乎不能使用。虽然长波能透过海水，但长波通信需要功率极大的发射机和巨大的天线。这样的设备不能装备在潜艇上。所以利用长波通信只能由地面单方面进行，在潜艇上只能接收。如果向地面报告情况必须浮出水面，这样很容易被敌方发现。然而激光出现后，由于光波在水中衰减相对较少，使得在水下有限距离之内，使用测距、准直、照明、摄影和电视等项技术成为可能。特别是在整个可见光波波段，海水对蓝绿光波段的吸收最小，因此蓝绿光波段被称为"水下窗口"，人们可以利用光谱中的蓝绿部分频率进行水下通信。利用蓝绿激光进行水下通信后潜艇就不必浮出水面，利用水中激光雷达还可以发现敌方潜艇、船只和水雷等，其作用距离可达数千米。

10.6 激光引发核聚变

核聚变的原料是氢的同位素氘(D)和氚(T),氘和氚的聚变反应式为
$${}_1^2D + {}_1^3T \rightarrow {}_2^4He + {}_0^1n + 17.6 \text{ MeV} \tag{10.6-1}$$
字母左下角数字表示各个粒子所带的正电荷数,左上角数字表示各个粒子的质子数。由于参加反应的原子核都带正电,彼此间相互排斥,聚变时粒子必须具有极高的动能,才能克服电子的排斥作用,接近到足以发生反应的程度。为了使粒子达到如此大的动能,必须将它的温度提高到上亿度,所以称这种聚变反应为热核反应。自然界中只有太阳和恒星的中心部分才能达到如此高的温度,太阳正是由于持续不断地进行着热核反应,才会有巨大的能量向空间辐射。而目前人工实现热核反应的方法是将氘和氚放在原子弹内,通过原子弹爆炸时产生的高温,使氘和氚产生热核反应而放出巨大的能量,这就是氢弹。氢弹放出的能量无法控制,要使热核反应像原子能反应堆那样广泛地用于和平建设,就必须控制反应速度,使它按需要释放能量。

产生热核反应首先需要有超高温度的环境,反应温度 T 为
$$T = 10^8 \text{ K} \tag{10.6-2}$$
式中:K 为绝对温度的单位。其次,需要有一定的反应时间,一般来说,产生热核反应的介质浓度高一些,反应时间就可以短一些。反之,介质的浓度低一些,反应的时间要求长一些。简单的理论依据是
$$n \cdot \tau \geqslant 10^{14} \text{ 核数} \cdot \text{s/cm}^3 \tag{10.6-3}$$
式中:n 为介质的浓度,单位为核数$/\text{cm}^3$;τ 为反应时间,单位为 s。要把加热到上亿度高温的介质约束在一定的反应时间内并不是一件容易的事。在自然界中,太阳的热核反应是靠太阳内部强大的引力来实现约束的。以往的托卡马克装置是利用强大的磁场来约束高温的等离子体。

大能量大功率激光出现以后,人们寄希望于激光实现高温等离子体约束。1963 年,巴索夫(Basov)和道森(Dawson)首先提出了可以利用激光将等离子体加热到引发热核聚变的温度。1964 年,王淦昌也独立地提出了用"光激射与含氘物质发生作用,使之产生中子"的建议。激光引发核聚变的基本设想是:用强激光(被称作"驱动器")打在一个由 D-T 等热核燃料组成的靶丸上,在极短时间内靶丸表面电离和消融,产生包围靶丸的等离子体。当等离子体膨胀扩散时,产生极大的向心聚爆的压力,将 D-T 燃料压缩到极高的密度(1 000～10 000 倍固体密度)和极高的温度,点燃热核反应。因这一过程进行得非常迅速,由于靶丸燃料的惯性,在靶丸爆散(解体)之前,大量的聚变反应已经发生并放出大量能量。图 10.6.1 所示为惯性约束核聚变靶丸聚爆的图像。这一引发热核聚变反应相当于爆炸了一粒微型氢弹,它释放的能量要比真正氢弹小几百万倍,因此是一种可以控制的热核爆炸。在这个方案中,引爆热核反应的能源是激光,约束方式不同于引力约束和磁力约束,因此称为激光引发惯性约束核聚变。

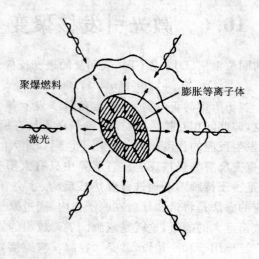

图 10.6.1　靶丸聚爆图像

10.7　激光武器

　　激光武器与目前的常规武器一样分为两种：一种是作为战术武器，用于常规战争中直接杀伤人员，击毁坦克、飞机和战术导弹等；另一种是作为战略武器，用于对付远程导弹、洲际导弹和空间武器等。

　　激光战术武器就是将其制成如同枪和炮一样，发射的是一束束激光束，用更大能量的激光器可以制成激光炮。研制激光战略武器的关键是制造具有足够能量和功率的激光器。最有希望的是大功率 CO_2 激光器和化学激光器，它们的脉冲输出能量为几千焦，功率为几十兆瓦，足以击毁导弹和飞机。近几年来，大功率准分子激光器和自由电子激光器的研究有了新的进展，使激光器的波长推进到紫外。尤其是 X 射线激光器发出的激光波长在 X 射线波段，这种激光即使远距离传输也不会散焦，而且当它击毁目标时除了热作用，还对目标表面产生巨大的压力，形成冲击波，将目标撕裂，或者将部件剥落。同时，X 射线激光有强大的穿透力，在内部产生热量，使导弹的关键部分烧毁或自毁，避免了激光在目标上被吸收和反射的缺点。

　　作为战略武器的第二个问题是如何将激光武器部署到有效的位置上，一种方法是与传统的战备导弹一样以陆地为基地，激光束直接飞向目标，但如此大能量的激光束穿过大气时，足以将大气电离，能量损失很大，而且这种方法对于实战也不方便。如果将激光束射向地球的同步卫星，由同步卫星上的巨型反射镜来瞄准目标，在雷达指挥系统的协调下，对付众多的导弹，但还是没有完全解决大气损耗问题。如果以空间为基地,也就是发射一个"空间平台",将符合要求的化学激光器、准分子激光器,加上雷达、计算机以及太阳能发电站、小型核电站等一起安装在"空间平台"上,这样居高临下,在导弹尚未达到最高点时便予以击毁。

习题与思考题

10-1　单频激光干涉仪与双频激光干涉仪的优缺点是什么?

10-2　如何利用激光测量液体的流动速度?

10-3　试比较激光脉冲测距法和相位测距法的优缺点。

10-4　激光雷达的特点是什么?激光图像雷达的成像原理是什么?

10-5　激光在工业上有哪些应用?其原理是什么?

10-6　如何实现激光驾束制导?

10-7　激光通信有什么优缺点?

10-8　为什么用激光能引发核聚变?

第 11 章 光信号的探测

11.1 光探测器的物理基础

在光电子技术的实际应用中,总会碰到光信号的探测问题。这就必然涉及将光信号转变为可观测信号,特别是转变为电信号的问题,所以光电探测技术是光电子技术中的一个非常重要的技术。光信号的探测涉及光与物质的相互作用,光信号探测器是将入射的光能量转变为其他可观测形式能量的一种器件。大多数光信号探测器件是利用半导体材料制成的。这是由于半导体的导电性能介于导体与绝缘体之间,它的许多特性与温度、光照、电场、磁场及掺杂等密切相关。为了便于理解各主要探测器的工作原理及性能,首先介绍光电探测器的物理效应和光电转换定律。

11.1.1 光信号探测器的物理效应

能把光辐射能量转换成另一种便于测量的物理量的器件,就称为光探测器。从近代测量技术来看,电量不仅是最方便的,而且是最精确的,所以大多数光探测器都是直接或间接地把光辐射能量转换成电量来实现对光辐射的探测。这种把光辐射能量转换为电量(电流或电压)来测量的探测器称为光电探测器。因此,了解光电电辐射对光电探测器产生的物理效应是了解光探测器工作原理的基础。

1. 光电效应

具有足够能量的光子流与材料中原子或分子的束缚电子发生相互作用,使电子变为自由电子的效应称为光电效应。光电效应可分为内光电效应和外光电效应。对于内光电效应,入射光子流激发的载流子仍保留在材料内部,而外光电效应是入射光子流引起材料表面发射光电子的效应。

利用光电效应制成的光电探测器品种繁多,性能优良,在可见光和红外光探测中占主导地位。它们具有响应速度快、灵敏度高等特点。由于单位入射辐射功率产生的光电信号与入射光子的波长有关,所以它们是对波长具有选择性的器件。

(1) 光电发射效应

在光照射下,物体向表面的外空间发射电子(即光电子)的现象,称为光电发射效应。能产生光电发射效应的物体,称为光电发射体,在光电管中又称为光阴极。

光电发射效应的能量关系由著名的爱因斯坦方程描述,即

$$E_k = h\nu - E_\varphi \tag{11.1-1}$$

式中:E_k 为光电子离开发射体表面的动能;$h\nu$ 为光子能量;E_φ 为光电发射体的功函数。该式的物理意义是:如果发射体内的电子所吸收的光子能量 $h\nu$ 大于发射体的功函数 E_φ,那么电子就能从发射体表面逸出,并且具有相应的动能。由此可见,光电发射效应产生的条件是

$$\nu \geqslant \frac{E_\varphi}{h} = \nu_c \tag{11.1-2}$$

式中:"="表示电子刚好能逸出表面但动能为零,即静止在发射体表面上;ν 和 ν_c 分别为产生光电发射的入射光波的频率和截止频率。因此,要使频率较小的光辐射产生光电效应,发射体的功函数 E_φ 必须较小。

(2) 光电导效应

当光照射半导体材料时,由于材料吸收外来的光能而使材料内部载流子浓度增大,从而使半导体材料的电导率增大,这种效应称为光电导效应。具有光电导效应的物体称为光电导体。利用光电导效应制成的光探测器称为光电导探测器。

在外电场作用下,载流子产生漂移运动,漂移速度 v 与电场 E 之比定义为载流子的迁移率 μ(单位为 $cm^2/V \cdot s$),则有

$$\left.\begin{array}{l} \mu_n = \dfrac{v_n}{E} = \dfrac{v_n L}{V} \\ \mu_p = \dfrac{v_p}{E} = \dfrac{v_p L}{V} \end{array}\right\} \tag{11.1-3}$$

式中:V 为外电压;L 为电压方向半导体的长度;μ_n 和 μ_p 分别为电子和空穴载流子的迁移率。载流子的运动效率采用半导体的电导率 σ 来描述(单位为 S/m),有以下关系:

$$\sigma = en\mu_n + ep\mu_p \tag{11.1-4}$$

式中:e 是电子电荷量;n 和 p 分别为热平衡时电子浓度和空穴浓度。如果半导体的截面积是 A,则其电导(亦称热平衡暗电导)G(单位 S)为

$$G = \sigma \frac{A}{L} \tag{11.1-5}$$

当半导体材料受光照射时,其载流子浓度发生变化,价带中的电子吸收能量 $E > E_g$(禁带能量)的光子后跃迁进入导带,同时在价带中留下一个空穴,从而产生附加导电电子和导电空穴,它们统称为光生载流子。由于载流子浓度增大致使电导率的改变就是光电导。

由于光照引起的电导率增量为

$$\Delta\sigma = e(\Delta n \mu_n + \Delta p \mu_p) \tag{11.1-6}$$

式中:Δn 和 Δp 分别为电子和空穴浓度的增量,即光生载流子浓度。由此可知,光生电子和光生空穴对光电导都有贡献。

(3) 光伏效应

由于半导体 PN 结区两边载流子浓度不一致,便引发载流子扩散,扩散的结果在结区形成一个内建电场。内建电场将阻止电子继续向 P 区扩散,阻止空穴继续向 N 区扩散,最后使载流子的扩散运动和漂移运动相抵消而达到平衡状态。

当光照射 PN 结时,只要光子能量大于材料的禁带能量 E_g,则无论 P 区、N 区或结区都会产生电子-空穴对。那些在结附近 N 区中产生的少数载流子由于存在浓度梯度而要扩散。只要少数载流子离 PN 结的距离小于它的扩散长度,总有一定几率扩散到结界面处。它们一旦到达 PN 结界面处,就会在结电场作用下被拉向 P 区。同样,如果在结附近 P 区中产生的少数载流子扩散到结界面处,也会被结电场迅速拉向 N 区。结区内产生的电子-空穴对在结电场作用下分别被移向 N 区和 P 区。如果外电路处于开路状态,那么这些光生电子和空穴积累在 PN 结附近,使 P 区获得附加正电荷,N 区获得附加负电荷,PN 结获得一个光生电动势。这种现象称为光伏效应。

根据选用材料不同,可分为半导体 PN 结势垒、异质结势垒等多种结构的光伏效应。依据光伏效应制成的光探测器称为光伏探测器。根据光伏探测器外加偏置与否,可分为光电二极管、三极管和光电池等。

2. 光热效应

当受入射光辐射照射时,材料吸收光辐射能量后并不直接引起内部电子状态的改变,而是使材料的温度发生变化,从而使材料的某些特性发生变化,这种现象称为光热效应。光热效应与单光子能量的大小没有直接关系。原则上光热效应对光波频率没有选择性,只是在红外波段上,材料吸收率高,光热效应也就更强烈,所以广泛用于红外辐射探测。因为温度升高是热积累作用,所以光热效应的响应速度一般较慢,而且容易受环境温度的影响。

在晶体中有一类称为热电晶体的材料,它们具有自发极化的特性。由于自发极化,在自然条件下,这些晶体中某些分子的正负电荷中心不重合,形成一个固有偶极矩,在垂直极轴的两个端面上造成大小相等、符号相反的面束缚电荷。当温度变化时,晶体中离子间的距离和链角发生变化,从而使偶极矩发生变化,也就是使自发极化强度和面束缚电荷发生变化,在垂直于极轴的两端面之间出现微小的电压,即产生了热释电效应。属于热电晶体的材料有铌酸锶钡、钛酸铅、硫酸三甘钛和钽酸锂等。

在热电晶体中,有些晶体不但在某一温度范围内具有自发极化特性,而且自发极化方向可由外电场来改变,这种晶体称为铁电体或热电铁电体。另一些热电晶体的自发极化方向不能由外电场改变,这种晶体称为热电非铁电体。热电铁电体具有铁电性,但热电体不一定具有铁电性。

铁电体的自发极化强度与温度有关,温度超过一定温度(居里温度)时,铁电体发生相变,由极化晶体变为非极化晶体。

11.1.2 光电转换定律

光探测器在实际应用时,入射光辐射能量,输出光电流。这种把光辐射能量转换为光电流的过程称为光电转换。如果入射光辐射的单色光功率为 $P(t)$,频率为 ν,即单光子的能量为 $h\nu$,光电流是光生电荷 Q 的变量,则有

$$P(t) = \frac{dE}{dt} = h\nu \cdot \frac{dN_{光}}{dt} \qquad (11.1-7)$$

$$i(t) = \frac{dQ}{dt} = e \cdot \frac{dN_{电}}{dt} \qquad (11.1-8)$$

式中:$N_{光}$ 和 $N_{电}$ 分别为光子数和电子数;E 为入射光能量。式中所有变量都应理解为平均值。基本关系有

$$i(t) = DP(t) \qquad (11.1-9)$$

式中:D 是一个比例因子,称为光探测器的光电转换因子。由式(11.1-7)~(11.1-9)可得到

$$D = \frac{e}{h\nu}\eta \qquad (11.1-10)$$

式中:

$$\eta = \frac{dN_{电}}{dt} \Big/ \frac{dN_{光}}{dt} \qquad (11.1-11)$$

称为光探测器的量子效率,它是探测器吸收的光子数和激发的电子数之比,是探测器物理性质的函数。由式(12.1-10)和式(12.1-9)可以得到

$$i(t) = \frac{e\eta}{h\nu}P(t) \qquad (11.1-12)$$

这就是基本的光电转换定律。它说明:

① 光电探测器对入射光功率有响应,响应量是光电流。因此,一个光电探测器可以看做一个电流源。

② 因为光功率 P 正比于光电场的平方,所以常常把光电探测器称为平方律探测器。因此,光电探测器是一个非线性器件。

11.2 光探测器的特性参数和噪声

11.2.1 特性参数

光探测器与其他器件一样,有一套根据实际需要而制定的特性参数。依据这一套参数,人们就可以评价探测器性能的优劣,比较不同探测器之间的差异,从而达到根据需要合理选择和

正确使用光探测器的目的。因此,正确理解各种性能参数的物理意义是十分重要的。

1. 灵敏度

灵敏度也常称为响应度,是探测器光电转换特性、光电转换的光谱特性以及频率特性的量度。定义电压灵敏度 R_u 为探测器输出信号电压(均方根值)V_s 与输入光功率(均方根值)P 之比(单位 V/W)

$$R_u = V_s/P \tag{11.2-1}$$

定义电流灵敏度 R_i 为探测器输出信号电流(均方根值)I_s 与输入光功率(均方根值)P 之比(单位 A/W)

$$R_i = I_s/P \tag{11.2-2}$$

式中的光功率 P 一般是指分布在某一光谱范围内的总功率,所以,这里的 R_i 和 R_u 又分别称为积分电流灵敏度和积分电压灵敏度。

2. 光谱灵敏度

由于入射光的波长不同,光探测器的灵敏度也不同。灵敏度随波长而变化,这一特性称为光辐射探测器的光谱灵敏度。通常以灵敏度随波长变化的规律曲线来表示。有时只取灵敏度的相对比值,且把最大的灵敏度取为1,这种曲线称为归一化光谱灵敏度曲线。

3. 频率响应和响应时间

频率响应是描述光探测器的灵敏度在入射光波长不变时随入射光调制频率变化的特性。光探测器的频率响应定义为

$$R_f = \frac{R_0}{(1 + 4\pi^2 f^2 \tau^2)^{\frac{1}{2}}} \tag{11.2-3}$$

式中:R_f 为频率为 f 时的灵敏度;R_0 为频率为零时的灵敏度;τ 为光探测器的响应时间,由材料、结构和外电路决定。一般规定,R_f 下降到 $R_0/\sqrt{2}$ 时的频率 f_c 为探测器的截止响应频率或响应频率。由式(11.2-3)可得

$$f_c = \frac{1}{2\pi\tau} \tag{11.2-4}$$

光探测器的响应时间表示光辐射照到探测器上所引起的响应快慢。在测量工作中,被测的光辐射如果是一个稳定的量或变化很缓慢的量,那么探测器的响应时间并不影响测量结果的正确性,可不考虑响应速度。但如果被测光辐射的大小是一个变化很快的量,那么为了真实反映被测光辐射的大小及其变化规律,探测器的响应时间必须比光辐射变化的时间短。

4. 量子效率

光探测器的量子效率定义为每一个入射光子所释放的平均电子数。如果 P 是入射到探测器上的光功率，I_s 是入射光产生的光电流，则 $P/h\nu$ 表示单位时间入射光子平均数，I_s/e 表示单位时间产生的光电子平均数，e 为电子电荷，利用式(11.1-11)，可获得量子效率 η

$$\eta = \left(\frac{I_s}{e}\right) \Big/ \left(\frac{P}{h\nu}\right) = \frac{h\nu}{e} R_i \tag{11.2-5}$$

5. 噪声等效功率 NEP

在实际应用中，当探测器上的输入为零时，输出端仍有一个极小的输出信号。这个输出信号来源于探测器本身，这就是探测器的噪声。它随探测器本身的材料、结构及周围环境温度等因素而变化。

由于噪声的存在，探测器的最小可探测功率受到了限制。为此，引入等效噪声功率 NEP 来表征探测器的最小可探测功率。它定义为信噪比，即当输出信号电压 V_s（或输出信号电流 I_s）等于探测器输出噪声电压 V_n（或输出噪声电流 I_n）时的入射光功率。当信噪比为 1 时，很难探测到信号。所以，一般是在信号电平下测量信噪比，再由下式计算噪声等效功率：

$$\text{NEP} = \frac{P}{\dfrac{V_s}{V_n}} \tag{11.2-6}$$

或

$$\text{NEP} = \frac{P}{\dfrac{I_s}{I_n}} \tag{11.2-7}$$

式中各量均取有效值，NEP 单位为 W。因此 NEP 越小，探测器的探测能力越强。

由于噪声频谱很宽，为减小噪声的影响，一般将探测器后面的放大器做成窄带通的，其中心频率为调制频率。这样，信号不受损失，而噪声可以滤去，从而使 NEP 减小，在这种情况下，通常定义噪声等效功率 NEP 为

$$\text{NEP} = \left(\frac{V_n}{V_s}\right) \cdot \frac{P}{(\Delta f)^{\frac{1}{2}}} \tag{11.2-8}$$

或

$$\text{NEP} = \left(\frac{I_n}{I_s}\right) \frac{P}{(\Delta f)^{\frac{1}{2}}} \tag{11.2-9}$$

式中：Δf 为放大器带宽，因噪声功率与带宽成正比，则噪声电压（或电流）与带宽的平方根成正比，所以引进因子 $(\Delta f)^{\frac{1}{2}}$，NEP 单位为 $W/Hz^{\frac{1}{2}}$。

6. 归一化探测度

探测器的探测能力由 NEP 决定，NEP 越小越好。这不符合人们对参量的数值越大越好的习惯，于是定义 NEP 的倒数为探测器的探测度 D（单位为 1/W），即单位入射功率产生的信噪比为

$$D = \frac{1}{\mathrm{NEP}} \tag{11.2-10}$$

理论分析和实验结果表明：NEP 还与探测器接收光面积的平方根 $\sqrt{A}$ 成正比。为了便于各种探测器性能之间的相互比较，把式(11.2-8)或式(11.2-9)所定义的 NEP 除以 $\sqrt{A}$ 便得到一个与面积无关的参量 D^*，称为归一化探测度，表达式为

$$D^* = \frac{1}{\dfrac{\mathrm{NEP}}{\sqrt{A}}} = \frac{(A\Delta f)^{\frac{1}{2}}}{P}\left(\frac{V_s}{V_n}\right) \tag{11.2-11}$$

或

$$D^* = \frac{(A\Delta f)^{\frac{1}{2}}}{P}\left(\frac{I_s}{I_n}\right) \tag{11.2-12}$$

D^* 和 NEP 一样是波长的函数，由于噪声通常和信号调制频率有关，因此它也是调制频率及测量带宽的函数。

11.2.2 噪　声

任何一个探测器都有一定噪声。也就是说，携带信息的信号在传输的各个环节中都不可避免地受到各种干扰而使信号发生某种程度的畸变，在它的输出端总是存在着一些毫无规律、事先无法预知的电压起伏。通常，把这些非有用信号的各种干扰统称为噪声。噪声是限制探测系统性能的决定性因素。实现微弱光信号的探测，就是如何从噪声中提取信号的问题。

依据噪声产生的物理原因，光探测器的噪声大致分为散粒噪声、产生-复合噪声、光子噪声、热噪声和低频噪声等。

1. 散粒噪声

光电发射材料表面光电子的随机发射或半导体内光载流子的随机产生和流动，引起探测器输出电流的起伏，这种由光激发载流子的本征扰动产生的电流起伏称为散粒噪声，又称为量子噪声。这是许多光电探测器，特别是光电倍增管和光电二极管中的主要噪声源。散粒噪声的表达式为

$$I_n = \sqrt{2ei\Delta f} \tag{11.2-13}$$

式中：I_n 为噪声电流；e 为造成电流流动的粒子带的电荷；i 为探测器的暗电流；Δf 为测量带宽。

2. 产生-复合噪声

在没有光照的情况下，在半导体体内的平衡过程实际上是一种动态平衡过程。由于载流子的产生、复合过程的随机性，自由载流子浓度总是围绕其平均值涨落，引起电导率的起伏，因而导致外回路电流或电压的起伏。这种由体内的光生载流子随机产生和复合过程引起的噪声称为产生-复合噪声。产生-复合噪声电流 I_{gr} 的表达式为

$$I_{gr} = \sqrt{4eiM^2\Delta f} \qquad (11.2-14)$$

式中：M 为光导探测器的内增益。

3. 光子噪声

当用光功率恒定的光照射探测器时，由于它实际上是光子数的统计平均值，每一瞬时到达探测器的光子数是随机的，因此光激发的载流子一定也是随机起伏的，也要产生起伏噪声，即散粒噪声。因为这里强调光子起伏，故称为光子噪声。不管是信号光还是背景光都要伴随着光子噪声。

对于光电发射和光伏情况，光子噪声电流的表达式为

$$I_{ab} = \sqrt{2ei_b\Delta f} \qquad (11.2-15)$$

$$I_{as} = \sqrt{2ei_s\Delta f} \qquad (11.2-16)$$

式中：I_{ab} 和 I_{as} 分别为背景光和信号光产生的光子噪声电流；i_b 和 i_s 分别为背景光和信号光引起的光电流。

对于光电导情况，光子噪声电流的表达式为

$$I_{ab\,gr} = \sqrt{4ei_bM^2\Delta f} \qquad (11.2-17)$$

$$I_{as\,gr} = \sqrt{4ei_sM^2\Delta f} \qquad (11.2-18)$$

式中：$I_{ab\,gr}$ 和 $I_{as\,gr}$ 分别为背景光和信号光产生的光子噪声电流；M 为探测器的内增益。

4. 热噪声

由于光电探测器有一个等效电阻 R，电阻中自由电子的随机运动引起电压起伏，这就是所谓的热噪声。理论上给出有效热噪声电压 V_n 和电流 I_n 分别为

$$V_n = \sqrt{4kT\Delta fR} \qquad (11.2-19)$$

$$I_n = \sqrt{4kT\Delta f/R} \qquad (11.2-20)$$

式中：k 为玻耳兹曼常数；T 为绝对温度。

5. $\frac{1}{f}$ 噪声

几乎所有的探测器中都存在这种噪声。它主要出现在 1 kHz 以下的低频频域，而且与光辐射的调制频率 f 成反比，故称为低频噪声或 $\frac{1}{f}$ 噪声。这种噪声产生的原因目前还不十分清楚，但实验发现，探测器表面的工艺状态（缺陷或不均匀等）对这种噪声的影响很大。$\frac{1}{f}$ 噪声的经验规律为

$$I_n = (Ai^\alpha \Delta f / f^\beta)^{\frac{1}{2}} \tag{11.2-21}$$

式中：A 为与探测器有关的系数；i 为流过探测器的总直流电流；$\alpha \approx 2, \beta \approx 1$。于是有

$$I_n = \sqrt{Ai^2 \Delta f / f} \tag{11.2-22}$$

一般来说，只要限制低频调制频率不低于 1 kHz，这种噪声就可防止。

11.3 常用光探测器

11.3.1 真空光电二极管

真空光电二极管由一个阳极和一个阴极置于真空玻璃壳内构成。阴极镀有适当的光电发射材料，玻璃壳的几何形状须加以选择，使得阳极能有效地收集到阴极发射的电子，并不妨碍光线照射到阴极上。

光电二极管在外加工作电压的作用下，当有适当波长的入射光照射阴极时，光电阴极发射光电子并被阳极收集，形成光电流。在一定光照情况下，阳极电流开始随外加电压增大而迅速增大，当电压增大到一定值后，阳极电流基本上维持不变。因此，如果工作电压足够大，所有发射电子将被阳极全部吸收，光电流几乎与外加电压无关，只正比于入射光强度。

光电二极管的光电阴极发射的电子，在很宽的范围内与入射光精确地成正比，这种关系称为线性范围宽。因此，真空光电二极管可在光度学中用来精确测定光强。但由于光阴极面上各部分的灵敏度不一样，所以对于精确测量，必须使用光阴极的同一部分。

当探测激光器、脉冲灯或其他光源产生窄辐射脉冲时，由于光脉冲的瞬时功率较大，要求光电二极管能瞬时输出较大的电流，由此产生了系列脉冲光电管。这类真空光电二极管的光电流幅度范围很宽，称为脉冲强流管。

11.3.2 光电倍增管

光电倍增管是典型的光电子发射型探测器，其主要优点是灵敏度高、稳定性好、响应速度快和噪声小；主要缺点是结构复杂、工作电压高和体积大。光电倍增管是电流放大元件，具有

很高的电流增益,最适合在微弱信号下使用。根据所选用的光电阴极材料不同,它的光谱范围可覆盖从紫外到近红外区的整个波段。

光电倍增管由光电发射阴极、电子倍增极和阳极组成。图 11.3.1 所示为光电倍增管的原理示意图。图中,K 是光电发射阴极,A 是阳极,D_1,D_2,D_3,…是电子倍增极。在阳极与第一倍增极之间、各倍增极之间以及末级倍增极与阳极之间都加有加速电场。

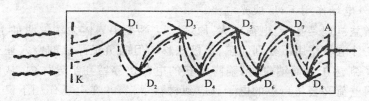

图 11.3.1　光电倍增管工作原理

当外来入射光照射到光电阴极上,入射光激发出光电子。光电阴极上发射的光电子在外电场加速作用下,射到第一倍增极 D_1 上。由于光电子能量很大,它射到倍增极上可激发出多个二次电子,这个过程称为电子二次发射。二次发射的电子在外电场作用下射到第二倍增极 D_2 上,又引起新的电子二次发射。依此类推,末级倍增极发射的大量二次电子最后被阳极所收集。

定义电子二次发射系数 σ 为

$$\sigma = N_2/N_1 \tag{11.3-1}$$

式中:N_2 为二次电子数;N_1 为一次电子数。若光电倍增管中有 n 个倍增极,则阳极收集到的电子数就为原来阴极发射电子数的 σ^n 倍。因此,它可用来探测微弱信号。但若光照强度太大,光阴极,倍增极以及阳极出现大电流,致使光阴极,倍增极发热而局部分解,就会造成光电倍增管的损坏。故使用光电倍增管时,切忌过度光照,要求对背景严格遮光。这是它的不足之处。

在线性工作范围内,光电倍增管的伏安特性可用下式表示:

$$I_p = AV_o^\alpha \tag{11.3-2}$$

式中:I_p 为电流;V_o 为电压;A 和 α 为常数。不同光电倍增管对应的 A 和 α 值是不一样的。可通过实验测定其伏安特性来确定。

当电源电压一定时,光电倍增管的光信号特性可用下式表示:

$$V_L = GS_d P_s R_L \tag{11.3-3}$$

式中:V_L 为输出电压;G 为电流增益;S_d 为光阴极灵敏度;P_s 为信号光功率;R_L 为负载电阻。

由于外磁场对光电倍增管输出电流的影响较大,因此,实际应用中应对光电倍增管进行良好的电磁场屏蔽。对于电磁屏蔽良好的光电倍增管,其噪声主要来源是散粒噪声和负载电阻产生的热噪声。因此,在实际工作中要尽量减小背景噪声及降低光电倍增管的工作温度。

11.3.3 光电导探测器

光电导探测器亦称为光敏电阻,其工作原理基于半导体的光电导效应。这种探测器的结构简单,在一块半导体材料上焊上两个电极即形成了光电导探测器,光照时其表面层内产生光生载流子,并在外电场作用下,形成光电流。

光电导的增益机理是基于"电荷放大"原理。以 N 型半导体为例说明如下:光照时产生的电子-空穴对,在外电场作用下分别向正、负极漂移。但向负极漂移的空穴往往在中途就被陷阱俘获。当电子到达正极而消失时,陷阱俘获的电荷仍停留在半导体内,从而使半导体带正电。这部分空间电荷又会将负极的电子感应到材料中来,并在电场作用下又漂移到正极。如此继续,直到俘获在陷阱中的空穴被电子中和为止。这就相当于放大了初始的光生电流。

光电导的伏安特性是线性关系,故可用暗电阻(无光照时)和亮电阻(有光照时)来进一步说明输出电压与负载电阻的关系。令光电导暗电阻为 R_o。无光照时,负载上的电阻 R_L 上的电压为 $V_{Lo}=V_oR_L/(R_o+R_L)$。有光照时,光电导亮电阻 $R_P=R_o+\Delta R$,ΔR 为光照下的电阻变化。这时,负载电阻上的电压变为 V_{LP},即 $V_{LP}=V_oR_L/(R_o+\Delta R+R_L)$。显然,光电信号电压 V_L 为

$$V_L = V_{LP} - V_{Lo} = -\frac{V_oR_L\Delta R}{(R_o+\Delta R+R_L)(R_o+R_L)} \quad (11.3-4)$$

在小信号条件下,$\Delta R \ll R_o+R_L$,则

$$V_L = -\frac{V_oR_L\Delta R}{(R_o+R_L)^2} \quad (11.3-5)$$

当 $R_L=R_o$ 时,V_L 具有最大值,得

$$V_{Lmax} = -\frac{V_0\Delta R}{4R_0} \quad (11.3-6)$$

式中:负号表示 ΔR 为负。因为光照使光电导变大,电阻减小,回路中电流变大,R_L 上的压降也变大。

光电导探测器的噪声电流可表示为

$$I_n = \left[4eIG^2(\omega)\Delta f + \frac{4kT\Delta f}{R_e}\right]^{\frac{1}{2}} \quad (11.3-7)$$

式中:I 为暗电流;$G(\omega)$ 为电流增益;R_e 为等效电阻;Δf 为测量带宽;k 为玻耳兹曼常数;T 为绝对温度。其中

$$G(\omega) = \frac{M}{\sqrt{1+\omega^2\tau_L^2}} \quad (11.3-8)$$

式中:M 为光电导内增益;τ_L 为导带中电子的平均寿命;ω 为调制频率。此式说明,电流增益随调制频率升高而下降。当调制频率不高时,光电导有明显增益,这时主要是散粒噪声;当调

制频率较高时，G 值下降，热噪声便上升为优势。

尽管具有光电导性的材料有很多，但能用来制造光电导探测器并能满足实用要求的材料却很有限。它们需经特殊处理，掺进适当杂质，才能满足光电导探测器的各项要求。

下面简单介绍几种常用典型的光电导探测器：

① CdS 和 CdSe 探测器。这是两种造价低的可见光辐射探测器。它们的主要特点是高可靠性和长寿命，因而广泛用于自动化技术和摄影机中。这两种器件的光电导增益比较高（$10^3 \sim 10^4$），但响应时间比较长（约 50 ms）。

② PbS 探测器。这是一种性能优良的近红外（$1 \sim 3.4~\mu m$）辐射探测器，它可在室温下工作，广泛用于遥感技术和武器红外制导技术。

③ InSb 探测器。这也是一种良好的近红外（峰值波长约为 $6~\mu m$）辐射探测器。虽然也能在室温下工作，但噪声较大。在 77 K 下噪声性能大大改善。由于其响应时间短（约几十纳秒），因此适用于快速红外信号探测。

④ TeCdHg 探测器。这是一种化合物本征型光电导探测器。它是由 HgTe 和 CdTe 两种材料混合在一起的固溶体。响应波长范围为 $8 \sim 14~\mu m$，工作温度为 77 K，广泛用于 $10.6~\mu m$ 的激光探测。

11.3.4 光电二极管

光电二极管是典型的光伏效应探测器，具有量子效率高、噪声低、响应快、线性工作范围大、耗电少、体积小、寿命长和使用方便等特点，在光电系统中应用越来越广泛。此外，利用光伏效应制成的探测器还包括光电三极管和光电池等。

半导体 PN 结光伏探测器，有两种工作状态，即光生伏打状态和光电导状态。图 11.3.2 所示为这两种基本工作状态。在光生伏打状态下，器件不施加外偏置。在外来光照射下，器件产生一定极性的电压，并通过外电路驱动电流。在光电导状态下，器件被施加一个与未加偏置工作态极性相反的外偏置。器件的输出表现为负载电阻 R_L 两端的电压降。光电二极管就是以光电导模式工作的结型光伏探测器。

光电二极管由一个 PN 结和一对电极组成。它的 PN 结比普通二极管的大，以获得大的光生电流。为减少对入射光的反射损失，提高器件的稳定性，在受光面 PN 结的表面涂以抗反射的二氧化硅薄膜。

当 PN 结及其附近被光照射时，就产生光生载流子（电子-空穴对）。结区内的电子-空穴对在势垒区电场作用下，电子被拉向 N 区，空穴被

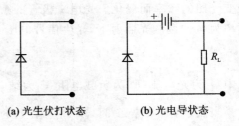

(a) 光生伏打状态　　(b) 光电导状态

图 11.3.2　结型探测器的两种基本工作状态

拉向 P 区而形成光电流。同时，势垒区边侧一个扩散长度内的光生载流子先向势垒区扩散，然后在势垒区电场作用下也参与导电。

光电二极管的一般工作条件是两端外加一反向偏压，即 P 区接负、N 区接正。这样，由于外电场与内建电场方向相同，使势垒高度增大，N 区的电子必须具有较大的能量才能爬过势垒进入 P 区；同样，P 区的空穴也必须具有较大的能量才能进入 N 区。因此，流过 PN 结的反向电流是很小的。

如果在 PN 结上加一个正向偏压，即 P 区加正压，N 区加负压，则外加电场方向与 PN 结的内建电场方向相反，结果势垒高度下降，N 区的电子用较小的能量就可爬过势垒区进入 P 区，P 区的空穴也只要用较小的能量就可进入 N 区。这样，P 区不断注入少数载流子电子，N 区不断注入少数载流子空穴，这些少数载流子注入后向体内不断扩散，它们一面扩散一面复合，从而形成由 P 区到 N 区的电流，这是正向电流。因此，光电二极管与普通整流二极管一样具有单向导电性。

当光电二极管受光照射时，少数载流子浓度增大。在反向偏压作用下，少数载流子通过结区，从而产生光电流。此时，光电二极管的伏安特性为

$$I = I_o\left[\exp\left(\frac{eV}{kT}\right) - 1\right] - I_s \tag{11.3-9}$$

式中：I 为光电二极管的外电路电流；I_o 为无光照情况下的反向饱和电流；I_s 为光作用下产生的光电流；V 为外加电压；e 为电子电荷；k 为玻耳兹曼常数；T 为绝对温度。

由于 $I_s = S_d P$（S_d 是电流灵敏度，P 是入射光功率），在反向偏压工作状态，光电二极管的电流响应为输出电流与入射光功率之比，在很大范围内，它们基本上是线性关系。

光电二极管与其他光电探测器一样，其灵敏度随入射光波长而变化。不同光电二极管的光谱灵敏度由材料的光谱响应决定。

锗光电二极管的光谱响应范围在 $0.4 \sim 1.84\ \mu m$，最灵敏的响应波长在 $1.4 \sim 1.5\ \mu m$。硅光电二极管的光谱响应范围在 $0.4 \sim 1.1\ \mu m$，峰值响应波长在 $0.85\ \mu m$ 附近。采用锂漂移技术的 PIN 型硅光电二极管，其峰值响应在 $1.04 \sim 1.06\ \mu m$。

光电二极管对外界交变的光辐射信号的响应十分灵敏，它的输出光电流能迅速跟随入射交变光照的频率而变化。光电二极管的频率响应主要与载流子的渡越时间和结电容有关。在频率为 ω 的调制光照射下，光生信号电压 V_s 为

$$V_s = \frac{I_s R_L}{1 + j\omega R_L C_j} \tag{11.3-10}$$

式中：I_s 为光电流；R_L 为负载电阻；C_j 为结电容。

当满足 $\omega R_L C_j = 1$ 时，负载电阻上的电压下降为原值的 0.707，即 $\omega_H = \frac{1}{R_L C_j}$ 或 $f_H = \frac{1}{2\pi R_L C_j}$ 为上限频率。

光电二极管的噪声源主要是由载流子流动的随机性和起伏所引起的散粒噪声,且与负载电阻的热噪声有关,故噪声电流为

$$\bar{I}_n = \left(2eI\Delta f + \frac{4kT}{R_L}\Delta f\right)^{\frac{1}{2}} \tag{11.3-11}$$

下面介绍几种常用的光电二极管：

① PIN 硅光电二极管。其主要特点是灵敏度高,响应快,响应时间可达纳秒量级,光谱响应范围宽。

② 雪崩光电二极管。其主要特点是具有电流内增益,探测能力通常高于光电二极管而低于光电倍增管。

③ InAsP 光电二极管。其主要特点是具有窄带自滤波性能,能很好地抑制背景噪声。在室温下,$1.06\ \mu m$ 波长响应的半宽度为 $\Delta\lambda = 22.7\ nm$,量子效率达 30%。

④ 肖特基势垒光电二极管。其势垒不再是 PN 结,而是金属和半导体接触形成的阻挡层。其主要特点是光谱响应范围宽($0.2\sim 1.1\ \mu m$),在 $0.4\sim 0.6\ \mu m$ 的灵敏度比一般二极管高,光敏面积可做得很大,且均匀性好,响应快,可探测 $5\sim 10\ ns$ 的光脉冲信号。

11.3.5 热释电探测器

利用入射辐射的热效应来检测辐射能量的器件称为热电探测器。这类器件在吸收了入射辐射后,引起探测器温度升高,由于温度上升引起探测器材料的性能发生变化,如果能测量出某一特定性能的变化,就能探测出入射辐射的大小。热电探测器对入射辐射的波长没有选择性,响应的波段较宽,从可见光到红外光都具有相同的响应,并且这类器件大多数可在室温下工作。但它们的探测率较低,响应时间较长。

热电探测器有热敏电阻、热电偶、高莱探测器和热释电探测器等。下面主要介绍热释电探测器。

热释电探测器是一种新型热电探测器,它的响应速率比其他热电探测器高得多,可达几纳秒量级。它工作时无需冷却也无须偏压,可在室温下工作,故结构简单,使用方便。它从紫外到远红外波段几乎都有均匀的光谱响应,在很宽的频率和温度范围内有较高的探测度。

热释电探测器是一种交流响应或瞬时响应器件,对稳定辐射不响应,故入射辐射必须是经过调制的或短脉冲辐射。根据所使用的热释电材料不同,常采用边电极和面电极两种不同的基本结构。

热电体受到调制频率为 f 的辐射光照射时即吸收其能量,使晶体的温度、自发极化强度 P_s 以及由此引起的面束缚电荷密度都以频率 f 周期性变化,如果调制频率 $f > 1/\tau$(τ 是晶体内部自由电荷与面束缚电荷发生中和过程的平均时间),则晶体内部的自由电荷来不及中和面束缚电荷,结果使晶体在垂直于 P_s 的两端面间出现开路交流电压,如接上负载电阻就有电流

流过。输出电压信号为

$$V_L = AR_L \frac{dP_s}{dt} = AR_L \left(\frac{dP_s}{dT}\right)\left(\frac{dT}{dt}\right) \tag{11.3-12}$$

式中：A 为探测器灵敏面面积；R_L 为负载电阻；$\frac{dP_s}{dT}$ 为热电材料的热释电系数；$\frac{dT}{dt}$ 为温度随时间的变化率。

式(11.3-12)表明：热释电探测器的响应正比于温度变化的速率，而与晶体和入射辐射达到热平衡的时间无关。因此，热释电探测器的响应率比一般热电探测器高得多。温度变化的速率与晶体的吸收率及其热容量有关，吸收愈大，热容量愈小，则温度变化速率就愈大。

假定入射辐射是正弦调制的，且调制频率 $\omega_m > \frac{1}{\tau_T}$（$\tau_T$ 是探测器的热响应时间常数），则探测器输出到前置放大器输入端的稳定电压幅度为

$$V_L = \frac{A\beta\alpha P R_L}{g(1+\omega_m^2 R_L^2 C^2)^{\frac{1}{2}}} \tag{11.3-13}$$

式中：$\beta = \frac{dP_s}{dT}$ 是热释电系数；α 是探测器对入射辐射的吸收系数；P 是入射辐射功率；R_L 是探测器等效电阻；C 是等效电容；g 是探测器与周围环境的总热导。此时，探测器的响应频率主要由等效电路时间常数 $\omega_{mc} = \frac{1}{R_L C}$ 决定。

热释电探测器的噪声主要是温度噪声、热噪声及场效应管栅漏电流造成的散粒噪声，故热释电探测器的总噪声电压为

$$V_n = \left[\frac{4kgT^2 R_V^2 \Delta f}{\alpha^2} + \frac{4kT\Delta f}{\omega_m^2 RC^2} + 2eI_d R_L^2 \Delta f\right]^{\frac{1}{2}} \tag{11.3-14}$$

式中：$R_V = \frac{V_L}{P}$ 表示探测器的电压响应度；e 为电荷电量；I_d 为栅漏电流。

11.4 直接探测

光电探测器的基本功能是把入射到探测器上的光功率转换为相应的光电流，即式(11.1-12)，因此，只要待传递的信息表现为光功率的变化，利用光电探测器的这种直接光电转换特性就能实现信息的解调。这种探测方式通常称为直接探测。直接探测系统如图11.4.1所示。光辐射信号通过光学透镜天线、光学带通滤波器入射到光电探测器表面，光电探测器将入射的光子流变换成电子流，其大小正比于光子流的瞬时强度，然后经过前置放大器对信号进行处理。由于光电探测器只响应光波功率的包络变化，而不响应光波的频率和相位，所以直接探测方式也称为光包络探测或非相干探测。

图 11.4.1 直接探测系统

一个直接探测系统的探测性能好坏要根据信噪比来判断。

设输入光电探测器的信号功率为 S_i，噪声功率为 n_i，光电探测器的功率为 S_o，输出噪声功率为 n_o。根据光电探测器的平方律特性，有如下关系：

$$S_o + n_o = a(S_i + n_i)^2 \tag{11.4-1}$$

式中：a 为常数。输出信噪比为

$$\frac{S_o}{n_o} = \frac{S_i^2}{2S_i n_i + n_i^2} \tag{11.4-2}$$

由此可见，输出噪声包括两项：n_i^2 是噪声分量之间的差拍结果；$2S_i n_i$ 是信号与噪声之间的差拍结果。

若输入信噪比 $\frac{S_i}{n_i} \ll 1$，则有 $\frac{S_o}{n_o} \approx \left(\frac{S_i}{n_i}\right)^2$。此式说明：当输入信噪比小于 1 时，输出信噪比也小于 1 且明显下降。因此，直接探测方式不适宜于输入信噪比小于 1 或者微弱光信号的探测。在实际应用中，在光频区只有背景辐射进入探测器，并且只有背景辐射功率大于信号功率时，才能使输入信噪比小于 1。故欲提高探测器的输出信噪比，主要在于排除背景光的进入。但探测器的光谱响应很宽，不能鉴别出信号光和背景光，它只能截获到达其灵敏面上的光子而对光子的相位、极化没有特殊要求。因此，为了减小背景噪声，在探测器之前必须增添一带通滤光器，只允许与信号光频率相当的背景光子进入而滤除其他频率的背景光子。从空间方向上减小背景噪声的办法是减小光学天线的接收视场和采用空间滤波技术。

若输入信噪比 $\frac{S_i}{n_i} \gg 1$，则有 $\frac{S_o}{n_o} \approx \frac{1}{2}\left(\frac{S_i}{n_i}\right)$。此式说明：当输入信噪比大于 1 时，输出信噪比等于输入信噪比的一半，光电转换后信噪比损失不大，在实际应用中完全可以接受。因此，直接探测方式最适合于强光信号探测，因为它的实现比较简单，可靠性又好，在实际中得到广泛的应用。

在直接探测方式中，当光信号功率比较小时，光电探测器的电信号输出也相应较小。为了信号处理、显示的需要，必须加前置放大器。但是，放大器的引入对探测系统的灵敏度或输出信噪比有一定影响。由于放大器不仅放大有用信号，对输入噪声也同样放大，而且放大器本身还要引入新的噪声，因此为使探测系统保持一定的输出信噪比，合理设计前置放大就非常重要。在光电探测技术中，为了充分利用光电探测器的灵敏度，在设计放大器时，总是先满足噪声指标要求，然后再考虑增益、带宽等技术要求。

11.5 光外差探测

激光的高度相干性、单色性和方向性,使光频段的外差探测成为现实。光外差探测与无线电波外差接收方式的原理相同,因而同样具有无线电波外差接收方式的选择性好、灵敏度高等一系列优点。激光外差探测主要是基于激光的高度相干性和探测器的平方律特性,故又称为相干探测或光混频。就探测而论,只要波长能匹配,则外差和直接探测所用探测器原则上可通用。光外差探测的主要问题是系统复杂,而且波长愈短,实现外差就愈困难。

11.5.1 光外差探测的基本原理

光外差探测系统的方框图如图 11.5.1 所示。与直接探测系统相比较,多了一个本振激光。其工作过程如下:待探测的频率为 ω_c 的光信号和由本振激光器输出的频率为 ω_d 的参考光,都经有选择性的分束器入射到光探测器表面而相干叠加(混频),因为探测器仅对其差频 ($\omega_{IF} = \omega_d - \omega_c$) 分量响应,故只有频率为 ω_{IF} 的射频电信号(包括直流分量)输出,再经过放大器放大,由射频检波器进行解调,最后得到有用的信号信息。

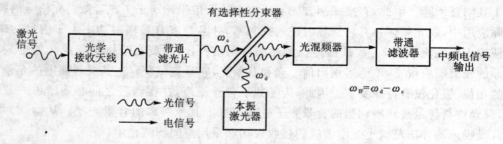

图 11.5.1 光外差探测系统

假定相同方向、相同偏振的信号光束和本振激光垂直照射到探测器表面,它们的电场分量可分别表示为

$$E_c(t) = A_c \cos(\omega_c t + \varphi_c) \quad (11.5-1)$$
$$E_d(t) = A_d \cos(\omega_d t + \varphi_d) \quad (11.5-2)$$

因为光电探测器的平方律特性,其输出电流为

$$i_p = a \overline{[E_c(t) + E_d(t)]^2} \quad (11.5-3)$$

式中:a 为一常数;方括号上的横线表示在几个光频周期内的时间平均。这是因为光电探测器的响应时间有限,光电转换过程实际上是一个时间平均过程。将式(11.5-1)和式(11.5-2)代入式(11.5-3)并展开,得到

$$i_{\text{p}} = a\{A_{\text{c}}^2 \overline{\cos^2(\omega_{\text{c}}t + \varphi_{\text{c}})} + A_{\text{d}}^2 \overline{\cos^2(\omega_{\text{d}}t + \varphi_{\text{d}})} +$$
$$A_{\text{c}}A_{\text{d}}\overline{\cos[(\omega_{\text{d}} - \omega_{\text{c}})t + (\varphi_{\text{d}} - \varphi_{\text{c}})]} +$$
$$A_{\text{c}}A_{\text{d}}\overline{\cos[(\omega_{\text{d}} + \omega_{\text{c}})t + (\varphi_{\text{d}} + \varphi_{\text{c}})]}\} \quad (11.5-4)$$

前两项表示直流分量；最后一项是和频项，其平均结果为零；中间的差频项即中频项相对光场变化要缓慢得多，因此相对光场变化可视为常数。故式(11.5-4)可变为

$$i_{\text{p}} = a\left\{\frac{A_{\text{c}}^2}{2} + \frac{A_{\text{d}}^2}{2} + A_{\text{d}}A_{\text{c}}\cos[\omega_{\text{IF}}t + (\varphi_{\text{d}} - \varphi_{\text{c}})]\right\} \quad (11.5-5)$$

这个光电流经过有限带宽的中频($\omega_{\text{IF}} = \omega_{\text{d}} - \omega_{\text{c}}$)放大器，滤去直流项，最后只剩下中频交流分量

$$i_{\text{IF}} = aA_{\text{d}}A_{\text{c}}\cos[(\omega_{\text{d}} - \omega_{\text{c}})t + (\varphi_{\text{d}} - \varphi_{\text{c}})] \quad (11.5-6)$$

这个结果表明，光频外差探测是一种全息探测技术。在直接探测中，只响应光功率的时变信息。而在光频外差探测中，光频电场振幅、频率、相位所携带的信息均可探测出来。也就是说，一个振幅调制、频率调制以及相位调制的光束携带的信息，通过光频外差探测方式均可实现解调。

若 $\omega_{\text{d}} = \omega_{\text{c}}$，即待测光频率与本振光频率相等，则式(11.5-6)变为

$$i = aA_{\text{d}}A_{\text{c}}\cos(\varphi_{\text{d}} - \varphi_{\text{c}}) \quad (11.5-7)$$

这是外差探测的一种特殊形式，称为零拍探测。探测器此时的输出电流与待测光振幅和相位成比例变化。若待测光是振幅调制(即信息包含在 A_{c} 中)，则要求本振光波与待测光波相位锁定，即 $\varphi_{\text{d}} = \varphi_{\text{c}}$ 时，输出信号电流最大。若待测光波是相位调制(即信息包含在 φ_{c} 中)，则要求本振光波 $\varphi_{\text{d}} = $ 常数，例如，$\varphi_{\text{d}} = \frac{\pi}{2}$，则在 $\varphi_{\text{c}} < \frac{\pi}{2}$ 范围内，输出电流与 φ_{c} 成比例变化。

从式(11.5-6)还可看出，探测器的电输出功率为

$$P_{\text{IF}} = i_{\text{IF}}^2 R_{\text{L}} = 2a^2 P_{\text{c}} P_{\text{d}} R_{\text{L}} \quad (11.5-8)$$

式中：$P_{\text{c}} = A_{\text{c}}^2/2$，$P_{\text{d}} = A_{\text{d}}^2/2$ 分别为信号光和本振光的平均功率。如果以直接探测时的电输出功率为基准，那么外差探测时所能提供的功率转换增益为 $G = 2P_{\text{d}}/P_{\text{c}}$。通常 $P_{\text{d}} \gg P_{\text{c}}$，因此，外差探测能提供足够高的增益。有效的外差探测，要求有足够高的本振光功率。这也说明外差探测对弱信号探测特别有效。

在外差探测中，只有那些在中频频带内的杂散光才可能进入系统，而其他杂散光所形成的噪声均被中频放大器滤除。因此，在光外差探测中，不加滤光片所获得的窄带宽效果，也比加滤光片的直接探测效果还要好。这说明光外差探测具有良好的滤波性能。

由光外差的基本公式(11.5-6)可以看出，为使从光电探测器的输出中频电流达到最大，要求信号光束与本振光束的波前在整个探测器的灵敏面上必须保持相同的相位关系，因为光波波长比光电探测器光混频面积小得多，所以光电探测器输出的中频光电流等于混频面上的每一微分面元所产生的中频微分电流之和。显然，只有当这些中频微分电流保持相同的相位关系时，总的中频电流才达到最大。因此，信号光波和本振光波的波前在整个光混频面上必须保持相同的相位关系。这说明，光外差探测具有良好的空间和偏振鉴别能力。

11.5.2 光外差探测的信噪比

假定入射到光电探测器的灵敏面上的信号光束中的信号和噪声分别为 S_i 和 n_i，本振光束中的本振信号和噪声分别为 S_L 和 n_L，光电探测器输出为 S_o+n_o，S_o 为信号，n_o 为噪声，则根据探测器的平方律特性有

$$S_o + n_o = a(S_i + n_i + S_L + n_L)^2 \qquad (11.5-9)$$

式中：a 为常数。

展开式(11.5-9)，并略去 $n_L^2, n_L n_i, n_i^2, S_i n_L$ 以及 $S_i n_i$ 各项，中频放大器又滤掉 S_L^2 和 S_i^2 直流项，最后有

$$S_o + n_o = 2a(S_i S_L + S_L n_L + S_L n_i) \qquad (11.5-10)$$

由此可得到信噪比为

$$\frac{S_o}{n_o} = \frac{S_i}{n_L + n_i} \qquad (11.5-11)$$

如果本振光不含噪声时，即 $n_L = 0$，则

$$\frac{S_o}{n_o} = \frac{S_i}{n_i} \qquad (11.5-12)$$

该式说明，在外差探测中输入信号和噪声同时被放大，输出信噪比等于输入信噪比，没有信噪比损失。当 $\frac{S_i}{n_i} \ll 1$ 时，外差探测较之直接探测有高得多的输出信噪比，即在弱信号条件下，外差探测比直接探测有高得多的灵敏度。当 $\frac{S_i}{n_i} \gg 1$ 时，即在强信号条件下，外差探测比直接探测的信噪比仅提高 1 倍。

如果本振光含有噪声，即 $n_L \neq 0$，则输出信噪比就要降低。因此，利用较低噪声的本振激光才能体现出光外差探测的优越性。

习题与思考题

11-1 光探测器具有哪些物理效应？利用这些效应可制成什么类型的光探测器？
11-2 光电转换定律说明了什么？
11-3 光探测器具有哪些特性参数？
11-4 为什么光探测器会有噪声？具有哪些噪声？
11-5 说明在什么情况下使用哪种类型的探测器(真空光电二极管、光电倍增管、光电导探测器、光电二极管和热释电探测器)？
11-6 试比较直接探测与光外差探测的优缺点。

附录 A 常用物理常量表

物理量	符号	数值
真空中光速	c	2.998×10^{8} m/s
真空介电常数	ε_0	8.854×10^{-12} F/m
真空磁导率	μ_0	1.257×10^{-6} H/m
普朗克常量	h	6.626×10^{-34} J·s
	$\hbar=h/2\pi$	1.055×10^{-34} J·s
玻耳兹曼常数	k	1.381×10^{-23} J/K
电子电荷	e	1.602×10^{-19} C
电子质量	m_e	9.110×10^{-31} kg
质子质量	m_p	1.673×10^{-27} kg
中子质量	m_n	1.673×10^{-27} kg
原子质量常数	m_u	1.661×10^{-27} kg

附录 B 国际单位制词头

因 数	词头名称	符 号
10^{18}	exa(艾[可萨])	E
10^{15}	peta(拍[它])	P
10^{12}	tera(太[拉])	T
10^{9}	giga(吉[咖])	G
10^{6}	mega(兆)	M
10^{3}	kilo(千)	k
10^{2}	hecto(百)	h
10^{1}	deca(十)	da
10^{-1}	deci(分)	d
10^{-2}	centi(厘)	c
10^{-3}	milli(毫)	m
10^{-6}	micro(微)	μ
10^{-9}	nano(纳[诺])	n
10^{-12}	pico(皮[可])	p
10^{-15}	femto(飞[母托])	f
10^{-18}	atto(阿[托])	a

习题参考答案

第 1 章

1-1　(1) $m=3.49\times10^{-36}$ kg,　$\varepsilon=3.14\times10^{-19}$ J $=1.96$ eV;

　　(2) $m=2.08\times10^{-37}$ kg,　$\varepsilon=1.87\times10^{-20}$ J $=0.118$ eV。

1-2

	eV	cm^{-1}	μm	Hz
1 eV	1	8 065	1.24	2.42×10^{14}
1 cm^{-1}	1.24×10^{-4}	1	1×10^{4}	3×10^{10}
1 Hz	4.13×10^{-15}	3.33×10^{-11}	3×10^{14}	1

1-3　(1) $n_2/n_1\approx1$;

　　(2) $n_2/n_1=1.35\times10^{-21}$;

　　(3) $T=6\ 263$ K。

1-4　(1) $W_{21}=3.33\times10^{17}\,\mathrm{s}^{-1}$。

　　(2) ① $A_{21}=7.7\times10^{2}\,\mathrm{s}^{-1}$, $\tau_2=1.3\times10^{-3}$ s;

　　　② $A_{21}=7.7\times10^{5}\,\mathrm{s}^{-1}$, $\tau_2=1.3\times10^{-6}$ s;

　　　③ $A_{21}=7.7\times10^{8}\,\mathrm{s}^{-1}$, $\tau_2=1.3\times10^{-9}$ s。

1-5　$n_1/n_4=15, n_2/n_4=6\times10^{-2}, n_3/n_4=5\times10^{-1}$。

　　在 E_3 和 E_2 之间实现了粒子数反转。

1-6　(1) $\rho=\dfrac{9\pi hc}{\lambda^{5}}\cdot\dfrac{1}{\mathrm{e}^{hc/kT\lambda}-1}$;

　　(2) $\lambda_\mathrm{m}T=0.002\ 9$;

　　(3) $\rho\displaystyle\int_0^{\infty}\rho_\nu\mathrm{d}\nu=\dfrac{8\pi^{5}(kT)^{4}}{15(hc)^{3}}$。

1-8　(1) $\Delta\nu_\mathrm{D}=1.31\times10^{9}$ Hz;

　　(2) $\Delta\nu_\mathrm{H}=1.56\times10^{8}$ Hz, $\Delta\nu_\mathrm{D}/\Delta\nu_\mathrm{H}\approx8.4$。

1-9　$\Delta\nu_\mathrm{D}=3.35\times10^{8}$ Hz, $L_c=0.90$ m, 若 $\Delta\lambda/\lambda=10^{-8}$, 则 $L_c=63.28$ m。

1-10　$\Delta\nu_\mathrm{D}=5.3\times10^{7}$ Hz; 当气压 $p\gg1.08\times10^{3}$ Pa 时, CO_2 气体从非均匀增宽过渡到均匀增宽。

第 2 章

2-2 $W_{13} = 3.18 \times 10^2 \text{ s}^{-1}$。

2-6 $I_{出}/I_{入} = 0.37$。

2-7 $G = 0.69 \text{ m}^{-1}$。

2-8 $n_2(t) = \dfrac{\eta_1 W_{13} n}{\dfrac{A_{21}}{\eta_2} + \eta_1 W_{13}} [1 - e^{-(\frac{A_{21}}{\eta_2} + \eta_1 W_{13})t}], 0 < t \leqslant t_0$,

$n_2(t) = n_2(t_0) e^{-\frac{t-t_0}{\eta_2}}, t > t_0$,

$\eta = \dfrac{S_{32}}{S_{32} + A_{31}}$,

$\eta_2 = \dfrac{A_{21}}{S_{32} + S_{21}}$。

2-9 (1) $N = 2.12 \times 10^8$;

(2) 腔内光子数从 1 增至 N 时, 需 $t = 6.4 \times 10^{-6}$ s。

第 3 章

3-1 可同时激发起 10 个纵模。

3-2 能同时激发起的纵模数 $m = 1$;

为了保持单纵模运转, 腔长 L 需满足 $L \leqslant 1.5$ m;

为了能同时激发起 10 个纵模, 腔长 L 需满足 $L \geqslant 15$ m。

3-4 $\delta_t = 0.119, \delta_d = 0.188$;

$\tau_t = 2.8 \times 10^{-8}$ s, $\tau_d = 1.77 \times 10^{-8}$ s, $Q_t = 4.98 \times 10^6$, $Q_d = 3.15 \times 10^6$;

$\delta = 0.307, \tau = 1.08 \times 10^{-8}$ s, $Q = 1.93 \times 10^6$。

3-5 (1) $\omega_{s1} = \omega_0 = 3.04 \times 10^{-4}$ m, $\theta = 1.33 \times 10^{-3}$ rad;

(2) $m = 3$;

(3) 腔内光子数 $N = 3.18 \times 10^8$。

3-7 (1) $Z_1 = 0, Z_2 = L = 1$ m, $f = 1$ m;

(2) $\omega_0 = 1.78 \times 10^{-3}$ m, $\omega_{s1} = \omega_0 = 1.78 \times 10^{-3}$ m, $\omega_{s2} = 2.52 \times 10^{-3}$ m;

(3) $\theta = 3.56 \times 10^{-3}$ rad。

3-8 (1) $Z_1 = -0.175$ m, $Z_2 = -0.015$ m, $f = 0.067$ m, $\omega_0 = 1.46 \times 10^{-4}$ m;

(2) $\omega_{s1} = 4.08 \times 10^{-4}$ m, $\omega_{s2} = 1.50 \times 10^{-4}$ m。

习题参考答案   443

3-9 匹配特征长度 $Z_0=0.274$ m，取 $F=0.3$ m 的薄透镜，当 $\begin{cases} F=0.3 \text{ m} \\ l=0.52 \text{ m} \\ l'=0.37 \text{ m} \end{cases}$ 或当 $\begin{cases} F=0.3 \text{ m} \\ l=0.08 \text{ m} \\ l'=0.23 \text{ m} \end{cases}$ 两种情况下，均可实现模式匹配（l 为激光器束腰到透镜距离，l' 为干涉仪束腰到透镜的距离）。

3-10 (3) 单程功率损耗 $\delta_d=0$；

(4) $\gamma=\dfrac{c}{2L}\left(q=\dfrac{3}{2}\right)$，$q=0,1,2,\cdots$

3-11 只要证明 $\left.\dfrac{dV_{00}^2}{dR^2}\right|_{R=L}=\dfrac{1}{2}\lambda>0$。

3-12 对共焦腔，往返变换矩阵 $T=\begin{pmatrix} -1 & 0 \\ 0 & -1 \end{pmatrix}$。

$$T^n=\begin{cases} \begin{pmatrix} 1 & 0 \\ 0 & 1 \end{pmatrix}, & \text{当 } n=2,4,6 \\ \begin{pmatrix} -1 & 0 \\ 0 & -1 \end{pmatrix}, & \text{当 } n=1,3,5 \end{cases}$$

3-16 $\delta_{往返}=0.917$。

3-17 准直倍率 $M'=50.9$。

3-18 凹球面镜 M_1 的直径不小于 6 cm，此时腔的往返功率损耗为 $\delta_{往返}=0.556$。

3-19 $\alpha_{11}=1.59\times10^{-5}$ cm^{-1} $=1.59\times10^{-3}$ m^{-1} $=6.9\times10^{-3}$ dB/m；

$\alpha_{12}=8.38\times10^{-5}$ cm^{-1} $=8.38\times10^{-3}$ m^{-1} $=3.65\times10^{-2}$ dB/m；

EH_{11} 模的振幅衰减为 $E_1/E_0\approx0.99992$；

EH_{11} 模的强度衰减为 $I_1/I_0\approx0.99984$。

3-20 传输损耗 $\alpha_{11}=5.35\times10^{-4}$ cm^{-1}；

耦合系数 $C_{11}=0.033$。

第 4 章

4-1 (1) $n_2(2\overline{A})/n_2(\overline{E})=0.87$；

(2) 在短脉冲情况下泵源能量（单位体积中）$E_{pt}/V=5.2$ J/cm^3。

4-2 对红宝石，$\Delta n_t=8.7\times10^{17}$ cm^{-3}；

对 YAG，$\Delta n_t=1.8\times10^{16}$ cm^{-3}。

4-3 阈值能量 $E_{th}=10$ J。

4-4　(1)$(E_{in})'_1=35$ J,$(E_{in})'_2=29$ J,应选器件 2;

　　(2)$(E_{in})''_1=13$ J,$(E_{in})''_2=14.3$ J,应选器件 1。

4-5　输出 2.4 J。

4-6　$T_m=0.45$,$P_m=10$ W。

4-7　反射镜与波导的距离最大不得超过 1.7 cm。

4-8　$\sigma_{32}=6.6\times10^{-13}$ cm^2,$I_s=3.2$ W/cm^2。

4-9　$\tau_{sp}=5.75\times10^{-9}$ s,$\tau_{nr}=3.85\times10^{-8}$ s。

4-10　$\theta_\perp\approx25.8°$,$\theta_{//}\approx5.2°$。

4-11　$\lambda_n=0.2647$ μm,$R=0.298$。

4-12　(1)$\eta_P=0.019$;

　　(2)占空因数$=2\times10^{-5}$。

4-13　(3)$\eta_P=0.10$。

第 5 章

5-1　当光阑放于紧靠平面镜处时,小孔直径为 $d_1=1.4\times10^{-3}$ m;

　　放于紧靠凹面镜时,小孔直径为 $d_2=1.6\times10^{-3}$ m。

5-2　0.023 mm。

5-3　不能做单模运转,因为

$$\sqrt{r_1r_2}\,e^{(G^0-a_{00}-a_{其他})t}=1.05>1;$$

$$\sqrt{r_1r_2}\,e^{(G^0-a_{10}-a_{其他})t}=1.05>1。$$

5-4　不能用短腔法,应当用 F—P 标准具选。

5-5　$d\leq0.625$ cm,$R=0.96$。

5-6　$S_{v(石英)}=3\times10^{-7}$,$S_{v(玻璃)}=5\times10^{-6}$。

5-7　$E_{max}=16.9$ J,$P_{max}=1.69\times10^9$ W。

5-8　每个小尖峰激光脉冲能量 $\Delta E=2\times10^{-3}$ J;

　　每个小尖峰功率为 $\Delta P=4\times10^3$ W。

5-11　(1)$\Delta\nu_q=1.65\times10^8$ Hz;

　　(2)振荡线宽内可容纳的纵模数为 $2N+1=7.27\times10^2$;

　　(3)锁模后脉冲周期 $T=3.33\times10^{-9}$ s,锁模脉冲宽度 $\tau=4.58\times10^{-12}$ s;

　　(4)锁模脉冲占有的空间距离 $D=1$ m。

5-12　$T=1\times10^{-8}$ s,$\tau=1\times10^{-11}$ s,$P_{峰}=1\,000$ W。

第6章

6-5 (1) $P = D \begin{pmatrix} 0 & 1 \\ 1 & 0 \end{pmatrix}$, D 为偶极矩矩阵元;

(2) $\Delta P = D|a^2 - b^2|$。

6-14 $\Delta E = \varepsilon \sqrt{n+1}(1+\sin^2\Omega t)^{\frac{1}{2}} \sin kz$。

6-15 $\langle E \rangle = \varepsilon \sin kz \sum_n \sqrt{n+1}\, C_{n+1}^* C_n + c.c.$。

第8章

8-1 (1) $2\varphi_{max} = 28°16'$;

(2) $NA = 0.2441$;

(3) $\varphi_{max} = 10°34'$。

8-2 (1) $a < 0.50\ \mu m$; (2) $\widetilde{\Delta} < 0.002$; (3) $\Delta\tau_n = 170$ ps/km。

8-3 (1) $\Delta\tau_m = 1.72 \times 10^{-10}$ s, $B = 5.81 \times 10^9$ Hz;

(2) $n_2 = 1.485$, $B = 2 \times 10^7$ Hz。

8-4 $\nu = 33.22$; $m = 552$。

8-5 两种光纤的归一化频率分别为 $\nu_1 = 39.084$ 和 $\nu_2 = 1.087$,所以一个为多模光纤,另一个为单模光纤。多模光线模数 $m = 764$。

8-6 (1) $80°26' < \theta < 90°$;

(2) $\lambda_c = 1.1958\ \mu m$;

(3) 只有 TE_3, TE_2, TE_1, TE_0 模可在其中传播。

8-7 $\alpha = 3$ dB/km $= 0.69$ km^{-1}, $I_1/I_0 = 0.933$。

8-8 $\alpha_{RS} = 0.168$ dB/km ($\lambda = 1.55\ \mu m$);

$\alpha_{RS} = 1.86$ dB/km ($\lambda = 0.85\ \mu m$)。

8-9 $\eta_甲 = 0.31$; $\eta_乙 = 0.44$。

8-11 3.97 dB/km; 0.52 μW。

8-12 (1) $L_{max} = 14$ km;

(2) $B = 1/\Delta\tau = 1.32 \times 10^6\ s^{-1}$。

第9章

9-1 $I_E = 3.25$ bit; $I_x = 8.97$ bit。

9-2 $\bar{I} = 1.75$ bit/信息。

参考文献

[1] 周炳琨,高以智,陈倜嵘,等. 激光原理. 第1版. 北京:国防工业出版社,1980.
[2] 周炳琨,高以智,陈倜嵘,等. 激光原理. 第4版. 北京:国防工业出版社,2000.
[3] 杨国权. 激光原理. 北京:中央民族学院出版社,1989.
[4] 激光物理学编写组. 激光物理学. 上海:上海人民出版社,1975.
[5] 张耀宁. 原子和分子光谱学. 武汉:华中理工大学出版社,1989.
[6] 石顺祥,过巳吉. 光电子技术及其应用. 成都:电子科技大学出版社,2000.
[7] 陈钰清,王静环. 激光原理. 杭州:浙江大学出版社,1992.
[8] Yariv A. Introduction to Optical Electronics. 2nd Edition. New York:Holt, Rinehart and Winston, 1976.
[9] Yariv A. Quantum Electronics. 2nd Edition. New York:John Wiley & Sons, Inc., 1975.
[10] 魏光辉,朱宝亮. 激光束光学. 北京:北京工业学院出版社,1988.
[11] 卢亚雄,杨亚培,陈淑芬. 激光束传输与变换技术. 成都:电子科技大学出版社,1999.
[12] 蔡伯荣,等. 激光器件. 长沙:湖南科学技术出版社,1981.
[13] 徐荣甫,刘敬海. 激光器件与技术教程. 北京:北京工业学院出版社,1986.
[14] Moulton P F. Spectroscopic and laser characteristics of $Ti:Al_2O_3$. J. Opt. Soc. Amer. B., 1986,3:125-133.
[15] Walling J C,et al. Tunable Alexandrite laser. IEEE J. Q. E., 1980,QE-16(12):1302-1314.
[16] Payne S A,et al. Laser performance of $LiSrAlF_6:Cr^{3+}$. J. Appl. Phys., 1989,66:1051-1056.
[17] Payne S A,et al. Properties and performance of the $LiCaAlF_6:Cr^{3+}$ laser material. SPIE,1990,1223:84-94.
[18] 黄德修. 半导体光电子学. 成都:电子科技大学出版社,1994.
[19] 气体激光编写组. 气体激光(下册). 上海:上海人民出版社,1976.
[20] 李适民,等. 激光器件原理与设计. 北京:国防工业出版社,1998.
[21] 郭玉彬,等. 光纤激光器及其应用. 北京:科学出版社,2008.
[22] [日]中井贞雄. 激光工程. 北京:科学出版社,2002.
[23] 蓝信矩,等. 激光技术. 北京:科学出版社,2000.
[24] 蓝信矩,丘军林,郭振华,等. 激光器件与技术(Ⅱ). 武汉:华中理工大学出版社,1991.
[25] 陈英礼主编. 激光导论. 北京:电子工业出版社,1986.
[26] Sargent Ⅲ M, Scully M O, Lamb W E. Laser Physics. Addison-Wesley Press, 1974.
[27] 钱梅珍,崔一平,杨正名. 激光物理. 第2版. 北京:电子工业出版社,2001.
[28] 伍长征,等. 激光物理学. 上海:复旦大学出版社,1989.
[29] 王雨三,张中华. 激光物理基础. 哈尔滨:哈尔滨工业大学出版社,2004.
[30] 石顺祥,陈国夫,赵卫,等. 非线性光学. 西安:西安电子科技大学,2003.
[31] 钱士雄,王恭明. 非线性光学——原理与进展. 上海:复旦大学出版社,2001.

[32] 范琦康,吴存恺,毛少卿. 非线性光学. 北京:电子工业出版社,1989.
[33] Shen Y R. The Principles of Nonlinear Optics. New York:John Wiley & Sons, Inc., 1984.
[34] Robert W Boyer. Nonlinear Optics. New York:Academic press, Inc., 1992.
[35] William R Trutna JR, Yong Kan Park, Robert L Byer. The Dependence of Raman Gain on Pump Laser Bandwidth. IEEE J. Quantum Electronics, 1979,QE-15(7):648-655.
[36] 叶佩弦. 非线性光学. 北京:中国科学技术出版社,1998.
[37] 费浩生. 非线性光学. 北京:高等教育出版社,1990.
[38] 陈军. 光学相位共轭及其应用. 北京:科学出版社,1999.
[39] 秦秉坤,孙雨南. 介质光波导及其应用. 北京:北京理工大学出版社,1991.
[40] 范崇澄,彭吉虎. 导波光学. 北京:北京理工大学出版社,1988.
[41] 叶培大. 光纤理论. 北京:知识出版社,1985.
[42] 叶培大,吴彝尊. 光波导技术基本理论. 北京:人民邮电出版社,1981.
[43] 刘德森,殷宗敏,祝颂来,等. 纤维光学,北京:科学出版社,1987.
[44] 梅遂生,杨家德. 光电子技术. 北京:国防工业出版社,1999.
[45] 聂秋华. 光纤激光器和放大器技术. 北京:电子工业出版社,1997.
[46] 王延恒. 光纤通信技术基础. 天津:天津大学出版社,1990.
[47] 杨祥林. 光纤通信系统. 北京:国防工业出版社,2000.
[48] 廖延彪. 光纤光学. 北京:清华大学出版社,2000.
[49] 樊昌信,詹道庸,徐炳祥,等. 通信原理. 第4版. 北京:国防工业出版社,1995.
[50] 陶世荃主编. 光全息存储. 北京:北京工业大学出版社,1998.
[51] 张守仁. 光盘存储器. 北京:科学出版社,1989
[52] 干福熹,等. 数字光盘存储技术. 北京:科学出版社,1998.
[53] 石顺祥,张海兴,刘劲松. 物理光学与应用光学. 西安:西安电子科技大学出版社,2000.
[54] 史锦珊,郑绳楦. 光电子学及其应用. 北京:机械工业出版社,1991.
[55] 刘忠达. 激光应用与安全防护. 沈阳:辽宁科学技术出版社,1985.
[56] 熊辉丰,等. 激光雷达. 北京:宇航出版社,1994.
[57] 王淦昌,袁之尚. 惯性约束核聚变. 合肥:安徽教育出版社,1996.
[58] 孙松祥,胡齐丰. 光辐射探测技术. 上海:上海交通大学出版社,1996.
[59] 朱祖华. 信息光电子学基础. 杭州:浙江大学出版社,1990.